PERSONALITY PSYCHOLOGY
Foundations and Findings

人格心理学

· 基础与发现 ·

[美] 玛丽安·米瑟兰迪诺 著
Marianne Miserandino
黄子岚 何昊 译

上海社会科学院出版社
Shanghai Academy of Social Sciences Press

致　谢

　　本书献给我亲爱的迪米特里(Dimitri)。第十三章——心理弹性——献给我的母亲;我所有关于这一主题的知识全都来自于她,而她却在我撰写这一章时不幸离世。

简要目录

第1章 我是谁？——理解人格的构成成分 / 001
第2章 人格特质：一个经典的理论 / 022
第3章 人格特质：实际应用问题 / 054
第4章 人格评鉴 / 091
第5章 自我与身份认同 / 124
第6章 遗传学 / 168
第7章 人格的神经科学 / 202
第8章 人格的内在心理基础 / 246
第9章 调节与动机：自我决定理论 / 295
第10章 人格的认知基础 / 332
第11章 性别与人格 / 380
第12章 整合的迷你章：性取向 / 423
第13章 整合的迷你章：心理弹性 / 453

目 录

序言 / 001

第1章 我是谁？——理解人格的构成成分 / 001
 什么是人格心理学？/ 003
  人格的构成成分 / 003
   特质 / 004
   遗传学 / 004
   神经科学 / 004
   自我与身份认同 / 004
   人格的内在心理基础 / 005
   调节与动机：自我决定理论 / 005
   认知基础 / 005
  整合观 / 006
  本书的结构 / 007
 心理学家是如何研究人格的？/ 007
  科学方法 / 008
  观察法和人格问卷 / 009
  相关设计和实验设计 / 010
 研究方法示例：真实验 / 012
  数据类型和人格评鉴 / 014
 过去和现在：以人为被试的研究的伦理学 / 015
 科学还是科幻？人格心理学研究新进展简介 / 018
 本章小结 / 018
 问题回顾 / 021
 关键术语 / 021

第2章 人格特质：一个经典的理论 / 022
 什么是人格特质？/ 026
  研究人格特质的两种方法 / 027

个案研究告诉了我们什么？/ 030
  研究个体的人格：个案研究法 / 030
  个案研究法的应用：珍妮的案例 / 031
通则研究法告诉了我们什么？/ 032
  发现普遍性：通则研究法 / 032
    理论法 / 032
    词汇法 / 033
    测量法 / 034
研究方法示例：因素分析 / 034
旨在发现人格普遍原则的通则研究法 / 036
  艾森克的三因素说 / 037
  五因素：大五人格和五因素模型 / 040
    玫瑰的别名？五因素的两个模型 / 045
    五因素模型是生活的终极答案？普遍原则？还是一切？/ 046
  单因素模型 / 047
  六因素和七因素模型……还有更多！/ 048
过去和现在：四种气质类型与五因素模型 / 049
日常生活中的人格：从居住空间能看出一个人的性格吗？/ 051
本章小结 / 052
问题回顾 / 052
关键术语 / 053

第3章　人格特质：实际应用问题 / 054
  五因素模型遗漏了什么？/ 056
    智力是人格特质吗？/ 057
    宗教信仰是人格特质吗？/ 057
    性是人格特质吗？/ 060
    本土人格：存在普遍的人格特质吗？/ 060
  五因素模型在其他文化中的应用 / 061
    人格特质的跨文化研究：人格特质在中国 / 063
  研究方法示例：三角测量法和数据类型 / 065
  人格特质在日常生活中的表现 / 067
    总统的人格特质 / 067
    音乐偏好与人格特质 / 069
    网页与人格特质 / 072
    职业与人格特质 / 074

日常生活中的人格:你的网络形象揭示了你的哪些人格特质? / 074
人格的毕生发展:连续性、变化性和一致性 / 076
　　人们在多大程度上表现出跨时间一致性? / 079
　　人们一般有多大变化? / 081
　　个体是如何形成特定方式的?为什么呢? / 084
　　成人人格来自哪里? / 085
过去和现在:关于哈佛大学毕业生的格兰特研究 / 086
人格特质:理论和应用的结论 / 088
本章小结 / 089
问题回顾 / 089
关键术语 / 090

第4章　人格评鉴 / 091
哪些要素构成了一个优秀的人格测验? / 094
　　测验信度:跨时间、跨测试项和跨评分者的一致性 / 095
　　测验效度 / 097
　　测验可推广性 / 100
研究方法示例:《NEO人格问卷(修订版)》是好的人格测验吗? / 101
人格测验 / 104
　　人格测验的类型和形式 / 104
　　　　自陈式测验 / 104
　　　　表现性测验 / 107
　　反应定势 / 109
人格测验与甄选 / 112
　　正直测验 / 115
　　成功案例 / 116
　　法律问题 / 116
日常生活中的人格:工作面试中可能会问哪些问题? / 117
过去和现在:人格评鉴与婚配 / 119
本章小结 / 121
问题回顾 / 122
关键术语 / 123

第5章　自我与身份认同 / 124
自我概念 / 125
　　自我概念如何发展? / 126

    黑猩猩和自我认知 / 126
    镜中的婴儿是谁？/ 128
    在学校发展的自我 / 129
    青春期和镜子中的自我 / 131
    成熟的自我 / 134
   文化对自我概念的影响 / 135
    个人主义和集体主义 / 137
    独立性自我和依赖性自我 / 138
   可能自我 / 141
    积极可能自我 / 141
    消极可能自我 / 143
  过去和现在：自我 / 145
  自尊 / 147
   自尊水平 / 148
   自尊稳定性 / 149
   自我概念的明晰性 / 150
   高自尊和低自尊的人生成就：谬误和事实 / 151
  日常生活中的人格：搬起石头砸自己的脚来保护自尊 / 151
  研究方法示例：定性资料和内容分析 / 156
  社会身份认同 / 160
   自我展示 / 160
   自我监控 / 163
  本章小结 / 165
  问题回顾 / 167
  关键术语 / 167

第6章 遗传学 / 168
  先天因素和后天因素 / 171
  共同作用的基因与环境 / 172
   遗传力 / 173
   环境影响力 / 174
   共享与非共享环境 / 175
   评估遗传力 / 177
  研究方法示例：相关设计Ⅰ 收养研究和双生子研究的逻辑 / 180
  一般人格特质的遗传力 / 183
  过去和现在：遗传科学 / 185

基因和环境：辩证综合 / 189
    基因型—环境的交互作用 / 190
    基因型—环境的相关关系 / 192
        基因型—环境的相关类型 / 193
        证据是什么？对基因型—环境相关关系的实证研究 / 196
日常生活中的人格：遗传学研究能够带给我们什么？ / 198
本章小结 / 199
问题回顾 / 200
关键术语 / 201

第 7 章　人格的神经科学 / 202

什么是神经科学？我们应该如何学习神经科学？ / 204
    躯体反应 / 205
    大脑结构 / 206
    大脑活动 / 207
    生化反应 / 209
研究方法示例：相关设计Ⅱ：散点图、相关关系以及 fMRI 研究中的"巫毒科学" / 210
人格的神经科学理论 / 213
    艾森克的 PEN 模型 / 215
        艾森克理论的三个维度概述 / 215
        外向性的神经机制 / 216
        神经质的神经机制 / 219
    强化敏感性理论（RST） / 220
        三个神经系统的概述 / 220
        FFFS、BAS、BIS 的神经机制 / 224
日常生活中的人格：人格与猜测惩罚 / 226
过去和现在：颅相学、新颅相学以及人格的神经影像学发展 / 228
人格的神经基础 / 230
    外向性和神经质 / 233
        大脑皮层和杏仁核的结构差异 / 233
        大脑皮层、大脑双侧半球以及杏仁核的大脑活动差异 / 234
        生化反应 / 236
    冲动性和感觉寻求 / 238
        躯体反应 / 241
        大脑活动 / 241
        生化反应 / 242

结语:我们从人格的神经科学中学到了什么? / 242
本章小结 / 243
问题回顾 / 244
关键术语 / 245

第8章 人格的内在心理基础 / 246
西格蒙德·弗洛伊德和心理分析 / 248
背景 / 249
本能:身与心的联结 / 249
揭示无意识 / 250
过去和现在:词汇联想测验和内隐联想测验 / 254
弗洛伊德的人格观点:结构说和地形说 / 257
人格的结构模型:本我、自我和超我 / 257
人格的地形模型:意识、前意识和潜意识 / 259
焦虑和自我防御机制 / 260
反向形成 / 261
隔离 / 262
否认 / 262
抵消 / 263
投射 / 264
转移 / 265
升华 / 266
压抑 / 267
合理化 / 268
性心理发展阶段 / 269
口唇期 / 271
肛门期 / 271
性器期 / 271
潜伏期 / 273
两性期 / 274
弗洛伊德的性心理发展阶段论存在的问题 / 274
研究方法示例:个案研究和心理传记 / 277
弗洛伊德之后的心理动力理论 / 280
依恋理论 / 281
历史简介 / 281
日常生活中的人格:将创伤消灭在住院期 / 282

依恋类型是终生的吗？/ 285
成人的依恋风格 / 286
依恋对成人人格的影响 / 288
本章小结 / 291
问题回顾 / 292
关键术语 / 293

第 9 章　调节与动机：自我决定理论 / 295
三种基本的心理需要 / 298
我们如何满足这些需要？/ 300
培养自主感：自主支持 / 301
培养胜任感：结构和最佳挑战 / 304
培养关联感：参与 / 307
日常生活中的人格：大学生的关联需要 / 308
过去和现在：削弱内部兴趣 / 309
自我决定理论与其他人格心理学理论之间的联系 / 312
自主感与因果观 / 312
胜任感与自我效能理论 / 312
关联感与依恋理论 / 315
研究方法示例：路径分析 / 315
自我调节意味着什么 / 316
动机的类型 / 317
因果取向 / 319
自我决定理论的应用 / 320
健康行为 / 321
运动行为 / 323
工作行为 / 326
追求幸福 / 328
重新回顾跆搏运动研究 / 329
本章小结 / 330
问题回顾 / 331
关键术语 / 331

第 10 章　人格的认知基础 / 332
控制点 / 335
控制点的测量 / 336

　　　　控制点与成就 / 337
　　　　控制点与工作行为 / 337
　　　　控制点与生理及心理健康 / 338
　　　　控制点与社会行为 / 339
　　　　控制点的文化差异 / 340
　　过去和现在：控制点 / 340
　　习得性无助 / 342
　　解释风格 / 346
　　　　解释风格的测量 / 348
　　　　解释风格与成就 / 351
　　　　　学校 / 351
　　　　　运动 / 352
　　　　解释风格与工作行为 / 355
　　　　解释风格与生理及心理健康 / 356
　　　　　生理健康 / 356
　　　　　心理健康：抑郁 / 357
　　　　解释风格与社会行为 / 361
　　　　解释风格的文化差异 / 362
　　研究方法示例：田野研究和自然操纵 / 362
　　气质性乐观 / 365
　　　　气质性乐观的测量 / 368
　　　　气质性乐观与应对策略 / 369
　　　　　乐观的信念和期望 / 369
　　　　　乐观主义与应对策略 / 370
　　　　　乐观主义者采取行动 / 372
　　　　　乐观主义与判断可控性 / 372
　　　　　乐观的信念与心理机能 / 373
　　日常生活中的人格：让人们变得更乐观 / 376
　　本章小结 / 377
　　问题回顾 / 378
　　关键术语 / 379

第 11 章　性别与人格 / 380
　　关于两性人格的相似性和差异性的观念 / 382
　　研究方法示例：效应量和元分析 / 384
　　人格的性别差异：真相还是杜撰？ / 386

　　　　五因素模型的性别相似性和差异性 / 392
　　　　人格及社会行为的其他方面的性别差异 / 394
　　　　　　攻击性 / 394
　　　　　　冒险性 / 395
　　　　性别差异？看情况！ / 396
　　　　　　共情 / 396
　　　　　　情绪 / 397
　　　　　　焦虑 / 399
　　　　　　助人行为 / 400
　　　　　　领导力 / 400
　　　　　　易受影响性 / 400
　　　　　　自尊和自信 / 401
　　　是什么导致了性别差异？ / 402
　　　　　　进化 / 405
　　　　　　社会背景 / 406
　　　　　　社会角色理论 / 407
　　　　　　社会建构 / 410
　　　　　　生物心理社会模型 / 411
　　　日常生活中的人格：人格的性别差异观念造成了什么影响？ / 415
　　　过去和现在：性别的定义与评鉴 / 416
　　　本章小结 / 421
　　　问题回顾 / 422
　　　关键术语 / 422

第 12 章　整合的迷你章：性取向 / 423
　　　性取向：神话与误解 / 426
　　　日常生活中的人格：美国社会中的异性恋规范 / 427
　　　什么是性取向？ / 428
　　　多少人是男同性恋、女同性恋、异性恋或双性恋？ / 431
　　　什么决定了性取向？ / 434
　　　　　生物学解释 / 434
　　　　　　进化 / 434
　　　　　　遗传 / 436
　　　　　　脑结构 / 437
　　　　　　孕期因素 / 438
　　　　　环境理论 / 444

　　　　交互理论 / 444
　　　　　　相异引发性欲 / 444
　　　　　　爱与性欲的生物行为模型：对女性性体验的解释 / 446
　　　本章小结 / 451
　　　问题回顾 / 451
　　　关键术语 / 452

第 13 章　整合的迷你章：心理弹性 / 453
　　　什么是心理弹性？ / 455
　　　心理弹性的人格特质 / 456
　　　　坚韧性：控制感、承诺和挑战 / 457
　　　　特质性心理弹性 / 461
　　　　积极情绪 / 465
　　　　　积极情绪促进适应性的应对方式 / 466
　　　　　积极情绪修复消极情绪的生理危害 / 468
　　　　　积极情绪增加思维的灵活性 / 469
　　　　　积极情绪建立持久的社会关系 / 471
　　　　　积极情绪的螺旋式上升 / 472
　　　具备良好心理弹性者的七个习惯 / 473
　　　日常生活中的人格：谁是快乐的？ / 475
　　　本章小结 / 476
　　　问题回顾 / 477
　　　关键术语 / 477

参考文献 / 478

照片版权目录 / 536

序 言

本书与当前人格心理学领域的许多其他教科书有什么不同之处？本书的指导思想是循证：全书的内容主要是基于心理学家关于人格的实证研究结果。

本书的书名直接反映出了本书的主旨：人格心理学——基础与发现。"基础"是指在人格特质、遗传学、神经科学、自我与身份认同、内在心理方面、调节与动机以及人格认知等领域的基本的问题及当前所积累的知识。"发现"即上述研究领域中的人格心理学家经过不懈努力而取得的新近研究成果。通过对于上述两个部分的学习，您就能够对人格心理学领域的新进展有一个清晰的认识。

在学习人格心理学的过程中，我希望您能够更清晰地了解您自己、您身边的人，以及如何将人格心理学知识运用到日常生活中去。而且，我希望基础研究能够帮助您理解和解释未来人格心理学及其相关领域中的一些新的发现。尽管不少的理论仍需修正，不少认识会得到更新，但评估研究结果，并加以整合，以构建人格心理学知识体系的科学方法将会一直贯穿于本书的所有版本。

致教师：本书的使用方法

这本书所涉及的人格研究更多的是收录于最新的《人格心理学手册》(John, Robins, & Pervin, 2008)，而非人格心理学的理论和流派的概述。一直以来，人格心理学家所做的研究工作和学生在人格心理学课堂上所学的理论知识之间存在着不小的偏差。我相信绝大多数学校都开设了这两类课程（研究性课程和理论性课程）。我恰好在心理系教书，我所在的这个心理系很注重研究，所以我们心理系的学生除了上统计课，还要上四门实验课。每个学生大四都要写毕业论文，包括原创性研究。我已经教授了20多年的社会心理学和人格心理学的实验课。

由于本书所讲述的是人格心理学领域的研究现状，因此您将不会看到那些通常会出现在其他同领域教科书上的主题和内容。本书并未专门采用章节来讲述人格心理学的理论流派，诸如人本主义和行为主义流派。但本书深入分析了西格蒙德·弗洛伊德，但并未详述卡尔·荣格、卡伦·霍妮和阿尔伯特·班杜拉，而且未提及B.F.斯金纳。如果您希望的话，本书有很多地方可以让您在讲课时插入讲解这些著名人物及其理论。

作为一名老师，我建议您注意一下人格研究的循证视角（research-based view）。我的教书经验让我钟情于那些能够激发学生兴趣的，或者即便学生尚未修完所有的研究方法课程也能令其受益匪浅的研究。当然，根据授课的具体需求，您可能会选择性地关注其中的某些研究方法和技术，您可能会整章整节地跳读。如果要跳读的话，那么我强烈建议您关注本书最后几章——性别、性取向、心理弹性（resilience）——因为这几章的论述是以之前的章节为基础的。

增补内容*

为了帮助您更好地使用，本书还有一些增补内容，能够帮助学生掌握人格心理学的基础知识和研究进展。培生教育出版集团（Pearson Education）非常愿意为符合条件的读者提供以下增补内容：

教师资源手册（Instructor's Resource Manual, 0-205-85365-X）：这本手册能够帮助您更好地授课，并为您节省备课时间。这个资源里囊括了最有效的教学活动和教学策略。里面的材料按照不同的章节编排，包括了章节纲要、关键术语、授课提要、讨论主题以及课堂活动。请到教师资源中心（www.pearsonhighered.com）下载相关内容。

测验题库（Test Bank, 0-205-09678-6）：每章都设有多选题、判断题、简答题以及论述题。请到教师资源中心（www.pearsonhighered.com）下载相关内容。

"我的测验"题库（MyTest Test Bank, 0-205-09678-6）：这是一个非常好的测题生成程序，能够帮助教师轻松地生成和打印随堂测验和测验试卷。课堂问题和测验可以在线编写。这大大增强了教师施测的灵活性和效率，使得老师们能够在任何时间、任何地点有效地管理测验！老师们可以很轻松地获知现存的问题，并仅仅使用简单的下拉工具条以及类似于 word 的控件，就能对这些试题进行编辑、生成和存储。每道题都有难度水平，以及课文中与之相应讨论的页码。此外，每道题都能对应到教科书的具体章节和学习目的。更多信息请到 www.PearsonMyTest.com 下载。

标准化 PPT 演示（Standard Powepoint Presentation, 0-205-09674-3）：PPT 演示是一个十分有趣的课堂教学互动工具。我们在每一章都为关键概念配上了生动的配图，以帮助学生学习。请到教师资源中心（www.pearsonhighered.com）下载相关内容。

课程精灵电子书（CourseSmart eTextbook, 0-205-09677-8）：对于学生来说，订阅在线课程精灵电子书是一个很好的省钱方法。学生可以在线订阅与纸质教科书内容完全相同的电子书，这样可以节省多达 40% 的费用。有了课程精灵电子书，学生就可以查找内容、在线记笔记、打印与课程有关的阅读作业，以及为重要的课文内容做书签以便后续阅读。更多信息请到 www.coursesmart.com 下载。

"我的搜索"实验室（MySearchLab, 0-205-23992-7）："我的搜索"实验室是一个致力于在线体验的个人化学习工具。它的特点包括了为重要内容标注着重记号、添加笔记，或者可以将相关内容直接下载到 ipad 上。各个章节的测验和闪存卡可以给予即时反馈，并将结果

---

* 增补内容版权归属培生教育出版集团，中文版未引进。如需查询，请咨询培生教育出版集团。

传输到成绩册。大量的写作、语法、研究工具,以及各种学术期刊、调查数据、美联社新闻摘要、学科专业读物的链接都可以帮助学生提高写作和科研能力(www.pearsonhighered.com)。

致学生:关键特色

> "传统的科学方法总是显得事后诸葛亮。它可以让你知道你在哪儿,也可以检验你认为你知道的真相,但是它无法告诉你该怎么做。"
>
> 罗伯特·M.波西格(Robert M.Pirsig)

本书有很多特别之处,能够帮助您对研究产生兴趣。第一,本书中的每一章都会以一个极具启发意义的问题开篇,来引发读者对本章主题的兴趣。

第二,我会对各种研究方法进行整合,并分别在前十一章中的**研究方法示例**部分论述这些方法技术,而不是专门设置一章来讲述研究方法。根据我的经验,许多讲述研究方法的章节显得相当枯燥,由于初学者并不具备相应的背景知识,因而无法充分意识到学习研究方法的重要性。同样地,讲述研究方法的章节通常会被安排在教科书的开头部分。这样,当读者对某个研究主题产生兴趣并一探究竟时,他们不得不首先花费时间对研究方法学习一番,而后才能真正着手研究。通过对方法进行整合,读者将能够很快地看到某一种方法是如何被运用于解决实际问题的,而无需在一开始死记硬背以备后面应用,或者回过头去复习。

例如,在第1章中,您会很快学会什么是真实的实验。在第6章中,您会发现真实的实验经常面临伦理和实际操作方面的困难,因而您将学习到相关的实验设计知识。在第11章中,您可能会想人格是否存在性别差异,那么您就会学习统计学是如何在平均水平上量化这些差异的。通过这种方式,学生能够在具体的情境下学习每一种研究方法,并且课本所提供的材料能够强化这种学习的效果。可以肯定的是,对人格心理学领域中常用研究方法的系统学习会耗费您一整个学期的时间,但您可以采用一种有意义且可持续的方式进行。研究方法示例包括以下内容:

- 真实验(第1章)
- 因素分析(第2章)
- 三角测量法和数据类型(第3章)
- 人格评鉴。《NEO人格问卷—修订版》(NEO-PI-R)是一项良好的人格测验吗?(第4章)
- 定性的数据和内容分析(第5章)
- 相关设计Ⅰ:收养研究和双生子研究的逻辑(第6章)
- 相关设计Ⅱ:散点图、相关以及fMRI研究中的"巫毒科学"(第7章)
- 个案研究和心理传记(第8章)
- 路径分析(第9章)
- 现场研究和自然操纵(第10章)

■ 效应量和元分析(第 11 章)

第三,第 1 到第 11 章还包括了"**过去和现在**"部分。该部分向读者呈现了某个研究方法和范式的历史发展进程。科学家们通常会耗费相当长一段时间致力于某个领域,甚至是某个具体的研究课题。而你从研究中所得到的并非问题的答案,而是更多的问题!科学研究向前推进的方式是提出更复杂的问题,并采用更精确的方法来回答问题。伊萨克·牛顿爵士(Sir Isaac Newton)说:"如果说我看得更远,那是因为我站在巨人的肩膀上。""过去和现在"部分能够教会你如何看待一个研究课题及其发展。这种方式能够让你理解众多的研究成果是如何进行整合并且相互支持的,而不是看起来存在于真空当中毫无意义。

第四,每章都设有自我评估环节,为的是在个性化的水平上帮助你发现一些自己的问题。这些自评测题都是人格心理学家在各自的研究中经常使用的真实问题。要想理解一个问题,我认为没有什么比亲身体验更好的方法,而且这些自评测题会帮助你更好地了解自己。例如,当你学习西格蒙德·弗洛伊德及其心理分析方法时,你就会了解自己从早期家庭关系发展至今的成人依恋风格。在第 7 章中,你会知道自己的感觉寻求方式是怎样的。你还可以在相关章节中了解到自己的心理弹性如何,自己的男子气和女子气如何,以及了解自己的性取向。自测题包括以下内容:

■ 科学还是科幻?(第 1 章)
■ 《十项人格问卷》(第 2 章)
■ 《灵性超越量表》(第 3 章)
■ 《认知需求量表》(第 4 章)
■ 《二十项陈述测验》(第 5 章)
■ 《罗森伯格自尊量表》(第 5 章)
■ 遗传和环境对人格的影响(第 6 章)
■ 《简易感觉寻求量表》(第 7 章)
■ 成人依恋风格(第 8 章)
■ 《大学生归属需要问卷》(第 9 章)
■ 《生活取向测验》(第 10 章)
■ 《个人特质问卷》(第 11 章)
■ 性取向的神话与误解(第 12 章)
■ 《心理弹性量表》(第 13 章)

第五,每一章(除第一章)都设有"日常生活中的人格"部分,并在页边设有"自测题",来帮助你体验、应用以及最终理解文中所探讨的问题。

第六,书中的页边会有"自测题",并且每章的最后部分设有"问题回顾",以此帮助你思考文中所讲述的研究和理论。要主动地思考,而非被动地阅读,这样才能更好地掌握知识。

第七,本书开列了大量的参考文献(将近 2 000 条!)。如果你对每个主题都进行了充分的参考文献查阅,那么你一定能够掌握独立研究的技能。也许你会有机会在人格心理学领域撰写论文或者设计研究课题,那么这本对于每个主题都附带有大量参考文献的书可以成为你开始课题研究的很好的资源。尤其是我在本书中囊括了许多人格测验的参考文献条目,以帮助你查找到这些资源,用于自己的研究。

最后,本书设有三个综合章节,分别探讨了性别、性取向以及心理弹性(分别是第11、12、13章)。这三章内容都建立在之前章节的论述基础上。例如,心理学家仍然未能清楚地认识到是什么决定了我们的性别和性取向。目前的结果显示部分的原因是生理上的,部分的是心理上的。同样,在决定心理弹性的众多因素中,有些与生理构成有关,有些与情绪反应有关,也有一些与我们对事件的认知解释有关。通过阅读这些章节(从第2章到第10章),你就会知道,心理学家是如何将人格的各个组成部分捏合到一起,并最终理解人格的。

在本书中,你不会看到以下的这些内容。首先,我主要关注健康人的人格,而非心理病理学或者人格障碍。与其他心理学家一样,我将心理健康视为一个连续体(Krueger & Tackett, 2003; Widiger & Smith, 1999),因此,所谓正常人格和变态人格之间的差别,本质上只是一种程度上的差异,而非性质的不同。防御机制发展为幻觉的转折点在哪里?谁能够对此进行判断?通过为你提供人格组成部分的相关知识,我能够帮助你在自己的研究上迈进一步,或者为学习接下来的心理学课程做好准备。

此外,我的目的是写一本适用于所有人的人格心理学书,而不考虑人格的文化差异。我相信人格的组成具有普遍性,尽管有些方面会带有不同的文化色彩。我并未在书中专门设置一个章节,或者在文中设置一个专门的文本框来讨论人格的文化影响问题,而是将其研究发现分散在整本书中加以讲述。通常,人格的组成成分并未显示出文化差异,但如果存在这方面的差异,那么我一定会在相关的章节中进行讨论。

在读完这本书时,我希望你能够像我一样对人格心理学产生浓厚的兴趣。这里,我想引用拉尔夫·沃尔多·爱默生的一段话:

> 不要羞于或害怕尝试。生活就是实验。实验得越多,你就能做得越好。如果你的人生实验略显粗劣,你会让自己衣衫褴褛吗?如果你的人生实验真的失败了,一两次跌倒在污水里,没关系,再站起来,你永远不要害怕跌倒。

那么,就让我们一起开始实验吧。

鸣谢

这本书凝聚了许多人的努力。我衷心地感谢你们每一个人(无论我接下来是否提到了你们的名字)。这些人当中有我以前的学生,他们激励我道:"你可以写出比这更好的书";也有我在阿卡迪亚大学的同事(Josh Blustein、Steve Robbins、Ned Wolff、Angela Gillem、Maddy Brener、Dawn Michelle Boothby、Peggy Hickman、Sheryl Smith 和 Wes

Rose）和其他地方的同事（摩拉维亚大学的 Dana Dunn，罗彻斯特大学的 Ed Deci），他们看了早期的文稿并提出了宝贵意见；也有那些为我鼓劲，并在写作过程中与我分享经验和专业知识的同事（Barbara Nodine 和 Les Sdorow）。我尤其要感谢培生的编辑团队（Susan Hartman、LeeAnn Doherty、Jeff Marshall），他们帮助我做到了不可能做到的事情，以及评审专家（贝里学院的 Victor Bissonnette，德州大学阿灵顿分校的 Ronan Cuperman，菲奇堡州立大学的 Daneen Deptula，鲍尔州立大学的 Thomas Holtgraves，西北大学的 Ben Gorvine，维拉诺瓦的 John Kurtz，瓦邦司社区学院的 Herther LaCost，帕克斯堡西弗吉尼亚大学的 Phil O.McClung，西北大学的 Daniel Molden，里德学院的 Kathryn C.Oleson，东肯塔基大学的 Richard Osbaldiston，加州圣玛丽学院的 Christina L.Scott，德克萨斯大学阿尔帕索分校的 Matthew Scullin，加州州立大学贝克斯菲尔德分校的 Chuck Tate）。同样要感谢 PY332 的学生，他们在 2011 年的春天给本书的早期草稿提出了意见；Dottie Ettinger 和心理系的学生工作人员；馆际互借处的 Jay Slott、Michelle Realle，以及阿卡迪亚大学朗文图书馆的学生工作人员；以及教务长 Michael Berger 和系主任 John Hoffman，他们支持我暂时放下教学任务而专心于为期一年的研究和撰写工作。

就我个人而言，我要感谢我们的朋友和我丈夫（Zuzanne DuPlantis、Reiko Finamore、Troy Finamore、类比与隐喻大师 Rick Arras、Adam Levy、Eileen Kim），他们忍受了我在吃饭和网上聊天时的唠叨和沮丧；我的家人，他们身上所发生的故事、说过的话以及照片偶尔也会出现在本书中；负责校对的 Phil Jones；Monique Legaré 和我的舞伴对于我数次错过排练表现出极大的宽容；我的个人后援团，Jayne Antonowsky、Parviz Hanjani 和 Susan Nolte；感谢 Dimitrios Diamantaras 校对和编排了本书中的文字；以及我那"疯狂"的内侄 Dominick，他和他的妻子 Margherita 以及丈母娘 Rosaria 带我一起去迪斯尼乐园，他希望能在我们第一次参观魔幻王国的时候看到我和我内侄女喜悦的神情，而这一切都使得我不至于在写书的整个过程中过于紧张。

作者简介

玛丽安·米瑟兰迪诺（Marianne Miserandino）来自于心理学教学协会[美国心理学会（APA）第二分会]，是2010年度四年制学院和大学罗伯特·S.丹尼尔（Robert S.Daniel）杰出教学奖得主。她同样也是2009年阿卡迪亚大学（Arcadia University）的年度教授，以及2000年林德柏克（Lindback）杰出教学奖得主。她目前维护着一个面向人格心理学教师的人格教育网站（http://personalitypedagogy.arcadia.edu），为此她获得了美国心理科学协会（Association for Psychological Science，APS）所设的心理科学教学和公众理解基金的资助。

作为APA《教学心理学》（Teaching of Psychology）杂志的新闻编辑、审稿人以及长期投稿人，她对于教学的贡献有目共睹。作为阿卡迪亚大学学院关于西格蒙德·弗洛伊德、阿尔弗雷德·阿德勒及维克托·弗兰克（Viktor Frankl）心理学全球研究的一部分，她设计并主持了在越南和澳大利亚开展的为期4周的海外研究。

米瑟兰迪诺博士在罗彻斯特大学（the University of Rochester）获得了心理学学士学位，并在康奈尔大学（Cornell University）获得了社会人格心理学博士学位。在罗彻斯特大学结束了关于人类动机的博士后研究及一段时间的全职教学工作之后，米瑟兰迪诺博士来到了阿卡迪亚大学。

她是美国心理学会的理事，同时也是美国心理科学协会、人格和社会心理学协会、教学心理学协会、六西格玛—科学研究协会（Sigma XI—The Scientific Research Society）以及菲卡帕菲（Phi Kappa Phi）荣誉协会的会员，并服务于美国心理学会第二分会少数民族问题工作组。

第 1 章

我是谁？——理解人格的构成成分

什么是人格心理学？
  人格的构成成分
    特质
    遗传学
    神经科学
    自我与身份认同
    人格的内在心理基础
    调节与动机：自我决定理论
    认知基础
  整合观
  本书的结构
心理学家是如何研究人格的？

科学方法
  观察法和人格问卷
  相关设计和实验设计
研究方法示例：真实验
  数据类型和人格评鉴
过去和现在：以人为被试的研究的伦理学
科学还是科幻？人格心理学研究新进展
  简介
本章小结
问题回顾
关键术语

到"我的搜索"实验室（mysearchlab.com）阅读本章

  "每个人都是不同的。"

——广告语

  高一暑假，我和妈妈在长岛的东海岸度过了几周时间。我从小就喜欢海，希望有机会能够每天都去海边玩。一直以来，我都认为自己对海洋了如指掌，要知道我在长岛生活了14年。但是那个假期让我意识到我对海洋还知之甚少。

  大海每天都会发生变化，我十分着迷于它每天的不同景象。有时它很平静，在水淹没头顶之前，我们可以往水中走出很远。有时它波涛汹涌，海浪把海水卷起很高后再狠狠地摔下，这对孩子们来说下海就很危险。有时海水会变得很温暖，但一夜的暴风雨会将大海深处的冰冷海水卷到岸边。海水的颜色也会发生变化，近处是浅绿的，远处是深绿的，再深一些的地方甚至是黑色的。在那个假期，每次看着海，我都会花很多时间思考想象，最后我惊奇地发现，海洋像人一样拥有人格。

用大海来比喻人格再合适不过了，因为两者有很多相似之处。海是由水组成的，但又不仅仅是水。大海还会有潮汐、波浪、逆温、海藻、海洋生物等，它庞大而深远，它有规律地变化着。我们能够仅仅通过研究水分子结构来了解海洋吗？我们能够只测量大海的深度而忽视海岸线吗？很显然不能，因为大海拥有很多不同方面。即便科学家将其毕生的精力投入研究，也只能关注海洋的一小部分。海洋是所有组成部分的总和，又不仅仅是这些部分的简单相加，在这方面海洋和人格一样。

为了理解人格的概念，我们首先要了解这个人究竟如何。例如她是外向的还是内向的？他好相处吗？她容易接受新观点吗？他负责任吗？他会是一个好伴侣吗？她会是一个好的实验搭档吗？同时我们还需要了解遗传学和生理学，包括我们的躯体、神经、激素和脑结构，它们负责接收和加工信息并控制行为。此外，我们还要考虑到有些人格特质可能掩藏于表面之下，就像海洋会有潮汐和无数的生物潜藏在它的深处一样。我们同样需要知道一个人应该如何应对生活中的风浪。

即便如此，一个人也绝不只是这么简单，因为整体远大于部分之和。比如，个体如何影响世界？个体如何看待她或他自己？他或她如何与别人互动？性别、性取向、社会身份和自我概念又是怎样影响个体的？就像海洋是包括鱼、鸟、天空、陆地在内的地球生态系统的一部分，个体是如何适应大的社会环境的呢？还有，像海洋一样，个体是如何随时间变化，却又保持整体不变的呢？

两位早期的人格心理学家认为人格的某些方面具有普遍性，某些方面是某一类人所共有的，有些特质是某一个体独有的(Kluckhohn & Murray, 1984)。

无论在哪个文化背景下，对于全人类来说，每个人都是由基因组成的，具有大脑和神经系统，出生在一个社会群体中。无论上述因素在多大程度上影响了人格，人类的人格必然有着共同之处。

当然，每个人是不一样的，这些差异是有规律，有原因的。从基本层面上来讲，有些人乐于冒险和结识陌生人，我们称其为外向者。而另一些人——内向者——则更喜欢自己待着。我们认为行为举止相似的人也会有相似的人格特质，比如他们是外向的还是内向的，是神经质的还是情绪稳定的，是开放的还是拘谨的，是和蔼可亲的还是难以相处的，是负责任的还是冲动任性的。

最后，人类的另一个普遍特性在于渴望自我实现（成为我们想要成为的人，发展和表现我们的个人特性）。虽然我们有相同的机制（遗传、生理和神经）、相似的特质（内向、外向）、相似的生活经验（依恋照顾者、性别适应、创伤、幸福感），但是这些人格成分的组合方式千差万别，这也就形成了独一无二的你。

每一个人都不同，人格心理学家试图研究人与人之间的相似性和差异性。

整体大于部分之和：就像左侧的小图片，合在一起构成了右侧的整张脸。人格也是由不同的成分组成的。

在这本书中，我会和大家分享人格的组成成分，从基因的微观层面到社会的宏观层面。我希望帮助大家把这些因素整合在一起，让我们能够从整体与超越的视角理解人格的功能。

什么是人格心理学？

人格心理学（personality psychology）是研究我们如何成为我们自己的一门科学学科。它运用科学的方法研究个体差异：识别人们在哪些方面相似或者不同，并解释其原因。

人格心理学的部分内容是识别和研究我们思考或行动背后的构成因素。就像本页插图所显示的那样，尽管左侧的图片只是很多不同的小图，但合在一起看就成了美丽的面孔，达到整体大于部分之和的效果。人格也是一样，虽然我们研究构成人格的个性化元素，但是这些元素组合起来构成一个不可复制的整体的人，这种组合方式不能被简单地还原成各个部分，人格是远远大于组成部分之和的。之所以有个体差异，不仅仅是因为人格构成的不同，也因为人格的组合方式不一样。

人格的构成成分

哪些成分构成了一个独特的个人呢？大部分心理学家都同意：如果要理解人格，首先要理解特质、遗传学、神经科学、自我与身份认同、心理的内在基础、自我调节与动机以及认知。社会和环境对这些维度都有影响。例如，环境因素——文化、社会、父母和同伴对个体社会化的影响——对我们的人格有巨大影响。社会环境对人格的影响是多层面的，从自我与身份认同到遗传都会受到影响，所以一定不要把社会影响看成是一个孤立的部分，而应该把它看作是贯穿整个人格的基础成分。以下是人格构成单元的详细介绍。

> "一旦两个人碰在一起,就变成了6个人,因为每个人都是3个人:自己认为的自己,他人认为的自己,和真实的自己。"
>
> 威廉·詹姆斯(William James)
> 美国心理学之父

特质 我们是怎样描述人格,并识别重要的人格特质的呢?答案是通过**特质**(traits)。特质是指个体在不同时间和环境中思考、感受、行动的典型方式。我们先天所具有的生理结构和机能会使我们更容易发展出某些特定的人格特质,但是也有许多其他特质是在社会化过程中(来自父母、同伴、老师、社会)和个人的生活经验中发展而成的。这些特质伴随我们终身,并通过各种方式表达出来,比如我们握手的方式,喜欢的音乐类型,甚至如何布置房间和选择何种职业。我们会在后面的章节中对上述内容做更为详细的介绍。

自测题

你会怎样描述你自己?闪现在大脑中的词汇大部分都是特质词汇。

遗传学 人格始于我们从父母那里遗传的基因。几千年来,进化保留了有利于种族生存或个体及其近亲生存的行为(Confer et al., 2010)。**遗传学**(genetics)就是一门研究基因和环境是如何影响人格和行为的学科。我们知道,基因会在很大程度上影响人格,但是环境却会影响人格的所有方面。就像我们将在第6章里谈到的一样,先天和后天因素共同造就了我们。我们可能通过遗传获得了某些特定的人格特质,也遗传了某些特质出现的可能性,即这些特质是否在我们的人格中表现出来还要取决于所处的环境。

思考题

我们遗传了"可能性",这句话是什么意思?

神经科学 基因编码了我们的躯体,包括脑和神经系统。**神经科学**(neuroscience)通过考察躯体反应、脑结构、脑活动和生化活动来探索脑和神经系统对人格和行为的影响。一些研究表明,外向性、神经质和冲动性与个体在生理和神经方面的差异有关。这些差异可能在个体出生伊始就存在,或者在出生后很快就获得了。尽管我们的环境和经验会影响这些特质的发展,但是现有研究已经发现部分人格特质具有神经基础,至少刚才提到的三种特质是这样的。

自我与身份认同 自我认同是我们对于自己是谁的认识,包括自我概念、自尊和社会身份认同。人类的一个重要标志就是反思自我。我们知道我们是谁,这就是自我概念。

我们会对自己有评价,这就是自尊。我们还会试着以一定的方式向别人展示自己,也会接纳他人对我们的评价,这就是社会身份认同。曾经有科学家认为只有人类才有自我意识,现在我们知道其他一些物种也有这种能力,比如海豚和黑猩猩。除了特质之外,自我概念和社会身份认同也是人格的组成成分。

思考题
自我是先天具有的,还是后天发展而来的?

人格的内在心理基础 有了自我概念,我们可以通过对意识和潜意识中的想法和感受进行内省来审视自我,这也是人格的一部分,即**人格的内在心理基础**(intrapsychic)。你一定听说过弗洛伊德,他建立了一套完整的理论,包括我们的潜意识动机和保护我们免受威胁性想法与欲望伤害的防御机制。

弗洛伊德对心理学的重要贡献之一就是让我们认识到个人的身体障碍可能存在心理原因,通常是潜意识的。他认为早期经验是挥之不去的,虽然我们意识不到,但必定会在成年后的人格上留下烙印。同时,弗洛伊德是最早提出人格具有可变性的人之一,并以此创建了精神分析疗法。从弗洛伊德时代开始,尽管他的理论有合理之处,但还是有些地方受到科学界的批评(Westen,1998a)。今天,为了完整地理解人格,必须把无意识动机考虑在内,包括防御机制和依恋——从个体出生起对抚养者的依恋到成人后亲密关系中的依恋。

> "如果一个人受到母亲的过度溺爱,那么他一生都会有骄傲的感觉。这种对成功的自信并不能真的带来成功。"
>
> 弗洛伊德

调节与动机:自我决定理论 尽管弗洛伊德认为人是由无意识控制的,但是当代动机理论认为个体能够(也的确)调节他们的意识和潜意识。自我决定理论(Deci & Ryan, 1985;Ryan & Deci, 2008)认为,当个体可以自由选择并胜任工作,与周围人也保持良好的关系时,他们就会劲力十足并且自觉地完成手头的任务。个体在自我决定和调节动机方面存在差异。**调节与动机**(regulation and motivation)是关于人们如何对环境做出适应性反应的人格组成成分,这种调节既可以是有意识的,又可以是无意识的。

认知基础 人们加工信息的方式是不同的,尤其涉及生活事件的起因和对他们的影响,以及对于未来的预期。在控制点、习得性无助、习得性绝望、悲观和乐观等方面都存在个体差异。**认知基础**(cognitive foundation)描述了人们如何感知和思考关于自身和外部世界的信息。

整合观

最后，我们将上述的人格组成成分**整合**（integration）到一个完整的人身上来。对于人格来说，整体大于部分之和。看看你自己的人格就会知道。你拥有独特的基因，它们决定了特定的生理反应和脑功能，与生活经验一起形成你的一些特质。你可以说出自己是谁，成为世界想让你成为的人。你也能模糊地知道潜意识的动机和欲望，比如你感觉与某个人有情感依恋，你可能对某一项活动充满热情，而对另一些活动感到无聊或想逃离。你可能积极地（或者消极地）面对世界，相信你能够控制发生在你身上的任何事情（或者完全控制不了！）。知道所有这些就可以说我们真的了解你吗？

大多数时候，上述内容都是一些相互独立的话题。也就是说，我们可以理解其中一些话题，而完全不考虑其他话题（的确，你的老师可能会将本书的顺序打乱或者忽略某几章）。然而，只有了解这些单元是如何构成又如何相互作用的，你才能理解人类经验最有趣的部分。

以性别为例，性别在多大程度上是由基因和生理决定的？又在多大程度上是由学习和社会化塑造的？性别认同是基于想法、信念和认知吗？社会关于性别的信念对我们有哪些影响？男性和女性真的存在人格差异吗？要回答这些问题，我们需要了解遗传学、生理学、自我和认知。在理解人际吸引时，问题和答案会更加复杂和有趣。基因、神经机制与认知、依恋、动机的交互作用决定了性取向。

思考题

男性和女性是否存在人格差异？这些差异是先天的还是后天的？

或者以人类如何应对压力作为例子。是否生理差异使得一些人更难应付压力，而另一些人则充满弹性？或者应对压力更多是心理问题而不是问题本身？是不是某一些类型的人应对压力和灾难的能力更强？想要回答这些问题，我们需要对神经科学、认知和人格特质有所了解。

我是谁？我比自己的基因、神经系统、特质、自我概念和身份认同、潜意识动机、依恋和认知的总和更复杂吗？

本书的结构

本书把人格的 7 个构成成分归为 5 个部分,每一部分围绕一个问题展开,并专设一个综合论述章节。

- **第一部分:人格的基础——你如何描述自己?** 在这个部分,我们介绍人格特质理论、特质在生活中的表现,以及如何准确地测量人格。我们也会谈到人们是如何认识自我的。在读完这部分之后,你会了解心理学家是如何描述人格的,以及人们是如何通过自我概念、自尊和社会身份认同认识自己的。这个部分包括 4 章内容,分别是第 2 章,人格特质:一个经典的理论;第 3 章,人格特质:应用问题;第 4 章,人格评鉴;第 5 章,自我与身份认同。

- **第二部分:人格的生物学基础——什么造就了你?** 在这一部分,我们聚焦于个体独特的基因对人格的影响。此外,我们介绍个体独特的脑和生理基础对人格的影响。综合起来,就是人格的生物学基础。这个部分包括第 6 章,遗传学;和第 7 章,人格的神经科学。

- **第三部分:人格的内在心理基础、调节与动机——你认为自己是谁?** 人格心理学家研究人格的深层结构,甚至是人类本身都意识不到的层面。弗洛伊德是该领域的第一人,但绝不是最后一个。人格的潜意识理论认为无意识对人格有着重要影响。本书在这一部分会介绍弗洛伊德的理论,以及一些关于潜意识(如动机、欲望和情感依恋)是如何影响人格的现代理论。这部分包括两个章节,分别是第 8 章,人格的内在心理基础;第 9 章,调节与动机:自我决定理论。

- **第四部分:人格的认知基础——你如何看待自己?** 在人格领域,哲学家笛卡尔(René Descartes)的名言"我思故我在"得到了心理学家的高度认可。我们特有的想法,比如关于能够控制周围的事情或者感到很无助,它使我们成为我们自己。知道个体是如何思考的,比如是积极乐观还是消极悲观,这不仅可以洞察他/她的人格,还可以了解他/她的健康和生活状况。这一部分包括第 10 章,人格的认知基础。

- **第五部分:人格成分的整合观——整体是否大于部分之和?** 最后,在了解了人格的构成成分的基础上,我们需要了解这些成分是如何组合在一起构成完整人格的。就人格而言,整体肯定大于部分之和。也就是说,假如要理解性别和性取向对人格的影响,我们就需要同时考虑多种人格组成成分。实际上,如果你想知道个体是如何在世界上生存,如何经历人生的巅峰和低谷,如何面对疾病和健康,你只有综合考虑这些组成成分才能理解人类精神的弹性。这个部分包括第 11 章,性别与人格;第 12 章,整合的迷你章:性取向;第 13 章,整合的迷你章:心理弹性。

随着我们介绍的深入,你会逐渐知道人格心理学家是如何研究和尝试回答这些永恒话题的。在这里我必须提醒大家,对这些问题的研究引发了更多的问题,所以这本书不是给你最终答案,而是这些问题的现阶段科学研究的汇总。

心理学家是如何研究人格的?

当你和朋友围坐在一起猜测一个在聚会上见到的人的性格时,你可能会好奇人格心理学家和你会有什么区别。简单来说，差异就在于人格心理学家是在做研究。研究可以使我们针对人类行为提出问题，通过设计精确的研究方法来回答这些问题，并检验相互拮抗的各种解释的合理性(Dunn, 1999)。在严格控制的研究中，通过采用合理的方法，科学家能够用实验中得出的结论来解释某种现象。很多时候，他们的发现能够造福个体和整个社会(Dunn, 1999)。

自测题
你认为是什么让人们按照自己的方式来做事情？人格从何而来？

科学方法

研究是基于经验主义的逻辑：通过直接经验归纳出普遍原理。心理学的研究基于**科学方法**，其本质是在确保错误和误差最小的前提下搜集和评估观察数据，并归纳出普遍原理(Dunn, 1999)。科学方法首先要发现世界的基本事实，科学家根据这些搜集到的事实创建理论模型。例如，当你观察聚会上的人时，你会发现他们的行为有着相似或者不同之处，比如一些人比另一些人更爱笑。那么，以这个事实为基础，我们就能推出其他可能正确的假设。我们可能会发现笑得更多的人更喜欢和他人接触。这是真的吗？我们可以通过观察操纵条件下人们的表现来验证这一理论。理论可以帮助研究者提出新的问题，并提示在哪里可能找到答案，以及可能会获得什么样的结论。

研究者依据理论提出假设，并且通过控制的方法验证假设。比如你可以设计一个实验来验证以下假设：在经过控制的实验条件下，聚会上爱笑的人的反应是否显著地区别于不爱笑的人，或者你可以通过施测一系列人格问卷，来看爱笑的人是否普遍具有不爱笑的人所缺乏的特质。

最后，研究者会将他们的成果发表在杂志上、网络上或者在会议上汇报。他们这样做使得研究可以得到其他研究者的验证。例如，在聚会结束后，你通过搜索心理学数据库，如 PsycArticles，找到并阅读一篇其他研究者所做的研究，研究发现人们在聚会上的表现存在差异，并区分出两类人：外向者和内向者。

思考题
常识、轶闻、个人经验、专家意见和研究的区别是什么？

实验法在人格心理学研究中的应用并没有像在心理学的其他分支领域中那样普遍(Cronbach, 1975; Eysenck, 1997)。但是最近十几年中，人格的实验研究数量有了惊人的增长(John et al., 2008)。科学的进程是从随意的观察到操纵的实验研究，前者可以激发关于人类行为的灵感和猜测，后者可以证明某个理论是错误的(Eysenck, 1997，见图1.1)。一旦研究证据支持理论，这个理论就会盛行；而随着相关研究越来越多，它就会成为普遍原理,直到出现新的具有更强解释力的理论取代它。从很大程度上讲,人格心理学领域有着众多理论,但遗憾的是极少(如果有的话)有能够精确反映人类行为规律的理论。

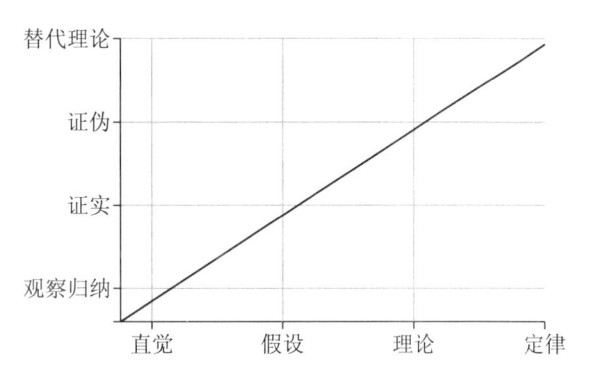

图1.1 科学的进展是一个持续渐进的过程,从最初的猜测到理论和原理,方法越来越精确。
来源:Eysenck(1997,Figure 1,p.1225).Eysenck,H.J.(1997).Personality and experimental psychology. *Journal of Personality and Social Psychology*,73(6),1224—1237。

观察法和人格问卷

与其他心理学家一样,人格心理学家运用很多方法探索人格(Robin, Fraley, & Kreger, 2007;见表1.1)。研究者采用的方法取决于他们的研究目的。例如,研究者可以采用**观察法**来观察人们的行为,从而理解某一特定现象。比如,是不是有些人在聚会上比别人话多?针对观察到的现象,研究者提出猜测和**假设**。继续刚才的例子,研究者可能假设外向者比内向者说话更多,他可能给参加聚会的人发放自陈人格问卷,检验外向者是否比内向者话多。**自陈人格问卷**(self-report personality questionnaires)是一系列的测验,被试回答一些关于自己的问题,被试的回答能够反映一些人格特质。例如,他们是否健谈、外向、好交际,这些正是外向者的典型特质。另一个研究者可能假设外向者比内向者交流范围更广。她可能先实施人格问卷的调查,并将受调查者的回答与其谈话的数量和持续时间联系起来。

表1.1 人格心理学研究中采用的研究方法

研究方法类型	平均使用频率	使用者比例(%)
自陈量表和问卷	6.17	100
自我评定和他人评定	5.07	99
关系密切者的报告	3.68	86
行为观察	3.58	89
结构化面试	3.15	76
行为反应	3.11	81
其他判断任务(如刺激判断)	3.10	79
陈述性或开放性问卷	3.03	74
反应时	2.93	61
经历抽样	2.89	65
内隐测验	2.76	64

(续表)

研究方法类型	平均使用频率	使用者比例(%)
记忆任务	2.52	62
自主唤醒	2.22	57
群体/国家/文化判断	2.19	43
激素水平	1.94	36
神经成像(fMRI 等)	1.75	32
分子遗传学/DNA 测验	1.60	26

注：数据通过询问著名人格心理学家(N=72)使用上述 17 种评鉴方法的频率。问卷评分等级从 1 分(完全不用)到 7 分(频繁使用)，4 分(有时使用)为中等。表格第三列是使用过该方法的研究者占总调查人数的百分比。
来源：Robins, Tracy, and Sherman (2007, Table 37.1, p.676). From R. W. Robins, R. C. Fraley, & R. F. Krueger, eds., *Handbook of Research Methods in Personality Psychology*. Copyright © 2007 by Guilford Press. Reprinted with permission.

另一个研究者可能向参加聚会的人呈现一张模糊的图片，让他们根据图片讲一个故事。这是在做投射人格测验。也有研究者可能问参加聚会的人之前的经历，以及父母和兄弟姐妹的行为。还有一些研究者甚至走得更远，他们比较外向者和内向者的心率、激素水平和脑活动，从而探讨外向者和内向者的行为差异是否是由生理和神经差异造成的。还有的研究者可能在思考女性是否比男性更健谈，而如果是，那么平均差异有多大。

思考题
外向者和内向者有什么区别？你怎样才能证明你的假设是正确的？

相关设计和实验设计

如果研究者想要进一步了解为什么外向者比内向者话多，就需要采用新的研究方法。例如，研究者可能要采访每个参加聚会的人或者他们的朋友，那么他可以采用结构化问卷或者让每个人讲述他/她的故事。为了分析这些定性数据，需要用到评定量表或问卷之外的方法(第 5 章会进一步阐述)。弗洛伊德，精神分析的创始人，就是在对病人的个案研究基础上建立起了他的大部分理论(在第 8 章讨论弗洛伊德时我们会介绍个案研究法)。

另一些研究者想调查外向性和内向性是否在家族中遗传，她可以进行家族研究。她甚至可以研究出生伊始就被不同家庭收养的双胞胎，从而考察基因和环境对内、外向性的影响。她可以假设，如果外向性会在家族中遗传，那么孩子和亲生父母的相似度要高于养父母，双胞胎之间的相似度要高于非双胞胎手足。

我们如何评估兄弟姐妹、亲子、双胞胎之间的相似度呢？这就需要引入**相关系数**(correlation coefficient)的概念。相关系数用字母符号"γ"表示。相关系数表示两个变量之间的相关或者共变关系。相关可以是正相关，也可以是负相关，取决于问题所涉及的变量之间的关系类型。如果两个变量同时增加或减少,那么它们之间的关系就是正相关。比如,垒球技术和球棒击球数目之间是正相关:球技好的要比球技差的击中球的次数多。相反,如果一个变量增加而另一个变量减少,或者一个变量减少而另一个增加,那么它们之间的关系就是负相关。高尔夫球技术和得分之间的关系就是负相关:好的运动员得分更低。

一般来说,根据相关系数的大小,把相关分成高相关、中等相关、低相关三种水平(见表1.2)。这种测量只能作为粗略的估计,因为相关值的大小并不能告诉我们两个变量之间的关系是否在统计学上达到显著。为了进一步确认,我们需要知道样本大小和其他样本信息。所以在研究中,研究者一般都会报告他们所得到的相关是否显著。

表 1.2 相关的解释

负相关	大小	正相关
.0～-.3	较小	.0～.3
-.3～-.5	中等	.3～.5
-.5～-.9	较大	.5～.9

来源:参考自 Cohen(1998)。

如果两个变量之间存在相关,那么对此至少存在三种解释。第一,第一个变量的变化引起第二个变量的变化;第二,第二个变量的变化引起了第一个变量的变化;第三,其他变量同时引起这两个变量的变化。因为我们不能确定两个变量之间的因果关系,所以我们要牢记相关不代表因果。即相关只告诉我们两个变量之间有关,但并不知道为什么相关。

尽管家族研究能够得出一些结论来解释为什么外向者说话更多(比如"是由于遗传",或者"来自一个爱好社交的家庭"),但这并不能确证健谈的具体原因。为了检验一个变量的变化是否能够引起另一个变量的变化,研究者需要设计真实验(在下一节会阐述真实验)。但是当真实验不具备可操作性或是违背伦理时,研究者就会采用相关研究。在**相关研究**中,研究者不需要对变量进行操纵,而只是观测两个变量的相关性如何。

在人格心理学中,尤其是当我们想要研究具有特定人格特质的个体行为时,我们会采用相关研究,同时测量人格和行为。例如,我们让被试回答人格问卷,以测量他们的外向性水平。外向者的问卷得分高,而内向者则得分低。之后,我们可以观察外向者和内向者如何与陌生人交往,测量其生理唤醒的差异,或者其他因人格不同而可能存在的差异。类似地,我们可以测量个体的焦虑水平,了解他们在面对压力事件时的反应。我们预期高焦虑者比低焦虑者更难以应对压力。

许多关于人格的遗传学和神经机制的研究都采用了相关设计,比如双生子和领养研究。实际上,当研究者不能操控他们想要研究的变量时,他们会将研究置于真实的环境中,进行现场研究或者自然操纵。比如研究被试在面临失业、疾病、自然灾害和战争时的应对方式(第10章会详细介绍这些方法)。如果相关研究设计严谨、具可重复验证性,同时还得到其他类型的证据支持,它就能够像真实验研究一样发现某一现象的原因(Aronson et al.,1990)。

研究方法示例：真实验

心理学家会采用许多不同的方法来研究人们的性格和行为(Revelle, 2007)。研究者可以单纯地观察人们的行为，或者测量人格特质，或者将被试置于一个控制的情境中来观察他们的反应。将被试置于严格控制的情境中，并测量其反应，这种方法就被称为实验。

在一个典型的实验中，研究者首先要确定他们所要研究的变量，然后再设计出至少两种在这个变量上存在差异的条件。一种称为实验条件，被试接受一种处理；另一种被称为控制条件，被试接受另一种处理或者不接受任何处理。整个实验过程中，除了所要研究的变量外，研究者应该尽量确保每个被试所经历的程序都是相似的。

之后，研究者必须采用随机分配的方法将被试分配到两种条件中。随机分配是指所有的被试都有相等的机会被分到两种条件下。在只有两个组的情况下，研究者可以通过投掷硬币的方式决定每个被试被分到哪个组。

在实验控制条件下，除了所要研究的变量之外，实验的所有方面都是相同的。此外，随机分配意味着每个被试都有均等的机会被分配到每种实验条件中，因此研究者能够断定是研究变量的变化导致了被试的反应差异。这就是真实验的逻辑，研究者可以通过真实验设计推断出是他们的操作引起了因变量的变化(Aronson et al., 1990)。

研究者通过操纵一个变量来观察被试的反应（他们所测量的变量）是否存在差异。研究者操纵的变量称为自变量，因为它与被试的反应无关。研究者测量的变量即被试的反应，被称为因变量，因为它取决于被试的反应。实际上，很多实验都可以以"___对___的影响"作为标题，以帮助读者清楚地识别自变量（前一个空格）和因变量（后一个空格）。

例如，如果研究者想要检验一些认知策略是否比另一些在应对失败时更有效，他们可以将被试随机地分配到有效策略和无效策略两种实验条件下。在被试完成对这些策略的学习和练习之后，研究者可以测量被试所感受到的愤怒、焦虑、失望和悲伤情绪。在这个实验中，自变量是研究者操纵的认知策略类型，因变量是研究者测量的情绪。

如果经过实验处理后被试的情绪存在差异，而且实验严格控制了组间的其他差异，那么我们就可以得出结论，即最终在实验中测量到的情绪差异是由实验处理造成的。

在人格研究中，有很多变量是无法操纵的，因为不可能或不具可操作性，甚至是违背伦理的。比如，几乎没有办法把被试随机地分配到特定的人格类型中，如内向和外向组。类似地，在实验中，通过使一些人自我感觉变得糟糕来操纵自尊水平也是不合伦理的。对于以上这类研究，研究者可以采用相关设计或者其他研究方法，考察他们所操纵的变量是否对不同人格的个体有不同的影响(Brewer, 2000; Revelle, 2007; Smith, 2000)。

自测题

想想最近发生的一件不愉快的事情，尝试能不能用有效策略来思考它。改变想法后，能不能让你对这件事的感觉变好呢？

前文中所提到的应对失败的认知策略实验，实际上是一个更为复杂的实验的组成部分，完整的实验是研究认知策略和人格对失败后的情绪的影响（Ng & Diener, 2009）。被试想象他们没有被他们申请的8个研究生院中的任何一个录取。研究者对应对策略进行了操控，正如前文所述，他们将被试随机地分配到有效策略组和无效策略组。

在有效策略条件下，研究者指导被试从更为积极的角度重新解释他们的失败，引导他们从失败中看到积极的方面，并让他们对事件进行反思以期获得成长。此外，研究者还指导被试通过一些行动来改变或者改善所处的情境。在无效策略条件下，研究者指导被试关注他们的沮丧情绪，承认他们不能对现状做任何事情，让他们觉得自己只能放弃进入研究生院的努力。

研究者也将被试的人格纳入考察范围。他们根据神经质（neuroticism）得分将被试分为高神经质和低神经质两类。神经质是一种人格特质，指个体面对消极情绪时的焦虑和紧张程度。考虑到这是一种人格特质，研究者不可能将被试随机分配到高神经质组和低神经质组。因此，研究者仅仅测量了被试在神经质上的得分，并将被试分成高神经质和低神经质两种类型，保证在每种实验条件下两种类型的被试人数相等。

最后，研究者测量被试感受到的愤怒、焦虑、失望、不愉快和悲伤情绪，并将这些反应作为消极情绪这个变量的指标。这是一个2（应对策略）× 2（神经质）的实验设计。每个自变量有两个水平或者两组被试，即有效策略和无效策略、高神经质和低神经质。注意，只有应对策略是由研究者实验操纵的。

> "有两种可能的结果：如果结论支持假设，那么你成功地做了一次测量；如果结论违背假设，那么你有了一个新的发现。"
>
> 恩里科·弗米

真实验设计将被试随机地分配到不同的实验处理条件下，这是人格心理学家用于研究人格的众多方法之一。

这个研究发现了什么？第一，在应对策略维度上存在主效应，不同的应对策略影响了被试在实验结束后报告的情绪消极程度。具体而言,无效策略组比有效策略组的被试报告了更强的消极情绪。第二,在人格维度上同样存在主效应,意味着被试的神经质水平影响了他们实验结束后汇报的情绪消极程度。具体而言,高神经质的被试比低神经质的被试报告了更强的消极情绪。

最后,在认知策略和人格之间存在显著的交互作用。交互作用是指主效应的差异会随着另一个变量的水平不同而发生改变。交互效应在直线图中最容易看出来。如果两条线不平行,就意味着变量之间存在交互作用(见图1.2)。

认知策略和神经质之间的交互作用表明,有效策略只对低神经质的被试有显著效果。低神经质的被试在运用有效策略时比运用无效策略时感受到更少的消极情绪。本质上,无效策略使得低神经质被试与高神经质被试反应无异。这个研究的结论是认知策略的效果取决于人格,就像研究者所提到的,积极地思考并不是对所有人都有显著作用,它取决于你的人格(Ng & Diener, 2009)。

为什么把这个实验作为例子呢?尽管这是一个非常好的问题,但这却不是研究者在这个实验中要回答的问题。等我们在后续的章节中讲到另一个实验时再来回答这个问题。

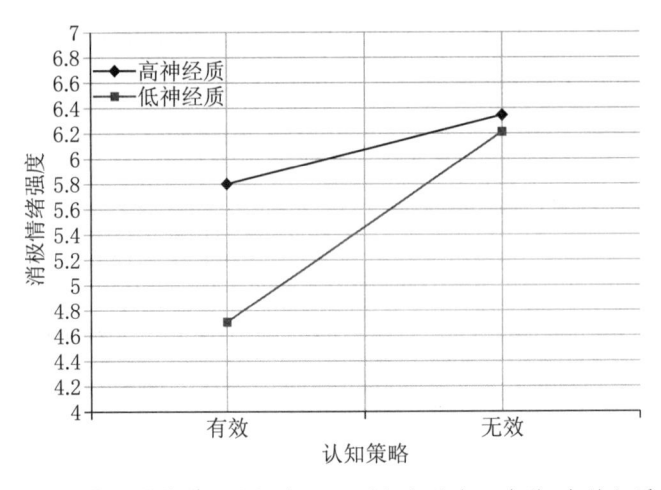

图1.2 在有效策略和无效策略两种条件下,面对假想的负面事件,高神经质和低神经质被试体验到的消极情绪。来源:Ng & Diener(2009, Figure 3, p.459). Reprinted with permission from, "Feeling bad? The 'power' of positive thinking may not apply to everyone," by Ng, W., & Diener, E.(2009), *Journal of Research in Personality*, 43, 455—463. Permission conveyed through the Copyright Clearance Center.

数据类型和人格评鉴

"为什么一些人在聚会上更健谈?"这样一个简单的问题却有着各种各样的回答。我想你不会对此感到特别奇怪。但是最准确的回答一定是来自精巧而又遵守科学原则的实验设计。一般来说,我们更相信那些不仅仅是根据一个实验或者一种方法得出的结论。

即使被试只有一个人,我们也能搜集到很多不同类型的数据,比如在聚会上,一个聪明、外向的人向几个仰慕者讲了一个笑话(John & Soto, 2007)。我们可以获得自我报告数据(比如,问卷、采访)、来自朋友或者受过训练的观察员的观察数据、测量数据(例如观察他们在实验室操纵的情境下的行为反应),或者生活数据(例如,计算一个人照片的数量或者加入了多少社团)。我们会在第3章详细地阐述各种类型的数据。

当然,研究的质量也取决于研究者所采用的研究工具。即使是一个看起来直截了当的人格问卷也是以前期的实验为基础的,以确保问题是清楚的、可以理解的,被试的回答是诚实的(而非虚假和不可靠的),评估的结果是有效的、可信的和有用的(Smith & Archer, 2008)。那么研究者应该如何判断他所采用的工具是最合适的呢?这个问题对人格心理学来说很重要。我们会专门用一章来阐述常见的人格测验类型,人格测验的使用方法,好的人格测验是如何产生的,即从信度、效度、推广性以及反应定势方面来评估。

"如果锤子是你仅有的工具,那么你会把所有的东西都看成是钉子。"

亚伯拉罕·马斯洛

人格研究有许多工具和方法。一个好的木匠会根据自己所要做的工作选择合适的工具,人格心理学家也会根据他们想要研究的问题选择合适的工具。就像你在之前学到的关于人格各个构成成分一样,你也会学到人格心理学家研究人格的各种工具。有时候,通过学习人格心理学家如何运用某种方法解释一个问题或者验证一个理论,我们往往更容易掌握这种方法。

真实验设计的逻辑就是严格控制实验室环境的所有方面,有时甚至是呈现给被试的材料。所以心理学实验的实施要求高度的尽责性。研究者必须严格遵守美国心理学会的伦理原则和指导方针(American Psychology Association, 2002, 2010)。这些原则是为了确保实验被试的安全、信任和利益。接下来我们就来介绍一下研究伦理学。

过去和现在:以人为被试的研究的伦理学

2004年的一天,宝拉(Paula)的生活突然发生了一个影响深远的改变。尽管她知道自己是被领养的,但是一个陌生人打来电话告诉她,她还有个同卵双胞胎姐妹。宝拉和艾丽丝(Elyse)笑称她们是长得一样的陌生人(Schein & Bernstein, 2008)。两姐妹很快了解到彼此都爱看电影,都曾在巴黎居住过,都是抑郁症协会的志愿者。但是真正困扰她们的是,她们和她们的家庭,以及另外5对同卵双胞胎和一对同卵三胞胎未经同意就被实施了一项奇怪的实验。领养机构的首席精神病学家故意将双胞胎分开领养。但是并不是所有的双胞胎都是被分开抚养的,只有那些生母患有精神分裂症或者双相障碍(bipolar disorder)的孩子才会被分开抚养。这位精神病学家以这些同卵双胞为研究对象,探讨遗传和基因对于心理疾病发展的影响。做这项研究之前,研究者并没有告知孩子们的生母及收养家庭并且征得他们的同意,家长还以为医生的定期拜访仅仅是为了确保孩子能够适应收养家庭。

双胞胎宝拉·伯恩斯坦和艾丽丝·施恩直到成年才知道她们是同卵双胞胎,并且在不知情的情况下被迫参加了一项不符合伦理的实验。该实验研究有意将同卵双胞胎从一出生就分开,并让不同的家庭收养。

许多养父母都表示他们很高兴收养了孩子,如果知道孩子是双胞胎的话,他们一定会一起收养他们。许多双胞胎在得知原生家庭有某种家族疾病时——通常到成年以后——都感到非常沮丧,而研究者对他们和他们的养父母都刻意隐瞒了这些重要信息。虽然他们一出生就被人从母亲身边带走,但抚养机构会一起抚养他们,直到6至9个月大时他们才彼此分开。很多双胞胎在长大之后报告说会有一种挥之不去的失落感,并且一直幻想他们还有一个秘密的双胞胎手足(Schein & Bernstein, 2008)。

与其他被试一样,宝拉和艾丽丝感到愤怒,因为实验带给了她们巨大的痛苦。随着出生和收养真相的揭露,实验还将继续带给她们痛苦。因为还有一份记录着这项研究及相关结果的法律文件会在2066年被解密(Schein & Bernstein, 2008)。更可怕的是,随着她们出生真相的不断被揭露,她们的处境令她们想起纳粹医生约瑟夫·门格勒在集中营对犯人做的非人道实验(Lifton, 1986)。

悲哀的是,这还并非历史上唯一的、偶然的违背伦理的研究。其他还有塔斯基吉(Tuskegee)关于梅毒的研究(Reverby, 2009),该研究故意给贫困的非裔美国佃农注射梅毒,然后禁止任何治疗;纳粹医生的研究(Lifton, 1986);还有用犯人、精神病人和孤儿做的研究,这些研究都没有征得被试的同意,有些甚至强迫被试参与。这项双胞胎的研究在今天可以实施吗?包括美国心理学会在内的科学学会(APA, 2002, 2010)和其他联邦政府在内的许多政府机构(Department of Health and Human Service, 1979)一致同意通过了伦理标准,用以保护以人为被试的研究中人类被试的权利,防止像刚才提到的那些实验再次发生。

根据贝尔蒙特报告(Belmont Report)(Department of Health and Human Service,

1979），以人为被试的研究必须遵守三个原则：尊重、有益和公平。尊重原则包括被试可以自由选择是否参与实验，在告知了被试实验程序以及可能存在的风险之后征得被试的同意，这就叫做**知情同意权**。同时声明：对于人身自由受限、有身体或精神残疾的人，研究者需要采取额外的措施，保证被试的知情同意权。

思考题

你们学校有没有要求修习心理学导论的学生必须参加实验研究？这符合伦理吗？

塔斯基吉研究的被试：从1932年到1972年，美国政府进行了一项不符合伦理的研究。该研究观察梅毒在人类身上的自然发展情况。这项研究甚至在20世纪40年代治疗梅毒的盘尼西林发现之后仍然还在进行。

例如，对于监狱中人身自由权受限的犯人，如果没有通过额外的解释让犯人明白参加实验与释放无关的话，研究者是不能让犯人参加实验的。类似地，对于雇员而言，参加实验不能影响他们的雇用状况和工作评估。同样的，对于学生而言，要保证不管是否愿意参与某项研究或实验，都不会影响他们的成绩和学业。对于存在某种功能异常的儿童或成人，他们可能不够成熟或缺乏认知能力，无法评估参与实验对他们可能造成伤害和带来的好处，这时候研究者必须告知他们的父母和法定监护人并获得同意。

有益原则是指首先也是最重要的，研究者不能伤害被试。研究者要采用最合适的研究方法、材料及训练有素的实施实验人员，将可能对被试造成的伤害降低到最小，并确保其利益最大化。

公平原则是指对于研究中的所有潜在被试，参加研究的益处和责任应该大抵相等。最基本的是，研究者应该对所有的被试一视同仁，避免出于便利而抽样，剥削处于弱势的被试群体，以及不选择那些不可能从研究中获益的个体参加实验。比如，研究者应该保证对实验研究可能产生影响的各性别和各人种的被试都有参与。公平原则还包括，如果一项获得公共基金支持的研究被应用于康复性治疗，那么治疗应该面向所有人群，而不仅仅是那些能够支付得起的人。

公平原则也包括被试应该从实验中受益,要么是直接而具体的(比如,学习经验、金钱奖励、食物奖励等),要么是对社会有益的(比如,了解人格或发现一种治愈癌症的方法)。

贝尔蒙特报告也提出了一个**共同规范**(Common Rule),它被其他同盟机构所采纳,包括国家健康研究院(National Institute of Health, NIH)、国家精神卫生研究所(National Institute of Mental Health, NIMH)。这些原则同样适用于大学、中学、医院和其他研究机构。这个共同规范要求机构在实施实验时,必须成立**机构审查委员会**(institutional review board, IRB)以确保所有实验都遵守原则。委员会成员必须包括研究者、一名伦理学家以及机构成员,由他们一起探讨实验目的,以确保被试的权利得到保护。共同规范建立一套程序以保证所有潜在被试的知情同意权,并向被试介绍所有的实验流程(参见 Mills, 1976)。

自测题

在你们学校,有 IRB 部门审核学校的实验研究吗?

如果你有机会实施一项实验,你要向学校的 IRB 部门提交一份实验计划方案。尽管 IRB 问的一些问题可能看上去与你的实验无关,但是所有这些问题都是为了确保该研究考虑并保护了被试的尊重权、获益权和公平权(见图1.3)。

违背伦理的研究者将会受到所在机构的 IRB 的指责,同时还会受到相关行业机构如美国心理学会或联邦政府的指责。正是由于有这些原则和底线的存在,诸如双胞胎研究那样的实验才能被避免。好的研究者必须时刻牢记,在设计实验达成研究目的的同时,要考虑到被试的权利和福利。

科学还是科幻?人格心理学研究新进展简介

现在你已经知道一点心理学家是如何研究人格的了,那么接下来我们就开始介绍他们的研究结果。首先,你会发现人格心理学领域的发现有多么激动人心。这个领域在过去的十年里发展得如此迅速,以至于我们要怀疑研究的是科学还是科幻。看看表1.3,你会在后续的章节中了解其中每句话的相关研究。你能够分辨出哪个是科学,哪个是科幻吗?

本章小结

本章介绍了人格心理学——关于我们是谁的科学研究。每个个体都是不同的,人格心理学既研究相似性,也研究差异性,以及人格的形成。

尽管人格是由特质、遗传因素、神经基础、自我与身份认同、内在心理基础、调节与动机、认知等单元构成的,但是整体大于部分之和。尤其是当涉及性别、性取向、心理弹性等方面时,这些部分的共同作用造就了我们。

ARCADIA UNIVERSITY IRB Face Sheet

#	Question	Yes	No
1.	Administration of questionnaires, personality tests, quality of life assessments or other surveys? **IF YES,** ☐ Name and reference of questionnaire provided? ☐ Copy of questionnaire attached?	☐ Yes	☐ No
2.	Are there any questions of a sensitive nature (e.g., drug/alcohol use/abuse, sexual behavior, sexual orientation)?	☐ Yes	☐ No
3.	Does the research proposal involve the use and disclosure of research subject's medical record information for research purposes? **3a. IF YES,** please check the box next to one of the following that is provided with this submission: ☐ Separate authorization for use and disclosure of identifiable health information. ☐ Modified research informed consent document that incorporates HIPAA requirements.	☐ Yes	☐ No
4.	Are you performing a campus-wide survey of Arcadia faculty, staff and/or students? **IF YES,** attach copy of approval from Committee on Institutional Effectiveness	☐ Yes	☐ No
5.	Do you or any member of your research group, spouses or any dependent children have any interest (i.e. any property of financial interest including stock in the sponsor company, patents, trademarks, copyrights or licensing, supplemental research grants or consulting arrangements) in the test drug/product, device, research procedure that is the subject of this study? **5a. IF YES,** please complete a Conflict of Interest Disclosure Form available through the Arcadia University Grants Office. Please discuss how these conflicts will be managed during the period of the trial. Include language disclosing such interest in the consent form for the use by research subjects. 5b. In addition, for industry-sponsored trials, please attach the documentation submitted to the sponsor as required by 21CFR54.1, if applicable.	☐ Yes	☐ No
6.	Have the Principal Investigator, Co-PI(s) and faculty advisor taken the on-line CITI Course in the Protection of Human Research Subjects? • **IF YES,** attach copy(ies) of certification.	☐ Yes	☐ No
7.	Human subjects or material involved in the proposed activity include any of the following vulnerable subjects *(check all that apply, at least one box must be checked)* ☐ Minors ☐ Pregnant Women ☐ Prisoners ☐ HIV positive subjects ☐ Patients ☐ Arcadia Employees, Staff, Students ☐ Mentally disabled or cognitively impaired subjects ☐ None of the Above ☐ Other (specify): _____		
8.	Is this proposal currently under review, or has it been reviewed or approved by, another institution's IRB? • **IF YES,** include a copy of the proposal and if applicable, IRB approval from that institution. If the proposal has not yet been submitted to the other institution, please indicate an anticipated date of submission and a copy of the other institution's review guidelines.	☐ Yes	☐ No

Principal Investigator (PI) Signature _____ Date _____
Printed Name of PI _____

Co-Investigator's Signature _____ Date _____
Printed Name of Co-Investigator _____

Co-Investigator's Signature _____ Date _____
Printed Name of Co-Investigator _____

Co-Investigator's Signature _____ Date _____
Printed Name of Co-Investigator _____

* if require additional spaces for signatures please print another copy of this page and append to the first page #2 in the face sheet packet.

Check all attachments that apply (see below for # of copies):

☐ Protocol Summary
☐ Informed Consent/Assent Form Document(s)
☐ Personality tests/inventories/questionnaires
☐ Human Subjects Oriented Training Research Certificate
☐ Conflict of Interest Disclosure Form (If Item #5 checked)
☐ Advertisement(s), recruitment flyers
☐ Copy of grant application (minus appendices) (if applicable)
☐ Copy of HIPAA if 3a is checked
☐ Copy of approval from Committee of Institutional Effectiveness if 4 is checked
☐ Copy of other institutions IRB approval if 8 is checked

February 2010

图 1.3　阿卡迪亚大学(Arcadia University)的 IRB 申请表复印件。请注意,第 3 至第 7 个问题是为了确保被试是自愿的,第 5 至第 6 个问题是为了确保有益原则。研究者必须通过详细陈述实验流程,来表明实验的公平性,该陈述将与本表格一起被提交给 IRB 审核。来源:转载自阿卡迪亚大学。

表 1.3　科学还是虚构？

1. 大多数实验都是在黑暗潮湿和看起来很恐怖的实验室中进行的。
2. 英语中有 17 937 个形容人格的词汇。
3. 心理学家可以根据人们的住处、办公地点、主页和握手方式判断其为人。
4. 雇主可以根据人格测验来检验应聘者是否有胜任工作的能力。
5. 海豚、大象和黑猩猩知道它们是谁。
6. 社会经验可以改变我们基因的作用。
7. 游戏者可以在游戏中仅仅通过想像他们所扮演的角色是怎样移动的来控制自己的角色。
8. 塑料玩具娃娃不利于父母和孩子之间关系的建立。
9. 自我效能感和自我驱动力强的人有较少的牙齿菌斑。
10. 当代大学生对生活的控制感比以前的大学生降低。
11. 在一些数学任务上男性天生比女性更加出色，比如心理旋转，并且无论多少训练和经验都不能改变这种本质上的差异。
12. 与同性恋、双性恋和异性恋相比，性取向不确定的女性可能具有更丰富的性经验和性体验。
13. 相对于消极情绪如悲伤、厌恶和焦虑，积极情绪体验，例如爱、欢乐、幽默和好奇能使人更有创造力。

注：只有两项是科学的，其余项都是虚构的。想知道哪两项是对的，请继续阅读。

人格心理学家采用多种方法研究人格。利用科学方法，研究者观察现象，构造理论，设计和检验假设。他们可以设计真实验、观察研究、相关研究或者实施人格问卷（自陈的或者投射的）来检验关于人格的假设。他们可以搜集个体自我报告数据、观察数据、测验数据或者是生活资料等。就像木匠有一箱的专业工具一样，人格心理学家会根据他们的研究目的选择最为恰当的方法。

✓ 学习和巩固：在网站 mysearchlab.com
你可以找到更多学习资源。

人格心理学家用来研究人格的一种方法就是真实验，该方法要求实验者对自变量进行实验操纵，同时将被试随机分配到各种实验条件中。如果研究者成功地控制好除自变量之外其他方面，那么因变量的变化，或者被试反应的差异就是由自变量的差异引起的。真实验是研究者能够得出因果结论的唯一方法。但是，很多时候操纵自变量是不可能的、不现实的，甚至不符合伦理的，所以研究者只能采用别的方法，例如相关设计。

贝尔蒙特报告（Belmont Report）给所有用人做被试的研究设定了共同规范。研究者在设计实验程序过程中必须遵守尊重（知情同意权和保护被试）、有益（伤害最小化和利益最大化）和公平（收益和责任相当）原则。研究者要向伦理部门提交申请，该部门会针对申请成立机构审查委员会（IRB）。IRB 的目的是确保研究符合规范标准。政府的一些机构都采用这套标准，作为共同规范（Common Rule），在美国全国范围内建立和监督所有 IRB 机制的运行情况。

"人格才是最本质的,它存在于所有艺术作品中。当一个人走在舞台,展现出魅力时,每个人都确信他是有人格的。我发现魅力只是多种才能中的一种。演员有人格,政治家也有。"

卢卡斯·福斯

问题回顾

1. 个体在哪些方面和所有人一样,哪些方面和某些人一样,又有哪些方面是独一无二的?
2. 什么是人格心理学?人格的构成成分有哪些?
3. 心理学家是如何研究人格的?他们采用哪些方法?
4. 研究可以收集到哪四种类型的数据?
5. 当研究者在两组之间发现差异时,有什么方法可以判断差异的大小?
6. 什么是相关?什么时候该采用相关设计?相关设计和真实验之间有什么区别?
7. 真实验的特别之处是什么?真实验有哪两个特点?什么是自变量?什么是因变量?
8. 根据 Ng 和 Diener(2009)的研究,是否某些应对策略比另一些更好?为什么好或不好?人格起了什么作用?
9. 在设计以人为被试的实验时,研究者应遵守的三项原则是什么?什么是机构审查委员会?

关键术语

人格心理学	假设	神经质
特质	人格问卷	水平
遗传学	相关系数	自我报告数据
神经科学	相关研究	观察数据
自我和认同	实验条件	测量数据
(人格的)内在心理基础	控制条件	生活数据
调节与动机	随机分配	尊重原则
认知基础	实验控制	知情同意
整合观	真实验	公平
科学方法	自变量	共同规范
观察研究	因变量	机构审查委员会(IRB)

第 2 章

人格特质:一个经典的理论

什么是人格特质?
    研究人格特质的两种方法
个案研究告诉了我们什么?
    研究个体的人格:个案研究法
    个案研究法的应用:珍妮的案例
通则研究法告诉了我们什么?
    发现普遍性:通则研究法
        理论法
        词汇法
        测量法
研究方法示例:因素分析
旨在发现人格普遍原则的通则研究法
    艾森克的三因素说

五因素:大五人格和五因素模型
    玫瑰的别名? 五因素的两个模型
    五因素模型是生活的终极答案?
    普遍原则? 还是一切?
单因素模型
六因素模型和七因素模型……还有
    更多!
过去和现在:四种气质类型与五因素模型
日常生活中的人格:从居住空间能看出一
    个人的性格吗?
本章小结
问题回顾
关键术语

到"我的搜索"实验室(mysearchlab.com)阅读本章

你曾经试过从居住空间判断一个人的性格吗? 上大一时,我的室友凯西是拉拉队队长、首席美式足球教练的女儿,足球四分卫明星的妹妹。她个子高挑,一头金发,魅力四射,爱社交,风骚,有吸引力,好相处,保守,又有一点点大胆。我们很快整理好包裹,布置好了房间。我们想到走廊逛逛,顺便认识同一楼层的其他同学。这样既能满足我们的好奇心——我们将与什么人一起生活?——又能学习到新的房间布置方法。毕竟,面对一个光秃秃、四四方方、单调的粉色水泥墙,我们能做的事情很少。

我们惊讶于同龄人布置房间的才华,她们将这些小隔间打理成了温馨舒适、吸引人的居住空间：墙上贴有明星的海报、经典摇滚专辑的封面，房间里还有贝壳、大型音响系统、滑雪板、打开的小提琴箱子、精致的化妆台、香水瓶、描绘远方的海报（维也纳和威尼斯！）、带颜色编码的文件归档系统、酷酷的男友的照片。我们惊讶于从这些陌生人的房间里发现的东西。

作为精明的心理学专业学生，我们能从这些布置中发现什么呢？当然，人们装饰房间是为了给他人留下一个良好印象，或者树立某种形象——大学第一年在很多方面都需要这么做——但是坦白讲，宿舍的设计和布置在多大程度上暴露了个体的人格呢？

研究者系统地研究了这个问题。他们推测，人们在居住环境中会留下**行为痕迹**。这些痕迹是其人格的暗示或线索（Gosling et al., 2002）。例如，有些东西可能是不小心留下的，如一个摆放不合适的滑雪板可能是没有收拾好，也可能是故意放置的，以向他人传递这样的信息："嘿，我很酷，很疯狂，我会滑雪！"类似地，有的人可能将暑期度假的纪念品（如贝壳）放置在一个显眼的位置，因为这些东西对他们个人有特别的意义，或者强化了他们的自我概念（如"我是个热爱大自然的人"）。有的人可能将房间收拾得非常整齐，书架也整理得井井有条，这样他们就能快速找到自己想要的东西。所有这些都可能表现我们的人格，我们可能在无意中给观察者留下了线索（Gosling, 2008）。

在这个研究中，来自不同地区的1—6名未经任何训练的普通人作为观察者，参观了83名大学生志愿者的房间。这些志愿者住在私人住宅、公寓、学生宿舍、合租房、希腊风格住宅或仅仅是校外。研究者将房间里的名字和照片都遮住了，以防止观察者根据性别或种族来判断居住者。

根据图中房间的装扮，你能从中发现主人的什么性格特质？

"没有什么能像一个经典的理论那么实用。"

库尔特·勒温

观察者浏览整个房间,然后在一个 7 分量表上评分,根据表上的 44 种描述评估它们在多大程度上符合居住者的特点。其中一些描述包括:

焦虑的,容易沮丧的

外向的,充满激情的

传统的,缺乏创造力的

挑剔的,好争吵的

混乱的,粗心的

令人惊奇的是,观察者评分的一致性非常高。也就是说,观察者对居住者的看法很容易达成共识。更令人惊奇的是,观察者常常能够非常准确地猜测居住者的性格。他们是利用什么线索的呢?有时候,房间的整洁程度代表了居住者的负责任程度。有时候,房间里一个完全不同的角落、某个特别物品的出现,或者多种类型的书籍杂志往往意味着居住者很有创造力,具有开放的人格。有时候,研究者也不确定观察者根据什么线索准确判断了居住者的外向性、情绪稳定性和宜人性(agreeableness)(见表 2.1)。通过做一个与表 2.2 类似的简短的人格测验,你就能够判断你在五因素人格模型中落在哪些位置。

研究者重复了上述实验,他们通过观察人们的办公室来判断人格,然后得到了非常相似的结果。你认为在哪个场所人们的性格暴露得最多?如果你认为人们在卧室最容易暴露自己,那么你猜对了(Gosling et al.,2002)。工作场所会显现出工作者的修饰程度和个人暴露程度。

表 2.1 用来判断居住者人格的线索

特 质	一致性	准确率	有效线索
神经质	.08	.36**	无
外向性	.31*	.22*	无
开放性	.58**	.65**	空间的差异性、装饰程度、书籍杂志的多样性
宜人性	.20	.20*	无
尽责性	.47**	.33**	有条理的、整齐的、整洁的

注:表中的数据是观察者评分的相关。相关可以是正的,也可以是负的。高分数代表两个变量之间有强相关。相关显著的用星号标出。

*＝p＜.05,**＝p＜.01

来源:From Gosling et al.(2002, Tables 4 and 5) Gosling, S.D., Ko, S.J., Mannarelli, T., & Morris, M.E.(2002). A room with a cue: Personality judgments based on offices and bedrooms. *Journal of Personality and Social Psychology*, 82(3), 379—398. Copyright American Psychological Association. Adapted with permission.

表 2.2　测测你的人格：《10 项人格问卷》（The Ten-Item Personality Inventory, TIPI）

下面是一些人格特质的描述，这些特质可能适用于你也可能不适用于你。即使有一个陈述比另一个陈述更适用于你，也要根据每一对陈述适用于你的程度来打分。

强烈不赞同	比较不赞同	有一点不赞同	不赞同不反对	有一点赞同	比较赞同	强烈赞同
1	2	3	4	5	6	7

1. _____ 外向的，充满激情的
2. _____ 挑剔的，好争吵的
3. _____ 可靠的，自律的
4. _____ 焦虑的，容易沮丧的
5. _____ 对新经验态度开放，复杂的
6. _____ 保守的，安静的
7. _____ 同理心强的，温暖的
8. _____ 混乱的，粗心的
9. _____ 冷静的，情绪稳定的
10. _____ 传统的，没有创造力的

注：计分时，将每个因素的两个测试项得分取平均值。外向性：1、6R；宜人性：2R、7；尽责性：3、8R；情绪稳定性：4R、9；经验开放性：5、10R。（带 R 的测试项反向计分。）对于反向计分的测试项，1＝7，2＝6，3＝5，4＝4，5＝3，6＝2，7＝1。

来源：Gosling, Rentfrow, and Swann(2003, Appendix A, p.525). From Gosling, S.D., Rentfrow, P.J., & Swann, W.B. (2003), "A very brief measure of the big-five personality domains," *Journal of Research in Personality*, 37, 504—528. Copyright © 2003 by Academic Press. Reprinted with permission.

所以，我的室友凯西和我的确能够从房间来稍微了解同楼层的同学，并且发现想进一步了解的有趣的人。然而，我们也发现，我们对朋友和房间装饰的偏好有很大差异，属于两种非常迥异的人格。

思考题

除了居住空间，我们还能从哪些地方看出人们的性格？

正如本章开篇的研究所介绍的，有许多描述人格的方式：有魅力的、爱社交的、风骚的、有吸引力的、保守的、大胆的、传统的、没有创造力的、混乱的、粗心的、外向的、激情的、挑剔的、好争吵的、焦虑的、容易沮丧的，还有其他 17 937 种（Allport & Odbert, 1936）。这些人格描述被称为特质。正如库尔特·勒温（Kurt Lewin）所建议的，在关于特质的第一章，我们首先来了解人格特质背后的理论——包括两种研究特质的方法——特质的类型和数量，然后讨论是否存在普遍适用于任何人的特质。下一章，我们将学习特质心理学的实际应用，特别是特质在我们生活中的表现，比如握手、喜欢的音乐类型、选择的职业，还包括人格特质如何保持稳定、发生变化或者跨时间的稳定性。

什么是人格特质？

特质描述了个体在不同情境和时间典型的思考、感受和行为方式（McCrae & Costa，1997b）。尽管我们在特定的情境（如工作面试，而非跟好朋友出去玩时）或特定时间（比较一下高中时代的你和现在的你）可能有不同的表现。但是如果某个人跟踪你一段时间，观察你在不同情境和不同时间的行为表现，就可能会发现你行为反应的一致性（Allport，1927）。这些普遍一致的行为和反应方式被归为特质。相反，临时状态（如情绪）、态度（自由的、保守的）和生理特质（身材矮小、肌肉发达）不属于人格特质。

特质是一个连续变量，也就是说特质是一个从低到高持续变化的状态。如一个在"健谈性"上得分高的人比得分低的人（或者是在"沉默性"上得分高的人）更容易与陌生人交谈。如果我们随机询问路上的行人"你有多健谈？"，我们可能会发现一个反应的正态分布：有的人可能在健谈性上得分非常高，而有的人得分非常低，还有些人处于中间状态（见图2.1）。

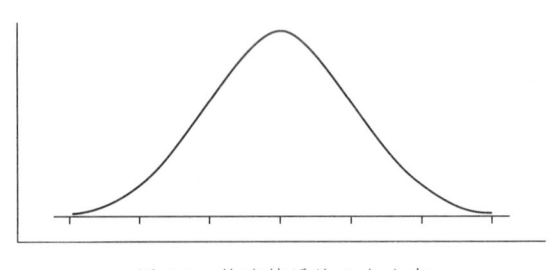

图2.1 健谈特质的正态分布

似乎没有人知道什么是特质，所以我们用性格特点（characteristic）更好。

Healy, Bronner, and Bowers（1931，p.311）

自测题

你是什么类型的人？列出最能描述你的特质。

由于特质不能像身高体重那样直接测量得到，因此心理学家将特质视为心理学概念。即心理学家认为，虽然特质是看不见的，但它是存在的。因为这个原因，有的心理学家认为特质仅仅是行为描述的汇总，而不去思考特质从哪里来，或个体为什么表现出某个特质（如"马里奥非常擅长社交，看看他与每一个人都相处得很好"）。其他一些心理学家将特质看作内在的、决定行为表现的品质（"马里奥当然与大家相处得很好，因为他是爱好社交的人"），并认为即使个体暂时没有表现出来，特质也是存在的。安静地坐在人格心理学的教室里并不意味着你是安静的人。等到教授转身走了，看看有多少人开始表现他们的健

谈特质!

长期以来,心理学家对于特质的精确数量和种类争论不休。事实上,心理学家还争论如何最有效地研究特质。接下来的部分我们会介绍心理学家采用的两种主要的研究特质的方法:通过深入研究某个个体,或通过对很多人的综合研究。这两种方法分别被称为个案研究法和通则研究法(Allport, 1937; Allport, 1937/1961)。然而,从定义上来说,科学就是寻求普遍真理的,这两种研究方法存在不一致性,即使是奥尔波特(Allport)也在努力摆脱由此带来的困境(Allport, 1937)。

研究人格特质的两种方法

个案研究(idiographic approach)的目的是了解个体独特的怪癖或癖好,以及性格特质。心理学家从个体认为什么是"最重要的"开始了解他/她,并努力回答:"特质的哪种独特组合能够最好地描述这个人?"从历史研究中,从一幅幅伟大的作品、感人的舞台表演的力量,或者吸引人的传记中,我们能获得关于人类的相关知识,这些是个案研究理解人格的方式。

通过采用科学的技术,如努力做到客观和减少偏差,心理学家能够采用案例研究(case study)或其他个案研究法来研究个体的人格(如,参见 Swann, Pelham, & Krull, 1989,和 Pelham, 1993,关于自我概念的实验)。

通则研究(nomothetic approach)的目的是通过发现能够描述任何人或适用于任何人的特质发现普遍规则——适用于任何人的概念。设想这样一种情境:据目前的估计,居住在地球上的人类数量超过 67 亿。这是不是意味着我们需要用超过 67 亿个特质才能描述所有人的性格?当然不是。但什么是"正确的"特质数量呢?我们如何才能对特质做最恰当的归类呢?我将这个哲学问题称为"伟大的研究人类普遍规律的通则法"。特质的数量至今仍然没有形成定论,我们在后面的章节中很快就会看到。

人们经常批评奥尔波特开启了个案研究和 nomothetie 之争,他从来没有就他对这个争论明智的解决方案做过保证。正如医学的做法本质上是个案研究——医生必须对每一个病人做诊断并个别治疗——他们诊断的方法和治疗的标准是基于普通分子生物学和细菌学的坚实基础的,也就是说,个案研究和 nomothetie 存在重合部分,它们都有助于充分理解人格(Allport, 1937)。

> "不参照其他任何人而对个体的描述,可以是文学、传记或者小说,但绝对不是科学。"
>
> 美亚(1926, p.217)

> "尽管人格的无穷无尽的多样性让艺术家感到迷惑……但是很多心理测量学家从来不回避人格的丰富多彩,也不因此而感到害怕,他们感到非常真实。"
>
> 卡特尔(1946, p.1)

个案研究法从很多维度详细地描述个体的人格。

nomothetie 发现少数几个维度，可以用来描述一群人。

奥尔波特提醒："不能用科学方法来研究个体"（Allport，1937/1961，p.8），然而，他也承认在心理学领域有研究个体的方法：

> 我们何不开始将个体行为作为直觉的来源（正如我们过去那样），然后寻找共同的东西（过去我们也是那样做的），最后再回到个体——不是为了应用原则（正如我们现在做的），而是为了比现在更全面地、补充性地或更精确地进行评鉴？我怀疑导致当今的人格评鉴如此不准确甚至荒唐的原因，也许就是我们缺少了最后一步。我们仍停留在相信人格的普遍原则，而几乎从来不分析具体的个体。（Allport，1962，p.407）

因此，艾森克（Eysenck）继续了奥尔波特的挑战，他发现了个案研究和 nomothetie 这两种看似矛盾的研究方法的融合之道。他意识到既可以研究个体的普遍特质（nomothetie），也可以研究其特异性的方面（个案研究），然后形成人格理论（Eysenck，1998）。他认为人格是一个分层级的系统组织，可以将其看作一个金字塔（见图 2.2）。这个金字塔从最顶端、最普通的水平，到最底端、最特异性的水平，将人格分为各个不同的层级。普通意味着这个特质是普遍存在的、适用于任何人的，而特异性意味着某个特质为个体所独有。

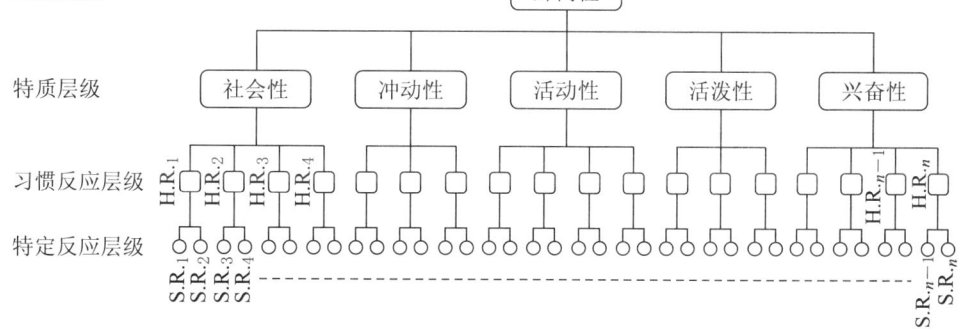

```
类型层级                        外向性
                ┌──────┬──────┬──────┬──────┐
特质层级      社会性  冲动性  活动性  活泼性  兴奋性

习惯反应层级  H.R.₁ H.R.₂ H.R.₃ H.R.₄  ...  H.R.ₙ₋₁ H.R.ₙ

特定反应层级  S.R.₁ S.R.₂ S.R.₃ S.R.₄  ...  S.R.ₙ₋₁ S.R.ₙ
```

图 2.2 人格金字塔：人格的层级组织。来源：Reprinted with permission from Eysenck, H.J. (1967), The Biological Basis of Personality, (Springfield, IL: Charles C.Thomas). Permission conveyed through the Copyright Clearance Center.

自测题

你能看出哪些习惯和反应构成了你的人格特质吗？

在金字塔的最底端，是个体特有的水平，包括反应、行为、认知或日常生活应对（Eysenck，1990）。因为这些行为只被观察到一次，因此它们可能与人格相关，也可能不相关。然而，如果同样的行为发生了很多次，我们可以认为它是习惯或典型反应。进一步，如果某个习惯在不同时间、不同场合发生过多次，我们就认为这是人格特质。再进一步，如果我们发现某个特质倾向于在很多人身上出现，我们就可以说发现了一种人格类型，或者综合特质（Cattell，1946），一个超级因素，或者艾森克所说的"特质的可观察集合"（Eysenck，1998，p.36）。

根据艾森克的理论，越接近金字塔的底端，我们就越表现出个性化的行为反应。类似地，越接近顶端，就越表现出类似某个人格类型的行为模式。为了更好地说明这一点，我们设想一个叫做拉凯莎（Lakeisha）的高级工程师。假设她周四晚上与室友在客厅里一起看电视。这意味着她是外向的吗？从单个具体的行为，我们无法对她的人格做任何判断。毕竟，可能那天晚上电视上有特别节目。再假设拉凯莎在校园中经常同相遇的人打招呼，经常与朋友一起吃午饭。我们可能据此判断她倾向于对他人友好或有他人陪伴。如果她一直表现出这个倾向(如在整个大学一年级或二年级),或者在不同场合表现出这种倾向(在家、学校或夏季实习中),我们可以说她表现出爱好社交的特质。如果她也表现为冲动、活跃、有活力和易激动,我们可能会说她是外向型的或者与外向型的人很类似。尽管本例始于对个体的研究——拉凯莎——且以某一类人的特质作为结束,但艾森克提醒道,我们的结论必须建立在实验基础之上,这样的理论才是科学的理论。

个案研究告诉了我们什么?

研究个体的人格:个案研究法

请你尝试着比较以下两个人的性格。其中一个将自己描述为固执的、挑剔的、好奇的、明智的、有趣的和冷嘲热讽的人,而另一个将自己描述为关心人的、安静的、富有创造力的、忠诚的、有趣的和有爱心的人。以上的人格描述来自两个学生对于"你是哪种类型的人?请将最符合你的特质列出来"这个问题的真实回答。通过这样的人格描述,心理学家可以理解个体特异性,以及了解对个体来说最重要的特质是什么。这就是个案研究法研究人格的一种方式。

通过这种方法,奥尔波特发现了三种类型的特质:中心特质、次要特质和首要特质(Allport,1937)。**中心特质**(central traits)是指对于理解一个人非常重要的特质,大约有5到10种。在你的推荐信或向不认识你的人介绍你时,熟人会提到这些特质。**次要特质**(secondary traits)是相对不重要的特质,这些特质很少表现出来或表现得不稳定,或稍微有所表现,以至于只有关系非常密切的朋友才能注意到(如"在陌生人面前会害羞"、"有时候像个领导")。

最后,有些特殊的人可能有一个或仅有一个最典型最概括的特质。这种单一的、主导个体性格特质的人格被称为**首要特质**(cardinal traits)。这些特质如此重要又极具影响力,实际上,个体生活的方方面面几乎都受这个"占统治性志趣"或"主要情感"的影响(Allport,1937,p.338)。你认识这样的人吗?尽管在现实生活中很难找到只有一种特质的人格,然而在虚构的角色中就不足为怪了。想想唐·璜、堂·吉诃德、奥斯卡小怪人或者白雪公主里的七个小矮人!奥尔波特本人提醒我们首要特质在人群中非常罕见,而一旦出现,则可以根据这个人的名字来命名该特质。如花花公子(Beau Brummell,19世纪初英国的时尚达人)、马基维亚利(Machiavelli,佛罗伦萨的政治外交家)和萨德侯爵(Marquis de Sade)都已经成为描述特质的英语词汇(Allport,1937,p.338)。

> "每个人的人格特质都是一个独特的综合体,同样也是一项心理学数据,而且仅仅是心理学的数据。"
>
> 戈顿·奥尔波特

思考题
为什么首要特质在虚构角色中更经常出现?

个案研究法的应用:珍妮的案例

大约在1946年左右,奥尔波特有机会将个案研究法用于研究现实生活中的人:"珍妮"(Allport,1965;Anonymous,1946)。珍妮·戈夫·马斯特森(Jenny Gove Masterson)是一个女人的化名,她在10多年间与两位朋友保持着通信联系,信的内容非常详细。奥尔波特将这些信件进行了编辑,并且添加了心理学注释之后发表了(Allport,1965)。

珍妮于1868年出生在爱尔兰,她年轻的时候与丈夫一起移居美国。很快,他们有了一个孩子罗斯,然而,不幸的是,她的丈夫去世了,留下她一个人在异乡独自带着孩子艰难谋生。罗斯理所当然的成为了这位母亲生活的中心,但这也导致了母亲与成年后的儿子罗斯之间关系很紧张。在罗斯大学毕业10多年后,珍妮给罗斯的大学室友格林和他的妻子伊莎贝尔写了封信,信的内容是关于她与罗斯关系最紧张的时候。看看下面这封珍妮1926年写给格林和伊莎贝尔的第二封信的摘录:

> 那些年,为了给那条可怜的狗付账,我过着隐士般的生活,我没有任何社会关系。我从来没有像样的衣服——从来没有钱供我娱乐,哪怕是最简单的娱乐方式。我不应该成为一个骗子,我的生命被浪费了。(Allport,1965,p.11)

次月,珍妮打算去拜访格林和伊莎贝尔,她写了下面这封信:

> 亲爱的格林:我随信附上了一张50美元的支票。如果我在西部旅行过程中发生了意外,请将支票中的钱取出,用于处理我的后事。如果我平安回来了,请将钱还给我。为了防止意外和死亡,我坚持带了厚外套——我将在西部旅行中穿上它。在我外套左边的下摆缝里,缝有50美元。那是五张10美元的钞票。这些你们收下吧。在钱包里应该有8或10美元。在我贴身内衣的口袋里缝有10美元的钞票。(Allport,1965,p.17)

正如你所看到的,珍妮是一个很有趣的、能说会道的女人,她写这封信的时候是非常真诚坦率的。难怪奥尔波特将这些信件视为理解人格特质的财富。珍妮的人格在这些信件中自然而然地展现了出来。通过分析这些信件,我们能够找出使珍妮成为独特个体的人格特质吗?奥尔波特认为可以。经过一番编辑,奥尔波特邀请了36个人阅读珍妮的信,并让他们分析珍妮的性格。他们共使用了198种特质,然后奥尔波特将这些特质词汇归为相关的几类:爱争吵—多疑的、自我中心的、独立自主的、高度紧张的、审美—艺术的、富有攻击性的、愤世嫉俗——变态的、多愁善感的，以及其他13种不属于任何类别的特质。

奥尔波特进一步运用多种理论分析珍妮的人格，包括弗洛伊德和卡尔·罗杰斯（Carl Rogers）的理论（Allport，1965；Baldwin，1942）。通过个案研究分析人格的例子还有很多（参见 Barenbum，1997；Barry，2007；Nasby & Read，1997；Rosenberg，1989；Simonton，1999；Swede & Tetlock，1986；Winter & Carlson，1998）。事实上，有人还分析了奥尔波特在分析珍妮时的人格。结果表明，珍妮的这些信正是写给奥尔波特和他的妻子艾达的（Winter，1997）！

> "虽然研究者无法研究一千只老鼠，每只研究一小时；或者研究一百只老鼠，每只研究十小时，但是我们可以花一千小时来研究一只老鼠，这个流程……对于重视个体的个案研究更合适。"
>
> B.F.斯金纳

思考题
你愿意与珍妮做朋友吗？

通则研究法告诉了我们什么？

发现普遍性：通则研究法

你还记得人格心理学课上的那两个学生吗？他们运用了11种不同的特质来描述自己。事实上，我整个班上46名同学用了116个不同的词汇来描述他们自己。我早就提到，采用通则研究法的人格心理学家试图找到构成人类人格的少数基本特质。

确定描述人格特质的特质或因素的数量，好比决定你MP3里收集的资料应设置几个播放列表或分几个类别才能使资料有序一样。有的人可能将音乐根据艺术家、专辑、类型（如摇滚、蓝调和经典）、功能（如室外、开车、学习、放松、聚会）、情绪（如愤怒、忧郁、开心），甚至这几种类型的综合来分类。哪种方法对资料归类更有效，这取决于你的目的。对人格特质归类也是同样的道理。

至少有三种方法，可以对最有意义和最具应用价值的人格词汇进行归类。研究者通常综合运用理论法、词汇法和测量法（传统上，有时被叫作问卷法或人格评鉴法；John，Naumann，& Soto，2008）。一旦采用上述方法中的任何一种确定了基本的人格特质，心理学家就会采用统计技术，如因素分析来验证或证实他们的确发现了重要的人格特质。然后这些特质可以被运用或推广到其他人或群体身上。

理论法 有时候人格心理学家的研究始于一个理论或者甚至是普通常识（Barenbaum & Winter，2008），这就是**理论研究法**（theoretical approach）（Barenbaum & Winter，

2008)。你还记得尼科洛·马基雅维利(Niccò Machiavelli)吗？有两位研究者特别认可他献给佛罗伦萨王子的建议——《君主论》(*The Prince*，Machiavelli，1532/1940)。他们根据这本书设计了一个人格量表，用来测量个体的马基雅维利得分或者称为操控性(Christie & Geis，1970；在第4章"人格评鉴"中你将看到这个量表的节选)。这就是普通常识如何启发人格特质研究的例子。

有时候，心理学家从某个理论开始研究。卡尔·荣格(Carl Jung)假设人们在评估信息时存在两种可能：要么是理性的，他称之为思维型的，要么是感性的。荣格(1921)认为至少有两种人格特质，即情感型的和理智型的。西格蒙德·弗洛伊德(1915/2000)的理论认为，如果婴幼儿在断奶或大小便训练过程中遇到了问题，那么这将影响他们成年以后的人格。也许你已经听说过极度依赖他人的口唇型性格(oral personality)，或者过分整齐和保守的肛门滞留型人格(anal personality)。这些是心理学家通过理论发现有意义的人格特质的例子。

采用个案研究法，戈顿·奥尔波特通过分析"珍妮"的信件发现，多愁善感、多疑和爱争吵是珍妮的中心特质。

"普遍的趋势能够最准确地解释个别特殊的模式。"

萨希尔和戈登伯格(1996，p.35)

词汇法 人格特质的**词汇研究法**(lexical approach)通常会探索某种语言中描述人格的同义词的数量。词汇法的逻辑是，如果某个概念对说该语言的人是重要的，那么这个概念在该语言中会有多种表达方式。人们为重要的或有用的概念创造词汇，然后这些词汇得到广泛传播并成为日常用语。同时，没什么用的词汇被遗弃。设想一下，描述你所爱的人以及你的邻居是怎样一个人,这之间具有高度的相关性并且十分重要,所以,语言中会出现关于这两者关键性细微差异的表述(Allport, 1937)。如果这种人格特质在多种语言中都存在,这种特质就是人类的共性。通过这种分析语言的方式,特别是寻找不同语言之间的同义词和共同点,可以帮助人格心理学家发现描述人格的关键术语(Goldberg, 1981),这些术语有形容词(Allport & Odbert, 1936),也有名词(Saucier, 2003)。

测量法 在过去的60多年中,人格心理学家分别发现了人格的许多重要方面,并尝试测量人格(Hogan, 1996),这种方法称为**测量法**(measurement approach)。有的心理家在某个传统理论框架内做研究,有的操纵他们观察到的行为,还有的聚焦于开发没有任何理论背景的最佳问卷或测量技术。有一度似乎每一个研究者都设计了一份原创问卷,用以测量他/她认为最重要的人格特质(John et al., 2008)。人格心理学当时似乎更关心测量的准确性而非测量的是什么(Hogan, 1996)。直到出现分类学或者一种将人格特质术语进行识别和分类的系统方法,这些分离的研究才被联系起来。毕竟,"天文学家将恒星进行了分类,化学家将元素进行了分类,动物学家将动物进行了分类,植物学家将植物进行了分类"(Eysenck, 1991. p.774)。

将人格特质进行有效分类的途径之一是运用数学和统计的方法,如因素分析,检验这些特质术语是否以某种方式聚合在一起。例如,雷蒙德·卡特尔(Raymond Cattell)以奥尔波特和奥德伯特(Allport & Odbert, 1936)发现的4504种特质为原始材料,通过剔除列表中相似的词语,将这些特质术语减少为160种。然后,他加入其他心理学家在之前研究中所发现的特质。最后,他采用早期粗糙的因素分析法——他的工作远远早于计算机的发明——发现了16种因素(Cattell, 1946)。这16种因素也是其人格量表《16种人格因素量表》的基础(16 PF; Cattell, Eber, & Tatsuoka, 1970)。具有讽刺意味的是,受当时一些统计做法的误导,卡特尔并没有发现他自己数据中的五个因素,如今这五个因素已经被广泛认可(Digman, 1996)。下面介绍的方法会详细介绍这种技术的特点。

自那以后,随着功能强大的计算机的发明,研究者开始综合运用这三种研究方法——理论法、词汇法和测量法——以发现人格特质并对其进行归类。研究者们发现了什么?请继续阅读并找到答案。

研究方法示例:因素分析

想象一下,我们给一群被试发放问卷,问卷中列出了许多不同类型的音乐,包括黑人音乐、打击乐、重金属音乐和乡村音乐。被试根据对这些音乐类型的喜好程度进行7级评分,1分代表"一点也不喜欢",7分代表"非常喜欢"。

如果人们对某种类型的音乐有一致的感受,我们可以预测他们在回答相关问题时将给出大体一致的回答。例如,有一群人确实喜欢蓝调和爵士乐,那么他们对与蓝调和爵士乐相关问题的回答将比对与乡村音乐和宗教音乐相关问题的回答更相似。是否存在蓝调和爵士乐共有的维度,这些维度能够将其与乡村音乐、宗教音乐及说唱音乐区别开来?再泛化些，被试的回答背后是否存在内在的结构？如果确实存在，我们还需要这些独立的问题吗？还是可以用更少的问题来代替？

心理学家试图通过因素分析来回答上述问题（Lee & Ashton，2007）。因素分析（Factor Analysis）是旨在运用数学方法发现一组变量背后有意义结构的统计技术。如果一些问题相互之间存在关联，而它们与其他问题之间却不相关，那么我们就可以说发现了被试对这些问题反应的独特因素。根据我们正在研究的内容——如人格或智力——我们有可能发现被试反应背后的一些因素。

如何才能知道哪些问题是相互关联的呢？我们通过计算所有问题之间的相关来分析。回想一下相关这个概念（以字母 r 表示），它代表两个变量之间关系的密切程度。相关系数大，表示两个变量之间高度相关。r 的符号代表变量之间是直接相关（正相关）还是反向相关（负相关）。从相关类型可以看出哪些变量之间是相互关联的，而哪些变量不相关。然后计算机运用复杂的矩阵代数并结合一个或多个数学等式来重现变量的相关类型。对所有被试反应计算组合和权重，结果就形成了因素。少数几个因素能够重现数据中被试反应涉及的众多变量，这几乎与原始数据本身反映的模式一样。

每一个因素都能解释一定数量的变异，即方差，它是被试之间反应的差异。这被称为**因素的特征值**（eigenvalue）。根据特征值，我们可以计算出**因素负荷**（factor loadings），即对每个问题可以用某个因素来解释的程度的评估。我们可以用相关来理解因素负荷，因素负荷大意味着项目与因素之间高度相关，因素负荷的符号代表相关的方向（正相关还是负相关）。每一个因素根据与其负荷最高的问题来命名。研究者考察一些问题并试图找到它们背后指向的概念。

做因素分析的时候，最先出现的因素能够解释最多的变异。但是，因为这是根据数学统计计算出来的因素，而不是由实际问题推演出来的，所以没有人能保证这个因素是有意义的。这时候，研究者需要围绕这些因素反复分析，从而发现哪些问题归为一类最合适。这叫做因素旋转，这是为了让我们更好地理解因素（有点类似于将地图旋转到与你面对的方向一致，从而让你更好地找到你所在的位置）。这不会改变因素的数量，也不会改变因素之间的相关，但它的确改变了问题归类。通过因素旋转——数学上有多种旋转方法——构成某个因素的问题之间的组合和权重发生了微小的改变，因此研究者能够更好地看出因素背后是什么。

我们如何知道究竟需要多少个因素才能最好地解释数据呢？在这一点上，其被称因素分析为"科学"，不如称之为"艺术"。关于各种判断因素数量的方法的优劣，至今仍然存在大量争论。当一个新的因素的加入不能显著地增加解释的变异时，研究者就会停止加入该因素，这通常由数学计算（如接受所有特征值大于1的因素）或图形决定的。通常，研究者采用实用的方法，只保留几个能够解释的因素。其他因素可能因测量误差或反应偏差而被保留，并不是因为它是一个有意义的概念。

一旦因素的数量确定下来了，研究者就需要给这些因素命名。命名是考察所有落在同一个因素上的问题，并思考它们共同指向了什么概念。以本章开头基于真实研究的音乐品味调查为例子。伦特福罗和戈斯林（Rentfrow & Gosling，2003）设计了《音乐偏好快速测验》，称为STOMP。在该测验中，被试对14种音乐类型的偏好程度进行评分。然后研究者采用因素分析探讨是否存在能够解释被试音乐品味相似性和差异性的内在结构。结果见表2.3。你能为每个因素起个恰当的名字吗？

这就是因素分析如何探索人格特质数量和种类的过程。但是请注意，因素分析并没有对此给出明确的答案（Darlington，2009）。请记住，因素分析是有用的，但也作用有限，它取决于运用该方法的科学家的素养。在分析的每一步中，科学家都要做决定，而每一个决定都会影响研究结果。从选择哪些问题（哪些问题纳入因素分析）、决定因素的数量，到解释因素，因素分析有其自身的缺陷（Fabrigar，Wegener，MacCallum，& Strahan，1999）。然而，因素分析的确给出了一个回答，但是这个回答是否正确，这取决于研究者能否为他/她的结论提供可靠的案例，并且能够复制这样的结果。

表2.3　14种音乐类型在四个因素上的因素负荷

音乐类型	因素1	因素2	因素3	因素4
蓝调	**.85**	.01	−.09	.12
爵士乐	**.83**	.04	.07	.15
古典乐	**.66**	.14	.02	−.13
民间音乐	**.64**	.09	.15	−.16
摇滚乐	.17	**.85**	−.04	−.07
非主流音乐	.02	**.80**	.13	.04
重金属音乐	.07	**.75**	−.11	.04
乡村音乐	−.06	.05	**.72**	−.03
电影原声音乐	.01	.04	**.70**	.17
宗教音乐	.23	−.21	**.64**	−.01
流行音乐	−.20	.06	**.59**	.45
说唱音乐	−.19	−.12	.17	**.79**
灵歌/疯克音乐	.39	−.11	.11	**.69**
电子音乐/舞蹈音乐	−.02	.15	−.01	**.60**

注：N=1 704。每个维度最高的因子负荷以粗体显示。研究者将这些维度命名为引人深思和心绪复杂的、紧张激烈和反抗躁动的、轻松愉悦和因循传统的、充满活力和富有节律的。

来源：Rentfrow and Gosling, 2003, Table 1, p.1242 Rentfrow, P.J., & Gosling, S.D. (2003). The do re mi's of everyday life: The structure and personality correlates of music preferences. *Journal of Personality and Social Psychology*, 84(6), 1236—1256. Copyright American Psychological Association. Adapted with permission.

旨在发现人格普遍原则的通则研究法

理论法、词汇法和测量法如何通向"最著名的经验主义发现"（McCrae & Costa，1996，p.53）？首先，回忆一下奥尔波特和奥德伯特所做的词汇分析研究，他们发现了

4 504个特质词汇。利用这个特质列表,卡特尔通过因素分析发现了16种因素——没有意识到可以简化为5个因素(Cattell, 1946; Cattell et al., 1970)。其他研究者在卡特尔统计分析基础之上,发现了5个非常相似的因素(如Fiske, 1949; Norman, 1963),即著名的大五人格(Big Five)(Loehlin, 1992)。大五人格的命名与其说是为了赞颂它的伟大,不如说是为了强调它的广泛性(John 等,2008)。大五人格的每一个因素都高度概括地描述了人格的某个方面(还记得艾森克的人格金字塔吗?),它囊括了大量更低水平的人格特质。

与此同时,研究者运用问卷法编制了人格问卷,包括《人格研究量表》(Personality Research Form, Jackson, 1984)、《加利福尼亚 Q 分类量表》(California Q-set, Block, 1961),甚至连《梅尔—布瑞格斯心理类型指标》(Myer-Briggs Type Indicator, Myer & McCauley, 1985)都包括了五因素(Digman, 1996),还有其他无数的采用不同理论的问卷都可能反映了大五人格(McCrae, 1989)。

最后,有的研究者指出,人格特质要想具有普遍性,必须根源于生物学(Eysenck, 1990; McCrae & Costa, 1996)或能解决进化问题,大五人格则符合要求(Buss, 1996)。

来自理论、实证研究和测量方法的三方证据都支持五因素模型(five-factor model),这令人格心理学家兴奋不已。但是仍然有不少心理学家并不承认"5"就是人格因素的确切数量。他们有的提出了自己认为的维度,有的认为大五模型遗漏了重要的人格特质。然后,为了全面理解当前大五人格的重要性——以及其他相似模型及其批评——我们需要先理解在此之前的人格模型。

自测题

你用几个因素来描述你的人格?

艾森克的三因素说

心理学家汉斯·艾森克毕生都致力于通过实验发现和描述人与人之间的差异。他确信人与人之间存在本质差异,并第一个提出由生理学或生物学差异所导致的人格类型差异(Eysenck, 1998)。大量的研究表明,艾森克的基本原则是对的:他的早期双生子研究支持了人格的三种因素存在基因差异,尽管目前科学家尚不了解具体的生理机制(Eysenck & Eysenck, 1985)。他发现了人格的三大维度:精神质(Psychoticism)、外向性(Extraversion)、神经质(Neuroticism)。艾森克也提出了更具体的特质,他称之为**狭隘特质**(narrow traits),该特质与三个因素都相关(见表2.4)。这三大因素一起构成了艾森克的人格 PEN 模型的基础(Eysenck, 1952)。

第一个因素**精神质**描述了个体的心理强度或反社会性。我们也可以将精神质看作是冲动性或脱抑制 vs 约束、受控制的 vs 不受控制的(Clark & Watson, 2008)。精神质得分高的人倾向于自私、反社会(Eysenck, 1990; Eysenck, 1985)。与精神质相关的特质是

表 2.4　艾森克的人格 PEN 模型和具体特质

因　　素	特　　质
精神质	有攻击性的 冷漠的 自我中心的 非个人的 冲动的 反社会的 缺乏同理心的 富有创造力的 顽固的
外向性	好社交的 无忧无虑的 好动的 有自信魄力的 寻求刺激的 快活的 支配性的 感情激烈的 好冒险的
神经质	焦虑的 抑郁的 内疚的 自尊心低的 紧张的 不理性的 害羞的 喜怒无常的 情绪化的

来源：Eysenck(1990，p.246)。

攻击的、冷漠的、自我中心的、非个人的、冲动的、反社会的、缺乏同理心的、富有创造力的和顽固的(Eysenck, 1990; Eysenck & Eysenck, 1985)。有一个作家认为精神质就是(大五人格中的)低宜人性和低尽责性以及其他一些差的特质(McAdams, 2009, p.199)。根据艾森克的观点，高精神质的个体是：

> 可能很酷、缺乏情感和同理心、不敏感……喜欢老的、不寻常的东西，无视危险。喜欢取笑他人、让他人沮丧。(Eysenck & Eysenck, 1975, pp.5—6)

第二个因素是**外向性**(Eysenck, 1990)。外向性描述了个体对外倾的偏好程度，包括对社交和物理环境的。与外向相关联的特质是爱好社交的、活泼的、好动的、有自信魄力的、寻求刺激的、快活的、支配性强的、感情激烈的、好冒险的(Eysenck,1990;Eysenck & Eysenck,1985)。与内向者相比,外向者更外倾和更有可能经历积极情感,如愉悦和开心。

根据汉斯·艾森克和西比尔·艾森克在《艾森克人格问卷手册》的手记:

> 典型的外向者爱好社交,喜欢聚会,有很多朋友,需要与人聊天,不喜欢独自阅读或研究。寻求刺激、善于抓住机遇、敢于冒险、行动迅速、通常是冲动的人……无忧无虑的、容易相处的、乐观的,并且"喜欢笑很开心"……不强行控制情绪,一直值得信赖。(Eysenck & Eysenck,1975,p.5)

相反,典型的内向者:

> 安静、回避社交、好反省、喜欢书而不是人……不喜欢刺激、对日常生活琐事认真对待……倾向于提前计划,"提前想好",不相信冲动时的决定……始终控制住情感,不失控……可靠的、有点悲观的。(Eysenck & Eysenck,1975,p.5)

第三个因素,**神经质**是指消极的情绪和情绪反应。与神经质相关的特质是焦虑、抑郁、内疚感、低自尊心、紧张、非理性、害羞、喜怒无常、情绪化(Eysenck,1990;Eysenck & Eysenck,1985)。高神经质的人倾向于容易沮丧、易受消极情绪影响。相反,低神经质的人情绪稳定、冷静、放松、无忧无虑、不焦虑、有点缺乏情感、容易从负面经历中恢复过来。

你可以从测量精神质、外向性和神经质的《艾森克人格问卷》中找到例子(Eysenck & Eysenck,1976)(见表 2.5)。艾森克及其同事做了大量的研究,以证明在上述三个特质上

表 2.5 早期版本的《艾森克人格问卷》的测验项样例

精神质问题
1. 你喜欢开可能会伤害人的玩笑吗?
2. 有人试图回避你吗?
3. 你觉得人们是不是花太多时间于储蓄和保险来确保未来?
外向性问题
1. 你有许多不同的爱好吗?
2. 如果有时间,你会参加更多活动吗?
3. 你认为自己是快乐幸运的人吗?
神经质问题
1. 你的情绪会经常起伏不定吗?
2. 你曾经没来由地感到痛苦吗?
3. 在尴尬的事情发生之后,你会担心很久吗?

注:对每个问题回答"是"或"否"
来源:Eysenck and Eysenck(1976,pp.65—68)。

高分者和低分者存在差异。他的大部分研究都关注人格特质差异的生理学和基因根源，我们在接下来的章节会简单介绍相关内容。

自测题

你的人格特质在这三个因素上属于什么水平？

很多年以来，艾森克的理论在特质理论中占据重要位置，并启发了无数相关实验研究。遗憾的是，随着五因素模型相关研究的大量涌现，艾森克的理论相形见绌（John et al., 2008）。许多心理学家认为艾森克理论的一个重要漏洞是缺失了一些重要的特质。对此，艾森克完全不同意，他坚持认为这是由于他提出的特质处于较高水平，而研究者看的是其他水平的特质。

具体而言，他认为其他一些特质概念是无效的，因为这些概念包含了模型中不同等级的特质。例如，艾森克认为卡特尔的 16 个人格因素处于第三个水平（特质水平），如果对其进行因素分析，这些特质将减少为艾森克的三因素（Eysenck, 1990）。进一步，艾森克所讨论的特质处于非常高的等级（类型或超级因素水平），但是有些测量五因素模型的量表宣称发现了特质其实是习惯和反应的结合。当你对这些测量的特质进行因素分析时，将得到三大因素：精神质、外向性和神经质（Eysenck, 1990）。实际上，艾森克也承认五因素模型的某些方面与他的理论存在重合（如外向性和神经质），但他反驳道，宜人性和尽责性属于习惯水平，因此不具有可比性。最后，他认为开放性更多地是一个认知因素而不应该成为人格维度（Eysenck, 1990）。

五因素：大五人格和五因素模型

最适合作为普遍特质的五个因素是：神经质、外向性、开放性、宜人性和尽责性（John, 1990; John et al., 2008）。很多研究者采用稍微不同的词汇来命名他们的"五因素"，有的甚至用罗马字母而不是单词来命名，奥利弗·约翰及其同事（John, 1990, p.96; John et al., 2008, p.139）指出，常用来指代五因素的词汇包括：

N：神经质、负面情感、神经质（因素Ⅳ）

E：外向性、活力、激情（因素Ⅰ）

O：开放性、原创性、思想开放（因素Ⅴ）

A：宜人性、利他主义、温情（因素Ⅱ）

C：尽责性、控制、抑制（因素Ⅲ）

神经质与情绪稳定性相反，是指个体适应"日常生活的坎坷"的能力。它与情绪性、心情悲痛和反应性有关。例如，乔治很在意他人对他的评价吗？在压力面前艾丽会崩溃吗？如果确实这样，乔治和艾丽的神经质得分将很高。杨在压力下能保持冷静、酷和镇定吗？詹姆斯能控制情绪吗？如果是，杨和詹姆斯的神经质得分低，则被认为是情绪稳定的。神经质得分低的人不意味着在整体心理健康方面得分高(McCrae & John，1992)——心理健康与否取决于其他因素，或许是那些五因素模型根本不包括的特质。神经质得分低的人性情平和、冷静、放松和镇定(McCrae & John，1992)。神经质的最佳指标是与《NEO 人格问卷(修订版)》(NEO-PI-R；McCrae，2007)中"我经常感到紧张不安"这个测试项的吻合程度。

根据《NEO 人格问卷(修订版)》，五个因素中的每一个都由六个亚维度构成，这些亚维度称为构面(Facets)。如果将神经质看作超级因素，那么构成神经质的构面或特质是焦虑、敌意、抑郁、自我意识、冲动性和压力应对能力(Costa & McCrae，1992；见表2.6)。

表 2.6　神经质的构面

焦　虑	自我意识
愤怒敌意	冲　动
抑　郁	容易感到压力

来源：Costa and McCrae(1992)。

神经质得分高的人应对压力情境的技巧比较薄弱，健康状况更差，容易筋疲力尽和变换工作(John et al.，2008)。这类人也容易体验消极情绪，如害怕、悲伤、尴尬、愤怒、内疚和厌恶(Costa & McCrae，1992)。情绪稳定的人对工作承诺度更高，对个人关系更满足(John et al.，2008)。一项在瑞士大学针对本科生做的研究表明，冲动性——神经质的重要构面——得分高的人花费更多时间在电话和手机上，并比冲动性得分低的同学更多地表现出对手机的依赖(Billieux, Linden, D'Acremont, Ceschi, & Zermatten, 2006)。

> "如果人格心理学家依然坚持使用自己偏好的测量方法，而不与五因素人格模型联系起来，就好比地理学家报告新的大陆，而不将它们标志在地图上供其他人查找。"
> Ozer 和 Reise(1994，p.361)

思考题

为什么神经质得分高的人更可能感到有压力和健康状况不好？

多米尼克活泼有趣吗？克里斯廷喜欢人多的聚会吗？艾普丽尔更保守安静吗？多米尼克和克里斯廷更外向而艾普丽尔更内向。表格中的第二个因素，外向性与内向性是相对的，它描述了个体对社交的热情和活力。外向者与大多数人一样，他们果断、活跃、健谈、愉悦、喜欢群体和聚会、喜欢激动人心的事(Costa & McCrae，1992)。

外向性由热心、乐群、果断、活跃、寻求刺激以及积极情绪(愉悦性)这些构面组成(Costa & McCrae，1992；见表2.7)。外向性也与寻求刺激及与他人交往有关(John & Robins，1993；McCrae & John，1992)。外向性的最佳指标是与《NEO 人格问卷(修订版)》中的"我是一个愉快的、精神高涨的人"这个测试项的吻合程度。

表 2.7 外向性的构面

热 心	活 跃
乐群性	寻求刺激
果断性	积极情绪

来源：Costa and McCrae(1992)。

请记住，充满激情的、乐观的、表现出极大热情和愉快的人不一定在焦虑或抑郁维度上得分低。焦虑和抑郁与神经质相关(McCrae & John, 1992)。外向者比内向者更可能在群体中担任领导角色，有很多朋友，有大量性伴侣，更可能成为临时组织的领导者。相反，内向者更可能与父母和同伴的关系不好(John et al., 2008)。

第三个因素是开放性(openness)或"智慧性"(Inquiring Intellect)(Digman, 1996; Fiske, 1949)。开放性包括幻想(想象力)、审美(艺术兴趣)、情感(情绪)、行动(冒险性)、思想(智慧)、价值观(心理自由)(见表2.8)。吉姆想象力丰富吗？艾伦特别喜欢她所听的

表 2.8 开放性的构面

幻 想	行 动
审 美	思 想
情 感	价值观

来源：Costa and McCrae(1992)。

音乐吗？吉姆和艾伦在开放性上的得分很高。瑞克固着于自己方式吗？克里斯廷反对传统的校园演讲吗？开放性得分高的人具有丰富的想象力和创造力，而开放性得分低的人倾向于遵循传统、注重实用、务实。开放性高的人倾向于进一步深造，在创造性的岗位上取得成功，创造完全不同的工作和生活环境(John et al., 2008)。开放性的最佳指标是审美活动中的打冷战或起鸡皮疙瘩的反应(McCrae, 2007)。总体而言，开放性高的人：

> 对经验本身感兴趣，渴望多样性，能够忍受不确定性，过着丰富多彩、复杂、不寻常的生活。相反，封闭的人幻想力比较贫乏、对艺术和美不敏感、情感不太外露、行为固定、对新观点没兴趣、思想上比较固执。(McCrae, 1990, p.123)

开放性是指对精神生活的欣赏程度，如对新观点、思想、幻想、艺术和美的欣赏，它与智力不同。IQ低的人也可能在开放性上得高分(McCrae & John, 1992)。类似地，艺术兴趣与艺术能力不同，艺术能力不是人格特质。开放性包括对一系列情感体验的欣赏，而与神经质维度敏感及防御心理不同(McCrae, 1990)。开放性指对一系列新观点、新事物的开放性，而不包括对人的开放，对人的开放属于外向性特质。开放性与寻求刺激不同，寻求刺激是外向性的特质。开放性得分高的人喜欢新经验，而不一定喜欢危险的或刺激的活动。

开放性得分高的人倾向于去国外旅游冒险。

开放性高的人比低的人看上去更好、更有趣,但其实开放性高或低并没有明显的心理优势(外向性也是如此)。对于处于两个极端之间的人们来说,富有创造力或遵循传统,这取决于情境(Costa & McCrae,1992)。

宜人性(Agreeableness)是指人际关系的质量——个体对他人的感受或对同伴的需求程度;他/她是否喜欢享乐,是外向者还是内向者。宜人性也可以看作是利他或合作导向,与对抗或竞争相反(Costa & McCrae,1992;Graziano & Eisenberg,1997;John et al.,2008)。宜人性低的人表现出敌意、自我中心、仇视、冷漠,甚至嫉妒他人(Digman,1990)。宜人性的构成包括对他人的信任、坦率(诚实或反对操纵)、利他、服从(合作)、谦虚和正义感(同情)(见表2.9)。

表 2.9 宜人性的构面

信 任	服 从
坦 率	谦 虚
利 他	正义感

来源:Costa and McCrae(1992)

拉米罗相信大部分人都是好心的吗?贝蒂对他人的需求有强烈的共情吗?如果是,那么拉米罗和贝蒂在宜人性上得分高,表现出对他人的信任和共情,对社会和谐的关注,与他人友好相处。相反,宜人性得分低的人不相信他人的动机,并时时警惕他人会占自己便宜。例如,贾斯敏威胁或讨好他人,让他们做她想让他们做的事吗?达内尔认为其他人只要有机会就会占自己便宜吗?如果是,那么贾斯敏和达内尔在宜人性上的得分低(John et al.,2008)。宜人性得分低的人患心血管疾病的概率高,成为青少年罪犯的风险大,人际关系出问题的概率大(John et al.,2008)。然而,科斯塔和麦克雷(Costa & McCrae,1992)提醒到,"随时准备战斗"在生活中是优势,做好科研需要宜人性得分低者的怀疑和批判性思维。

最后,**尽责性**(conscientiousness)是指个体的组织性程度,包括物理上的,如办公室的整洁,以及精神上的,如提前计划和有目标。尽责性也包括我们如何控制冲动,如先想后做、表现出满足感、遵守规范和规则(John et al.,2008)。如布里塔尼为每一节课都准备了不同的资料吗?迪米特里打完电子游戏以后会将游戏机放回原处吗?如果是,那么布里塔尼和迪米特里是尽责性强的人。再对比下像查理这样的人,他不可靠、在单人纸牌游戏中都作假。或者罗奈特,他经常凭一时冲动做事而不考虑后果。这两个人都是尽责性低的人,图一时快感而忽视长远目标。

尽责性的构面包括胜任素质(自我效能)、秩序、责任感、渴望成就、自律和深思熟虑(谨慎的)(见表2.10)。有趣的是,尽责性强的人通常被同伴或配偶评价为有条理的、整洁的、深思熟虑的、勤奋的(McCrae & Costa,1987)。他们的学业平均分往往偏高,工作绩效也高于平均水平(John et al 2008)。尽责性弱的人更可能吸烟、滥用酒精和其他药物、患注意力缺陷障碍、饮食不规律以及运动不足。相反,尽责性强的人更可能遵从医嘱——相对于尽责性弱的人寿命更长(John et al. 2008)!如果你是尽责性强的人,也不要高兴得太早,尽责性强也可能导致惹人讨厌的毛病,如苛刻的、强迫洁癖或工作狂(Costa & McCrae,1985)。

表2.10 尽责性的构面

胜任素质	渴望成就
责 任 感	自 律
成就导向	深思熟虑

来源:Costa and McCrae(1992)。

如果你觉得有些维度很熟悉,这是因为这五个维度与艾森克的三因素非常类似。五因素模型和艾森克模型都将神经质和外向性作为人类人格的两个重要维度。而且,艾森克的精神质是宜人性和责任感的综合(Digman,1996)。

思考题

人们可以改变自己的宜人性吗?

自测题

你的人格特质在五因素模型中的分布是怎样的?

玫瑰的别名？五因素的两个模型

五因素模型令人费解的一个地方是这五个因素的命名,特别是开放性,从所使用的测量方法来看,命名与因素本身略有差异。当研究者开始使用词汇法时,他们得到的大五人格是外向性、宜人性、尽责性、情绪稳定性和文化(Goldberg,1990;Norman,1963)。一般而言,"大五人格"指的就是五因素的词汇研究结果。大五人格因素是用罗马字符标志的,罗马字母代表该因素的单词在词典中出现的频率。例如,指向因素Ⅰ"外向性"的词汇比指向因素Ⅴ"开放性"的词汇之间共同点多。罗马字母在保持理论的中立性方面有优势(McCrae & John,1992)。然而,数字不利于记忆,因此有人用OCEAN来指代,尤其是人格心理学的学生(McCrae & Costa,1985)。

高尽责性者的平均成绩要好于低尽责性者。

大约在同一时期,科斯塔和麦克雷采用因素分析,发现了三个因素:焦虑—调试(现在被称为神经质)、内向—外向、新经验的开放程度。他们还开发了问卷测量这三个因素(NEO,McCrae & Costa,1983,1985),然后由于受词汇研究发现影响,他们1990年加入了一个测量宜人性和尽责性的测题,这时该模型被称为五因素模型(FFM;Costa & McCrae,1992;Costa,McCrae,& Dye,1991;Digman,1996)。事实上,通过比较词汇研究发现的大五模型和因素分析发现的五因素模型,麦克雷和科斯塔(1985)发现"两者之间的相似性远远多于差异性"(p.720)。今天,五因素模型的五个因素——神经质、外向性、开放性、宜人性和尽责性——是用《NEO人格问卷(修订版)》测量的(NEO-PI-R;Costa & McCrae,1992)。人格五因素的顺序恰好从大到小反映了每一个因素解释变量的程度。

这两个模型之间主要的差异在哪里?毕竟,他们看上去非常相似。最主要的相似之处,当然是在存在极大争议的情况下,这两个模型都采用了五个人格因素。而且,这两个模型都提出了实际上完全相同的五个因素。两者的不同之处,第一个是对个别因素的命名。大五人格称为情绪稳定性,而五因素模型称为神经质。这两个词都指向同样的维度;唯一的差别在于所指向的方向,或者说研究者关注维度的哪一端。第二个是大五的文化因素是五因素模型开放性的一部分,开放性是指对审美或文化的开放程度、丰富的情绪体验、对多样性的需求,不仅仅对创造力和智力活动有兴趣。大五人格和五因素模型都认为创造力、想象力和原创性是该维度的一部分(Saucier,1992)。回想一下,在英文词汇中用于描述人格开放性的词汇不多,因此这个因素指代不明确就不足为怪了。或许我们需要人格问卷来测量人格的某些维度,如对艺术和美的敏感性(McCrae,1990)。

这两个模型的不同还存在于哲学层面、传统背后的历史,以及两个模型的实际应用。例如,大五人格仅仅描述了人格而不探究这些因素来自哪里(如它们在语言中,因此它们肯定是重要的)。相反,五因素理论更多是源于艾森克的理论,认为这五个因素具有生物特质(Saucier & Goldberg,1996)。这些特质是源于成长过程中形成的神经结构的反应特性(John & Robins,1993)。其次,由于大五人格是源于形容词词汇,它们存在于多种语言和文化中。而《NEO人格问卷(修订版)》采用的是句子,因此更依赖于语言和文化,在翻译过程中可能丢失某些信息(Saucier & Goldberg,1996)。我们将在下一章寻找五因素模型跨文化存在的证据。现在,我们将用大五(Big Five)来指代词汇法发现的五因素,用五因素模型(Five-Factor Model)或FFM来指代人格问卷的五因素,五因素分类(five-factor taxonomy)或五因素(five factors)统称两个模型。

关于大五模型(采用词汇法)和五因素模型(采用《NEO人格问卷(修订版)》)的研究得到了相似的结果(John & Robbins,1993),使我们更加坚信人格的五因素——神经质、外向性、开放性、宜人性和尽责性。

五因素模型是生活的终极答案?普遍原则?还是一切?

尽管这看上去像个简单的问题,但答案非常复杂。还记得卡特尔宣称16是描述人格的正确数量吗?艾森克对卡特尔的理论提出了质疑,他对16PF的因素分析发现该量表只包含了三个因素,三个与精神质、外向性和神经质非常类似的因素(Eysenck,1991)。有趣的是,尽管很接近,因素分析没有发现艾森克理论中的精神质的极端反社会特质。艾森克认为,这意味着卡特尔的理论缺乏了人格特质的某些重要方面(Eysenck,1991)。而且,尽管一项研究显示来自超过17 000人的16PF回答涵盖了五因素(Krug & Johns,1986),但艾森克认为为了使回答与诺曼(Norman)的五因素模型类似,"这需要大量的解释技巧"(1963;Eysenck,1991,p.778)。相反,精神质、外向性和神经质这三个因素能够更好地解释数据(Eysenck,1991)。不仅如此,艾森克还指出卡特尔的16因素无法重复验证!

> "由于有了更清晰的理论,因素分析已经大大改善了状况,但如何准确命名这些因素的问题却仍然困扰着我们。"
>
> 艾森克

思考题

你能够想起那些用于描述审美的人格特质吗?

统计上,16因素能够比3因素更大程度地解释人格变量,但是所解释的变量在理论上、社会上或实际应用方面值得重视吗(Eysenck,1991)?这完全取决于你的目的是什

么,或者你想预测什么。我们可以将人格因素数量的争论看作是对保真度与频率范围的取舍(John,1989)。你希望你的收音机能够收到少数几个台但是音质非常好,还是希望能够收到很多台但音质一般?这取决于你为什么听收音机。我还是一个孩子时,当我发现我的 AM 调频收音机能够收到遥远的电台时,我激动地不敢相信——我的同班同学还号称他能听到人们用法语聊天——我们并不在乎需要将声音调大并借助想象力来听这些广播。另一方面,你可能是个戏剧迷,你希望听周六下午的都市戏剧频道,那里有你最喜欢的高清女高音。因此,如果你是人格探索者,像卡特尔及早期的研究者,多几个因素更符合你的目的。如果你试图找到人们之间基于特质的行为差异,少数几个特质更符合你的目的。

另一种解决这个两难问题的方法是参照生物学对动物的分类方法。我们可以将新出现的物种归为一种动物、一条狗、一条贵宾犬或者家庭的新成员鲍尔先生!约翰(1989)说"人格的最高层级就像生物学中的'动物'和'植物'——作为初级分类极其有效,但是对于预测特定动物的具体行为用处不大"(p.268)。

世界各地的研究者都认为人格因素是 1 到 16 种。接下来我们将探讨其中的一些概念。

单因素模型

能够解释人类人格的最小因素数量当然是 1 了。研究者将这个因素叫作**一般因素**(general personality factor,GPF)(Musek,2007;Rushton & Irwing,1008van der Linden,te Nijenhuis,& Bakker,2010)。GPF 假设能够像反映人类能力的智力因素一样解释人类人格(Musek,2007)。GPF 处于人格特质的最顶端(见图 2.3)。

什么是 GPF?根据木赛克(2007)的理论,GPF 包括了五因素的积极方面:情绪稳定性、宜人性、外向性、尽责性和智力。进一步地,GPF 又包括阿尔法因素(与他人相处的情绪稳定性)和贝塔因素(应对变化、挑战和需要的适应能力)(Musek,2007)。拉什顿(Rusthton)及其同事认为这些人格因素之所以在进化过程中被保留下来,是因为它们对于人类生存是必要的(如 Rushton,Bons,& Hur,2008;Rushton & Irwing,2008)。

在一项研究中,研究者采用三种测量方法,测量了五因素模型和其他人格问卷(Musek,2007)。当用因素分析法分析被试的回答时,他们发现第一个因素——GPF,解释了被试反应中 40% 到 50% 的变异。第二个因素解释了 17% 到 26% 的变异。进一步,GPF 与幸福及自尊的测量结果相关。一些研究者用其他特质与 GPF 比较,也发现了类似的结果(Rushton et al.,2008;Rushton & Irwing,2008,2009)。

尽管 GPF 非常类似于一般"社交需求"因素或者"服从性"因素,木赛克(2007)认为结果的模式——GPF 与其他人格维度如何相关——排除了这两种可能的解释。然而,还有研究者认为两因素仅仅是根据我们测量特质的方式假想出来的东西,并且有证据支持五因素或六因素比两因素模型更好(Ashton,Lee,Goldberg,& de Vries,2009)。

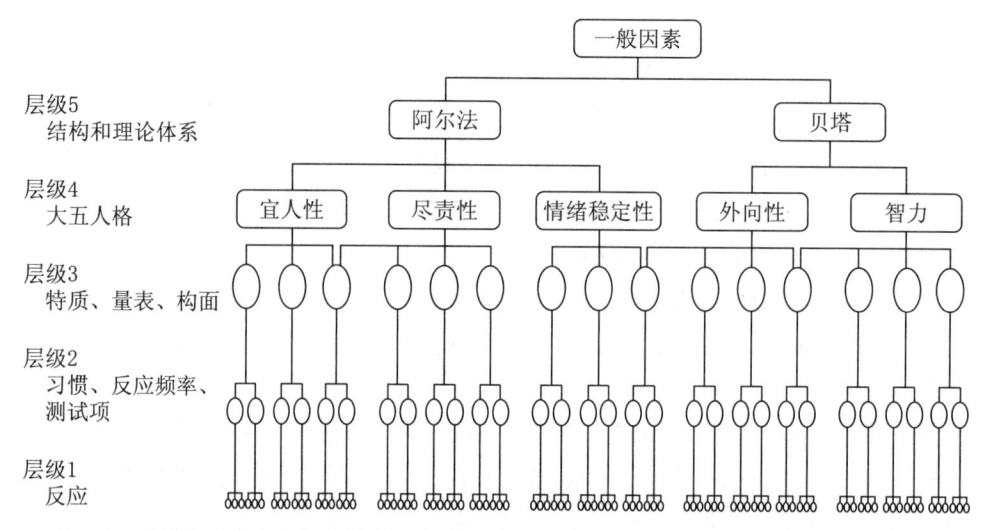

图 2.3　当前的人类人格层级模型。来源：Adapted from Musek(2007, Figure 2, p.1225) and Digman(1997, Figure 1, p.1252). Musek, J.(2007), "A general factor of personality: Evidence for the Big One in the five-factor model," *Journal of Research in Personality*, 41, 1213—1233. Reprinted by permission of Academic Press.

六因素和七因素模型……还有更多！

五因素模型的一个变式是人格的 **HEXACO**（六因素）模型（Ashton & Lee, 2005, 2007；Lee & Ashton, 2004）。这六个因素是：诚实—谦恭、情绪性、外向性、宜人性、尽责性和经验开放性。其中的五个维度与五因素模型中的维度非常类似，而主要的差别在于将诚实—谦恭作为单独的维度列出来（Ashton & Lee, 2005）。这个因素是在其他语言文化的研究中发现的（Ashton, Lee, Perugini, et al., 2004；Fung & Ng, 2006），可以将其看作英文中的"真诚"或"值得信任的"（Ashton, Lee, & Goldberg, 2004）。诚实—谦恭的构面包括真诚、公正心、避免贪婪和谦虚，与骄傲自大、自我中心相反（Lee & Ashton, 2004）。尽管这个维度看上去像宜人性，但两者的不同在于操纵和权力。例如，宜人性高的人，即使面对可能损害自己利益的情况，也愿意帮助他人（如，利他）。诚实—谦恭得分高的人不会占他人的便宜，即使他人某些方面处于不利状况（Lee & Ashton, 2004）。

然而，HEXACO 模型也遭受到质疑。例如，麦克雷和科斯塔（2008）认为第六个因素不过是宜人性的变种，它指向宜人性更内向的方面。而标准的宜人性（信任、坦率、利他、合作、谦虚、共情）指向与他人相处中更外向的维度。他们认为六因素模型是多余的，也不是五因素模型的优化。

对五因素的另一种批评意见认为，五因素的很多维度都可以追溯到奥尔波特和奥德伯特（1936）的研究，他们忽略了代表临时状态（如情绪）或评价（对性格的评价，如微不足道的、有价值的）的词汇。当把这些词加进来后，得到了一个七因素模型（Almagor, Tellegen, & Waller, 1995；Benet & Waller, 1995；Benet-Martinez & Waller, 2002）。大七人格（Big Seven）因素与大五人格因素非常类似，只是增加了两个额外因素"正价"

(Positive Valence)和"负价"(Negative Valence)。这两个额外的因素对于理解变态人格特别有价值(Durrett & Trull, 2005)。这是当前研究者研究和争论的领域之一,因为研究者试图为他们的理论找到支持或反对的证据。总之,约翰等(2008)提出的五因素是当前人格特质结构最经典的理论。有许多跨文化研究支持这种观点,我们很快也会看到这一点。

过去和现在:四种气质类型与五因素模型

古希腊哲学家恩培多克勒(Empedocles)提出,大自然是由气、土、火和水四种物质组成的。希波克拉底基于前人的研究,进一步提出人体内包含了宇宙的元素,因此我们体内有相应的"体液"影响我们的气质或人格。血液占主导地位的人是开心幸福的,黄胆汁过多的人容易发脾气。然而,罗马医生盖伦(Galen)在公元前约150年将气质类型与疾病联系起来,他也是第一个承认生理与人格关系的人(见表2.11)。我们可能更喜欢今天基于经验的理论而忽略古老的人格理论,但是早期理论的智慧与当代的人格理论有惊人的相似。

表 2.11

元 素	性 质	体 液	气 质	特 质
气	温暖、潮湿	血液	多血质	充满希望
土	寒冷、干燥	黑胆汁	抑郁质	悲伤
火	温暖、干燥	黄胆汁	胆汁质	性情暴躁
水	寒冷、潮湿	粘液	粘液质	无动于衷

来源:Adapted from Allport(1937/1961, p. 37). Allport, G. W. (1937/1961). Pattern and growth in personality. New York: Holt, Rinehart and Winston。

因为人格会通过面部表情、躯体动作和姿势表现出来,奥尔波特给被试呈现四种人格类型的图片样例,发现被试能够正确地猜出每张图片代表的气质类型(你可以参照图2.4)。奥尔波特发现四种气质类型与人格的两因素理论非常吻合,这两个因素可以是情绪唤起的速度和紧张度,或者活动水平和趋向/回避倾向(Allport, 1937/1961)。类似的,汉斯·艾森克发现四种气质类型与实验心理学奠基人冯特19世纪提出的情绪/非情绪和可变性/不可变性这两个人格因素很匹配(Eysenck, 1967)。或许你已经发现了,这些维度对应于艾森克和五因素分类的神经质、外向性维度(见表2.5)。

今天,心理学家基本已经认可五个因素——神经质、外向性、开放性、宜人性和尽责性——是人格的主要维度,但仍然有研究者认为这五个维度是两因素的构成成分,这两个因素是阿尔法和贝塔(Digman, 1997)。

阿尔法因素包括情绪稳定性、宜人性和尽责性,而外向性和经验开放性构成了贝塔因素(Digman, 1997)。迪格曼(1997)提出这两个维度代表了人格发展的主要任务:社会化

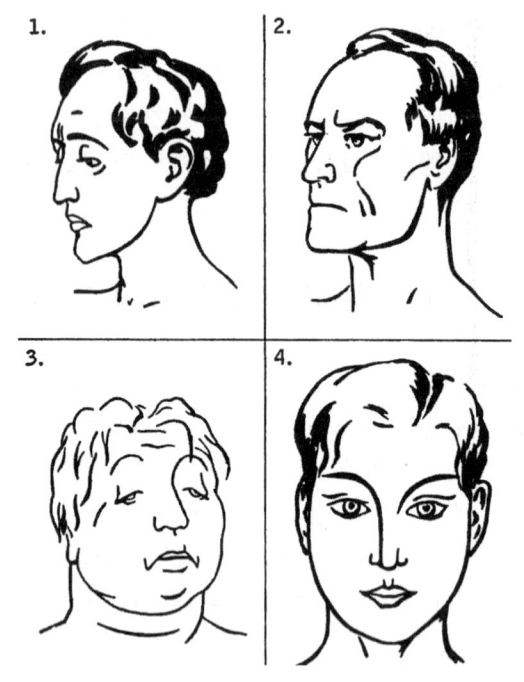

图 2.4 四种气质类型的面相表征：抑郁质、胆汁质、粘液质和多血质。来源：Allport, G.W. (1937/1961). Pattern and growth in personality. New York：Holt, Rinehart and Winston.

和人格发展（尽管他本人没有提这两个概念）。社会化是指根据"社会蓝图"（p.1250）来发展，包括学会控制情绪和冲动、努力达到社会期望、与他人互动时不要防御心太强。人格发展是指人格的成长发展，或者走向世界接受新的经验（回想一下外向性的另一名字，外向性（Surgency））并适应新经验（Digman, 1997）。类似的，有研究者认为，无论哪种文化环境下的人都可以分为善良的和有害的（社会化）、寻求刺激的和无聊的（人格发展）。他们甚至在采用古希腊特质词汇的古希腊例子中找到了两因素说的证据（Saucier, Georgiades, Tsaousis & Goldberg, 2005）。

人格的两个方面——社会化和人格发展——是很多人格理论的主题。事实上，威金斯（Wiggins 1968, p.309）将外向性和焦虑称为"大二因素"，因为这两个因素出现在无数的人格心理学家的观察、理论、测验和实验结果中。尽管在很多采用多种方法的研究中这两个因素都得到了验证（Blackburn, Renwick, Donnelly, & Logan, 2004；DeYoung, 2006；DeYoung, Peterson, & Higgins, 2002；Markon, Krueger, & Watson, 2005），但另一些研究者质疑这些研究（McCrae et al., 2008；Mutch, 2005）。

有人指出阿尔法和贝塔两因素与情绪/非情绪和可变性/不可变性维度非常相似，而这两个维度早在两千多年前首先是作为人格的四种气质类型的一部分提出的。正如艾森克所指出的，古代的人并不热衷于提出人格理论，而只是尝试描述他们的"朋友、罗马人、外国人"是怎么样的。时间证明他们的直觉不可思议的准确。要是我们现在也能看到古代的人是如何装饰他们的居住空间就好了！

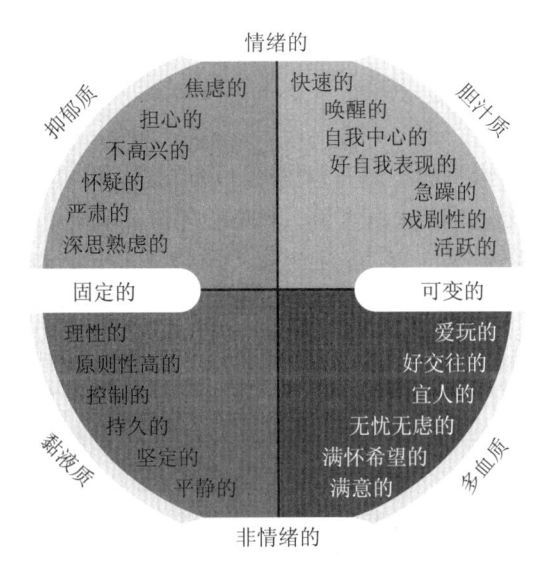

图 2.5 艾森克的四种气质类型在两个维度的表征　来源：From Eysenck(1967，p.35). Reprinted with permission from Eysenck，H.J.(1967)，The Biological Basis of Personality，(Springfield，IL：Charles C.Thomas). Permission conveyed through the Copyright Clearance Center.

日常生活中的人格：
从居住空间能看出一个人的性格吗？

正如我们在本章开篇所看到的研究那样(Gosling et al.，2002)，人们的人格表现在日常生活的很多方面。现在你知道了描述人格的各种特质，你可以利用这些知识，根据人们居住环境的物理线索或者"天生的习惯"来理解他们。

首先，你必须确定某个物品装饰是无意中放置在那里的，还仅仅是日常生活留下的痕迹。当然了，你也可以从人们无意识的行为中了解到他/她的人格！

如果某个物品是故意放置的，请考虑下面的问题：该物品反映了个体的真正人格，还是放在那里表达一个特定的形象？对此的一种区分方法是看该物品是放置在公共视野中(如桌上的照片，朝向外面)，还是放置在只有主人能够看到的地方(如桌上的照片，朝向里面)。如果该物品的放置是为了表达一个特定的形象，那么主人想要传达什么印象呢？

如果某个物品表达了主人的真实人格，它告诉了我们什么？回想一下，尽责性强的人倾向于将房间布置得有条理、整洁和整齐。开放性高的人倾向于给居住环境做很多装饰，收藏大量的杂志和书籍。

对于外向性、神经质和宜人性，从居住空间中找不到太多线索，但或许你可猜测。回想一下，特质观察者对居住者性格的猜测非常准确，尽管他们在所用的线索方面没能达成一致意见。

通过运用戈斯林等(Gosling et al.，2002)的发现，你自己就可以成为夏洛克·福尔摩斯！

本章小结

本章将特质定义为个体典型的思考、情感和行为方式。特质可以组织成一个等级结构，从特殊反应到习惯反应，再到心理类型。人格心理学家采用个案研究法研究特质，即描述个体所有的气质、习性；或者通过通则研究法，即通过特定数量的关键特质描述任何个体的人格。

在个案研究法中，个体可能有中心特质、次要特质或者罕见的首要特质。奥尔波特对珍妮案例的分析解释了个案研究法。

在通则研究法中，心理学家可能从一个描述特质最有效的理论开始，或采用词汇分析法考察哪一种人格描述在语言中有所体现，或通过数学统计技术来研究，或者综合运用上述方法。因素分析法将无数的特质缩减为仅有的几个有意义的因素，该方法通常被用来确认一系列特质背后的结构。

心理学家对于人格因素的数量存在争议。他们认为1至7种特质或者16种特质能够最有效地描述人格。例如，艾森克发现了精神质、外向性和神经质三个因素。其他人则宣称采用一个单一的一般人格因素就能够解释所有的人格，还有人认为只存在社会化（阿尔法）和人格发展（贝塔）两种人格因素。当今，人们已达成了广泛的共识，人格的五因素，即神经质、外向性、开放性、宜人性和尽责性能够最有效地解释人格。艾森克的理论和五因素模型存在许多重合之处，更令人惊奇的是，五因素模型与早期的气质四类型说（气、土、火和水）相似。

✓ 学习和巩固：在网站 mysearchlab.com 上可以找到更多学习资源。

本章我们以一项研究作为开篇，在该研究中，观察者能够通过观察居住空间猜测个体的人格。我们发现，人们通过多种途径表现他们的人格，包括如何装饰客厅、公寓卧室，甚至办公室。在下一章，我们将看到人们表现人格的其他方式，包括偏好的音乐类型、网页和职业，以及人们在多大程度上会发生变化，在多大程度上保持不变，至少在人格方面保证一致性，并伴随整个人生。

问题回顾

1. 什么是特质？请解释一下特质是如何组成层级结构的。

2. 什么是人格特质的个案研究法？简述奥尔波特关于"珍妮"的研究案例。该案例是如何解释个案研究法的？

3. 什么是通则研究法？用于发现最有意义和最有价值的描述人格的词汇的三种主要方法是什么？什么是因素分析？因素分析在 nomothetie 中是如何运用的？

4. 根据艾森克的理论，哪三种因素能最有效地解释人格？

5. 五因素是指哪五个因素？每个因素的构面是什么？每一个因素中高分者与低分者分别有什么特点？

6. 人格能够被简化为一种因素吗？两种因素？六或七种因素？请解释原因。

7. 当今的人格观点与古代的观点有何相似？

8. 从个体的居住空间你能发现什么？

关键术语

行为痕迹	测量法	神经质
特质	因素分析	构面
个案研究法	特征值	开放性
通则研究法	因素负荷	宜人性
中心特质	大五	尽责性
次要特质	五因素模型	一般因素（GPF）
首要特质	具体特质	HEXACO 模型
理论法	精神质	阿尔法
词汇法	外向性	贝塔

第 3 章

人格特质：实际应用问题

五因素模型遗漏了什么？
    智力是人格特质吗？
    宗教信仰是人格特质吗？
    性是人格特质吗？
    本土人格：存在普遍的人格特质吗？
五因素模型在其他文化中的应用
    人格特质的跨文化研究：人格特质在中国
研究方法示例：三角测量法和数据类型
人格特质在日常生活中的表现
    总统的人格特质
    音乐偏好与人格特质
    网页与人格特质
    职业与人格特质
日常生活中的人格：你的网络形象揭示了

你的哪些人格特质？
人格的毕生发展：连续性、变化性和一致性
    人们在多大程度上表现出跨时间一致性？
    人们一般有多大变化？
    个体是如何形成特定方式的？为什么呢？
    成人人格来自哪里？
过去和现在：关于哈佛大学毕业生的格兰特研究
人格特质：理论和应用的结论
本章小结
问题回顾
关键术语

到我的搜索实验室(mysearchlab.com)阅读本章

    你能够从握手方法判断他/她的人格吗？如果我们会在装饰风格上暴露人格，那么简单的握手也能暴露我们的人格吗？令人惊奇的是，这些问题的答案是肯定的——至少能够在五个因素上作出判断，即神经质、外向性、开放性、宜人性和尽责性。

    在一项研究中，被试来到实验室参加一项"人格问卷"的研究，四位实验人员分别和被试打招呼(Chaplin, Phillips, Brown, Clanton, & Stein, 2000)。每一位实验人员都在被试进来和离开时与其握手,即和每位被试握两次手。四位实验人员,两男两女,接受过充分的训练,可以在多个维度上对握手进行评分,这些评分维度包括握手的力度、紧握程度、干燥度、温度、激情、持续时间、目光接触和质感(实验人员经过了大约一个月的训练,以使他们对握手的评分达到标准化、有效)。被试再做一份《大五人格问卷》,该问卷测量了被试在五个因素上的人格特质。

由于握手的很多特点都是彼此相关的,研究人员设计了一个坚定有力的握手的组成要素,包括持续时间、眼神接触、握手的完整性、力度和激情。研究者发现男性比女性握手更有力,五因素中的三个因素与坚定有力的握手的组成要素密切相关(Chaplin et al.,2000)。

神经质的被试倾向于握手时软弱无力,而情绪稳定的被试倾向于握手坚定有力。另外,外向者比内向者握手更有力。有趣的是,对于女性而言,开放性与握手方式相关,即与握手软弱无力的女性相比,握手坚定有力的女性对新经验更加开放。你可曾听过这样一种说法:"你永远也没有机会重塑第一印象"?特别是如果你对于工作面试、升学面试或者商务洽谈感到紧张害羞,作者建议你将本研究的结果牢记在心里(你母亲也可能会赞同这个建议!)。

我们的人格表现在生活的很多方面,包括与他人接触的方式、喜欢的音乐类型以及选择的职业。事实上,我们不仅将人格带到生活的方方面面,而且终其一生都带着这些人格特质。本章我们将探索五因素模型是否遗漏了某些特质,以及该模型是否能够有效地解释非西方人的人格特质。接下来,我们再看看生活各个方面是如何表露我们的人格的。最后,我们再看看人格是如何跨时间发展的——一致性和变化性,我们如何毕生保持人格的一致性,所有这些都是人格特质的实际应用问题。

"关于人类天性的性质的所有问题中,特质心理学给出了一个唯一而强有力的回答,即本性是变化的。"

McCrae and Costa(1996,p.57)

自测题

下次认识新朋友时,看看你能否从他们的握手方式判断他们的人格特质。

自测题

你是哪种类型的人?你会用五因素模型中的哪些特质来描述自己?

从握手方式中,你能推断面试者的哪些人格特质?

五因素模型遗漏了什么?

首先,花一点时间描述一下你自己。你会使用标准特质,如爱好社交的、外向的、有趣的、冷嘲热讽的来描述自己吗?你是否也会用"筋疲力尽的"、"好的时间管理者"、"运动的"、"手巧的"和"漂亮的"这些特质描述自己?这些特质属于五因素模型的哪个维度呢?

一些评论家宣称五因素是完整的,甚至能够解释不常见的特质(Saucier & Goldberg, 1998)。其他人——重新分析了数据——以更开放的眼光来看该模型,发现了额外的特质(Paunonen & Jackson, 2000),并表明确定特质的数量与其说是科学不如说是艺术,这正如我们在第 2 章所看到的一样。在五因素之外还有什么特质呢?如果排除描述生理特质的词汇(身材矮小的、漂亮的、体型庞大的)、人口统计学词汇(在职的、失业的)、异常行为的词汇(邪恶的、残忍的)以及其他不属于典型描述人格的词汇,我们可能得到 10 个特质(见表 3.1)。保诺宁(Paunonen, 2002)甚至编制了《补充人格问卷》用以测量这些额外特质!这些特质也落在六因素模型 HEXACO 模型之外(Lee, Ogunfowora, & Ashton, 2005),该模型在第 2 章讨论过。

表 3.1 五因素之外的形容词族

1. 宗教的、献身宗教的、虔诚的	6. 节俭的、朴素的、吝啬的
2. 狡猾的、欺骗性的、操纵的	7. 男子气—女子气的
3. 诚实的、伦理的、道德的	8. 自我中心的、自负的、恃才傲物的
4. 色情的、肉欲的、性爱的	9. 幽默的、诙谐的、有趣的
5. 保守的、传统的、实在的	10. 冒险的、寻求惊险刺激的

来源:Reprinted with permission from Paunonen, S. V., & Jackson, D. N. (2000), "What is beyond the big five? Plenty!", *Journal of Personality*, 68(5), 821—835. Permission conveyed through the Copyright Clearance Center。

这些是人格的一部分吗？这些是人格特质吗？或者，它们是态度、价值观抑或社会行为？接下来，我们将在探讨这些问题的同时，更为深入地了解三种可能的特质：智力、宗教信仰和性。

"即使五因素模型不完整也丝毫不能动摇其重要地位。"

Buss(1996，p.204)

思考题

哪些行为会成为人格特质？

智力是人格特质吗？

一般来说，认知能力不属于人格特质。然而，早期的人格心理学家雷蒙德·卡特尔认为能力特质，如记忆、数学能力和智力也属于人格特质(Cattell, 1946)。那么，今天智力还被认为是人格特质吗？

或许不是。首先，回想一下早期的大五人格研究，它认为开放性由人情练达、对艺术和智力活动的兴趣以及智力组成(Norman, 1963)。遵循词汇研究法的心理学家将开放性视为对文化的开放，而不是今天所认为的对新经验的开放。然而，其他研究者发现，如聪慧的、知识渊博的、有教养的这样的形容词属于尽责性这个因素(McCrae & Costa, 1985)。

其次，当人们将自己或亲近的朋友描述为"聪慧的"时，他们通常想到的是聪明的、逻辑推理能力强的、思路清晰的、成熟的或其他类似的词(Borgatta, 1964)。这些人格描述显然与认知能力或IQ不同，而说到智力人们通常都想到认知能力或IQ。我们似乎将富有创造力的、积极的、努力工作的、有条理的人看作拥有学术智力的人，尽管他们在IQ测验上不一定得高分(Sternberg, Conway, Ketron, & Bernstein, 1981)。事实上，如果被试用努力工作的、聪明的、知识渊博的这些词汇来描述自己，这些特点属于尽责性这个因素，而与智力无关(McCrae & Costa, 1985)。

再次，有证据表明，人们在感知和加工社会信息时存在个体差异。有些心理学家将其称为情绪智力(Goleman, 1995; Salovey & Mayer, 1994)。

最后，作为IQ的一种能力，智力在心理学中有非常悠久的历史。但是IQ是与特质完全不同的概念，智力最好作为其他心理学课程的讨论内容。

宗教信仰是人格特质吗？

想想这样一组词汇：宗教的、虔诚的、神秘的、尊敬的、献身于宗教的、信神的、正统的、神圣的、重生、异教的、不敬的，以及不可知论的(Saucier & Goldberg, 1998, p.514)。你觉得这些特质构成了五因素之外的一个重要维度吗？

尽管宗教在很多人的生活中扮演着重要角色，但是宗教在心理学中并没有占据重要地位，当然也不是人格心理学的重要内容（Emmons，Barrett，& Schnitker，2008）。2008年出版的《人格心理学手册》（第三版）首次将宗教心理学作为单独的一章来阐述（Emmons et al.，2008）。对于很多人来说——高达75％的被调查者——宗教信仰更多的是一种信念、态度、人口统计学特征、传统，或者一种习惯：它是我们成为我们自己的核心部分（Emmons et al.，2008）。

宗教信仰是否属于五因素之外的一个重要人格维度，这尚存争议（参考 Paunonen & Jackson，2000；Saucier & Goldberg，1998）。例如，索西耶和戈德堡（Saucier & Goldberg，2008）认为像其他五因素以外的维度一样，宗教信仰可以被认为是一个次要特质，适用于某些特定目的，而不属于人格的核心部分。研究者不断发现宗教信仰与宜人性、尽责性相关，有时也与开放性和外向性相关，这取决于研究者所关注的宗教信仰的具体方面（Emmons et al.，2008）。但是宗教信仰能够解释五因素之外的人格特质吗？

想想**灵性超越**（spiritual transcendence）这个概念，即个体"超越直接的时间和空间感知，从一个更大的、更客观的角度来看待生活"的能力（Piedmont，1999，p.988）。根据皮德蒙特（Piedmont）的观点，灵性超越包括个体主动寻求与更高级的存在物建立更紧密的连接，而不是与高级存在物的偶遇。这里的"灵性"概念超过了以往任何宗教传统，事实上，皮德蒙特及其同事在会见了各个教派的专家之后设计了《灵性超越量表》（Spiritual Transcendence Scale，简称 STS），这些专家来自佛教、印度教、贵格会、路德教、天主教和犹太教（Piedmont，1999；Piedmont & Leach，2002）。该量表有三个构面：祷告满足感，从与超越的关联获得愉悦感和满足感；普适性，将人类视为单一的相互关联、一损俱损的整体；关联性，对其他不同年代和社会的群体有归属感、社会责任感和感恩之情（你可以通过表 3.2 的简短问卷来看自己的灵性超越性，并在表 3.3 找到你的分数）。

表 3.2　《灵性超越量表简短版》(STS-R)

用下面的等级表示你对 9 个问题的同意或不同意程度：
强烈同意＝SA
同意＝A
中立＝N
不同意＝D
强烈不同意＝SD
1. 在安静的祷告或冥想中，我有一种完整感。　　　　　　　　　　　　　　SA A N D SD
2. 在过往生活中，我曾做过一些事，因为我相信这会使我已经去世的父母、亲戚或朋友感到满意。　　　　　　　　　　　　　　　　　　　　　　　　SA A N D SD
3. 虽然亲戚已经过世，我对他们的记忆或思想仍然会影响当前的生活。　　　SA A N D SD
4. 在祷告或冥想中，我发现了内在的力量或内心的平静。　　　　　　　　　SA A N D SD

(续表)

5. 我对已经过世的人没有任何强烈的情感。	SA A N D SD
6. 不存在约束所有人的更高层面的意识或灵性。	SA A N D SD
7. 尽管作为独立的个体可能比较艰难,但我能感到我与全人类紧密连接在一起。	SA A N D SD
8. 我的祷告和冥想让我感受到一种情感支持。	SA A N D SD
9. 我感到在更高的层面上,所有人都联系在一起。	SA A N D SD

评分:根据你对每一道测项的回答得到分数。对于第1、2、3、4、7、8和9题,强烈同意得5分,同意得4分,中立得3分,不同意得2分,强烈不同意得1分。第5和第6题采用反向计分,即强烈同意得1分,同意得2分,中立得3分,不同意得4分,强烈不同意得5分。将所有9道题的得分加起来。参考表3.3,看看你与其他受测者相比如何。

来源:STS-R short form copyright © 1999,2005 by Ralph L.Piedmont, Ph.D. No further copying, distribution, or usage is allowed without the explicit permission of Dr.Piedmont.

表3.3 不同性别和年龄的个体在《灵性超越量表》的平均得分

性别	年 龄	STS总分	祷告满足感 (第1、4、8题)	普世感 (第6、7、9题)	关联感 (第2、3、5题)
女性	21岁以下	29—35	9—12	9—12	10—12
	21—30岁	32—38	11—13	11—13	10—13
	30岁以上	35—39	11—14	11—13	10—12
男性	21岁以下	27—33	8—11	9—11	9—12
	21—30岁	23—29	7—11	6—10	8—11
	30岁以上	34—38	13—15	11—13	10—12

本表格代表了不同性别和年龄群体的分数范围。如果你的分数属于相应的范围,那么表明你有兴趣了解更广泛的、超越性的问题,但仍然会考虑当前需求。你会在两者间找到一个平衡点。如果你的分数高于相应范围,那么说明你有强烈的灵性超越需求。你希望过一种与你的价值观和生命意义相吻合的生活,而这种价值观和意义源于要更广泛地理解宇宙的目的。你更倾向于将生活看作"既……又……"而并非"不是……就是……"。分数低于相应的范围,说明个体更关注真实存在的现实生活。他们可能更加关注自己的生活,更关心个人琐事和日常问题。

来源:STS-R short form copyright © 1999,2005 by Ralph L.Piedmont, Ph.D.No further copying, distribution, or usage is allowed without the explicit permission of Dr.Piedmont.

在两个不同的验证例子中,皮德蒙特及其同事都发现了三个灵性超越等级的分量表与五因素微弱相关,不管是词汇法的还是《NEO人格问卷(修订版)》五因素量表。进一步,因素分析发现了六个独立的因素:五因素量表中的五个因素以及灵性超越因素。上述证据都表明,灵性超越是一个独立于五因素的人格维度(Piedmont,1999;也可参考MacDonald,2000,他采用自己的测量方法——灵性表达问卷——得出了同样的结论)。

此外,《灵性超越量表》的得分能够预测个体对于生活事件的评分,但这些评分是无法被人格的五因素所预测的。而且,有时候,灵性的影响要大于人格的作用!尤其是灵性超越和人格可以合并预测个体对于一些问题所持有的信念的控制点评分。这些问题包括:自身健康问题、应激能力、对他人的敏感性、感知到的社会支持、亲社会行为、积极的性态度、对于堕胎是支持还是反对的态度。

这些证据告诉我们,或许我们可以考虑将宗教信仰作为人格的重要组成部分。灵性、感恩、终极关怀或宗教信仰的其他额外因素是否应该视为特质、维度或其他人格的重要部分,至今仍未形成定论(Emmons et al., 2008)。

自测题

灵性是人格的核心成分吗?你通过什么方式表现你的灵性?

性是人格特质吗?

你认识的人当中有"富有魅力的"、"风骚的"或"腼腆的"吗?你能将这些特质归到五因素中的某一个吗?不能。原因是:描述性方面的词汇,或者只适用于某个性别的避讳词都在早期的词汇研究中被有意剔除了(Buss, 1996)。进化心理学家戴维·巴斯(David Buss)认为这"导致完全忽略了性的个体差异"(p.203)。

为了纠正这个问题,巴斯(Buss)及其同事从标准词典及类似词汇资料中找出了所有与性有关的形容词(Schmitt & Buss, 2000)。他们让大学生对 67 个单词进行自我评分,同时还根据大五理论来评估自己。施密特(Schmitt)和巴斯对所有反应进行因素分析之后发现了 7 个性因素,称为**性的七个方面**(Sexy Seven):性吸引(如性感的、美艳的、有魅力的)、感情专一(如忠诚的、一夫一妻的、不随便的)、性别认同(如女子气的、女性特质的、男性特质的、男子气的)、性约束(如处女、独身者、性忠诚)、憎恶性爱(如淫秽的、下流的、淫荡的)、情感投入(充满深情的、浪漫的、富有同情心的)以及性取向。

这七个关于性的人格特质因素超越了大五人格因素吗?通过一系列测验,施密特和巴斯发现性因素与五大因素存在将近 80% 的重叠,这意味着性不是一个独立的因素。例如,当用性因素和大五人格因素的形容词一起进行因素分析时,结果得到了五个因素。性因素中的每一个都包含了两种类型形容词的组合:宜人性与情感投入;外向性与性吸引、憎恶性爱、性约束;开放性与性取向;神经质与性别认同;尽责性与感情专一。因为性能够用五因素的因素组合来解释,因此不是一个独立的人格特质。性——与音乐偏好、房间装饰以及握手方式一起——是表现我们的神经质、外向性、开放性、宜人性和尽责性的另一种方式(Schmitt & Buss, 2000)。

思考题

个体可以拥有只有在少数情境下表现的特质吗?

本土人格:存在普遍的人格特质吗?

尽管有人指出五因素遗漏了美国文化中人格的某些重要方面,但当你尝试将该模型用于其他文化时情况变得更加复杂。因为五因素模型是建立在对美国样本有效的基础之上的,即使该模型能够解释另一种文化环境下的人格,它也可能遗漏了该文化特有的人格特质。例如,假设有一个懂礼貌、慷慨、负责任、受尊敬、有强烈荣誉感的人。我们很容易知道这是什么意思,但是你能用一个词来表达这些特点吗?如果你是希腊人,你马上就能认出这是爱的荣誉(Philotimo)。

关心年老父母以及其他家族成员的精神和身体健康,为家庭和祖宗带来荣誉,这是什么特质呢?对于中国人来说,**孝顺**(filial piety)是非常值得拥有的特质,它远远不止听从父母的话,给父母带来荣誉。让家庭成员失望就像让所有祖宗失望一样,甚至也包括让你的子孙后代失望(Ho,1996;Zhang & Bond,1998)。根据传统文化,年轻人必须将孝道内化。五因素模型的单一维度不足以解释孝道,要充分解释中国大学生的孝顺特质,有必要考虑本土人格特质(Zhang & Bond,1998)。

你能想到一个被他人依赖的人吗?这个人可能有强烈的照顾他人的使命感。对于西方人来说,这听上去像是父母与孩子的关系,然而,**依赖**(amae)对于日本成年人来说是非常自然的行为。依赖关系存在地位高的人与地位低的人之间,如老板和雇员、父母和孩子(Doi,1973)。

尽管这些概念能够很快就被外来者理解,但它们是本土文化特有的特质(参考 Goldstein, 2000)。其他的例子还有韩国的人类情感(*cheong*;Choi, Kim, & Choi, 1993),印度的超然(*kishkama karma*;Sinha, 1993),西班牙的避免冲突(*simpatia*;Triandis, Marin, Lisansky, & Betancourt, 1984),菲律宾的与他人相处(*pakikisama*;Enriquez, 1994)以及其他词汇(Church & Ortiz, 2005)。对于大部分这类概念,这些本土人格特质都在五因素之外。

思考题

在美国文化中存在爱的荣誉和孝顺吗?

五因素模型在其他文化中的应用

将五因素分类法应用于其他文化中会怎么样呢?我们是否尝试过"传送和检验"的方法,将英文的测量方法翻译成别的语言,再看其是否适用于其他文化中的人群?或者,我们是否从特定文化的词汇法开始,尝试发现本土人格特质?上述任何一种方法都有其优点和缺点,其结果的好坏取决于所采用的方法、具体的测量以及实验者如何操作。这些研究方法让我们更接近人类的普遍特质,以及理解文化对人格的影响。目前,有五个主要的发现:

1. 五因素模型问卷在很多语言和文化中都得到了可靠的验证。基于《NEO 人格问卷(修订版)》的问题,经过翻译和校验使其具有可比性,它适合于很多国家和文化。迄今为止,FFM 在 50 多个国家检验和验证过,包括大部分的西方国家,以及以色列、阿根廷、博茨瓦纳、埃塞俄比亚、日本、马耳他、秘鲁、韩国和尼日利亚(McCrae, 2001, 2002;McCrae & Costa, 1997b;McCrae, Terracciano, & 78 Members of the Personality Profiles of Cul-

ture Project，2005b)。在所有这些国家中，自我评价和同辈评价的一致性与美国的数据一样。另外，五因素分数与生活中有意义的外部效标(如生活满意度、与他人友好相处)高度相关(Benet-Martinez & Oishi，2008)。总之，有充分的证据表明，五因素的维度能够被广泛应用于不同文化背景中(McCrae et al.，2005b，p.408)。

2. 大五人格的词汇测量发现，在很多文化中存在神经质、外向性、宜人性和尽责性这四个变量，而没有发现开放性。一种文化越接近北欧文化，其结果越接近基于北美白人的大五人格(Saucier & Goldberg，2001)。12种语言中都存在这个规律，这些语言包括德语、波兰语、捷克语、土耳其语、荷兰语、意大利语、匈牙利语、韩语、希伯来语、菲律宾语、西班牙语以及加泰罗尼亚语(Saucier & Goldberg，2001)。

3. 开放性在不同文化中存在差异。为什么会这样？回想一下，大五人格的词汇法将开放性定义为智慧和想象力，但五因素模型用句子(正如《NEO人格问卷(修订版)》)将其描述为"对新经验的开放程度"。基于词汇法的大五模型发现的开放性(因素Ⅴ)是某种语言和文化特有的。例如，根据索西耶和戈德堡(2001)的研究，在不同语言中属于开放性的形容词略有不同，如德语(智慧、胜任、才能)、土耳其语(智慧、不遵循传统)、希伯来语(精明、聪明、知识渊博)、菲律宾语(智力、胜任、才能)以及荷兰语(思想自由 VS 遵循传统)。

尽管开放性不一定存在于其他语言中，但是有可能存在于跨文化中，只是在其他文化中被以该文化特有的方式来定义(Bond，1994)。事实上，贝尼特—马丁内斯和大石(Benet-Martinez & Oishi，2008)认为，开放性可能是盎格鲁—撒克逊文化特有的。开放性的某些方面，特别是想象力、情绪性、心理自由和冒险这些构面，可能涉及西方文化对思想自由、情绪表达和个人主义的重视。

然而，考虑一下"有时，当我阅读诗歌或欣赏艺术品时，我会打冷颤和感到一阵激动"。这是《NEO人格问卷(修订版)》在超过51种文化40种语言中预测开放性分数的最佳测项之一，不仅在西方文化中如此，在巴西、中国香港、日本、黎巴嫩和马来西亚也是这样(McCrae，2007)。麦克雷(2007)解释道，这道题在非洲文化中的预测性没那么好，比如在博茨瓦纳、布基纳法索、埃塞俄比亚、乌干达以及尼日利亚文化中，这或许是测量方法的问题(如默认反应，而且《NEO人格问卷(修订版)》测验不是用他们的母语呈现的)。这道题似乎体现了我们的内脏或生理反应，这一事实使我们怀疑这个特点是跨文化的，抓住了人类的普遍特点。或许感动时感到打冷颤是普遍的，但是什么使人感到紧张，这就存在文化差异。

> "所有人都必须对危险、损失或威胁做出反应；在某种程度上与他人互动；在探索的风险与熟悉的限制中二选一；权衡个人和集体利益；平衡工作和娱乐。"
>
> McCrae and John(1992，p.100)

思考题

说其他语言会表现出人格的某些不同的方面吗？出人意外的是，研究发现确实会！

4. 在有些文化中,需要多于五种因素来描述人格。在匈牙利和韩国(Saucier & Goldberg, 2001),需要用额外的维度来描述文化特有的外向性、宜人性或社会评价(权力、道德、吸引力)这些维度形式(Benet-Martínez & Oishi, 2008)。因为人际关系是如此重要,在自然语言中形成了许多关于与他人相处的词汇。难怪在其他语言中人际关系会存在两个因素中,而在英文中仅存在一个因素中(McCrae & Costa, 2008)！因为这个特点,宜人性和尽责性既是普遍的,又是文化特有的(Benet-Martínez & Oishi, 2008)。

5. 我们需要对本土特质做更多研究,以真正发现人格的哪些方面是普遍存在的,哪些是文化特有的。尽管麦克雷和科斯塔(2008)提出本土特质(indigenous traits)源于另一种文化,并且是该文化特有的特质,"可以解释为五因素理论在当地的适应性特质"(p.169);其他人指出,问卷法和词汇法都可能遗漏本土特质(Benet-Martínez & Oishi, 2008)。为了纠正这个问题,一些研究者开始在特定文化中使用词汇法,像奥尔波特和奥德伯特(1936)用英文词汇做研究,以考察多少个因素能够最好地解释文化不同的英语国家的人格特质。这类研究很稀少,但是它既能发现五因素,又能发现一些文化特有的因素(Benet-Martínez & Oishi, 2008; Cheung & Leung, 1998)。

为了理解这些问题——以及其他文化中关于人格特质的发现——让我们在下一节深入探讨一下。

人格特质的跨文化研究：人格特质在中国

为了理解将五因素应用于其他国家有多复杂,我们来看一个对与美国完全不同的国家中国进行的研究。中国是集体主义文化,集体主义源于孔子文化,它强调人与人之间的基本关系(Ho, 1998)。当采用《NEO人格问卷(修订版)》测量五因素模型时,其结果表明30个构面中有29个与FFM测量的结果相同(McCrae, Costa, & Yik, 1996)。事实上,中国大学生在这份中文版的《NEO人格问卷(修订版)》上的得分与美国大学生几乎完全一样(McCrae et al., 1996)。然而,作为开放性的一部分,行动构面在任何一个因素上都没有负荷。这可能意味着量表有问题,在这个维度上中国人存在不同特点,也可能仅仅是测量误差(McCrae et al., 1996)。

有人可能会质疑,五因素模型在其他文化中受到重视只是由问卷的结构决定的,或者西方文化对全世界的普遍影响,或者其他原因(McCrae et al., 1996)。五因素普遍存在的更有力的证据是从分析中国传统价值观,即中国文化中的重要特质开始,看这些特质是如何符合中国人的人格的(McCrae et al., 1996)。

张等(Cheung et al., 1996)采用词汇研究法开发了《中国人人格问卷》(Chinese Personality Assessment Inventory, CPAI),他们从文学作品、谚语、调查和前人研究中找到描述中国人人格的词汇。结果发现了中国人人格特有的10个特质族,这10个特质族在西方人格问卷中不存在。它们是：和谐(忍、知足)、人情(重视礼尚往来的传统人际关系取向)、时尚(相对于传统)、节俭(相对于挥霍)、阿Q精神(防卫性,根据著名的小说人物阿Q命名的)、和蔼(礼貌、善良、有耐心、相对于卑贱)、诚实—狡猾(值得信赖的)、面子(名

中国文化强调避免冲突，来自传统规范的支持，以家庭为单位。五因素模型能够在多大程度上解释中国人的人格？

誉、社会认可）、家庭导向和躯体化（通过生理症状表达压力）。采用因素法分析得到四个因素：可靠性（负责任、踏实——公平、和蔼）、中国传统（和谐、人情、面子）、社会影响力（领导力、冒险）以及个人主义（自我导向、合情合理、阿Q精神）。这些完全不是五因素模型能预测的！

然而，或许对于理解中国人的人格，仅仅关注中国传统价值观太狭隘了。如果将所有特质一起进行因素分析，结果会怎样呢？毕竟，如果中国人的人格是文化特有的方面，加上人类普遍存在的方面，这将是发现它们的有效方法。

张等（2001）做了一个后续研究，他们将CPAI和中文NEO-PI-R的所有回答进行因素分析。他们发现了六个因素：正如你预测的那样，五因素模型中的五个因素，再加一个本土人格特质——**人际相关性**（Interpersonal Relatedness），人际相关性由和谐、人情、阿Q精神以及面子组成。人际相关性这个因素涉及了早期研究中发现的本土特质，该特质只在中国文化中受到鼓励而在盎格鲁——撒克逊文化中不受鼓励，包括：人际手腕、礼貌、避免冲突、支持传统、遵循规范（Benet-Martínez & Oishi, 2008）。

六因素模型不仅能够解释大学生的结果，同样还能很好地解释非学生的在职人员的结果。然而，六因素模型不能像传统的五因素模型一样符合非中国的大学生。当用于非中国大学生时，第六个本土特质荷载在其他五个常规因素上。该研究支持了一个区别于西方五因素的独特的中国人人格特质（Cheung et al., 2001）。

或许你已经注意到，大多数研究仅仅回顾了人格特质，包括其他文化的人格特质，它们都是基于自我报告的。仅仅依靠人们宣称他们是怎样的，我们如何确定就抓住了人们的本质呢？这是自我报告数据的重要问题之一，但是，哎呀，自我报告是发现个体特点的最直接的方法。然而，人格心理学家开发了弥补单一研究方法缺陷的方法，这是我们下一节——研究方法示例——中要讨论的问题。

研究方法示例：三角测量法和数据类型

在古代，人们会利用三角形来测量距离或者物体的高度，如金字塔的高度。假设有一个连接三个点的三角形：两点在河的这边，一点在河的那边。通过测量角的度数和应用几何学原理，人们就能够计算距离或者物体的高度。这一途径也适用于人格研究：通过使用多种方法能够比一种方法更好地理解人格。在一个项目中使用多种方法的做法，叫做**三角测量法**(triangulation)(Brewer, 2000; Campbell & Fiske, 1959)。各种方法之间能够取长补短。

人格心理学家可能获得四种类型的数据。最常见的做法是实施人格测验或其他自陈问卷，这样获得的数据叫做自我报告数据或 **S 数据**。S 数据包括客观的人格测验、面谈、叙事、生活故事以及调查研究(John & Soto, 2007)。即使是收集样本的过程，即被试通过纸质问卷或电话填写问卷，在这个过程中获得的数据也是 S 数据。在一项研究中，被试平均每两个小时就要填写一次问卷，包括自尊量表和情绪测量。结果发现，通常自尊得分高且一天当中有波动的被试比自尊得分稳定的被试更愤怒、更有敌意(Kernis, Grannemann, & Barclay, 1989)。

思考题

我们在中国的艺术作品、文学作品、电视节目、戏剧和电影中看到过对第六因素的描述吗？

我们也可能将个体置于控制条件下，以检验他们是如何反应的。测验数据或 **T 数据**包括测验情境收集的数据(不要与客观数据或自陈人格测验的 S 数据混淆)。T 数据通过实验程序或有客观的行为评分标准的标准化测量方法获得。T 数据包括智力测验、任务坚持和反应时的数据(John & Soto, 2007)。例如，在内隐联想测验(Implicit Association Test, IAT; Greenwald & Farnham, 2000)中，反应时被用于测量自尊。一些投射测验，如《主题统觉测验》(Thematic Apperception Test, TAT; Morgan & Murray, 1935)或者《罗夏墨迹测验》(Rorschach, 1921)采用标准化的刺激和计分手册，其测验结果也是 T 数据。

我们也可能采用观察数据或 **O 数据**，而不是自陈报告，它是通过观察人们在实验室或日常生活中的表现获得的。研究者也可以通过对照片或视频中的行为进行行为编码从而获得 O 数据。来自知情者，如朋友、配偶、父母、孩子、老师、面试官或其他类似人员的信息也是 O 数据(John & Soto, 2007)。事实上，科斯塔和麦克雷(1992)正是通过这种方法来测量五因素的。另一项研究发现，女性在大学年鉴照片上的表情能够预测她们 30 岁以后婚姻满意度(Harker & Keltner, 2001)。观察人们的实际行为表现，即使是照片或视频上的，都有可能避免自我报告带来的偏见或记忆问题(Dunning, Heath, & Suls, 2004)。

最后，我们可以通过追踪个体公开的所有信息。生活数据或 **L 数据**包括：大学毕业、结婚、离婚、搬家、社会经济状况、俱乐部或组织成员身份、车祸数量、网络活动或其他类似的生活事件(John & Soto, 2007)。研究者利用多种多样的数据，包括犯罪记录，来评估反社会行为(Caspi, McClay, et al., 2005);通过计算车库里瓶瓶罐罐的数量来评估酗酒量(Webb, Campbell, Schwartz, Sechrest, & Grove, 1981);计算脸书(Facebook)上朋友的数量来评估社会关系(Ellison, Steinfield, & Lampe, 2007)。

这四种数据收集的方法一起拼成了单词"很多"(LOTS)，这提醒我们在研究中要包含很多数据来源，以使研究效度最大化(John & Soto, 2007)。第二次世界大战时，战略服务部门(中央情报局的前身)发起了一个筛选敌方间谍的项目(Strategic Services, 1948)。该项目获取了候选人的 S 数据、O 数据和 T 数据。

人们被带到一个专门的评鉴中心，他们首先填写一份人格问卷(S 数据)，再接受面谈(S 数据)，然后心理学家根据对被试的观察撰写一段描述其人格的文字(O 数据)。为了确保评鉴人员只针对被试的表现进行评分，评鉴人员不了解他们的背景信息(重要的 L 数据缺失)。

他们甚至让候选人做专门测验(T 数据)，以考察他们能否承受压力和挫折，比如带领整个团队翻墙，与一群拒不服从的工人(实际上是评鉴人员扮演的)建造一个木质结构，做一个模拟的审讯，并辅以其他任务，以观察候选人能否承受情绪和智力压力，完成以假身份在敌方收集信息的任务。

通过利用上述多种信息，评鉴团队在智力、生理机能、动力、技能和其他人格方面(如情绪稳定性、领导力、社会关系)对候选人进行评分(外向性和宜人性的结合)。他们希望能够追踪候选人真实的行为表现，以考察哪种评鉴方法能够最好地预测行为。

除了评鉴团队员工外，这个项目还有很多著名的心理学家参与，如尤里·布朗芬布伦纳(Urie Bronfenbrenner)、唐纳德·费斯克(Donald Fiske)、克莱德·克拉克洪(Clyde Kluckhohn)、亨利·穆雷(Henry Murray)、西奥多·纽科姆(Theodore Newcomb)、爱德华·托尔曼(Edward Tolman)和库尔特·勒温。出于安全考虑，政府拒绝提供某个特定

压力情境测验：要求受测者在 12 分钟内为一个假想的犯罪编造一个合理的掩护故事。然后，面试团队对他们的故事进行质疑，提出可能的疑点和不一致之处。心理学家对整个过程做记录并进行评估(Strategic Services, 1948, facing p.212)。

候选人最终录取到什么岗位的信息。评鉴团队能够做的就是甄选有潜质的候选人，排除不合格的候选人。

尽管评鉴中心没有成功地开发一个有效的招聘程序来甄选间谍，今天它成为了一个非常好的三角论的案例，即使用多种方法能够对个体有一个更加全面的认识。

人格特质在日常生活中的表现

我们的人格特质会通过很多方式表现出来：躯体姿势、装饰和音乐品味、上网呈现的形象，也包括我们选择的职业——甚至是选择做美国总统！我们可以看到特质对日常生活的影响无处不在。

总统的人格特质

你拥有成为总统的特质吗？要想成为一个优秀的总统，需要具备哪些特质？自从弗洛伊德对美国第 28 届总统伍德罗·威尔逊（Freud，1967）以及列昂纳多·达·芬奇（Freud，1910/1964）进行精神分析之后，人格心理学形成了研究总统人格特质的悠久传统，也包括对其他一些名人的研究，不管是小说人物还是真实人物。

鲁本泽等（Rubenzer et al.，2000）通过因素分析发现了伟大总统的特质。为了分析总统的特质，研究者邀请了与总统亲近的专家：传记作者、与总统有过工作或私人往来的人。每一位专家用《NEO-PI-R》对总统进行评分（Costa & McCrae，1992）。研究者还要求评价者预测候选人在成为总统后的 5 年任期内的表现。研究者试图通过这种方式获得对总统人格的有效测量，避免受办公室岗位或行为的影响，从而确保每一个人的人格都与将来作为总统的行为表现相关。每一位总统的评估者数量从 1 到 13 位，平均为 4.2 位。对于每一个总统有多位专家进行评估，所得到的分数求平均之后作为总分。

思考题

为什么低宜人性对于总统来说是一项不错的人格特质？

与大多数美国民众相比，美国总统更外向、对新经验更不开放、宜人性更低。他们在成就动机（尽责性）、情绪性（开放性）上得分更高，但是在心理自由（开放性）、道德感（宜人性）和谦虚程度（宜人性）上得分更低。鲁本泽等（2000）是这样描述的：

> 总统大多工作努力、有很强的成就动机、愿意并敢于说出自己的兴趣、重视生活的情绪方面。他们倾向于相信传统道德权威，但是愿意扭曲事实、欺负或操纵他人以达到自己的目的。他们倾向于认为自己跟别人一样好或比别人好（p.407）。

很显然，在人们的刻板印象中，总统是狡猾的、夸夸其谈的，这不是没有道理的！那真正伟大的总统情况又怎样呢？与普通人群相比又如何呢？鲁本泽等（2000）从过往对伟大总统的研究中获得了数据。历史学家经常做民意调查，对总统的成就和总体的历史地位进行评估和排名。被评为真正伟大的总统的人，通常比普通人在开放性上得分更高。正如作者所指出的，这一点非常有趣，开放性与一般认知能力中等相关，这意味着伟大的总统比普通人聪明。与不那么成功的总统相比，伟大的总统清楚自己的感受、有想象力、对艺术和美（艺术兴趣）更有兴趣。他们也倾向于怀疑传统价值观（心理自由），对新观点开放，尝试新的做事方式（聪明）。

对于其他四个维度，"伟大"与人格之间只有微弱的相关。伟大的总统比普通人稍微外向一些、稍微更富有尽责性、宜人性得分略微低一点。他们极有可能表现出坚定性（外向性的一个维度），这或许是他们领导力的一部分。尽管伟大的总统表现出对不幸的同情（宜人性），但他们不是容易打败的对手。他们一般在道德感、合作性方面得分低（宜人性）。一个真正的政治家不容易被引领，而是好争吵、有计谋、在必要的时候甚至撒谎（道德感方面得分低）。从尽责性的角度来看，伟大的领导在成就导向和竞争力方面得分高这一点也不奇怪。伟大的总统给自己和国家设定很高的标准，并且愿意做任何事情来达成目标。最后，神经质与伟大不相关，因为历史上伟大的总统既可能是能够灵活适应的，也可能是神经质的。然而，那些感到不能很好地处理问题或在压力面前感到沮丧的总统通常会得到较低的评价。

你认为谁是我们最伟大的总统？当询问历史学家这个问题时，几乎每一个被调查的历史学家都认为乔治·华盛顿和亚伯拉罕·林肯是最伟大的（Rubenzer et al., 2000）。是什么使这两位总统如此与众不同？图3.1和图3.2显示了历史学家对这两位总统的评分分布。华盛顿在尽责性方面得分极其高，这表明他具有传统美德，如尽责性、负责任、自律、领导力（果断，外向性的一部分），以及勇气（他在对压力的敏感性方面得分非常低，神经质的一部分），他在友好程度（外向性）和同情心（宜人性）方面得分非常低。

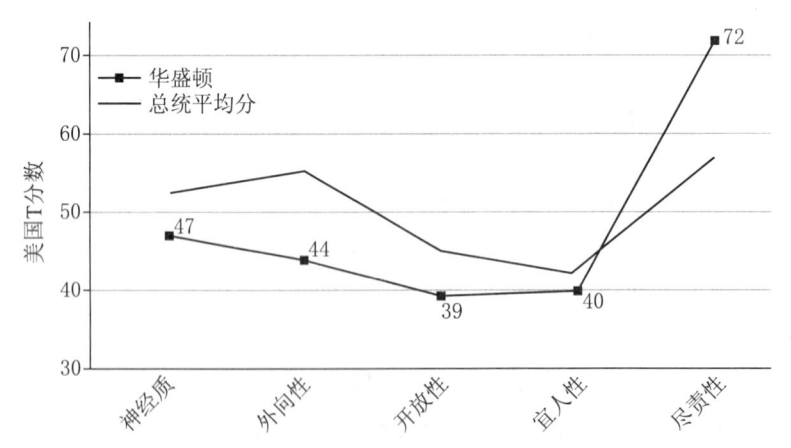

图3.1 乔治·华盛顿在《NEO-PI-R》上的得分，同时与总统平均水平相比。来源：Reprinted with permission from Rubenzer, S.J., Faschingbauer, T.R., & Ones, D.S.(2000), "Assessing the U.S. Presidents Using the Revised NEO Personality Inventory," *Assessment*, 7(4), 403—420. Permission conveyed through the Copyright Clearance Center。

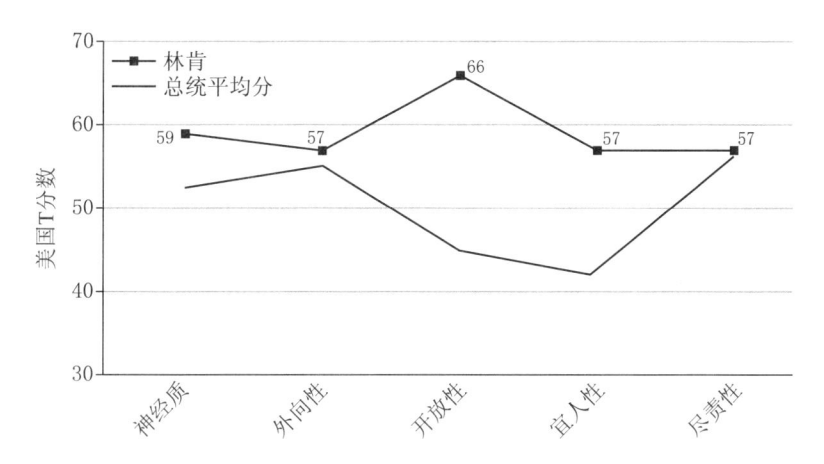

图 3.2 亚伯拉罕·林肯在《NEO-PI-R》上的得分,以及得分与其他总统的平均分的比较。来源:Reprinted with permission from Rubenzer, S.J., Faschingbauer, T.R., & Ones, D.S. (2000), "Assessing the U.S. Presidents Using the Revised NEO Personality Inventory," *Assessment*, 7(4), 403—420. Permission conveyed through the Copyright Clearance Center.

与华盛顿相比,林肯在宜人性方面得分比较高,事实上,也高于总统的平均水平。考虑到他患有抑郁症,他在开放性和神经质上的得分就不足为怪了(Rubenzer et al., 2000)。他在抑郁、焦虑和对情感的感受方面得分特别高。尽管在成就取向和自我效率方面得分高,他比较混乱(尽责性的构面)。尽管他的昵称为"诚实的亚伯",他也是愿意歪曲事实的(道德感得分很低),但是一般情况下他相信他人(宜人性)。

该研究的很多结论都得到了来自其他研究和测量方法的关于总统和人格研究的支持(Kowert, 1996; Rubenzer et al., 2000;参考 Simonton, 1986; Winter, 2005; Young & French, 1996)。关于总统与人格的讨论可能会使你想知道:我们现在的总统如何呢?你觉得呢?我们的总统在哪些因素或构面上得分非常高或非常低呢?毫无疑问,答案正在一些研究者的文件橱柜里,等着几年之后再发表呢!

音乐偏好与人格特质

你最喜欢哪些音乐类型?当然,你对音乐的选择反映了你的个人品位,但这与你的人格相关吗?神经质高的人与外向者喜欢不同类型的音乐吗?有趣的是,卡特尔在20世纪50年代就探讨过这个问题,并认为音乐偏好反映了个体无意识的内在动机(Cattell & Anderson, 1953; Cattell & Saunders, 1954)。

最近,伦特福罗和戈斯林探索了五因素人格特质如何与音乐品位相关(Rentfrow & Gosling, 2003)。首先,他们让1 700名大学生填写《音乐偏好快速测验》(Short Test of Music Preferences, STOMP)。在这个测验中,被试在一个7分量表上填写对不同类型音乐的偏好程度。然后,研究者采用因素分析,将音乐分为几种大的类型(见表3.4)。

被试同时填写《大五人格问卷》(BFI; John & Srivastava, 1999)。研究者计算了STOMP和BFI上得分的相关系数,以考察大学生的音乐偏好是否与人格特质相关。

表 3.4 STOMP 的音乐类型及代表歌曲

因　　素	音乐类型	代表歌曲
引人深思和心绪复杂	蓝　调	Ray Charles："Ray's Blues"
	民间音乐	Bob Dylan："Blowin' in the Wind"
	古典乐	Mozart："Marriage of Figaro," Overture
	爵士乐	Miles Davis："All Blues"
紧张激烈和反抗躁动	非主流音乐	Nirvana："Verse Chorus Verse"
	重金属	Marilyn Manson："Fight Song"
	摇　滚	Jimi Hendrix："Voodoo Child"
轻松愉悦和因循传统	乡村音乐	Johnny Cash："Rusty Cage"
	宗教音乐	Praise Band："Rock of Ages"
	流行音乐	Christina Aguilera："Don't Make Me Love You"
充满活力和富有节律	疯克音乐	James Brown："Superbad Part 1"
	说唱音乐	Tupac Shakur（featuring Snoop Doggy Dogg）："2 of Amerikaz Most Wanted"
	灵　歌	Aretha Franklin："Chain of Fools"
	电子音乐	DJ Shadow："What Does Your Soul Look Like"

来源：Rentfrow and Gosling, 2003, Appendix, pp.1255—1256 Rentfrow, P.J., & Gosling, S. D.(2003). The do re mi's of everyday life: The structure and personality correlates of music preferences. *Journal of Personality and Social Psychology*, 84(6), 1236—1256。

他们发现了什么？首先，音乐偏好不存在性别差异。根据 STOMP，男性和女性的音乐偏好相似。其次，长期的心境（如抑郁）对于音乐偏好没有影响。尽管大学生可能会根据不同心情选择不同的音乐类型，但是总体而言，心情与偏好的音乐类型不存在相关。最后，不同人格者的确偏好不同的音乐类型（见表 3.5）。

表 3.5 五因素特质与偏好音乐类型的相关

特　质	引人深思的和心绪复杂	紧张激烈和反抗躁动	轻松愉悦和因循传统	充满活力和富有节律
神经质	−.08*	.01	.07	−.01
外向性	.01	.00	.24*	.22*
开放性	.44*	.18*	−.14*	.03
宜人性	.01	−.04	.23*	.08*
尽责性	−.02	−.04	.15*	.00

注：表中的数据是特质与喜欢的音乐类型之间的相关。回想一下，相关可以是正的，也可以是负的。数值大代表两者之间有强相关，显著性应用星号表示。

　　* = $p < .05$。

来源：Rentfrow and Gosling, 2003, Table 3, p.1250 Rentfrow, P.J., & Gosling, S.D.(2003). The do re mi's of everyday life: The structure and personality correlates of music preferences. *Journal of Personality and Social Psychology*, 84(6), 1236—1256。

思考题

从喜欢的音乐类型,你能看出一个人的什么特质?

正如你所看到的,神经质得分高的人不喜欢古典乐、爵士乐、民间音乐或蓝调音乐,即研究者所谓的"引人深思的和心绪复杂的"。或者换个角度来看,情绪稳定的人喜欢这类音乐,特别是那些在愤怒、敌意和脆弱性方面得分低的音乐,后面这个发现将在Zweigenhaft(2008)关于音乐构面和类型的详细研究中讲述。外向者喜欢充满活力和富有节律的音乐,如说唱音乐、疯克音乐、灵歌、电子音乐,以及轻松愉悦和因循传统的音乐,如乡村音乐、宗教音乐、流行音乐。尤其是在寻求刺激和积极情绪方面得分高的外向者,这种偏好更明显(见Dollinger, 1993; Rawlings & Ciancarelli, 1997; Zweigenhaft, 2008)。这个结果是合理的,毕竟星期六晚上你最有可能在哪里找到外向者?当然是与其他外向者一起在俱乐部了!

那么开放性高的人又喜欢什么音乐呢?正如你所预料的,他们更喜欢"引人深思的和心绪复杂的"音乐中理智型的古典乐和爵士乐。这种偏好与他们在对幻想、审美、行动和新观点的开放性上的得分相关(Zweigenhaft, 2008)。如果开放性高的人同时也在价值观的开放性上得分高,他们也喜欢紧张激烈和反抗躁动的音乐;但是如果他们在幻想、审美、新观点和价值观这几个构面的得分都很高,则不屑于轻松愉悦和因循传统的音乐(Zweigenhaft, 2008)。同样,对新观点和新经验开放的人容易被反抗叛逆吸引而不喜欢因循传统,即使在音乐偏好上也是如此,这一点也不奇怪(同样见Dollinger, 1993; Rawlings & Ciancarelli, 1997)。类似地,他们也喜欢伦特福罗和戈斯林(2003)的研究中不包括的音乐类型:蓝草音乐、流行音乐、歌剧、朋克、疯克(Zweigenhaft, 2008)。最后,尽责性高的人只对轻松愉悦和因循传统的音乐表现出略微偏好的倾向,责任感和成就动机很强的人更是如此(Zweigenhaft, 2008)。有趣的是,这些结果中的很多都在对荷兰大学生的研究中得到了验证(Delsing, TerBogt, Engels, & Meeus, 2008)。

即使是人们听音乐的方式也与人格相关(Chamorro-Premuzic & Furnham, 2007)。在《NEO五因素人格问卷》中开放性高的人倾向于以理智的方式听音乐(Costa & McCrae, 1992),他们关注于所听到的内容,喜欢分析复杂的作曲从而欣赏音乐家的技术。相反,神经质高且外向性和尽责性低的人更可能从情绪的角度听音乐,如通过音乐改变或强化情绪。这类人倾向于在听完音乐后感受到情绪,无论是开心、悲伤还是怀旧,他们倾向于将特定的歌曲与特定的记忆联系在一起。

你认识的人中有人喜欢听喧闹的音乐,并将音响调至最大音量吗?研究者考察了大音量偏好与《艾森克人格问卷》得分的关系(McCown, Keiser, Mulhearn, & Williamson, 1997)。他们发现,外向性或神经质得分高的男性比内向的或神经质得分低的女性更有可能喜欢喧闹的音乐。考虑到内向者需要更少的感官刺激(见第7章),外向者喜欢强音量刺激就不足为奇了。喜欢这种类型音乐的人格特别有意思，因为夸张的音量正是俱乐部和说唱音乐的核心要素。作者想知道，通过将低音的、不那么受欢迎的音乐（如古典乐）调高音量，能否吸引某些特定的听众？

音乐家本人呢？如果人格差异会导致偏好的音乐类型不同，那么或许摇滚音乐家与古典音乐家是不同的。一个早期研究发现，流行音乐家在神经质和精神质上的得分比平均分稍高（Wills，1984）。你觉得那些自学的、年龄在30岁左右的吉他摇滚歌手在开放性方面得分如何？在宜人性和尽责性方面呢？吉莱斯皮和迈尔斯（2000）从大都市，澳大利亚的悉尼招募了摇滚音乐家。100个音乐家做了《NEO-PI-R》（Costa & McCrae，1992），并回答了关于他们的音乐背景的问题。这些音乐家在神经质和开放性的六个构面上得分都很高。尽管他们在外向性方面趋于平均分，但是他们在积极情绪以及寻求刺激方面得分极高。相反，他们倾向于在宜人性，尤其是信任、坦率、服从性这几个构面上得分很低，在尽责性的六个构面上得分都很低！这个结果的图表请见图3.3。

鉴于我们喜欢玩或听的音乐类型与我们的人格的关系，或许我们在交朋友时，可以考虑交换iPod上最喜欢的播放列表，而不是星座。

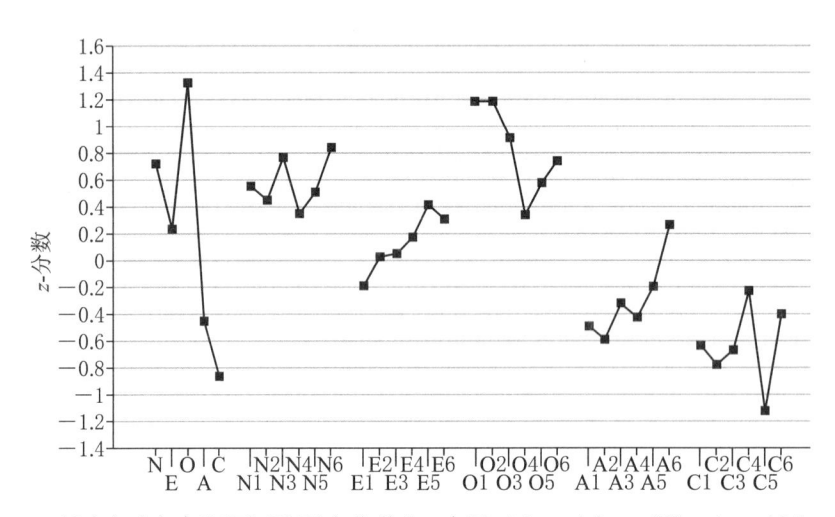

图3.3 摇滚音乐家在《NEO-PI-R》上的得分。来源：Adapted from Gillespie and Myors(2000, Figure 1, p.160). Reprinted with permission from Gillespie, W., & Myors, B.(2000), "Personality of rock musicians," *Psychology of Music*, 28, 154—165. Permission conveyed through the Copyright Clearance Center.

网页与人格特质

居住空间、握手方式、音乐偏好——有没有哪一个行为不反映我们的人格？那么我们在网络上的表现呢？如用户名和脸书主页，这些也能反映我们的人格吗？他们肯定可以——当然，他们也反映我们真实的人格或者修饰过的想在他人面前呈现的形象（Gosling，2008）。

有一项研究发现了开通与未开通博客者的人格差异（Guadagno，Okdie，& Eno，

2008)。开通博客的人比未开通者在神经质和开放性上得分更高。特别是，神经质得分高的女性比情绪稳定的女性更可能开通博客。

瓦塞尔和戈斯林（Vazire & Gosling，2004）进一步作了关于网络自我暴露的研究，他们根据个人主页判断个体的人格。他们从雅虎个人通讯录中随机选取了一些网页，让受过训练的专家对网页进行评分。然后再邀请网页主人在BFI量表上对自己或他们理想的自己进行评分。研究者还邀请了网页主人的亲密朋友提供信息，以确保获得网页主人究竟是怎样一个人的外部观点。网页主人的朋友需评价网页在多大程度上反映了朋友的真实性格或他们希望塑造的性格。

从主页中，你能看出主人的什么特点？

他们发现了什么？首先，观察人员对网页主人的性格有清晰的印象。观察者不仅达成了共识，而且能够正确地判断个体的神经质、开放性和精神质。从网页中最容易也是最能准确判断的特质是开放性。

尽管对外向性和宜人性的评定很准确，但是其结果与网页主人的理想自我更接近，而不是真实自我。采用统计技术将网页主人的"真实"效应（如朋友的评定）消除之后，观察者对外向性和宜人性的评分依然是准确的。即评价者倾向于看到外向性和宜人性程度与网页主人所希望的水平一样，而不是与他们的真实水平一样。这些结果表明，个人主页反映了真实的自我加上一点印象管理——关于个体有多外向和多招人喜欢——的综合结果。如果这些发现使你想知道自己的网页反映了你的哪些特质，请参考下面方框中的"日常生活中的人格"。

职业与人格特质

你具有成为一名优秀的宇航员的特质吗?你想成为一名临床心理医生吗?你可以想象,不同的职业需要不同的人格特质,人格评鉴是很多公司人事甄选中的重要环节,这也是我们在第4章人格评鉴中要讨论的问题。以宇航员为例,成功的宇航员必须能够在远离家人的情况下,面对复杂和高压的环境,在狭小封闭的宇宙飞船中有效顺利地与他人一起工作。美国国家航空航天局(The National Aeronautics and Space Administration, NASA)必须定期从2 000到4 000名候选人中筛选出不到1%的人作为宇航员(Musson & Helmreich, 2004)。什么特质的人能成为合适的宇航员候选人?

一项研究显示,成功的宇航员——任何人,无论男女,都必须能够在封闭的危险的环境中与其他人一起工作——必须在独立性、成就动机和目标导向(他们叫做手段)方面得

日常生活中的人格:

你的网络形象揭示了你的哪些人格特质?

你有脸书、推特账号吗?如今,几乎每一个人都有一些网络账号。可能是个人主页、博客或其他社交账号或者是学校或雇主主页上的照片。本章引用的一个研究发现我们的网络形象反映了我们的人格。你的网络形象揭示了你的哪些人格特质呢?

首先,想想你的邮件地址或用户名会给人留下什么样的印象。一项研究发现,自尊心低的人喜欢选择如"情感—空虚—82"和"空荡荡的心"这样的用户名,而选择如"国王托尼23"和"漂亮高雅"这样的名字的人通常自尊心强。类似地,人们的能力也通过用户名暴露无遗——有意无意地。比较一下:"史蒂文斯"、"聪明的男人"与"娇小的女子"、"懒惰—奇怪的人"(Gosling, 2008)。

接下来,你的主页设计、排版以及内容能够揭示你的人格吗?回想一下,观察者轻易地、准确地判断了主人的开放性、尽责性和神经质水平。其他研究发现,通过博客主人选择的文字可以看出其人格特质。神经质高的人倾向于使用与消极情绪相关的词汇,而外向的人倾向于使用与积极情绪相关的词汇。宜人性得分低的人更多地使用脏话,而宜人性得分高的人更多地使用和谐的词汇。尽责性高的人比尽责性低的人更多地描述自己的成就(Yarkoni, 2010)。

当然了,脸书上的简介使人们很容易认识你(Evans, Gosling, & Carroll, 2008)。当主人讨论他们的信仰、开心的事、尴尬的事情、骄傲的瞬间、宗教信仰、英雄、什么时候看娱乐视频时,访客很容易准确地判断主人的人格。但根据主人分享的最不喜欢的事情来理解他人人格方面却不是很有效的方法。

总之,你对于你的网络形象感到舒服吗?通过了解自尊或其他特质的细微或不细微的网络媒体表现方式,你可以为自己打造一个良好的印象,但不要太过火了。

高分；必须在人际热情、敏感性、关心他人（善于表达）方面得高分；在傲慢、自我中心、抱怨、找茬、语言攻击（人际攻击性）方面得分低（Musson & Helmreich, 2004）。他们通过对成功的宇航员的人格特质的分析发现，上述特质与高尽责性、高宜人性和低神经质相关。考虑到从事太空旅行和工作的人员的多元化，也不排除宜人性得分低的候选人进入长期太空旅行的可能性。

对于专业人士、警察、管理人员、销售以及半技术工人，情况又如何呢？对于这些行业来说，成功人士具有哪些特质？在一个对 117 项研究所进行的元分析中，巴里克和芒特（Barrick & Mount, 1991）发现在五因素中，只有尽责性与高绩效、生产力、培训效果、低离职率以及高薪水相关。这个结果适用于所有行业的男性和女性，包括工程师、建筑师、律师、会计、教师、医生、牧师、警察、文职人员、农场主、乘务员、医助、货车司机以及杂货店店员。另外，外向对于管理人员和销售有帮助，但是内向者与外向者一样可以从事其他任何行业。此外，开放性和外向性与职业培训效果相关。

鲁宾斯坦和斯特鲁尔（Rubinstein & Strul, 2007）使用希伯来语版的《NEO 五因素人格问卷》（NEO-FFI）在以色列考察了医生、律师、临床心理医生和艺术家的人格特质差异（McCrae & Costa, 1989）。尽管研究的男女被试都来自以色列的不同行业，他们的结果与我们的预期非常符合：艺术家在经验开放性上得分最高，但是他们只显著地高于得分最低的医生。艺术家和律师在神经质上得分最高，而医生的情绪最稳定（临床心理医生介于这两组人员之间，但与他们没有显著差异）。不同职业的人在尽责性方面不存在差异，这验证了前人的研究，不论什么岗位，尽责性都与职业成功相关（Barrick & Mount, 1991）。

一个在英国某健康连锁俱乐部所做的关于销售人员的研究验证了上述结果（Furnham & Fudge, 2008）。不论男女，尽责性和开放性高的销售助理更有可能成为销售员。作者推测开放性高的人更可能持有积极的态度和开放的心态，这有助于他们在职业培训中取得成功（参见 Barrick & Mount, 1991），并最终获得更好的工作绩效。与大众的看法相反，最好的销售人员不一定是那些好社交的、喜欢他人陪伴的人。那些努力工作的、坚持不懈的、追求更好的人，他们花大量时间打陌生拜访电话、跟进客户，则最可能取得成功。同时，带一点强硬、爱出风头、顽固的特点也没关系（宜人性低）！

成为一个宇航员需要特殊的人格特质吗？

> **思考题**
>
> 五个人格因素中,你认为哪一个与工作成功最相关?

人格的毕生发展:连续性、变化性和一致性

回想一下,你和你最好的朋友在高中是什么样子?你能想象你的朋友今天变成什么样了吗?你会惊讶于有些人的变化之大吗?会不会有人一点也没变?会不会有人参加不同的活动,看上去像不同的人了,但实际上仍然是那个人,一点也没变?当然,我们知道从青春期到青年早期,每一个人都会随年龄增长而越来越成熟——真的是这样吗?

人格的连续性、变化性和一致性使得同学聚会变得既有趣又可怕。关于人格毕生发展的研究反映了碰到老朋友时的经历:有的人变了,有的人没变,有些人格特质必然会随着成熟而改变。我们如何解释这一切呢?

首先,心理学家将人格的连续性和变化性称为发展(Roberts, Wood, & Caspi, 2008)。当我们说随着从童年走向成年人格在发展时,我们其实也在说人格的有些方面保持不变(或许是社交或紧张程度),而有些特质变化了:如一个人自尊心的高低或者喜欢寻求刺激的程度。人格的**连续性**(continuity)或**连贯性**(consistency)意味着特质总量保持不变。人格**变化性**(change)意味着特质的总量不同了,比之前增加了或减少了。差异常常在于程度的不同而不是类型不同,人们一般不会变成与他们之前相反的样子。这就是说,一个外向的小孩不太可能长大成为一个内向的成人,而焦虑的神经质的小孩也不太可能成长为冷静的、情绪稳定的成人。

我们可以讨论一群人的特质是如何变化的或保持一致的,或者可以讨论一个人是如何随着时间变化或保持一致的。人们可能与他们之前某个阶段相比变化了或保持一致,或者与他们的同辈或其他比较群体相比变化了或保持一致。

尽管特质可能保持一致,我们不期望一个特质(如寻求刺激)在6岁、16岁和26岁的人身上表现得完全一样。一个寻求感官刺激的10岁的人可能会骑自行车去探索邻里社区,而一个26岁的寻求感官刺激的人可能去参加极限运动。这是寻求感官刺激这个人格特质一致性的表现。

人格一致性(personality coherence)是指内在的特质是一样的,但是表现方式有所不同(Roberts et al., 2008)。我们可以将人格一致性视为连贯性的一种。然而,为了发现真正的人格一致性,研究者必须建构理论,以解释不同的行为如何表现相同的内在特质(Caspi & Roberts, 2001)。

> "每一个人都认为随着年龄增长,我越来越老。但其实不是这样的。在我的内心,我仍然感觉像18岁。我并不在意外在的年龄。"
>
> ——一个80岁的女人对自己正在长大的孙子说

自测题

你的人格在哪些方面与你上小学时有所不同?

自测题

你的人格在哪些方面与你上小学时是一样的?

自测题

你现在的表现在哪些方面与小学时不同?哪些不同可以解释为人格的一致性?

今天的他们(右边)与40年前大学的他们(左边)是同一个人吗?在一生中人格保持了惊人的一致。然而,与一致性相反的是,人格也在很多重要方面发生了变化。

我喜欢游行。外向性人格特质的一致性:尽管活动可能不一样,但是外向者总是那个参与者,喜欢成为众人关注的中心,不管是参与小学时的童子军,还是成年以后的民间舞蹈。

例如,童年时期能够坚持完成任务的小孩,成年以后也表现出较高的成就导向。你可以看出,努力工作和追求卓越是内心渴望成就的两个方面。害羞也表现出人格一致性:与好社交的小孩相比,害羞的小孩在家和父母待在一起的时间更多、结婚更晚(Caspi,

Elder, & Bem, 1988)。

攻击性是另一个从童年到成年表现出一致性的人格变量。那些在 8 岁就被同伴评价为具有攻击性的小孩,更有可能在 30 岁之前出现严重的犯罪行为。被评价为具有攻击性的男性也更可能在 30 岁之前进行身体攻击和虐待配偶(Huesmann, Eron, Lefkowitz, & Walder, 1984;见图 3.4)。

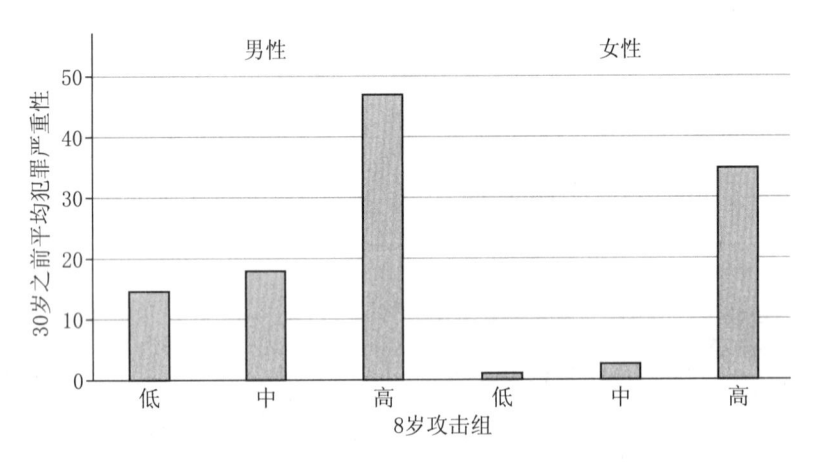

图 3.4 攻击性人格特质的一致性:30 岁之前平均犯罪严重性与 8 岁时同伴对其攻击性的评分。来源:Huesmann et al.(1984, Figure 3, bottom, p.1125). Huesmann, L.R., Eron, L.D., Lefkowitz, M.M., & Walder, L.O.(1984). Stability of aggression over time and generations. *Developmental Psychology*, 20, 1120—1134。

要回答人格是如何毕生发展的这个问题,唯一办法是找到一群人,并追踪他们一生!这叫做**纵向研究**(longitudinal study)。在过去的 10 年左右中,纵向研究的数量所有增长,因此关于人格特质毕生发展变化的知识有所增加。

关于人格如何随时间变化的一个很好的比喻是想象一下停满不同类型船只的港口(Roberts, 2010)。随着船形、大小、承货的不同,船只可能位于水面高一点或低一点的位置。潮汐的涨落会同时使水中所有的船只上浮或下沉。这种变化称为一般变化或**平均水平变化**(mean-level change),它随着我们从婴儿成长为成人,几乎会影响我们所有人。这些船就像我们个人。船只在水中位置的差异就好比人格的**个体变化**(individual change)。由于船长能够改变船的路径,因此每一艘船都以特殊的方式变化,它的上浮或下沉独立于其他船只。

为了理解人格如何在毕生中发展,我们需要同时理解一般变化和个体变化。让我们考虑人格变化的三个问题(Roberts, 2010)。第一,人们如何跨时间保持一致性?这是关于人格本质的一般问题。第二,人们一般有多大变化?这是关于影响每一个人的人格特质的一般变化。第三,人们为什么,又如何以自己独特的方式发展?这个问题是关于人们的一致性和毕生发展的个体差异性。

尽管每艘船都是完全不同的,但是潮汐的涨落以同样的方式影响了所有的船只。个体有不同的特质,但是一般变化(如成熟、年老)会影响我们所有人。

人们在多大程度上表现出跨时间一致性?

人格是随时间相对持久不变的;事实上,在人的一生中,人格特质变得更加一致(Roberts et al., 2008)。许多纵向研究都发现,成年人在特质上比青少年更一致,青少年又比儿童更一致(Caspi & Silva, 1995)。这是合理的,毕竟儿童的人格尚在形成中。

人格与认知能力具有一致性;与收入、血压和胆固醇水平相比更一致;比之于个体一生中的幸福感和自尊水平的一致性高很多(Roberts, 2010)。一致性的高峰出现在50岁,鉴于很多著名的理论学家都认为人格是在童年或青少年时期固定的,这个发现有点意外。例如西格蒙德·弗洛伊德认为人格在5岁时就定下来了,埃里克·埃里克森(Erik Erikson)认为人格在青少年晚期就定下来了。众所周知,人们经历青春期认同危机或中年危机期间,但是人格特质在此过程中保持一致。事实上,在整个人生历程中不存在特别剧烈的人格特质变化时期(Caspi & Roberts, 2001; Caspi, Roberts, & Shiner, 2005; Roberts et al., 2008)。

在这段时期内,甚至这段时期后,五因素人格特质是最一致的,不管采用哪种类型的测验(自我报告、投射或其他人评价),这五个因素都表现出极大一致性(Roberts et al., 2008)。从3岁开始五因素特质就具有一致性,并且随后一直在增加,直到过了50岁。这意味着人格具有惊人的一致性,除了一头一尾的10年或20多岁时事业和家庭的建立带来的变化。这个结果阐释了谚语"儿童是人类的父亲"。

例如,采用元分析(见第11章)对152项纵向研究的结果进行统计汇总,罗伯茨和德尔维奇奥(Roberts & DelVecchio, 2000)得出了两个结论。第一,正如图3.5所显示的,稳定性在人生中是递增的。第二,在相近时期内测量的人格特质比相隔时间长测量的特质更相似。

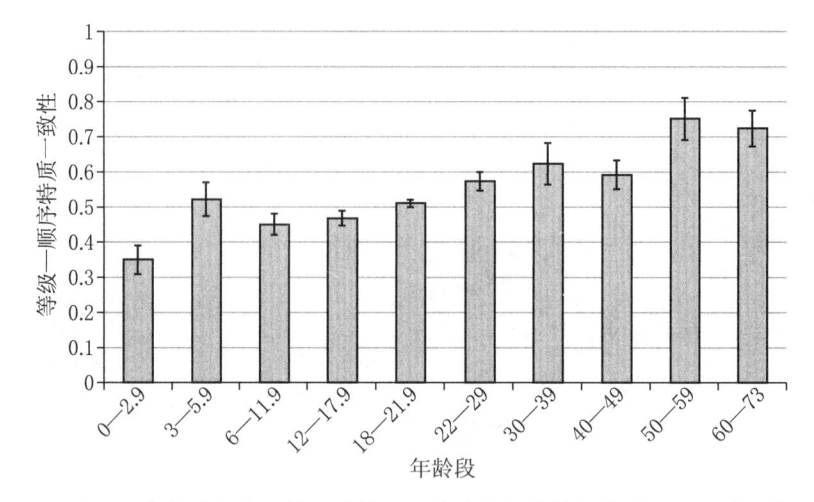

图 3.5 人生不同年龄阶段的人格一致性。人格随着年龄增长变得更加一致。来源：Roberts and DelVecchio(2000, Figure 1, p.15). Roberts, B. W., & DelVecchio, W. F. (2000). The rank-order consistency of person-ality traits from childhood to old age: A quantitative review of longitudinal studies. *Psychological Bulletin*, 126(1), 3—25. Copyright American Psychological Association. Reprinted with permission。

根据综述和元分析的发现，五因素特质在毕生中表现出中等一致性(Ardelt，2000；Bazana & Stelmack，2004；Roberts & DelVecchio，2000；Schuerger, Zarrella, & Hotz, 1989；见表 3.6)。根据一篇汇总了 81 项关于五因素总体一致性研究的综述，个体在某一时期的人格变异的 29% 都可以用另一时期的人格来解释(Bazana & Stelmack, 2004)。

表 3.6 人格跨时间的平均一致性：稳定系数

特 质	所有人	女 性	男 性
神经质	.52	.56	.52*
外向性	.59	.63	.60*
开放性	.52	.48	.55*
宜人性	.48	.51	.46*
尽责性	.50	.50	.50
总体人格	.54	.56	.55

注：稳定系数从 0 到 .99，数值越大意味着该特质在不同时期的相关性越高。特质跨时期的平均稳定性短则 3 年，长则达 25 年。

* 稳定性的性别差异显著。数据来自 81 项研究的元分析，采用了 95 个不同的样本。

来源：Bazana and Stelmack(2004)。

威廉·詹姆斯(William James，1890)观察到"我们中的大多数人在 30 岁之前性格就像石膏一样固定下来了，以后再也不会软了"(p.121)，这个观点一直得到很多特质理论学家的拥护(Costa & McCrae，1994)。然而，我们现在知道事实并不是这样的。人格变化并不会停止,也不会在 30 岁之后减缓变化。相反,人格随着年龄增长表现出平缓、微弱的变化(Srivastava, John, Gosling, & Potter, 2003)。人格具有一致性——但不是不可改变的。

想一想这种情况:如果不到三分之一的人格保持不变,那剩下的三分之二呢?这就是人格的平均水平变化和个体变化的部分。即使是保持一致的人格特质,随着我们的成长和发展也会发生微妙的变化,即使到成年或老年以后也会是如此。心理学家现在将人格看作一个开放的系统,在整个一生中会随着外部事件或环境的变化而变化。进一步,一旦适应了新的经验,人格倾向于保持在这个新的发展水平,并一直伴随整个后半生。通过这种方式,人格在某一个时期的变化是微弱的,但是在整个一生中,这些变化都会累积下来(Roberts & Mroczek, 2008)。

人们一般有多大变化?

这里我们讨论的是标准变化(normative change, Roberts, 2010)。大量横断研究和纵向研究都发现,人格的变化具有相似性,正如潮汐的来临会影响所有船只,人格的一般变化会影响所有人。标准变化最大的时期发生在青年早期(20 至 40 岁)。一般而言,正如我们所看到的,随着年龄的增长,人们变得更加一致、更好。

具体而言,人们变得更加果断、更温暖、更自信(外向性的方面)、更宜人(友好、有教养)、更有责任心(负责任、有条理、努力、遵守规则)、情绪更稳定(冷静和放松)。开放性在人生早期就开始增长了——差不多在学校时期——随着变老而退化,这意味着你无法教会一只老狗新的把戏。情绪稳定性在人生早期就增长了并一直保持,而宜人性在稍微晚些时期才增长。宜人性和尽责性一直到老年都持续增长(Roberts, Walton, & Viechtbauer, 2006)。

一项对 92 项纵向研究的元分析发现,六项人格特质在一生中连续和变化的证据(见表 3.6)(Roberts, Walton, & Viechtbauer, 2006)。他们得出了三个结论。首先,所有六个特质都在超过 30 岁之后发生了变化,事实上其中四个特质——社交活跃、宜人性、情绪稳定性、尽责性——在中年或老年表现出显著变化。这意味着人格在一生中持续发展。第二,与大众观点相反,青年早期(20 至 40 岁)而非青春期是人生的关键时期,这段时期内人格特质变化最大。最后,开放性和社交活跃随着年龄增长而下降,这意味着随着年龄增长积极的情绪和社交体验减少,除此之外的其他特质都随着年龄增长变得更好。随着我们年龄越来越大,我们变得更加自信、更宜人、情绪更稳定并更有责任心。

这种类似的结果模式在另一项采用不同设计的研究中得到了验证。在一项横断研究中,研究者比较了 132 515 名年龄在 21 到 60 岁的被试的在线问卷结果(Srivastava et al., 2003)。该研究发现了一个有趣的差异,在 30 岁之后,女性比男性情绪更稳定;年老的男性与较之更年轻的 30 岁的男性具有同等水平的情绪稳定性。此外,年龄越大开放性也越低。这些结果支持了这样一种观点,即人格持续缓慢地变化,但是随着年龄增长趋于稳定,表现出较小或中等程度的系统变化。

关于老年人在神经质、开放性和某些方面的外向性比大学生水平更低,而宜人性和尽责性的水平更高,这种模式在美国以外的国家的样本中也得到了验证,包括德国、意大利、葡萄牙、克罗地亚和韩国(McCrae et al., 1999)。

一致性暗示了从一个年龄段到另一个年龄段人格具有相似性,也意味着人格发生了变化。从童年到成年再到老年,人格发生变化的原因之一是人们成熟了。因此,人格变化的一部分是由于**成熟**(maturation, Roberts et al., 2008)。具体而言,从20多岁到40多岁,我们走向了更高水平的果断性、自我控制、责任感以及情绪稳定性(Roberts, Walton, & Viechtbauer, 2006)。这些变化可能是我们在工作和个人关系中积极体验导致的结果。

例如,工作时间的增加或地位的提升会增加外向性的某些方面(主导性、独立性和自信)以及尽责性(自律、能力、负责任),不管是男性还是女性(Clausen & Gilens, 1990; Elder, 1969; Roberts, 1997; Roberts, Caspi, & Moffitt, 2003)。积极的工作体验可能有助于人们变得情绪更稳定(Roberts & Chapman, 2000; Scollon & Diener, 2006; Van Aken, Denissen, Branje, Dubas, & Goossens, 2006)。对女性而言,较高的职场地位与男子气的增加和女子气的减少相关(Kasen, Chen, Sneed, Crawford, & Cohen, 2006)。

思考题

成熟可能对个人的神经质和尽责性水平产生怎样的影响?

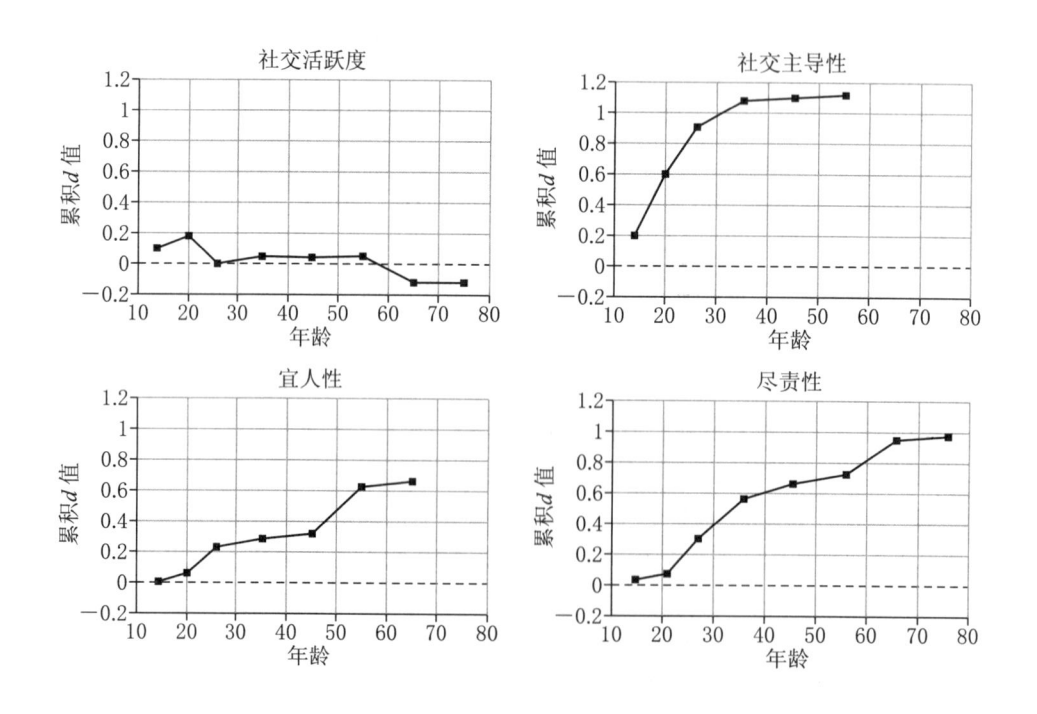

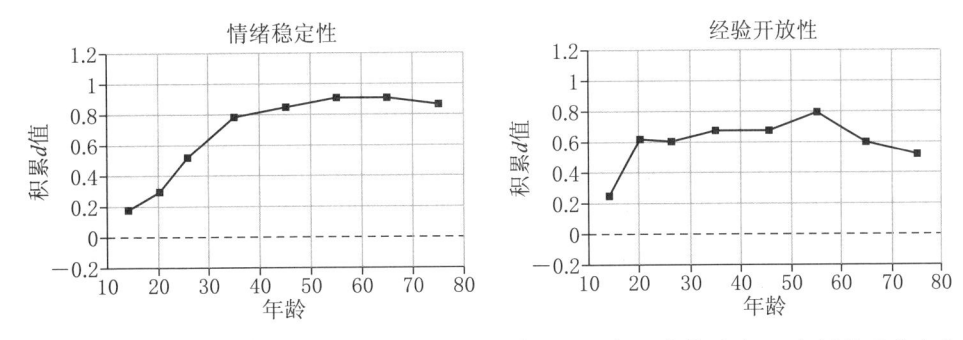

图 3.6　一生中人格特质的累积变化。这个表格展示了每一个特质在 10 年间的平均变化水平，并将一生中的变化进行累加。社交主导性和社交活跃度反映了外向性的两个方面。社交主导性包括社交情境中的主导性、独立和自信；社交活跃度包括社交性、积极情感、爱交际和活力水平。来源：Roberts, Walton, and Viechtbauer(2006, Figure 2, p.15)。

稳定和幸福的家庭生活也能够使人们变得更好。具体而言，不论男女，如果成年早期在人际关系中获得满足感，他们会变得不那么神经质(Robins, Caspi, & Moffitt, 2002; Roberts & Chapman, 2000; Scollon & Diener, 2006)、更有责任心(Lehnart & Neyer, 2006; Roberts & Bogg, 2004)、更宜人(Lehnart & Neyer, 2006)。即使是中年后期或老年期结婚或再婚的男性，他们的神经质水平也会随时间下降(没有女性的相关研究; Mroczek & Spiro, 2003)。

正如你看到的，所有的标准变化都是朝着更成熟和功能更完善变化的。20 多岁到 40 多岁是大多数人既忙家庭又忙事业的几年。这是大多数人寻找人生伴侣和建立家庭的年龄。同时，人们也在这时候选择和开创职业生涯，并开始终身事业。年轻人也通过对社会组织许下承诺确立自己的身份，这些社会组织包括工作、婚姻、家庭和社区。新的角色伴随着新的预期、要求以及强化，这些都会重塑个体的人格，使其变得更具社交主导性、更宜人、更有责任心以及不那么神经质(Roberts et al., 2008)。在传统成年人角色(如事业或家庭角色)上的社交投入，会使大多数人在主动性、尽责性和情绪稳定性方面变得更强。这些变化在短期内是微弱的，但是长期下来变化就非常大了。

我们的人格决定了我们会选择什么样的情境、环境、经历或社会角色。一旦我们选择了环境或角色，新的情境又会强化我们人格的这些方面。人生经历中对人格发展最常见的效应是，我们对环境和角色的选择强化了当初决定我们选择这个环境或角色的人格特质。如果由个体性格引发的行为带来的人生经历是有效的、值得的，则常常会引起将来相似的行为或选择。

俗话说"当我们忙于其他事情时，生命已经在悄悄地过去"，这句话适用于人格：通过制定和执行计划，我们既表达又强化了人格，通常我们没有意识到已经发生了改变。这种人格变化不可能成为头条，也不会成为每周电影的话题，但它却是非常强大的。

这解释了为什么成年以后的人格变化大多是缓慢的、稳定的，因为它通常是在我们自己选择的情境中而并非在所谓改变人生的经历中逐渐形成的。改变人生的经历实际上非常罕见，它们对人格的影响或许有点惊人。事实上，人们对于毁灭性事件的反应更接近真实的自我：当人们面对不可预测或模糊的情境又无人指导时，个体差异被夸大了(Caspi & Moffitt, 1993)。

个体是如何形成特定方式的？为什么呢？

你听过谚语"每一个规则背后都有一个例外"吗？对于人格（港口中的船只）的标准影响（潮汐），有些人并不经历标准变化。人格的发展存在个体差异(Mroczek & Spiro, 2003; Roberts, 1997; Roberts & Mroczek, 2008)。基本上，非标准经历产生非标准发展。例如，中年以后仍然吸食大麻的女性(Roberts & Bogg, 2004)，从事偷盗、打架或上班醉醺醺的人(Roberts, Walton, Bogg, & Caspi, 2006)，成年以后尽责性并没有增强，情绪稳定性反而下降了。有意识地拒绝成为某些社会角色——妻子、母亲、负责任的员工——使某些人在不一样的经历中暴露自我，错过了大多数人会经历的人格发展模式。

事实上，研究者发现了人生所有阶段人格变化的个体差异(Roberts et al., 2008)：儿童和青少年期(De Fruyt et al., 2006; Pullman, Raudsepp, & Allik, 2006)、青年早期(Donnellan, Conger, & Burzette, 2007; Vaidya, Gray, Haig, & Watson, 2002)、中年期(Van Aken et al., 2006)以及老年期(Steunenberg, Twisk, Beekman, Deeg, & Kerkhof, 2005)。这些人格发展的个体差异非常重要，因为人格特质与工作、身体健康、精神疾病和长寿等重要方面相关联(Roberts & Mroczek, 2008)。

思考题

什么样的情境可能会影响即将毕业的人的人格？

思考题

什么样的非标准变化可能引起人们与同辈发生不同的变化？

例如，在一次心理学导论课上，研究者对20至32岁的大学生做了一项研究，调查被试在积极情绪（与外向性相关）和消极情绪（与神经质相关）产生2.5年之后发生的改变程度存在个体差异(Vaidya et al., 2002)。那些消极情绪显著下降的个体，与同辈相比过去经历了更少的消极事件，如亲人去世、一门课程没通过、成为吸烟上瘾者，或经历离婚或与父母分离。那些积极情绪显著增加的个体，与同辈相比过去经历了更多的积极事件，如获得学术荣誉或奖金、得到晋升、订婚、被研究生院录取或者结婚。这个结果表明，我们不仅对生活经历做出反应，还会内化并被它们一点一点地改变，直到相当长一段时期之后被它们彻底改变。

在另一项研究中，从大学到40多岁敌对行为呈增加趋势的男性和女性都经历过一系列消极事件。成年以后敌意增加的个体与保持不变或减少的个体相比，更多地表现出肥胖、不活跃、社交孤立、低收入（仅女性）、身体健康状况下降、抑郁症患病率增加、感到工作和家庭要朝坏的方向发展(Siegler et al., 2003)。

类似地,中年的人格变化与能否适应该阶段日常生活的担忧相关,如担忧家庭成员的幸福、工作压力以及生活满意度(Van Aken et al., 2006)。

最后,在一项针对43至91岁男性退伍军人的研究中,那些随年龄增长神经质增长的个体比下降的个体死亡率增加了32%(Mroczek & Spiro, 2007)。事实上,18岁以后神经质变化的方向——增长还是降低——比神经质水平高还是低更重要(见图3.7)。神经质高的男性,如果神经质变得更低,则会比神经质增长活得更长久。

成人人格来自哪里?

仍然还有一个尚未得到解答的大问题:成人的人格来自哪里？我们知道儿童在生命早年会表现出不同的气质(temperaments)或个体差异(Buss & Plomin, 1994)。但是这些气质什么时候,又是为什么会发展成为神经质、外向性、开放性、宜人性和尽责性这五个因素？为了回答这个问题,我们需要进行纵向研究,即从婴儿出生开始追踪至成年。考虑到研究者最近才在五因素模型上达成共识,还需要一段时间我们才能收集到合适的证据来回答这个问题。然而,对于儿童的气质是否能够预测成人的人格尚有争议(Caspi, Roberts, & Shiner, 2005; Caspi & Shiner, 2006; Caspi & Silva, 1995; Digman, 1989; Shiner & Caspi, 2003)。

思考题

婴儿生下来就有人格吗?

图3.7 根据神经质水平和变化方向分类的四类人的生存曲线,对年龄、身体健康状况和抑郁程度进行了控制。来源:Mroczek and Spiro (2007, Figure 1, p.375). Mroczek, D. K., & Spiro, A. (2007), "Personality change influences mortality in older men," *Psychological Science*, 18(5), 371—376. Reprinted by permission of Blackwell Publishing.

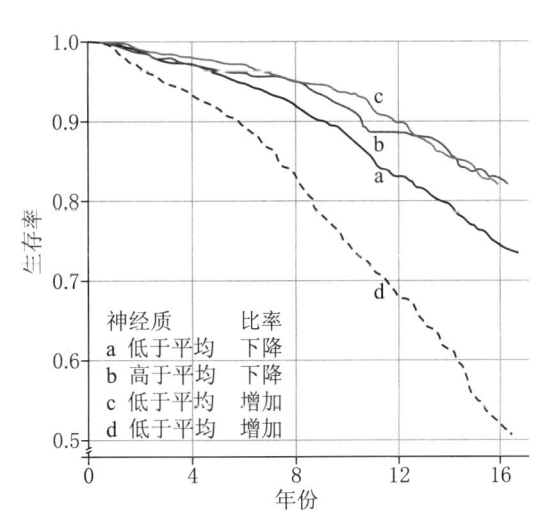

神经质	比率
a 低于平均	下降
b 高于平均	下降
c 低于平均	增加
d 低于平均	增加

例如,在一项研究中,根据对儿童行为的心理评定,研究者将新西兰的3岁儿童分成五个气质组(Caspi & Silva, 1995)。这五个组分别是适应良好的、受控的、抑制的、自信的

和保守的。当这些儿童18岁的时候,这五个组的人格表现出差异。与适应良好的儿童相比,3岁时受控的儿童到18岁时在冲动性、寻求危险、攻击性和人际疏远方面得分更高,而抑制的儿童在这些维度上得分更低。自信的儿童在冲动性上得分高。保守的儿童在主动性上得分低。正如你能想象的,适应良好的儿童成长为典型的青少年。3岁之前,儿童已经在行为方面形成了个体差异,到18岁时表现为人格差异,并且至少持续到26岁(Caspi,Harrington et al.,2003)。

过去和现在：关于哈佛大学毕业生的格兰特研究

只有纵向研究才能回答我们本章所提的问题。正如前面提到的,纵向研究在一段时间内追踪同一个群体——最短追踪几个月,最长追踪很多年(Fleeson,2007；Mroczek,2007)。当前,仅有几项研究对被试的追踪研究超过20年,从被试出生一直追踪到生命终点的研究更少。

历时最长的研究是刘易斯·推孟(Lewis Terman)始于1921年的关于天才儿童的研究,该研究安排了人员进行追踪研究直到被试去世了(Holahan & Sears,1995；Terman,1926)。另一个著名的研究是关于女性的米尔斯追踪研究,他们从1958年和1960年被试从米尔斯学院毕业就开始追踪,一直到现在。米尔斯学院是加利福尼亚的一个小型私立学院。现在许多当初的被试已经70多岁了(Helson,1967；Helson & Wink,1992；Roberts & Helson,1997)。这些女性已经上了年纪了,她们经历了20世纪最为激动人心和动荡的时代,包括民权运动和妇女运动。本章讨论的很多发现都来自关于米尔斯女性的研究(Roberts & Bogg,2004；Roberts & Chapman,2000；Roberts & Helson,1997)。

或许最有名的纵向研究是关于哈佛大学毕业生的格兰特研究。该研究始于1938年,当时阿里·博克(Arlie Bock)对于医学只关注病理学的状况很不满,他希望找到通向成功人生的生理和精神健康的综合因素(Shenk,2009)。百货公司巨头W.T.格兰特支持了该项研究的最初10年,这就是为什么这个项目今天被叫作格兰特研究。在1942年到1944年间,研究者在哈佛大学的班上挑选了身体和精神最健康的成员参加一个终身研究项目,被挑选的人需符合一系列医学、心理学和社会标准。研究者甚至询问了被试的父母和亲密的家庭成员。被试每2年接受一次问卷调查,每5年接受一次医学检查,每15年接受一次面试。最近几年,被试接受了MRIs和DNA测试,研究者甚至要求他们在死后捐赠大脑供研究。

随着被试成长到中年,很多被试取得了非常大的成就,包括约翰·F.肯尼迪总统、华盛顿邮报前主编本·布拉德利、四个前参议院议员、一位总统内阁成员,以及一位畅销小说家。同时,接近三分之一的被试50岁之前在与精神疾病做斗争(Shenk,2009)。

精神病学家乔治·魏伦特(George Vaillant)1967年接手了这项研究,他并不关注这些人在人生中遇到了什么困难,而是更多地关注他们对生活中发生的事件是如何回应和适应的(Vaillant,1997,2002a)。对于魏伦特来说,最激动人心的案例往往是那些战胜了困难的人。

魏伦特研究了人们面对困难采用的防御机制。他发现了弗洛伊德的经典防御机制，以及其他很多机制（Vaillant，1977），从最不健康的防御机制如妄想症或被动攻击，到最健康或最成熟的适应机制，如利他、幽默和升华。魏伦特发现随着人们越来越成熟，他们的防御机制也越来越成熟。在50到75岁之间，人们更频繁地使用利他和幽默，而更少使用被动攻击或幻想。成熟的适应机制将痛苦和情绪波动转化为成就、创造力和与他人的联系。

> "为了能够如此深入地研究生命，几十年以来，我就像在用帕洛马山望远镜远眺。"
>
> George Vaillant 被 Shenk（2009，38）引用

令人惊奇的是，在格兰特研究中，被试的成就可以根据大学的人格来预测（Soldz & Vaillant，1999）。在五个因素中，尽责性能够最好地预测被试的生活，包括一系列领域，如个人适应性、家庭关系、事业成功以及健康行为。尽责性强的年轻人成长为成功的、行事更稳妥的老年人。

然而，65岁时的神经质能够很好地预测个体对大学以来遭遇的各种挫折的适应情况。神经质的老人与情绪稳定者相比，在整个生命历程中出现了更多的精神疾病、抑郁、吸烟、吸毒以及酗酒行为。

基于研究结果，作者推测青年早期的外向性能够促进事业和金钱上的成功，而神经质与成年以后的适应以及无法戒烟相关。开放性与成年后的创造力相关。开放性低与成年以后更保守传统、鼓励独裁的政治观点相关，更可能患精神疾病，然而这也意味着更可能探索内心或经历心理忧虑。

今天，原格兰特研究成了哈佛大学成人研究的一部分。在哈佛法律学教授谢尔顿·格鲁克（Sheldon Glueck）的努力下，该研究在1939年得到了扩大，引入了非犯罪家庭的男孩作为对照组，这些男孩1940年到1945年间在波士顿旁边的内陆地区长大。在20世纪70年代，魏伦特及其同事参加了这个项目，这个项目现在叫作格鲁克研究，他们对这些被试实施了后续计划（Vaillant，1995）。魏伦特曾经一度跟踪并采访了推孟研究的女性（Vaillant & Vaillant，1990）！这些额外的被试是魏伦特用来扩大他的样本的，从而得出的成人发展研究的结论不再局限在一群上层阶级、大学背景的精英身上。

一位记者曾经问魏伦特，从格兰特研究中他学到了什么。"生命中唯一真正重要的事情是你与其他人的关系"，他答道（Shenk，2009，p.46）。从格鲁克研究中，他知道了儿童时期的勤奋，如参加兼职、做家务活、加入运动队是成年以后精神健康的最佳指标，这个指标要优于所有其他因素，包括家庭关系。从推孟研究中的女性那里，他了解到社会干预能够增加人们成功的机会，同样也能够摧毁一个人的潜能（Vaillant，2002b）。尽管有超常的智力潜能和教育优势，推孟研究中只有5%的女性走上了成功的商业或职业生涯。

这些发现的中心是生物学、环境、人格和经历对于我们成为什么样的人以及将要成为

什么样的人的影响。这些问题只有通过像格兰特研究这样的纵向研究才能得到解答。

在高中同学40周年聚会上，你会变成什么样？

人格特质：理论和应用的结论

用一句话来概括特质！从原本的词汇研究到现代的因素分析研究，从古代到当今最前沿的研究，理解特质对于理解人是至关重要的。特别是，正如我们在本章开头所看到的，从一个简单的握手，识别人格的关键维度及其跨文化适应性，这些激发了无数关于通则、本土人格特质，我们在生活各个方面表达人格、特质的无数方式的研究。

当然，正如下面的引言所建议的，人格远远不止特质描述（见 Block, 1995, 2001, 2010, 对五因素模型的强烈攻击）。我们可能想知道，我们是如何形成身份的，或者我们如何被社会角色影响的（McCrae & Costa, 1996）。一位评论家说道，特质模型本质上是"局外人的心理学"，因为它仅仅在一个肤浅的水平描述人格。特别是麦克·亚当斯（McAdams, 1992, p.229）注意到，特质模型遇到以下问题时显得不足：

1. 超越表面解释人格功能与人格的个体差异。
2. 充分描述个体生活的丰富性。
3. 对人类行为给出真正的因果解释，而不是循环解释（"拉基是开朗的，因为他是外向的。我们知道他是外向的，因为他喜欢认识新的朋友。"）。
4. 说明人类经验的社会背景，即我们与他人互动的方式如何影响了我们的人格。
5. 解释个体的人格整合和组织。

只有通过学习人格的其他方面——例如遗传、生理学、身份、动机——我们才能完全理解人类人格。

"我们完全承认人格心理学家已经考虑了人类本性的很多方面而不仅仅是持续

的性情……我们同意评论家的观点，五因素模型没有也不能给出人格的完整模型。"

McCrae and Costa(1996，p.65)

本章小结

本章我们首先质疑了五因素模型是否遗漏了什么特质，如智力、宗教信仰、性和文化特有的特质（如爱的荣誉、孝顺和依赖）。有些特质的确是遗漏了（如，灵性超越）；有些特质是因素和构面的综合（如，性）或能力（如，智力）。然而，最重要的问题是，五因素模型是否足以解释其他文化背景下的人格。

我们讨论了不能被五因素解释的文化特有的本土人格特质（如，希腊的爱的荣誉、中国的孝顺、日本的依赖）。五因素模型的句子或问卷测量在很多文化和语言中得到了验证，但是主观测量对文化差异更敏感。具体而言，开放性在不同文化中有差异，有些文化需要多于五个因素才能够最好地描述人格。综合五因素模型和中国本土特质的人格测量发现，五因素加上特别的第六个因素才能包含中国传统价值观：和谐、人情、防御和社会赞同。

在日常生活中人们通过多种方式表露自己的人格，比如握手方式、音乐偏好、上网和职业，包括成为美国总统。

为了深入研究个体，心理学家使用多种方法，被称为三角测量法。为了理解人格，研究者使用多种研究方法，包括L数据、O数据、T数据和S数据。他们也使用纵向设计，研究人们的跨时间变化。纵向研究，如关于哈佛大学毕业生的格兰特研究，让我们知道了一生中人格的连续性、变化性和一致性。

通过这些研究，我们知道了人格具有跨时间一致性，并且一致性随年龄而增加。五因素特质与认知能力一样一致，并且在不同的测量方法、评价者和时间段都是一致的。儿童在3岁前就出现了性格的个体差异，这种性格差异会形成成年以后的特质。

尽管人格具有一致性，人们的确在人生历程中发生变化。具体而言，我们会成熟，随着变老而变得更宜人、更有责任心、情绪更稳定、某些方面更外向（果断、温暖、自信），但是更不开放，在某些方面更不外向（积极情绪、社交活跃）。人们的人格在20~40岁之间变化最大，因为这段时期他们承担了成人的工作、家庭、社区责任。同时，在一致性和变化性上存在个体差异，一些差异与健康和幸福相关。

特质仅仅是人类人格的一方面，或者仅仅触及了理解我们是谁这个问题的表面。

✓ 学习和巩固：在网站mysearchlab.com上可以找到更多学习资源。

问题回顾

1. 五因素模型可能遗漏了什么特质？它们是特质、能力还是其他东西？如果是特质，它们能够被五因素模型的因素或构面的组合解释吗？

2. 什么是本土人格特质？我们对人格的普遍性以及文化对人格的影响知道些什么？几个因素能够最好地解释中国人的人格？你如何描述这些因素？

3. 什么是三角测量法？心理学家使用哪四种数据来理解人格？每一种数据举一个例子。

4. 我们在日常生活中通过什么方式表达人格特质？

5. 什么是发展？什么是人格连续性、人格变化性和人格一致性？

6. 人们在多大程度上保持一致？在人生历程中什么特质特别一致？

7. 人们一般在多大程度上发生变化？在人生历程中什么特质特别容易变化？

8. 人格发展中存在个体差异吗？成人的人格是如何从儿童的性格发展来的？

9. 什么是纵向研究？有哪些著名的纵向研究？从这些纵向研究中，我们学到了人类人格的哪些知识？

关键术语

开放性	人际关系	变化性
灵性超越	三角测量法	人格一致性
性的七方面	S 数据	纵向研究
爱的荣誉	T 数据	平均水平变化
孝顺	O 数据	个体变化
依赖	L 数据	元分析
本土特质	发展	标准变化
人情	连续性	成熟
阿 Q 精神	一致性	气质

第 4 章

人格评鉴

哪些要素构成了一个优秀的人格测验？
 测验信度：跨时间、跨测试项和跨评分者的一致性
 测验效度
 测验可推广性
研究方法示例：《NEO 人格问卷（修订版）》是好的人格测验吗？
人格测验
 人格测验的类型和形式
  自陈式测验
  表现性测验
  反应定势
人格测验与甄选
 正直测验
 成功案例
 法律问题
日常生活中的人格：工作面试中可能会问哪些问题？
过去和现在：人格评鉴与婚配
本章小结
问题回顾
关键术语

到我的搜索实验室（mysearchlab.com）阅读本章

你曾经在网上做过人格测验吗？根据这些测验的说法，你最喜欢的糖果、城市、冰淇淋味道以及吃奥利奥的方式都能够揭示你的潜在人格。心理学家所采用的正规人格测验和你在网上找到的测验有什么不同？其实，人们对人格测验标准化的需求始于 20 世纪 40 年代的一个酒吧，这远远早于人格测验在网上流行的时间。

在退伍军人医院辛苦工作了一整天后，心理学家伯特伦·福勒（Bertram Forer）来到一家酒吧放松（Forer，1949）。在那里，一名男子声称能够根据人们的笔迹分析人的性格，并提议为福勒分析。福勒婉拒了，并建议使用《罗夏墨迹测验》来代替笔迹分析。对于心理学家的怀疑，该男子感到受了莫大的侮辱和伤害，这位笔迹分析家宣称，他有"科学证

据"表明他的方法是有效的：客户认可他的解释的有效性。但心理学家不为所动，他答道，心理学家即使蒙住眼睛也一样能解读所谓的笔迹。

回到心理学导论课堂之后，福勒做了一个小实验。他就最近的一次人格测验给了所有学生同样的反馈，而并非他们测验的真实结果（见表4.1）。他让学生就反馈中性格描述的准确程度进行评分，0分为最差，5分为非常好。他发现，除一个学生外，其他人都认为反馈非常符合或比较符合他们的真实性格。

表4.1 适用于任何人吗？

"你有非常强烈的得到他人喜欢或欣赏的需求。你倾向于对自己要求苛刻。你有大量的潜能尚未被开发，如果被开发，它们将成为你的优势。尽管你有一些人格缺陷，但是一般来讲，你能够从其他方面进行弥补。
你在外人面前总是遵守纪律、严于自律，但其实你的内心比较焦虑，缺乏安全感。有时候，你非常担心你的决定是否正确，或者你是否做错了事。你喜欢有一定的变化和多样性，面对充满限制和条件的环境，你可能会感到不舒服。
你为自己有独立的思想而感到骄傲，对于他人的观点，如果没有令人满意的证据，你不会轻易接受。你已经发现，对他人过于坦诚是不明智的。有时候，你表现得外向、友善、随和，而有时候，你又表现得内向、谨慎、保守。你有些不切实际的想法。总体而言，安全是你人生的主要目标。"

注：上面这段描述多大程度上揭示了你的性格？如果你与大多数人差不多，你会发现这段描述非常好地刻画了你的性格。问题是，这段描述是如此笼统，它几乎非常准确地描述了任何人。这种人们愿意相信类似反馈的现象，被称为巴纳姆效应（the Barnum Effect）。

来源：Forer, B.R.（1949），"The fallacy of personal validation：A classroom demonstration of gullibility," *The Journal of Abnormal and Social Psychology*，44(1)，118—123。

为什么不同的人会认为同样的性格描述都准确描述了他们的性格？这与人们相信20世纪40年代酒吧里笔迹学家的分析以及2010年网上流行的奥利奥饼干测验是同样的道理。这些虚假的人格测验依靠适用于任何人的笼统的性格描述，并利用人们喜欢做心理测验而不太怀疑测验内容，更不太探究测验的科学性的心理。那么，我们如何知道一个测验是否有效呢？这就是正规的人格测验需要讨论的问题。

人格评鉴（personality assessment）是对一个人性格的测量。尽管研究者使用多种方法研究人格，但最常见的是人格测验（见表4.2）。随着我们在后续章节逐步讨论人格研究的发现，你将会了解到几乎所有研究人格的方法。例如，在第7章，我们将讨论神经成像技术、激素水平、自主神经唤醒。在第5章，我们将讨论开放性问题和面试方法。好的测验的评判标准是具有普适性，它应该适用于所有的测验和方法。

人格测验在现实生活中有非常广泛的应用。心理学家可能会从多种渠道搜集和评估受测者的信息，这些渠道包括人格测验、面试、生物材料。测验可能用于招聘决策、晋升、诊断或案例研究（Wiggins, 2003）。在临床上，人格测验可用于形成症状模型、设计干预项目、监测治疗效果、评估治疗效果和诊断（Meryer et al., 2001）。

表 4.2　人格研究的方法和工具

测量方法	所报告使用该方法的心理学家百分比(%)
自陈量表或问卷	100
自评和他评	99
行为观察	89
知情者报告	86
行为反应	81
其他判断任务(如刺激)	79
结构化面试	76
陈述性/开放性问题	74
履历分析	65
内隐测验	64
记忆任务	62
反应时间	61
自主唤醒	57
群体/民族/文化判断	43
激素水平	36
脑神经成像(fMRI等)	32
分子遗传/DNA检测	26

注:研究者通过询问知名的人格心理学家($N=72$)在日常工作中是否使用过这些方法而获得数据。

来源:Adapted from Robins, Tracy, and Sherman(2007, Table 37.1, p.676). Reprinted with permission from Robins, R.W., Tracy, J.L., & Sherman, J.W.(2007), "What kinds of methods do personality psychologists use? A survey of journal editors and editorial board members," In R.W. Robins, R.C. Fraley, & R.F. Krueger(Eds.), *Handbook of Research Methods in Personality Psychology*, p.673—678(New York, NY: Guilford). Permission conveyed through the Copyright Clearance Center。

"你必须研究人,特别是那些评估结果总是与预期有偏差的人。"

美国作家 Walter Lord

自测题

到网上(如 Facebook)做一份心理测验看看。对你性格的描述是不是非常笼统,以致能够适用于几乎任何一个人?

本章我们将讨论什么是优秀的人格测验,人们在心理测验中是如何作答的,以及商业环境中人们如何运用人格测验来为某个岗位招聘合适的人才。在这个过程中,我们将仔细分析几种当今心理学家所普遍采用的人格测验。

巴纳姆效应，根据著名心理学家 P.T.巴纳姆的名字而命名。该效应是指人们将无效的人格测验误认为有效，这些测验囊括了"适用于任何人"的性格描述。

哪些要素构成了一个优秀的人格测验？

根据包括美国心理学会（American Psychological Association，APA）在内的教育和心理学界专业组织所制定的标准，人格测验的开发人员必须证明测验是有效的和可信的，并说明测验适用的条件、人群以及文化范围（美国教育研究协会，American Educational Research Association，美国心理学会，American Psychological Association，国家教育测量委员会，National Council on Measurement in Education，1999）。测验开发人员还需要提供能够证实（或证伪）测验指向特定结果的理论依据和研究证据。可能的话，研究者还需确定测验所获结果是否有意义，而不仅仅是根据受测者带有偏见的回答来判断。进一步，这些研究证据必须发表在科学杂志上，供本领域的专家检验，并得到承认（关于如何开发和验证人格测验，见 Clark & Watson，1995；John & Benet-Martinez，2000；Simms & Watson，2007）。

"你的人格与你最喜欢的动物匹配吗？""你如何吃奥利奥揭示了你的人格？"这些网络上的人格测验与正规的科学杂志或权威出版社发表的测验最大的区别在于：后者有信度、效度和可推广性，并以研究证据为支撑，同时这些研究可以供公众检验。

当面对一个优秀的人格测验时，我们能够重复获得一个特定的分数（或者在误差允许的范围内得到一个近似分数）并相信该测验有特定含义，使我们能够将测验结果与特定的行为、理念或其他变量联系起来（John & Soto，2007）。当对一个测验的有效性进行分析时，我们应该问自己以下问题：这个测验测量什么？这个测验可信吗？这个测验在什么情况下使用是有效的（Smith & Archer，2008）？这三个问题的答案即是测验的信度、效度和可推广性。

测验信度：跨时间、跨测试项和跨评分者的一致性

信度是效度的前提条件。我们没有办法从一个不可信的手表中获得准确的时间（Smith & Archer，2008）。为了测量某个理论概念所反映的有效信息，测验结果首先必须是一致的。信度（reliability）是对一个测验一致性的评估：一个好的测验，在不同时间、不同测项和不同施测者间能够获得一致的结果（见表4.3）。

信度描述了测验分数的一致性和可重复测量的程度（Cronbach, Rajaratnam, & Gleser，1963；John & Soto，2007）。这些测验方法可能在不同的时间、测试项、多名评分者或观察者中仍然能够得以重复。我们需要知道一个测验在以下不同的情境中都能够提供一致的结果：跨时间、跨测试项、跨评分者。这些都是信度的不同类型（Smith & Archer，2008）。

检验一个测验是否具有**跨时间一致性信度**（temporal consistency reliability）的方法之一是让受测者再做一次测验，并观察其分数是否相似（Cronbach，1947）。当然，在验证**重测信度**（test-retest reliability）的时候，我们需要防止受测者仅仅根据第一次测验的记忆来作答。我们同样需要防止练习效应，练习效应是指受测者仅仅因为之前见过这个测验而获得更好的分数。为了防范上述两种效应，我们需要确保第二次测量的时间间隔恰当，从而使受测者既不记得答案也没有练习效应，但又不至于时间太长而受测者本身发生变化。

检验**内部一致性信度**（internal consistency reliability）的方法之一是看同一个测验中不同的测试项测出的结果是否类似。早期的心理测验研究者会生成两个版本的测验，这两个版本的测验具有可比性，并检验平行测验所测分数的相似性——**平行测验信度**（parallel-forms reliability）（Cronbach，1947）。有时候，研究者会将一个测验分半，继而观察受测者在一半测验上的分数是否与另一半测验的一致，这样获得的是**分半信度**（split-half reliability）（Cronbach，1947）。今天，绝大多数的研究者采用一个被称为**科隆巴赫阿尔法系数**（Cronbach's alpha，α）的统计学概念来表示信度（Cronbach，1951）。

表4.3 跨时间、跨测试项和跨评分者的信度

一致性类型	信度类型	可推广性维度
跨时间一致性	重测信度	跨时间
内部一致性	平行测验信度 分半信度 科隆巴赫系数	跨测项
评分者一致性	评分者信度	跨评分者

来源：Trochim W. M. K.（2006）. Research methods knowledge base, 3/e. Cincinnati, OH: Atomic Dog Publishing。

思考题

为什么在人格测验中同行评议是非常重要的过程?

> "我对自己的生活进行评估,并以此为标准生活。这就是自由。"
>
> Fernando Flores,智利政治家

先计算两个分半测验的相关,再计算所有可能的分半测验之间的相关系数的平均值。这就是科隆巴赫信度系数所测量的:一套测验所得的分数推广到另一套测验的可推广程度(John & Soto, 2007)。

由于信度不好的测验更难发现真相,研究者会努力使测验信度达到 0.70 至 0.80。对于用于评估和比较人的测验,信度要求更高,比如 IQ 测验(Nunnally & Bernstein, 1994)。这类测验的信度要大于 0.90,理想情况是不低于 0.95。然而,这不是硬性规定,研究者可以根据研究目的决定他们的测验是否足够好(Cortina, 1993; John & Soto, 2007)。好的研究者在发表研究成果时,会讨论他们采用或拒绝某个阿尔法系数背后的逻辑。

举个例子,某个研究者想测量神经质。她构思了表 4.4 的量表。这个量表可能有非常高的阿尔法系数,但是该量表可能缺乏效度,因为该量表不足以反映神经质这个概念。回想一下,神经质包括焦虑、敌意、抑郁、自我意识、冲动性、脆弱性(Costa & McCrae, 1992)。考虑到该量表背后的理论,我们不能期待该量表所得的各个维度的分数之间高度相关。然而,我们可以预期这 8 个问题之间有非常高的阿尔法系数,因为他们测量的是同一个维度——焦虑。当然,我们需要测量的可不仅仅是蜘蛛恐惧症!

表 4.4 冗余部分:一个内部信度很高但效度有问题的量表

我害怕蜘蛛	我不讨厌昆虫(反向评分)
在爬行动物面前,我很焦虑	蜘蛛使我神经紧张

注:本量表可能能够很好地测量对昆虫的恐惧程度,但是不能很好地测量神经质。
来源:John and Soto(2007, p.471). Reprinted with permission from John, O.P., & Soto, C.J. (2007), "The importance of being valid," as appeared in R.W. Robins & R.C. Fraley(Eds.), *Handbook of Research Methods in Personality Psychology*, pp.461—494(New York, NY: The Guilford Press). Permission conveyed through the Copyright Clearance Center.

我们也需要确保跨评分者信度(John & Soto, 2007)。为了检验**评分者信度**(interiater reliability),我们需要两名独立的评分者评价同一个人的性格或行为。研究者经常计算所有评分者分数的平均相关系数,或者评分者中的赞同百分比。如果评分者之间的判断是一致的,相关系数应该很高。如果评分者之间分数不一致,这意味着所测量的概念是模糊的或太笼统了,该量表是有问题的,或者评分者误解了他们在评估的内容。研究者需要重新思考他或她所测量的概念的可操作性,重新测量或与评分者一起澄清误会,从而提高评

分信度。同样,好的研究者会报告评分者信度以及它是如何获得的。

例如,考虑第二章所讨论的研究,观察者试图通过分析卧室摆设来分析人们的性格(Gosling et al.,2002)。观察者从五个因素分析卧室主人的性格。对于这些因素,观察者评分的相关系数从最低的 0.08(神经质)到 0.58(开放性)。这表明,根据卧室来分析人的性格时,相比于神经质,观察者更可能在开放性方面取得一致看法。

自测题
一些上大课的教授使用多种形式的同一测验,这些测验之间必须具有什么信度?

思考题
哪种类型的问题能够测量焦虑?哪种类型的问题能够测量敌意?

"我们做的每一件事,最终都将回归到效度的重要性上。"

人格心理学家 Oliver P.John and Christopher J. Soto(2007,p.489)

测验效度

效度是指测验在多大程度上能够测量它所需要测量的东西(Loevinger,1957)。有很多方法可以回答这个问题——该测验与其他测验相关吗?该测验能够预测行为吗?该测验能够预测未来吗?——有许多类型的效度。如果一个测验是基于研究证据的,那它就是有效的,即它与某个标准存在关联(Loevinger,1957)。具体的标准或研究证据取决于研究者想要证明什么样的效度。

每一种测验都旨在测量某个术语或概念,这个概念被称为构想,这个构想源于某个理论。因此,任何一个测验都必须具有**结构效度**(construct validity),并成功地测量到理论上设想的某个概念(Loevinger,1957;Simms & Watson,2007)。例如,艾森克人格问卷旨在测量外向性、神经质、冲动性三个维度,艾森克理论认为这三个维度是由基因、生物和生理因素决定的(Eysenck & Eysenck,1975)。

当测验看上去是在测量其感兴趣的概念时,就具有**表面效度**(face validity)(Cronbach,1960)。例如,你可能能够猜出一个询问自杀过程、心境、悲伤和食欲变化的测验是测量抑郁的。这是一个具有高表面效度的例子。然而,一些神经心理测验,或者一些询问受测者如何与他人互动的测验就很难让人们猜出它们的测量目标。这类测验的表面效度较低(Smith & Archer,2008)。

表面效度不是一个令人信服的效度。然而,它在两种情况下是有用的。首先,表面效度在人事测验中非常重要,或者在那些受测者的合作和动机会影响测验结果的情况下非常重要(Smither,Reilly,Millsap,Perlman,& Stoffey,1993)。当测验具有表面效度时,受测者会认为测验内容是公平的,测验与特定情境或结果相关联,如工作绩效(Wiggins,1973)。如果受测者能够看出测验与工作内容如何相关,他们将更努力认真地对待测验(Chan, Schmit, DeShon, Clause, Delbridge, 1997)。如果岗位申请人感到测验项目难以理解,他们可能认为测验是非常困难的任务,或者是浪费他们的时间。然而,出于测验的目的,受测者可能有意隐瞒真实回答,他们可能会表现得比真实水平更好或更糟,或者按照社会期望的方式回答问题(Smith & Archer, 2008)。研究者经常将测验内容进行伪装,使受测者不好做假,即牺牲表面效度以获得其他效度(Hold & Jachson, 1979)。

表面效度的另一种适用情况是,当研究者开发测验某个概念的新测验时,他们通常会选择那些看起来能够测量他们想要测的内容的测试项。他们会进行试测,并看哪些测试项真正与他们想要测量的概念相关。对于测验效度来说,真正的效度比表面效度更重要,即我们需要证据证明一个测验是有效的。在这一点上,表面效度不够好,测验必须考虑其他效度。

效标效度(criterion validity)是通过将一个测验与其他外部标准(比如其他人格测验或行为结果)相比,来衡量测验的好坏。比如内外向测验应该能够将需要他人陪伴(外向者)和不需要他人陪伴(内向者)的人区分开来。

思考题

为什么表面效度在构成结构效度方面是不够的?

思考题

为了具有效标效度,一个测量内外向性的测验应该具有什么行为结果?

如果这个《认知需求量表》具有结构效度,那么你认为图中的哪个人会在该量表上得分更高?

以《认知需求量表》为例。该量表测量了不同个体对于思考的需要和享受程度(见表4.5)。为了建立效标效度,卡西奥普和佩蒂(Cacioppo & Petty,1982)比较了大学教授和装配车间一线工人这两个群体对于脑力思考的偏好程度。毫无悬念,大学教授在《认知需求量表》上的得分高于一线工人。这表明,《认知需求量表》确实抓住了能够区别这两个群体的一些重要标准,该量表有良好的效标效度。

表 4.5 《认知需求量表》

1. 比起简单的问题,我更喜欢复杂的问题。
2. 我喜欢处理那些需要大量思考的情境。
3.* 我不认为思考是有乐趣的。
4.* 我宁愿做那些几乎不需要思考的问题,而不是那些肯定超出我思考能力的事情。
5.* 我会避免那些可能需要我深入思考的情境。
6. 我能够从长时间的思考、研讨中获得满足感。
7.* 我只在必须要思考的时候才思考。
8.* 我喜欢思考日常的小项目,而不是长期的大项目。
9.* 我喜欢处理那些一旦掌握就几乎不需要思考的任务。
10. 依靠思考走向事业巅峰,这对我很有吸引力。
11. 我很享受那些每个问题都需要新的解决方案的任务。
12.* 学习新的思考方式不能激发我的热情。
13. 我喜欢我的生活充满难题,等待我去解决。
14. 抽象思考对我很有吸引力。
15. 比起重要而不需要思考的任务,我更喜欢需要高智商、很困难又很重要的任务。
16.* 在完成一个需要大量脑力劳动的任务之后,我感到轻松而不是满足。
17.* 只要工作做完了就可以,我不在乎它背后的原理和原因。
18. 我经常思考那些其实并不影响我个人的问题。

本量表采用−4 至 +4 李克特计分,+4=完全同意,+3=非常同意,+2=一般同意,+1=比较同意,0=既不同意也不反对,−1=比较不同意,−2=一般不同意,−3=强烈不同意,−4=极其不同意。* 代表反向计分。

来源:Cacioppo et al.(1984, Table 1, p.307). Reprinted with permission from Cacioppo, J.T., Petty, R.E., & Kao, C.F.(1984), "The Efficient Assessment of Need for Cognition," *Journal of Personality Assessment*, 48(3), 306—307. Permission conveyed through the Copyright Clearance Center。

除了效标效度,我们还可能检验测验与其他衡量相同或类似概念的测验之间的相似性。这就是**聚合效度**(convergent validity)(Campbell & Fiske, 1959)。同时,我们要确保测验与理论上测量其他概念的测验不同。我们可能会看**区分效度**(discriminant validity),以确保测验测量的是一个完全不同的概念(Campbell & Fiske, 1959)。为了达到较好的结构效度,我们必须证明某个特定的测验在测量到了某个概念的同时,并没有测量其他概念(John & Soto, 2007);光有聚合效度或区分效度是不够的(Trochim, 2006)。说到底,我们要确保我们的测验与测量类似概念的测验相吻合,与测量不同概念的测验相区别(Trochim, 2006)。例如,对于《认知需求量表》,卡西奥普和佩蒂(1982)认为与开放性有关,但与焦虑、社会需求无关,这两者分别代表了聚合效度和区分效度。

思考题

如果一个敏感的人和一个不敏感的人在某个测验上得分不同,这表明该测验具有什么效度?

同时,一个好的测验应该是能够给拥有共同特质的个体或群体以独特反馈。如果一个测验给出笼统的、肤浅的、模糊的、能够适用于任何人的反馈,这样的测验不具有预测效度。还记得福勒教授的故事吗?他给了所有学生同样的性格测验反馈。结果发现,学生们非常快速地相信了关于他们性格的通用描述。

人们非常愿意相信通用反馈的现象被称为**巴纳姆效应**(Meehl,1965; Snyder, Shenkel, & Lowery, 1997),以著名心理学家 P.T.巴纳姆的名字命名,他相信一个完美的骗局中总是有"适用于任何人的东西"。那样的测验不具有结构效度,因为它不能区分任何人。它给任何人都造成一个描述准确的假象(Wiggins,1973)。这就是为什么人们会相信酒吧里的笔迹分析、占星术、手相以及其他有问题的人格测验。

很多没有效度的人格测验,特别是那些网络上流行的供人娱乐的测验,都提供能够适用于任何人的通用反馈,那些没有经过思考的读者很容易就相信了。当你看到一个虚假的人格测验时,请记住本章我们讨论的效度,不要轻易相信。巴纳姆说过:"每一分钟都有一个人上当。"

自测题

到网站上或杂志上找个测验做做。你觉得这个测验有效吗?为什么有效或无效呢?你如何检验是否有效呢?

测验可推广性

设计了一个信效度都良好的测验之后,研究者还需要思考该测验的用途、使用条件、适用人群(John & Soto, 2007)。这到了本章的第三个问题:用来测量什么时,这个测验才是有效的?

测验可推广性(Generalizability)反映了一个测验的适用范围或限制条件。除了指定的用途之外,我们不能将一个测验另作他用,也不能用于其适用人群之外的其他群体。比如,《明尼苏达多相人格测验》(MMPI; Butcher, Dahlstrom, Graham, Tellegen, & Kaemmer, 1989),《罗夏墨迹测验》(Rorschach, 1921),《贝克抑郁量表》(Beck, Steer, & Brown, 1996),以及其他用于诊断精神障碍的量表都不能用于决定候选人是否适合某个岗位。

很多人格测验都标明了只适用于儿童或成人,而不是任何人都适用。研究者经常面临的挑战是要开发适用于全体人群,而不仅仅是大学生的量表(John & Soto, 2007)。年龄、性别、种族和文化背景仅仅是我们需要考虑的人口学特征中的几个,我们在设计、验证、实施和解释测验时,还要考虑很多人口学特征。

研究方法示例:《NEO 人格问卷(修订版)》是好的人格测验吗?

心理学家经常在研究中使用人格测验,因此研究质量受制于他们所使用的量表质量。使用一个信度不好的测验将很难发现真相,使用一个效度不好的测验将使他们的研究毫无意义。

一个尺寸适用于所有人?可推广性反映了测验的局限性,比如测验适用的人群。

当研究者发表人格测验时,他们必须做信效度分析并报告结果。对于很多测验,特别是人格和临床测验,信效度分析与测验使用手册或说明书应一起发表,如 MMPI(Butcher et al.,1989)和《NEO 人格问卷(修订版)》(NEO-PI-R)(Costa & McCrae,1992)。有些测验,信效度信息发表在书籍或同行杂志上。如《罗森伯格自尊量表》(Rosenberg Self-Esteem Scale,Rosenberg,1965)、《Crowne-Marlow 社会期望问卷》(Crowne-Marlow Social Desirability Scale,Crowne & Marlow,1960)、《认知需求量表》(Cacioppo & Petty,1982;Cacioppo,Petty,& Kao,1984)、《Synder 自我监控量表》(Synder Self-Monitoring Scale,Synder & Gangestad,1986)。

既然你现在已经知道怎么才算是一个好的量表(良好的信度、效度和可推广性),让我们从这几个维度看看被广泛使用的人格问卷《NEO 人格问卷(修订版)》(Costa & McCrae,1992)。

《NEO 人格问卷(修订版)》信度高吗?

为了检验《NEO 人格问卷(修订版)》的信度是否高,科斯塔和麦克雷(1992)报告了该问卷每一个维度和构面的科隆巴赫系数。各个维度的阿尔法系数从 0.56 到 0.81,科斯塔和麦克雷认为,对于只有 8 道测题的量表来说这个分数是可以接受的。内部各维度的一致性比这个分数要高很多,可参考表 4.6。

表 4.6 《NEO 人格问卷(修订版)》的信度

因 素	阿尔法系数	重测相关
神经质	.92	.79
外向性	.89	.79
开放性	.87	.80
宜人性	.86	.75
责任感	.90	.83

来源：Adapted from Costa and McCrae(1992, Table 5, p.44). Costa, P. T., & McCrae, R.R. (1992). Revised NEO personality inventory(NEO-PI-R) and NEO five-factor inventory(NEO-FFI) professional manual. Odessa, FL: Psychological Assessment Resources.

为了检验重测信度，研究者让大学生在不同时间做了《NEO 人格问卷(修订版)》，时隔三个月。从表 4.6 可以看出，两次测验的相关非常高，表明该量表有良好的信度。

《NEO 人格问卷(修订版)》效度高吗？

为了回答这个问题，让我们首先看看结构效度。即大五人格测量了人格的五个方面吗？并且只测量了这五个方面？因素分析得到了五个维度，正如所预测的，即神经质、外向性、开放性、宜人性和责任感。这五个因素一起解释了 58% 的因变量变异(Costa et al.，1991)。正如表中所显示的，每一个因素在对应的维度上负荷最高。有些因素在其他维度上有第二高负荷。科斯塔和麦克雷(1992)认为这是可以接受的，因为这些额外负荷在理论上能够解释得通。

根据上述分析，《NEO 人格问卷(修订版)》似乎能够很好地测量其背后的理论。那这个问卷的效标效度如何？它预测的结果能够与外在标准相吻合吗？麦克雷和科斯塔做了很多相关工作，并一直在做。

科斯塔和麦克雷(1992)假设接受心理治疗的个体在神经质上的得分将很高，而瘾君子在宜人性和尽责性上的得分将很低，事实上也确实如此。此外，个体在《NEO 人格问卷(修订版)》上的得分与他们的朋友或配偶对其性格的描述相关非常高(Costa & McCrae, 1992)。这两个研究表明，《NEO 人格问卷(修订版)》有良好的效标效度。

科斯塔和麦克雷(1992)通过将《NEO 人格问卷(修订版)》的得分与其他人格问卷得分进行相关分析，验证了《NEO 人格问卷(修订版)》的聚合效度和区分效度。正如所预测的，被试在神经质和外向性上的得分与《艾森克人格问卷》的神经质和外向性得分相关(Eysenck & Eysenck, 1975)。类似地，《NEO 人格问卷(修订版)》的某些维度与形容词检选表(Adjective Check List, ACL; Gough & Heilbrun, 1983)上相应的形容词反应相关。例如，"友好"与热情、温柔相关，而不与焦虑或成就动机相关。类似地，"梦想"与幻想有关，但不与开放性的任何构面相关。

最后，《NEO 人格问卷(修订版)》没有专门的问题或维度能够帮助识别受测者的反应定势(见下一部分)。科斯塔和麦克雷(1992)提醒道，如果受测者有超过 40 道题没有做，他们的分数可能是无效的。

表 4.7 大五人格的各因素结构

维度	N	E	O	A	C
神经质					
N1	**.81**	.02	−.01	−.01	−.10
N2	**.63**	−.03	.01	**−.48**	−.08
N3	**.80**	−.10	.02	−.03	−.26
N4	**.73**	−.18	−.09	.04	−.16
N5	**.49**	.35	.02	−.21	−.32
N6	**.70**	−.15	−.09	.04	−.38
外向性					
E1	−.12	**.66**	.18	.38	.13
E2	−.18	**.66**	.04	.07	−.03
E3	−.32	**.44**	.23	−.32	.32
E4	.04	**.54**	.16	−.27	**.42**
E5	.00	**.58**	.11	−.38	−.06
B6	−.04	**.74**	.19	.10	.10
开放性					
O1	.18	.18	**.58**	−.14	−.31
O2	.14	.04	**.73**	.17	.14
O3	.37	**.41**	**.50**	−.01	.12
O4	−.19	.22	**.57**	.04	−.04
O5	−.15	−.01	**.75**	−.09	.16
O6	−.13	.08	**.49**	−.07	−.15
宜人性					
A1	−.35	.22	.15	**.56**	.03
A2	−.03	−.15	−.11	**.68**	.24
A3	−.06	**.52**	−.05	**.55**	.27
A4	−.16	−.08	.00	**.77**	.01
A5	.19	−.12	−.18	**.59**	−.08
A6	.04	.27	.13	**.62**	.00
尽责性					
C1	**−.41**	.17	.13	.03	**.64**
C2	−.04	.06	−.19	.01	**.70**
C3	−.20	−.04	.01	.29	**.68**
C4	−.09	.23	.15	−.13	**.74**
C5	−.33	.17	−.08	.06	**.75**
C6	−.23	−.28	−.04	.22	**.57**

注：加粗为差异显著因素。
来源：Costa and McCrae(1992, Table 5, p.44). Costa, P.T., & McCrae, R.R.(1992). Revised NEO personality inventory(NEO-PI-R) and NEO five-factor inventory(NEO-FFI) professional manual. Odessa, FL：Psychological Assessment Resources。

《NEO 人格问卷（修订版）》有好的可推广性吗？

《NEO 人格问卷（修订版）》使用手册说明了本问卷适用于许多人群，包括成人和老年人、白种人和非白种人、男性和女性、高中或大学以上受教育水平者（Costa & McCrae, 1992）。该量表也可用于临床上，比如戒毒康复项目或心理治疗。对于这方面的用途，《NEO 人格问卷（修订版）》中有详细说明。《NEO 人格问卷（修订版）》被翻译成多种语言，并且看上去在其他文化背景下也是有效的（McCrae, 2002）。使用手册中还说明该问卷适用于成人，所以让不满 18 岁的青少年做这个测验是不合适的（Costa & McCrae, 1992）。

人格测验

现在我们知道了如何衡量一个好的测验，让我们进一步了解人格测验。你可以想象，可以有很多方式询问人们的性格问题，人们也可以有多种方式告诉我们他/她的回答。此外，关于人们如何对人格测验进行反应，背后有一整套研究，比如如何识别受测者仅仅是因为不在乎还是故意编造回答，使自己表现为某种样子。接下来，让我们来了解下常见的人格测验的类型和形式，以及人们的典型反应。

人格测验的类型和形式

心理学家通常将人格测验分为两种类型：自陈式测验和表现性测验，也一度称为客观测验和投射测验（Smith & Archer, 2008）。在自陈式测验中，受测者需要回答关于他们自己的问题。回答形式和问题风格会因为测验目的和研究者想要测量的概念不同而有所不同（Smith & Archer, 2008）。表现性测验使用非结构化的形式，受测者被要求对特定刺激进行反应，细节程度取决于他们自己，通常研究者会设定一些限制条件。因为这些测验中使用的刺激是非常模糊的，受测者必须将他们自己的意义、重要性、类型、感受、解释、关心或者世界观投射到刺激物上。个人世界的投射在回答中得以显现（Smith & Archer, 2008）。

自陈式测验 自陈式测验可能采用二选一量表（如是非题或对错题）或者李克特评分量表。李克特评分量表可能让受测者就某个维度进行 5 或 7 级评分，如赞同与否（如从"强烈不同意"到"强烈同意"）、赞同程度（如从"非常不赞同"到"非常赞同"）、相似程度（如"从不像我"到"像我"）、频率（如从"从不"到"总是"）（Simms & Watson, 2007, p.246）。其他反应形式包括检选、迫选、视觉模拟（Clark & Watson, 1995，见图 4.1）。

思考题

为什么表现性测验过去被叫作投射测验？

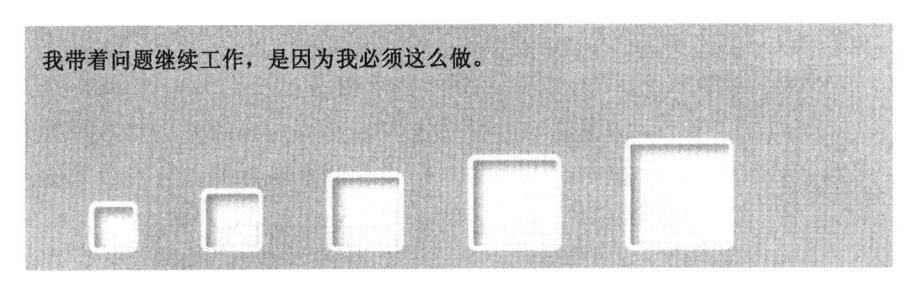

> 我带着问题继续工作，是因为我必须这么做。

图 4.1 《视觉模拟量表》(Visual analog scale)是测量儿童内在或外在动机的量表。测验实施者需口头跟儿童解释图中的方框是李克特五点量表的 1—5，分别代表"非常不像我"到"非常像我"。来源：Lepper Corpus, and Iyengar(2005, Figure 1, bottom, p.187). Lepper, M.R., Corpus, J.H., & Iyengar, S.S.(2005). Intrinsic and extrinsic motivational orientations in the classroom: Age differences and academic correlates. *Journal of Educational Psychology*, 97(2), 184—196. Copyright American Psychological Association. Reprinted with permission.

例如，在 ACL 中(Gough & Heilbrun, 1983)，受测者需要从 300 个形容词中选择最能够描述他们自己的形容词。根据受测者所选择词语的数量和类型，研究者将从以下分量表分析受测者的成就动机、主导性、自主性、自信、塑造性和创造力。ACL 的《创造性人格分量表》测量大学生的创造力(Gough, 1979；见表 4.8)。

表 4.8 《形容词检选量表之创造性人格分量表》

第一列	第二列	第一列	第二列
有才能的	易受影响的	兴趣广泛的	真诚的
聪明的	谨慎的	有创造力的	顺从的
自信的	普通的	独创的	多疑的
任性的	保守的	深思熟虑的	
幽默的	遵守惯例的	足智多谋的	
个人主义的	不满足的	自信的	
不拘礼节的	诚实的	性感的	
富有洞察力的	兴趣狭隘的	势力的	
智慧的	有礼貌的	不遵守惯例的	

注：将最能描述你的形容词圈出来。来源：Gough, H.G.(1979). A creative personality scale for the adjective checklist. *Journal of Personality and Social Psychology*, 37(8), 1398—1405. Copyright American Psychological Association. Reprinted with permission.

"回答人格问卷就像和一名匿名面试官谈话，人们通过回答问题来告诉面试官他们是谁，他们希望别人怎么看他们。"

来自心理学家 Robert Hogan, Joyce Hogan 和 Brent Robert 关于人格测验和雇主决策的文章(1996, p.470)。

迫选测验是让受测者在有限的选项中选择，而不是打分。迫选题可能是是非判断题，或者让受测者从两个描述中选择一个最适合自己的。使用迫选形式的人格测验包括我们将在第十章讨论的《心理控制点量表》(Locus of Control Scale，Rotter，1966)和《马基雅维里主义量表》(Machiavellianism Scale，Christie & Geis，1970；Geis，1978)。

《马基雅维里主义量表》是以尼科洛·马基雅维里(1469—1527)命名的，他是文艺复兴时期意大利佛罗伦萨的思想家和外交家。他写过一本《君主论》，阐述了君主获取和保持权力的方法原则。他认为大多数人都不够聪明，太容易相信别人，容易被他人所利用。人格心理学家理查德·克里斯蒂(Rchard Christie)和弗洛伦斯·盖斯(Florence Geis)从《君主论》中挑选一些观点，编制了一个测量马基雅维里主义的迫选量表，用于测量个体在多大程度上相信他人是可以被操控的(Christie & Geis，1970)。

正如从表4.9中看到的那样，《马基雅维里主义量表》的测试项涉及交际手腕类型、对人性的看法，以及道德观念(Wrightsman，1991)。最初，该量表是李克特五点评分量表，后来克里斯蒂和盖斯为了控制社会期望效应(social desirability)将其修改为迫选形式。相关研究表明，《马基雅维里主义量表》得分高的人，即高马氏分者(High Machs)并不是比低马氏分者更有敌意、更邪恶或报复心更强，只是他们在处理人际问题、情感问题或令人尴尬的事情时更冷静、投入度更低。

表4.9 马基雅维里主义：《马氏量表第五分量表——态度问卷》的测试项样例

请阅读每道测题中的三个陈述。选择其中最符合或最接近你想法的陈述，并在该陈述后面的"＋"号上画圈。

然后在剩下的两个陈述中选择最不符合你的想法的陈述，在该陈述后面的"－"号上画圈。

你需要在每道题的三个陈述中圈出两个陈述，一个是带"＋"号的，代表最符合你的陈述；另一个是带"－"号的，代表最不符合你的陈述。剩下一个陈述不用圈。

		陈 述	最符合	最不符合
1	A	做一个成功的罪犯比做成功的商人更需要想象力。	＋	－
	B	"通往地狱的路是由善意铺就的"这句话很有道理。	＋	－
	C	大多数人更容易忘记父亲的去世，而不是失去的财产。	＋	－
2	A	男人更在意他们开什么车，而不是妻子穿什么衣服。	＋	－
	B	培养儿童的想象力和创造力非常重要。	＋	－
	C	那些忍受不治之症痛苦的人应该有权选择安乐死。	＋	－
3	A	不要告诉任何人你做某事的真正原因，除非你另有目的。	＋	－
	B	保证他人的利益是优先于任何事情的首要目的。	＋	－
	C	真正聪明的人一旦决定了解决某个问题的方案，他几乎不会再思考这个问题了。	＋	－
4	A	人们变得懒惰又自我放纵，这对国家不好。	＋	－
	B	控制他人的办法就是说出他们想听的话。	＋	－
	C	如果人们对他人友善些，少抱些侥幸心理，那将是好事。	＋	－

来源：Adapted from Geis(1978, Table II-4, pp.22—25). Geis, F.L.(1978). Machiavellianism. In H.London & J.Exner(Eds.), Dimensions of personality(pp.285—313). New York, NY：Wiley.

"骗子总是能够找到那些容易上当受骗的人。"

尼科洛·马基雅维里 89

表现性测验 表现性测验，比如《罗夏墨迹测验》(Rorschach, 1921)和《主题统觉测验》(Thematic Apperception Test, TAT; Morgan & Murray, 1935)，通常用于临床或法院；然而，表现性测验的有效性遭到过严重质疑(Lilienfeld, Wood, & Garb, 2000)。有些改编自《罗夏墨迹测验》或《主题统觉测验》的量表在特定情境下是有效的，但其他很多测验确实存在不少问题。

常见有五种投射技术(Lindzey, 1959; Morgan & Murray, 1935)：

1. 联想技术（如词汇联想；《罗夏墨迹测验》）
2. 构想技术（如画人测验；《主题统觉测验》）
3. 完形技术（如《句子完形测验》）
4. 刺激选择或重排技术（如选出你最喜欢的颜色、图片或其他刺激）
5. 表演技术（如编排一个布娃娃或玩偶剧、艺术创作）

人格心理学家用《主题统觉测验》来测量个体的动机，包括归属需求、权力需求，最常见的是成就动机(McClelland, Atkinson, Clark, & Lowell, 1953)。受测者观看一幅图画，然后编写一个故事。这个故事将被编码成能够反映成就动机的某些成分。

例如，看下面的图片。一个具有高成就动机的人可能编出一个这样的故事：

自陈测验被大量用于人员甄选和配置中

我将画中的男孩叫作吉米，他因为在学校得了A，刚刚兴奋地跑回了家。他告诉父母长大以后要做一名医生，照顾镇上每一个生病的人。他将闻名于世，成为世界上最好的医生。他父亲说吉米很乐观，将来一定会成为了不起的人。然后吉米问爸爸妈妈，作为在学校表现优异的奖赏，他现在是否可以尝试大孩子的家务活。"我知道我能做到，只是需要你们给我机会去尝试"，吉米补充道。他父母对他说，像饲养动物这样的活对他来说太危险了，或许他可以尝试做点别的什么。吉米说没有问题，然后出去坐在牲口棚门口，想着他将来一辈子能做的美妙的事，他甚至想做一名宇航员。这就是你在画中所看到的情景，他在想他能做的事情和想做的事情，并且他知道有一天他一定能够做到。

这幅画最初由美国画家马里昂·波斯特·沃尔科特(Marion Post Wolcott, 1910—1990)所画，亨利·穆雷(Henry Murray)将其进行了改编，作为《主题统觉测验》的一张卡片。

自测题

为上面这幅画编写一个故事。画中男孩是谁？他在做什么？他是如何到这里的？接下来会发生什么？

这个故事是由一个大学生写的，故事中包含了高标准、不寻常的成就、坚持、走向成功的障碍等主题，这些主题反映了非常高的成就动机(McClelland et al., 1953)。

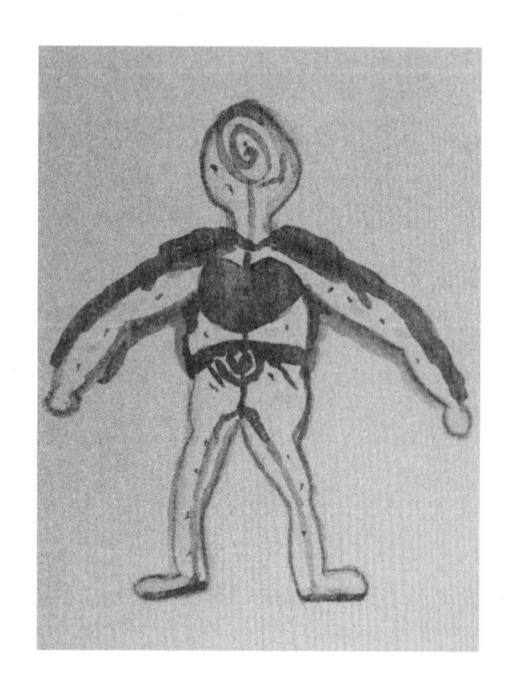

画人测验的变异。一个 48 岁的癌症康复者的自画像，画中描述了她身体哪里以及如何感受痛苦和健康。她的腹部和脚忍受疼痛，心里感到焦虑和痛苦，肩上承担责任。当她心里感受到爱时，她感到健康。

类似的,《古哈二氏画人测验》(Goodenough-Harris Draw-A-Person,DAP)可能根据画作所呈现或缺失的某种元素来进行解释(如眼睛的大小可能暗示是否有妄想症;缺少面孔可能暗示抑郁)。所画的人物形象代表了受测者的自我形象(Machover,1946)。另有研究者开发了详细的评分指南,主要依据画的细节程度(Koppitz,1968)。画的完整性和符号的运用在有效性方面存在差异(Lilienfeld et al.,2000)。上面的图画是DAP的变种,是一个心理治疗艺术家用于治疗癌症幸存者的。

反应定势

自陈式测验和表现性测验各有利弊。自陈式测验能够为我们提供数量大得惊人的信息,包括人们的思想和经历的各个方面。自陈式测验也相对容易实施和计分。事实上,对于某些人格维度,如幸福感、价值观和人生目标,自陈式测验可能是唯一的测量方法(Paulhus & Vazire,2007)。

然而,自陈式测验也有一些被人诟病的地方。对于自己的技能、专长或知识,本人可能不是最好的评价者,人们通常会过高评价自己的表现(Dunning et al.,2004)。不幸的是,人们也可能希望自己表现为某种样子,或以某种方式回答问题,这都可能使测验效度受影响(Paulhus & Vazire,2007)。例如,有些人可能在回答问题时使自己表现得比真实情况更好,即**伪装好**(faking good),如表现得比实际状况更健康、更胜任或更有经验。另一些人可能会使自己表现得更差,即**伪装坏劣**(faking bad),如表现得不能胜任或需要特别治疗。在诊断和治疗的临床情境中伪装可能比在工作招聘和人才评鉴中的伪装带来更多问题(Tett et al.,2006)。幸运的是,岗位申请者有意伪装的可能性很低(Hough,Eaton,Dunnette,Kamp,& McCloy,1990)。

思考题

什么时候人们可能会伪装好?什么时候可能会伪装坏劣?

有些人可能会将自己往好的方向描述,将自己描述得比实际情况更富有合作精神、更受人欢迎、更善于社交,不承认那些令人厌恶的、却反映人类本性的东西,如喜欢八卦、性冲动。心理学家将这种现象称为社会期望反应(socially desirable responding)。另一些人可能会调整到同意任何陈述的反应定势,进入一种"说是"(yea-saying)或顺从反应(acquiescent responding)的状态。相反,有些人可能不同意任何说法,进入一种"说不"(nay-saying)或抗拒反应(reactant responding)的状态(Paulhus & Vazire,2007)。

有些人可能进入一种极端反应(extreme responding)状态。他们避免选择问卷中的中间选项,而是选择极端值,如选择量表中的1分或5分。有些人可能进入一种**中庸反应**(moderate responding)的状态,经常选择问卷中的中间选项。

还有些人可能存在**定式反应**(patterned responding)。他们的答案呈现某种物理规律，如1-2-3-4-5-4-3-2-1或者全部选3。还有一些常见的粗心引发的错误，如忘记回答某道题，忘记翻页了，或将某道题的答案填错了，导致所有答案都对应错了。

当人们做自陈式量表时出现特定的反应趋势时——无论是有意的还是无意的——心理学家称之为**反应定势**（response sets）或**无效反应**（noncontent responding）。反应定势可能导致错误结果（Cronbach，1947，1950）。"说是"者可能会人为地抬高分数，而"说不"者可能会人为地降低分数。设想一下有一份询问过去一周焦虑经历的焦虑问卷，如果一个人获得很高分数，有可能他/她真的很焦虑，也可能因为他/她是一个"说是"者。

反应定势在不同文化中是不同的。有研究发现，相对于日本人和中国人，印度人和美国人更有可能出现极端反应，这种倾向与个人主义有关（Chen，Lee，& Stevenson，1995）。亚洲学生更可能出现中庸反应。尽管文化与反应定势相关，但是反应定势不足以解释个人主义—集体主义得分的文化差异。你可以想象，北美被试比亚洲文化的被试表现出更多的个人主义。

测验设计者想出了多种办法识别和减弱反应定势。例如，设计者可能引入这样的问题，如"我很幸福"和完全相反的"我不幸福"，以发现顺从反应者和抗拒反应者。控制顺从和抗拒反应定势的一个好方法是，一半测项用肯定形式陈述，另一半用否定形式，这样得高分者意味着存在顺从定势；得低分者意味着存在抗拒反应（Paulhus & Vazire，2007）。部分测项反向计分可防止个体仅仅通过全部回答"是"或"否"而得到高分（Wiggins，1973）。

为了识别反应定势，研究者可能设计电脑程序以识别某种模式。有时候，研究者会插入极其罕见的测题以检验受测者是否存在反应模式或随机反应。比如，人们几乎不可能赞同他/她出生在帕格岛（Pago-Pago），或者他/她最近刚做了一个肝脏移植手术这样的陈述（Paulhus & Vazire，2007）。尽管这些罕见的陈述在**低频量表**（infrequency scale）上可能是真实的，但是如果受测者对一系列这类问题的回答都是肯定的，那他/她的回答就很可疑。这样的问卷通常被称为测谎问卷，它旨在识别谁在撒谎。

为了解决极端反应的问题，以《Q分类测验》（Block，1961）为例，该测验限制了受测者使用每一种回答的次数（Paulhus & Vazire，2007）。该测验的100道测题被列在小卡片上，包括"我是健谈的人"、"我行事冷静、放松"和"人生没有意义"等。

受测者必须将所有卡片归入9叠中的一叠，相当于一个9级评分量表，每一叠代表该类陈述与自己的相似程度。然而，受测者必须将特定数量的卡片归入每一叠中。例如，受测者必须选择5张最符合自己特质的卡片（第9叠）和5张最不符合自己特质的卡片（第1叠），选择18张放入中间这叠（第5叠），代表该类卡片既不符合自己的特质也不与自己的特质相冲突。这种迫选形式使受测者使用了所有维度，并且避免了多种反应定势，包括极端反应、中庸反应、顺从反应或抗拒反应。

思考题

面对受测者的无效反应，研究者应该做什么？

思考题

为什么反应定势因文化而异?

思考题

面对测谎量表得高分者,研究者应该做什么?

社会期望效应更难控制一些。有时候,研究者会采用迫选形式,通过呈现两个差不多好的陈述,使受测者更容易给出真实的回答,而不是选择那个使他们看上去比实际情况更好的回答(Paulhus,1991)。还有一个方法是让受测者做一个测量社会期望的量表,并用该量表获得的分数进行统计控制,从而控制社会期望效应(Paulhus,1991)。

《Crowne-Marlow 社会期望量表》(Crowne & Marlow,1960)就是采用这种方法。正如表 4.10 所示,如果完全坦诚,大多数人都会承认他们曾经极其不喜欢某人或曾经易怒。然而,有些人很难承认自己有这些符合人类本性的行为。这类人将在《Crowne-Marlow 社会期望量表》中得分很高,并且可能在任何人格问卷中以社会期望的方式作答。

表 4.10　《Crowne-Marlow 社会期望量表》的测项样例

1. 投票之前,我会仔细调查所有候选人的胜任资格。
2. 我会毫不犹豫地排除万难帮助有困难的人。
3.* 如果没有得到鼓励,有时候我很难继续工作。
4. 我从来没有强烈讨厌过任何人。
5.* 有时候我喜欢八卦。
6.* 有时候,当不能按自己的方式做事时,我会感到憎恨。

注:候选人在每道题上回答正确或错误。带 * 号的测项反向计分。整个测验包含 33 道题。
来源:Crowne, D.P., & Marlow, D.(1960). A new scale of social desirability independent of psychopathology. *Journal of Consulting Psychology*, 24(4), 349—354。

另一种控制社会期望效应的方法是创造一个没有压力的测验情境,让受测者觉得没有必要伪装得好(Paulhus,1991)。如向受测者保证他们的回答是不记名的,在空间上将受测者隔离开来,或者让受测者将他们的回答用信封封起来,在走出考场时将其放入一个箱子中。有时候,可以让问题以更合理的方式呈现,使受测者觉得给出真实回答时感到舒服。

最后,有些研究者认为社会期望是印象管理的一种类型,应该被视作人格差异的一种,而不是作为一种反应定势去避免或控制它(Uzeil,2010)。

思考题

社会期望效应如何使候选人的反应无效?

人格测验与甄选

心理评鉴可以在商业世界发挥很大作用。特别是人格测验能被用于甄选、培训和绩效管理(Barrick & Mount, 1991; Borman, Hanson, & Hedge, 1997; Hogan et al., 1996; Rothstein & Goffin, 2006)。

当心理学家询问一个测验是否有效时,他们会看测验的信度和效度:这个测验能提供一致的结果吗?这个测验能预测真实世界中的某个标准吗?雇主同样需要知道这些信息,但他们会问不一样的问题。根据霍根等的研究(Hogan et al., 1996),商务人士想知道:

这个测验在我们行业用过吗?

××岗位用过这个测验吗?

这个测验能够识别在××岗位表现好的员工吗?

这个测验在我们公司适用吗?(p.472)

在招聘情境中运用人格测验,我们必须非常小心。尽管我们不能预测某个员工哪天会旷工,比如下周二是否会旷工,但是我们的确能够预测具有某种特质的人可能的平均旷工率或者其他工作行为(Barrick & Mount, 1991; Hogan et al., 1996)。例如,经验开放程度能够很好地预测个体对培训的接受程度,尽责性能够预测多个绩效指标,包括拖延和旷工(Barrick & Mount, 1991)。友好程度、礼貌性、反应性和可信赖程度——宜人性、情绪稳定性和尽责性——能够预测个体能够在客户服务岗位上成功(Frei & McDaniel, 1998)。

为岗位找到合适的候选人,每年能为企业节省十几万美元。根据某行业专家介绍,招聘和培训一个新员工的费用,包括生产力损失,等于一个员工一年薪水的150%(Gale, 2002)。一个拥有1 000名员工的公司,假设离职率为10%,如果每个员工的平均薪资为5万美元,每年因离职造成的损失将达到750万美元。

研究者积极尝试如何将人格与技能进行最佳匹配,从而预测重要岗位的产出(Bartram, 2005; Borman et al., 1997)。这些产出包括:生产力、销售额、离职率、服务年限、旷工率、事故率、偷盗以及员工与企业的适配性。全球越来越多的雇主正在寻找最大化结果导向的人事管理,包括领导力与决策,支持与合作,互动与演讲,分析与解释,创造与概念化,组织与执行,适应与处理,事业心与绩效(Bartram, 2005)。

思考题

用人格测验雇用或解雇员工公平吗?为什么公平或不公平?

根据2001年的一项调查,接近三分之一的雇主使用某种形式的心理测验作为招聘的一个环节(工业与组织心理协会,Society for Industrial and Organizational Psychology,

人格测验是许多行业甄选员工的重要环节,这些行业包括对外服务、执法部门、民航,甚至某些医学院。

2010),包括心理和生理能力测验、成就测验、兴趣测验、工作和生活价值观测验,以及人格测验(美国劳工与培训管理局,U.S. Department of Labor Employment and Training Administration,2006)。

表 4.11　有多少美国公司在招聘中使用测验?使用测验的雇主百分比……

测验候选人的基本语言或算术能力	41%
使用各种类型的工作技能测验	68
使用一种或多种类型的心理测量或评鉴	29
使用认知能力测验	20
使用兴趣问卷	8
使用某种形式的管理能力评鉴	14
使用人格测验	13
使用工作任务情景模拟	10

注:资料来自 2001 年的一项调查,当时调查了 1 627 名人力资源部经理,他们都是美国管理协会(American Management Association)的会员。
来源:Society for Industrial and Organizational Psychology(2010)。

2006 年的一个调查发现,大约 20%的财富 1 000 强公司都使用某种形式的人格测验(Piotrowski & Armstrong,2006)。进一步,28.5%的公司会根据诚信正直得分剔除候选人,22%的公司因潜在暴力剔除候选人。调查还发现,商务人士使用人格测验以提高员工匹配度,降低离职率。事实上,有些公司报告自从使用了人格测验,离职率的下降了 20%至 70%(Rothstein,& Goffin,2006)。一项有来自 7 家公司 3 800 名各行各业、不同岗位的员工参与的调查发现,拥有以下人格特质的人成为敬业和高生产力员工的概率要比不具有这些特质的人高出 14 倍。这些特质包括适应性、工作热情、情绪成熟、积极乐观、有自我效能感、有成就导向(Development Dimensions International Inc.，2005)。

随着理论的完善、测验方法的科学性以及有效性的提高(Ones, Dilchert, Viswesvaran, & Judge, 2007; Rothstein & Goffin, 2006)，雇用前的人格测验的运用变得越来越广泛(Rothstein & Goffin, 2006)。符合本章所讨论的有着良好测验原则的人格测验能够帮助预测工作绩效、增强招聘和人事决策的公平性(Hogan et al., 1996)。

雇主可以通过人格测验来淘汰边缘候选人或者识别额外候选人。在任何情况下，雇主所使用的测验都必须具有效标效度——无论是识别知识、态度、工作技能还是人格(Hogan et al., 1996)。

当公司有大量岗位需要批量甄别候选人，或者需要长期固定招聘时，他们可能会简化招聘流程。在这种情况下，雇主首先将有问题的候选人剔除，他们可能通过测量识别那些发生过事故、经常旷工的、离职率高的或有其他反生产行为的人(counterproductive work behaviors)(Hogan et al., 1996)。如科罗拉多州的新视野计算机学习中心(New Horizons Computer Learning Centers)是一个小型软件培训公司，他们通过让候选人做一个在线测验来挑选出精通网络知识的候选人。如果候选人不能在网络上畅游，新视野公司从过去的经验知道，这样的人不适合他们公司。通过这种方法，新视野公司的招聘人员能够将更多的精力放在面试那些最可能成功的候选人身上(Gale, 2002)。

然而，如果一个公司需要为几个岗位挑选少量候选人，它的目的是甄别优秀的候选人，而不是淘汰边缘候选人。在这种情况下，公司可能需要通过人格测验识别那些与岗位的心理素质要求最匹配的候选人(Hogan et al., 1996)。例如，申请销售岗位的人应该是外向的、有野心的(Deb, 1983; Oda, 1983)，而申请客户服务岗位的人应该是友好的、追求稳定的、人际依赖的、在大五人格的宜人性、情绪稳定性和尽责性三个维度上得分高的(Frei & McDaniel, 1998)。

互联网巨擘谷歌公司因其创新的招聘而闻名，他们旨在招募最优秀的程序员、工程师和数学家。2004年，一个神秘的广告出现在马萨诸塞州的剑桥、哈佛广场、硅谷的加利福尼亚高速路上。一个广告牌上简单地写着"e中出现的前10个数字组成的质数.com"。(NPR, 2004)这个广告实际上是招聘广告，但因为上面没有任何公司标志，人们根本不知道他们看到的是世界上最大、最负盛名的科技公司的招聘广告。任何人都可以尝试，但是只有最符合条件的人才能够解开这两道数学难题，从而找到正确的网址和密码(图见下页)从而看到整个招聘广告并申请职位。

> Congratulations. You've made it to level 2. Go to www.Linux.org and enter Bobsyouruncle as the login and the answer to this equation as the password.
>
> $f(1) = 7182818284$
> $f(2) = 8182845904$
> $f(3) = 8747135266$
> $f(4) = 7427466391$
> $f(5) = \underline{\qquad}$

这个神秘的广告牌指向另一个数学难题，最后指向一个网址……来源：Vox(2004)。

正直测验

据估算,全球每年因员工偷窃造成的损失高达一千亿美元(Sauser, 2007)。因此,有近三分之一的雇主使用某种形式的正直测验(integrity testing)就一点也不奇怪了(Berry, Sackett, & Wiemann, 2007; Ones, Viswesvaran, & Schmidt, 1993; Sackett, Burris, & Callahan, 1989; Sackett & Wanek, 1996)。雇主测量岗位申请者的诚实正直性,以判断他们是否可能偷窃或做假。"强烈的道德立场对我们行业极其关键",一位伦道夫布鲁克斯联邦信贷联盟(Randolph-Brooks Federal Credit Union)的高级人事专员说道,"这些报告员掌控着他人的钱财"(Gale, 2002)。

有两类正直测验:外显的正直测验和基于人格的正直测验(Sackett et al., 1989)。在**外显正直测验**或**目的明显的正直测验**中,候选人知道测验的目的是了解他们的正直诚实性。外显测验通常由两部分组成,第一部分直接测量受测者对不诚实行为的态度(如"你认为把办公室的笔和信封拿回家对吗?""你认为在什么情况下偷老板的东西是可以接受的?"),第二部分询问受测者对偷盗或其他不合法行为的看法,如对药物滥用和赌博的看法(如"你在工作之前使用药物的频率如何?""你的汽车保险失效的频率如何?")。回答这类外显问题,候选人很容易编造答案获得好印象或伪装成好的(Berry et al., 2007)。

一个更巧妙的测量正直性的方法是使用**目的隐蔽的正直测验**,如用人格测验来测量候选人与下列行为相关的特质,这些行为包括原则性问题、工作暴力、旷工、拖延、药物滥用和偷盗。一些人格维度能够预测上述阻碍生产力的行为,如可靠性、尽责性、适应性、可信任度和社交性(Ones et al., 1993)。

他们最终得到了申请谷歌工作的机会。来源:Vox(2004)。

思考题

使用目的隐蔽的正直测验道德吗?使用外显的正直测验更道德吗?为什么?

成功案例

心理学家研究了很多类型组织的人格测验，这些组织包括对外服务组织（Thayer, 1973; Wiggins, 1973）、执法部门（Bernstein, 1980; Hargrave & Hiatt, 1989）、民航（Butcher, 1994; Hörmann & Maschke, 1996），甚至医学院（Hojat, Callahan, Gonnella, 2004; Lumsden, Bore, Millar, Jack, & Powis, 2005; Tyssen et al., 2007; Urlings-Strop, Stijnen, Themmen, & Splinter, 2009）。理想情况下，雇用前测验应该首先建立优秀员工的标准，这可以通过评估所有员工和识别高绩效员工的特质来建立。一旦评鉴的效标效度建立，雇主可以使用测验来甄选未来的雇员。许多公司都有这样的胜任力模型，如酒店、零售商、杂货商、像阿尔伯特森店这样的杂货零售商（Albertson's）以及尼曼马库斯（Nerman Marcus）这样的高端百货商店（Cha, 2005）。

这正是澳派牛排（Outback Steakhous）所做的，澳派牛排以其有趣、友好和良好的环境而闻名。在一个行业年度平均离职率高达200%的行业，我们很好奇澳派牛排是如何将离职率控制在40%—60%的，而其员工数量高达45 000人。澳派成功的关键是雇用合适的人，这得益于为客户定制的人格测验。首先，澳派对所有服务人员进行了人格测验，并识别出关键人格特质，如将同理心、适应性、合群、爱社交和细心谨慎这些特质定为澳派服务人员的典型特质。然后，在招聘新员工时，作为三轮面试的一部分，候选人要参加一个人格测验，那些不适合这个模型的候选人，如那些同情心和主动性没有达标的候选人将不予考虑（Gale, 2002）。

即使是环球演播室好莱坞主题公园也是认真对待其娱乐事业（Cha, 2005）。聘用方让岗位候选人参加一项为时50分钟的在线人格测验，并根据得分将其分为三组。在客户服务维度上被划为绿色范围的候选人有83%的录取几率，黄色范围有16%的几率，而红色范围只有1%的几率。接下来，环球演播室会面试所有候选人，以防止测验有失误，但是招聘专员内森·贾尔斯（Nathan Giles）解释道，测验几乎从来没发生过差错。主要得益于更明智的招聘决策，环球演播室的客户服务和员工留任率很高，而偷窃和旷工率很低（Cha, 2005）。

然而，这些雇用前测验遭到很多质疑。比如，招聘淘汰测验的信度和效度不允许公众进行检验。同时，被拒绝的心怀不满的候选人将测验答案贴到到网站上也影响了测验的效度。甚至有一个脸书网页反对那些设计和实施人格测验的公司，认为人格测验使工作场所非人性化！这些问题引发了对于雇用前测验的合法性的讨论。

思考题

雇用前测验对岗位申请者不人性吗？为什么是？为什么不是？

法律问题

美国联邦政府建立了一整套的统一指导条例，以确保员工甄选符合联邦法律，禁止种族、肤色、宗教信仰、性别或国籍的歧视，如公平就业法（Equal Employment Opportunity Comminsion）、公民服务法（Civil Service Commission）、劳工组织（Department of Labor）、公平组织（Department of Justice）(1978)。根据这些法律，只要不存在对弱势群体完全不同的对待，人格测验就是合法的。雇主必须建立结构效度，以证明他们的测验只预测与工作任务或胜任素质相关的特质。例如，雇主必须证明高水平的数学测验是用来预测工程师能否胜任的，从而甄别员工。这正是谷歌在发布那个神秘的广告牌之前所做的。

人格测验可能被用来甄选雇员。只要有证据证明雇用前人格测验旨在识别对实现某岗位高绩效非常重要的特质，这个测验就是合法的。例如，一家欧洲航空公司发现，相对那些被解雇的、降级的或在过去三年有问题的飞行员，成功的飞行员往往在攻击性（没耐心、冲动、怀疑）、神经质、同理心（对他人不幸的同情、热心肠）方面得分低，而在活力（热衷运动、精力充沛的、寻找生理挑战）方面得分高（Hörmann & Maschke，1996）。

研究发现，雇用前正直测验是有效的、有用的。根据一项涉及665项测验的元分析研究结果，正直测验的确能够预测谁可能出现阻碍生产力的行为（Ones et al.，1993，2007）。正直测验能够预测管理者对员工工作绩效的评分、旷工、拖延；以及自律问题如偷窃、因偷窃被解雇或其他违法活动（Ones et al.，1993）。至少，这类测验提醒候选人潜在的雇主在意工作场合的偷窃和不诚实行为（Wanek，1999）。正直测验能够预测与工作相关的阻碍生产力的行为，因此是合法的。

自测题

你曾经参加过作为工作面试的测验吗？是测验技能、人格还是正直或者其他什么？

日常生活中的人格：
工作面试中可能会问哪些问题？

几岁了？结婚了吗？怀孕了吗？是美国公民吗？你的祖辈来自哪里？你的母语是什么？你有生理残疾吗？你使用处方药吗？你抽烟喝酒多吗？在工作面试中，潜在雇主可能会诱导你回答上述任何问题。然而，这些问题可能因触犯了隐私法、公平就业法或者美国残疾人法而成为工作面试中的非法问题。人格测验合法吗？

例如，根据美国残疾人法，雇主不能问候选人有关身体残疾的问题，或者在招聘中做医学检查。根据该法律，雇主不能使用临床测验，如抑郁测验或MMPI这些能够诊断精神疾病的测验，也不能据此拒绝候选人。然而，雇主可以使用非临床测验，事实上也有很多雇主在使用如大五人格或其他人格测验。

临床测验因其带有精神健康或医学信息的特征而触犯了隐私法，与此不同，结构良好的人格测验因其适用于正常人群，实际上可以帮助残疾人、弱势群体，或其他容易因宗教信仰、年龄、性别、残疾或其他特质（如相貌或体重）而被歧视的人群（Hogan, et al., 1996）。人格测验因其匿名性，对于那些在面对面测验中可能表现不好的人来说，他们有可能通过测验证明自己能够胜任。

此外，人们有权利在招聘测验中保护隐私，除非雇主有充分的证据证明某个岗位候选人的工作将威胁到公众安全，才非得进行人格测验，即通过建立效标效度。这时候，雇主必须权衡候选人保护隐私的需求和他们雇用合适的人以避免威胁公众安全的需求（Hogan et al., 1996）。

那么，如果你被问到上述问题或者被要求参加正直测验或人格测验，你应该怎么做？你可以问面试官，这个问题或人格测验与岗位要求有什么关系（Teeves, 2009）。通常，当无意中被问到合法性问题时，面试官很少表现友好。作为人格心理学的学生，了解评鉴和人格测验的相关知识，能使你成为更精明的岗位候选人。

外显地筛选对岗位成功至关重要的特质，这个做法是合法的。什么特质的人能成为一名优秀的服务员？

霍根等（1996）提醒道，尽管人格测验——当正确使用的时候——是合适的，但是雇主应该同时参考其他信息，如技能、工作经验、学习能力。仅仅依赖人格测验做招聘决策可能会被误导。一位伦道夫布鲁克斯联邦信贷联盟的高级人事专员解释道，她在面试时会跟候选人澄清一些模糊的答案。因为很多候选人刚刚走出校门，他们可能不了解职场的恰当行为。与他们聊天可能可以澄清误解（Gale, 2002）。

过去和现在：人格评鉴与婚配

什么样的特质能够成就幸福的婚姻？早在1939年，心理学家乔治·W·克兰（George W.Crane）就设计了《婚姻评定量表》（Marital Rating Scale），供夫妻对他们的婚姻给以反馈（Joyce & Baker, 2008）。丈夫或妻子将做这个测验（见图4.2）并评定妻子的行为。妻子根据她们做了或没做某事而计分（"优点"或"缺点"）。

例如，说粗话或言语伤害将得5分"缺点"，而"对婚姻关系给予愉悦和开心的反应"将得到10分"优点"。优点和缺点的数量将予以累加，最终妻子将得到一个从"非常糟糕（失败）"到"非常优秀"的分数。（哎呀，我们不知道，如果克兰开发了评定丈夫的量表，那将是怎么样的。）

克兰从一开始就足够科学，他采访了600位丈夫来了解他们妻子所具有的特质。他将提及频率最高的50个积极和消极品质编成问卷。然而，每道测项的计分权重以及哪个特质对婚姻成功至关重要，取决于克兰的个人主观看法。

克兰继续揭示科学婚姻的基础，1957年他宣称使用心理测验原则促成了超过5 000对夫妻。男士和女士先填写表格，然后用早期电脑对他们是否合适进行匹配。

当今的性别角色和人们期望的配偶特质已经与克兰所在的时代不同了——在今天的心理学家看来，克兰的问卷是陈旧的、可笑的——但是现在通过心理测验来看人们是否匹配比过去更流行了。随着在线相亲服务的发展，包括Match.com、ScientificMatch.com、PerfectMatch.com、Chemistry.com和eHarmony.com，这些网站都使用某种形式的人格测验。

例如，eHarmony公开地根据态度、信仰、兴趣、休闲活动和人格（包括稳定性、社交性以及对亲密的需求）进行配对，他们使用一个超过400道题的问卷。事实上，他们建立了一个模型，并采用了因素分析、回归分析和判别分析来预测配偶的匹配度，其目的是最大程度地提高匹配度，在关键特质上最大程度地减少差异（Carter & Snow, 2004）。事实上，只有eHarmony拥有专利的在线匹配系统（美国专利号6735568；Houran, Lange, Rentfrow & Bruckner, 2004）。

"相似性就像银行的钱"，eHarmony的创始人尼尔·克拉克·沃伦（Neil Clark Warren）说，"差异就像你欠的款。有一点差异没关系，只要你账户上有足够的存款。"（Gotlieb, 2006, p.60）

> "如果你不问，你永远也不会知道。所以我们有成千上万关于能力的问题，关于兴趣的更多。只要是测量过的任何一个人格维度，我们都会全面测量。"
> eHarmony研发中心发言人Galen Buckwalter，发表在Gottlied(2006, p.60)

唯一一项公开发表的评价在线相亲网站的研究发现（这个研究碰巧是eHarmony做的），通过eHarmony配对成功的夫妻比非eHarmnoy配对的有更强的幸福感、更乐观、更遵守承诺，总体而言婚姻更成功（Carter & Snow, 2004）。

尽管用来判断婚配是否成功的测验《婚姻适应量表》（Dyadic Adjustment Scale, Spanier,

1976)是有效的,但有人质疑在该量表上得高分是否意味着更好的婚姻。也有人质疑这个量表能够判断婚姻成功与否,或者它是否适用不同年龄范围的人(Houran et al., 2004)。

最后,用来比较婚姻成败的两组人,在年龄、教育水平、收入、动机和其他变量上有所不同(Houran et al., 2004)。比如,在 eHarmony 上认识的夫妻有更强烈的动机,想要看到自己婚姻成功,毕竟他们通过一个在线相亲服务认识,而这个组织承诺婚姻成功将发放一笔巨额费用。

eHarmony 的故事告诉我们,好的研究设计和好的测验的原则——效度、信度和可推广性——是测验最好的伙伴。用沃伦的话说,"每天有 12 000 位新人做一个 436 道题的问卷……我们获得的数据比过去几千年还要多"。

MARITAL RATING SCALE
WIFE'S CHART
George W. Crane, Ph.D., M.D.
(Copyright 1939)

In computing the score, check the various items under DEMERITS which fit the wife, and add the total. Each item counts one point unless specifically weighted as in the parentheses. Then check the items under MERITS which apply; now subtract the DEMERIT score from the MERIT score. The result is the wife's raw score. Interpret it according to this table:

RAW SCORES	INTERPRETATION
0—24	Very Poor (Failures)
25—41	Poor
42—58	Average
59—75	Superior
76 and up	Very Superior

DEMERITS		MERITS	
1. Slow in coming to bed—delays till husband is almost asleep.		1. A good hostess—even to unexpected guests.	
2. Doesn't like children.	(5)	2. Has meals on time.	
3. Fails to sew on buttons or darn socks regularly.		3. Can carry on an interesting conversation.	
4. Wears soiled or ragged dresses and aprons around the house.		4. Can play a musical instrument, as piano, violin, etc.	
5. Wears red nail polish.		5. Dresses for breakfast.	
6. Often late for appointments.	(5)	6. Neat housekeeper—tidy and clean.	
7. Seams in hose often crooked.		7. Personally puts children to bed.	
8. Goes to bed with curlers on her hair or much face cream.		8. Never goes to bed angry, always makes up first.	(5)
9. Puts her cold feet on husband at night to warm them.		9. Asks husband's opinions regarding important decisions and purchases.	
10. Is a back seat driver.		10. Good sense of humor—jolly and gay.	
11. Flirts with other men at parties or in restaurants.	(5)	11. Religious—sends children to church or Sunday school and goes herself.	(10)
12. Is suspicious and jealous.	(5)	12. Lets husband sleep late on Sunday and holidays.	

图 4.2 《婚姻评定量表》的封面。来源:Joyce and Baker(2008, Figure 1, p.144)。

婚配：即使是在线相亲服务，也使用人格评鉴来进行配对。

本章小结

本章我们学习了很多关于人格测验的知识，包括什么是好的人格测验，人格测验的类型和形式，反应定势，人格测验的多种用途。

正规人格测验和你在网上找到的供人娱乐的人格测验最大的区别在于，正规人格测验是经过验证具有良好信度、效度和有限的可推广度的。而虚假的人格测验通常利用巴纳姆陈述愚弄大众，使人们相信它准确地测量了人格。

测验，如同任何好的测量工具，如手表，必须具有信度，能够就某个理论概念给出一致的结果。一个拥有良好信度的测验能够给出跨时间（时间信度、重测信度）、跨测试项（内部一致性信度：平行测验信度、分半信度、科隆巴赫阿尔法系数）和跨评分者信度（不同评分者一致性）。

一个有效的测验必须具有结构效度，即必须依据某个理论，或能够预测某个外部标准（比如某种结果或行为）（效标效度）。测验能够看出或看不出它在测量什么（表面效度），但是如果受测者觉得某个测验合理或表面效度高，他们可能有更强的动机回答问题。

人格测验的分数应该与其他类似测验的分数相关（聚合效度），并与测量其他不相关概念的测验不相关（区分效度）。测验只有用于预先设定的目的、特定情境和人群时才是有效的。比如，某些测验可能只适用于成人或儿童或只适用于某个文化群体的人。

用这些标准——结构效度、效标效度、聚合效度、区分效度、重测信度、跨评分者信度、科隆巴赫阿尔法系数、可推广性——大五人格测验能够很好地测量人格的大五人格模型。

人格测验可以是自陈式测验（客观的）或表现性测验（投射的）。自陈量表可以用李克特量表、检选法、迫选或视觉模拟。《形容词检选量表》和《马氏量表》是两种创新的自陈人格测验量表。《主题统觉测验》和《古哈二氏画人测验》是两种表现性测验。

"如果你想知道 Waldo 是什么样的人,你何不问他自己呢?"

人格心理学家 Delroy L. Paulhus and Simine Vazire(2007,p.224)

✓ 学习和巩固:在网站 mysearchlab.com 上可以找到更多学习资源。

人格测验在设计、实施和计分时,我们必须注意反应定势或无效反应,包括伪装好、伪装劣、社会期望反应、顺从反应、抗拒反应、极端反应、中庸反应、模式反应或随机反应。有些测验引入了低频问题或测谎量表以识别哪些人可能给出误导性的回答。《Crowne-Marlow 社会期望量表》可以用来识别那些具有较强社会期望反应倾向的个体,并在他们做其他人格测验时进行统计控制。

商业上经常使用人格测验筛选具有岗位成功重要特质的候选人,或者剔除可能存在阻碍生产力行为的候选人。正直测验,无论是外显的还是目的隐蔽的,都可以用来筛选正直的岗位候选人。法律上,用于商业目的的评鉴计划必须确保不侵害某个受保护群体的权益,并且必须证明具有良好的结构效度、内容效度或效标效度,从而确保能够对与工作相关的任务或胜任力进行预测。商业上不允许使用医学或临床测验,其他侵犯公民隐私的测验也只有在雇主能够证明确实需要这类个人信息时才被允许使用。

尽管人格评鉴的信度和效度是有价值的也是合适的,但是雇主应该同时参考候选人的其他信息,如技能、工作经验和学习能力,而不是仅仅依赖测验来甄选潜在雇员。

在线约会网站经常使用人格测验来匹配。这类服务的质量取决于它所使用的测验的质量。

人格评鉴由来已久,并将继续在研究、工作甚至爱情生活中发挥重要作用。了解人格测验的相关知识将有助于你表现得更好,并理解测验对你生活的影响——而不会被酒吧的笔迹分析、马戏团的人或奥利奥饼干等人格测验欺骗。尽管 P.T.巴纳姆相信,每一分钟都有一个人上当,但你不必成为那一个!

问题回顾

1. 什么是人格测验?什么是好的人格测验?
2. 什么是测验信度?有哪几种测验信度?
3. 什么是测验效度?有哪几种测验效度?
4. 什么是测验可推广性?
5. 大五人格测验是好的人格测验吗?为什么是或不是?
6. 什么是自陈量表?请描述人格心理学家经常使用的测验形式,如二选题、李克特评定量表、检选法、迫选量表、视觉模拟,请举例说明。
7. 什么是表现性测验?有哪五类表现性测验?
8. 什么是反应定势?请描述反应定势的共同特征。什么是低频量表?它是用来测量什么的?

9. 什么是社会期望?如何测量社会期望?有什么策略处理社会期望反应定势?

10. 为了合法使用人格测验筛选候选人,雇主必须证明测验的什么效度?

11. 什么是阻碍生产力的行为?雇主可以采取什么方法识别?什么是正直测验?雇主可以用什么方法测量正直性?

12. 在雇用测验中存在哪些法律问题?

关键术语

人格评鉴	聚合效度	社会期望反应
信度	区分效度	顺从反应
跨时间一致性信度	巴纳姆效应	抗拒反应
重测信度	测验可推广性	极端反应
内部一致性信度	自陈式测验	中庸反应
平行测验信度	表现性测验	定式反应
分半信度	迫选形式	反应定势
科隆巴赫阿尔法系数	联想技术	无效反应
评分者一致性	构想技术	低频量表
跨评分者信度	完形技术	反生产行为
效度	刺激选择或重排技术	正直测验
结构效度	表演技术	外显正直测验
表面效度	伪装好	目的明显的正直测验
效标效度	伪装劣	目的隐蔽的正直测验

第 5 章

自我与身份认同

自我概念
 自我概念如何发展？
  黑猩猩和自我认知
  镜中的婴儿是谁？
  在学校发展的自我
  青春期和镜子中的自我
  成熟的自我
 文化对自我概念的影响
  个人主义和集体主义
  独立性自我和依赖性自我
 可能自我
  积极可能自我
  消极可能自我
过去和现在：自我
自尊

自尊水平
自尊稳定性
自我概念的明晰性
高自尊和低自尊的人生成就：谬误和
 事实
日常生活中的人格：搬起石头砸自己的脚
 来保护自尊
研究方法示例：定性资料和内容分析
社会身份认同
 自我展示
 自我监控
本章小结
问题回顾
关键术语

到我的搜索实验室(mysearchlab.com)阅读本章。

  在网络情景喜剧《行会》中，菲丽西亚·戴所扮演的主角是一个神经质的女人，她和其他 5 个无法适应社会的人沉迷于在线角色扮演游戏。有一集，其中一位主角二十多岁的扎布试图挣脱霸道专制的母亲的控制。他对母亲充满敬畏，而母亲也成为了一个网络专家，并且毁了他在网络上的生活。他叹道："网络是我唯一可以展现自我的地方。"这个网络短剧揭示了一系列关于现实和身份认同的问题，如在内心深处我们到底是怎样的人，以及我们如何向他人描绘自己？就这个意义来说，我们身份认同的这两方面略微有些不同，和短剧中的角色一样，我们可能会好奇，哪个才是真正的我，或者哪个才是真正的你？

让我们从这个最基本的问题开始：你是谁？在一个空白的屏幕上或者一张白纸上，你能想出关于这个问题的 20 个答案吗？

在一项经典研究中，高校大学生就面临这样的任务。对于这个《二十项陈述测验》(TST, Kuhn & McPartland, 1954)，他们的大部分回答都为"我是……"的形式。学生们给的回答从 1 个或 2 个到 20 个完整回答不等，平均为 17 个回答。一个有趣的发现是，人们首先列出定义他们自己的属性依据的是他们所属的社会群组或社会类别，比如，"学生"、"女孩"、"丈夫"、"来自芝加哥"、"女儿"、"医学预科"、"浸礼会教友"和"长子"。之后他们就会采用更特殊的特质用语，比如，"快乐"、"无趣"、"好学生"、"好妻子"和"有趣"。

此外，库恩和麦克帕特兰(1954)发现，在那个年代爱荷华州立大学的少数派宗教教友（例如，天主教和犹太教）尤其喜欢将宗教关系作为他们自我概念的一个方面，而相较于多数派宗教教友（例如，卫理公会教派和长老教会）或无宗教背景人士，他们更早提及自己的宗教背景。

这个研究说明，我们的自我概念由社会环境所定义：我们与他人的相似性及独特性。事实上，我们一直在发现、创造、定义和保持我们的自我概念——要么强调我们与外界的联系，要么突出我们的独特性——并通过与社会环境的相互作用来思考自我。在本章中，我们将探索自我的三个方面——我们如何定义或思考自我（我们的自我概念），我们如何评价或思考自己（我们的自尊），以及我们向他人展示怎样的自我（我们的社会身份认同）。

"相对于桌子或汤匙而言，自我更加难以了解。"

Baumeister(1999，p.2)

自测题

你是谁？用"我是……"的形式给出 20 个答案。

自测题

《二十项陈述测验》(TST)的答案，有多少属于特质术语？多少属于社会类别？这说明了你的特点吗？

自我概念

想一想你在回答"你是谁？"这个问题时给出的 20 个答案。集中起来，它们共同反映了你的**自我概念**:你所持有的关于自我的一套概念与论断,包括你的特质、社会角色、心理图式以及社会关系(Baumeister,1997)。自我之所以难以了解,部分是因为我们并非是自我的无偏见观察者。如果说生活是一个舞台,那么我们就居于这个舞台的中心!此外,自我难以了解的可能原因还在于,我们不断地成长和发展,而且在不同条件下会表现出自我的不同方面。事实上,通过社会互动,我们既发展了自我概念,也发展了对于自我的评价。

自我概念如何发展?

你有自我吗?当然,但你是如何获得它的呢?自我并非生来就有,那么我们究竟是如何发展自我的呢?难道随着我们的身高增长,自我也会随之发展吗?或者,我们需要一定的经验才能形成自我?答案是,二者兼而有之:与生理发育和社会经验相关的认知成熟共同影响着自我意识的发展。

在20世纪70年代,很多心理学家和生理学家认为,人类在思考自我方面具有独特的能力。他们相信,人们意识到已有经验和思考自我的能力——具有自我意识或者自觉意识——是其具有自我概念的证据。那么,这种能力真的是人类所独有的吗?

黑猩猩和自我认知　心理学家高尔顿·盖洛普(Gordon Gallup)曾经用黑猩猩做过一系列相关的实验(Gallup,1977)。他将全身镜放在一个房间中,观察黑猩猩对镜像刺激的反应。在实验的前两天,黑猩猩俨然将镜子中的自身成像看作是另一只黑猩猩,显示出了他人导向的社会反应,比如上下跳动、嚎叫和示威,类似于野外碰到陌生黑猩猩时会作出的反应。然而,很快黑猩猩就开始对镜像表现出自我导向的反应:对平常无法看到的位置进行梳理(例如,从牙缝中挑出食物),通过吹泡泡或做鬼脸的方式自娱自乐等。但是,10天后,黑猩猩们就厌倦了这项活动,适应了镜子的存在。此时就该开始真正的测验了。

思考题
　　动物有自我感觉吗?我们如何知道?

　　　　　"自我并非创造出来的,在社会隔离的情况下同样无法发现。"

　　　　　　　　　　　　　　　　　　　　　　　　　　　　Baumeister(1999,p.2)

这时候,镜子被移走,黑猩猩们被麻醉,在它们失去知觉时,将亮红色的颜料涂于一只眼睛的眉岭和对侧耳朵的上半部分。研究人员使用了一种特殊颜料,既无气味,也无法通过触摸感觉到。的确,醒来后,黑猩猩们对新标记的部位没有给予特别的注意。随后,镜子被重新放回它们的房间。那么,你认为黑猩猩们会对它们自己的镜像作何反应呢?它们会显示出他人导向的反应(例如,对着镜子嚎叫),还是会触摸它们自己的眉毛表现出自我认知呢?

结果发现，黑猩猩们花了 25% 以上的时间来触摸自己！而且，与耳朵相比，它们花了大约两倍的时间来触摸眉毛。然而，与此不同的是，那些没有机会适应镜子的黑猩猩们并没有对身体上的标记区域给予更多的注意。这说明，自我认知必定是在前期的镜像经验中习得的。

盖洛普等都将黑猩猩对于**镜子测验**（mirror test）的自我导向行为视作自我认知的证据。像黑猩猩和猩猩这样的类人猿——与人类亲缘关系最近的动物——显示出自我认知绝非巧合。而自我认知的证据并没有在恒河猴、卷尾猴、爪哇猴、蜘蛛猴、山魈、阿拉伯狒狒、非洲狒狒、短尾猴或是长臂猿的两个种类上发现（Gallup, 1977）。自我认知似乎不仅仅是视觉识别：即使是用葡萄干作为奖励，非洲狒狒也无法通过训练而学会认知自我。并且自我认知也并不与镜子本身相关。猴子能将镜子作为一个工具来控制和查找目标，却无法识别它们自己的镜像（Brown, McDowell, & Robinson, 1965）。采用相似的或是改进的方法，人们已经在大象（Plotnik, de Waal, & Reiss, 2006）、海豚（Reiss & Marino, 2001）、鲸鱼（Delfour & Marten, 2001），甚至是喜鹊（Prior, Schwarz, & Güntürkün, 2008）身上都证明了自我认知的存在！以下图片举例说明了自我认知在动物身上的体现。

镜子中的人：直到 1 或 2 岁，婴儿才会认出镜子中的成像是他们自己。

大象开心地用鼻尖触摸镜子中的自己。

现在你可能会想,终身生活在心理学实验室的黑猩猩有其特殊性,但是即使是生长在野外的黑猩猩们也在镜子测验中表现出了自我认知(Gallup,1977)。然而,那些一出生即被迅速带离母亲,并且无法与其他黑猩猩接触而隔离抚养的黑猩猩们则无法认识自己。事实上,一开始它们几乎就只是坐在那儿,盯着镜子中它们的成像,却无法适应。当被麻醉而被标记有红色颜料后,它们在观察时间上没有显示出任何变化,表明它们并不知道这是自己在镜子中的成像。

盖洛普和他的同事怀疑,正是与其他黑猩猩之间社交经验的缺乏,以某种方式阻止了正常的情绪发展,包括自我认知。他给予隔离黑猩猩中的两只以补救性的社交经验,将它们共同放置于笼子内达3个月时间。当这些黑猩猩们带着颜料标记被放到镜子前面时,它们开始显示出自我认知的初步迹象。

海豚的自我认知。

镜中的婴儿是谁? 那人类会如何呢?人类婴儿在什么年龄才会认出镜子中的成像是他们自己呢?自我认知正是自我概念发展道路上的一步。但是要领会这个发展里程碑的重要含义,我们需要从自我概念的初步发展开始。表5.1总结了自我概念发展的过程和主要成就(更多细节见Harter,1998,2003)。

表5.1 我们如何发展自我感觉:自我概念、自尊和社会身份认同发展过程中的重要里程碑

年 龄	自我发展方面	成 就
0—1岁	生理自我意识	认出"我"和"非我"
1—2岁	自我认知	镜子认知
2—3岁	自 尊	行为标准内化
3—4岁	技能和能力	展示新才能
5—12岁	社会比较	与他人比较能力
	私人自我概念	守住秘密
青少年	身份认同	抽象思考
		反映评价
		客观自我意识
成 年	自 我	社会期望内化

自测题

如果你认识2岁以下的婴儿,那么他们看着镜子的时候会有什么反应?他们会认出自己,还是认为镜中的像是另一个婴儿?

从出生到大约 1 岁左右,正是婴儿发展生理意识观念的时期。在这一阶段,他们仍然在尝试识别哪些部分属于自己,哪些东西属于自然环境,因此他们还没有自我意识。如果你曾观察过呆在婴儿床内的小婴儿,或许你会看到他们为一只脚或一只手臂惊奇和喜悦的瞬间,因为他们没有完整地识别出这是自己的肢体在以这种奇妙的方式移动。虽然有证据显示,相较于对其他婴儿哭声的反应,即使新生儿也会对自己哭声的录音表现出不同的反应(Dondi, Simion, & Caltran, 1999)——表明了一些基本自我认知的存在——但实际上婴儿的自我仅仅是生理自我(Meltzhoff, 1990)。

一旦儿童知道他们是一个独立于他人和其他事物的物质存在,他们就会开始对自己有更多的发现(Harter, 1983)。你曾经试过"看看镜子中哭泣的婴儿"来使婴儿安静下来的把戏吗?但是,在婴儿大约 4 或 5 个月能认出镜子中的熟悉形象后,这个把戏就不起作用了(Legerstee, Anderson, & Schaffer, 1998)。可是,这仅仅是视觉识别吗?抑或是他们真的知道这个形象就是他们自己?

如果你认为我们应该用镜子测验来对自我认知进行测试,就像盖洛普(1977)对他的黑猩猩们所做的那样,那么你是正确的。当妈妈假借给婴儿擦拭鼻子,将少量的口红涂于婴儿的鼻子上后,通常在 18 个月大之前,婴儿们就能够认出镜子中的自己。他们触摸着自己的脸庞,对这个新标记感到惊奇。大约仅有 25% 的婴儿可以早在 9 到 12 个月的时候认出自己,而大约 75% 的婴儿被试在 21 到 25 个月的时候才能认出镜子中的自己(Lewis & Brooks-Gunn, 1979)。

在两三岁时,儿童就能够认出镜子和图片中的自己,并且已掌握足够的语言,恰如其分地使用单词"我(主格)"、"我(宾格)"、"我的(形容词性物主代词)"、"我的(名词性物主代词)"以及短语"我是……"(Lewis & Ramsay, 2004)。也许有点太恰如其分了,因为这种婴儿的自我感觉也是导致"可怕的两岁"充满挑战的部分原因。儿童经常会想要在没有父母帮助的情况下做些事情来锻炼他们发展中的自我,或者在"不"的抗议声中拒绝合作。这个年龄的儿童知道很多关于他们自身事实,例如,他们的性别、年龄、种族、家庭和反映这些信息的自我概念(Stipek, Gralinski, & Kopp, 1990)。

在这个年纪,我们同样也看到了自尊的开端。儿童开始明白家长对行为表现的期待,也开始将好坏行为的标准内化。他们会常常主动表现出他们是"一个好女孩"或者对成人口中这类夸奖("好男孩")做出积极的同应。

到了 3 到 4 岁,除了生理属性、偏好和特性外,儿童的自我概念反映了他们的发展技能和能力(Harter, 1999)。儿童常常会热情地跑到来访者跟前,想要显示他们最近的成果:"看看我!我会跳了!"

思考题

2 岁的孩子最喜欢的词是什么?

在学校发展的自我 在 5 到 12 岁,儿童会进一步发展他们自己的能力,同时在入学

后他们就能强烈地意识到其他儿童的能力。你曾经看过公园里的小孩子跑向山顶,争抢着说"我是高山之王"吗？在 5 到 6 岁之间,将自己与同龄人比较变得十分重要,并且将会越来越重要(Ruble, 1983)。通过与他人比较而进行自我衡量,儿童得以了解他们自己的才能(Harter, 2005)。

早在 3、4 岁时,儿童就能识别人格特质,并且会用它们来描述其他儿童。然而,直到 5、6 岁时,儿童才能进一步发展,用社会比较信息之外的人格属性来描述同班同学:"他是一个聪明的孩子。"他们甚至能够用特质来判断其他人的过往行为,并且对他们将来的行为作出预测。设想一个孩子不想邀请另一个孩子来生日聚会,因为"她是一个婴儿。"为什么她是一个婴儿？"她昨天在学校哭了。"但是直至 9、10 岁,儿童才开始明白什么是特质,且认识到特质作为人身上持久的特征,在任何时间和任何情况下都是稳定的(Alvarez, Ruble, & Bolger, 2001)。

高山之巅的国王和王后:大约在 5 到 12 岁之间,儿童的自我概念包括与他人比较才能。

自测题

你在儿童时期,曾经有过想象中的朋友吗？那时你几岁？

同样在 5 到 12 岁之间,儿童意识到自己的一些部分是他人无法看到的,就开始发展一种自我的私人意识。他们开始意识到思想、感觉、欲望都是他们自己所独有的,不会自动地被他人知晓。在很小的年纪,孩子们会将这些看作是自己想象中的朋友。到了稍微大一些,一个孩子可能会向另一个孩子炫耀道,"我知道一些事情,可是你不知道"。之后,儿童意识到他们可以保守秘密,如"我知道一个秘密"。当然,直到年龄更大一些,他们才会意识到,真正的保守秘密是你不会告诉别人你知道一个秘密！

考虑一下这个 5 岁的小姑娘对《二十项陈述测验》的回答:

我的名字叫莉齐。我长得像我妈妈。夏天的时候，我大部分时间与祖父母在一起。我喜欢在海滩玩耍。我的头发是棕色的。我的眼睛是蓝色的。我的牙齿是白色的。我喜欢吃东西。我是一个女孩儿。我喜欢我的头发。我喜欢我的眼睛。我喜欢我的牙齿。我喜欢我做的每一件事。我现在5岁了。（Yavari，2002）

或是这个9岁的男孩儿，带有他独创的拼写和重点：

我的名字叫布鲁斯。我的眼睛是棕色的。我的头发是棕色的。我的眉毛也是棕色的。我现在9岁了。我爱运动！我家里有7个人。我有很好的视力！我有很多朋友！我住在派恩克雷斯特1923号。9月份我就10岁了。我是一个男孩儿。我的一个叔叔几乎有7英尺高。我在派恩克雷斯特上学。我的老师是V女士。我平常打曲棍球。我几乎是班上最聪明的男孩儿。我爱食物！我爱新鲜空气。我爱学校。（Montemayor & Eisen，1977，p.317）

你能看出他的自我描述非常具体吗？下面可以将莉齐与布鲁斯的回答与接下来这个11岁男孩儿的回答作对比：

我是一个喜欢在宇宙空间中看东西的人；我爱好天文。我喜欢使用火箭。我喜欢室外玩耍和踢足球。我喜欢游泳。我很聪明。我是一个友好、体贴和充满爱心的人。我还是一个游泳健将。（Yavari，2002）

或是这个11岁半的女孩儿：

我的名字是A。我是人类。我是一个女孩儿。我是一个诚实的人。我不漂亮。我的学习一般。我的大提琴拉得很不错。我的钢琴也弹得很好。以我的年龄来说，我有点高。我喜欢几个男孩儿。我喜欢几个女孩儿。我比较老派。我平常打网球。我还是一个游泳健将。我努力地帮助他人。我总是乐于与他人做朋友。大部分时间我都很好，但是我也会发脾气。有些男孩儿和女孩儿不喜欢我。我不知道男孩子们喜不喜欢我。（Montemayor & Eisen，1977，pp.317—318）

青春期和镜子中的自我　与儿童时期较为具体的自我概念相比，青春期的自我概念会变得更加抽象，动机、信念、人格特质都融为一体（Harter，1999）。看看下面这个16岁的男孩儿对《二十项陈述测验》的回答，你就可以看到其中的差别：

我想我会说，我的出生一定是出于上帝的某种旨意。我拥有上帝给予我的天生的好奇心。我有很强烈的决心和愿望来实现我的人生目标，我也相信，作为一个人，我有自己的长处和弱点。我会犯错，但是在上帝的帮助下，我从这些错误中吸取教训。作为一个基督徒，我已经准备好面对世界的诱惑和社会的操纵。我努力为目标而奋斗，这将会是成功的、智慧的、崇高的和快乐的。我想，我与上帝的关系将帮助我完成目标和实现人生目的。作为一个人，我的精神实质将决定我是怎样的一个人。（Yavari，2002）

还有这个17岁的女孩儿：

> 我是一个人。我是一个女孩儿。我是一个个体。我不知道我是谁。我是双鱼座。我是一个情绪化的人。我是一个充满好奇的人。我又不是一个个体。我是一个孤独的人。我是美国人（上帝帮帮我）。我是民主党人。我是一个自由主义者。我是一个激进分子。我是一个保守的人。我是一个假自由主义者。我是一个无神论者。我不属于成为某一类别的人（即，我不想属于某一类别）。（Montemayor & Eisen，1977，p.318）

青少年，尤其是15到16岁之间的青少年，对他人如何看待和判断自己特别敏感。这成了一段自觉意识的极端时期，每一个有过青春痘的人都可以证明！随着青少年开始发现自己是他人关注的对象，他们就会经历**客观自我意识**（objective self-awareness）（Duval & Wicklund，1972）。他们将他人的重要观点作为一面社会之镜，由此形成自我观点的基础。通过这些**反映评价**（reflected appraisals），青少年将他人对自己的评价内化，尤其是对他们非常重要的人，如家人和同龄人。美国社会学家查尔斯·库利（Charles Cooley，1902）将这一现象称为**镜子中的自我**，这也形成了青少年自尊的基础。正如拉尔夫·瓦尔多·爱默生所说："每个人互相之间都是一面镜子，这面镜子照出了经过它面前的所有人。"

到青少年时期结束的时候，我们不仅能够根据他人的观点进行自我认知，也能对他人的观点作出回应。我们将这些观点进行整合，并且将"普遍化的他人"（即，社会；Mead，1925）的观点内化。

在青少年时期，我们开始想知道自己在社会中的位置，开始询问我们的身份。**身份**是由社会定义的。它由他人加于我们身上的定义和标准组成，包括人际方面（如，角色、关系）、潜能（如，我们可能会变成谁）和价值观（如，道德观、优先考虑的事）（Baumeister，1986）。自从出生开始人们就已经有了身份（Baumeister，1977），但或许直到青少年时期才会知道身份的含义。就是说，我们可能开始想知道，我们的先赋身份是否与我们已发展的身份相符合，并确认为我们自己独特的自我概念。

自测题
你自己被别人强加了什么身份吗？你愿意接受哪个身份？

可以看看下面这首诗,它是由一个13岁的女孩子所写,她一直与自己想象出的人们强加于她身上的各种身份作斗争:

那个女孩

我是那个坐在屋顶,期待飞翔的女孩,
渴望远离囚住她的牢房。
我是那个最害怕声名皆建于恐吓之上的女孩。
我是那个竭尽所能,却遭人误解的女孩,
倾尽一切努力,
换来的却是无情的失败。
我是那个无法用笔墨书尽的女孩,
没有选择引起流血的利器,
却刻印出更为永久的符号:文字。
我是那个戴着伪装的女孩,
在你面前将真实的自己掩藏,
如果我不是那个坐在屋顶,渴望飞翔的女孩,
将会如何?
如果我不是那个最害怕声名皆建于恐吓之上的女孩,
将会如何?
如果我不是那个竭尽所能,却遭人误解的女孩,
将会如何?
如果我不是那个需要笔墨来了解的女孩,
没有将初次选择的利器变作文字,
将会如何?
如果我不是那个总是戴着伪装的女孩,又将如何?
但是我不是那个女孩。
如果我曾经是,我不会是现在的我,我就会在人群中变成另一番模样。
就让我们回到最初。
最初,你仅知道,
我是一个女孩。

来源:"The girl" by Santana, ⓒ2005 in A.C. of Princeton(Ed.), Under age(Vol.17, pp.16—17). Princeton, NJ: Arts Council of Princeton.

很多人都认为,就如同心理学家埃里克·埃里克森所认同的,**身份认同危机**(identity crisis)在青春期是不可避免的、普遍的、完全正常的(Erikson, 1968)。然而,这个普遍的观点却没有得到当前研究的支持(详见 Baumeister, 1997)。例如,只有那些公开地质疑

他们父母的信念、价值观和目标的青少年才会经历身份认同危机,因为他们体验了许多关于他们是谁和他们想成为谁的困惑和焦虑。对于这些青少年来说,要么完全接受这些期望,要么就是形成既符合自我概念同时又满足他们所处社会环境的期待的身份认同。而其余完全接受自我身份的青少年就不会经历这样的危机。

成熟的自我 作为成年人,在大多数情况下,我们能很好地感觉到我们是谁(我们的自我概念)和我们如何看待自己(我们的自尊),以及我们可以选择自己想成为谁或者将自己的哪些部分呈现给他人(社会身份认同)。像"妻子"、"家庭的经济支柱"、"父亲"和"未来的医生"这样的用语都是社会身份,同时也可能成为个人自我概念的一部分。差别在于,自我概念来自于自身,身份却来自于他人(Baumeister, 1997)。例如,一些人可能不会完全接受自己作为大学生的新身份,可能努力地在自己的学业和父母、老师或者朋友的期望之间寻找平衡。同样地,他人会将一些身份强加于我们身上——"黑人"、"老女人"、"残疾儿童"——仅仅基于某些特征,而不知晓我们的内在究竟如何。

看看下面这首一位 30 岁左右女士写的诗(Missuz J, n.d)。你能看出她提到了哪些社会身份吗?

从 12 岁起,青少年开始发展客观自我意识,并关心在他人眼中的自我形象。

我来自……
我来自每周六晚头发上粉红色的海绵状卷发夹,为了周日的一头公主发型。
我来自汽车里的日子——在奶酪饼干上写信,玩乐,忧伤,发呆。
我来自各种各样的工作,与人合租,借穿姐妹的衣服。
我来自带有咸咸味道的海浪和迷雾;裸露的红岩、杜松子和鼠尾草。
我来自《阿瓦隆的迷雾》、《红帐篷》、《蓝剑》和《龙歌手》。
我来自一个传播愧疚就像廉价人造黄油一般的教区。
我来自颤栗和燃烧,大笑和饥饿,有时是真相。
我来自长椅上缠绵的夜晚,亲吻、欢呼和游荡。
我来自无情的沉寂,努力去解决、沟通和爱。
我来自妊娠纹、吸乳器、尿布和在我背上蹦跳的宝宝。
我来自阳光小熊、女孩儿们的短裤和《一闪一闪亮晶晶》。
我来自南海岸、阿特金斯、芬特明和贪食症。

我来自陪曼迪哭泣，陪凯蒂玩耍，陪凯蒂唱歌，陪珍妮弗跳舞，陪凯莉悔恨。

我来自标点符号、设置、主题句，还有化妆。

我来自与简森一起驾车，读书给苏菲听，抓着我的手的埃里克。

来源：Reprinted courtesy of Rebecca Jorgensen。

"Missuz J"是一个博主，她在博客中写了关于作为母亲、妻子、老师、姐妹和女人以及作为个体的生活。她欣然接受了所有的这些身份，并且使它们与自我融为一体。上面这篇写于2005年11月，灵感来自于她给高中生们布置的写作作业。

根据我们所处的文化环境——和我们自己的特点——我们在接受自己的身份这一问题上或难或易（Aronson & Rogers，2008；Cass，1979；Cross & Cross，2008；Helms，1990；Swanson，Cunningham，Youngblood，& Spencer，2009；Swartz，2008）。我们本身所具有的民族、种族、性别或者阶级身份可能会与主流文化存在差异。例如，一些人意识到自己在有刻板印象的群体中的成员身份，并由于**刻板印象威胁**（stereotype threat）而无法完全发挥自己的潜能。当面对一个会威胁他（她）的自尊或社会身份的刻板印象时，人们就会感觉到痛苦。这种恐惧会导致人们的表现受到损害，最终又恰恰证实了这个使他（她）感到威胁的刻板印象（Aronson，Lustina，Good，Keough，& Steele，Spencer，& Aronson，2002；Walton & Spencer，2009）。人们不需要相信刻板印象——或者先赋社会身份——并为此感到烦恼（Aronson & Rogers，2008）。然而，新的研究表明，写东西不仅对于创造力、家庭关系、职业或拥有幽默感很重要，还能通过加强人的价值感和个性来抵消刻板印象的作用（Miyake et al.，2010）。

自测题

当前，你与自己的某些身份存在冲突与抗争吗？

"事实上，每个人都可以非常熟练地使用'自我'这个术语，这表明，自我的概念源于一些简单而普遍的人类经验。"

Baumerster(1999，pp.1—2)

文化对自我概念的影响

现在你应该很清楚了，我们发展自我——自我概念、自尊和社会身份认同——所用到的知识有三个来源：与他人的社会比较，他人的评价，以及我们的自我评价。除了认知发展以外，自我在更大程度上也是社会互动的产物（Harter，2003）。鉴于此，你想知道如果你在一个不同的时间出生会变得如何吗？又或者如果你出生在一个不同的地点呢？乍一看这可能很难理解，但我们成长的文化在很大程度上决定了我们的人格。

我们可以回想一下在本章开头的研究中所讨论过的《二十项陈述测验》（Kuhn & Mc-

Partland，1954)。为测验进行评分的一个方法是，将被试的回答归于四个类别中的一类(Cousins，1989；见表5.2)。根据这个标准化的评分方案，我们可以比较来自不同文化的人们的回答，看看不同文化之间的自我概念是否存在差异。

表 5.2 《二十项陈述测验》的编码方案

类别	描述	举例
生理	生理上的特征，但没有说明任何社会角色或群体成员特点，比如，驾照上的信息	"我是男性" "我今年18岁" "我长得矮"
社会	社会角色 组织成员 社会地位	"我是个学生" "我是一位母亲" "我是犹太人"
属性	心理和生理状态或特质	"我是一个热情的人" "我是一个精力充沛的人" "我很内向"
整体	宽泛而模糊的描述，以至于无法把两个人区分开来	"我是人" "我很轻" "我是我"

来源：Cousins(1989，p.126).

在一项研究中，日本和美国的大学生对《二十项陈述测验》进行了回答，他们的答案被三位训练有素的评价者归入四个类别中的某一类(Cousins，1989)。美国学生的回答中大约有58%被归入了**属性自我描述**的类别，涉及心理属性或心理特质，而日本学生的属性类描述则比较少，大约只占他们回答总数的19%(见图5.1)。当日本学生描述自己时，通

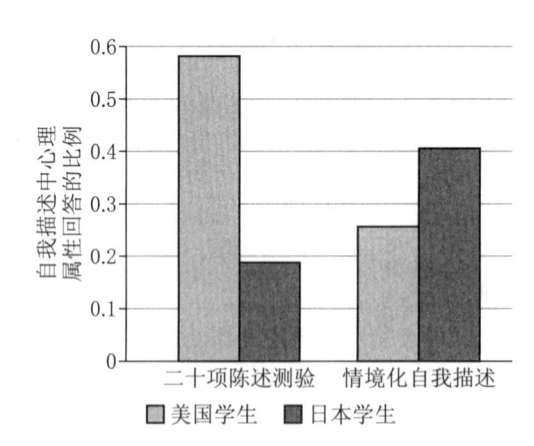

图 5.1 美国和日本学生在两项自我描述任务中所做出的心理属性回答的比例(Cousins，1989)。来源：Markus ＆ Kitayama, 1991, Figure 3, p. 233. Markus, H. R., ＆ Kitayama, S. (1991). Culture and the self: Implications for cognition, emotion and motivation. *Psychological Review*, 98(2), 224—253. Copyright American Psychological Association. Reprinted with permission.

常更多地是回答他们的偏好、兴趣、愿望、抱负、活动和习惯,而很少涉及个人特质。

如果日本学生不用属性或特质类用语描述他们自己,那他们如何定义自己呢?他们描述自己的依据就是他们所属的社会群体。在日本学生的回答中,大约27%都被归于**社会性自我描述**类别,对比而言,美国学生的同类回答只占9%。日本学生比美国学生更可能会涉及**生理自我描述**的类别,日本学生所占比例为5%,美国学生则为2%。有趣的是,当比较中国和美国大学生时也发现了同样的结果(Trafimow, Triandis, & Goto, 1991),中国学生更倾向于以社会方式描述自己,而美国学生则以属性方式来描述自己。

自测题

使用表5.2中的编码方案,你的回答如何呢?

个人主义和集体主义 究竟是什么导致了日本人和中国人使用相似的自我描述,却又完全不同于美国人的自我描述呢?简言之:文化。按照心理学家哈利·特里安迪斯(Harry Triandis, 1990)的观点,文化可以由两个维度来描述:个人主义和集体主义。事实上,文化对于个人主义和集体主义的偏重程度影响了人们如何定义特定的自我!

个人主义关注个体的独特性,以及使个人从集体中独立区分出来。在个人主义文化下,人们可以发展不同于集体的个人态度和价值观。个人主义文化重视勇气、创造力和自立(Triandis, 1990)。

集体主义则更强调集体的价值观、需求和目标。在集体主义文化下,人们提醒自己作为社会群体的成员要拥有共同的信念和习惯。在极端情况下,个人的信念、目标、态度和价值观都反映了集体的价值观。集体主义文化重视义务、责任、安全、传统、信赖、和谐、服从权威、平衡和举止合宜(Triandis, 1990)。

记住,每种文化都同时包含个人和集体的成分。可以把集体主义和个人主义想作水和冰:与其说他们是对立面,不如说它们是同种物质的两种不同形态(Triandis, 1990)。就像水一样,我们与他人产生联系,尤其是幼年时对家庭的依赖。然而,随着年龄的增长,我们将逐渐脱离原先的家庭环境,成为独立的个体或者核心家庭,又或是社会团体,就像是由水形成的冰晶体。正如水会变成冰,冰也能融为水,我们能形成也可以解除与他人的社会联系。文化的差异性在于,对一个形态的侧重强于对另一个形态的侧重。

强调个人主义的文化被认为是**个人主义文化**,强调集体主义的文化则被认为是**集体主义文化**。全世界约有80%的人生活在集体主义文化之下(例如,非洲、亚洲、南美洲;Dwairy, 2002)。在日本,例如,人们重视"wa",强调人际关系中和谐的起伏。相似地,中国人的"忍",是指以真诚、礼貌和得体的方式与他人互动的能力。拉丁美洲人互相之间谈到要"*simpático*",意思是都尊重和分享另一个人的感情(Markus & Kitayama, 1991)。

由于文化的复杂性、生态性、流动性(兼具社会性和地理性)和聚集性,文化可能会发展得更倾向于集体主义或者个人主义(Triandis, 1990)。由于文化变得更加复杂,个体必须在相互冲突的规范和多样的世界观中作出选择。没有一个由文化明确定义的行为规范，人们只能被迫基于自己内在的价值观和愿望而进行选择。同样，随着人们在社会中工作可能性范围扩大，文化复杂性随之增加，从而迫使人们向专业化发展，而非仅仅做他人都会做的事。农村人口向城市的转移也增加了其复杂程度。综合而言，这些趋势促使文化向个人主义发展。

若国家的地形促使人群分离居住（例如高山、岛屿），又或者个体移民至遥远的国度（例如英国），个人主义也会得以加强。同一文化中成员之间的距离驱使他们作出个人的选择，文化中的个人主义由此得到培养。特里安迪斯（1990）指出，民主之所以诞生于古希腊，原因在于其地形中的高山和岛屿分散了人群，促使城市——以及居住在城市中的个体——发展出他们自己的政府与做事方式。最终，十分轻易地，个体会减少生存上对集体的依赖，而自由地培养自己的兴趣。

个人主义和集体主义的不同主题又是如何在文化中体现出来的呢？比如说，在美国这种个人主义盛行的国度，我们往往会以"吱吱响的车轮容易得到润滑油"这句话来鼓励人们为个人的权利挺身而出。日本人是怎么说的呢？"出头的钉子被钉下来"，由此鼓励人们与他人和谐相处，将集体的和谐置于个人权利之上。又或是，在你成长过程中，你父母会说什么来让你吃蔬菜呢？通常是，"想想埃塞俄比亚的饥饿儿童，就知道你多么幸运了"这类的话。那日本孩子会听到他们的父母怎么说呢？"想想辛勤地为你生产米粮的那位农民；如果你不吃完，他会感觉非常糟糕，因为他的努力完全白费了。"（Markus & Kitayama，1991，p.224）这些文化上的价值观同样也反映在文学和卡通上。

再或者，设想如果有朋友要来你家吃午餐。在美国，我们要么会问我们的客人想吃什么，要么会准备好一定范围的可用食物，这样客人就可以根据其个人喜好来做出选择。在日本会是什么情况呢？举例来说，一个好的主人是不会问她的客人想吃什么的。这会被认为是非常无礼的行为！相反，她会事先猜测，甚至去解读客人的想法，由此准备恰当的食物（Markus & Kitayama，1991）。那么，在吃东西的时候，究竟是说话还是不说话呢？如果你无法确定，在与来自不同文化背景的朋友相处时采取怎样的行为举止才算合乎适宜，并为此而苦恼的话，那么我们认为这并不奇怪！

独立性自我和依赖性自我　在个人主义和集体主义下，相较于集体，对于个人的强调差异程度不同，造成的结果是人们对于自己的思考也不同。在个人主义文化下，人们发展出关于自我的独立观点，然而，居于集体主义文化下的人们却发展出关于自我的相互依赖的观点（Markus & Kitayama，1991）。

有主见的自我脱离于他人而存在，是自主而独立的。个体往往受到鼓励，进行自我探索和自我实现，以开发他们的潜能。当独自相处时，个体便不再受他人的影响，从而回归最真实的自我。相反，依赖性的自我包括了他人。一旦从社会团体（例如，家庭，朋友，宗族，同事等）中分离出来，人们就无法被了解；没有了他人，他们就不再是真正的自己（Markus & Kitayama，1991）。然而，这并不是说一个具有依赖性自我的人就会被同化，或者失去自我而完全跟随他人，又或者说这个人与他人交往时消极被动。关于自我的这两种观点在图 5.2 中得到了阐释。

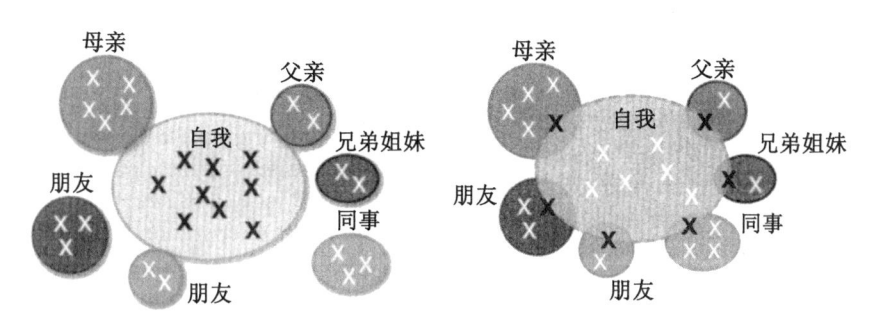

A. 自我的独立性观点　　　　　　B. 自我的依赖性观点

图 5.2　自我的概念表征。来源：Marcus & Kitayama(1991) Fig 1，p.226. Markus, H.R., & Kitayama, S.(1991). Culture and the self: Implications for cognition, emotion and motivation. *Psychological Review*，98(2)，224—253. Copyright American Psychological Association. Reprinted with permission。

在他们各自的文化中，这两种不同的关于自我的观点导致了社会对人们要求的不同。在我们生活中，他人扮演的角色也有所不同。甚至健康自尊的基础也依赖于我们对于自我的观点，以及我们所属的文化。要记住，幸福与自尊取决于文化价值观，因而不存在个人主义和集体主义孰优孰劣的问题(Oyserman, Coon, & Kemmelmeier, 2002)。你可以在表 5.3 中看到这些差异，而表 5.4 中来自衡量个人主义和集体主义的量表的测题也反映了这些差异。

表 5.3　独立性自我和依赖性自我之间主要差异的概括

比较的对象	独立性自我	依赖性自我
定义	与社会环境相独立	与社会环境相联系
结构	有界限的，统一的，稳定的	灵活的，多变的
重要特征	内在的，私人的(能力、思考、感觉)	外在的，公开的(地位、角色、关系)
任务	独一无二的 表达自我 实现内在属性 发展自己的目标 直接的："说出你的心里话"	归属，融入 找到自己合适的位置 举止得当 发展他人的目标 间接的："读懂他人所想"
他人的角色	自我评估：他人的重要之处在于社会比较与反映评价	自我定义：通过在特定环境下与他人的关系来定义自己
自尊的基础	表达自我的能力，证实内部属性的价值	适应、自我约束，与社会环境的和谐相处的能力

注：尊重自我开始是一种发生于西方的现象，而自尊的概念可能被自我满足的意思给取代，或是被反映人们因文化指定任务而感到充实的术语所取代。

来源：Marcus & Kitayama, 1991, Table 1, p.230. Marcus, H.R., & Kitayama, S.(1991). Culture and the self: Implications for cognition, emotion and motivation. Psychological Review, 98(2), 224—253. Copyright American Psychological Association. Adapted with permission。

表 5.4　测量个人主义和集体主义的测题样例

个人主义
最终,以个人成就定义男人/女人。
一个成熟的男人/女人知道他/她的能力,并且发挥出这些能力的最大效用。
有个性的男人/女人会根据个人价值观来行动,实现个人目标,而不依赖他人。
没有个性的男人/女人会通过与朋友交换意见来形成自己的观点。
如果我发现自己与集体中的他人相似,我会感觉不舒服。

集体主义
一个成熟的人明白,他/她必须以集体荣誉为先。
有个性的男人/女人会认为集体高于一切。
一个成熟的人能明白集体的需要,并且尽力实现集体的需要。
凡是对集体有利的就对我有利。
没有对集体的忠诚,就没有自我实现。

注:在 5 级量表上作答,1 表示强烈不同意,5 表示强烈同意。
来源:Adapted from Oyserman(1993, Table 1. p.9). See Brewer and Chen(2007) for a review of various measures of individualism and collectivism. Reprinted with permission from Oyserman, D., Terry, K., & Bybee, D.(2002), "A possible selves intervention to enhance school involvement", *Journal of Adolescence*, 25, 313—326. Permission conveyed through the Copyright Clearance Center.

独立性自我可能出现在像美国、西欧(Markus & Kitayama, 1991)以及加拿大(Oyserman, Coon, & Kemmelmeier, 2002)这样更倾向于个人主义的文化中。依赖性自我则可能出现在像亚洲、非洲、拉丁美洲和南欧(Markus & Kitayama, 1991)这样更多集体主义的文化中。当然,我们需要谨慎,不要仅仅基于个体所属的文化就过于笼统地概括或是假设其自我观点,因为有很多文化和国家并未被直接测量(Oyserman, Coon, & Kemmelmeier, 2002),人们对于自我独立性或依赖性的定义——无论他们处于什么文化——取决于相应的任务(Oyserman & Lee, 2008;Trafimow et al., 1991)。

在拥有非常强烈的种族认同或宗教认同的国家,即使处于个人主义文化下,人们也可能发展出依赖性的自我。例如,在美国,夏威夷人、费城人、非裔美国人、拉丁裔美国人和女性——更不必说意大利人和其他南欧后裔,或是居住在小城镇和农村地区的人们——可能会有一个更为依赖性的自我(Markus & Kitayama, 1991),而很多居住在美国南部的人同样如此(Vandello & Cohen, 1999)。正如你所看到的,过于笼统概括和假设所有美国人都拥有独立性的自我将会是一个错误。

事实上,一些人认为,前几代的美国人(即 20 世纪 50 年代与 60 年代之间)更可能用社会角色来描述自己,就像近来的日本和中国的大学生一样(Zurcher, 1977)。美国人的自我概念由集体主义向个人主义的转变是伴随着 20 世纪 60 年代到 70 年代之间的社会剧变而产生的,包括了肯尼迪总统遇刺案、民权运动、越南战争、女权运动和尼克松总统的水门事件。那些在主张个人权利和对像政府这样的社会机构不信任的时代成年的人们,社会学家是如何对其命名的呢?就是"我一代"(Me generation)!

自测题

回答表 5.4 中的问题。你更偏向于个人主义还是集体主义？这些价值观如何影响你的自我概念和自尊？你可能会希望思考表 5.3 中的特征。

思考题

如今大学生描述自己的词更可能是特质术语还是社会术语？为什么？你认为这在不久的未来会发生变化吗？

可能自我

当代心理学家认为，自我概念的一个重要方面包括了我们希望——和害怕——我们可能成为的样子。例如，**期望自我**(hoped-for self)包括成功自我、创造性自我、富裕自我、苗条自我，或是被爱和被崇拜的自我。**恐惧自我**(fared selves)可能是孤独自我、沮丧自我、无能自我、酗酒自我、失业自我，或是露宿街头的自我。随着时间的流逝，这些**可能自我**(possible selves)的形象会帮助我们在自我概念中选择自己的抱负，保持积极性，以及保持连续性(Markus & Nurius，1986)。

下面是来自威廉·詹姆斯的一段话(1890)：

> 不是说我不可以，如果我可以的话，既帅气、丰满、衣着光鲜，又是一个优秀的运动员，一年赚一百万，拥有智慧、享受生活、为女性所倾心，还是个哲学家、慈善家、政治家、勇士和非洲探险家，以及诗人和圣人……这些同一个人的不同角色在生命初始具有同样的可能性。但若要真正实现哪一个，势必会抑制其他的角色。所以要探寻个人真实、最强大和最深处的自我，必须认真地检查这个列表，选出最有助于拯救他的那一个。于是，其他的自我无法变得真实，但这个自我的命运是真实的……【我们】……选择……这么多可能自我或角色中的一个成为自己(pp.309—310)。

可能的自我还能帮助我们理解目前的经验，因为它给了我们一个评价和解释事件的环境。例如，一个具有医生可能自我的学生，对有机化学课程的分数 A 的解释，会不同于具有律师可能自我的学生。或者一个拥有孤独或被抛弃的恐惧性可能自我的人，与没有这种消极可能自我的人相比，对一个失败的午餐约会的反应会更加消极(Markus & Nurius，1986)。

积极可能自我　关于可能自我的想法来源于我们过去的经验，平衡了我们的时间、地点和文化背景。与年龄、性别或者社会经济地位这类人口统计资料相比，我们直接的社会环境对可能自我反而有更大的影响，而在这里，关于促使我们成为谁这一问题，我们又看到了社会经验对其产生的影响(Lee & Oyserman, 2009)。角色榜样,不管是媒体上或是我们生活中真实的人,提供了我们想成为谁或是害怕成为谁的强有力的形象。例如,大约33%的大学生和25%的青少年提到,外貌是他们渴望的自我的一部分(Bybee & Wells, 2006)。奥普拉·温弗瑞(Oprah Winfrey)通过她的媒体影响力,发动了一个名为"享受你最好生活"的活动,以此来帮助其观众想象,争取并获得一个积极性的可能自我。这个活动提供了非常生动而强有力的幸福生活女性的形象,不论她们的环境或过去的失败经验如何。无疑,这为人们,尤其是女性,充当了一个激励性可能自我的角色,来改变她们的生活,使之变得更好。

心理学家已经调查了不同类型人的可能自我,包括怀孕的青少年和少女妈妈(Nurius, Casey, Lindhorst, & Macy, 2006)、入狱的年轻父亲(Meek, 2007)、低收入母亲(Lee & Oyserman, 2009)、青少年罪犯(Oyserman & Markus, 1990)、在咨询服务中的年轻女性(Dunkel, Kelts, & Coon, 2006)、女同性恋(King & Smith, 2004),以及青年、中年和老年人(Cross & Markus, 1991)。让我们来深入地思考这些发现。

你是否曾想象过婚姻会让你的生活变成什么模样?你把自己描绘成一个负责任的养家者?还是一个称职的持家者?其实,这两个角色都是可能自我(Eagly, 2009)。那些我们所认为的潜在配偶具吸引力的特质,可能自我可以将其改变吗?答案显然是肯定的。

大学生想象他们自己结婚后有了孩子,并被随机分配以下三种未来自我状况中的一种:持家者角色,养家者角色,或是在控制条件下(想象出任何角色)。然后,在保持关于未来自我的图像的同时,他们对未来伴侣身上不同特点的重要性进行等级评定。虽然关于养家这一特性,女性比男性的评分更高,但与处于养家者角色条件下的被试相比,想象自己将来作为持家者的女性和男性都对养家这一特性的评分更高(例如,地位、抱负、职业焦点、薪资)。这项研究表明,可能自我会改变我们所认为的潜在配偶的吸引特质!

自测题

你想象过某天你会结婚吗?你是把自己想象成好的养家者,还是好的持家者?

有时,人们会发现,他们长大后变成了之前从未想象过的样子。这类例子可能会是同性恋的情况,尤其是那些成长于保守家庭或是以异性恋为规范的文化中的人。例如,在20世纪后期的美国,很多同性恋在成长过程中想象自己过着主流认可的美国梦生活,与某位异性结婚以及生儿育女。一旦意识到自己是同性恋,他们就会放弃异性恋的可能自我,而支持同性恋的可能自我。个体想象出的自我与幸福相关吗?

该问题在接下来这项研究中进行了调查,同性恋者被要求想象他们最佳的异性恋和同性恋的未来可能自我(King & Smith, 2004)。18到66岁的被试对他们想象这些可能自我的容易和生动程度进行了排序。被试还对向家人、朋友和同事公开同性恋身份的可能性程度进行排序。最后,被试还回答了问卷。这些问卷测量了他们的心理压力、后悔程度或是关于目前同性恋生活的再次考虑,以及对幸福和生活满意度的感受。

对于同性恋者来说,异性恋的可能自我越突出,被试报告的生活满意度越低,后悔程度越高。此外,他们也更加不可能对他人公开同性恋身份。相反,同性恋可能自我越突出,生活满意度越高,后悔感越少,被试关于自己生活的开放程度也越高。而且,两年后的追踪研究结果显示,异性恋可能自我的突出程度与心理压力的增长具有相关性,但是同性恋可能自我的突出则与两年后的低困扰相关。人们对他们的最佳同性恋可能自我的投入越多——就是说,容易和生动地想象同性恋生活,对更多人公开同性恋身份——随着时间的流逝,被试会越少感到困扰。

对可能自我的想象越容易,比如成为一位母亲或父亲,可能自我就越可能引导我们的志向和增加幸福感。

自测题

未来伴侣身上的哪些特质对你来说具有吸引力?与伊格力(Eagly,2009)的研究结果相比,你的答案又如何?

消极可能自我 这些研究对目前专注于积极可能自我的研究进行了回顾。关于消极或恐惧的可能自我又如何呢?想象你是一个13到16岁之间的青少年,居住于底特律的市中心。可能你已经犯过一些轻微的罪,可能你已经卷入了更严重的犯罪,也可能你正在尝试避开麻烦。你的哪些可能自我是较为突出的?

自测题

在未来5年，你希望自己的哪些方面会实现？你又害怕哪些方面会成真？

这正是奥伊瑟曼和马库斯（Oyserman & Markus，1990）所研究的问题。他们根据犯罪程度的不同将一群青少年分成了四个组。第一组在常规公立学校上学，没有犯罪历史。第二组有轻微的违法行为，他们要么上流动性的学校，要么在常规公立学校上学时参与了犯罪活动。第三组表现出中度犯罪，上的是特殊学校或在福利院生活。第四组有严重犯罪记录，在其他处理都无效后，作为最后手段，他们被送入州少年犯管教所。被试的选取范围涵盖了男、女性的黑人和白人。

接受过训练的研究员对青少年被试进行一对一的采访，并要求被试想象未来一年中的可能自我。特别是要求他们列出预期自我（"对你来说，未来一年内什么事最可能成真"）、希望自我（"未来一年内，你最希望用来描述你的可能自我"）和恐惧自我（"未来一年内，什么是你最害怕或最担心成为的自我"）。

在完全无犯罪组和严重犯罪组之间存在显著的差别。看看这个来自公立学校组的年轻男性的回答：

> 我预期在学校做得更好，能差不多独立——准备好搬出去和有一份兼职。我希望学得更多，有一个报酬好的兼职，从父母身边独立出来。我担心我可能不会待在学校，我不会获得一份暑期工，以及我会无家可归（16岁男性，公立学校；Oyserman & Markus，1990，p.117）。

现在，把它与这个来自严重犯罪组的青少年的回答进行比较：

> 明年我预期会有更多麻烦，但是会努力避开麻烦，尝试呆在学校里。我希望能高中毕业，不被警察找麻烦，开始一份好工作，这样就不用再偷现金。我害怕我会成为一个小偷，入狱，死亡——闯入别人房子后被杀（16岁男性，最高安全级的少年犯管教所；Oyserman & Markus，1990，p.117）。

总体来说，这个样本的可能自我更多地包括了犯罪，而非拥有一份工作或是在学校与他人相处融洽。请注意，拥有消极恐惧自我——作为自我概念的一部分——并不一定使你失败，也不是持有积极期望的自我会通向成功。2到3个月后，研究者对公立学校和社区安置的青少年进行了后续研究，与那些有更多消极自我或积极自我的青少年相比，拥有更加平衡的积极和消极自我的青少年犯罪更少，严重犯罪组也是如此。为了使可能自我对动机和长期行为改变产生最大影响，我们需要同时具有希望自我和恐惧自我。也就是说，一个清晰的积极的希望自我能帮助我们想象自己可以做什么，以避免消极的恐惧自我;而一个消极的恐惧自我则能帮助我们意识到,如果我们不达到积极的希望自我,将会发生什么事情。

那么,这些关于可能自我的研究发现能帮助青少年发展不同的可能自我,进而在学校取得成功吗?研究者进行了一个课外项目,特别为来自底特律市中心的非洲裔美国中学生而制作(Oyserman, Terry, & Bybee, 2002)。这项为期9周的干预活动包括团体活动和讨论,用于帮助这些青少年清晰地表达指向性的可能自我,并确定特殊策略获得这些自我,以及将他们的可能自我与那些成功的成人榜样自我建立联系,以便提高他们的社交技能。

这项干预活动的一个重要方面是将他们的社会环境纳入了考虑范围之内。例如,在平时的课后时间进行工作坊,而参与人员除了此项研究的被试人群之外,还包括了他们学校的其他孩子和社区的成人。工作坊还考虑了这些孩子所面临的其他一些问题,比如种族歧视及其应对方式、种族认同的积极方面以及学业成就问题。与那些未经历干预的男、女青少年相比,该研究的被试表现出与学校更强的联结感、要在学校表现良好的更强的想法、更平衡的可能自我、更合理的获得可能自我的策略、更高的学校出勤率。而且,对男孩来说,在学校制造麻烦的几率也降低了(Oyserman, Terry & Bybee, 2002)。

期望可能自我和恐惧可能自我的平衡尤其能激发积极性。

当你意识到,正如前一页所讨论的奥伊瑟曼和马库斯(1990)的研究中的学生那样,如果没有这些干预活动这些学生就可能面临犯罪风险,你就会知道这些结果是多么显著。而其他研究者针对高危青少年、大学生运动员和中学生也开发了类似的项目活动(Hock, Deshler & Schumaker, 2006)。

过去和现在:自我

就在我撰写这章内容的同时,一家电话公司上市了一款新手机,用该公司的话来说,就是,"成就百分之百你自己的首款电话"。这则广告进一步解释了"让你的手机与你一样独一无二"的原因,那是因为有定制的辅助程序、应用程序、手机盖和外壳。如果有人记得,过去的电话并非移动电话,颜色基本上都是黑色,并且是由当时唯一存在的电话公司租给用户,这种定制手机的想法就如同定制一个微波炉一般!在服装和居住场所显然已经如此了,但是什么时候对于公共设施的选择也能成为表达自我的一种重要方式了呢?

按照罗伊·鲍迈斯特(Roy Baumeister, 1987)的观点,自我已经成为了一个"问题"。在过去的120年左右,对心理学家来说,自我都是一个令人入迷的难题和让人兴奋的研究领域!对于其他人来说,自我则是一项需要发现、成为、表达,甚至存在危机的东西。生长于现代西方社会的我们,会将自己——以及他人——视为特殊而独一无二的。但是,事情并非总是如此。

借助于文学上的历史记录和主题,心理学家罗伊·鲍迈斯特描述了自我——包括自我认识、潜能与实现、个体与社会的关系以及自我定义——在历史的进程中是如何变化的(Baumeister, 1986, 1987; see also Gergen, 1991, and Leary, 2004)。

自我认识的历史至少可以追溯至古希腊时期。"认知自己(Know thyself)"就被刻在德尔斐的阿波罗神庙的入口处。当然,在古代,这个可能代表的意思是,一个人应该评估他的才能,进而有好的判断力和常识能力,以便有效地履行他的职责。甚至到了中世纪,大约在11世纪到15世纪之间,一个人的身份仅仅取决于他或她的工作、社会等级、家庭关系和职业(Baumeister, 1987)。

那时的自我概念与早期基督教信仰类似,主张人类会作为一个整体得到拯救。然而,情况在大约12世纪时发生了变化,那时末日审判的基督教概念强调个人得救,就是说,一个人的永恒命运取决于个人道德和精神生活的总和(Baumeister, 1987)。

16到18世纪,人们开始着迷于内在生活和外部生活的区别。在那之前,人们基本上将自我与有形的外貌等同起来:人们就像他们生活中的身份,这也是他们的本质。然而,这种新的对于令人误解的外表的着迷,导致了个体的、内部的、真正的自我被隐藏起来了(Baumeister, 1987)。只需想想莎士比亚作品主题中反映的外表与实质的对比:《罗密欧与朱丽叶》("噢,罗密欧,罗密欧,为什么你是美妙的罗密欧?……除了你的姓氏,这是我的敌人:你的美妙")、《威尼斯商人》("难道犹太人没有眼睛……如果你刺伤我们,难道我们不会流血?"),又或是在《第十二夜》和其他戏剧中,人们转换立场或是假扮他人。

> "'自我'被认为是心理学必须解决的最令人困惑的谜题。"
>
> 威廉·詹姆斯(1890, p.330)

16到17世纪的清教教义增加了自觉意识,因为人们担心自己死后的命运。自觉意识和自我意识成为了重要的价值观,人们开始担心他们自己的自我欺骗行为。自我被认为很难或是无法了解的(Baumeister, 1987)。

由于人们试图了解自我中隐藏的那一面,人格就变得日益重要。这反映在18世纪到19世纪之间传记文学和自传文学流行程度的增长方面。人们认识到,是人格而非社会地位定义了个体。有意思的是,那时作为心理学家和哲学家的威廉·詹姆斯和他的作家弟弟亨利·詹姆斯,都从不同的观点来探索自我的问题。这段时间,美国和法国爆发了政治、经济和社会革命,这些革命唤起了个人权利和社会公平(Baumeister, 1997)。结果,18世纪晚期到19世纪早期的浪漫主义时期又强调了个人期待发现和实现的独特的、个人和宇宙的命运(Baumeister, 1987, 1997)。

19世纪中晚期,维多利亚时代的压抑仅仅进一步强调了独特却隐藏的自我。高道德标准导致维多利亚时代的人们更为关注自我。他们藏起真实的自我,以免达不到行为的过高标准(Baumeister, 1987)。维多利亚时代的人们相信,内在的自我可以在无意间显露出来,一个明显的例子就是夏洛克·福尔摩斯敏锐的洞察力(Baumeister, 1987)。西格蒙德·弗洛伊德也许是对于这一感觉把握得最好的人,他观察到,"背叛从每个毛孔中渗透出来"(Baumeister, 1987; Freud, 1905/1959, p.94)。弗洛伊德对于这种隐藏自我的解码能力或许能够解释,为什么时至今日他依然具有如此巨大的声望。

20世纪早期,现代化和规模化生产的提高,导致人们对工作生活的疏离和不满不断增长。这为自我探索和自我的个人独特性信念提供了舞台,它们是20世纪后期自我的标志(Baumeister, 1987)。当埃里克·埃里克森创造出同一性危机(Erikson, 1968)一词时,人们对之报以热情的拥护,这表明他仅仅对一个重要的人类经验进行了命名,而并非发现(Baumeister, 1999)。

到了20世纪末和现在,随着对不同社会身份的接受,我们努力在个人独特性和集体身份上寻求平衡(Brewer, 1991)。那21世纪的自我又会如何呢?我们看到了科技的全面影响——比如伴随即时通讯(IM)的互联网、社交网络,对,还有定制手机——同时拉近了我们与朋友、家人及陌生人的关系,即使科技导致了欺骗,或者让人们运用不同身份进行策略性的自我展现和尝试。

在维多利亚时代的压抑环境下,人们有很强的自我意识,并且对自我的隐藏部分非常着迷。

自尊

自尊(self-esteem),指的是人们对自己的价值的衡量(Baumeister, Campbell, Kreuger, & Vohs, 2003)。拥有高自尊的人对自己有一个良好的评价,而低自尊的人对自己则是不好的评价。要记住,自尊更多的是一种看法或一种观点,而并不意味着这个人事实上究竟是好人还是坏人。这听起来可能有些令人费解,高自尊的人既可能对他们所取得的成就有着清醒和准确的认知,也可能变得自我膨胀、傲慢与自负。类似的,低自尊的人有可能对自己的缺点有一个准确的看法,但这也可能仅仅是出于自卑感而产生的扭曲与有问题的看法(Baumeister et al.,2003)。

自尊一般指的是对自我概念的总体评价(例如,Rosenberg,1965),但我们也会对工作(Brockner,1988)、学业(Marsh,1993)、运动(Fox & Corbin,1989)、外表(Franzoi & Shields,1984)甚至个人的社会身份(Luhtanen & Crocker,1992)有着领域特定性的自尊。整体自尊与领域特定性的自尊有着适中的相关。

自尊水平

人们所感觉到的自尊存在着差异,因此,即使我们谈到人们有高或低的自尊,自尊事实上存在等级的问题。实际上,人们很少承认——至少不会在心理学家的问卷上——他们自我感觉不好。低自尊事实上更像是缺乏对自我的积极观点(Baumeister et al.,2003)。在很多实验中,如果被试成为了样本的后 1/2 或后 1/3,他们就被归入低自尊那一类。你可以通过表 5.5 中的《罗森伯格自尊量表》(Rosenberg,1965)来了解你自己的自尊状况。

表 5.5 《罗森博格自尊量表》

你觉得自己如何?对于下列每条描述,请你圈出最合适的答案。				
1. 总体来说,我对自己满意。	非常同意	同意	不同意	非常不同意
*2. 有时候,我觉得自己一点也不好。	非常同意	同意	不同意	非常不同意
3. 我觉得我有许多优点。	非常同意	同意	不同意	非常不同意
4. 我能像其他人一样把事情做好。	非常同意	同意	不同意	非常不同意
*5. 我觉得我没有什么值得自豪的地方。	非常同意	同意	不同意	非常不同意
*6. 有时候我觉得自己一无是处。	非常同意	同意	不同意	非常不同意
7. 我觉得我是有价值的,至少与别人在同一水平上。	非常同意	同意	不同意	非常不同意
*8. 我希望我能更加尊重自己。	非常同意	同意	不同意	非常不同意
*9. 总体来说,我倾向于认为我是个失败者。	非常同意	同意	不同意	非常不同意
10. 我对自己的态度是乐观的。	非常同意	同意	不同意	非常不同意

评分:非常同意=3,同意=2,不同意=1,非常不同意=0。带有星号标记的描述项采取反向计分,非常同意=0,同意=1,不同意=2,非常不同意=3。10 道测题的得分总和即为总分。总分越高,自尊感越强。总分低于 15 分为低自尊。

来源:Rosenberg, M. (1965). Society and the adolescent self-image. Princeton, NJ: Princeton University Press.

高自尊的人倾向于同意这样的描述:"我感觉我是一个有价值的人,至少与他人处于同一水平",或是"我对自己持积极态度",而不同意这样的描述:"有时,我认为自己一无是处",或是"我感觉自己没有什么值得骄傲的地方"(Rosenberg,1965,pp.17—18)。低自尊者的表现不是自我感觉糟糕,以及同意消极条目和不同意积极条目,而是倾向于对所有条目的态度更加中立,偶尔才同意或者不同意,但不是很强烈。用一位研究者的话来说,就是"高分代表了高程度,但低分代表中等程度"(Tice,1993,p.40)。

自测题

你觉得自己如何？根据表5.5进行评估。

在应对失败方面，高自尊的人比低自尊的人表现更好。他们能坚持更久，从挫折中恢复得也更快(Shrauger & Rosenberg, 1970; Shrauger & Sorman, 1977)。低自尊的人对于日常生活中的挫折表现得更加脆弱，对发生的事件反应更为强烈，情绪波动更大(Campbell, Chew, & Scratchley, 1991)。而且，低自尊的人更容易被他人的社会影响说服(Brockner, 1984)。低自尊者经历着矛盾的心态，既希望得到成功和认可，又害怕失败(Brown, 1993)。而高自尊者即便是在身体健康方面都强于低自尊者(Brown & McGill, 1989)。

自尊稳定性

除了自尊的水平（一个人的自尊是高还是低），研究者还研究人们的自尊如何变化。**自尊稳定性**(self-esteem stability)指的是，一段时间内人们对自我价值的总体感受的稳定程度或是变化程度(Kernis & Goldman, 2003)。虽然大多数自尊量表询问的是在一般情况下人们对自己感觉如何，或是对自己总体的感觉，而自尊稳定性测量的则是在他们回答问题的那一刻的自我感觉如何。研究者一般一天之内会问被试者这个问题一次或两次，一直持续4到7天。

具备稳定自尊的人对于自我的感觉具有一致性。而具有不稳定或是变化性自尊的人，自我感觉的好坏则取决于发生了什么。他们对与自我价值可能相关的事件显得非常敏感，几乎可以说太敏感了。这些事件可能是真实的事件（例如，一个称赞或是一次侮辱），又或者是他们自己的想法和思考（例如，关于自己外表的想法）。具有不稳定自尊的人通常感觉很脆弱或容易受到伤害，就好像他们的自尊持续地处于危险之中(Kernis & Goldman, 2003)。

有证据表明，自尊水平与自尊的稳定性存在交互作用。低自尊的人，相较于稳定性而言，如果在消极自我观点上的自尊是变化性的，或许并不那么糟糕(Paradise & Kernis, 2002)。然而，具有不稳定的高自尊的人，相比具有稳定高自尊的人而言，在日常生活的处理上则可能会有更多的困难，通常更具有防御性(Kernis, Grannemann, & Barclay, 1992)、自我夸张(Kernis, Greenier, Herlocker, Whisenhunt, & Abend, 1997)、易怒(Kernis et al., 1989)，而且更不容易有令人满意的关系(Kernis & Goldman, 2003)。

> "我知道我是谁，比任何人都清楚我是个怎样的人。如果我是只狐狸，而有人却说我是条蛇，那么我会说，不，实际上我是只狐狸。"
>
> 当被问及媒体对其隐私的报道是否令他烦恼时，理查德·基尔对英国《卫报》记者如是说。

自我概念的明晰性

拥有高自尊和低自尊的人不仅仅在自我感觉上存在差异,他们在自我了解上同样存在差异。拥有高自尊的人对自己了解更加透彻。**自我概念的明晰性**(self-esteem clarity)指的是人们对自己的了解程度,或是认为他们对自己的了解程度。虽然这与自尊的稳定性有些类似(Campbell et al., 1996),前者指的是自我概念的一致性,而后者指的是自尊的一致性,是对自我概念的感觉的一致性。

在一个非常简单的例子中,一组大学生用 15 对形容词来描述他们自己,然后对他们的自信程度进行评价(Campbell, 1990)。例如,他们被要求在一个 7 分量表上对"幼稚"和"严肃"、"奢侈"和"节约"进行评分。相对于那些对自己模棱两可的人,一个人越了解其自我概念,就越会给出极端的答案,即远离中点。

这正是研究者要发现的内容。高自尊的人比低自尊的人给出的答案更加极端。而且,与低自尊的人相比,他们对自己的回答更有自信。在随后的研究中,和低自尊的被试相比,高自尊的被试在自我评定上速度也更快,评定结果也更为一致(Campbell, 1990)。

其他研究者用不同方法定义和测量自我概念明晰性的研究中(Stinson, Wood, & Doxey, 2008),也得到了相似的结果;相关概念包括自我概念混乱(Campbell & Lavallee, 1993)、自我确定性(Baumgardner, 1990; Wright, 2001)、自我矛盾心理(Riketta & Ziegler, 2006)、自我概念整合与划分(Showers, 1992; Showers & Zeigler-Hill, 2007; Story, 2004; Zeigler-Hill & Showers, 2007)、或然自尊(Crocker & Knight, 2005; Deci & Ryan, 1995)和脆弱自尊(Kernis, Lakey, & Heppner, 2008)。然而,仍然有一个问题:究竟是自我概念的明晰性引起了自尊,还是自尊引起了自我概念的明晰性?或许,它们之间是互相影响的关系(Brandt & Vonk, 2006; Hoyle, 2006; Showers & Zeigler-Hill, 2006)。只有做更多的研究,才能确切地知道答案。

思考题

是了解自我导致高自尊,还是高自尊帮助我们更好地了解自我?

低自尊者通常采取自我设限,以保护自尊。

高自尊和低自尊的人生成就：谬误和事实

心理学家和公众都认为，自尊对个体幸福感来说极为重要。事实上，在20世纪80年代，加利福尼亚的立法机构甚至曾经资助过一个增加公民自尊的方案。在缺乏科学证据支持的情况下，该方案认为对于公民自尊的投资将减少福利依赖、意外怀孕、学业失败、犯罪、药物成瘾以及其他社会问题。增加自尊真的可以完成这所有的事？让我们看看表5.6，测验你个人关于自尊可能结果的知识。

日常生活中的人格：

搬起石头砸自己的脚来保护自尊

虽然看似有些奇怪，但**自我设限**（self-handicapping）指的正是我们有目的地引导自己走向失败。如果我们失败了，我们就有一个现成的借口，有了自我保护的措施。那如果即便如此，我们仍成功了呢？那么，我们看起来甚至状态更佳，在自己和他人的眼中也增加了价值感！通过这种方式，自我设限可以根据相应的任务及其成功或失败的可能性，来作为自我提升或是自我保护的动机。

在一项实验中，被试不论高自尊还是低自尊都要先进行练习，然后执行一个任务（Tice, 1991）。被试被随机地分到四个实验条件中。分组依据是他们眼中这项任务的重要性，以及成功或失败在这项任务中的意义。例如，在一个条件下，被试相信，成功表明他们能力很强，而失败不能代表他们的能力如何。在另一个条件下，被试认为，失败意味着他们能力不足，而成功并不能说明任何能力的问题。这些不同的指导语提示被试，自我设限（此处的形式为测试前不进行练习）将保护或是提高他们的自尊。

果然，当被试出于保护自尊的动机考虑时（失败反映了能力的不足，而成功不代表什么），低自尊被试在执行任务前的练习量比高自尊被试更少，自我设限更多。相反，当被试出于增强自尊考虑时（成功反映了能力的卓越，而失败则不代表什么），高自尊者的练习量比低自尊者更少，自我设限更多。在第二项研究中，被试选择干扰音乐作为自我设限方式，上述结果得到了重复。

人们，尤其是大学生，会通过很多方式进行自我设限。可能，这些策略中的某些你在自己或他人身上也看到过：找借口，睡眠不足，没有尽最大的努力，饮食不健康，迟到，分心，不练习，不学习，尝试做太多事情，使用酒精和其他药物，以及——每个人的最爱——拖延。通过舒缓压力，自我设限策略虽可提供短时的帮助，但是从长期来看，它们通常是有害的，因为这导致我们无法发挥出最佳水平。即使大多数拖延者都认为，他们"在压力下工作状况最佳"，但拖延也是有害的（Tice & Baumeister, 1997）。所以，下次你抵不住诱惑要自我设限，或是拖延时，还请三思！

表5.6 自尊的谬误(与事实)——哪个是哪个?

你能辨别关于自尊的谬误与事实吗?做一下这个测验吧。在下列的每句陈述后圈选对错。答案在表后及文中。

	错	对
1. 太多的人受到低自尊的困扰。	错	对
2. 高自尊的人比低自尊的人更聪明,更讨人喜欢,外表更具吸引力。	错	对
3. 高自尊者比低自尊者具有更好的学业和工作成绩,以及更高的生活满意度。	错	对
4. 旨在通过增强自尊感以提高学生的学业成绩的干预措施是成功的。	错	对
5. 低自尊的恋爱伴侣比高自尊的恋爱伴侣更容易导致恋爱关系的破裂。	错	对
6. 受欺凌者由于遭受低自尊的困扰,故而需要攻击和伤害他人。	错	对
7. 低自尊者比高自尊者更容易酗酒和滥用药物。	错	对
8. 低自尊者比高自尊者更容易有过早性行为以及意外怀孕。	错	对

答案:以上所有的陈述均为错误的。

来源:阅读下文和 Baumeister et al.(2003)。

谬误?还是事实?我们如何才能确切知道?2003年,美国心理协会(现在的心理科学协会)控告了一个特别工作组,其中包括自尊领域的四位研究者。协会对这一小组的工作进行了回顾和总结(Baumeister et al., 2003)。表5.6中的陈述即直接出自该特别小组的工作内容。我们来仔细看看他们发现了什么。

思考题

自尊重要吗?为什么?

尽管自尊很重要,但科学证据表明一些旨在提升自尊感的干预措施可能具有误导性。

谬误1:太多人受到低自尊的困扰。

事实:事实上,美国和世界上的其他地区并没有过多低自尊现象的存在。恰恰相反:

无论是美国(Baumeister et al., 2003)还是其他的52种文化,包括欧洲、南美洲、澳大利亚、亚洲和非洲,无论是个人主义文化还是集体主义文化(Schmitt & Allik, 2005),普通人通常认为自己优于平均水平。在很多实验中,研究者将得分位于被试样本后半部分的人划归为"低自尊组",而低自尊组的最低得分通常至少高出量表满分中点一个标准差。事实上,自尊测验的平均分数都会高于量表的中点(Baumeister, Tice, & Hutton, 1989)。虽然这种做法能对较高自尊和较低自尊的人群进行比较,却并不能说明低自尊是个问题。我们也可能会好奇,这种自陈式的高自尊是否应该归因于故意的印象管理、防御式的自我提升、自恋或是趋向于更为积极地看待问题(Baumeister et al., 2003)。高自尊的异质性,这意味着可能存在不同类型的高自尊,因而这就使得检测出自尊的显著效应变得十分困难。

谬误2:高自尊的人比低自尊的人更聪明,更讨人喜欢,外表更具吸引力。

事实:自尊和聪明、讨人喜欢、受欢迎和外表吸引力的确有很强的相关,但这仅仅适用于自我评价。他人评定的讨人喜欢、受欢迎和外表吸引力的程度,或是智力的客观测量,与自尊之间则没有明显相关。为什么会这样? 因为高自尊的人相信他们拥有这些特质,但是并不一定符合客观标准。事实上,在讨人喜欢这点上,高自尊与低自尊的人是一样的,外表吸引力和智力也是如此。

例如,在一项研究中,大学男生和女生对自己的自尊、吸引力和智力进行评分,另外还做了标准智力测验(Gabriel, Critelli, & Ee, 1994)。然后,实验者将他们的照片与普通大学生进行比较,继而在吸引力上对他们进行评分。对男性和女性来说,在自尊和自我评定的智力之间都有一个 $r=0.35$ 的显著相关,而自尊和智力测验分数之间则没有相关($r=-0.07$)。吸引力的结果也很类似,只是统计显著性上有些不足。在自尊和自我评定的吸引力上存在正相关($r=0.23$),而自尊和实验者评定的吸引力之间并无相关($r=0.01$)。男性和女性对于自吹自擂都会感到心虚。然而,在夸大个人吸引力评分上,男性比女性更明显。

谬误3:高自尊者比低自尊者具有更好的学业和工作成绩,以及更高的生活满意度。

事实:在自尊和成功之间的确存在相关,但是在学校、工作和生活的成功问题上,自尊是结果,而非原因。我们必须提醒自己,相关关系并非因果关系。这一研究结果恰恰能表明,取得可贵的成就,为好的结果辛勤工作,努力提高和练习个人技能,积极应对消极事件,这些事情都能提升我们的自我感觉,无论是在学校、工作中还是生活上。

所有关于职场成功和自尊的研究,实质上都是采用相关研究法(Judge & Bono, 2001),而学业成功是自尊研究成果最丰富的领域之一(Baumeister et al., 2003)。以往的大量研究采用了各式各样的方法,包括纵向设计,其特点在于可以考察因果关系,但在自尊对于学业成就影响方面的发现却很少(Valentine, DuBois, & Cooper, 2004),甚至没有(Baumeister et al., 2003)。自尊与成就之间的确存在显著相关,但是相关程度很低,而且大部分要归因于成就引起了自尊的提高,而不是高自尊增加了成就。另外,也有证据显示,第三变量(如家庭背景等)能同时引起自尊和学业成就增长。

谬误 4：旨在通过增强自尊感以提高学生的学业成绩的干预措施是成功的。

事实：唉，与增加成就的其他更加传统的方法相比，这类方案不仅不会更加成功，而且还可能起到相反的效果。例如，一项实验以那些在普通心理学期中考试中得到 C、D 或者 F 的大学生为研究对象，研究者将这些学生随机分配至三种反馈条件中（Forsyth, Lawrence, Burnette, & Baumeister, 2007）。对所有学生来说，这种反馈以每周一封邮件的方式进行，邮件中包括一周内容的回顾性问题。控制条件下的学生只收到回顾性问题。第二种条件下的学生收到反馈，反馈的目的是增加他们的自尊。第三种条件下，学生也收到反馈，而反馈的目的在于增加他们的控制感，以及让他们为他们的分数与学习习惯负责。

到了期末考试，发生了什么呢？看看图 5.3。结果与预测完全相反！实际上，增加自尊导致了更加糟糕的表现，这在最差的学生中尤其明显。就是说，处于提高自尊的反馈条件下的学生比另外两组学生表现更差，而从期中到期末，没有一个组的学生提高了分数。作者指出，不仅自尊组的 D/F 学生比另两组中的 D/F 学生明显表现更差，而且在实用层面他们也表现更为糟糕：他们的平均期末分数低于及格线！

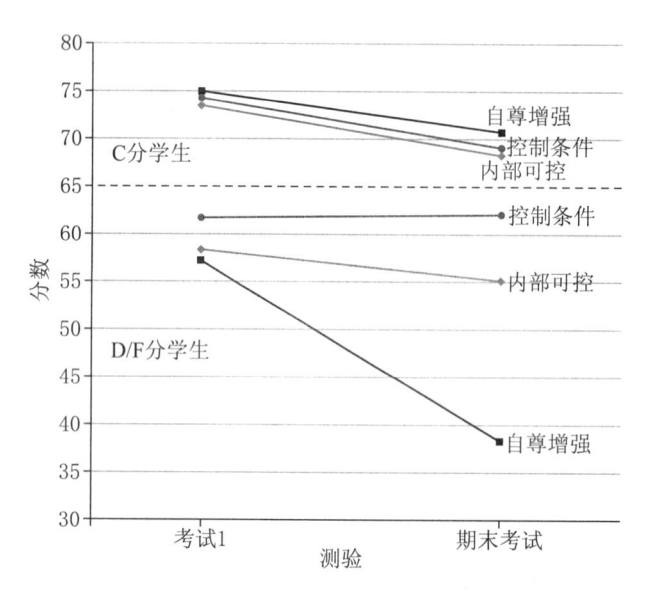

图 5.3 在自尊增强（SE）、内部可控（I/C）以及控制（Control）条件下的 C 和 D/F 组学生的期末考试平均分数。来源：From Forsyth et al. (2007, Figure 1, p.453). Reprinted with permission from Forsyth, D.R., Lawrence, N.K., Burnette, J.L., & Baumeister, R.F. (2007), "Attempting to improve the academic performance of struggling college students by bolstering their self-esteem: An intervention that backfired," *Journal of Social and Clinical Psychology*, 26(4), 447—459. Permission conveyed through the Copyright Clearance Center.

这种干预究竟出了什么问题？作者采用了鲍迈斯特等（2003）的解释，即不顾相应表现地增加自尊会导致人们贬低自己的表现。终究，面对失败时要维护自尊，一个有效的方式是撤销在任务中的投入，说服自己，你的自尊并不取决于你的表现（即，失败了也没关系）。在那些不学习、不上课、不跟着阅读，或是基本上撤销在学习中的投入的学生身上，究竟发生了什么呢?他们在课堂上的确表现糟糕,但是——这也是令人惊奇的部分——他们对此并不感到难过!或许,知道自己的表现并非最佳的时候感到难过也不是件坏事!毕竟,我们的自尊只是短期受损,但从长期来看积极的结果可能会增加。

谬误5:低自尊的恋爱伴侣比高自尊的恋爱伴侣更容易导致恋爱关系的破裂。

事实:无论高自尊还是低自尊都会在恋爱中产生问题,所以自尊与分不分手几乎没有关系(Baumeister et al., 2003)。然而,低自尊的确会造成恋爱中的一些问题,比如不信任伴侣所表达的爱和支持。

谬误6:受欺凌者由于遭受低自尊的困扰,故而需要攻击和伤害他人。

事实:自尊与自我陈述的受欺凌,或是与同伴陈述的受欺凌的可能性之间并没有相关。高自尊的人,尤其是不稳定的自尊,伴随不切实际的积极的自我观点,如同自恋一般,或是防御性的高自尊,这样的人都比低自尊的人更可能将侵犯视作威胁。这类人对于评价尤其敏感,如果评价不符合他们心目中所认为的程度,他们的反应就会很糟糕。

谬误7:低自尊者比高自尊者更容易酗酒和滥用药物。

事实:药物使用和自尊之间没有相关(Baumeister et al., 2003)。

谬误8:低自尊者比高自尊者更容易有过早性行为和意外怀孕。

事实:一个人在未准备好的情况下进行性行为,或是发生意外怀孕,都会导致自我感觉糟糕并引发低自尊。再重复一遍,不能仅仅因为相关,就假定因果关系成立。如果有什么区别的话,高自尊比低自尊的人更不容易受到拘束,而且更愿意冒险(Baumeister et al., 2003)。这个问题似乎与高自尊或无依据的过度自信的高自尊有关。对于研究者来说,最大的难题之一是,如何将真正的高自尊与过度高自尊或防御性自尊区分开来(例如,Jordan, Spencer, & Zanna, 2005; Lambird & Mann, 2006)。

这些谬误和事实所涉及的一些变量一直被人们假定为与自尊有关。鲍迈斯特等(2003)也在他们的综述中讨论了有关自尊与群体行为、领导力、违法犯罪、反社会行为、抽烟、性取向和进食障碍关系的研究,并得出了相似的结论。这些结果中的大多数都没有发现与自尊具有显著相关,即使存在显著相关,大部分的相关程度也都很低,而且也缺乏自尊和这些结果之间清晰因果关系的证据。他们的报告引起了新一轮的争论,重新燃起了了解自尊的关联物和结果的兴趣(比如,Swann, Chang-Schneider, & McClarty, 2007)。例如,新证据表明,当我们在实验室外的环境中长期看到侵害、反社会行为和违法犯罪(包括打架斗殴,吸毒,酗酒,和非法活动),这会与低自尊存在小到中等程度的相关(Donnellan, Trzesniewski, Robins, Moffitt, & Caspi, 2005)。显然,这对自尊领域的研究者来说是一个新的春天!

思考题

你认为这些谬误中哪一条最不可思议?为什么?

"思考一下未来的自己,请告诉我明年你最可能实现的可能自我。这些是你所期待实现的可能自我……那么再思考一下明年不太可能实现的可能自我。这些是你试图避免或害怕成为的可能自我。"

Unemori, Omoregie, and Markus(2004, p.326)

研究方法示例:定性资料和内容分析

假设你是研究者,需要向被试提问。你已经收集了来自美国、智利和日本的5所高校的150名大学生的答卷(Unemori et al., 2004)。现在,你该怎么做?

这是一个使用**定性方法**和技术的研究实例,分析了广泛的主题或由被试的反应来得出特质(特征)。**定量方法**的数据收集包括测量、问卷、测验分数,或其他的数字资料(数量、数目)。相较于定量方法,定性资料通常是文字的。定性资料的收集更多地应用于社会学、人类学,有时也用于教育学领域。心理学,尤其是人格领域,通常同一个研究中两种方式都会使用(见表5.7中定量研究方法与定性研究方法的比较)。

表5.7 定量研究与定性研究方法的比较

定量研究
验证研究初始所提出的假设。
概念以不同变量的形式表达。
资料以数字的形式表达。
理论基本上是因果关系,并且是推演的(由一般原理推及特殊事件)。
分析过程是使用统计及图表。

定性研究
发现并理解资料的意义。
概念以主题、动机、概括、分类法等形式表达。
资料以文献、观察、手稿、开放式问题等资料中的词语表达。
理论可以是因果关系也可以是非因果关系,并通常是推演的(由一般原理推及特殊事件)。
分析过程是从收集到的证据中抽取主题,或进行概括,并加以组织,以形成条理清晰、逻辑自洽的理论。

来源:Adapted from Neuman(1997, p.329, Table 13.1). Neuman, W.L.(1997). Social research methods: Qualitative and quantitative approaches. Boston, MA: Allyn & Bacon。

在人格心理学中,有时研究人的思想、感觉和反应的最佳方式是进行开放式提问(Woike, 2007)。开放式提问的例子有语句完成测验、作文、讲述故事和日记(Woike, 2007)。研究者所面临的挑战是找到一个方式来判断、分类和分析这些回答内容的意义(例如,Bartholomew, Henderson, & Marcia, 2000)。这就是所谓的**内容分析**。

相比问卷测量而言,开放式提问有以下这些优势(Woike, 2007)。第一,这给予被试自我表达的自由,而无须限定于一张问卷之上。在开放式提问中,被试可以表达出内心深处的思想和情绪反应,展现出他们的观点和文化假设的建构。即使问卷允许被试在选项中进行选择，我们也无从知道这些选项是否与被试相关，或者他们是否仅仅在选择中"两害相权取其轻"。

第二，若我们忽略了对被试来说很重要的测试内容又会如何？我们永远无法从一份问卷中得到答案。因为开放式回答是自生的答案，我们就可以知道被试说的哪些内容与个人相关并且很重要。第三，研究者未知的或隐藏的偏见可能会污染更为传统的测量，而开放式提问就能使这种偏见减到最小。

最后，要想了解被试如何思考、感觉和对从未学习过的话题进行反应，开放式提问可能是唯一的方式。

那么，研究者如何进行内容分析呢？我们就来进一步看看这一过程所包含的步骤(Smith，2000；Woike，2007)，并且看他们是如何将此应用于来自四个不同文化背景的成人的可能自我研究的(Unemori et al.，2004)。

第一步：确定研究问题。我们尝试确定、描述或测量的究竟是什么？阿内莫里等(Unemori，2004)提出了两个问题：欧裔美国人(EA)、日裔美国人(JA)、智利人和日本人，这些来自不同文化背景的年轻人的可能自我(真实的和恐惧的)存在着怎样的相似性与差异性？那人们的预期可能自我和恐惧可能自我的数目是差不多的吗？也就是说，预期可能自我和恐惧可能自我的数目是平衡的吗？又或者，其中的一种占据优势地位？

第二步：决定内容分析是否可以为研究问题提供答案。或者单独回答，或者与其他方法相结合。有时，研究者会用像大五人格量表(《NEO-PI-R》)这样的人格问卷来测量特质的五因素模型(Costa & McCrae，1985)，还会用自尊量表(Rosenberg，1965)，或是开放式提问的方式测量个人主义—集体主义(Oyserman，1993)。阿内莫里等(2004)的研究结合背景问题(性别、年龄、父母的最高学历、他们期望达到的最高学历)来使用内容分析方法，对他们的两个研究问题进行探索。

第三步：决定什么类型的材料能够回答研究问题，以及采取什么样的最佳方式获得这些材料。这里要强调的关键是，不要让指导语过于宽泛("给我讲述你的人生故事")，也不要像自陈问卷那般过于结构化("你更喜欢平静的湖水还是奔腾的小溪？")。阿内莫里等(2004)所使用问题的结构就恰到好处("告诉我明年你最可能实现的可能自我"和"你试图避免或害怕成为的可能自我")。额外的指导语"列出对你来说最有意义的三个"，目的是要确保研究者知道什么对被试来说最重要。指明数量为"三"是要确保被试给出适量的信息，而不会太多(使解码变得困难)或太少(导致无法分析)。

第四步：决定编码的分析单位。它可能是一个短语、一句话、一段文字，甚至是一篇文章。一旦确定了分析单位，我们就可以创建一个评分系统，以获得和量化我们想要的概念。在阿内莫里等(2004)的研究中，分析单位是被试所描述的可能自我。对大部分被试来说，这指的是一个短语或一个短句。

第五步：选择或发展一套内容编码系统。由于建立在过去研究的基础之上，因此阿内莫里等(2004)的研究所使用的是已被之前的研究证实有效的编码方式，而没有独立设计方案。每一个期望自我和恐惧自我都被归入以下类别中一类：个人的(例如，焦虑、快乐、富有)、人际交往之间的(例如,与朋友保持联系,巩固关系)、职业/教育(例如,对未来工作的担忧,申请医学院)、业余生活(例如,参加俱乐部,游泳次数更多)、物质财富的获得(例如,有固定收入,拥有私家车)以及健康相关的(例如,处于良好状态,更少疲惫)。

  第六步:通过试测数据来测验和完善编码系统。在阿内莫里等(2004)的研究中,这个步骤并不需要,因为他们使用的编码系统之前已在大学生身上被证实有效。然而,当在一个新领域,用一种新的测量,或是从未接受过测验的人群中做研究时,这个步骤就显得至关重要。通常,在研究者准备收集数据之前,就必须对编码系统进行进一步完善。

  第七步:训练编码员,获得编码员之间足够的一致性。在训练编码员如何找出目标并做出判断时,研究者要确保编码员并不知道实验假设。这样,编码员就不会在等级评定过程中产生偏见。

  第八步:收集回答。这里,研究者要注意,收集数据的工作要在相同的条件下进行。理想的做法是,数据不能由编码员收集,以免他们不注意地对回答产生偏见。

作为定性资料的一种形式,开放性问题通常用于研究人们的思想、感受和反应。

  第九步:编码数据。这里的第一步是要转录回答,将名字和其他身份识别信息移除,以此来保护被试的身份。研究者一般将使用数字代码或名字代号来追踪数据。接下来由编码员进行判断或等级评定,研究者要确认编码员正确地使用编码系统,并且显示出足够的一致性。

  在阿内莫里等(2004)的研究中,两组双语编码员(英语和西班牙语;英语和日语)在不知道研究目的的情况下,各自阅读回答的一部分。一旦编码员之间获得92%到96%的一致性,每对编码员中的一个将继续阅读欧裔美国人、日裔美国人、智利人或者日本人样本剩下的回答。

  第十步:分析数据。这里,研究者要寻找模型,计算不同类别回答的百分比,算出频率数据,进行合适的统计分析,然后画出图表。例如,在阿内莫里等(2004)的研究中,研究者计算出可能自我的六种类别的数量,类别中同时包括期望自我和恐惧自我。他们的数据结果见图 5.4 和图 5.5。

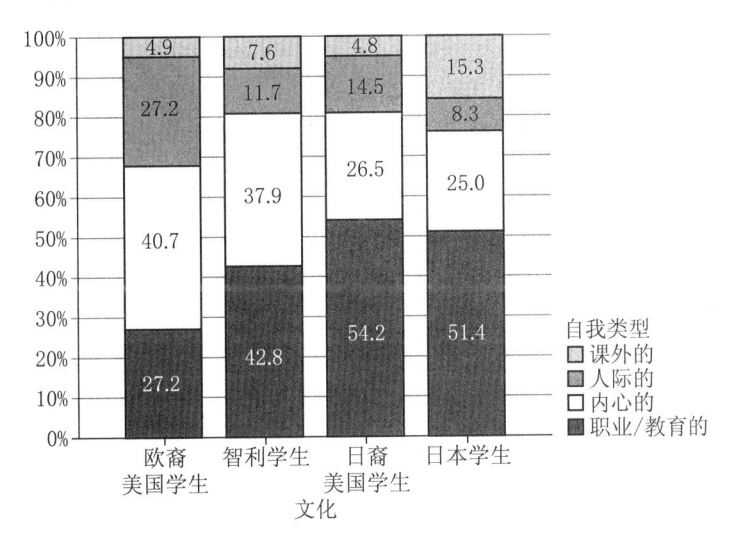

图 5.4 欧裔美国学生(EA)、智利学生(CH)、日裔美国学生(JP)以及日本学生(JN)四种自我类型中的期望自我的百分比。来源：Reprinted with permission from Unemori, P., Omoregie, H., & Markus, H.R.(2004), "Self-portraits: Possible selves in European-American, Chilean, Japanese and Japanese-American cultural contexts," *Self and Identity*, 3, 321—338. Permission conveyed through the Copyright Clearance Center。

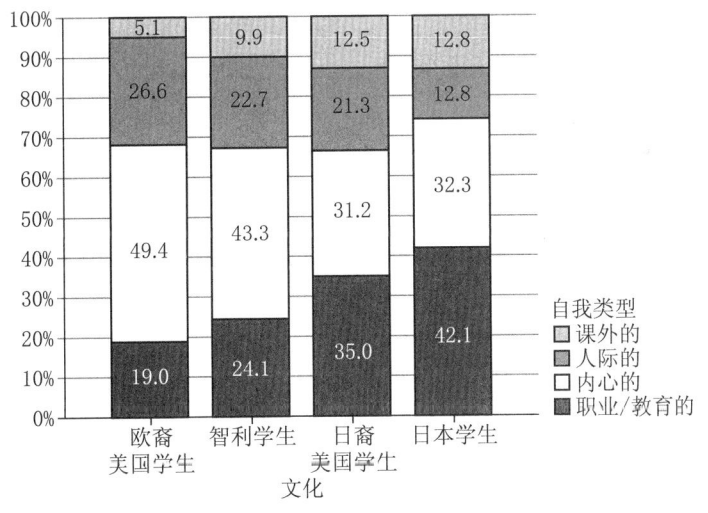

图 5.5 欧裔美国学生(EA)、智利学生(CH)、日裔美国学生(JP)以及日本学生(JN)四种自我类型中的恐惧自我的百分比。来源：From Unemori et al.(2004, Figure 2, p.331). Reprinted with permission from Unemori, P., Omoregie, H., & Markus, H.R.(2004), "Self-portraits: Possible selves in European-American, Chilean, Japanese and Japanese-American cultural contexts," *Self and Identity*, 3, 321—338. Permission conveyed through the Copyright Clearance Center。

那么,阿内莫里等(2004)发现了什么呢？基本上,在期望自我和恐惧自我上都发现了文化差异。欧裔美国学生报告了更多的人际交往自我,而日本学生、智利学生和日裔美国学生报告了更多职业/教育自我。欧裔美国学生和智利学生样本都显示出期望自我和恐惧自我之间更多的平衡，而日裔美国学生和日本学生样本则表现出期望自我和恐惧自我之间更多的相似性。

第十一步：解释结果。问题越是开放，这部分就越具有挑战性。类似的，编码系统越是定量，这部分就越容易。不论方法如何，解释结果的第一步是看数据对原始研究问题做出了什么解答。之后，研究者应该考虑如何将当前的研究结果与之前的研究发现相联系。最后，研究者应该考虑有待未来研究解决的问题。通常，最好的研究所提出的待解答问题要比已解答的问题多！

在这个研究中，阿内莫里等（2004）的解释结果表明，无论身处哪种文化，一流大学的学生对未来都有着相似的期望和恐惧，包括友情、人际关系和事业。然而，不同领域的相对重要性则随着文化不同而不同，个人主义文化下的学生会更注重内部特质和人际关系，而集体主义文化下的学生要达到父母和社会的期望，会更注重学业成功、继续深造和未来事业。最后，需要更多的研究来关注下面这个问题，即期望自我和恐惧自我之间的相似性是如何激励日本学生，而二者之间的平衡又是如何激励美国学生的。

正如你所看到的，进行定性研究的一般过程与定量研究非常相似。两者最大的不同在于编码系统的制定和验证，而这一部分我们称之为内容分析。

社会身份认同

要知道我们是谁，其中很大程度上要看当与他人一起时我们是谁。我们是否以某种方式有目的地展现自己来获得他人的尊重？我们的行为又是否以某种方式来适应情境？或许威廉·詹姆斯的话放在今日更为合适，因为因特网为我们提供了另外一个向他人定义、美化和展现自己的方式。在这部分，我们将讨论一般的自我展示策略，对人格变量进行探索，来了解人们为融入社会而改变自己的程度。

自我展示

想象一下，你正在为一个重要约会做准备。你已经被这个人吸引很久了，而现在，你将有机会与这个心仪对象单独约会。你希望能留下一个好印象，这样第一次约会就将开启你幸福的一生。为了成功地留下最佳印象，你会怎么做？你的穿着会如何？你又会说什么（和避免说什么）来令这个人喜欢你呢？

或者，试想你要去参加一个工作面试，而且你非常想得到这份工作。你想向面试官表现出什么样的形象？你又会如何穿着？或许，几乎是一定的，你会谈论你的才能和成就。你会尝试引导面试官不要触及你的缺点吗？你会尝试美化你的缺点吗（例如，"我的朋友们说我工作太认真了"）？

"一个人通常有很多的社会自我，以至于你可以从他身上看到不同的形象。"

威廉·詹姆斯（1890，pp.189—190）

对大部分人来说，第一次约会(Rowatt，Cunningham，& Druen，1998)和工作面试(Rosse，Stecher，Miller，& Levin，1998)是我们最可能进行**自我展示**(self-presentation)的两个场合：举止、谈吐或者着装都通过特定的方式来向他人传递特定的形象(Paulhus & Trapnell，2008)。根据这个观点，"整个世界就是一个舞台"，这句话引自莎士比亚，并且由社会学家欧文·戈夫曼做出了详尽的解释。演员们(即，人们)以一定方式策略性地展现自己，来建立、保持或者修饰自己在"观众"心目中的特别形象——例如，另一个人，其他人(Goffman，1959)。对公共场合的自我展示管理被称为**印象管理**(impression management)(Paulhus & Trapnell，2008；Schlenker & Pontari，2000)。

人们可以根据自己原本的形象进行**真实的自我展示**(authentic self-presentation)，又或者会别有用心地尝试使用**策略性自我展示**(strategic self-presentation)来塑造一个特定的形象(Jones & Pittman，1982)。例如，人们倾向于通过其网络约会档案进行自我展示，以便使自己在潜在约会对象眼中显得更具魅力(Toma，Hancock，& Eillison，2008)。女人会在体重上撒谎，男人则在身高上撒谎。而且，无论是体重还是身高，人们越是远离平均水平，越倾向于夸大事实。人们所报告的关系信息往往最为准确，而照片的真实性则最低。

虽然有各式各样的自我展示策略——据统计多达 12 种(Lee，Quigley，Nesler，Corbet，& Tedeschi，1999)！最常见且最有影响力的则是琼斯和皮特曼(Jones & Pittman，1982)确定的五种基本策略：**讨好、威慑、自我推销、以身作则**和**恳求**(Paulhus & Trapnell，2008)。对于每一种自我展示策略，演员都是通过语言和非语言的线索来塑造特定的形象(DePaulo，1992)，并使用各种心理策略来创造一个特定的印象。但这种自我展示往往会适得其反：一旦观众看到其真实面目——仅仅是展示策略，而非真实的自我展示——这种方法通常就会失效。表 5.8 总结了最常用的策略。

表 5.8　五种最常见的自我展示策略

策略	投射的形象	唤起的情绪	如何做到	避免	例证
讨好	讨人喜爱的	喜爱	奉承　同意　相似　团结　兴趣	被发现　被视作谄媚者	"奉承无所不能"
威慑	危险的	害怕	尊敬	太具有威胁性	"我会生气，我会恼怒"
自我推销	能干的	尊敬	要求表现	自负	"当我做到时，我会展示出来"
以身作则	好榜样	内疚	自我否定	伪善	"照着我的样子去做"
恳求	无助的	培养	唤起共情　唤起责任感	丧失自尊　受害者指责	"你是我唯一的希望"

来源：Reprinted with permission from Jones, E.E., & Pittman, T.S. (1982), "Toward a theory of strategic self-presentation," as appeared in. J. Suls (Ed.), Psychological perspectives on the Self, pp.231—262. (Hillsdale, NJ: Erlbaum). Permission conveyed through the Copyright Clearance Center.

谁更可能会使用自我展示策略？首先，与朋友相比，我们更倾向于对陌生人使用自我展示策略(Tice, 1995)。其次，在日常生活中常会撒点小谎的人比诚实的人更会进行自我展示(Kashy & DePaulo, 1996)。再次，性格外向的人比性格内向的人更易于使用自我展示策略。例如，就选择照片放到社交网站上而言，正如你想象的那样，会有很多自我展示的空间。结果发现，与内向者相比，外向者展现自己的方式可能相对不那么保守，会选择一张独特的个人照片(Krämer & Winter, 2008)。在下页的图片中，你能猜出谁属于外向型性格吗？最后，有些人，例如，高自我监控者(Turnley & Bolino, 2001)和政治感敏锐者(Harris, Kacmar, Zivnuska, & Shaw, 2007)比他人在运用自我展示技巧更得心应手。

"我试图在我自己的头脑中塑造令我满意的自我形象，迥异于我所塑造的意在让别人满意的自我形象。"

W. H. Auden, Hic et Ille(1956)

"整个世界就是个舞台，所有的男男女女不过是其中的演员。"

威廉·莎士比亚，《皆大欢喜》(第二幕，第七场，139—166行)

思考题

每个人肯定都想在第一次约会的时候给对方留下好印象，但第二次该如何做呢？在真实的自我展示或者策略性的印象管理方面，你做得是否越来越好呢？为什么？

自我展示2.0。外向者比内向者更倾向于通过使用不寻常或风格化的照片，而非现实的彩照来使自己看起来更开放。图中来自德国社交网站StudiVZ的照片展示了普通风格(左上)以及其他不同风格的照片。上排(从左到右)：普通照片、部分面部照、不同风格照(如，黑和白)。下排(从左到右)：做鬼脸、摆拍、场所照。

来源：Krämer and Winter(2008, Figure 1, p.109)。

自我展示与一整套社会行为相关,包括给予和接受帮助、从众性、逆反性、态度表达、态度改变、应对评价、攻击性和情绪情感(Baumeister,1982)。例如,由于想给他人留下一个好印象而"展现最佳面貌"事实上能改善我们的心情(Dunn, Biesanz, Human, & Finn, 2007)。

然而,自我展示也会对我们的健康造成危险。一篇综述指出,当与他人在一起时,我们就会希望以某种特定方式展示自我,比如不愿使用防晒霜或者某些化妆品,进行不安全性行为,使用类固醇药物,造成进食障碍,遭遇伤害和意外死亡,吸烟,不运动,滥用酒精和药物(Leary, Tchividjian, & Kraxberger, 1994)。

自我监控

对一个人来说,始终进行自我展示是可能的吗?大部分人只在某些时候会控制自己的行为和情绪表达,而有些人却似乎特别注意他们所塑造的形象。**自我监控**(self-monitoring)指的是一种人格特质,即描述人们能够意识到并管理自我展示、表现行为和情绪的非语言行为,来操控自己在他人眼中的形象和印象的程度(Snyder,1979)。与其他特质一样,自我监控所描述的行为是由低到高的连续体。

高自我监控者对社交场合中他人的行为尤其敏感,并将他人的行为作为自己行为的指导方针。相反,低自我监控者较少关心社会适应,所以对他人在一些场合中的行为较少关注。低自我监控者对自我展示的监察和控制远远少于高自我监控者。高、低自我监控者的同伴评级即可证实这些差异(Snyder,1974)。当处于一个新情境下,高自我监控者会问自己:这种情境需要我成为什么样的人,我又如何可以成为那样的人(Snyder,1979,p.102)?低自我监控者更倾向于想:我是谁,这种情境下我如何能做我自己(Snyder,1979,p.103)?表5.9给出了《自我监控量表》中的一些测题样例(Snyder,1974; Snyder & Gangestad,1986)。

表5.9 《自我监控量表》中的测题示例

高自我监控者会同意以下描述:
1. 我认为我通过装样子给人留下了好印象。
2. 在不同场合和不同人面前,我的行为举止会相应地变化。
3. 我并不总是像我现在看起来这样。
4. 即使我不喜欢别人,我也会装作很喜欢。
低自我监控者会同意以下描述:
1. 我认为模仿他人的行为举止太难了。
2. 我的行为通常反映了我真实的想法、态度和信念。
3. 在社交场合,我的言行并不为了取悦他人。
4. 我只会赞成我确信的东西。

来源:From M. Snyder(1974, Table 1, p.531). Snyder, M. (1974). Self-monitoring of expressive behavior. *Journal of Personality and Social Psychology*, 30, 526—537. Copyright American Psychological Association. Adapted with permission.

正如我们所想的那样,专业舞台演员在自我监控上要强于大学生,而住院精神病患者的自我监控能力则更弱(Snyder,1974)。优秀的政治家所掌握的自我监控技能是他们的优势。例如,经济大萧条时期受欢迎的纽约市市长菲奥雷洛·拉瓜迪亚被认为非常擅长阅读人群和模仿他们的言谈举止,以至于有人可以通过观看他公开亮相的默片,就可判断出他正在给哪个族群进行演讲(Snyder,1974)。

与高自我监控者相比,低自我监控者在不同场合的表现行为更为一致,并且在态度和行为之间也显示出更高的一致性(Snyder,1979)。在社会互动方面,他们也存在差异(Ickes,Holloway,Stinson,& Hoodenpyle,2006)。高自我监控者倾向于引导对话的发生,以及控制与陌生人社会互动的顺畅性,尤其是在特殊情况下(Snyder,1979)。

虽然我们会将高自我监控者视作社交变色龙,但他们却认为这是灵活性和适应性极强的表现(Snyder,1979)。另一方面,低自我监控者会赞同莎士比亚的《哈姆雷特》中波洛尼厄斯对高中生雷欧提斯的建议:"做真实的自己。"(Snyder,1987)

除了在自我展示、对自我态度和情绪的认知、对情境需要的敏感性这些方面存在差异,高、低自我监控者也在以下这些方面表现出不同,如选择朋友、亲密关系、消费行为,甚至职场行为(Leone,2006)。高、低自我监控者在友情、爱情和长期关系上似乎有着不同的需求(Leone & Hawkins,2006)。例如,想象一下,你获得了城里最热门乐队的免费入场券。你会想带谁一起去,你最好的朋友,或是对这个乐队真的感兴趣的普通朋友?

当要处理活动和朋友的关系时,高自我监控者会根据活动来选择朋友,而低自我监控者则根据朋友选择活动(Snyder,Gangestad,& Simpson,1983)。也就是说,高自我监控者会依据活动的需要,相应地邀请适合的朋友同去(例如,"即使约翰是一个较好的朋友,但也不是同去演唱会的合适人选")。低自我监控者认为,根据他们想呆在一起的朋友,进而选择相应的事情来做(例如,"简是我最好的朋友。此外,与她呆在一起我都觉得非常有趣,不管活动如何")(Snyder et al.,1983,p.1069)。因此,高自我监控者趋向于有很多不同群体的朋友(例如,"我的足球之友","我的工作朋友","我的同学朋友")。低自我监控者的朋友们可能会属于存在交集的群体(Snyder et al.,1983)。

高、低自我监控者在恋爱关系中的需求似乎也不同(Jones,1993)。在恋爱关系中,与高自我监控者相比,低自我监控者表示只要与伴侣在一起就会很开心,而且更看重潜在约会对象的善良与体贴、诚实与忠诚,以及正直的品性。高自我监控者则比低自我监控者报告了更多关于恋爱关系中的外在奖励(例如,社会关系、机会),而且对潜在约会对象的外表吸引力、性吸引力、社会地位以及财力这些品质更为看重。

对高、低自我监控者具有吸引力的广告类型同样也存在差异(DeBono,1987,2006;Snyder & DeBono,1985)。高自我监控者更容易被注重产品外形的炫目广告所吸引,而低自我监控者更容易被注重产品性能的广告所影响。而且高、低自我监控者对消费品的评价态度也不同(DeBono,2006)。在高自我监控者看来,所谓的优质产品是能提升自己形象的产品,而低自我监控者对产品质量的评价更多来自产品性能。

甚至在职场中,高、低自我监控者也会表现不同(Day & Schleicher,2006)。与低自我监控者相比,高自我监控者在人际交往和工作表现上更好。他们常常会成为工作团体的领导者。自我监控与跳槽率没有本质上的关联,但与换工作的原因相关(Jenkins,1993)。一旦低自我监控者的认同感降低,他们就很可能会放弃这份工作。高自我监控者则不关心对组织的认同感,但会因为对工作的满意度不高而放弃工作。

思考题
你更多的是为了活动选择朋友,还是为了朋友选择活动?

> "一个人的自我就是他能够称之为'他'的事物的总和。这些事物不仅仅是他的身体和精神,也包括他的衣服、房子、妻子和儿女、父辈和朋友、声名和工作、土地和骏马、游船和银行账户。所有这些都给他带来相同的情感。如果这些事物日益增多变强,那么他就会有成功的满足感。如果它们日渐衰弱和萧条,那么他就会感到沮丧——对待每件事物的程度不必相同,但对待所有的东西态度却是一致的。"
>
> 威廉·詹姆斯(1890, p.188)

高自我监控或低自我监控是否存在优劣差别呢?是否一种类型就比另一种健康呢?事实上,高、低自我监控者在神经质、智力、学业成就、社会焦虑、成就焦虑,或是职业兴趣上并不存在差异(Snyder, 1979)。而且,高、低自我监控者在抑郁的比例上也不存在差异,但在引起抑郁的原因上存在差别。高自我监控者更可能因为自我展示受到威胁而低落,如无法组成一个团队,错过了戏剧中的一个角色,或是失去了一次工作机会。低自我监控者更会因为无法做真实的自己而抑郁,比如,与不喜欢的人一起工作,被人称作伪君子,或是发现一个亲密的朋友不再分享重要的观点或态度(Snyder, 1987)。基本来说,这只是接近和融入社会的两种方式。

本章小结

我是谁?到目前为止,你应该比较了解人格心理学对这个问题的解答了。我们的自我的组成部分包括自我概念(我们看上去如何)、自尊(我们自我感觉如何)和社会身份认同(我们向他人展示的部分)。

我们的自我概念随着社会经验的增加而发展,伴随成熟和认知发展。镜子测验已论证过,自我认知是一项非常成熟的技能,在类人猿、海豚、大象和人类身上都发现了该项技能。在与他人互动的过程中,我们不断发展和完善自我概念,产生自尊并且理解身份(即,社会如何看待我们)。简单来说,我们通过三方面知识发展自我,其中的两种基于我们与他人的社会互动:社会比较、反映评价,还有一种就是自我评价。

关于我们如何看待自己,文化在其中发挥了极大的作用。生活在相对个人主义文化下的人们发展的是独立的自我概念,而在相对集体主义文化下的人们发展的则是依赖性的自我概念。这些自我概念在定义、结构、特性、任务、他人角色及自尊基础方面都存在差异。《二十项陈述测验》已被用于比较跨文化人群的自我概念。

可能自我也包含在自我概念中,包括未来我们预期成为谁、希望成为谁,以及害怕成为谁。这些不同的自我能帮助我们设定目标,并且保持动力来实现这些目标。

自我、身份认同和同一性危机是现代概念。自从1890年由心理学之父威廉·詹姆斯提出以来,自我概念已经变得越来越复杂,而且自我也会随年龄而改变。

作为自我的评价成分,自尊可以被描述为高或低、稳定或不稳定,以及整体或针对具体领域。高自尊的人比低自尊的人拥有更明晰的自我概念。

无疑,自我感觉良好是一件好事,但是,低自尊是否就是所有社会问题的根源呢?虽然,人们通常认为,与低自尊的人相比,高自尊的人更聪明,更讨人喜欢,更具有外表吸引力,在学校表现更好,在工作中成就更大,生活中满意度和幸福感更高,但是研究并不支持这一看法。类似地,低自尊就代表有问题、会引起人际关系问题、具有攻击性、酗酒和药物滥用、过早性行为、意外怀孕,以及其他社会问题,这也是不正确的。

产生这些谬误的原因有很多,如对研究的误解,不同种类的高自尊掩盖了自尊的真实效应,在自我评定中存在固有偏差,没有意识到低自尊事实上仅是中等自尊,以及错将相关当作因果关系。例如,自尊常常是学校、工作和生活成就的结果——而非原因。还有,第三变量(例如,家庭背景)的作用并未得到足够的研究。如果教导的内容是个人努力是不重要的,试图通过偶然奖励来增加自尊的干预活动(比如表扬)会产生误导作用,甚至还会适得其反。

另外,人格心理学家们在研究中会使用定量和定性研究方法。定量研究方法包括测量或分数,而定性研究方法包括对文字材料的内容分析。在进行内容分析过程中,包含有很多步骤,其中最重要的就是进行合适的开放式提问,以及对被试回答的编码和分类要谨慎。

✓ **学习和巩固**:在网站 mysearchlab.com 上可以找到更多学习资源。

最后,我们的社会身份是我们与他人共享的部分自我。我们可能会进行真实的自我展示,或者使用策略性的自我展示来塑造在他人眼中的特定形象或印象。形象可以是个人独有的,也可以是公共的。公共场合的自我展示被称为印象管理。最普遍的自我表现策略有讨好、威慑、自我推销、以身作则与恳求。

一些人——高自我监控者——似乎可以持续控制环境并相应地改变他们的行为。高自我监控者会努力地去满足环境的需求;低自我监控者力争在所有情况下都做真实的自己。高、低自我监控者在很多方面都存在差异,诸如行为一致性、自我展示、对自我态度和情绪的认知、对环境需求的敏感性、对朋友的选择、亲密关系、消费行为以及职场行为。

这些仅仅是人格心理学家所研究的自我的一部分。可以说,有一件事是确定的:对自我的研究绝对属于人格心理学领域最让人着迷的主题之一。

问题回顾

1. 心理学家所研究的自我包括哪三部分？
2. 什么是自我概念？动物有自我概念吗？我们如何知道？自我概念如何发展？在自我概念、自尊和社会身份认同的发展中有哪些主要的里程碑？
3. 描述《二十项陈述测验》。在 TST 中，回答可被分为哪四类？文化如何影响自我概念？独立性自我和依赖性自我之间存在哪些重要的差异？
4. 什么是可能自我？心理学家所确定的可能自我有哪些不同的类型？积极可能自我和消极可能自我对适应环境有什么影响？可能自我会产生变化吗？如何改变？
5. 随着时间变化，自我如何发生改变？人格心理学家现在怎么定义自我？
6. 什么是自尊？高自尊的人有什么表现？低自尊的人有什么表现？什么是自我设限？这是一个有效的策略吗？说出你的理由。
7. 关于自尊有哪些流行的观点？关于这些观点，研究证据是如何说的？
8. 什么是定性资料？什么是定量资料？什么是内容分析？内容分析包含哪些步骤？
9. 什么是社会身份认同？什么是真实性自我展示？什么是策略性自我展示？策略性自我展示有哪些方法？
10. 什么是自我监控？高自我监控者和低自我监控者之间有哪些主要的差异？是否其中某一类型优于另一类型？

关键术语

《二十项陈述测验》	个人主义	定量方法
自我概念	集体主义	内容分析
镜子测验	个人主义文化	社会身份认同
客观自我意识	集体主义文化	自我展示
反映评价	自我的独立观点	印象管理
镜子中的自我	希望自我	真实的自我展示
身份	恐惧自我	策略性自我展示
身份认同危机	可能自我	讨好
刻板印象威胁	自尊	威慑
属性自我描述	自尊稳定性	自我推销
社会性自我描述	自我概念的明晰性	以身作则
整体自我描述	自我设限	恳求
生理自我描述	定性方法	自我监控

第6章

遗传学

先天因素和后天因素
共同作用的基因与环境
 遗传力
 环境影响力
 共享与非共享环境
 评估遗传力
研究方法示例:相关设计Ⅰ　收养研究和双生子研究的逻辑
一般人格特质的遗传力
过去和现在:遗传科学
基因和环境:辩证综合

基因型—环境的交互作用
基因型—环境的相关关系
 基因型—环境的相关类型
 证据是什么?对基因型—环境相关关系的实证研究
日常生活中的人格:遗传学研究能够带给我们什么?
本章小结
问题回顾
关键术语

到我的搜索实验室(mysearchlab.com)阅读本章

"人类是一件多么了不起的杰作!多么高贵的理性!多么伟大的力量!多么优美的仪表!多么文雅的举动!在行为上多像一个天使!在智慧上多像一个天神!宇宙的精华!万物的灵长!"

威廉·莎士比亚,《哈姆雷特》,第二幕,第二场。

这些台词,你是否熟悉?很显然你知道。但是,你是否还记得在这之前的一些台词呢?

  我最近——但不知道为什么——失去了所有的欢乐。

以及第二幕、第一场：

> 哦，但愿这太过坚实的肉体能够熔解，消融，化成露水！
> 或者，那永生的真神未曾制定禁止自杀的律法！上帝啊！上帝啊！
> 人世间的一切在我看来是多么可厌、陈腐、乏味而无聊！

哈姆雷特非常沮丧。当然，他有充足的理由，因为他的父亲刚刚去世，而叔叔正图谋篡位，此外他的母亲也即将再嫁。是什么让一个人变得抑郁？抑郁是由遗传特质所导致的吗？例如，一些人注定会表现得忧郁？或者，抑郁是否由经验所引起，这些经验足够强大以至于能让几乎所有人都变得消沉？

多年以来，心理学家一直致力于寻找导致抑郁的原因。在临床上，抑郁症表现为过度悲伤、丧失兴趣、缺乏活力、绝望、无价值感，甚至产生自杀念头。尽管生活事件，诸如父母离世、失业或者压力无疑会使人们陷入悲伤的状态，但究竟什么才是造成抑郁的根本原因？

由于已经有一些心理学家注意到了抑郁症在家族（或者至少是一部分家族）中流传的现象，研究者试图发现抑郁症的遗传机制。我们来看看哈菲尔等（Haeffel et al.，2008）所做的一项研究。他们在位于俄罗斯北部地区的阿尔汉格尔斯克地区采集到一组被法院判处到地方青少年拘留所的男性青少年被试。由于这一样本较为单纯——约有98%的人是俄罗斯血统——因此有利于科研人员对其进行抑郁症遗传机制的研究。

研究者试图在这群青少年中寻找抑郁症者和非抑郁症者在遗传和环境方面的差异。令人吃惊的是，他们没有发现任何差异。也就是说，他们并未发现基因或者环境因素对抑郁症的发病率具有影响。

但是，当研究者根据**基因型**（genotypes）来进一步划分被试样本时，结果就大不一样了（参见图6.1）。如果一个年轻人处于高压环境（该研究通过母亲的拒斥来测量）且属于3号基因型，那么他患有抑郁症的几率就非常大。但是，如果个体不处于高压环境，那么

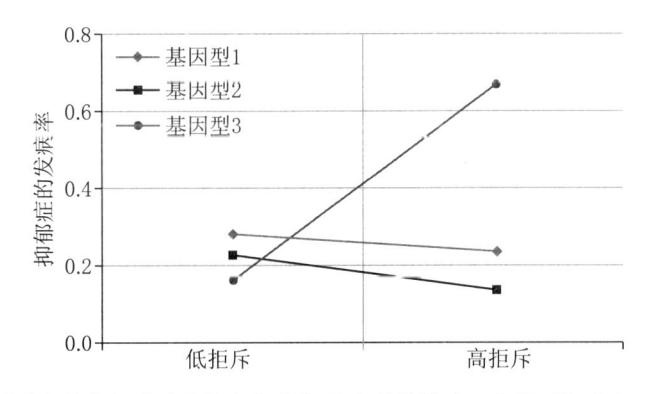

图6.1 基因型和母亲拒斥对于临床抑郁症发生率的影响。来源：Haeffel et al.(2008，Figure 1，p.66)，Haeffel, G. J., Getchell, M., Koposov, R. A., Yrigollen, C. M., De Young, C. G., af Klinteberg, B., et al.(2008)，"Association between polymorphisms in the dopaminetransporter gene and depression", Psychological Science, 19(1), 62-69. Blackwell publishing 许可转载。

不论其具有何种基因型,他都不太可能患抑郁症;或者,个体处于高压环境但却具有1号或2号基因型,那么其罹患抑郁症的概率也相对较小。而且,综合考虑环境因素和基因型还将有利于对诸如自杀念头和抑郁症状等相关结果的预测,但却不能预测诸如焦虑障碍等与之无关的心理问题。这就表明,基因和环境之间存在着神奇的(本例中也许使用"令人警醒的"一词更为恰当)相互作用。

如同哈菲尔等(2008)一样,其他研究者也发现,要找到基因对于人格特质的主效应真是十分困难(Krueger & Johnson, 2008)。这就突出了本章的重要主题:问题并非影响人格的因素到底是基因还是环境,因为二者皆有;真正的问题应该是,基因和环境究竟是怎样共同作用从而影响到人格的。要回答这个问题,我们有必要先来了解一些**行为遗传学**(behavioral genetics)的基本知识。行为遗传学旨在研究基因和环境对人格及行为的个体差异所产生的影响(DiLalla, 2004)。(如要知晓你对于这些问题的看法,你可以尝试表6.1中的自我评估。)

表6.1 基因和环境对于人格的影响有多大?

指导语:根据下文的人物特质描述,在表中填写四名家族成员或朋友。这四人与你的血缘关系是不同的,而且在你幼年成长时他们中有些与你共同居住,而有些则没有。

人物1=遗传学上的父母(尽可能填写同性成员)
人物2=遗传学上的兄弟姐妹(尽可能填写同性成员)。如果你是独生子女,可填写堂(表)兄弟姐妹或者其他亲戚。
人物3=无关人物(或者关联程度小于人物2),在你幼年成长时与你共同居住。
人物4=无关人物,在你幼年成长时未与你共同居住(如,好朋友、同伴、室友)。

如果你无法想到人物1到3中的任何一个,那么可以填写与你共同居住的人,即使他们与你没有关系,然后再将他们与那些在你幼年成长时未与你共同居住的人进行比较。

接下来,请对表格中的人物与你的相似性进行评分:

1	2	3	4	5	6
完全不同	不同	不同多于相似	相似多于不同	相似	非常相似,几乎一样

	人物1	人物2	人物3	人物4
人物姓名				
特质				

1. 身高
2. 幽默感
3. 体重
4. 政见
5. 冒险性
6. 音乐品位
7. 外向性
8. 焦虑
9. 个人主义倾向
10. 技术天赋

根据你的评分,你是否愿意猜测一下,对于表中的每项人格特质,哪种因素对其发展有着更重要的影响,基因还是环境?最后,你认为每项人格特质的发展是受到基因或者环境的单独作用,还是共同作用,抑或是二者之间的相互作用?

本章的主旨并非呈现一张受到遗传影响的人格特质的目录，因为那太长了！我们也无意于探索某些对于人格发展有着重要影响作用的基因的分子机制，因为一部教科书是无法跟上实证研究迅捷发展的步伐的。事实上，我们所要关注的是理解如何采用遗传学原理来解释人格的个体差异。以这一广义的理解作为基础，你就能够理解你在本书中所看到的所有人格特质背后的遗传学原理，而且在将来看到有关方面的新闻时你也能够理解遗传学研究的最新进展。

先天因素和后天因素

试想一下，你在完成一份标准化测验时看到了这样一道题目：

柠檬水是

A. 柠檬汁

B. 水

C. 糖

你会怎样回答这道问题？你是否会有所警觉，并怀疑这是出题人设置的陷阱？总之，所有人都知道柠檬水是由A、B、C三样东西做成的！事实上，我们可能会说，柠檬水是由上述三样东西混合而成，却不同于其中任何一样的饮料。因此，很显然，这道问题毫无意义。但是，让我们来看一道同样无意义的问题：

外向是

A. 遗传的

B. 受文化影响的

C. 受家庭影响的

D. 是你所有经历习得的特质

当我们试图理解人类行为时，这个问题就同样变得毫无意义。也就是说，人类行为——尤其是人格——是一种由遗传和环境因素共同构成却又无法拆分的混合物。事实上，在先天—后天争论中站队是一个巨大的"科学错误"（Krueger & Johnson，2008，p.287）。所以，如果你在想基因是否决定了你的人格，那么我们建议你就此打住：人格是柠檬水！（这个非常有趣的例子来自于Carey，2003，pp.2—3。）

对于先天—后天问题的最好表述是，二者是交互的关系。也就是说，基因和环境可以单独作用，可以共同作用，也可以相互作用（Canli，2008，p.299）。当我们单独谈论遗传力和环境影响力时，我们其实是假设了基因和环境对于整个人格都有着各自独立的影响。也就是说，基因和环境对人格的影响是独立的，但同时也是并行的（即，同时作用）。读者可以认为基因和环境是"合作演员"（Cardno & McGuffin，2002）。在后文中我们将会发现，上述内容只是最简单的情况，而非人格发展的所有方面。

"环境因素对人类行为的个体差异总是有着影响……迄今为止的研究表明，人类行为的个体差异在几乎每一个维度上都受到了基因的影响。"

Carey(2003, pp.3—4)

基因和环境的合作:在生理和心理上,我们都是遗传和环境共同作用的结果。

更有趣的情况是基因和环境会相互作用,例如,它们会通过共同的作用来影响个体人格的发展。你听说过这句话吧,"整体大于部分之和"。当然,一样的环境对于具有不同基因结构的个体也会有不同的影响。我们将这种先天和后天的结合作用称为基因型—环境相互作用。现在,我们有了更为精确的探测人类基因组的方法,尤其是在分子水平上,人格研究者正在这个领域进行着潜力无限的开创性研究。这就是我们在本节开头所提到柠檬水的部分原因。糖、柠檬汁、水,当它们以正确的比例混合时,混合物较之这三者就有了本质的区别(而且更好!)。

然而,另一种可能性是,我们无法分离基因与环境的作用。但如果人们改变了环境,环境也改变了人,难道我们真的就不能将基因与环境影响分解开来吗?这被称为基因型—环境相关。这是将人格比作柠檬水的另一层含义:我们无法将组成成分分离开,因为它们是不可分离地混合在一起的。

事实上,一些研究者提出了一个公式来表述复杂的人格特质,一个被称为**表现型**(phenotype)的概念(Cardno & McGuffin, 2002, p.40):

$$\text{表现型} = \text{基因型} + \text{环境} + \text{基因—环境相关} + \text{基因—环境交互作用}。$$

接下来,我们将逐一了解这个公式中的每一部分。

共同作用的基因与环境

当说到一个特质是在基因和环境的共同作用下形成时,我们是如何知晓这一点的?

科学家能够估计出某个人格特质上的群体差异在多大程度上可以解释为由基因所引发。举个例子，试想一下你所在的人格课程班。班上的学生在身高维度上有着较大的变异。他们有些很高，有些较矮，但大多数人的身高接近平均水平。问题是，在这群人中我们所观测到的身高差异有多少可以归因于他们的基因结构？在本节，我们将了解遗传力与环境影响力概念。

遗传力

遗传力（heritability, h^2）是指在我们所观测到的某个特质上的个体差异中可以被解释为由基因差异所导致的量（Carey, 2003）。遗传力所针对的是群体中的差异，而非某个个体。不可以说你的身高中有多少是由基因决定的。但是，如果谈论的对象换成了一个群体，比如在你的人格课程班，我们就可以估计出约有80%的身高差异可以解释为由同学们的基因结构所造成，约有20%的个体差异是由同学们所处的成长环境造成的，剩下的一部分比例可以解释为测量误差（因为任何一种测量工具，尤其我们所使用的，是完美无误的）。

为了更好地阐述，试想一下你和朋友都爱做（也爱吃！）巧克力饼干，并且每次做出来的饼干味道都略有不同。为什么会这样？巧克力片的牌子不同？面粉类型不同？还是制作者不同？你会发现上述的原因都有可能导致巧克力饼干口味的差异。但如果我问你，哪一个对于饼干口味更重要：面粉还是鸡蛋？好吧，很显然，要做好一个饼干，这二者同等重要。因此，这个问题毫无意义。同样的道理也适用于理解遗传力：我们无法知晓何种因素更多地影响了某个个体的人格特质，但是我们可以知道基因和环境对于一个群体的某项人格特质的影响程度。

> "所有的特性都是可遗传的。"
>
> Turkheimer(2004, p.161)

思考题

什么样的环境因素可以解释一群人中的身高变异？

因此，遗传力是指特定的人格特质在特定时间和特定群体中的遗传。所以，有时对于遗传力的估计会因为研究者所采用的样本以及方法的不同而不同（Plomin, DeFries, McLearn, & McGuffin, 2008, p.86）。为了更透彻地认识这个问题，我们继续以身高为例，因为身高是一个在很大程度上受基因影响的性状。美国人的身高遗传力为80%或者更高一些，而中国人和西非国家人群的身高遗传力只有65%。在澳大利亚，一项研究估计，男性身高的遗传力高达87%，而女性身高的遗传力也达到了71%（Silvetoinen et al., 2003）！出现这样的结果正是因为各个族群的基因变异以及他们所处的独特环境。比如，

遗传力：就像饼干的不同是因为它们的原材料不同一样，特定人群中的人格差异也是由于其中个体遗传结构的差异。

美洲人、中国人和非洲人在本土气候、生活方式、饮食习惯上均不相同，此外在很多文化下还存在着基于性别的各种差异（Lai，2006）。这就是为什么遗传力被认为是一种仅适用于特定人群的估计方法了：这种估计的结果会随着样本的改变而改变。

环境影响力

基因不可能完全解释人格变量的变异，那么剩余的变异该由谁来解释呢？当然是环境！我们用**环境影响力**（environmentality，e^2）来表述这一概念。环境影响力估计了我们所观测到的个体差异能够被解释为由环境所导致的比例（Carey，2003）。所以，遗传力、环境影响力以及测量误差一起解释了我们在样本人群中所观测到的关于某个人格特质的全部个体差异。

到目前为止，你一定更清楚地了解了基因和环境共同作用于人类行为的事实，因此将先天和后天对立的做法是毫无意义的。一般来讲，某项人格特质的遗传力越大，那么其环境影响力就越小。反之亦然。尽管身高有着很大的遗传力成分，但也有着较强的环境影响力；环境的影响力有时达到了20%—40%。是什么样的环境影响着身高？最重要的因素是儿童时期的营养，尤其是蛋白质，还有钙、维生素A和D。值得注意的是，儿童成长时期的营养不良会危害成年时的身高。儿童时期的疾病也会限制身高的发育。同样，人类生长激素可以抑制一些有害效应（Lai，2006）。这就是具有相似基因结构的群体会表现出不同的遗传力估计值的原因：环境影响力。

我们在同等环境条件下发现了更高的遗传力（即，每个人所处的环境都是对等的，且在更多环境变量的条件下环境影响力的估计值显得更小；Plomin et al.，2008）。这是因为，当个体处于更丰富的环境条件下，整体环境所造成的变异量就会很小。举例来讲，肉类对于身高的影响是有限的。但是，如果某个社会中所有人或者接近全部的人都享受良好的医疗护理条件,并摄入高质量的蛋白质以及丰富的食物,那么此时我们会发现遗传因素体现出了较强的影响力。尤其重要的是,此时唯一能够变化的变量就是遗传。这就是遗传力的估计值在发达国家偏高而在发展中国家偏低的原因。事实上,美国社会的平均身高增长已经进入到了停滞期;这意味着,由于环境的影响,我们已经得到了当前条件下所可能达到的最大平均身高估计值了(Lai,2006)。

自测题

以你的大家庭为例,试想你的(外)曾祖父母、姑妈姨妈、婶婶舅母、叔伯舅舅以及堂表兄妹,你能够指出可以解释造成各人之间身高差异,尤其是代际差异的特殊的环境因素吗?

共享与非共享环境

过去,只有那些表现型中不能由遗传因素来解释的部分才会被归因于环境。然而,近年来,研究者试图更新这一认识;他们想要确定环境中影响到人格差异的确切方面。研究诸如身高或者人格等特质的环境影响力的方法是考察共同居住的家庭成员间的共享和非共享环境成分。

共享环境(shared environment)包括了家中孩子所共同面对的家庭环境的各个方面(Krueger & Johnson,2008),比如物理的、心理的以及社会环境方面(Carey,2003)。家庭的物理方面可以是指居所的类型(如,公寓或独栋房子)以及室内的陈设、家里电脑或者书籍的数量或者电子游戏的数量。家庭的心理方面包括了家庭氛围、父母的教养行为、孩子之间的互动以及精神病理学方面(例如,酗酒、滥用药物、抑郁症)。家庭的社会方面包括了社会经济地位、家庭结构、父母的受教育程度、城市或者农村环境以及宗教信仰。从广义上讲,任何不能被解释为遗传的部分(遗传使得亲人之间变得相似)都可以被认为是共享环境的一部分(Carey,2003)。

相反,**非共享环境**(nonshared environment)包括了家庭成员所拥有的致使他们之间产生差异的经历(Carey,2003;Krueger & Johnson,2008;Plomin, Asbury, & Dunn, 2001)。其中也包括了一些独特的经历。这些经历有些发生在家庭内部(例如,作为最年长者、作为独生子、与兄弟姐妹隔离、受到父母的区别对待),而有些则发生在家庭之外(例如,同伴、老师、体育运动、爱好活动)。当涉及人格时,绝大多数的环境影响都会成为非共享的环境变量(Krueger & Johnson, 2008;Plomin & Caspi, 1999;Turkheimer & Waldron, 2000)。令研究者吃惊的是,在更大程度上导致家庭成员之间相似性的是遗传性而非共享环境(Krueger & Johnson, 2008;Plomin & Caspi, 1999)。也就是说,在同一个家庭中成长的孩子相互之间并不会比在不同家庭环境下成长的孩子具有更多的相似性。即便孩子们都经历了同样的生活事件(如离婚),每个孩子也会因为其人格和年龄的不同而获得不同的体验(如,感到解脱或者感到像是世界末日)(Hetherington & Clingempeel,

1992)。环境当然是重要的;但是,环境中影响人格发展的重要部分却并非家庭成员所共享的环境。

也许就是家庭环境导致了孩子之间的差异(例如,"杰里是个爱冒险的孩子,托尼是个爱思考的孩子"),或者是研究者思考得过于宽泛,以至于没有能够找出共享环境中影响人格的特异成分。当然也有可能是,家长们根据孩子们不同的人格而对他们施以区别性的教养,以此为每个孩子创造出了独特的环境。出于上述原因,研究者们很难找到合适的时间点来准确地区分环境中的共享与非共享成分,并结合遗传因素来合并解释人格差异。

举例来讲,尽管我们都知道老师和同伴对于儿童的发展至关重要(e.g., Shaffer, 2009),但他们属于共享环境还是非共享环境呢？在绝大多数的行为遗传学研究中,来自学校、邻里以及社区的影响均被看作是共享的家庭经验,尽管它们实际上并非与兄弟姐妹共享,而且也不属于家庭范围! 为了将家庭经验与非家庭经验分离开来,一项研究采用了不同寻常的控制组。

理查德·罗斯及其同事(Rose & Dick, 2004/2005; Rose et al., 2003)找到一组被试样本。其中包括同卵双生子、异卵双生子以及从同一社区、同一学校,甚至同一班级找来的与每一名双生子一一匹配的控制组儿童。这项研究在芬兰进行。研究者要求父母将孩子送往离家最近的学校就读。这样,研究者就可以估计遗传(将同卵双生子和异卵双生子进行比较)、家庭环境(将双生子和与之匹配的控制组儿童进行比较)、非家庭环境(在来自同一班级的控制组儿童内部进行相互比较)以及个人环境(将来自不同社区的孩子进行比较)的分离效应。

自测题

你和父母或者你和兄弟姐妹之间共享了哪些物理、心理以及社会环境？

自测题

你和父母或者你和兄弟姐妹之间存在哪些物理、心理以及社会方面的非共享环境？

这批双生子是一项纵向研究的组成部分。该项研究被称为芬兰双生子研究(Rose & Dick, 2004/2005)。研究者只采用了同性别的双生子,而且他们还为每一名双生子被试匹配了与之同一学校、同一性别的控制组被试,其中90%与双生子被试是同班同学。研究者总共找来了333对同卵双生子、298对异卵双生子以及1 262名与之一一匹配的控制组儿童。研究被试总量达到2 524人,其年龄在11—12岁之间(Rose et al., 2003)。

研究者要求被试以"是"或"否"来回答一系列关于吸烟、饮酒以及宗教活动方面的问题(Rose & Dick, 2004/2005; Rose et al., 2003)。根据被试的答题结果,研究者能够估计出自我报告中可被解释为遗传、家庭环境、学校环境或者个人经验的行为差异量。

哪些变异来源是最重要的？这取决于行为。遗传不可能解释自我报告中所有的变异量。对于有些变量，比如吸烟、祈祷、目睹成人酗酒，共享环境因素（即家庭）在其中所起的作用要大于遗传因素的影响。这一点并不难理解，因为父母给孩子提供了榜样。而对于酗酒，共享的环境和遗传因素均有着重要的影响。

对于与同伴饮酒而无成人在场的行为，社区变量的影响就大于家庭的影响了。这一点可能如你所料。毕竟，在这些行为上，孩子总是谋求避开家长的监督而与同伴一起进行的。

最后，独特的、非共享的环境因素——我们也可以将其视为孩子的个人环境——对于被试的宗教活动有着更重要的影响。对此，你同样不会感到奇怪。尽管父母在家里会鼓励孩子祷告，但在周日的宗教活动之外孩子可以自主地选择是否参加宗教活动。事实上，在个体的成长过程中，家庭对祷告起着最重要的影响，而遗传在这方面的影响力则最小。

这项研究表明，遗传和环境对人格及行为的重要性是相对的；这些影响作用因具体问题不同而有所差异。旨在考察社会影响来源的研究设计也会给探讨影响人格及行为的共享与非共享环境以启示。

评估遗传力

现在，你一定很想知道研究者是怎样测量遗传力的。我们是通过观察具有相似基因的人是否表现出相似的特质，来对该特质的遗传力进行估计。如果某个特质具有很强的遗传成分，那么我们就会预测同卵双生子在该特质上会比两个陌生人表现出更多的相似性，因为前者具有完全相同的遗传结构。这一点在生理特质上体现得很清楚，而在人格方面，我们就很难厘清遗传与环境影响力的大小。这也就是为什么我们在本章讲的最清楚的是诸如身高这样的事物了。

我们来看看双生子。双生子有两种类型：**同卵双生子**（monozygotic(MZ) twins）和**异卵双生子**（dizygotic(DZ) twins）。同卵双生子的基因结构完全一致。受精卵分裂成两个（或者更多）完全一致的部分，进而发育成胎儿，由此形成了同卵双生子。同卵双生子在总人口中的比例非常小。在美国，每1 000例分娩中才有32例是同卵双生子。

思考题

在哪些方面你与朋友的相似性要大于你与兄弟姐妹的相似性？为什么？

相反，异卵双生子来源于两个不同的受精卵。他们是由两个不同的卵子各自与两个不同的精子结合而成，因此这两个受精卵在遗传结构上是不同的。尤其是，异卵双生子并不比一般的兄弟姐妹具有更多的相似性，因为他们均只共享了50%的基因（Carey，2003）。虽然双生子看起来很相像，但是他们到底是同卵还是异卵双生子则必须通过遗传

研究遗传影响力的方法之一是比较同卵及异卵双生子的人格特质。

同卵双生子(MZ)的遗传结构完全相同。

测验来鉴定(当然,如果双生子性别不同,那么他们无疑是异卵双生子)。自 20 世纪 80 年代早期以来,生育药的大量使用以及人工授精使得异卵双生子的出生率呈现稳步增长的趋势(Plomin et al., 2008)。

测量遗传力的一个方法就是计算双生子在某个特质上的相关系数(r)并且将同卵和异卵双生子的相关系数进行比较(Plomin et al., 2008)。其公式为同卵双生子与异卵双生子的相关系数之差乘以二:

$$h^2 = 2(r_{mz} - r_{dz})$$

遗传力估计的第二种方法是比较成长于不同环境中的同卵双生子(Plomin et al., 2008)。我们称这群孩子为**分开抚养的同卵双生子**(monozygotic twins raised apart, MZA)。如果他们在某个特质(如,外向性)上的得分相似,那么我们就认为该特质具有很强的遗传力。MZA双生子研究对于分离遗传和环境作用非常有效,因为被试具有相同的基因,但环境却不同。因此,这里的遗传力估计公式是:

$$h^2 = r_{MZA}$$

稍后,我们将在下一节研究方法示例中探讨收养研究和双生子研究背后的逻辑。但是现在,需要指出的是,上述两种对遗传力的估计方法均存在缺陷,因此研究者需要运用更精确的公式来解释潜在的问题。将同/异卵双生子相关系数之差乘以2的方法是基于这样的假设:双生子是在同等环境下成长的(Cardno & McGuffin, 2002; Carey, 2003; DiLalla, 2004; Plomin et al., 2008)。也就是说,该方法假设人们对待MZ和DZ双生子有所差异。然而,可以肯定的是人们对待双生子和非双生子的态度是不同的,那么问题就是,人们对待同卵双生子的态度会比对待异卵双生子时的态度更相似吗? 如果同卵双生子受到了更加相似的对待,那么他们在某个特质上的得分会更为接近,这样的话,遗传力就被高估了(请参见第一个公式)。更重要的是,本应属于环境影响的效应(相似的对待)被认为是遗传的作用(相似的人格)。

异卵双生子(MD)共享50%的遗传结构,但他们之间的相似性和一般兄弟姐妹之间的相似性相差无几。

对等环境假设(equal environments assumption)只适用于与某个人格特质相关的相似情境。例如,父母们经常会让孩子们穿同样的衣服,如相同的水手衫或者其他服饰。这一情况可能更多地发生在同卵双生子中,而较少发生在异卵双生子中。如果我们学习过关于时尚的一些知识,那么我们就会发现这一情况并不符合对等环境假设。但除非穿同样的衣服这一行为确实影响到了某个人格特质,比如羞涩,否则对等环境假设还是能够成立的(Carey, 2003)。

你会发现研究者通常会询问被试儿童或者他们的父母,来了解孩子们在成长过程中受到了怎样的对待,以验证这一假设。事实上,此类研究明确了,绝大多数父母对待同卵双生子和异卵双生子的方式并不存在明显的差别,因此,对等环境假设是成立的(Cardno & McGuffin, 2002; Carey, 2003; Plomin et al., 2008)。

遗传力估计的第一种方法还假设双生子能够代表普遍情况,我们称之为**代表性假设**(assumption of representatives)(Plomin et al., 2008)。例如,双生子较之单产儿有着更高的早产率和更低的出生率。因此，双生子在一些受早产或者低体重出生影响的变量上就不可能具有代表性。同样地，这也是研究者需要谨慎之处，而迄今为止的多数研究表明该假设成立(Carey, 2003; Plomin et al., 2008)。

对遗传力的 r_{MZA} 估计法同样存在缺陷。该方法假设双生子中每个孩子的收养家庭环境存在差异。而如果同卵双生子被置于相似的环境中，那么遗传力同样会被高估。也就是说，双生子会因为在收养过程中被**选择性安置**(selective placement)而变得更加相似，这就与遗传无关了。选择性安置使我们无法分离遗传影响与环境作用，因为这两个成分被混在了一起(Plomin, DeFries, & Loehlin, 1977; Plomin et al., 2008)。

MZA 双生子领养研究也假设领养家庭和非领养家庭是一样的。再次强调，如果领养家庭有什么特别之处，那么在此情况下所发现的差异就不能归结为遗传作用。候选的领养家庭通常需要接受考察以排除其具有贫困、犯罪行为、药物滥用以及其他一些使该家庭无法为孩子提供安全成长环境的特征。我们也许想知道典型的领养家庭应该是怎样的。尽管领养家庭之间的平均收入以及家庭成员数量相差不大，但这些领养家庭中没有家庭是极度贫困的(Carey, 2003)。然而，限定领养家庭的范围却又使环境作用很难被观察到。但是，再次说明，这对有些变量(如，反社会行为)来说也许是个问题，但对人格特质却不成问题(Carey, 2003)。无论是选择性安置还是领养家庭的代表性，这两种假设都经过了研究者的验证，且大多数研究未显示它们存在缺陷(Plomin et al., 1977, 2008)。

思考题
人们对待同卵双生子和异卵双生子的态度有差别吗？

思考题
相较于一般的兄弟姐妹关系，双生子关系对人格的影响更大吗？

研究方法示例：相关设计 I　收养研究和双生子研究的逻辑

我们通常会说某个特质"在家族中流传"。这到底是什么意思？举个例子，每个家庭都有属于自己的笑话，其成员的笑点也差不多。那么幽默感是否也会在家族中流传呢？如果是的话，那是为什么？当我们说某个特质在家族中流传时，这是否是因为家族成员共享遗传因子？抑或家族成员共享了生活环境？比如，他们经常收看同样的电视节目，还一起讲笑话。麻烦的是，在通常情况下我们不能很好地区别这两者。

当然，我们可以做一个科学虚构实验设计：我们想象有一对同卵双生子，他们的遗传结构完全一致。假设当他们还是胎儿时，即在大约 9 个月的时间里，他们共享母亲子宫的环境(尽管实际上他们在子宫中的小环境略有差异)。然后，我们将这对双生子接生出来，在其出生伊始就将其随机地安置于不同的环境中。当他们长大成人之后,我们再来看他们所感兴趣的卡通片类型是什么,以及他们的兴趣点更接近于出生家庭还是收养家庭。一个真实验设计理应如此,但是这样做显然不符合科研伦理,因此不具有可操作性。

然而,类似的自然实验却真实地存在着。许多孩子——包括双生子和非双生子——是被收养的。这些收养家庭给孩子们提供了养育环境而非遗传因子。类似的,另一些双生子——无论是同卵还是异卵——在同样的环境中被抚养长大。因此,收养和双生子研究使得研究者能够明白遗传和环境因素对于人类行为(包括人格在内)的影响。

注意,真实验能够使研究者通过观测随某个变量变化而改变的实验结果,推测二者之间的因果关系。因为研究者可以对自变量进行操纵,并且将被试分配到不同的自变量处理水平中。因此,如果不同处理条件下得到的结果存在差异,那么这一差异的来源就是研究者的操纵。当然,这一逻辑所基于的假设是除了研究者所操纵的内容之外,被试在各个方面都是完全一致的。上述两个要求——实验控制和随机分配——都是一个真实验必须具备的条件。

然而,很多时候,研究者发现这两项要求很难同时满足,甚至一个都不能满足。就像在上述假设实验中,我们无法在现实生活中将孩子随机分配到不同的家庭中!而这就违背了随机分配的要求。同样,你也不能要求孩子在具有冷幽默感的家庭中成长还是在具有一般幽默感的家庭中成长,这违背了变量控制的要求。因此,真实验的要求有时是有违伦理,甚至不具可操作性的。通常情况是,由于受到时间或者资源的限制,真实验的研究设计会显得不切实际或者不便于操作。

既然实施真实验有困难,研究者就想出了替代方案——相关设计。在相关设计中,研究者并不打算对自变量进行操纵,而是对该自变量以及伴随其改变而变化的结果进行测量。由于研究者并未有意操纵该自变量,因此因变量的差异不能被解释为由自变量的改变所导致。在这种情况下,最准确的表述是:这两个变量(自变量和因变量)之间存在相关关系。

尽管很难找到出生伊始就被分开抚养的双生子,但是对这样的双生子进行研究是考察影响人格的基因和环境因素的良好途径。例如,鲍勃和鲍勃直到长大成人才第一次相见;他们发现彼此之间具有许多相似之处,包括名字和职业。

回想一下,当两个变量存在相关关系时,至少有三种可能成立的解释。首先,一个变量的变化引起了另一个变量的改变,例如,与某些人呆久了会逐渐地形成与其一致的幽默感。其次,相反的情况也可能发生,即,喜欢那些与自己有相似幽默感的人使得个体更多地与这些人接触。最后,也有可能存在第三个变量——比如遗传因子——使得群体(如家庭)中的个体愿意相互分享趣闻。

双生子和收养研究的长处在于能够排除一些备选解释。例如,如果收养儿童在某个特质上表现得更像他们的亲生父母而非养父母,那么我们就可以假设该特质具有更多的遗传成分。反之,如果收养儿童在该特质上的表现更像他们的养父母而非亲生父母,则可假设该特质具有更强的环境影响力。

如果能对自出生伊始就被分开抚养的双生子进行研究,那么有理由相信其结果将对研究遗传和环境的相对作用力提供强有力的证据。在这些样本中,具有相同遗传结构的孩子们被安置于不同的环境中。如果他们的反应相似,那么我们就可以推测遗传结构导致了行为的相似性;如果他们的反应方式不一致,那么我们就会推测是不同的环境导致了行为上的差异。

请看表6.2。该表展示了不同的家庭成员在外向性和神经质维度上的相关关系。正相关表示两个变量是相似的:一个变量增加(或降低),另一个变量也增加(或降低)。相关系数的最大值和最小值在哪里?正如你所见,两组人之间的遗传结构越相似——例如,同卵双生子——他们在相关特质上的表现就越接近。分开抚养会减弱特质或行为的相似性,但是如果不具备遗传基础,那么即便成长环境一致也无法增加特质上的相似性。你可以很清楚地看到,收养研究和双生子研究能够使我们弄清楚基因与环境的相对影响力。

表6.2 神经质与外向性维度上的双生子、家庭及收养关系的相关性

关系类型	神经质	外向性
共同抚养的同卵双生子	.43	.52
共同抚养的异卵双生子	.19	.18
分开抚养的同卵双生子	.31	.42
分开抚养的异卵双生子	.23	.08
非收养关系的父母与子女	.14	.18
收养关系的父母与子女	.05	.06
非收养关系的兄弟姐妹	.18	.19
收养关系的兄弟姐妹	.12	−.05

注:基于对145项研究的元分析。
来源:来自于Johnson et al.(2008)。

在清楚了关于收养研究、双生子研究以及怎样解释相关关系的背景知识后,我们来回答本节开始处的问题:幽默感能否在家庭中流传?如果是,为什么?研究者采用了一组由女性同卵和异卵双生子组成的被试样本,并让她们对五集由加里·拉森创作的漫画《月球背面》进行有趣度评分(Johnson, Vernon, & Feiler, 2008)。研究者让这些被试在不同的

房间进行独立地评分,因而双生子之间不会受到相互干扰。

双生子评分的相似性如何?总体上,在对每一集漫画的评价中,每对双生子的评分都非常接近。其中一集的评价结果显示,同卵双生子评分的相关系数为.50,而异卵双生子的评分相关系数为.41。这表明双生子对于漫画有趣度的评价存在中等强度的正相关。

思考题
你的幽默感更像家人还是更像朋友?为什么?

让我们进一步分析上述两个相关系数。你是否认为这两个数值差异足够大以致表明幽默感具有遗传成分?研究者采用更高级的统计方法来对此进行求证,并且没有发现能够表明有趣度评分受到遗传因素影响的证据。研究者估计,在不同双生子对之间的评分差异中,有49%由共享环境造成,剩余的51%由非共享环境造成。该研究结果表明,对于幽默感(至少是对于这一类漫画的幽默感)来说,一部分是在家庭环境中习得的,一部分是在同伴群体中习得的,剩余的部分则来自于个体的独特经验。

注意,在该研究中研究者并未随机安排被试到同卵或异卵双生子组中,也未将被试控制为共享50%或者100%的基因。但是,我们最终估计到了基因、共享环境、非共享环境以及独特经验对于幽默感的相对贡献量。这就是收养研究和双生子研究的价值所在。

一般人格特质的遗传力

当前研究所得到的较为肯定的结果表明,包括认知能力、人格、社会态度、兴趣以及精神病理学等方面在内的人类行为的个体差异具有中等强度的遗传性(Bouchard & McGue, 2003),这一结果得到了许多被试样本以及报告任务的重复。用一位研究者的话来讲,"遗传力在某种程度上是不可避免的"(Turkheimer, 2004, p.162)。

无论男女,人格特质的遗传力范围为 .4 到 .6 之间(Carey, 2003; Johnson et al., 2008; Krueger & Johnson, 2008; Plomin & Caspi, 1999; Plomin & Daniels, 1987; Plomin et al., 2008)。事实上,有一位研究者曾过于极端地认为这一遗传力数值范围适用于已知的所有人类差异(Turkheimer, 2000)。此外,共享环境所能够解释的变异比例微乎其微(Johnson et al., 2008; Krueger & Johnson, 2008; Turkheimer, 2000),而非共享环境则可以解释相当一部分的变异(Johnson et al., 2008; Krueger & Johnson, 2008; Turkheimer, 2000)。人格特质的变异可以理想地分解为(Krueger & Johnson, 2008):

观测到的个人特质差异=40%遗传+0%共享环境+40%非共享环境+20%误差。

所以,即便在将40%到60%的变异解释为来自遗传后(Plomin et al., 2002),仍有大量的变异亟待解释(Turkheimer, 2004)!

为了更好地阐述这个模型,让我们先来仔细分析一下人格特质五因素模型(FFM)的遗传力。五因素模型认为人格特质可以被分为五大类：神经质(N)、外向性(E)、开放性(O)、宜人性(A)以及尽责性(C)(McCrae & Costa, 2008)(我们已经在前几章了解过这些因素了)。表6.3展示了从1955年到2006年间发表的145项基于85 640对同卵双生子、106 644对异卵双生子以及46 215对非双生子个体的研究结果概览(Johnson et al., 2008)。正如你所见，同卵双生子在五个人格特质上非常相似，即便他们是被分开抚养长大的，表明这些特质的确具有中等强度的遗传力。的确，所有五个特质的遗传力均处于.41到.50的范围之内，表明遗传因素可以解释变异的41%—50%。

表 6.3 根据五因素模型所进行的关于人格特质的亲属间相关、遗传力及环境影响力估计研究

关系类型	神经质	外向性	开放性	宜人性	尽责性
共同成长的同卵双生子	.43	.52	.48	.42	.47
共同成长的异卵双生子	.19	.18	.24	.23	.22
分开成长的同卵双生子	.31	.42	.34	.19	.33
分开成长的异卵双生子	.23	.08	.14	.03	.09
遗传力	.41	.50	.46	.43	.49
环境影响力	.53	.47	.47	.49	.48
共享环境	.08	.08	.12	.17	.11

注：基于对145项研究的元分析。N＝神经质，E＝外向性，O＝开放性，A＝宜人性，C＝尽责性。

进一步分析：成长于相同环境中的同卵双生子具有最高的相关性，并且，即便仅仅共享平均约50%的基因，在相同环境下长大的异卵双生子看起来也较为相似。这表明环境因素也具有中等强度的影响。的确，环境——无论是共享的还是非共享的——可以解释这些特质中约47%—53%的变异。最后，共享环境可以解释这些特质中约8%—17%的变异。另一些研究者在研究构成五因素中每种因素的个人特质时也得到了类似的结果(Jang, McCrae, Angleitner, Riemann, & Livesley, 1998)。

"如果仅仅是提出遗传因素是否以及在多大程度上影响了人格特质这样的问题，那么数量遗传学几乎再也没有存在的必要了，因为上述问题的答案分别是'是'和'很大'，且这一答案适用于几乎所有被研究过的特质，包括人格和认知能力。"

(Plomin, Happé, Caspi, 2002, p.88)。

思考题

在情绪反应(神经质)方面，你与兄弟姐妹或者父母之间的相似性如何？在审美方面(开放性)，比如美术或者音乐鉴赏，你与上述二者的相似性如何？

类似的结果也来自一项在德国和波兰完成的研究；该研究考察了660对同卵双生子

和 200 对异卵双生子(Riemann, Angleitner, & Strelau, 1997)。研究者让每对双生子以及他们的两个朋友完成问卷以测量他们的五因素人格。双生子朋友的评分之间存在 .61 的相关,而双生子自评与其朋友的评分之间存在 .55 的相关,表明上述三个评分者对于双生子相似性问题有着相当一致的看法。

正如图 6.2 所示,尽管五因素中的每种特质均具有中等强度的遗传力——遗传因素可以解释自我报告中 35%—60%的变异——但是非共享环境对于这些特质有着更强的影响(Plomin & Caspi, 1999)。事实上,自评和他评报告的结果均表明,共享环境所能解释的变异是最少的。

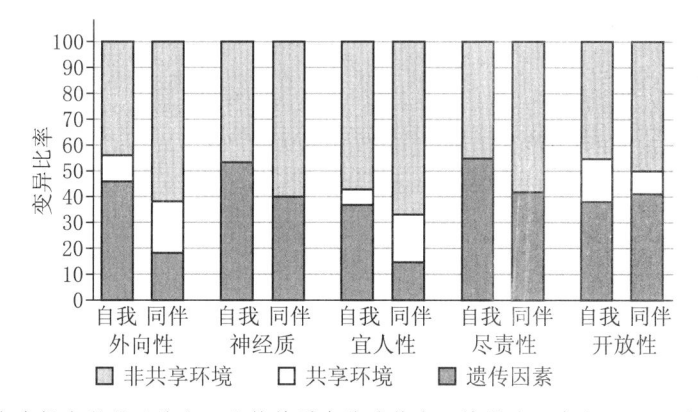

图 6.2 自我报告所展示的大五人格特质中的遗传和环境影响。来源:From Plomin and Caspi (1999, Figure 9.1, p.252). From L.A. Pervin & O.P.John, eds., *Handbook of Personality: Theory and Research* (2nd ed., pp.251—276). New York, NY: Guilford Press. Copyright © 1999 Guilford Press. Reprinted with permission.

然而,这里有个疑问值得你去思考。我们注意到在同伴评分里也存在着较强的遗传成分。这难道意味着朋友的想法也会"遗传"吗? 如果不是的话,是什么引发了相关呢? 我们自身的遗传结构与我们自己的评分的相关很好解释,但是为什么我们的遗传结构还会与同伴的评分存在相关性呢? 敬请期待后续内容!

> "当所有的人类基因都被确认之后,科学家们实际上就已经制作出了一张生命周期表。"
>
> 佩尔托宁和麦库西克(2001, p.1224)

过去和现在:遗传科学

整个遗传学领域起始于一名生长在今天捷克共和国的名为格雷格·约翰·孟德尔(1822—1884)的奥古斯丁派教士,对此你多少会感到难以置信吧。这位佃农的儿子一度在农场干活并向其父学会了嫁接之术。孟德尔和他的家人都意识到他实际上非常聪明,因此一辈子在不属于自己的农场里跟随父亲干活是不值得的。于是，孟德尔进了修道院并前往维也纳大学学习，以获得在中学教授自然科学的资格。也就是在那里，这位农民的孩子"开始成为有史以来最伟大的实验生物学家"（Mawer，2006，p.38）。布尔诺的圣托马斯庄园里的教士们热衷于处理公共事务。他们涉足政治活动（孟德尔在学生时期可能参与了反对奥匈帝国的活动）并追求新知。尽管其他教友钻研哲学或者写作，但性格坚定却温和羞涩又内向敏感的孟德尔利用自己的业余时间在修道院的花园中做实验：

> 每年的春夏季，他都将大量的时间花在照看他种植的植物上。他在园子里授粉、记录、标记、收割、晒干、播种。他透过他那镶金边的眼镜凝视着世界，困惑并思考，计数并计算，向人们解释着他所做的事情。来访的人感觉自己仿佛站在伟人（如贝多芬或者歌德）面前，并且眼前的这个矮胖教士带着强烈的意志，要向他们介绍自己的"孩子"（Mawer，2006，p.63）。

他的"孩子"当然是豌豆——超过28 000株！他对豌豆的变异情况进行研究，并注意到豌豆的性状有时会隔代表现。他非常仔细地种植豌豆并观察记录它们的性状，并且一株株地计数，而非像之前的研究者那样仅仅做一些结果的归纳（Plomin et al.，2008）。更重要的是，近乎强迫的孟德尔通过将豌豆进行杂交，对豌豆的七个性状一连观察了数代。这些性状包括了豌豆圆粒或皱粒、种子黄色或绿色、白花白色种皮或紫花灰色种皮、豆荚饱满或不饱满、豆荚绿色或黄色、花朵腋生或顶生，以及高茎或矮茎（Mawer，2006）。

当时，人们认为性状的遗传方式——人类和植物——是混杂的。也就是说，如果将圆粒的豌豆和皱粒的豌豆进行杂交，那么它们的子代应该产出中等皱褶的豌豆。但是，孟德尔却发现实际情况并非如此。相反，他发现所有的子代豌豆都是圆粒的。皱粒的遗传信息去了哪里呢？孟德尔推理认为，皱粒的遗传信息一定还在基因型中，尽管其未能在表现型中得到表现。如果该推论是对的，那么基因型依然会遗传给下一代。的确，第三代的豌豆中有75%的圆粒以及25%的皱粒。为什么每一代的性状会如此不同？根据观察，孟德尔提出了两个假设，即我们现在所称的孟德尔第一遗传定律的一部分（Plomin et al.，2008）。

第一，每一个亲代植物都将某一性状的一种基因形式传递给子代，而子代实际上获得了两种基因形式，一种来自于父亲，另一种来自于母亲（同一基因的不同形式被称为**等位基因**(alleles)）。等位基因可同可异。当等位基因不同时，某一个性状为显性性状，而另一个为隐性性状。但是，二者均会被遗传给子代。

例如，将一株圆粒豌豆植株与一株皱粒豌豆植株杂交，子代就会得到圆粒和皱粒等位基因的各种组合。如果圆粒是显性性状，那么子代豌豆会表现为圆粒，但是作为隐性性状的皱粒依然会继续遗传给后代（见图6.3）。如果一个性状为隐性（在本例中为皱粒豌豆），那么只有当植株具有两个隐性等位基因时，该性状才能表现出来。

显性的概念解释了孟德尔所观察到的现象。事实上，这种显/隐性性状的遗传方式被称为**孟德尔遗传**(Mendelian inheritance)，而孟德尔被称为现代遗传学之父（Mawer，2006）。

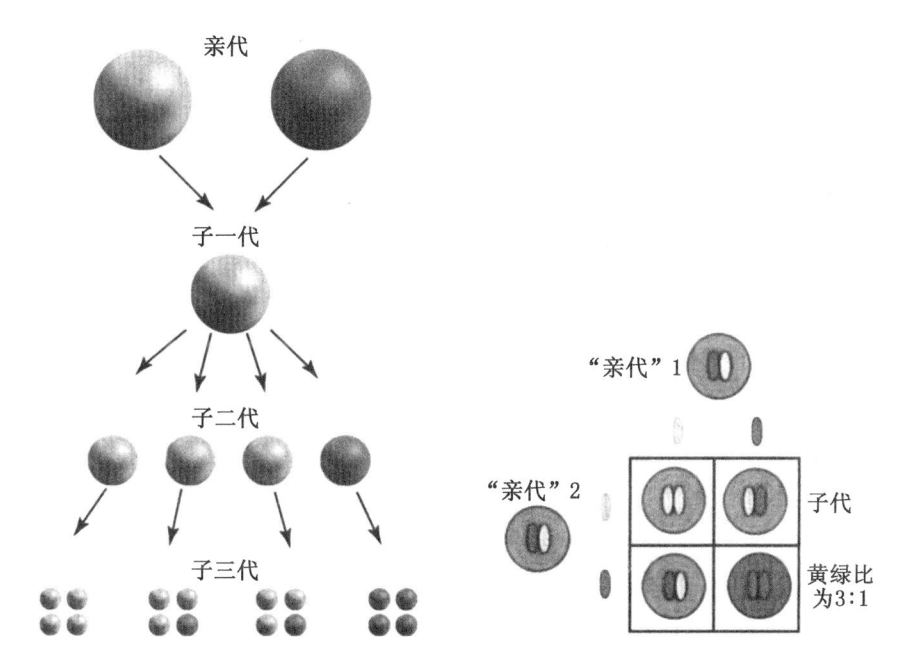

图 6.3　孟德尔豌豆实验的简介。来源：Mawer(2006，p.54)。Gregor Mendel：Planting the seeds of genetics. New York，NY：Abrams。

将时间快进到当今时代。科学家们已不再研究豌豆性状的遗传，而是试图理解人类的特质：生理疾病、心理障碍，甚至人格特质。自 21 世纪以来，国际上的科学家经过通力合作，已经确认了构成人类基因组的 20 000 到 25 000 个基因(Mawer，2006，Venter et al.，2001)。然而，人类共享着全部 DNA 序列中约 99.9％的部分，而只有 0.1％的 DNA 使我们成为独特的个体(Plomin，DeFries，Craig，& McGuffin，2003)。

那么，科学家是否找到了一种能使环境改变人体机能但又并非基于基因序列的遗传途径呢？答案是肯定的。这个新的遗传学领域被称为**表观遗传学**(epigenetics)。我们都知道**基因**是一组为某种特质而编码的 DNA 序列。基因由被称为**外显子**(exons)的编码区和**内含子**(introns)的非编码区组成。在 DNA 的 33 亿个碱基对中只有 2％—3％的功能性基因。剩余的 DNA——将近 2 米长——曾被认为毫无用处，因为它们位于基因以外(Mawer，2006)。这些"无用"DNA 实际上比那些编码基因具有更大的作用。某些"无用"DNA 可以调节——更改不表达或者过度表达的状态——其周边的基因(Plomin et al.，2003)。事实上，一些非编码序列最后发展为能够根据环境来调节基因功能。

这意味着什么呢？科尔等(Cole et al.，2007)找来一组老年美国成人。这组被试年龄中数为 55 岁。他们在加州大学洛杉矶分校(UCLA)制订的《孤独量表》(the UCLA Loneliness Scale)中的得分居于前 15％。研究者给这组被试匹配了具有相同性别、年龄、种族及社会经济地位的得分位居后 15％的控制组被试。

之前的研究表明，孤独的人由于具有较高水平的应激激素皮质醇，从而易患心血管和传染性疾病。在科尔等(2007)的研究中，研究者采集了孤独组和正常组被试的血样来进行遗传分析,以明确糖皮质激素反应基因的编码是否存在异常,该基因负责调控机体对于应激激素的反应。

图6.4生动地展示了孤独组与正常组被试在基因表达方面的差异。较之正常组,孤独组被试有更多负责调节免疫功能的基因功能被减弱(在同一水平上表达失败)。具体来说,那些负责防止疾病的格子功能被减弱(红色),而易于引发疾病的基因却变得活跃(绿色)。这些结果表明,孤独感通过调节负责控制免疫系统的基因来直接影响人体的免疫功能。

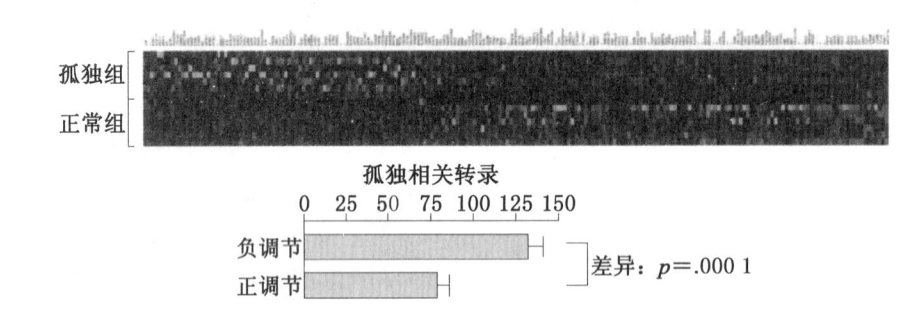

图6.4 孤独状态对基因表达的影响。顶端的条带表示孤独个体的基因作用方式,底部的条带表示正常个体的基因作用方式。水平位置表示基因功能:位于左边的基因加重疾病,位于右边的基因防止疾病。颜色表示基因的活动状态:绿色表示增强表达(正调节),红色表示减弱表达(负调节)。此处,致病基因在孤独个体中的表达得到增强(左侧的格子呈现绿色),而在正常个体中的表达受到抑制(左侧的格子呈现红色)。相反,治病基因在孤独个体中的表达受到抑制(右侧的格子呈现红色),而在正常个体中的表达得到增强(右侧的格子呈现绿色)。孤独个体比正常个体有更多的基因表达受到抑制。来源:From Cole et al. (2007, Figure 1, p.R189.4). Cole, S.W., Hawkley, L.C., Arevalo, J.M., Sung, C.Y., Rose, R.M., & Cacioppo, J.T. (2007). Social regulation of gene expression in human leukocytes. *Genome Biology*, 8, R189(doi: 10.1186/gb-2007-8-9-r189)。

以上就是表观遗传学探究一种人类行为时的应用实例。随着我们对与疾病相关的基因以及可能负责调节基因的DNA非编码序列了解的加深,在你的有生之年,研究者很可能会发现令人惊喜的新疗法,可用于应对生理和心理疾病。科学家也正致力于寻找隐藏在某些疾病背后的环境作用(Carey, 2003)。这些疾病包括乳腺癌、糖尿病、高胆固醇、动脉粥样硬化、阿尔茨海默氏病以及精神分裂症(Gottesman, 1991)和双相障碍(McGuffin, 2004)。

例如,如果我们已知某种疾病的致病基因,那么我们就可以对人群做检查,并筛查出具有该基因的人。研究者也可以利用这一信息,用一段与病人遗传结构尽可能准确匹配过的新的修复过的编码来取代出了问题的遗传编码(McGuffin, 2004)。这被称为**定位克隆**(positional cloning)。

一位研究者这样说:

> 现在,行为遗传学可以跨过对同卵及异卵双生子差异的统计分析阶段,而致力于探查对应于某个行为结果的具体基因了(Turkheimer, 2000, p.163)。

上述即为遗传行为学领域中的前沿研究，而其结果令人振奋。我们也发现，环境对人类行为的影响也会随基因型的不同而不同。我们将在下一节讨论基因型—环境的交互作用。

基因和环境：辩证综合

截至目前本章都只在探讨基因和环境的单独作用。但是一旦涉及人格，基因和环境之间通常会产生相互影响。我们曾简单介绍过这种相互作用的两种方式：基因型—环境交互作用以及基因型—环境相关。现在就让我们来详细地了解一下这两个概念。

根据哲学家黑格尔的辩证法，相互矛盾的事物是更高真理的一部分。以先天—后天之争为例。顾名思义，这表示先天和后天因素的作用是相互拮抗的。如果我们认为"先天"和"后天"并非相互拮抗，而是在某种程度上可以整合的力量，即基因和环境是作为盟友共同作用，而非作为对手相互掣肘，情况又会如何呢？

思考题

请举出另一个关于辩证法的例子。

在本章的开始部分，我们列出了一个用以描述观测到的变异的公式，变异总量可以被分解为遗传、环境以及两者的共同作用（Cardno & McGuffin，2002，p.40）：

表现型＝基因型＋环境＋基因—环境相关＋基因—环境交互作用。

在20世纪80年代以前，研究者一直将基因和环境视为影响表现型的两个独立因素。普罗明等（1977）认为研究者可以通过考察基因和环境之间的相互作用来发现新的有价值的结果。这一所谓的相互作用即指基因型—环境交互作用（genotype-environment interaction）和基因型—环境相关（genotype-environment correlation）。当某个基因型在同一环境下产生不同反应时，就发生了基因型—环境交互作用。当不同的基因型在同一环境中的曝露程度不同时，就发生了基因型—环境相关（Loehlin，1992）。这是先天和后天因素共同作用产生两种效应的具体表现形式。它指引我们去发现更高层面的真理。从这个意义上讲，先天和后天更像是辩证法的两面而非水火不容。

这里还要说明两点。第一，虽然我们无法在个体身上看到基因和环境的联合作用（还记得柠檬水吗？），但是我们可以在群体中考察基因型—环境交互作用和基因型—环境相关（Plomin et al.，1977）。尽管我们今后将会在个案中阐述这些概念，但是目前我们只能在某个群体中测量基因型—环境效应，在这些群体中，我们能够对被试的遗传结构和所处环境进行准确估计。

第二，普罗明等（1977）注意到，实际上很难将基因型—环境交互作用和基因型—环境相关区分开来。研究者必须很谨慎地对人格和环境进行定义和测量，以更加准确地判断到底发生了哪种效应；纵向研究是理想研究（Carey，2003；Plomin et al.，1977）。也就是说，这类研究通常都会通过复杂的统计分析来判定究竟可以用哪个效应——交互作用或者相关——来解释数据。接下来，我们将对基因型—环境交互作用和基因型—环境相关进行更细致的定义，并通过一些有趣的研究实例来加深对这两种效应的了解。

基因型—环境的交互作用

考察基因型—环境交互作用是研究遗传和环境因素相互影响的一条途径。在这种情况下，由于各人的遗传结构相异，即便在同一环境下每个人的反应也有所不同。也就是说，环境的作用会根据遗传结构的不同而不同（Plomin et al.，1977）。

为了更好地阐述其作用机制，让我们回到本章开始时所举的一个例子。还记得那群俄罗斯的少年犯吗？尽管他们中的多数人都遭受过母亲拒斥（如体罚、对其观点缺乏尊重、当众批评），但只有具备特定基因型的个体才会罹患临床抑郁症（Haeffel et al.，2008）。

你现在可以看到，这正是一个基因型—环境交互作用的实例。同样的环境（母亲拒斥）只促使具有特定基因型的个体罹患抑郁症（见图6.1）。为了消除你的疑虑，我们告诉你母亲拒斥和抑郁症之间不存在相关，因此这的确是独立的效应。

为了证实基因型与抑郁症存在关联，研究者抽取了被试的血样，并测查这些年轻人是否携带有疑似与抑郁症相关的某个基因的三种变型之一。这个基因（DAT1或者SLC6A3）是神经递质多巴胺的重要调节基因。证据显示，长时间摄入多巴胺会增加罹患抑郁症的风险。

尽管我们知道哪些基因与多巴胺功能有关，但科学家依然无法证明是这些基因导致了抑郁症。也就是说，研究者没有发现抑郁症患者和非抑郁症患者存在遗传结构差别。在我们所说的这项研究中，研究者刚开始并未在抑郁症中发现遗传和环境因素的主效应，但是随即又看到了二者的交互作用。在本例中，遗传和环境因素相互作用，导致了抑郁症。我们也许会想，是否还存在着其他的基因型—环境交互作用，而这些可能因研究者关注基因和环境的单独作用而被忽略了！

还记得我们在一开始提到的我们很难发现共享环境对人格特质发展的作用机制吗？当然，莱希（Lahey，2009）发现共享环境可能通过基因型—环境的交互作用对人格特质中的神经质的发展存在影响。如果不考虑基因和环境的交互作用，那么我们就会高估遗传效应，并低估共享环境的作用。

抑郁、焦虑以及其他心境障碍的第二个遗传风险因子涉及5-羟色胺转运基因的特定区域。我们认为神经元间隙中缺少5-羟色胺可能导致了抑郁症。事实上，很多主要的抗抑郁药，叫做选择性5-羟色胺再摄取抑制剂（SSRIs），都是通过阻断突触前神经元对5-羟色胺的摄取，而使其暂且留在突触间隙，以适当增加其浓度的方式来起作用的。每个人都有两段该基因，分别来自父、母亲，用以调节5-羟色胺。根据每个人从父母那里遗传来的等位基因的不同，共有三种基因型：ss、sl、ll。这些字母表示该基因的短链（short，s）和长链(long, l)。携带有短链基因(ss 或者 sl),尤其是双短链等位基因(ss)的个体具有较弱的 5-羟色胺调节功能,因此易于罹患抑郁症,而携带长链等位基因(ll)的个体可能具有较强的预防抑郁症的能力。

对于短链基因和抑郁症之间关系的早期研究结果,用一部分研究者的话来说,是"不明朗的"(Caspi, Sugden, et al., 2003, p.387)。这些研究者猜测,在生活应激源和基因型之间是否存在交互作用。在新西兰研究者对年龄范围在3到26岁之间的共计1 037名男女被试进行了纵向研究。研究者根据 5-羟色胺转运体启动子基因型(ss, sl, ll)将被试分为三组,并让被试确认在21到26岁期间是否发生了研究者列出的14件生活事件中的任何一件。这些事件包括工作、住房、财务、健康以及婚恋方面的变动。最后,被试还要回答他们是否经历过任何一种抑郁症的症状,是否产生过自杀念头或者自杀企图,以及在过去一年里是否有抑郁发作。有趣的是,三组被试并未表现出生活应激源数量的差异,表明基因不会决定个体经历生活压力事件的数量。

正如图 6.5 所示,所有的结果都表明,基因型为 ss 的个体的抑郁症患病风险最高,而基因型为 ll 的个体的抑郁症患病风险最低(Caspi, Sugden, et al., 2003)。基因型为 sl 的个体的患病风险居于上述二者之间。该研究中所有的案例均表明,环境——即更多的生活应激源——会增加个体罹患抑郁症的风险,但是基因型对抑郁症患病风险的改变并无显著影响。然而,当携带有特定基因型(ss)的个体遭遇生活应激事件时,罹患抑郁症或者发生某些抑郁症状的可能性就非常大。因此,每个案例都表明基因和环境的交互作用达到了统计学显著水平(Caspi, Sugden, et al., 2003)。难怪早期研究的结果与之不一致,很显然前者只考察了某一个环境和一个特定的基因对于某个个体经历抑郁的影响(综述参见 Monroe & Reid, 2008;对此研究的评论见 Munafò & Flint, 2009)。

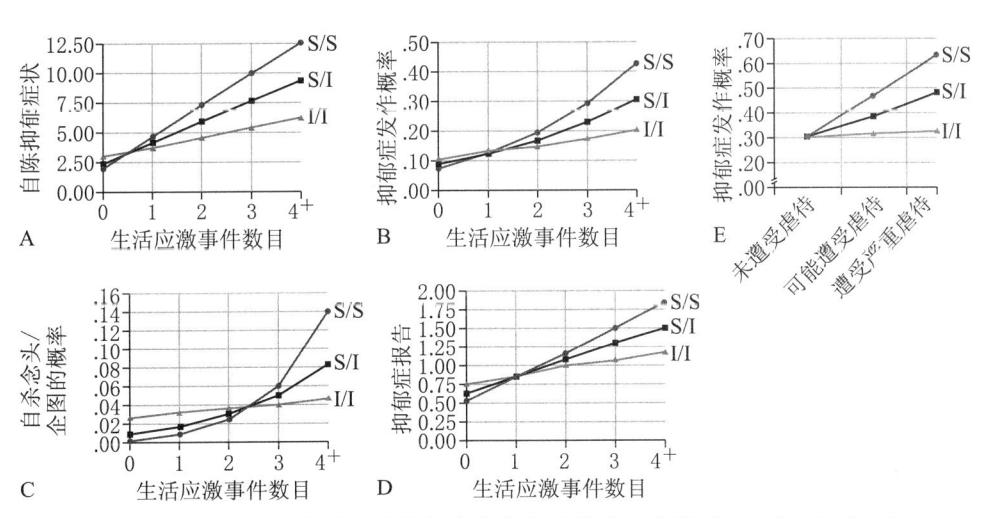

图 6.5 基因型和生活应激源对抑郁症发病率的影响。来源:From Caspi, Sugden, et al. (2003, Figures 1 and 2, p.388). From Caspi, A., Sugden, K., Moffitt, T.E., Taylor, A., Craig, I.W., Harrington, H., et al.(2003). Influence of life stress on depression: Moderation by a polymorphism in the 5-HTT gene. Science, 301(5631), 386—389. Reprinted by permission of the American Association for the Advancement of Science.

上述两例代表了基因型—环境交互作用研究领域的趋势。有部分研究者认为基因型—环境交互作用的发生可能比我们想象的还要频繁,尤其是在心理病理学领域(Krueger, Markon, & Bouchard, 2003)。基因型—环境交互作用可以解释为什么宗教教育可以降低高感觉寻求者的易冲动性(Boomsma, de Geus, van Baal, & Koopmanns, 1999),为什么父母同心以及家庭和谐可以减少孩子的情绪不稳定性(Jang, Dick, Wolf, Livesley, & Paris, 2005),为什么单胺氧化酶A(MAOA)启动基因和父母的严厉态度会增加青少年的反社会行为(Krueger et al., 2003),为什么DRD2基因和应激会诱发酗酒行为(Madrid, MacMurray, Lee, Anderson, & Comings, 2001),以及为什么负性生活事件会增强神经质(Lahey, 2009)。

思考题

负性生活事件和神经质之间的基因型—环境交互作用是指什么?哪类人群更容易受到负性生活事件的影响?

基因型—环境的相关关系

遗传和环境因素的作用看似很简单。然而,研究者很快发现了奇怪的结果:对于环境影响的测量显示了基因的影响(Plomin et al., 2002)。换句话说,对于环境影响的测量结果,比如儿童教养方式或者同伴评价,并非完全体现了环境的作用。也就是说,人们的人格影响了他们所处的环境,并且也影响了他们如何评价这些环境。这个难题很快就使得人格研究领域取得突破性的进展(Plomin et al., 2002)。现在你也许知道该观点是如何解释我们之前所讨论的五因素人格模型下的双生子研究中同伴评价的遗传成分了(Riemann et al., 1997)。你之前想到了吗?

这道难题的答案是:人们塑造了自己所处的环境。也就是说,我们选择、改变、创造以及在自己的记忆(以及研究者设计的问卷)中再造了曾经的经历(Plomin et al., 2002)。当人们的经验与自己的遗传倾向相关时,我们就称之为基因型—环境相关。当携带有与某个特质对应的基因的个体发现自己身处促进(或者抑制)该特质表现的环境时,基因型—环境相关就发生了(Carey, 2003)。或者,换个角度来思考,基因型不同的人正是因为其独特的遗传因子而身处不同的环境(Plomin et al., 1977)。由于基因和环境的共同作用,我们无法知道究竟是哪一个因素引起了某种特质的表现。

"我们认为发展固然是先天和后天因素作用的结果,但也是基因驱动环境的结果。基因参与构成了一个重要的系统,以使机体能够经验世界。"

Scarr and McCartney(1983, p.425)

另一个理解基因型—环境相关的途径是回到我们对于相关关系的定义上。当具有

"高遗传值"(某个特质的遗传倾向性很强)的个体发现自己身处高值的环境(亟需该特质的环境)时,我们就认为发生了基因型—环境相关(Carey,2003)。类似地,当具有"低遗传值"(某个特质没有明显的遗传倾向)的个体发现自己身处低值的环境(对该特质无特定要求的环境)时,我们也认为存在着基因型—环境相关。一个有意思的问题是,为什么携带某种基因型的人发现自己身处特定的环境?对此,存在着三种可能的解释,并产生三种相关关系:被动关系、反应关系和主动关系(Plomin et al.,1977,见表6.4)。

表6.4 基因型—环境相关关系的三种类型

类 型	描 述	相关的环境
被动性	儿童获得与环境有关的基因	父母和兄弟姐妹
反应性	儿童获得与自身基因型相关的行为反馈	任何人
主动性	儿童寻找与其基因型相关的环境	任何时间

来源:Plomin et al.(1977,Table 1,p.311).Plomin, R., DeFries, J.C., & Loehlin, J.C. (1977). Genotype-environment interaction and correlation in the analysis of human behavior. *Psychological Bulletin*,84(2),309—322.

基因型—环境的相关类型

当父母将基因以及有利于这些基因发挥作用的环境提供给孩子时,我们就会观察到**被动性基因型—环境相关**(passive genotype-environment interaction)(Plomin et al.,1977)。试想,有一对语言能力很好的父母,他们提供给孩子不仅仅是良好的语言基因,同时也有良好的发展环境。他们的家中拥有大量藏书、文字类游戏以及其他许多有利于孩子语言能力发展的资源(Plomin et al.,1977)。要知道,孩子可不会给自己创造一个这样的环境。而且,事实上这样的环境在他们出生之前就已经存在了。因此,这种情况下的基因型—环境相关就是被动的。

我们再试想一种情况,即这对具有很好的语言能力的父母发现孩子总是在咿呀学语,并试图与他们交流。他们可能会有意识地与孩子交流(例如,"谁是妈妈喜欢的小宝贝啊?")或者设法让孩子讲话("叫爸爸!")。在这个例子中,父母对孩子的行为做出了反应,因此我们称这种关系为**反应性基因型—环境相关**(reactive genotype-environment interaction)(Plomin et al.,1977)。正如被动的基因型—环境相关一样,我们无法确定是基因还是环境对孩子们的语言能力发展产生了影响,因为这两个因素是共同存在着的。

自测题

说出一个你所具备的特质,它由于在你的基因和父母所提供的环境之间存在被动性基因型—环境相关而发展良好。

当个体处于不同的环境时,基因型和环境的相互作用就会发生。基因型—环境相关可以分为被动性、反应性和主动性三类。图中的小男孩已经是一位相当优秀的芭蕾舞演员了。你认为这个例子体现了被动性还是主动性基因型—环境相关?

现在,试想这个父母语言能力优秀的孩子在爷爷奶奶家过周末(平均来讲,孩子与爷爷奶奶共享25%的基因)。假如孩子朝着两位老人咿咿呀呀要说话,但由于奶奶在厨房做饭,因而只有爷爷仔细地听着孩子在讲什么。"你是想要跟我说话吗,我的小宝贝?"爷爷笑着说,"好,跟我说说。"于是,在接下来的时间里,这个小孩子就一直跟随着爷爷并朝着他咿咿呀呀。这就是**主动性基因型—环境相关**(active genotype-environment interaction)。在这种情况下,父母(或者祖父母,在本例中)既提供了基因也提供了环境。小孩子既可以跟爷爷说话,也可以跟奶奶说话,但是她最终选择并找对了可以"说话"的人——爷爷。这里,这个孩子的语言能力既源于基因也源于环境,但只有她是那个发现了环境的人。

基因型—环境相关可正可负。上述例子均显示了**正性基因型—环境相关**(positive genotype-environment interaction),即条件有利于特质的发展。那些有利于语言能力发展(被动性),对儿童言语行为给予反应(反应性),以及孩子自己主动选择(主动性)的环境都促使儿童产生言语行为。然而,我们也很容易会想到另一种场景。在这一场景中,孩子身处一个不利于其言语能力发展的环境中,因为电视机总是开着(被动性),一位年长一点的兄弟姐妹总爱对她讲话,并且打断她的言语行为(反应性),或者这个孩子更愿意安静地呆着而不是找人说话(主动性)。这种情形反映出**负性基因型—环境相关**(negative genotype-environment interaction)。

在负性基因型—环境相关关系中,具有某种高遗传值特质的个体会发现自己身处一个对于该特质来说是低值的环境中。通常，这样的环境不利于该特质的表现。也可能会发生相反的情况，即具有某个低遗传值特质的个体会发现自己身处一个对于该特质来说是高值的环境中。在这种情况下，个体可能会逐渐地发展一些并不显著的特质。

记住，基因型—环境相关是正性还是负性，并不取决于特质发展或者不发展的最终结果，而是取决于基因型和环境的相对水平（见图6.5）。通常，正性的基因型—环境相关有利于相应特质的发展，而负性的基因型—环境相关则不利于该特质的发展。但情况并不总是这样。例如，斯卡和麦卡特尼（Scarr & McCartney, 1983）报告了一例负性基因型—环境相关案例。在该案例中，父母具有良好的阅读能力，但孩子在这方面的表现却没那么优异。父母可能给孩子提供了丰富的阅读环境，但他们这样做的原因更多还是他们自己爱好并擅长阅读，而不是专门为了孩子；此外，他们也不会像那些本身就缺乏阅读能力的父母那样会重视培养自己孩子的阅读能力。

表6.5 正性和负性的基因型—环境相关关系

相关类型	基因型	环境
正性	高	高
正性	低	低
负性	高	低
负性	低	高

注："高"和"低"表示体现在基因和环境中的特质量。

自测题

说出一个你所具备的特质，它由于在你的基因和父母所提供的环境之间存在反应性基因型—环境相关而发展良好。

自测题

说出一个你所具备的特质，它由于在你的基因和父母所提供的环境之间存在主动性基因型 环境相关而发展良好。

自测题

说出一个由于在你的基因和父母所提供的环境之间存在被动性、反应性或者主动性基因型—环境相关，而致使你未能良好发展的特质。

关于人格特质，雷蒙德·卡特尔认为，现实中可能更多地存在着负性而非正性的基因型—环境相关（Plomin et al., 1977）。例如，刚愎自用的人会受到周遭的排斥，显示了负性的反应性基因型—环境相关(Plomin et al., 1977)。尽管有一种情况看起来令人费解，即人们会选择不利于他们自然倾向的环境，也就是存在负性的主动性基因型—环境相关，但是你应该不难想象一个容易焦虑和不安的人会选择呆在稳定、安静的环境中(Plomin et al., 1977)。那么，负性的被动性基因型—环境相关是怎样的情形呢？你可以试想有这样一对夫妻，他们情绪敏感且易怒，又有一个性格的这方面与其类似的孩子。他们很可能会压制孩子的任何一个不当的举动(Plomin et al., 1977)。

斯卡和麦卡特尼(1983)这样说道：

> 人们会选择让他感觉舒适且刺激的环境。我们会选择对环境中的某些方面做出反应，进行学习，或者无视它。我们的选择与动机、人格以及智力方面的基因型有关。我们认为，主动性的基因型—环境效应是人和环境之间最紧密的联系，也是基因型最直接的表达。(p.427)

注意，上述三种相关类型在环境的组成成分方面存在差异。在被动性相关中，环境由儿童直接面对的人构成：父母、兄弟姐妹以及其他家庭成员。在反应性相关中，环境由对儿童行为做出反应或者与儿童接触的人构成。例如，同伴会对擅长交朋友的孩子抱有好感，或者老师会给态度好的学生提供更好的环境。最后，在主动性相关中，环境可以是其他人或者物理环境本身。例如，一个爱好音乐的孩子冲去外婆家弹钢琴，或者被购物中心的音乐柜台吸引，甚至在厨房通过敲打锅碗瓢盆来玩音乐。而且，这些环境的相对重要性是随着人生的发展而不断变化的。例如，被动性基因型—环境相关的影响会随着个体的成长而减弱，而主动性基因型—环境相关的影响会随着儿童见识的增长而增强。

证据是什么？对基因型—环境相关关系的实证研究

个体的社会经验受其基因型控制，这一观点的证据是什么？发现反应性基因型—环境相关的一个途径是纵向地观察双生子研究。其中，我们能够看到儿童行为的变化，以及这些变化是否与环境的改变有关。例如，通过比较同卵和异卵双生子，研究者发现童年攻击行为与父母对此的批评以及青少年时期自我报告中的反社会行为有关(Narusyte, Andershed, Neiderhiser, & Lichtenstein, 2007)。研究者认为在这个案例中存在着反应性基因型—环境相关：具有出现反社会行为风险的儿童比一般儿童更富有侵略性，并且更容易引发父母的负性反应。

研究者在收养研究中也发现了类似的反应性基因型—环境相关：青少年的反社会行为与其亲生父母的药物滥用和反社会人格(基因型)有关，也与养父母严厉又缺乏一致性标准的教养(环境)有关。

考察反应性基因型—环境相关的另一条途径是在实验室环境下创造这样的条件。该领域的研究刚刚起步。博特让男性大学生身处受控情境中，以观察他们是否与其他因素产生交互作用(Burt, 2008, 2009)。基因型会影响他们对同伴行为做出的反应吗？如果是这样，那么研究者就在实验室条件下发现了反应性基因型—环境相关。

在这个非同寻常的实验中,博特招募了携带 5-羟色胺受体基因(5-HTR2A)的 G 等位基因或者 A 等位基因的男性,并将其分为若干小组。之前的研究表明,G 等位基因可以增加机体对选择性 5-羟色胺再摄取抑制剂(SSRIs)的反应。当给正常被试服用 SSRIs 时,他们的表现是友好的(注意,SSRIs 有利于减少临床抑郁症)。博特假设携带 G 等位基因的被试会比携带 A 等位基因的被试表现得更加友好,更善于交际,并最终成为小组中最受欢迎的人。

一个人的基因可以编码另一个人的行为吗?当我们的基因影响到我们周遭的环境时,反应性基因型—环境相关就发生了。

研究者让各组被试完成两项任务:回答难题以及计划两场派对,其中一场派对有着严格的预算,另一场则资金充足,并且指导语是"有趣有创造性"。随后,被试要评价谁是他那组最受欢迎的人。这样,每名被试都会得到一组其他同组被试对其受欢迎程度的评分。此外,研究还安排了观察员,并让其注意当所在小组在派对计划或者派对进行中违反规则时,每名被试开玩笑、支持或者建议的频次。例如,一些被试会建议组员偷一些钱来贴补那场有严格预算的派对活动,或者给派对提供酒精(即使被试均未达到饮酒年龄)、大麻、其他药物甚至妓女。研究者会根据观察员的评分和被试的自我报告,对规则违背行为进行综合分析。博特推测,在年轻人(尤其是男性)中,违反规则是建立地位和名声的一种方式。

结果正如研究者所预计的那样,携带 G 等位基因的男性被试比携带 A 等位基因的被试更倾向于建议或鼓动违反规则的行为,而且也受到了更多同伴的欢迎(Burt,2008,2009)。然而,博特认为,一个人的基因编码着另一个人的行为,在生物学上是不可能的。这一现象似乎应该这样解释:这个特别的基因编码了某些行为,例如违反规则,并继而使得个体容易受到他人的好评。博特的研究结果表明,基因编码了特定的行为(如,违反规则)以及该行为的社会影响(如,受到欢迎)。该研究反映出正性反应性基因型—环境相关:基因产生行为,并使得环境对该行为作出反应。

博特(2009)承认,违反规则只是受到欢迎的途径之一。他建议研究者分析可能影响喜好的人格其他方面,如社会优势、外向性、外貌吸引力、运动能力或者能够获得良好第一印象的特定姿势(比如眼光接触或者微笑),以明确上述因素是否也可以解释基因型与环境之间的相关关系。

事实上,基因型—环境相关的例证比比皆是,尤其是在发展心理学中。基因与环境之间的相关关系在很多领域得到了发现,如青少年对于父母关系好坏的知觉(Johnson & Krueger,2006)、体罚和不当行为(Jaffee et al.,2004)、父母的严厉管教和反社会行为(Krueger et al.,2003)、对童年环境的记忆(Krueger et al.,2003)以及家庭关系和神经质(Jang et al.,2005)。

影片《Gattaca》描述了一个未来世界。在那里,人们可以为后代指定遗传结构。作为个人以及社会,我们需要决定如何运用遗传学的研究结果。

"如果你想提高孩子的智力,那还是老办法管用。把他们送去伊顿公学就读。如果政府想要提升全民智商,那么最合算的做法是给教师加薪。"

遗传学家史蒂夫·琼斯(来源 Smith,2005,p.188)

日常生活中的人格:

遗传学研究能够带给我们什么?

如果你对克隆或者产前基因检测感到紧张,那么我们想对你说,不是你一个人有这种感觉。记住,遗传学是工具而非目的,因此探究人类基因组仅仅只是开始(Carey,2003)。作为一个工具,遗传学是价值中立的。真正的伦理问题是,我们应该如何运用遗传学的成果?在做出这些决定之前,我们认为让民众知道遗传学可以做什么、不可以做什么十分必要。然后,我们大家才可能就这个问题展开讨论,而不只是将这种争论丢给科学家和律师。

过去,误用遗传学成果的一个后果是优生运动。优生论者认为人群是存在道德优劣性的(去看看所谓的"纳粹终极解决方案")。他们甚至试图决定什么样的人可以生育而什么样的人不能(例如,作为优生计划的组成部分,美国有一段时间曾着手准备强制清除低智商的人;Mawer, 2006)。另一个存在争议的遗传学应用就是克隆,虽然有人认为克隆在人类身上几乎不可能(Smith, 2005)。

尽管包括克隆感冒病毒在内的基因疗法已经在某些疾病的治疗中获得了成功,比如严重联合免疫缺陷综合征(SCIDS; Smith, 2005),但是这种治疗的风险也非常高(Collins & Vedantam, 1999)。恐怕最令人恐惧的是基因测验将被用于修改甚至选择那些与疾病无关的特质,比如性别、智力、眼睛的颜色、体力或者社交能力——美丽新世界!

但是,遗传学给我们的知识也可以用来建设美好世界。一些有可能达成的目标正在遗传学家那里着手进行着。其中包括鉴定遗传风险指标(Plomin et al., 2008),根据 DNA 实施个体化治疗(Plomin et al., 2008),保护濒临绝种的动植物种类(Mawer, 2006),加深对进化的理解(Carey, 2003),确认人类的共同祖先(Mawer, 2006),更多地使用法医证据(Reilly, 2006),治疗癌症以及其他疾病(Reilly, 2006; Smith, 2005),增加种植业产量(Reilly, 2006),预防饥荒(Reilly, 2006),解开历史谜团(Reilly, 2006),以及更好地利用地球上的有限资源(Reilly, 2006)。

一定不要忘了本章开始所讨论的话题:人格就是柠檬水。即使当人格特质具有遗传性时,环境也依然对人格的发展有着重要影响。这也就意味着心理健康问题涉及公共健康(e.g., Lahey, 2009)。诸如抑郁症、反社会行为(Carey, 2003)这样的问题是可以预防的,而提高智力、合作性以及其他人格特质也是有可能实现的。有了基因作为早期警告系统(Plomin et al., 2003),行为和环境工程将同遗传工程一起发挥作用(Plomin et al., 2008)。这些都必须建立在理解遗传和环境因素对人类行为和人格的影响的基础之上(e.g., Moffitt, Caspi, & Rutter, 2006)。

"人的精神无法遗传。"
出自于由安德鲁·尼科尔编导的电影《Gattaca》中的一句口号。

本章小结

遗传学会使我们变成什么样的人?总的来说,我们的人格得到了发展,而其原因是以下几点:

1. 特定基因的遗传(如,格雷格·孟德尔和他的豌豆)。
2. 基因和环境共同发挥作用(如,遗传力、环境影响力)。
3. 基因和环境以辩证的方式共同作用(如,基因型—环境交互作用、基因型—环境相关）。

4. 影响基因调节（如，增强或减弱）的环境毒素、应激源、社会情境（包括助长的和忽视的）。环境效应既可以在具有遗传缺陷的个体身上引发不良后果，也可以对造成适应不良后果的遗传缺陷进行代偿。

研究者通常通过双生子研究来估计人格特质的遗传力。由于不可能实施真实验，因此研究者采用相关设计来研究遗传和人格。

我们认为可以采用两种方法估计遗传力（将同卵双生子之间的相关系数与异卵双生子之间的相关系数之差乘以2；计算分开抚养的同卵双生子之间的相关系数），而此处的遗传力是指特定人群在特定时间的特质。而且，表现型（观察到的基因的外在表现形式）是基因型、环境（包括共享和非共享环境）、基因型与环境的交互作用、基因型与环境的相关，以及测量误差。

当我们讨论人格时，你所能想到的每一个人格特质（如，神经质、外向性、开放性、宜人性、尽责性）都有着相当大的遗传（对于一个特质来说，有40%的变异可以被解释为由遗传导致）和环境成分。而且，环境因素（也占了40%）中的重要部分是我们个人独自经历的部分，而非与兄弟姐妹共享的部分。

关于人格特质的遗传力，人格遗传学领域的心理学家们如今会从表观遗传学的角度来思考问题，或者会思考环境事件或经验是如何影响遗传力的。事实上，研究者认为，包括生理和心理疾病在内的人格的大多数方面都受到复杂的遗传因素的控制（例如，涉及很多基因，与环境产生交互作用，甚至受到环境的调节）。也许有一天，我们能够在基因调控的水平上，通过药物和行为干预来治疗疾病。通过阅读本章，将来你就能够了解在人格这个最激动人心的研究领域中所取得的突破性研究的伦理问题及其意义。总结成一句话就是："这不再是你父辈时代的遗传学了！"

✓ 学习和巩固：在网站 mysearchlab.com 上可以找到更多学习资源。

"在美国独立宣言的签署者们眼中，人生来平等是不证自明的事实。显然，美国的建国先驱们不至于天真地认为所有的人都是一模一样的。民主的核心观念认为，尽管个体之间存在遗传差异，但是他们应该享有平等的法律权利。"

Plomin et al.（2008，p.91）

问题回顾

1. 如果"影响人格的因素是基因还是环境"是个伪命题，那么确切的表述应该是什么样的？"先天和后天相互作用"是指什么？

2. 什么是遗传力？什么是环境影响力？什么是共享环境？什么是非共享环境？

3. 评估遗传力的两个常用方法是什么？这些公式所基于的假设分别是什么？

4. 收养研究和双生子研究背后的逻辑是什么？相关设计与真实验的区别在哪里？基于双身子研究的结果，幽默感是否具有家族遗传性？为什么？

5. 你能否就神经质、外向性、开放性、宜人性和尽责性特质的遗传力来谈一谈你的认识？对于这些特质的发展，哪个因素更为重要，共享还是非共享环境？

6. DNA 的非编码序列如何根据环境刺激来改变基因功能？试用孤独感与免疫功能的例子对此进行解释。

7. 为什么说基因和环境因素对人格的作用是辩证的？什么是辩证法？什么是基因型—环境交互作用？根据卡普西和萨格登等（Capsi，Sugden，2003）的研究，阐述基因型和生活应激源是如何引发临床抑郁症的。

8. 什么是基因型—环境相关？什么是正性基因型—环境相关？什么是负性基因型—环境相关？被动性基因型—环境相关、反应性基因型—环境相关和主动性基因型—环境相关分别是什么？

9. 在不久的将来遗传学研究成果有哪些用途？

关键术语

基因型	对等环境假设	定位克隆
行为遗传学	代表性假设	辩证法
表现型	选择性安置	基因型—环境交互作用
遗传力	等位基因	基因型—环境相关
环境影响力	孟德尔遗传	被动性基因型—环境相关
共享环境	表观遗传学	反应性基因型—环境相关
非共享环境	基因	主动性基因型—环境相关
同卵（MZ）双生子	外显子	正性基因型—环境相关
异卵（DZ）双生子	内含子	负性基因型—环境相关
分开抚养的同卵（MZA）双生子		

"遗传的多样性是生命的本质。"

Plomin et al.（2008，p.91）

第 7 章

人格的神经科学

什么是神经科学？我们应该如何学习神经科学？
  躯体反应
  大脑结构
  大脑活动
  生化反应
研究方法示例：相关设计Ⅱ：散点图、相关关系以及 fMRI 研究中的"巫毒科学"
人格的神经科学理论
  艾森克的 PEN 模型
    艾森克理论的三个维度概述
    外向性的神经机制
    神经质的神经机制
  强化敏感性理论（RST）
    三个神经系统的概述
    FFFS、BAS、BIS 的神经机制
日常生活中的人格：人格与猜测惩罚

过去和现在：颅相学、新颅相学以及人格的神经影像学发展
人格的神经基础
  外向性和神经质
    大脑皮层和杏仁核的结构差异
    大脑皮层、大脑双侧半球以及杏仁核的大脑活动差异
    生化反应
  冲动性和感觉寻求
    躯体反应
    大脑活动
    生化反应
结语：我们从人格的神经科学中学到了什么？
本章小结
问题回顾
关键术语

如果我告诉你，有个方法能让你变得健康快乐，你会怎么想？要知道这个方法并不是药物，也不是耗时的心理治疗，它没有痛苦，而且免费。这么神奇的方法到底是什么？不管你信不信，它就是冥想！

尽管一些宗教和文化有着将冥想作为一种有效的精神研习方法的传统，但是这种做法却遭到了现代医学研究的嘲讽。然而，美国马萨诸塞大学医学院退休教授乔恩·卡巴金(Jon Kabat-Zinn)博士改变了冥想的窘境。乔恩·卡巴金博士利用东方的冥想法则发展出了一套西方化的压力缓解方法，并且与同事一起通过严格控制的实验法对这些技术的效度进行了检验。

在一项研究中，研究者将有意于通过冥想来减压的被试随机地分配至冥想组和控制组(Davidson et al., 2003)。冥想组被试要接受为期8周的基于正念的冥想减压训练，然而控制组被试在这段时间内则不接受任何任务。这样的话，两组被试的差异仅在于是否接受了冥想训练。

在训练期间，研究者要求被试静坐，并尝试让自己处于内心平静的状态。在这个状态下，个体无需计划、担忧、思考或者幻想未来。冥想组被试的任务是调整自己的呼吸并试着避免将注意力集中在上述事情中——实际上，就是不要注意任何事物(Kabat-Zinn, 1990)。

在训练阶段结束时，研究者在若干指标上对两组被试进行了比较。研究者发现，冥想组被试的焦虑程度更低。进行冥想训练的个体具有更低的焦虑水平，这足够令人振奋。但是真正有价值的发现是，两组被试所显示出来的对于情绪刺激的大脑反应的差异(Davidson et al., 2003)。无论是在静息状态下，还是面对正负性情绪刺激时，接受冥想训练的被试的左侧前额皮层的活跃程度都更高。此外，冥想组被试的免疫功能要好于控制组被试。

总体的数据提示，有序的冥想训练在根本上改变了我们的大脑工作方式，而且冥想训练能够影响我们对于情绪的体验以及对于压力事件的应对方式。研究者推测，冥想能够使个体更容易体验到积极情绪，而对消极情绪不会过于敏感，从而降低个体的焦虑水平，并提升免疫功能(Davidson et al., 2003)，所有这些都无需借助药物。

> "正如物理学家要清楚他们的研究目的在于探索时空连续体一样，心理学家也必须清楚他们所要攻克的难题是心身连续体——这并非笛卡尔的两个完全分离的实体。"
>
> Eysenck(1997，p.1224)

自测题

花几分钟时间来做一个练习。请闭上双眼，静静地坐着，清除脑海里的一切，然后将注意力集中到你的呼吸上。你能做到这些吗？你感觉到放松了一些吗？

思考题

是生理基础决定了人格，还是人格决定了生理基础？还是两者相互影响？

证据表明，有规律的冥想训练可以使个体更容易体验到积极情绪，降低焦虑水平，并且提升免疫机能。

如果要探讨生物学功能和人格的关系，那么这就好比讨论先有鸡还是先有蛋一样困难：是生理基础决定了人格，还是人格决定了生理基础？也许我们出生时就已具有的生理结构致使我们发展出一定的人格特质，但是环境在人格形成的过程中产生了影响。也许理解这一问题的最好方法是将生理基础看作是人格特质发展的各种可能性的集合。然而，另一方面，包括冥想研究在内的研究结果却提示人们的行为也会影响到生理机能。那么，人格的哪些方面容易产生这种影响，以及影响的程度如何，这依然有待进一步的考察。

我们将在本章简要地回顾主要的生理系统，并探讨两项人格理论。这两项理论均假设神经基础差异导致人格特质差异。

什么是神经科学？我们应该如何学习神经科学？

探索人格的神经机制的研究者主要关注大脑和神经系统。要想更好地理解该领域的近期研究成果，我们就需要先来简短地回顾一下神经系统的相关知识。

神经系统由**中枢神经系统**（central nervous system）和**周围神经系统组成**（peripheral nervous system）。中枢神经系统包括大脑和脊髓，而周围神经系统则包含了负责控制肌肉运动的**躯体神经系统**（somatic nervous system）和负责调节平滑肌（如内脏）、心肌和腺体的**自主神经系统**（autonomic nervous system）。自主神经系统又可以进一步分为**交感神经系**（sympathetic division）和**副交感神经系**（parasympathetic division）。交感神经能够提供能量（例如，为争斗或者逃跑供能），而副交感神经帮助机体进行能量的储备（例如，分泌唾液，消化等）（Carlson，2010）。

大脑受到脑脊液（cerebrospinal fluid，CSF）的保护。脑脊液使脆弱的大脑具有了缓冲带，并使之漂浮在脑室中。脑脊液类似于血浆，并且也能够在大脑和脑室中不断地再生、循环、重吸收（Carlson，2010）。

大脑中有着众多的结构和系统。这些结构系统控制着机体活动的诸多方面,从思考、推理、学习和记忆,到呼吸、睡眠、饮食,到运动以及感觉信息的处理,再到情绪体验。由于所有的脑结构都负责着基本的机能,因此在这些方面,它们并不存在明显的个体差异。但是,在应激(如,心悸、出汗)、情绪体验以及对于激素和药物的应对方式方面,个体差异则较为明显。研究者假设,个体在躯体反应、大脑结构、大脑活动以及生化反应方面的差异均与人格差异有关(Zuckerman, 2005)。所有已经开展过的旨在探索人格的神经及生理差异研究都可以被归入以上四种类别中。表7.1罗列了这些类别以及通常的生理学测量手段。

表 7.1 人格的神经及生理差异的常见标记方法

躯体反应	大脑结构	大脑活动	生化反应
心血管	解剖切片	皮层刺激	神经递质:
心率	细胞学	EEG	多巴胺
血压	CT扫描	诱发电位	5-羟色胺
血流	MRI	PET扫描	GABA
呼吸功能		fMRI	酶
皮肤电反应		经颅磁刺激	MAO
肌电图			激素:
			肾上腺素
			去甲肾上腺素
			皮质醇
			药物反应

注:表中的字母缩写请详见本章正文中的注释。

躯体反应

当我们的机体要对环境中的唤醒事件做出反应时,负责控制这一过程的是自主神经系统。当机体应激时,交感神经的活动表现为心率、血压、血流量、呼吸、出汗以及肌肉活动的增大。更重要的是,机体会暂时停止一些常规机能,以调动瞬间的紧急反应。

出汗情况可以以**皮肤电反应**(galvanic skin response, GSR)为指标进行测量。这是一种测量皮肤导电性(即微弱电流通过皮肤上两点的速度)的方法,电流在皮肤上的传导速度越快,则说明皮肤上的汗液越多,即提示机体处于更高的唤醒水平。

肌肉的活动可以通过**肌电图**(electromyography, EMG)来描述。该方法可以记录肌肉收缩和放松时所发放的电脉冲。EMG通常用作训练肌肉收缩及舒张时的生物反馈设备。

> "你不太可能将人格定义为大脑细胞或者分子的加工过程……但是人格是大脑活动的产物。"
>
> Corr(2006, p.519)

大脑结构

研究者寻找个体差异的另一个地方是大脑中某些特定结构的相对大小和重量，或者是神经系统中某些部位的细胞种类及数量。过去，研究大脑结构及细胞差异的唯一途径是在人死之后对其大脑进行解剖。大脑在尸检时被剥离，其组织切片被保存起来以供细胞学研究。

今天，随着更多更精密的技术的出现，我们可以通过无创技术来观察活人的大脑。例如，**计算机断层扫描**（computerized tomography，CT），被称为CT扫描，可以给大脑拍摄高分辨率的X射线照片。通过观看非常细薄的脑组织横切面——厚度通常不足1毫米！——我们可以检测脑组织的异常或者差别。（这项技术曾经被称为**计算机轴向断层扫描**，computer axial tomography，或者CAT扫描。）

类似的一项技术是**磁共振成像**（magnetic resonance imaging，MRI）。这里，无线电射频波代替了X射线。首先，强磁场会使一些原子的原子核产生共振。无线电射频波就被用来探测这些原子的活动。由于机体的所有组织均存在氢原子，尽管其密度各不相同，因此氢原子的共振模式就形成了大脑的多维图像。

自测题

你曾经做过CT、CAT或者MRI扫描吗？当时医生想要知道什么没法用其他方法获得的信息？

思考题

在躯体反应、大脑结构、大脑活动、生化反应这四种神经及生理学标记方法中，你认为哪一种对于理解人格最为重要？为什么？

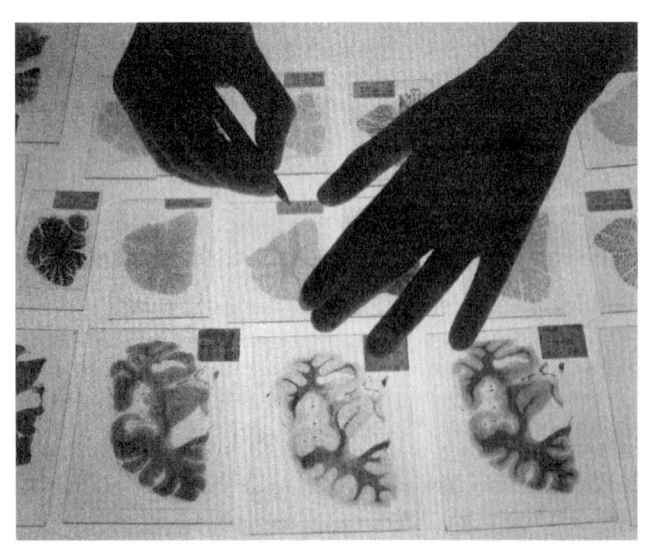

其薄如纸的脑切片被放置于载玻片上，以供研究。

大脑活动

CT 和 MRI 都只能拍摄大脑的静息态图片，即某个时刻的大脑结构图片。而如果我们要观察大脑受到刺激时的结构差异，就要对大脑活动的情况进行观测。通常来讲，研究者通过给被试设置心理任务或者施以其他刺激来引发其大脑的活动，从而对之进行测量。

探究大脑活动的一个早期方法是皮层刺激。研究者通过植入大脑的电极或者对大脑皮层的不同位点直接施以电刺激，而后让病人报告此时的感觉。今天，我们已经能够使用微创技术手段来探测大脑。例如，**脑电图**（electroencephalogram，EEG）的电极置于头皮表面就能够记录到脑电活动。当我们对个体施以刺激时，我们所记录到的大脑或者神经系统其他结构的电位活动就被称为**诱发电位**（evoked potential，EP）。EEG 和 EP 都呈现了个体在对刺激进行反应时的大脑活动情况。

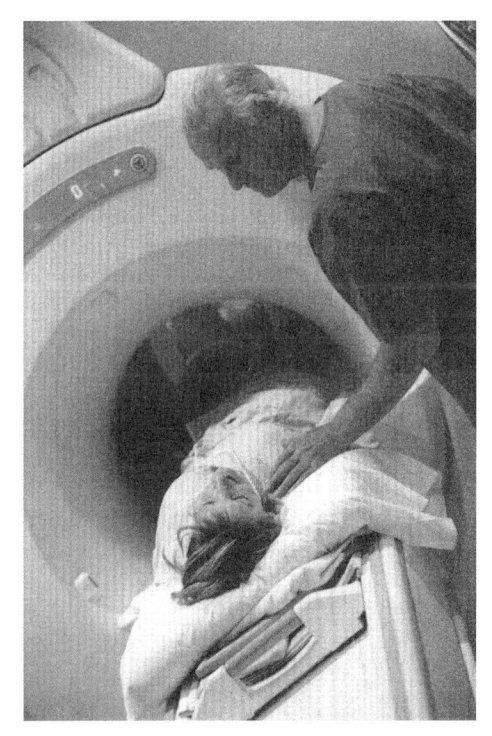

无创技术，例如此处所示的 CT 扫描，使得研究者可以对大脑结构进行检查。

电极置于被试的头皮表面，来测量大脑活动。

在正电子发射断层扫描技术（positron emission tomography，PET）中，一种半衰期极短并具有微量放射性的葡萄糖样物质被注射到被试大脑中，而后被试被置于类似于 CT

扫描仪的扫描设备中。大脑中的活动区会比非活动区消耗更多的葡萄糖,这些情况会反映在计算机上,这些脑区的扫描图像会随其活动水平的不同而呈现出颜色上的差异。

在细胞水平上,大脑活动的最细微的显像结果来自**功能性磁共振成像技术**(functional magnetic resonance imaging,fMRI)。fMRI 的基本原理与传统的 MRI 一样,两者的不同之处在于 fMRI 通过监测大脑中的血氧水平来持续地观测大脑活动情况。脑区的活动程度越高,其消耗的氧就越多,这一情形通过成像的不同颜色得到呈现。通常,研究者在被试执行认知任务时对其进行 fMRI 扫描。这样便能得到一系列不同时间段的大脑活动成像结果。

尽管人格领域中的 fMRI 研究数量不断增多,这类研究依然存在着一些值得注意的问题。其中之一就是反应的计时问题。当个体看到刺激时,心理活动的反应时仅为毫秒级,但血流却要耗时 2 秒。这就使我们难以对与某个心理活动相关的脑区进行准确定位。另一个问题是,fMRI 具有时间密集性和设备昂贵的特点,这使得该类研究通常只选取少量的被试。被试样本量小使得研究者较难发现稳定且显著的结果(Yarkoni,2009)。第三个问题即所谓的**非独立性误差**(nonindependence error),研究者可能由于没有独立地选择某个脑区与人格特质或者其他变量进行相关分析,从而产生了对于研究结果的无意偏向(Vul,Harris,Winkielman,& Pashler,2009a)。我们将在研究方法示例部分详细探讨这一错误以及围绕 fMRI 研究所产生的争论。最后,其他的一些额外变量,例如一天中的时间段以及被试的紧张情绪,也会影响神经成像研究的结果(Dumit,2004;Uttal,2001)。

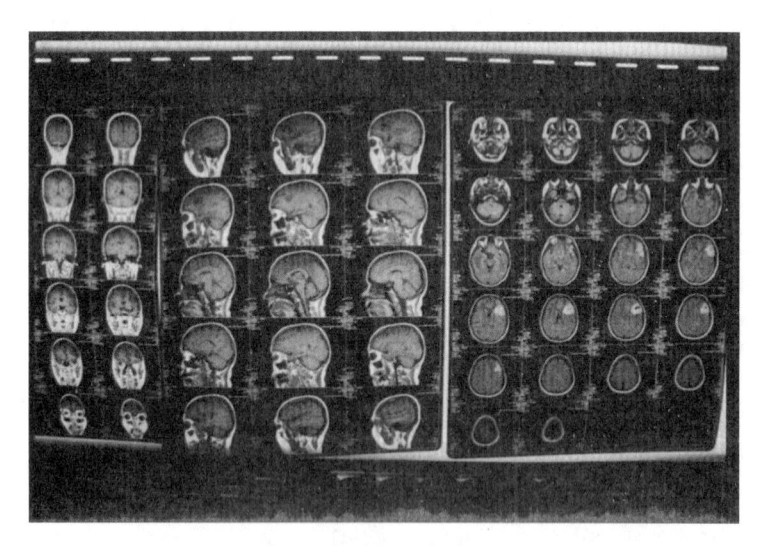

172　这些对被试大脑进行 fMRI 扫描所获得的成像显示了被试在执行认知任务时的大脑活动情况。

用于探测大脑活动的最新技术是**经颅磁刺激**(transcranial magnetic stimulation,TMS)。在这项技术中,置于被试头上方的线圈中有短暂的电流通过,其产生的磁场会干扰神经元的正常活动,有时是破坏,有时是增强(Schutter,2009)。通过仔细地分析接受刺激的脑区并观察哪些功能受到了干扰,研究者就能够对产生反应的脑区进行定位。这种方法下的定位准确性要好于过去的皮层刺激以及诱发电位技术。更重要的是,TMS可以模拟脑损伤,这使得研究者能够推测因果关系。较之以往那些只能显示大脑活动和行为之间相关关系的技术方法,TMS取得了巨大的进步(Walsh & Cowey, 2000)。尽管这一技术已经被用于治疗包括抑郁和焦虑症(George & Bellmaker, 2000)以及肌肉纤维痛(Sampson, 2006)在内的众多病症,但是我们仍然不知道TMS对于人格研究会有怎样的作用。

成像研究令人振奋,但是对于研究结果的解释却依然存在疑问:当一个脑区对应于某个刺激产生反应时,这究竟意味着什么?根据对于大脑定位技术的批评,这一现象意味着很多(Dumit, 2004;Uttal, 2001;Wade, 2006)。首先,这可能表示研究者所探讨的区域的确与某个特质或者反应相对应,但是,其他一些活动程度较低的脑区对此也可能有着与之相同甚至更为重要的作用。同样,当某个脑区对刺激产生反应时,我们知道该脑区的反应是施加刺激的必然结果,但是我们不知道这是否是形成我们所观察到的特质或者反应的充分条件。只有当其他脑区也涉及其中时,这才有可能是充分条件。最后,当PET扫描发现某个脑区的葡萄糖消耗量增加时,这可能表示该脑区处于活动状态,也可能表示某个功能下降的神经元需要更多的葡萄糖。然而,通过在控制实验中进行fMRI、PET以及其他脑成像技术,我们就可以知道脑区活动的真正含义。

生化反应

最后,生理上的个体差异也可以体现在大脑和机体对于各种化学物质的反应方式方面。这些化学物质包括神经递质、激素和药物。根据这些化学物质的作用位点和方式的不同,我们可以通过分析脑脊液、唾液、血液或者尿液来检测这些化学物质的水平。

神经递质(neurotransmitters)是一些由神经元分泌的用于抑制或者兴奋相邻神经元活动的化学物质。神经递质的工作就是在神经系统中传递信号。比较重要的神经递质包括去甲肾上腺素、肾上腺素、多巴胺和5-羟色胺。这些物质都具有相似的分子结构,因此能够作用于其中一种递质的药物同时也能够影响其他三种递质。去甲肾上腺素和肾上腺素也被看作应激激素。当机体遭受威胁刺激时,这两种物质会让更多的血液流向肌肉,以使心率加快,血压增大,从而帮助机体抵御威胁。多巴胺与愉悦的情绪体验有关,此外其还与运动、学习、注意以及奖励有关。5-羟色胺的作用涉及心境的调节、唤醒、睡眠和饮食控制以及痛感调节。抑郁、焦虑以及其他的心境障碍均与机体对5-羟色胺的反应有关。单胺氧化酶(MAO)可以在一定程度上调节神经系统中的多巴胺、去甲肾上腺素和肾上腺素的水平。

去甲肾上腺素和5-羟色胺也可能与抑郁症有关(Thorn & Lokken, 2006)。一些抗抑郁药正是通过阻断去甲肾上腺素和5-羟色胺的再摄取通道,使得这两种递质能够在神经元的突触间隙中多呆一些时间(Thorn & Lokken, 2006)。抗焦虑药的工作方式是模拟另一种神经递质,γ-氨基丁酸(gamma-aminobutyric acid, GABA),一种抑制性神经递质。

研究者可以通过让被试执行某项任务或者活动来监测上述化学物质的变化情况,从而对神经递质和神经系统进行研究。当不可能对神经递质(如,去甲肾上腺素)的水平进行直接测量时,研究者就会通过测量神经递质的代谢物来间接地对递质水平进行监测。监测神经递质水平的另一条途径是**激惹试验**(challenge test)。在激惹试验中,研究者将一种已知的对神经递质功能有着促进或抑制作用的药物注入机体,并通过观察药物的有关反应来推测神经递质的活动。

研究方法示例:相关设计Ⅱ:散点图、相关关系以及 fMRI 研究中的"巫毒科学"

fMRI 研究是"巫毒科学"("voodoo science")吗?看起来漂亮的散点图会不会误导读者呢?我们不得不说,这并不尽然。2009 年 3 月,《心理科学视角》(*Perspective on Psychological Science*)杂志发表了一系列特约论文,并使得此前已经在互联网上酝酿已久的争论公开化(Diener, 2009)。有少部分研究者注意到一些出自情绪、社会认知和人格领域的 fMRI 研究所报告的变量间的相关关系过于显著(Vul, Harris, Winkielman, & Pashler, 2009b, p.320)。有人形容这些结果的显著程度"简直是疯狂的强烈"。

要想更好地理解这场争论,我们需要先来了解相关关系的概念。当我们想要分析两个变量之间的关系时,我们就需要计算它们之间的相关系数。如果两个变量值同时增大或减小(比如年龄和身高),那么它们之间存在正相关。如果一个变量值随着另一个变量值的增大(或减小)而减小(或增大)(比如练习和打字错误),那么这两个变量之间存在负相关。通过统计图,你可以很清楚地看到两个变量之间的变化关系。

请看图 7.1。左图中,X 轴为神经质分数,而 Y 轴为眶额皮层(orbital frontal cortex, OFC)切片的厚度。右图则呈现了外向性分数与眶额皮层厚度的关系。这样一种呈现数据分布情况的图就被称为散点图(scatterplots 或 scattergrams)。许多脑成像研究都会采用散点图来呈现其结果。散点图中的每一个点就代表了研究中的一名被试。在图 7.1 中,蓝色圆圈代表了女性被试,而红色方框代表了男性被试。

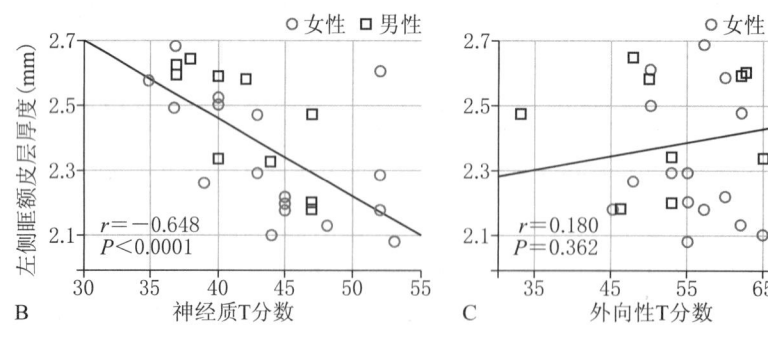

图 7.1 散点图显示了 OFC 的厚度与神经质(左)、外向性(右)之间的关系。来源:Adapted from Wright et al.(2006, Figure 3, p.1814). From Wright, C.I., Williams, D., Feczko, E., Barrett, L.F., Dickerson, B.C., Schwartz, C.E., et al.(2006), "Neuroanatomical correlates of extraversion and neuroticism," Cerebral Cortex, 16(12), 1809—1819. Reprinted by permission of Oxford University Press.

注意,左图中的数据云呈现出向下的斜坡。这就告诉我们,神经质得分随着眶额皮层厚度的减少而增加。这表明两者之间存在着负相关。现在,我们来看下数据云的厚度。它是厚还是薄?数据云越薄,两个变量之间的关系就越密切,即它们之间的相关性越强。左图显示出,在神经质得分和眶额皮层厚度之间存在着中等强度的负相关。的确,根据数据计算出的相关系数为−.65(Wright et al., 2006)。图中贯穿数据云的直线称为线性回归线。这是我们根据 X 轴数值对 Y 轴数值的最佳估计。

你对于右图中外向性得分和眶额皮层厚度之间的相关关系有什么看法吗?在该图中,数据云更为分散,呈现出的图形更接近于圆形而非椭圆形。这提示出,两个变量之间的联系并不强,事实上,其相关系数只有.18(Wright et al., 2006)。

如你所见,散点图的用处非常大。它至少能够告诉我们一组数据的三个方面。第一,散点图可以让我们注意到极端值。在赖特等(Wright et al., 2006)的数据中似乎不存在极端值,只有一名男性被试的外向性得分比较低。第二,散点图可以告诉我们相关关系的方向:到底是正性的(数据云向上)还是负性的(数据云向下)。第三,数据云的厚度可以提示相关关系的强弱。散点图越接近圆形,则两个变量之间的联系越弱。散点图越接近椭圆形,则两个变量之间的联系越强。完美的相关关系应该看起来是一条直线,而零相关时的数据点会随机地分布在整张图上。仔细观看图 7.2,并尝试说出变量之间的相关是正性的还是负性的,其强度是高还是中等,抑或接近于零。

图 7.2 散点图显示了变量之间的关系。相关系数分别是(从左到右):0, −.3, .5, −.7, .90, −.99。

赖特等（2006）也分析了其他一些关键脑区的皮层厚度和外向性、神经质、开放性、尽责性及宜人性之间的相关性。你知道他们为什么要这样做吗？因为研究者想找到与神经质有着特异性关联的脑区，而且这些脑区与外向性（以及其他的人格特质）并不存在关联。当结果显示五个人格特质中只有神经质和外向性两个特质与某些脑区相关而与其他脑区无关时，我们就更有信心地认为研究者发现了一个正确的而非仅仅是随机得到的显著结果。

注意，赖特等（2006）对他们所假设的与正负性情绪（分别是外向性和神经质）而非其他特质（开放性、宜人性、尽责性）相关的脑区进行了交叉验证。但是其他的研究者则未对自己的结果进行交叉验证。实际上，他们首先根据与因变量（如人格）相关的脑区信号强弱来选择兴趣区，并在此基础上分析两者的相关性。这样做就意味着同样的样本既被用于挑选兴趣区，又被用来计算变量之间的相关。

从技术上讲，选择兴趣区和计算变量相关应该依据相互独立的样本。你可能会在一项专门的体育类别中挑选最好的选手去竞争州冠军，你知道这是你们学校的强项，而不是随机地挑选一项体育项目。当研究者使用同一个样本而非相互独立的几个样本进行选择标准的制定以及统计分析时，他们就犯了非独立性错误（Vul et al., 2009a）。这个错误会人为地扩大相关系数，以致看起来几乎所有的社会行为都可以定位到大脑中的某个结构。这种"令人费解"的强相关招来了众多的批评。一些人认为研究者们在搞"巫毒科学"，并且蓄意地夸大变量间的相关系数（Vul et al., 2009b）。对此，许多研究者为自己的研究逻辑辩护，同时他们也认为瓦尔等（Vul et al., 2009a）夸大了问题的性质，并声称这是方法本身的缺陷（Lazar, 2009；Lieberman, Berkman, & Wager, 2009；Lindquist & Gelman, 2009；Nichols & Poline, 2009）。

好的一面是，大家都认为将血氧水平依赖性（blood oxygen level dependent，BOLD）与人格进行相关分析这一方法并非无可挑剔，因此仍有待改进。瓦尔等（2009a）所指出的问题不仅限于fMRI研究领域，可以得到修正，而且无需采集新的数据（Barrett, 2009；Vul et al., 2009a, 2009b；Yarkoni, 2009）。现在，整个科学界都在致力于分析这一问题，并试图找到合理的解决办法。

这也给我们一个警醒：只有正确的方法才能得到好的结果。让我们来做这样的思考：假想我们在海边求乞。你沿着海边行走，寻找着别人可能丢下的东西。如果你能够有所收获，那么你成功的原因可能在于你知道在哪儿更可能找到好东西，比如人多的沙滩或者人们有可能掉钱的木栈道的下方。但是，你也有可能凭借良好的装备找到了值钱的东西：眼睛、耙子或者金属探测器。如果你有一个很好的金属探测器，那么你就很有可能找到硬币、首饰、手表以及埋在沙土下的其他值钱玩意儿。当然，你也可能找到的是瓶盖、破玩具、生锈的螺丝钉之类。作为研究者，我们当然要寻找好的显著的结果，但是我们也要想办法减少捡到垃圾的可能性。

人格的神经科学理论

1998年，在自己的经典著作《人格的维度》(*Dimensions of Personality*，1947)的修订版中，艾森克写道，我们认识到人格中有很大部分是具有遗传性的，"在DNA和人格之间一定存在着生物学中介物，而这些中介物应该得到理论的描述和实验的验证"(Eysenck, 1998, p.xii)。对于这些生物学中介物，以艾森克当时的技术手段还不足以将其检测出来，实际上这就是个体的生理学差异。

尽管艾森克及其同事也希望能够发现人们在生理学上的某些差异——可能是机体反应、大脑结构、大脑活动或者生化反应——这些差异可以用来解释人格差异，但是人格研究的这个"圣盘"却仍旧让我们难以理解。尽管不断有更多更好更微创的技术设备问世，我们甚至也能够在微观层面研究基因、蛋白质以及神经递质，但是科学家仍然不能确证在生理差异和人格特质之间存在着清晰且稳定的联系(e.g., Eysenck, 1990)。也许我们的技术并不取决于任务，或者在人类的神经系统中，不同的部分会以一种复杂的方式相互作用。即便我们能够清楚这些生理差异，我们仍然要花大量的时间和精力去证明这些生理差异确实导致每个人形成了不同的人格，这一人格是我们在长期的与他人人格的相互作用过程中发展而成的。

我们不能肯定生理差异导致了不同成熟度的人格，但是我们也许期许得太多了。生物学差异也许在一个更宽泛的层面上对人格发展有着最大的影响。这个层面，我们称之为**气质**(temperament)。什么是气质？气质就是(Zuckerman, 2005)：

1. 一生中相对稳定的
2. 通过一般的能量水平表达的人格特质
3. 在儿童早期就表现出来的人格特质
4. 与其他动物种类相类似的人格特质
5. 出生伊始就表现出来的人格特质(至少以一种通常的方式)
6. 受到遗传因素影响的人格特质
7. 随着个体成长和经验成熟而能够得到改变的人格特质

"生物学差异是先天的，并且它为人格的形成和发展打下了基础。"

Clark and Watson(2008, p.266)

思考题

当一个人出生时，他是一块白板，还是已经具有一定的人格？

艾森克认为，受基因决定并来自父母的气质正是DNA和人格之间的中介物。

研究者在寻找人格的生理基础的过程中发现，几乎所有的人格类型都可以归为三种主要的气质(Zuckerman, 2005)，或者相关人格特质族：

- 外向性：积极情绪、对奖励的敏感性、社会奖赏、善于社交、易接近。
- 神经质：消极情绪、焦虑、对惩罚的敏感性、易退缩。
- 冲动性：精神质、缺乏约束、寻求刺激、追求新异性、缺乏尽责性、缺少愉悦感。

的确，研究者提出的各种模型有着众多的相似性。例如，艾森克的精神质、外向性和神经质模型（PEN模型；Eysenck, 1990）、五因素模型（FFM, Costa & McCrea, 1992；John, 1990；John et al., 2008）、大五模型（Goldberg, 1990；Norman, 1963）、格雷（Gray）的RST理论（Corr, 2008b）以及克洛宁格（Cloninger, 1998）的理论均至少涉及了上述三个维度中的两个。但是，五因素模型和大五模型都将艾森克的精神质拆分为宜人性和尽责性(Digman, 1996)。其他的研究者则表述为接近性的气质（外向性）和避免性的气质（神经质；Elliot & Thrash, 2008）或者积极情绪性（外向性）和消极情绪性（神经质；Depue, Luciano, Arbisi, Collins, & Leon, 1994）。

表7.2对上述因素之间的关系进行了总结。尽管这些因素有着众多的名字，而且关

表7.2 三个人格特质族和主要特质理论之间的对应关系

理论	特质族		
	外向性	神经质	冲动性
艾森克	外向性	神经质	精神质
格雷	行为趋近系统	行为抑制系统	
五因素	外向性	神经质	低尽责性
克洛宁格	奖赏依赖性	伤害回避性	寻求新异性

注：五因素模型中的开放性、大五模型中的智力因素以及格雷的对抗—逃离—僵化系统均未出现在与朱克曼(2005)提出的三大主要特质族的对应关系中。

于因素的"确切"数目仍存在较大的争议,这些我们已经在第二章中讨论过,当我们需要确认基本的生理气质时,许多理论研究的证据和各种研究方法都汇聚为三种类别。

要想理解这一观点的逻辑以及支持该论点的证据,我们就要先来了解人格领域中的两个重要的生物学理论:汉斯·艾森克(Hans Eysenck)的 PEN 模型和杰弗里·格雷(Jeffrey Gray)的强化敏感性理论。而后,我们将了解积极情绪、消极情绪以及冲动性的生物学基础。

艾森克的 PEN 模型

20 世纪 40 年代,当艾森克开始工作时,他就有了一个非同寻常的想法,即根据现有的实验结果来建立人格理论(Eysenck, 1998)。而且,他认为一个详尽的理论不仅应该能够预测一种人格的行为表现,而且也应该能够解释这种人格是如何形成的。随着其对正常个体和精神病人研究的推进,艾森克不断地形成自己的理论,并确定了人格中的两大因素,外向性和神经质(Eysenck, 1998),随后,他又加进了第三个维度,精神质。这三个维度——精神质、外向性和神经质——就构成了 PEN 模型(Eysenck, 1952)。该模型被用来描述个体的人格。人们在这三个因素上的得分高低各异。

艾森克理论的三个维度概述

艾森克提出的第一个因素是**外向性**(extraversion)。在该因素上得分高的个体较为外向,通常表现得善于交际,合群性好,乐观,但可信赖度不是很高。外向性得分低的个体——内向——通常表现得安静、内省、矜持、可靠但关系亲密的朋友较少。需要注意的是,外向性是指个体开朗的程度,包括了社会性和生理性两个方面。

艾森克的第二个因素是**神经质**(Neuroticism)。我们可以将其与情绪稳定性进行比较。在此维度上得分高的个体通常表现得苦恼,缺乏安全感,以及在生活中的很多方面不开心。他们长期焦虑,紧张,喜怒无常,自我评价低,而且在经历了负性事件之后很难平复过来。相反,情绪稳定性好的个体通常性情平和,安静放松,无忧无虑,有时甚至有些非情绪化,并且他们能够在经历了负性事件之后快速地恢复到平常状态(Eysenck & Eysenck, 1975)。

艾森克的第三个因素是**精神质**(Psychoticism)。我们可以将精神质理解为反社会的,并且可以将其与自我控制进行比较。该维度得分高的个体通常是孤独和自我中心的。他们爱惹麻烦,但却难于管教,因为他们易于冲动、合作性低、允满敌意且又孤僻,与环境格格不入(Eysenck, 1990; Eysenck & Eysenck, 1985)。

相反,如果个体在精神质维度上的得分低,那么他们的行为通常是利他的、社会化的、合乎规范的。相较于精神质得分高的个体,这些得分低的个体在乎他人感受,且能够控制自己的冲动性行为。

艾森克认为精神质和神经质的病理学标签应该被摘除,而代之以强大心性和情绪性这两个概念,从此强调他们所提出的是一个关于正常而非病理行为的理论,因此应当去除其标签的负面内涵(Eysenck & Eysenck, 1975, p.3)。

艾森克找到了至少三条证据来支持他关于人格差异具有遗传性和生物性的观点。首先，特质的跨文化普遍性提示人格具有较强的生物性成分(Eysenck，1990)。归根结底，我们预期文化和环境的差异会造成人格因素的不同。但是，正如一项在包括乌干达、尼日利亚、日本、中国、美国、苏联、匈牙利、保加利亚以及前南斯拉夫在内的25个国家内开展的研究所示，事实并非如此(Barrett & Eysenck，1984)。在这些不同的社会文化环境下所取得研究结果均显示了精神质、外向性和神经质这三大人格因素，这更多地表明了生物因素的作用而非文化的影响。

第二，在个体的成长过程中，尽管周围的环境不断地变化着，但是这三种人格特质却表现出惊人的稳定性。我们的反应方式和习惯可能会随着时间的迁移和环境的变化而改变，但是人格特质却不会。这种一致性就提示特质中含有很强的生物学成分(Eysenck，1990)。

第三，以往的研究结果强烈地显示出外向性、神经质和精神质均具有中等程度的遗传力(Eaves，Eysenck，& Martin，1989)。正如艾森克(1990)所说："遗传因素当然不可能直接影响行为或认知，从本质上来讲，中介变量必然会涉及生理、神经、生化或者激素等方面。"(p.247)

自测题

你能在自己所认识的人或者电影、书本、电视中的人物中找到符合艾森克三种人格因素的人吗？

尽管艾森克怀疑他的人格三因素中包含了唤醒和注意，但是他也承认尚无研究证据能够提示一个明确的关于精神质生物学解释的假设(Eysenck，1990；Eysenck & Eysenck，1976)。现在，我们要来探讨外向性和神经质的生理学解释。

外向性的神经机制

艾森克认为外向者与内向者之间的主要差异应该与唤醒有关，而在这一点上，他是对的(Eysenck，1990)。他构想了两种可能性：外向与内向者在唤醒水平和唤醒性方面存在差异(Eysenck，1967)。

艾森克认为内向者比外向者有着更高的皮层唤醒水平，尤其是**上行网状激活系统**(ascending reticular activating system，ARAS)，这是一条将信号从边缘系统和下丘脑传导到皮层的通路(Eysenck，1967；Eysenck & Eysenck，1985)。ARAS主要加工唤醒和情绪刺激中的皮层信息(如，思考一道难解的数学题)。ARAS的活动状态会决定个体是机敏警觉还是迟钝呆滞。

由于内向者所预设的基线条件位于其唤醒阈限之上，故而他们的行为较为拘束。也就是说，他们会回避那些可能加重现有的已经刺激过度的条件，而使自己保持现有状态或者做一些更安静的事情。相反地，艾森克推测道，外向者所预设的基线条件位于其唤醒阈限之下，因此在基线水平上，外向者几乎感受不到刺激信息，因此，他们会趋向于接受更多的刺激和不受约束的行为。从根本上说，外向者更趋向于寻找外部的刺激来提升自身原本较低的唤醒水平。通过这种方式，外向者和内向者都不断地尝试调整自身的唤醒水平，以达到一个舒适的区域:最佳唤醒水平(e.g., Hebb, 1955)。

这听起来是个不错的假设,但是它正确吗?试想:如果内、外向者之间的确存在着唤醒水平的差异,那么即便是在个体熟睡或者休息的时候,我们也应该能够看到这种差别。实际上,我们很容易验证这一假设,因为由 ARAS 引发的唤醒可以采用 EEG 检测,而由边缘系统引发的唤醒可以采用 GSR 和 EMG 进行检测(Eysenck, 1967)。

但是,采用传统的甚至是更新的唤醒检测方法的研究(如,PET 扫描,皮层电位)均表明情况并非如此。是的,超过 1 000 项研究的结果都无法给予艾森克的理论证据支持(Geen, 1997)。如果有的话,那么研究者只是在被试处于静息状态时,发现了内、外向者有极小的唤醒水平差异。然而,内、外向者在应对中等强度刺激的反应方式上存在着显著的差异,提示两者的关键差别应该是他们的**唤醒性**(arousability)或者感觉反应性(De Pascalis, 2004; Stelmack & Rammsayer, 2008; Zuckerman, 2005)。

自测题

找出你周遭的内向和外向的朋友。他们在偏好的学习场所方面存在差异吗?为什么?

对于学习场所的选择与人格有关吗?你认为内向和外向的人分别喜欢在哪种场所学习?

如果真的存在唤醒性的差别,那么我们很想知道内向和外向者在环境的选择方面是否存在差别:热闹的还是安静的。一项研究发现,爱在大学图书馆中安静的地方——有独立的小单间,里面有小书桌——学习的人通常是内向的。那么,外向的人爱在哪里学习呢?他们喜欢的学习场所是图书馆中热闹的社交区域:有着大桌子的空旷的大房间(Cambell & Hawley, 1982)。

但是这里有个问题:谁的考试成绩更好呢?噪音对于学习真的有负面影响吗?当然有!研究者招募了一批自愿参加实验的内向者和外向者(Geen, 1984)。被试要在实验中完成一项中等难度的认知任务。研究者向被试呈现两类词,一类是符合某种规则的,另一类则不符合该规则。被试的任务是识别这一规则。例如,这个规则可能是动物词,也可能是以元音开头的词。

就在被试观看这些词语并努力找到隐藏规则的同时,研究者还会向他们随机地播放白噪音。被试事先被随机地分配到三种条件中。在选择条件下,研究者告诉被试,尽管他们不能关闭噪声,但是他们可以将噪声的音量调节到一个尚能接受的水平。在第二和第三种条件下,被试是不能调节噪声音量的。实际上,他们被安排到噪声音量与第一个条件相匹配的条件组中。在相同分配条件下,被试所听到的噪声音量与第一组中具有与其相似人格(外向或者内向)的被试所调制的音量相同。而在不同分配条件下,被试所听到的噪声音量与第一组中具有与其相反人格的被试所调节的音量相同:例如,内向的被试将听到的噪声音量等同于第一组中一个外向被试所调节的噪声音量,而外向的被试将听到的噪声音量等同于第一组中一个内向被试所调节的噪声音量。

你认为谁会选择低音量?在选择条件下,内向者选择了更低的噪声音量。这种音量上的差异就相当于安静的私人办公室和热闹的集体办公室之间的差别。其次,你认为心率和皮电测验的结果会显示谁的唤醒水平更高?好吧,这取决于个体所处的环境噪声水平。心率和皮电测验结果均显示,在噪声条件下,处于最佳唤醒水平——选择条件或者分配相同条件——的内向和外向被试具有相似的唤醒水平。然而,当环境噪声音量让个体感觉不舒适时,内向者会显示出更高的唤醒水平而外向者则显示出较低的唤醒水平。更重要的是,"外向者"水平的噪音会惊扰到内向者,而"内向者"水平的噪音却只会让外向者感到无聊。

最后,被试的成绩如何?现在,你应该知道答案了:这取决于他们是否在一个最佳的噪声水平下执行任务。处于外向者噪声水平下工作的内向被试的成绩最差,他们需要更多次尝试来找到规则。倒数第二差的是内向者噪声水平下的外向被试。选择条件和分配相同条件下的被试成绩最好,他们用最少的尝试次数就发现了规则。如图7.3所示,能够使内向者获得最佳成绩的噪声水平对于外向者来说实在是太低了,而能够让外向者获得最佳成绩的噪声水平对于内向者来说实在是太高了。人们的噪声音量偏好和认知加工绩效取决于自身的最佳唤醒水平,而这些又取决于人格(Geen, 1984)。请记住这项研究。下次,你应该好好想想,你更适合在哪儿学习!

思考题

内向和外向者还会怎样调整自己的唤醒性？他们会不会在对含咖啡因的饮料以及音乐类型的偏好上存在差别呢？

自测题

根据这些结果，你认为你在哪里学习能够取得最好的成绩？

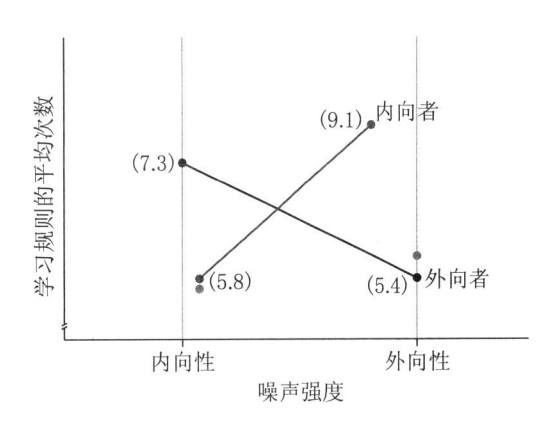

图 7.3　噪声强度和人格对成绩的影响。数值高表示被试习得规则所需要的次数多。来源：Geen(1984)。

神经质的神经机制

艾森克假设，生理唤醒同样可以用来解释神经质的个体差异。与外向性不同，神经质与 ARAS 的激活状态无关，而与交感神经系统的稳定性有关（人脑中涉及情绪调节的结构，比如海马、杏仁核、扣带回、下丘脑）(Eysenck，1967，1990)。一般神经质得分高的个体易于产生诸如害怕、焦虑这样的消极情绪，而他们的这种脆弱特质的根源是过于敏感的情绪或者驱力系统(Eysenck，1967，1990)。然而，如果采用独立的生理加工过程来解释外向性和神经质，艾森克也承认皮层和交感神经是相互联系的(Eysenck，1967，1990)。

关于神经质的神经机制的一个生动的隐喻是，神经质就像烟雾探测器(Nettle，2007)。性能优良的烟雾探测器会向楼房里的人发送火警，但是它不会因为无害的烟雾事件（比如烤糊了面包）而自动关闭。对于神经质分数高的人来说，他们好比生活在一间配有极端灵敏的烟雾探测器的房间里，而这烟雾探测器会在那些神经质得分低的人并不介意的环境下向高神经质分数的人发出警报。（如果你还在想为什么面包烤糊了是安全无事的话，那么你很有可能在神经质维度上获得高分！）外向性和神经质都涉及唤醒水平；但是，这两者的一个大的差别在于唤醒的效价或者性质。外向性可看作正性唤醒，比如兴奋和充满能量，而神经质可看作负性唤醒，比如害怕和焦虑(Knutson & Bhanji，2006；Zuckerman，2005)。

艾森克的理论能否经受得起实证数据的考验呢？还好，艾森克行走在正确的道路上。

简单的测验结果表明,无论在静息还是应激状态下,交感神经系统的活动状态均未显示出与神经质有任何联系,但是,在对高强度刺激进行反应时,神经质得分高的被试的确表现出心率加快(Zuckerman,2005)。内向者也一样!但是,神经质得分高但非内向的被试在看恐怖图片时会表现出惊吓反应(Zuckerman,2005)。总的来讲,上述结果表明,神经质分数高的个体对于消极情绪尤为敏感,但对于唤醒情境并不敏感,而内向者则表现为对于唤醒情境的高度敏感。

如果可以将神经质的特质定义为对消极情绪的高敏感性,那么对于研究者来说,鉴别高、低神经质群体之间的特异性生理差异就显得格外困难,因为交感神经反应(如,心率、皮肤导电性、呼吸、血流等)的个体差异非常大(Eysenck,1990)。总之,没有证据能够支持艾森克的假设:神经质与交感神经系统的活动有关联(Strelau,1998)。

思考题
如果外向者对积极情绪更加敏感,那么他们会不会更容易快乐?

思考题
如果神经质得分高的个体对于消极情绪更敏感,那么他们会不会更容易抑郁?

强化敏感性理论(RST)

杰弗里·格雷提出了另一个理论。格雷认为,人格是人脑系统功能的一个变量。的确,使个体变得独一无二的根本原因是他们对于外界刺激的反应方式的差异(Corr,2008b)。格雷的想法是(1)找出能够解释重要的个体差异的脑—行为系统,并且(2)在这些系统和标准的人格测量方法之间建立联系(Corr,2008b)。起初,他假设了两个行为系统,并采用艾森克的 PEN 理论将这些系统与外向性和神经质联系起来(Gray,1970,1976,1982)。但是现在,经过了大约40年的研究和提炼,证据提示存在着三个重要的行为系统,但是这些系统并不能完全地与现有人格测量方法一一对应(Corr,2004,2008b;Gray & McNaughton,2000;McNqughton & Corr,2004,2008;Pickering & Corr,2008)。

三个神经系统的概述

强化敏感性理论(reinforcement sensitivity theory,RST)认为有三个脑?行为系统。研究者根据来自神经科学、生理学、行为学和人格研究领域的证据,假设这些系统真实地存在着。它们共同构成了一个框架结构,而通过这个结构,我们可以推测神经活动。然而,我们并不是想要单独地探究这些脑系统的每个成分是如何工作的,而是要寻找一些相互联系着的脑区,这些区域功能相似且共同作用。格雷的伟大贡献在于让人们意识到人脑中的所有结构都是相互联系的。格雷正是通过这三个系统来研究这些脑结构的相互关联的。我们可以将这些系统看作整个神经网络的缩影。

第一个系统,**对抗—逃跑—僵化系统**(fight-flight-freeze system,FFFS)。该系统与害怕的情绪有关,而且负责策划机体对于有害刺激的反应。当面对有害刺激时,我们可能选择面对它、对抗它,也可能选择回避它、逃离它,或者蜷缩在某个地方希望它赶紧离开(Corr,2004)。与该系统相匹配的人格因素是害怕和回避,而如果发展到极端的话,它会导致恐惧症和惊恐障碍(Corr,2008b)。

第二个系统,**行为趋近系统**(behavioral approach system,BAS),负责组织机体对具有诱惑性的、愉悦的和奖赏性的刺激进行反应(Corr,2004,p.324)。该系统可以提高人对于奖赏的敏感性。与之对应的人格因素是乐观性、冲动性以及"预期愉悦"的情绪(Corr,2008b,p.10)。这些因素发展到极端,将会导致成瘾行为、高风险的冲动性行为以及躁狂。

第三个系统,**行为抑制系统**(behavioral inhibition system,BIS),曾被认为负责机体的抑制性行为,而如今则被假设负责冲突的解决(Corr,2004)。产生这些冲突的既可能是积极事件,例如决定与朋友去看哪部电影;也可能是消极事件,例如决定先付电费账单还是电话费账单。当然,冲突双方还有可能既有积极事件也有消极事件,例如,你很犹豫是否要去参加一场宴会,因为届时你会遇到一些与你要好的朋友,也会碰到一些你不想见到的人。当其他系统存在冲突时,行为抑制系统也会被激活(如,FFFS-FFFS 冲突或者 BAS-BAS 冲突;Corr,2008b)。在冲突解决之前,我们就可能产生焦虑、担心、沉思、风险评估,以及对于一些不利结果的警觉。临床上,该系统的异常会导致强迫症或者广泛性焦虑症(Corr,2008b)。

根据冲突中奖赏和惩罚的具体情况,BIS 使个体感受到不同程度的焦虑水平。当行为抑制系统被激活时,个体会对惩罚变得更加敏感(Corr,2004)且更加谨慎(Corr,2008b)。而且,行为抑制系统存在一个最佳唤醒水平。太小的唤醒水平会导致冒险倾向,类似于艾森克的精神质概念。太高的唤醒水平会导致风险规避以及广泛性焦虑症(Corr, 2008b)。强化敏感性理论提示，即便是在两个奖赏性刺激之间进行的选择也会含有消极成分。科尔(2008b)猜测，也许是好事太多以至于难以做出选择(如，加勒比海？欧洲？运动车？SUV?)，这可能是导致我们这个富裕社会中的沮丧和抑郁问题的原因。

行为趋近系统非常类似于外向性，而行为抑制系统则非常类似于神经质。现有的证据表明，它们非常相似但并非完全等同(Smits & Boeck, 2006)。FFFS/BIS/BAS的尺度大约比艾森克的神经质和外向性的尺度存在30度的偏差。我们可以将行为趋近系统看作"2份的外向性和1份的神经质"，将行为抑制系统看作"2份的神经质和1份的外向性"(Smillie, Pickering, & Jackson, 2006，p.323)。具体来说，对惩罚的敏感性表现为神经质—内向性，而对奖赏的敏感性表现为神经质—外向性。对惩罚和奖赏的敏感性均为生物学系统，研究者假设这些生物系统逐渐地发展成外向性和神经质的特质(Corr, 2004)。表7.3罗列了一部分早期对基于强化敏感性理论的行为抑制系统和行为趋近系统的测题(Carver & White, 1994)。

表7.3 《行为抑制系统/行为趋近系统量表》中的测题样例

行为趋近系统驱力 1. 当我想要某样东西的时候，我通常会想尽办法去得到它。 2. 如果我有机会得到某样东西，我会立即得到它。
BAS愉悦追求 1. 我总是会尝试新玩意儿，只要我觉得它是有趣的。 2. 我渴望获得兴奋或者新鲜的感觉。
行为趋近系统奖赏反应性 1. 当做事状态很好的时候，我希望能够持续保持。 2. 当得到了我想要的东西时，我会无比兴奋。
行为抑制系统 1. 批评和责骂会使我非常伤心。 2. 如果我认为将要发生不好的事情，我通常会感到不安。

注：被试需按照4级尺度进行评价。这4级尺度分别为非常符合、有些符合、有些不符合、非常不符合。

来源：Adapted from C.S. Carver and White(1994, Table 1, p.323). Carver, C.S., & White, T.L.(1994). Behavioral inhibition, behavioral activation, and affective responses to impending reward and punishment: The BIS/BAS scales. *Journal of Personality and Social Psychology*, 67(2), 319—333. Copyright American Psychological Association. Adapted with permission.

我们这样来想：外向性反映了个体对于奖赏和惩罚的权衡，而神经质反映了奖赏和惩罚的混合。例如，惩罚使个体采取行动的意愿降低——除非这个行动旨在逃离危险情境——而奖赏则会增强个体行动的可能性。如果情境很明确是奖赏或者惩罚性的，那么所有人都会趋利避害。

然而，考验我们的那些情境都不是看上去很明朗的奖赏或者惩罚性质。也就是说，真正的问题是：当奖赏和惩罚并存时，你会怎么做？由于这些情境中含有一定程度的冲突，因此行为抑制系统会被激活,进而表现为神经质。如果奖赏大于惩罚,那么个体倾向于冒险:神经质的外向。如果惩罚大于奖赏,或者冲突大于奖赏或惩罚,那么个体就会倾向于维持现状:神经质的内向。冲突中如何针对奖惩做出选择?这就是神经质的问题所在。在同样的情境下,神经质得分低的人不会体验到惊恐,而神经质得分高的人则相反。

自测题

你更愿意冒着接受惩罚的风险获得奖赏,还是愿意放弃奖赏来避免惩罚?

可以看出,格雷指出了两点:我们的内在行为系统——对抗—逃跑—僵化系统、行为趋近系统和行为抑制系统——让我们形成对奖赏、惩罚以及冲突的固定反应模式。而生活经验也会一直打磨我们的人格(神经质的,情绪稳定的,外向的,内向的)。其次,强化敏感性理论也指出心理健康与心理病态之间的区别只是程度差异:个体内在的生物系统都是一样的,但是它们在力量方面存在着差异(关于三个系统的概况请详见表7.4)。

表 7.4 RST 系统的概况

	对抗—逃跑—僵化系统	行为趋近系统	行为抑制系统
输 入	惩 罚	奖 赏	冲 突 惩罚(?)*
反 应	回 避 僵 化 防卫性攻击	接 近 探 索 主动回避	被动回避 风险评估 信息加工 唤 醒
情 绪	惊 恐 恐 惧 愤 怒 害 怕	预期愉悦 希 望	沉 思
特 质	精神质 神经质—内向性	外向性 神经质—外向性	神经质 焦虑
病理学	恐惧症 惊恐障碍	成瘾行为 躁狂	强迫症 广泛性焦虑症
座右铭	"快逃!"	"去得到它!"	"小心点!"

* 在强化敏感性理论修订版中,关于一些惩罚措施(如,条件性惩罚)是否依然受制于行为抑制系统,研究者存在一些争议。

注:表中的字母简写请详见正文中的描述和解释。

来源:Adapted from Corr and McNaughton(2008, Table 5.2, p.182) and Smillie(2008, p.362). Corr, P.J., & McNaughton, N. (2008). Reinforcement sensitivity theory and personality. In P.J. Corr(Ed.), The reinforcement sensitivity theory of personality(p. 155—187). Cambridge, UK: Cambridge.

FFFS、BAS、BIS 的神经机制

有证据可以证明这三个系统的存在吗？简短的答案是：有很多！尽管之前有很多研究是基于动物的，但是对于人类来说，强化敏感性理论同样也是一个优秀的关于情绪、动机和学习的一般性理论（Pickering & Corr, 2008; Smillie, 2008; Smillie et al., 2006）。然而，复杂一点的答案是，研究者正在对强化敏感性理论的一些命题进行验证（综述请见 Corr, 2001; Pickering et al., 1997; Smillie, 2008; Smillie et al., 2006; Torrubia, Ávila, Moltó, & Caeras, 2001），尤其是强化敏感性理论关于特质理论的一些论点（Smillie et al., 2006）。最大的问题是，我们无法知道格雷的理论是否存在错误，或者，用于测量这些脑系统所展现的人格特质的量表是否存在错误。最近，欧洲人格杂志（*The European Journal of Personality*）专门用一期特刊来探讨人格和强化敏感性理论的问题（Ávila & Torrubia, 2008; Carver, 2008; Chavanon, Stemmler, & Wacker, 2008; Cloninger, 2008; Corr, 2008a; Johnson & Deary, 2008; Matthew, 2008; McNaughton, 2008; Reuter & Montag, 2008; Revelle & Wilt, 2008; Smillie, 2008）。

> "如果我们可以透过颅骨看到一个正在思考着的大脑，如果大脑中最兴奋的区域是透明的，那么我们应该能看到正在活动的皮层表面呈现出一个奇妙的亮点，它的边缘不断地抖动着，使亮点的形状和大小处于不断的变化之中，而亮点周围则是颜色深浅不同的暗区，覆盖了大脑的其他区域。"
>
> ——巴甫洛夫（1928，p.222）

行为趋近系统使我们对具有诱惑力的、令人愉悦的和奖赏性的事物进行趋近反应。

但是，强化敏感性理论的确为我们理解人格提供了一些重要且有意思的假设。为了让你认识到该理论并非建立在单纯的想象基础上，我们先来回顾以往关于强化敏感性理论的两个重要预测:奖赏敏感性和学习的个体差异的研究。

食物对于绝大多数人来说都是一个十分重要的奖赏。假设行为趋近系统与人们对于食物的敏感性有关,那么我们就想知道,行为趋近系统强度高和低的个体在看到食物图片时是否会产生不同的反应。但是要注意,我们并不在讨论关于食物偏好的问题。根据强化敏感性理论,行为趋近系统强度不同的人在面对食物时的大脑反应会有所不同。

当个体看到食物时,大脑中有至少5个区域会对刺激产生反应,它们分别是腹侧(下侧)纹状体、杏仁核、眶额皮层、腹侧(下侧)苍白球,以及能够增加多巴胺分泌的中脑区域(Beaver et al., 2006)。研究者分别向被试呈现诱人的食物(如,巧克力、冰淇淋圣代)、恶心的食物(腐烂的肉、发霉的面包)、一般的食物(如,生米、土豆),以及非食物(如,铁块、录像带)。研究者在被试观看这些图片时对其大脑进行了fMRI扫描。

研究结果显示,被试在观看不同条件下的食物图片时,其大脑反应均不相同,而且这一点在上述所有5个脑区中均得以体现。而行为趋近系统驱力可以很好地解释这一现象。而且,这些反应与旨在测量愉悦追求的行为趋近系统测量方法无关,因此它们唯一地与行为趋近系统驱力有关。欲求驱力强的人在看到诱人和恶心的食物图片时均会产生很强的反应,而这些强反应所在的脑区均与食物调节有关(Beaver et al., 2006)。这个结果提示,行为趋近系统、行为抑制系统和对抗—逃跑—僵化系统可能存在神经基础方面的差异。

根据强化敏感性理论,对奖赏和惩罚的习得速度也是一个非常重要的个体差异方面。强化敏感性是该理论的重要前提。行为趋近系统强的人对于奖赏更加敏感,这就意味着对于刺激给予反应比不反应更容易使他们习得行为。而行为抑制系统强的人对惩罚更敏感,这就意味着抑制反应,而不是进行反应个体更容易形成习得行为(Gray, 1970, 1976)。你认为以下哪种方式更能够使你学得更快更好:尽量不做错事以避免惩罚,还是尝试做对以获得奖赏?

自测题

你同意以下哪一种说法:"不入虎穴,焉得虎子",还是"谨言慎行不吃亏,轻率莽撞必后悔"?

研究者通过一项研究考察了这个问题(Zinbarg & Mohlman, 1998)。在这项研究中,被试要学会正确的反应:当看到随机呈现的两位数时,要按下"3"键或者不作反应。被试必须要习得,当哪些数字出现时要做按键反应,而当哪些数字出现时不作反应。由于每次测试都不一样,因此被试必须通过练习才能知道该对哪个数字作出反应。

为了让被试知道他们的反应正确与否,计算机系统会根据他们的反应给予他们奖励或惩罚。研究者并不是每当被试反应正确时就给予奖励("你赢得了25美分")而每次反应错误时都给予惩罚("你输了25美分")的。实际上,这里面有一个变通的方式。在某些测试序列中,做出按键反应会得到奖励,而在另一些测试序列中,不做按键反应会避免惩罚(见图7.4)。

BIS 可以调节我们对于对抗—逃跑—僵化系统和行为趋近系统之间冲突(担心、沉思、警觉和强迫)的反应。

这样一种反馈的方式可以给被试足够的信息来掌握任务规则。但是,在反应学习和不反应学习之间却有着很大的不同。问题是,真的有人会因为反应或者不反应而学习得更好吗?

结果显示,正如强化敏感性理论所预测的那样,具有反应性行为趋近系统的个体在反应条件下的学习绩效好于不反应条件。但是,在对抗—逃跑—僵化系统/行为抑制系统综合量表中得分高的被试在不反应条件下的学习绩效要好于反应条件。此外,焦虑量表得分高的被试也是在不反应条件下有着更好的学习绩效(Zinbarg & Mohlman, 1998)。这个实验表明,人类在奖赏和惩罚条件下的学习绩效存在差异,并且这一差异受到了行为趋近系统和行为抑制系统/对抗—逃跑—僵化系统的影响。该研究是以往在动物身上所进行的关于强化敏感性理论的研究结果在人类身上的重复。

	正确答案			
	反 应		不反应	
被试反应:	反应	不反应	反应	不反应
答案:	对	错	对	错
结果:	赢得 25 美分	无	输掉 25 美分	无
	奖励试次		惩罚试次	

图 7.4 Zinbarg 和 Mohlman(1998)的研究中的被试反馈示意图。

日常生活中的人格:人格与猜测惩罚

你有没有在考试中经历过这样的尴尬:一道题不会做,要么猜测,要么空着不做? 在一些标准化测验中,如 SAT 或 ACT,存在猜测惩罚。考生答对一个选项可得一分,而答错一个则被扣除.25 分。采用这种计分法的目的在于抑制考生在拥有四个选项的多项选择题中随机作答。那么,有没有好的办法能够应付这种考试呢?

这取决于你的行为趋近系统和行为抑制系统的相对强度了(Ávila & Torrubia,

2004)。在该研究中,被试会时常面对这样的测验:他们不仅要知道材料,而且他们必须在自己不太知道答案的问题上做出回答或者干脆空着不答,因为积分规则里含有猜测惩罚。

被试是如何应对这一冲突的？对奖赏敏感度高的被试比敏感度低的被试做出了更多的错误回答以及更少的不答行为(见表7.5)。根本上来讲,相对于那些对奖赏不敏感的被试,对奖赏敏感的被试更容易做出反应,但随后也更容易为其反应付出代价(见表7.5)。

表7.5 《惩罚敏感性和奖赏敏感性问卷》(SPSRQ)的测题样例

惩罚敏感性问题
1. 你经常害怕新的或者意料之外的情况发生吗？
2. 你害怕打电话给陌生人吗？
3. 当你还是孩童的时候,你有没有在家里或者学校里受到惩罚的困扰？

奖赏敏感性问题
1. 你经常做些能够获得表扬的事情吗？
2. 你喜欢成为聚会或者社交会议的注意聚焦点吗？
3. 你会为拍一张好照片花很多时间吗？

来源：Adapted from Torrubia et al.(2001, Table 2, p.846). Reprinted with permission from Torrubia, R., Ávila, C., Moltó, J., & Caseras, X.(2001), "The sensitivity to punishment and sensitivity to reward questionnaire(SPSRQ) as a measure of Gray's anxiety and impulsivity dimensions," Personality and Individual Differences, 29, 837—862. Permission conveyed through the Copyright Clearance Center。

然而,对惩罚敏感的被试比不敏感的被试表现出更高的正确率和更少的不答反应。对惩罚敏感的被试似乎遵循着"不确信,就别管"的法则。

该研究并未报告对奖赏或者惩罚敏感性高和低的被试间是否存在分数上的差异(Alas, Ávila, & Torrubia, 2004)。但是,更早的一项研究报告了这一问题(Torrubia, Ávila, Moltó, & Grande, 1995)。尽管在正确回答和遗漏未答方面存在差异,但是在测验总分上,对奖赏敏感和对惩罚敏感的被试之间并无显著差异。这表明,相反策略在绩效上是一样的。

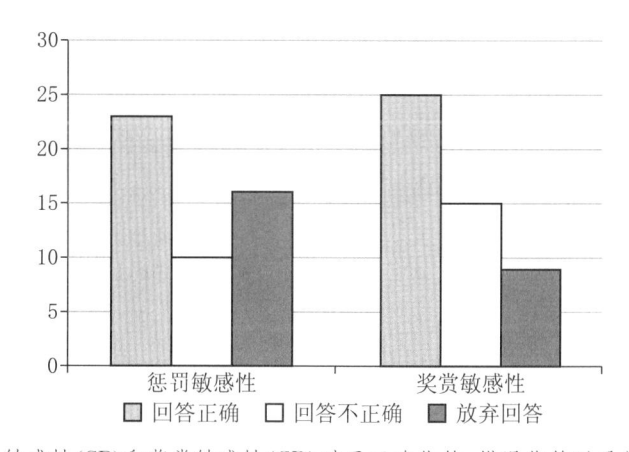

图7.5 惩罚敏感性(SP)和奖赏敏感性(SR)对于正确作答、错误作答以及放弃作答次数的影响。来源:根据 Torrubia, et al.(1995)。

对于奖赏更敏感的人(比如外向者)似乎信奉"没有付出,就没有回报"的人生哲学。而对惩罚更敏感的人(比如更容易焦虑害怕的人)则宁愿安全也不要愧疚。好的一点是,两种策略一样有效。

过去和现在:颅相学、新颅相学以及人格的神经影像学发展

从远古时代开始,我们就在思考,是什么让我们每个人变得与众不同。古希腊哲学家亚里士多德就不断地思考着灵魂和精神(我们今天称之为人格)的生理部位到底是心脏还是大脑。从那时起,人们就一直在思考大脑的特定部位与人格之间的关系。而将这一哲学问题转变成科学问题的是生理学家和解剖学家弗兰斯·约瑟夫·高尔(Frans Joseph Gall)。他于18世纪90年代将该领域转变为颅相学(phrenology)。高尔的推测远远超前于他所在的时代:大脑的特定功能定位于大脑皮层。这个,他说对了。但是,他认为大脑皮层的大小,就像脑袋上肿块的大小、形状、位置一样,与特定的心理机能或者人格特质有关。

今天,我们知道颅相学是毫无价值的,用一位学者的话说就是"十分荒谬"、"荒谬的无稽之谈"(Seashore,1912,p.227)。然而高尔的理论却激励启发了后来的一位颅相学家乔治·库姆(George Combe)。1836年,他发现了两个有趣的现象。库姆发现,当他在脑外科手术中将拇指按在病人暴露的皮层上时,他们的行为就会发生改变。他还注意到,当病人思考、做梦或者交谈时,脑组织的某些区域就会充满血液。这一点对后来fMRI技术的诞生有着重要的影响。而一位研究者认为fMRI技术是过去两千年来最伟大的神经科学进步。

而后,1884年,威廉·冯特,一位医生、心理学家和生理学家,被称为是实验心理学的创始人,他做了一个学术报告:"新旧颅相学"。在这场报告中,冯特批评了颅相学和脑定位说。具有讽刺意味的是,脑定位说成为后来心理学的一个重要分支的发展开端,正如库姆的观察结果所证实的,但是在当时,冯特对于颅相学心怀芥蒂,那时他警告说"(定位说的)假设没有考虑到概念和感觉之间联系的多样性"(Wundt,1894,p.447)。的确,他对于脑定位说的批评在90年之后又有了回响。一位神经心理学家称神经心理学是"颅相学的一个时髦名称"(Marshall,1984,p.210)。冯特(1894)认为脑定位说不能解释心理活动之间的联系,而马歇尔(Marshall,1984)认为脑定位说不能解释不同脑系统之间复杂的相互影响。

> "在生理心理学所发现的心理机能与其在颅相学中的脑定位之间,不存在哪怕一点点的相似性。"
>
> 对于Charles H.Olin(1910)的书评,引自Seachore(1912,p.227)

在过去的大约10年中,研究者发现大脑,尤其是人类大脑,它的许多部位和系统协同工作,共同影响行为(Knight,2007)。尤其是当我们要理解诸如人格这样复杂的问题时,

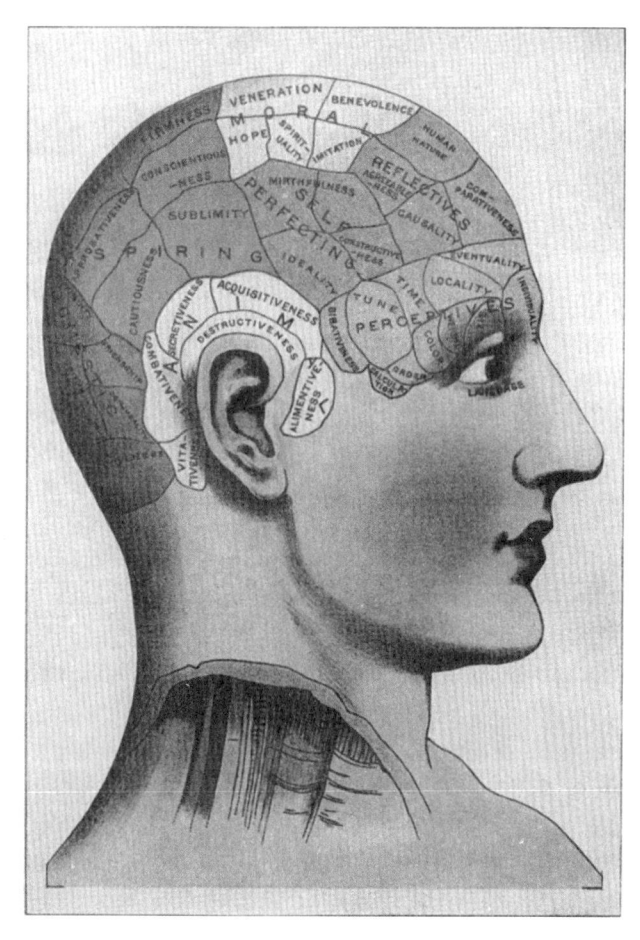

那些将大脑部位与人格相联系的理论像颅相学那样简单和过时吗？

我们就需要知道脑中的系统是如何协同工作的（Uttal，2001）。如今，扩散张量成像（DTI），一种特殊的可以追踪细胞中水的扩散情况的 fMRI 技术，可以呈现非常清晰的脑成像。但是更重要的是，DTI 可以突出显示皮层和皮层下结构之间的连接（Cowey，2001）。DTI 已经远远超越了定位说思想，可以帮助研究者将系统和功能作为整体进行研究。

新技术能够给我们带来什么？举个例子，我们可以对格雷的 BAS、BIS 和 FFFS 进行脑区定位和实证研究。例如，惠特尔等认为前额皮层和边缘结构（包括杏仁核）与本章所讨论的三种气质（外向性、神经质和冲动性）存在关联（Whittle，Allen，Lubman，& Yucel，2006）。他们的模型（见图 7.6）建立在与人格和心理病理学有关的神经环路基础上。对该模型的直接证据来自采用 fMRI、DTI 以及正在发展的更新的技术所进行的成像研究。惠特尔等（2006）提议，应该采用这些技术来对那些存在罹患抑郁症、焦虑症风险或者有犯罪倾向的年轻人的神经网络进行研究。惠特尔等（2006）还提出，应当借着青春期前儿童的人格发展时期，来对其大脑结构及其功能联结进行研究，以期能够发现与行为及心理病理学变化相关的神经网络变化情况(Whittle, et al., 2008)。

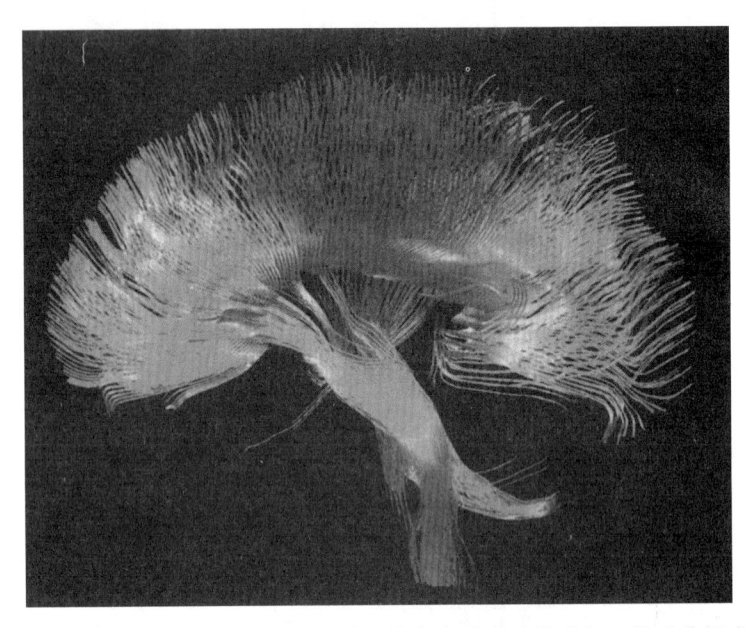

对大脑进行DTI扫描的视觉化效果。这是大脑中白质通路的彩色三维磁共振成像扫描侧视图。白质由髓鞘化的神经细胞纤维构成。神经纤维在大脑（图中上方）中的神经细胞和脑干（图中底部中央）之间传递信息。这幅图片来自对大脑中水的流动进行拍摄的MRI扫描结果。

德雷塞尔大学数字媒体项目中的一位研究者将库姆关于心理活动会改变脑血流量的发现运用于电子游戏的设计中。在这款游戏中，对游戏人物的控制手段是意念！无需遥控手柄，无需鼠标，不需要其他任何控制手段的参与。该款游戏的关键装置是一个置于特别设计的头带中的红外传感器，它可以测量前额皮层的血氧水平变化情况。正如库姆所观察的那样，血流量会在思考时增加。计算机对血流进行监测并让游戏者与虚拟世界进行互动(CBS3 News, 2008)。在电子游戏设计师和医学专家的共同努力下，研究团队既开发出了令人着迷的游戏，同时又可以研究大脑功能(Drexel University Replay Lab, 2009)。研究者希望这款游戏及其相关的技术有朝一日可以用于帮助ADHD的儿童改善注意力，或者帮助残障人操作电脑(CBS3 News, 2008)。

人格的神经基础

如果你现在开始对RST和艾森克的PEN理论感觉有些含混模糊，那么请记住：这是有道理的。因为这两个理论都对三种人格特征簇或者说是气质做出了预测。这三种气质我们已经在前面讨论过：外向性、神经质和冲动性。

目前较为一致的结果认为，外向性和神经质之间的重要差别在于他们是如何体验情绪的。外向的人更多地体验到积极情绪，而神经质得分高的人体验到更多的消极情绪，并

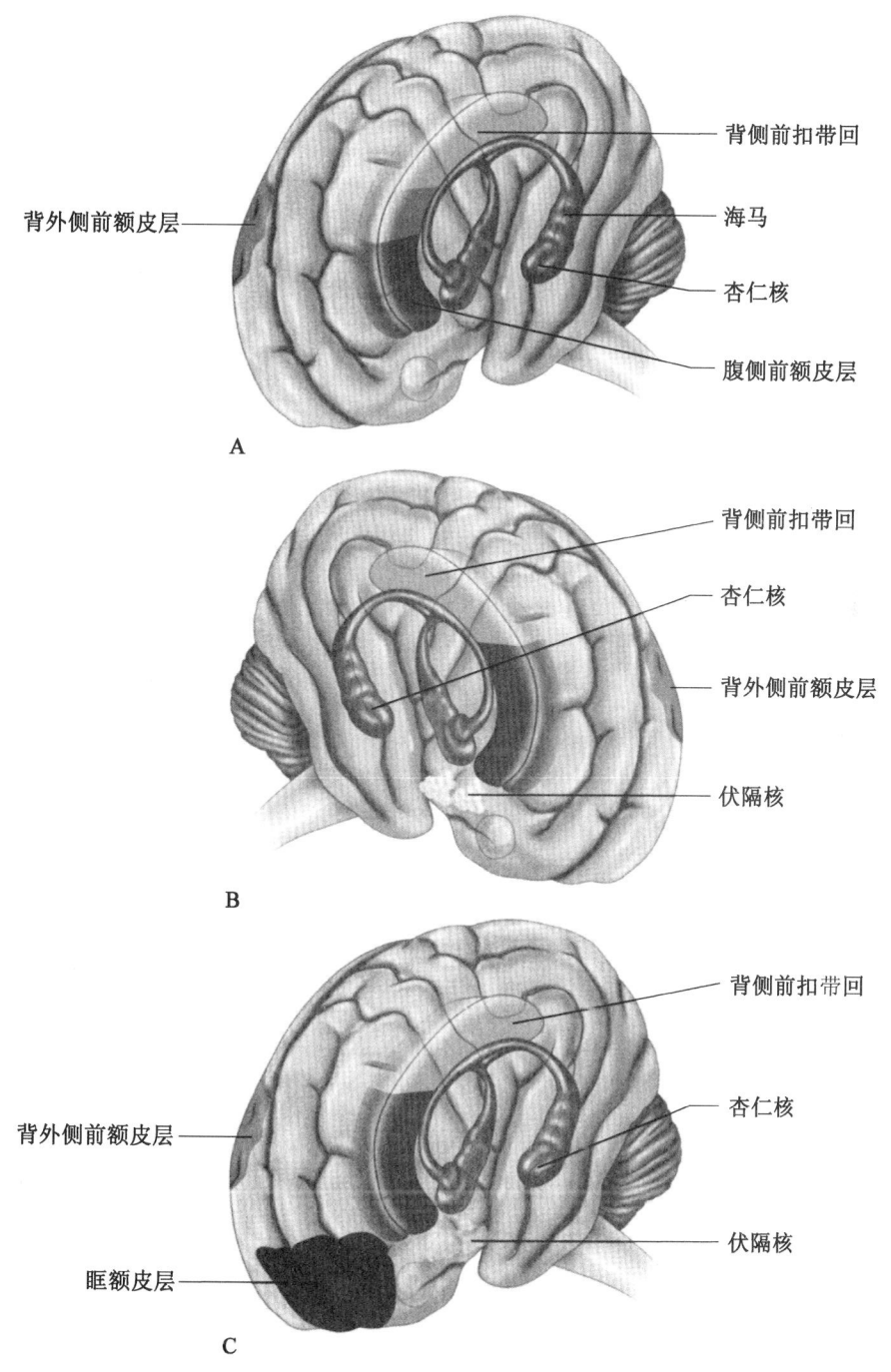

图7.6 被认为是三种气质,即(a)神经质(消极影响)、(b)外向性(积极影响)、(c)低冲动性(高约束力)的神经环路结构。注:NAcc为伏隔核;OFC为眶额皮层;ACC为前扣带皮层;DLPFC为背外侧前额皮层。纯色表示结构,阴影颜色表示静息状态下的活动,红色表示正相关(更活跃),蓝色表示负相关(不活跃)。来源:Whittle et al.(2006, Figure 1, p.520). Whittle, S., Allen, N.B., Lubman, D.I., & Yücel, M.(2006), "The neurobiological basis of temperament: Towards a better understanding of psychopathology," Neuroscience and the Biobehavioral Reviews, 30, 511—525. Permission conveyed through the Copyright Clearance Center。

且他们的情绪强度也大于内向或者情绪稳定的人(Gross，Sutton，& Ketelaar，1998；Larsen & Ketelaar，1989，1991)。也就是说，外向者比内向者体验到更多更强的积极情绪，而神经质分数高的人比分数低的人体验到更多更强的消极情绪。此外，外向者比神经质得分高的人体验到更多的积极情绪以及更少的消极情绪。的确，与低分者相比，神经质高分者的许多经常性的焦虑和喜怒无常的表现都可以归结于他们对于刺激的反应性(Bolger & Schilling，1991)。

记住，积极情绪(外向性的标志)和消极情绪(神经质的标志)不是截然对立的，而是两个相互独立的维度(Diener & Emmons，1984)。也就是说，对于这两种情绪，人们可以体验得很多，也可以很少。对其中一种情绪体验很强并不意味着对另一种就很弱。没有体验到积极情绪并不会产生消极情绪，而此时所产生的是快感缺乏(anhedonia)，这是一种愉悦感缺失或者体验不能的状态。这种状态可能伴有消极的情绪体验，但也可能没有。事实上，相比于内向者，外向者会报告说他们经历了更多开心事和积极情绪，而神经质高分者比低分者更容易体验到不开心、不满意这样的消极情绪(Costa & McCrae，1980)。

冲动性，第三种气质，涉及受约束感的缺乏(Clark & Watson，2008)。尽管冲动性听起来非常类似于艾森克所提出的精神质，但是二者并不一样。艾森克一直认为精神质是一个"更一般化的高阶概念"。它不仅涉及冲动性，还包含了反社会行为(Eysenck，1990，p.269)。冲动性与一个内容更广泛的人格特征簇有关，后者包括了寻求刺激感、寻求新异性或者冒险(Pickering & Gray，1999)。

> "当我们研究脑科学时，我们实际上是在研究那些使我们变得与众不同的脑结构。这些结构给了我们人格、记忆、情绪、梦、创造力，有时甚至是邪恶的自我。"
>
> Ruth Fischbach 和 Gerald Fischbach，引自 Ackerman(2006)

思考题

冲动性行为(比如赌博)与 BAS 以及 BIS 有着怎样的关联？

RST 的早期研究认为，冲动性受制于 RAS。修正的 RST 认为，BAS 敏感性与外向性有关，而冲动性是 BIS 抑制行为失败的结果，特别是在面对新异和兴奋性刺激时(Smillie et al.，2006)。因此，在一个冲动性行为(比如，过度饮酒)的背后可能存在着两个不同的动机。个体可能为了获得奖赏(强 BAS)而频繁或过度地喝酒，也可能因为他无法抑制饮酒这一行为而致饮酒过量(弱 BIS)(Aguilar，Molinuevo，& Torrubia，2007)。

在某些层面上，上述的所有概念都是相互联系的，并且它们定义了一个追求新异性和兴奋感，并且有时行事莽撞的人的气质。外向性和神经质有着一些共同的生理过程，但冲动性似乎有着自己独特的生理机制。那么，接下来，就让我们对外向性、神经质和冲动性的神经机制做更深入的了解。

外向性和神经质

由于外向性得分高者和神经质得分高者在情绪体验方面存在差异,因此,理所当然他们的情绪体验和调节也应该存在神经系统和结构方面的差异。我们的情绪体验是包括脑结构、脑活动以及各种生化反应在内的复杂系统协同运作的结果。对于积极和消极情绪的敏感性差异,尽管并不反映在机体反应增强方面,但却能够反映在负责控制情绪的脑结构、应对情绪刺激的脑活动,以及负责调节情绪的生化反应方面。接下来,我们将回顾一些实证研究,关注人格差异的更普遍的图景,而不仅仅是情绪调节的神经基础。

大脑皮层和杏仁核的结构差异 两个与外向性和神经质的人格差异有关的主要脑结构:大脑皮层和杏仁核在大小上显示着差异。

相比于消极图片,观看积极图片可以使外向者的某些脑区的活跃程度提高。

皮层 负责情绪体验的一个重要脑区是前额皮层,而内、外向者的皮层大小也存在差异。在一项研究中,研究者采用 fMRI 对一群健康正常的被试进行了静息状态下的扫描(Wright et al., 2006)。结果显示,内向性与右侧的三个脑区的皮层厚度有关,而与左侧的部位无关。也就是说,内向者右半球的这些脑区的灰质要多于外向者(见图 7.7 和 7.8;Wright et al., 2006)。

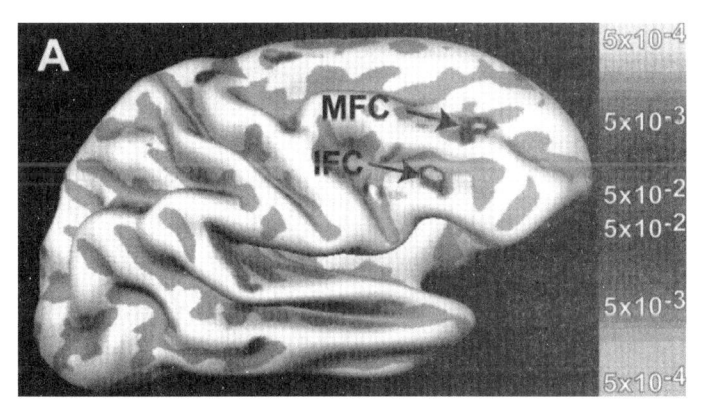

图 7.7 外侧前额皮层厚度与外向性得分之间存在显著的相关性。外向者的红黄色脑区要厚于内向者,而内向者的蓝绿色脑区要厚于外向者。来源:Wright et al.(2006, Figure 1, p.1812).

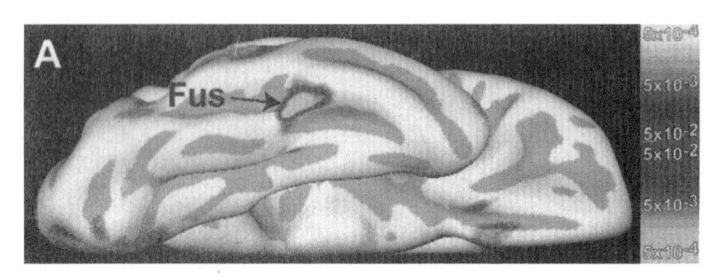

图 7.8 右侧梭状皮层厚度与外向性得分之间存在显著的相关性。来源：Wright et al.(2006，Figure 2，p.1813)。

赖特等(2006)认为上述脑区皮层厚度较薄，可能是社会行为抑制性减弱的神经症状。但是，他同时提醒说，皮层大小与功能正常与否没有必然的联系。我们知道，神经系统的工作方式之一就是在一开始时动员大量的神经元和神经连接进行工作，然后随着进程的发展和功能的细化而逐渐地放弃一些神经元和连接。因此，随着大脑的不断发育，上述脑区中的一些神经元可能被逐渐清除，最终使系统的工作效率得以提高而非降低。

相反，神经质的得分与大脑左半球的皮层厚度呈现负相关，而与右半球皮层尺寸无关(Wright et al., 2006)。也就是说，神经质高分者的一些左脑脑区所含有的灰质量要少于神经质低分者的(见图 7.9)。这一差异在男性被试中体现得更为明显。这些发现证实了早期的一项研究结果。该研究发现，神经质得分高的人，尤其是在焦虑水平和自我中心方面得分高的人，其脑体积更小，而且脑体积与外向性以及其他人格特质无关(Knutson, Momenan, Rawlings, Frog, & Hommer, 2001)。

图 7.9 眶额皮层厚度与神经质得分之间存在显著的相关性。来源：Wright et al.(2006，Figure 3，p.1814)。

杏仁核 外向性和神经质均与杏仁核的结构差异有关。MRI 研究结果显示，外向者的左侧杏仁核中的灰质密度高于内向者的，此外，神经质高分者的右侧杏仁核灰质密度要低于低分者的(Omura, Constable, & Canli, 2005)。其他研究还表明，抑郁者的杏仁核灰质密度也很低。由于同神经质存在着联系，大村等(Omura, Constable, & Canli, 2005)认为杏仁核体积的减少并不是抑郁的结果，而是预示着抑郁的发生。

大脑皮层、大脑双侧半球以及杏仁核的大脑活动差异 除了大脑结构存在差异，外向者或者神经质高分者的大脑活动也存在差异。这些差异体现在大脑皮层活动差异(包括左右半球的对称性),以及杏仁核的差异方面。

大脑皮层 外向性和神经质均与颞叶和额叶皮层,以及负责控制意识和情绪的脑区的活动有关,但是这种联系的具体情形是有差别的:外向性与积极情绪的活动有关,而神经质与消极情绪的活动有关(Canli et al., 2001)。

我们通过接下来的一个实验来论述这一问题。一组女性被试在观看20幅积极情绪图片和20幅消极情绪图片的同时接受fMRI扫描(Canli et al., 2001)。积极图片的内容包括幸福的夫妇、日落景色以及各种诱人的食物等。消极图片的内容包括哭泣的人、蜘蛛、墓碑等等。对于外向者来说,观看积极图片比观看消极图片会诱发更多的颞叶和额叶活动。然而,对于神经质高分者而言,观看消极图片会诱发他们更多的颞叶和额叶活动。而且,另一项研究发现,在外向者中,在观看积极图片时有多达15处的皮层和皮层下结构的活跃度大于观看消极图片时的活跃度(Canli et al., 2001)。

思考题

为什么积极情绪体验的个体差异会随着进化而改变,而消极情绪体验则不会?

左右不对称 尽管大脑左右半球存在功能特异性(如,右利手个体的左脑负责语言加工),但是EEG和fMRI扫描结果显示,大脑皮层对于特定的情绪刺激的反应存在个体差异。具体来说,当面对消极的情绪刺激时,右脑的额叶和前额皮层比左侧的对应脑区有着更高的活跃程度;而当面对积极情绪刺激时,左脑的上述区域要比右脑的对应区域更为活跃(Davidson, 1992, 2004)。更重要的是,上述现象,即面对积极和消极情绪刺激时大脑左右半球活跃程度的不一致存在个体差异。而且,这种不一致性是与生俱来的。我们称之为**左右不对称性**(left-right asymmetries)。

一些人表现出左侧不对称性:他们的左侧皮层对积极情绪的反应要大于右侧皮层对消极情绪的反应。另一些人则表现出右侧不对称性:他们的右侧皮层对消极情绪的反应要大于左侧皮层对积极情绪的反应。具有左侧不对称性的人在观看电影短片时报告了更多的积极情绪,具有右侧不对称性的人则报告了更多的消极情绪

相比于观看积极情绪图片,神经质高分者的某些脑区的活跃程度会在其观看消极情绪图片时有所增加。

(Davidson，1992)。

哪种人容易具有左侧或右侧不对称性？害羞、受约束的儿童和抑郁的成人更容易表现出右侧不对称性。神经质高分者也容易表现出右侧不对称性(Davidson，1992)。体验到积极情绪的人，如外向者，会表现出左侧不对称性(Tomarken, Davidson, Wheeler, & Doss，1992)。

还记得本章开头所探讨的冥想研究嘛？那项研究的一个结果就显示，冥想组被试在静息状态下以及面对情绪刺激时会表现出左侧大脑不对称性(Davidson et al.，2003)。心理学家理查德·戴维森对一名已经受了10 000小时冥想训练的僧侣进行了fMRI研究(Savory，2004)。这名僧侣表现出了戴维森所见过的最大程度的左侧不对称性！我们现在可以明白了，冥想可以减少右脑对于压力事件的反应，而增加左脑对积极情绪的体验。最终结果表明，所有应激源都会给人带来困扰，而生活中的小小乐趣便能够使人从中得到很大的快乐。

当然我们也必须谨慎，因为这些结果可能只适用于那些我们所物色到的愿意投入时间和精力来练习冥想的人。我们无法确知，与那些对冥想不感兴趣的人相比，这些参与研究的被试是否存在其他较为特殊的东西。我们也无法肯定到底是不是冥想本身导致了这些变化。瑜伽、灵性训练或者其他任何形式的放松都有可能产生类似的结果。

思考题

如果冥想改变了大脑的左右不对称性，并且如果左右不对称性在人群中表现出一致的个体差异性，那么冥想能否改变人格？

杏仁核 外向性与杏仁核也有联系。杏仁核主要负责对情绪信息的加工和记忆(Canli, Sievers, Whitfield, Gotlib, & Gabrieli，2002)。当观看快乐的面孔图片时，外向者的杏仁核的激活程度比内向者的更高(见图7.10)。这一结果得到了其他研究的确证(综述请见Gross，2008)。

然而，没有证据显示在观看消极面孔图片时外向性和杏仁核之间存在联系，也没有证据表明个体在观看其他任何一种情绪(如，生气、害怕、欢快、悲伤或者中立)的面孔刺激时表现出杏仁核与神经质的联系。研究者认为，对于恐吓面孔的反应——至少是在这个本能的情绪水平上——是一个重要的求生机制，所以这应与人格的个体差异无关(Canli et al.，2002)。

生化反应 假设外向性和神经质与脑结构和脑活动的差异有关，那么它们也应该与生物化学反应的差异有关。对外向性来说，这种差异涉及多巴胺系统，而对神经质来说，5-羟色胺似乎才是关键。

多巴胺和外向性 你知道与外向者相比，内向者对于感觉刺激有着更高的敏感性(唤醒性)吗？内向者对于大脑中多巴胺含量的变化也比内向者更为敏感。这也许可以解释内向者对于安静和独处的偏好(Stelmack & Rammsayer，2008)。但是，一般来讲，外向者的多巴胺活跃水平要高于内向者。这可能是因为外向者大脑中有更多更广泛的多巴胺通路，或者他们对于多巴胺有着更强的反应性（Depue & Collins，1999；Depue et al.，1994）。这是有道理的，因为多巴胺系统与杏仁核有着联系，而正如我们刚才所讨论过的，后者在外向者大脑中表现出更强的情绪反应性。

图 7.10　个体观看情绪面孔图片时的杏仁核反应。左侧的 fMRI 图片显示了所有被试对于恐惧图片都表现出杏仁核的显著激活（上图），而他们对于快乐图片却没有明显的激活（下图）。右侧的 fMRI 图像显示了快乐图片所诱发的某些脑区激活程度与外向性分数相关（下方），而恐惧图片未显示上述结果（上方）。越红的区域表示激活程度越高。来源：Canli et al.（2002，Figure 1，p. 2191）。

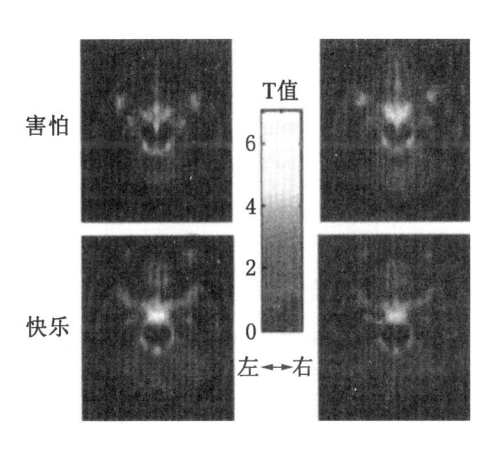

5-羟色胺和神经质　对于神经质高分者来说，5-羟色胺及其受体所起的作用要远大于多巴胺和多巴胺系统。5-羟色胺及对其敏感的部分脑结构，如大脑皮层、杏仁核，还有海马、顶盖和下丘脑，涉及心境调解、抑郁以及焦虑障碍（Canli，2006）。因此，这些都可能与神经质有关。

证据显示，在临床抑郁症、创伤后应激障碍、慢性焦虑以及其他疾病中发现的极端焦虑和抑郁可能与脑中 5-羟色胺水平较低有关（Stelmack & Rammsayer，2008；Zuckerman，2005）。如果焦虑和抑郁是神经质的两个方面，那么这就提示 5-羟色胺与神经质的个体差异有关。

我们在前一章了解到神经质有遗传成分。神经质高分者比情绪稳定性好的人更有可能拥有 5-羟色胺转运体的短链等位基因，而神经质低分者则不具有该基因（Lesch et al.，1996）。如果该基因变异，那么个体的 5-羟色胺水平就会降低，同时其罹患心境障碍的风险会增加（Canli & Lesch，2007；Lesch，2007）。

回想一下，神经质与杏仁核活动水平的增加有关，正如 fMRI 所显示的，尤其是在体验消极情绪的时候（Hooker，Verosky，Miyakawa，Knight，& D'Esposito，2008）。其他研究结果显示，遭受 5-羟色胺转运体基因变异的人会导致脑中 5-羟色胺水平的降低，在观看恐惧的面孔图片时会表现出杏仁核激活程度的增强，而这一情况在那些对 BIS 威胁敏感性高的人身上表现得尤为明显（Cools et al.，2005）。上述研究提示，神经质高分者可能建立了对刺激（尤其是惩罚）的高强度持续性的习得性联结（Hooker et al.，2008）。这也许可以解释 RST 的早期发现，即外向者对于奖赏更敏感，而神经质高分者对于惩罚更敏感。

冲动性和感觉寻求

感觉寻求(sensation seeking)是一种"对于新异的、复杂的以及强烈的感觉和体验的追求,而且个体愿意为之冒生理、社会、法律以及财物方面的风险"(Zuckerman,1994,p.27)。感觉寻求者并不关注他们这种行为的风险性(比如下大赌注);他们卷入更多的是有趣的一面(比如整晚都呆在赌场里面)。

马文·朱克曼在20世纪60年代从事感觉剥夺和社会隔离研究时首先提出了这一概念(e.g., Zuckerman, Persky, Link, & Basu, 1968)。他和同事们发现,许多自愿带着厚重的手套独自呆在黑暗且隔音的小房间里的被试,他们在感觉寻求维度上的得分很高。但有趣的是,这些高感觉寻求者通过感觉剥夺过程来获得不同寻常的感觉体验,比如由实验中感觉剥夺过度所造成的幻觉(Zuckerman, 2008)。低感觉寻求者则发现感觉剥夺实验特别容易诱发他们的焦虑感(Zuckerman et al., 1968)。因此,朱克曼和同事们意识到感觉寻求除了涉及兴奋性活动之外,还包括了对于新异感觉的体验欲望(Zuckerman, 2008)。感觉寻求者更倾向于去参加涉及不同寻常的感觉体验的实验,比如催眠、ESP、冥想、交友小组或者观看色情图片,而不太会参加那些学习心理学或者社会心理学领域的普通实验(Zuckerman, 2008)。

自测题

奖赏或者惩罚,哪一种方式会提高你的学习成绩?这与你在外向性或者神经质方面的特质有联系吗?

> "对我来说,最深层的动机是过一种充满乐趣、激情四射、惊险刺激的生活。不是所有人都这样想,但它的确是一个强大的驱力。"
>
> Frank Farley,引自 Munsey(2009, p.40)

感觉寻求通常采用《感觉寻求量表》来测量。该量表分为四个分量表,分别用于测量感觉寻求的四个维度(Zuckerman, 1971)。**经验寻求**(experience seeking)通过问询各种生活经验来测量个体对一般唤醒水平的渴望程度,这些生活经验包括对于音乐、旅行或者一种另类生活方式的心理体验(Zuckerman, 1971, 2008)。这非常类似于五因素模型中的开放性概念(McCrae & Costa, 1997a)。**单调敏感性**(boredom susceptibility)可以测量个体追求变化的需求(Zuckerman, 1971)。**刺激和冒险寻求**(thrill and adventure seeking)通过由速度、坠落、危险以及独特性经历(如佩戴水肺进行水下探险)所引发的生理感觉来测量唤醒水平(Zuckerman, 1971, 2008)。许多极限运动员无疑都是具有高刺激和冒险寻求性的! **去抑制性**(disinhibition)是指个体社会抑制性水平降低的程度。去抑制程度高的个体在群体中的行为比较随便,没有礼节、行为规范和社会标准方面的约束。去抑制性行为通常表现在酒精饮用、派对活动和性方面(Zuckerman, 2008)。

表7.6中罗列了《感觉寻求简化量表》中的测题样例（Hoyle，Stephenson，Palmgreen，Lorch，& Donohew，2002），因此你可以了解一下自己的感觉寻求的四个维度。

表7.6 《感觉寻求简化量表》

经验寻求
1. 我想去陌生的地方探险。
5. 我想不制定计划或者时间表就出去旅行。

单调敏感性
2. 如果呆在家里的时间长了，我会很烦躁。
6. 我更喜欢让人捉摸不透的朋友。

刺激和冒险寻求
3. 我喜欢做令人恐惧的事情。
7. 我想去蹦极。

去抑制性
4. 我喜欢野外派对。
8. 我想经历一些新奇的令人兴奋的事情，哪怕它们是非法的。

注：你在多大程度上同意或者不同意？采用5级评分回答问题：(1)非常不同意，(2)不同意，(3)无所谓，(4)同意，(5)非常同意。在一个8到11年级的样本中，女性平均为3.68分，男性平均为3.54分。

来源：Adapted from Hoyle et al.(2002, p.405). Reprinted with permission from Hoyle, R.H., Stephenson, M.T., Palmgreen, P., Lorch, E.P., & Donohew, R.L.(2002), "Reliability and validity of a brief measure of sensation reliability and validity of a brief measure of sensation seeking," Personality and Individual Differences, 32, pp.401—414. Permission conveyed through the Copyright Clearance Center.

感觉寻求表现出稳定的性别差异和年龄差异。一般来说，男性的感觉寻求分数要高于女性，且年轻人感觉寻求的分要高于老年人（Zuckerman & Neeb, 1980）。感觉寻求发展的高峰期位于青少年晚期以及20岁出头。

感觉寻求高分者与低分者的行为差异表现在一些有趣的方面。高感觉寻求者有着更早的初次性行为、更多的性伴侣、更丰富的性经验以及冒险性性行为（定义为与陌生人或者在酒精或者药物作用下发生性行为）（Hoyle, Fejfar, & Miller, 2000；Zuckerman, 2007）。

高感觉寻求者比低感觉寻求者更容易有吸烟行为。这一结果在前后30余年中得到了包括瑞士、挪威、荷兰、以色列和美国在内的许多国家研究结果的确证（Zuckerman, 2008）。感觉寻求还与药物及酒精使用有关，其中包括兴奋剂，如可卡因、安非他明、大麻和LSD，以及镇静剂，如海洛因（Zuckerman, 1979）。在药物使用者中，高感觉寻求与所使用药物的种类范围存在相关，表现为使用药物种类越多，感觉寻求特质越强（Kaestner, Rosen, & Apel, 1977）。

根据我们之前所讨论的，你可能会有这样的印象，即"性、药物和摇滚"总是捆绑在一起。是的，至少当它们符合高感觉寻求者的口味时，它们就一起出现！根据不同的时代特质，在一定程度上，这是一种新的、不同寻常的反社会体验。高感觉寻求者们喜欢的是摇滚、重金属和朋克音乐，而不是电影音乐和宗教音乐(Litle & Zuckerman, 1986)。相比较低感觉寻求者，高感觉寻求者也更多地喜欢另类音乐、说唱音乐和电子舞曲(McNamara & Ballard, 1999)。

> "断骨终会愈合，伤疤可获倾心，伤痛只是暂时，荣耀会是永恒。"
>
> Evel Knievel，美国演员

思考题

你的感觉寻求程度有多高？为什么？

高、低感觉寻求者在乐于从事的职业方面也表现出差别。然而，在军队或者执法部门中，高感觉寻求的人数也没有明显地多于低感觉寻求者，但是前者的确更愿意参与风险性更高的任务(Zuckerman, 2008)。超速驾驶和莽撞的司机——以及从事高速刑事追踪的警员——更容易成为高感觉寻求者(Zuckerman, 2008)。需要在日常工作中处理紧急事件的人比那些从事传统工作的人更容易具有高感觉寻求性(Zuckerman, 2008)。

与高感觉寻求者关系亲密会是一种怎样的情况呢？这要看具体的情况：在该特质上相似的夫妻双方通常具有更好的婚姻满意度(Schroth, 1991)。然而，如果夫妻双方都是低感觉寻求者，那么他们离婚的可能性更低(Zuckerman & Neeb, 1980)。

攀登冰坡是一项极限运动，有着极大的危险。

高感觉寻求者所得到的当然不会全部是快乐。悲剧的是，高感觉寻求者有时候为自己考虑得太少了。过去的因果观察发现，脊椎受伤通常是错误判断和冲动性行为的后果(Mawson, Jacobs, Winchester, & Biundo, 1988)。人格(感觉寻求)有没有可能与受伤的类型有关？一项有趣的研究对此开展了研究。在该研究中，研究者招募了140名脊椎损伤的男性被试，并在年龄、性别、受教育程度以及居住地区(住在同一个邮政地域)方面为他们匹配了控制组被试(Mawson et al., 1988)。通过电话采访，所有被试均完成了《感觉寻求问卷》(Zuckerman，1971)，并回答了关于他们生活的问题。

果然，脊椎受伤组被试在单调敏感性和去抑制性维度上的得分要高于控制组被试。更有意思的是，研究者选取了《感觉寻求量表》得分最高的10%和最低的10%的受伤组被试（感觉寻求特质最强和最弱的被试）进行分析。结果发现，高水平的感觉寻求者比低水平的感觉寻求者更可能有过拘捕记录，其脊椎受伤时的年龄更小（26.1岁 vs 41.5岁），在受伤前后也可能有药物或者酒精使用史（Mawson et al.，1988）。

后来，朱克曼从感觉寻求这一概念中进一步提炼出冲动性感觉寻求的概念（Zuckerman，1993a，2002）。冲动性感觉寻求非常接近于艾森克的精神质。相对于高分者，该维度的低分者表现为拘束、有尽责性以及压抑（Zuckerman，2008）。冲动性感觉寻求是人格的五因素测量方法中的一个维度。该方法总共包括冲动性感觉寻求、神经质—焦虑、攻击—敌意、社交性和活动性（Zuckerman，1993a，2005）。

躯体反应　为什么有些人具有感觉寻求和冲动性而另一些人却没有？朱克曼曾经认为，高感觉寻求者仅仅是提高了自己的唤醒水平以达到最佳状态而已。这与艾森克对于内外向的解释很像（Zuckerman，1969）。然而，实验结果并不支持这种观点（Geen，1997）。新近的证据提示关键区别在于反应的指向——个体如何对新异刺激进行反应——这可能涉及神经系统的反应性，而这受到神经递质的调节（Geen，1997）。

对于新异刺激的生理反应可以通过GSR、心率和皮层活动（如，EPs）来测量，显示被低感觉寻求者视作潜在威胁的事物，在高感觉寻求者看来却是十分有趣。也就是说，高、低感觉寻求者在应对新异刺激的反应方式方面存在差异。面对新异刺激，高感觉寻求者的反应通常伴有类似于朝向反射的生理反应，这表明个体产生兴趣并希望接近目标。相反，低感觉寻求者通常会产生防御性惊跳反射，这表明个体对于危险刺激做好了防御准备（Geen，1997；Zuckerman，2005，2008）。举个例子，当一个中等强度的噪音突然响起时，高、低感觉寻求者均会产生心率的急剧变化。随着噪音的持续，高感觉寻求者会很快地适应这一噪音，心率也会恢复到正常的状态。与之相反，低感觉寻求者的心率会持续增加，表示其做好了对抗、逃跑或者僵化的准备。最终，他们也会适应噪音，但是这种适应的速度要慢于高感觉寻求者（Zuckerman，Simons，& Como，1988）。

其他的证据也表明，与低感觉寻求者相比，高感觉寻求者更耐痛、更外向，他们的疑病表现更少，感觉阈限更高（Goldman，Kohn，& Hunt，1983；Kohn，Hunt，& Hoffman，1982）。这表明高感觉寻求者并不是试图维持最佳唤醒水平，实际上，他们能够应付并享受高强度的感觉刺激（Stelmack & Rammsayer，2008）。

自测题
当你听到特殊的噪声或者看到不寻常的东西时，你会产生惊跳反射还是朝向反射？

大脑活动　关于感觉寻求的大脑成像研究非常少见。一项研究对观看积极和消极情绪图片的高、低感觉寻求者进行了 fMRI 扫描（Joseph，Liu，Jiang，Lynam，& Kelly，

2009)。其中的一些图片具有高唤醒性,描绘了诸如暴力、极限运动以及色情内容。其余的图片内容,如物件、人或者食物,则不具有唤醒性。相较于低感觉寻求者,在观看高唤醒图片时,无论这些图片是积极情绪的还是消极情绪的,高感觉寻求者大脑中与唤醒和强化相关的脑区得到了更高程度的激活(Joseph et al.,2009)。相对的,低感觉寻求者大脑中与情绪调节和决策相关的脑区激活得更快,激活水平更高。总的来说,与低感觉寻求者相比,高感觉寻求者对于图片的唤醒水平有着更大的反应性,而对于图片的情绪效应则不敏感。

生化反应 你还记得那些重要的神经递质,多巴胺、去甲肾上腺素、肾上腺素吗?你还记得它们是如何被MAO分解的吗?上述神经递质——多巴胺、去甲肾上腺素、肾上腺素、MAO——均与感觉寻求以及冲动性有关(Carver,2005;Rawlings & Dawe,2008;Ruchkin,Koposov,af Klinteberg,Oreland,& Grigorenko,2005;Zuckerman,1984,1994,1995,2007,2008)。朱克曼(2008)的最新模型认为高感觉寻求性来自三个因素的相互作用:多巴胺活性高(增加对于新异刺激的探索),5-羟色胺水平低(不能抑制行为),去甲肾上腺素水平低(减少个体对于新异刺激的应激反应,降低惩罚的威胁感)。

大量证据表明,相较于低感觉寻求者,高感觉寻求者的多巴胺水平更高,其多巴胺系统的反应性更强(Pickering & Gray,1999;Stelmack & Rammsayer,2008;Zuckerman,1993b,2008)。而且,的确,高感觉寻求者的5-羟色胺水平低于低感觉寻求者(Rawlings & Dawe,2008;Zuckerman,2007)。由于MAO负责调节多巴胺和去甲肾上腺素的水平,我们预测高、低感觉寻求者的MAO水平存在差异(Geen,1997)。一些学者将MAO的作用比作汽车的刹车系统:刹车力量越小(如,MAO越少)表示向前的动力越大(如,多巴胺、5-羟色胺、去甲肾上腺素越多)。虽然研究者提出假设认为,高感觉寻求者的MAO水平较低(如,Zuckerman,1995),但目前的研究结果尚不能完全支持该假设(Geen,1997)。

思考题

为什么该研究中的高感觉寻求者对图片的唤醒性更敏感,而不是对其内容更敏感?

结语:我们从人格的神经科学中学到了什么?

采用[生理学的方法]来研究人格,就好比玩拼图游戏或者纵横字谜游戏。在纵横字谜中,横向词语(人格特质与行为的关系)需要纵向词语(特质、行为和生物基础之间的关系)来确定。这个游戏……形成了理论模型的架构,尽管其中不少格子依然空缺,许多词语仍未确定。(Zuckerman,2006,p.51)

虽然朱克曼的上述言论是关于感觉寻求的，但是这一观点适用于任何一种人格特质。我们知道约有40%的人格变异来源于遗传因素(Krueger & Johnson, 2008; Turkheimer, 2000)，而且，艾森克认为，遗传因子一定是通过生理和神经系统来发挥作用的。一些理论模型，尤其是艾森克的PEN模型和格雷的RST，试图用遗传和神经学差异来解释人格。然而，即便如此，我们还是要回答一个问题：人格特质中其余60%的变异来自哪里？通常我们说是环境，但实际上，这个问题的答案非常复杂，因为我们知道经验（包括思想和行为）可以影响生理。回想本章开头所述的那个实验：冥想改变了脑功能(Davidson et al., 2003)。

即便最终我们找到了大脑中的"神经质"区，这是否意味着神经基础决定了我们的人格发展？这是否意味着一辈子行事谨慎会决定个体的大脑会按照既定的方式发育？也许充满不幸的艰难人生会使一个人变得神经质，也会改变我们的大脑。但是无论我们的成像技术有多好，如果不进行真实验，我们是无法对这个基本的因果关系问题做出明确的回答的。

这样的真实验将会是什么样？目前，对双手或者其他肢体严重震颤的标准疗法是植入一个微小电极。打开开关之后，微弱的电流会抑制震颤而使机体能够正常地活动。你能想象在我们的大脑中植入这样的一个与外向性有关的装置吗？打开电极开关会让个体变得想与人交往吗？关闭开关会让个体只想安静地坐着看看书吗？

或者，如果我们随机地给一些人服用一种能够降低5-羟色胺水平的药物呢？他们会变得更加焦虑吗？在实验或者治疗中，只有采用这种随机的设计才能确定因果关系的存在。事实上，研究者的确做过关于5-羟色胺的研究。他们发现了什么？结果取决于被试的BIS水平。杏仁核的BOLD信号显示，BIS高的个体对于消极刺激更敏感(Cools et al., 2005)。也就是说，单独的5-羟色胺水平因素并不足以造成脑功能的差异。该研究强调了本章所述的两个内容。第一，我们需要结合神经系统来研究人格，但是并不仅仅是将人格进行脑区定位。第二，如果我们希望搞清楚生理和神经系统在多大程度上影响了人格，那么我们需要超越相关分析而采用更新的技术方法。

✓ **学习和巩固**：在网站mysearchlab.com上可以找到更多学习资源。

本章小结

我们的生理和神经系统是怎样使我们变成现在这样子的？对于这样一个鸡生蛋蛋生鸡的问题，答案仍不明朗。我们先来看看我们所知道的：

1. 神经人格领域的研究旨在通过考察与人格和人格功能相关的机体反应、大脑结构、大脑活动和生化反应，来研究人格与神经系统的关系。

2. 个体之间广泛存在着的一种先天的生物性差异，我们称之为气质，随着时间的推移，与社会环境相互作用而逐渐形成了个体的人格。

3. 三种主要的人格特质族分别是外向性、神经质和冲动性(如,感觉寻求)。

4. 上述三种特质有着生理和神经基础差异,体现在多巴胺和多巴胺能系统、情绪系统、5-羟色胺和 5-羟色胺能系统方面。

5. 正如颅相学,这门通过头颅外形来确定人格的学科如今已经过时一样,探索人格与特定脑区的相关关系也已经过时。神经科学家如今致力于站在脑神经系统的角度上来探究人格问题。

我们已经了解了汉斯·艾森克的精神质—外向性—神经质模型和杰弗里·格雷的强化敏感性理论是如何基于个体的生理和神经学差异,并逐步通过实证研究进行精细化和修正的。这两个理论都是人格心理学家通过提出问题并给予解答的典范。

我们发现高感觉寻求者会趋向于兴奋和新奇的刺激。证据显示,对于非同寻常的刺激,他们具有不同于常人的反射或者本能反应。令高感觉寻求者兴奋的刺激强度通常却让低感觉寻求者无所适从。因此,人格特质有着很强的生理关联性。

现在来说说我们尚未知晓的。对于人格与神经学之间的关联,研究者们通常采用神经成像技术(比如 fMRI)进行相关设计。尽管这些技术和设计并不完美,但它们可以告诉我们哪个脑区在哪种人进行哪种活动时被激活了。尽管我们差不多可以说外向者的大脑是这样工作的而内向者的大脑是那样工作的,但我们依然不知道他们为什么会存在这样的神经和生理差异。神经学家所用的技术并不能告诉我们终极答案,即,是神经生理基础塑造了我们特定的人格,还是人格塑造了特定的神经生理系统,抑或特定的经验改变了我们的大脑和人格。对于这些问题的解答将有待将来更为复杂精细的方法和方法学的诞生。

问题回顾

1. 人格的神经和生理差异的四类常用标记方法是什么?试举出每一类的具体示例。

2. 什么是相关设计?它与真实验有什么区别?什么是散点图?为什么 fMRI 研究遭到质疑?

3. 什么是艾森克的 PEN 模型?内向者和外向者之间的主要生理差异是什么?

4. 格雷的强化敏感性理论的三个主要系统是什么?什么样的人可以通过奖励取得更好的学习效果?什么样的人可以通过惩罚取得更好的学习效果?

5. 什么是颅相学?什么是脑定位说?与这些方法相比,研究者如今聚焦于哪些方面?近年来在人格的神经科学领域中的主要发现有哪些?

6. 外向者和高神经质者的情绪反应是怎样的?外向性和神经质在大脑结构、大脑活动和生化活动方面的差异如何?

7. 什么是感觉寻求?高、低感觉寻求者相互之间有哪些差异?哪三个系统与感觉寻求有关?

关键术语

中枢神经系统
周围神经系统
躯体神经系统
自主神经系统
交感神经系
副交感神经系
皮肤电反应
肌电图(EMG)
计算机断层扫描(CT)
计算机轴向断层扫描(CAT)
磁共振成像(MRI)
脑电图(EEG)
诱发电位(EP)

正电子断层扫描(PET)
功能性磁共振成像(fMRI)
非独立性错误
经颅磁刺激(TMS)
神经递质
激惹试验
散点图
气质
外向性
内向性
精神质
上行网状激活系统(ARAS)

唤醒性
强化敏感性理论(RST)
对抗—逃跑—僵化系统(FFFS)
行为趋近系统(BAS)
行为抑制系统(BIS)
颅相学
快感缺乏
左右不对称性
感觉寻求
经验寻求
单调敏感性
刺激和冒险寻求

第 8 章

人格的内在心理基础

西格蒙德·弗洛伊德和心理分析
 背景
  本能：身与心的联结
  揭示无意识
过去和现在：词汇联想测验和内隐联想测验
 弗洛伊德的人格观点：结构说和地形说
  人格的结构模型：本我、自我和超我
  人格的地形模型：意识、前意识和潜意识
 焦虑和自我防御机制
  反向形成
  隔离
  否认
  抵消
  投射
  转移
  升华
  压抑
  合理化
 性心理发展阶段
  口唇期
  肛门期
  性器期
  潜伏期
  两性期
  弗洛伊德的性心理发展阶段论存在的问题
研究方法示例：个案研究和心理传记
弗洛伊德之后的心理动力理论
依恋理论
 历史简介
日常生活中的人格：将创伤消灭在住院期
 依恋类型是终生的吗？
 成人的依恋风格
 依恋对成人人格的影响
本章小结
问题回顾
关键术语

📖 到我的搜索实验室(mysearchlab.com)阅读本章

> "或许我认识的最性感的女人是我母亲。她是天使。没有人像她那样。如果我能够遇到我母亲并和她结婚,我会的。如果她不是我的母亲,我会和她在一起,这听起来有点变态。"
>
> 演员 Shia LaBeouf,在 2009 年 6 月的一个采访中说道

你相信一见钟情吗?就是感觉到另一个人是如此有魅力,以至让你觉得他/她就是你的另一半?想象一下你正在发布个人征婚广告,希望找到一位终身伴侣,或至少是有趣的约会对象!你浏览了两份不同的个人描述,并想象着与这两个人约会将是什么样。尽管他们看起来一样好,但你却莫名其妙地只对其中一个人有感觉,虽然有点激动,但你完全能够想象跟他/她约会的样子。

在一个有趣的实验中,被试者们就面临上述任务(Brumbaugh & Fraley, 2006)。研究者让被试先阅读潜在的约会对象的个人征婚广告。被试不知道的是,其中一个人被设计成与他们过去最重要的男/女朋友相似,另一个与其他被试的伴侣相似。被试阅读这两个人的简介,并评价一下与这个人约会的可能性,以及与他/她约会可能会是什么情形。

被试想象的恋爱关系与他们描述的跟前任的关系非常相像,尤其是当潜在的约会对象与他们的前任相似时。此时,被试更容易感到亲密和亲近,更有兴趣交往,也更可能拒绝。具体而言,当人们试图和与初恋类似的人约会时,他们更可能感到焦虑(Brumbaugh & Fraley, 2006)。

为什么会这样呢?根据依恋理论(Ainsworth, Bell, & Stayton, 1974; Bowlby, 1969),我们与主要照顾者形成了情感联结,并成为将来所有的亲密关系的心理表征,被称为内部工作模型。该领域的研究者认为,我们以往与父母或主要照顾者形成的情感,将会转移到将来潜在的伴侣身上,尤其是当伴侣在人格特质或典型行为上与父母或主要照顾者类似的时候(e.g., Geher, 2000)。

我们是否像演员拉博夫(LaBeouf)在本章开篇所说的那样,注定爱上父母中与我们性别相反的那个,或者至少与跟他/她类似的人相爱?可能你已经猜到了,关于这种关系类型和**移情**(transference)的观点来自弗洛伊德(1856—1939)。弗洛伊德将心理分析定位为一种人格理论,一种探索无意识过程的方法和一种治疗技术(Frend, 1923/1961)。心理分析学是建立在弗洛伊德的心理分析理论和方法论的基础之上的,其关键前提假设是我们对自己、他人和亲密关系形成的心理表征都来自早期经历(Western, 1998a)。然而,心理分析领域正经历变革,变得越来越实证,对心理学其他领域的发现越来越开放(Western, Gabbard, & Ortigo, 2008)。具有讽刺意味的是,尽管心理分析的创始人弗洛伊德的理论、方法和发现被贬损,这种变革依然在进行。

通过简短回顾围绕弗洛伊德及其人格理论的争议,弗洛伊德理论的重要实验发现,以及其他心理分析方法(包括基于研究的依恋理论),本章我们将探讨人格的内在心理基础。

自测题

你曾经对一个刚认识的人产生莫名其妙的感觉吗?

"我们有时候遇到一些人,即使是完全陌生的人,有点突然地,或者在还未开口说话之前,从第一眼就开始对对方有兴趣。"

Fydor Dostoevsky

西格蒙德·弗洛伊德和心理分析

1993年《时代》杂志的封面提出这样一个问题:"弗洛伊德死了吗?"这引发了心理学界的一场大论战。争论双方都认为即使弗洛伊德仍然在世,他也已然过时,不再值得相信了,而且有时候歧视女性的人应该安息了(见 Azar,1997;Crews,1996,1998;Macmillan,1991;Webster,1995)。

有批评者激烈地指出"弗洛伊德的整套理论,包括其组成部分,从字面上、科学层面或治疗方面都没有任何优势"(Crew,1996,p.63)。其他人则认为弗洛伊德的观点没有得到实证数据的支持(Western,1998a;另见 Azar,1997;Damasio,1999;Fisher & Greenberg,1996;Guterl,2002;Muris,2006;Weinberger & Western,2001;Western,1998b)。不管哪一方是对的,我们对于一位理论学者能够引起这么大的争议感到很惊奇——更不要提登上著名杂志的封面了——而且是在他去世53年之后,他的主要著作已经出版100多年了!

"弗洛伊德,就像猫王一样,去世了很多年,但仍然时常被人们提起。"

心理学家德鲁·韦斯滕(1998a,p.333)

或许德鲁·韦斯滕(Drew Westen)将西格蒙德·弗洛伊德与猫王进行比较是对的(Western,1998a)。正如你无法想象摇滚乐没有创始人一样,我们也很难想象心理分析没有了他的创始人会是怎样的一种情形。类似地,在今天的流行乐坛或前40名排行榜上,你不会听到猫王的音乐,如今他的音乐被归为怀旧金曲一类——你也不会在相关领域的顶尖杂志上看到弗洛伊德所提出的理论。然而,正如猫王对摇滚音乐的影响,弗洛伊德的思想对当前人格、临床和发展心理学,甚至心理学领域之外的学科,如社会学、政治学、文化研究、文学研究和宗教研究的影响都是不可磨灭的。

与其问"弗洛伊德死了吗?"还不如问"为什么弗洛伊德主义仍然盛行?"(Horgan,1996,p.106)。一个可能的原因是弗洛伊德的理论为我们提供了"一个引人入胜的理论框架,使我们能够思考神秘的自我"(Horgan,1996,p.106;Malcolm,1994)。正如第五章所提到的,弗洛伊德认为独特的潜在的自我通过无意识行为被揭示出来,而这些无意识行为在白天被压抑了。弗洛伊德的理论引起美国研究者和流行文化重视的另一个原因,是因为他提出人格是可以改变的,这响应了美国20世纪初对机会和可能性的看法,而且这种思潮今天依然存在(Horgan,1996)。最后,因为那时没有出现其他理论可以超越弗洛伊德的思想。

那么,为什么要研究弗洛伊德?无论是好还是坏,弗洛伊德的思想和术语已经是心理学史甚至更大范围的文化的一部分了(Dunn & Dougherty,2005)。而且,他的理论极大地影响了人格心理学和临床心理学(Dunn & Dougherty,2005)。毫无疑问,回顾西方思想史将会是非常有趣、充满挑战甚至令人惊奇的(Aderegg,2004)。但是不要轻信我的话:在本章中你将会学习弗洛伊德的理论,并自己判断它们是否对人格理论作出了贡献。

背景

本能:身与心的联结   弗洛伊德深受同时代科学家和哲学家的影响,包括查尔斯·达尔文(Gay,1988)。他相信他找到了身心问题的答案:本能。正如身体运用能量来发挥身体机能,如呼吸、血液循环、肌肉和腺体活动,他推测心理也有一个类似的能量来源。他将这种能量称为精神能量(psychic energy),并认为精神能量是心理功能的能量来源,包括思考、想象和记忆。根据物理学的能量守恒定律,弗洛伊德推测身与心的能量必须守恒,既不能被创造也不能被损毁。他假设生理能量和精神能量可以通过本能互相转换,本能即"生理或身体需要的心理表征"(Freud,1915/1957,p.122)。

思考题
我们应该争论哪一个弗洛伊德主义?弗洛伊德的原始理论还是当前其他人的理论?

弗洛伊德用德语 trieb 来形容我们今天所说的**本能**(instinct),但是英语单词"冲动(impulse)"更接近弗洛伊德想要表达的意思。我们可以将本能或冲动想象成一种源自身体内部的紧张和激动。冲动的多少取决于我们身体的需求。我们身体的冲动首先会让人感到像一阵痒,必须在一定程度上得到满足。冲动一直存在于我们的身体里,因此,我们会一直感到某种程度的紧张。满足身体或心理冲动的方式多种多样。通常的做法是满足它、压抑它、将他们变成更容易接受的样子了,或者否认它的存在,这慢慢地形成了我们的人格。

根据弗洛伊德的理论,主要有两种形式的本能:生本能,称为**性本能**(Eros),另一是死本能,称为**死的愿望**(Thanatos)(Freud,1914/1957)。生本能与个体或物种的生存相关,包括对食物、

西格蒙德·弗洛伊德,著名的维也纳精神病学家,心理分析的创始人,生于1856年,卒于1939年。

水、空气和性的需求。生本能中的精神能量是**力比多**(libido)。根据弗洛伊德的理论,生本能中最重要的是性。今天,大多数当代的心理动力学家都会弱化性的作用,将对人际关系和自尊的需求作为重要的生本能(Western,1998a)。

弗洛伊德注意到所有的生物都会衰退和死亡,因此推测死亡和破坏必然是天生的本能(Freud,1920/1955)。他关于死本能的讨论不如生本能那么充分,并且他只讨论了一种死本能:攻击性。今天,死本能是弗洛伊德理论中被大多数心理学家否定的部分,因为这不符合进化论(Western,1998a)。

综合来看,死本能以攻击性为例,生本能非常强调性,你可以看到为什么很多人认为弗洛伊德的理论可以简化为性和攻击性了吧。这样的结论将弗洛伊德理论概括得过于简化了。

这里有一个难题:如果这两种本能提供了人格的能量和方向,那么我们应该能够看到性和攻击本能浮出表面,并即刻就去满足它们。为什么我们没有花更多的时间进行性行为或攻击性行为呢?弗洛伊德推测我们都社会化了,能够有意识地隐藏性和攻击性冲动,并以一种社会可以接受的方式来表达(Freud,1929/1989)。这些没有被满足的本能到哪里去了呢?这又回到能量守恒理论,力比多不能被损毁。相反,它们以无意识的方式进行表达。

思考题

你能看出这些处理冲动的方式与某种人格特质之间的关系吗?

揭示无意识 我们如何达到无意识层面?弗洛伊德认为,当我们的正常警觉意识放松时,不被接受的冲动可能在日常行为中泄露。这可能通过多种方式做到,包括催眠、自由联想、梦、口误、幽默以及象征性行为。

思考题

无意识想法会影响我们的日常生活吗?以哪种方式?

自由联想 弗洛伊德著名的谈话疗法——心理分析——始于他的一个同事。这位同事发现人们隐秘的想法和欲望在催眠状态下会显示出来。弗洛伊德开始对病人采取心理分析技术进行治疗。他很快就发现,病人不需要处于警觉状态,他们只要放松就可以了(Freud,1955)。这就是为什么即使在今天,实施心理分析时病人躺在沙发上,治疗师坐在后面或病人的视线之外。通过这种方式,病人得以放松,并将想到的任何想法都说出来,不经过意识的控制、监控、审查。这种从一个想法到另一个想法的自由联想可能引导病人意识到无意识的想法。

为了说明自由联想是如何起作用的,让我们考虑一个弗洛伊德自己生活中的意外事故。有一天,弗洛伊德匆忙离开办公室去赶火车见一个病人,他从桌子上拿了一个错误的工具(Freud，1901/1960)。为了知道为什么他拿的是音叉而不是放松锤,他顺着这两个工具展开了联想。当然了,他可能只是因为匆忙拿错了,但是这个错误是否有更深层次的含义呢?

首先,他回忆起最后一个触碰音叉的病人是一个头脑迟钝的小孩,他在弗洛伊德给他做检查的时候玩了音叉。弗洛伊德想知道:自己拿错了工具是因为自己是个傻子吗?他很快意识到在希伯来语中"锤头"是"愚蠢的人"的意思,这肯定了刚才的念头。

但是弗洛伊德为什么要用如此严厉的词语责备自己?他很快想起来了,火车将要驶向的目的地是上一次发生了尴尬的误诊的地方。弗洛伊德忽然意识到他最好在接下来的咨询中更加谨慎,不要再犯上次的错误。他不拿锤子,是想避免愚蠢!因此,拿错了工具的最终含义是一个自我报告:

> 你这个白痴!笨蛋!这一次一定要全力以赴,不要再误诊为不可治愈的歇斯底里症,就像你很多年前做的那样。(Freud,1901/1960,pp.165—166)

音叉,小孩,锤头、愚蠢的人,白痴,火车站,患歇斯底里症的女病人,误诊,看上去互相之间没有关联,但是在弗洛伊德的无意识中是有意义的,并通过自由联想揭示出来了。

梦的解析　自由联想在病人描述他们的梦的时候特别有效。弗洛伊德认为"对梦的解析是通向无意识活动的捷径"(Freud,1900/1953,p.608)。他采用**梦的解析**(dream analysis),对梦的内容和象征意义进行仔细检查,以破解它所隐含的无意识的含义。当我们处于睡眠状态时,是我们的无意识想法、梦想和愿望表达自己的最好时机。弗洛伊德相信梦是一个安全通道,能够让由本能建构起来的无意识的紧张有节制地释放。

由于直接表达我们阴暗的本能的冲动仍然是不安全的,我们的本能冲动通过象征性的梦得以显现。梦使我们的愿望得以实现,使我们的本能以一种安全的、象征性的形式得到满足。在清醒状态时,很多人能够详细地描述他们在梦中看到的情景,这种情景被称为梦的显性内容(manifest content)。对于弗洛伊德来说,梦的象征意义和我们对梦的反应(这些都是在治疗师的引导下通过自由联想得以显现的)对于理解梦的**隐藏内容**(latent content)或梦的真实含义非常重要。

有证据表明,或许弗洛伊德在某些方面是对的,如被压抑的想法可能通过梦揭示出来。这在一个实验中得到了证实。在该实验中,研究者要求被试在睡觉之前压抑对某个人的想法(Wegner, Wenzlaff, & Kozak, 2004)。这种压抑会导致被试在梦中呈现出其原本没有表达出来的想法吗?

自测题

记下或写下你最近几个晚上的梦。试想弗洛伊德将如何解释你的梦呢?你的梦源自于无意识的象征,还是你自己对于弗洛伊德理论的理解?

这幅画，亨利·卢梭的《梦》，是受一个年轻女子的诗歌的启发。这首诗描写了她梦到自己在郁郁葱葱的绿色森林里，在月光照耀的天空下听到了醉人的音乐，音乐吸引了所有人和动物都全神贯注地听。

首先，被试回想对某个人的爱恋（"一个从来没有与你建立恋爱关系，但是你曾经暗恋过的人"）或者非爱恋（"一个你很喜欢，但是对你没有吸引力的人"）。

然后被试被随机分配到三种不同条件的预睡眠组中，在压抑条件下，要求被试不能去想他们的目标人物。在表达条件下，要求被试专注地想他们的目标人物。最后一个组，提醒被试不要特别去想或根本不想他们的目标人物，但是需注意是否在无意中想到了目标人物。被试在睡觉之前花 5 分钟时间写下他们意识中出现的任何想法。清醒后，被试能够注意到他们在晚上是否做了梦，梦到了什么。

正如你能在图 8.1 中看到的，与提醒条件或表达条件相比，在压抑条件下，被试更多地梦到了目标人物。然而，被试压抑不去想的人是否是自己爱恋的人，这对于梦几乎没有影响：两者都在后续梦的自我评定和梦到目标人物的次数统计中出现了。

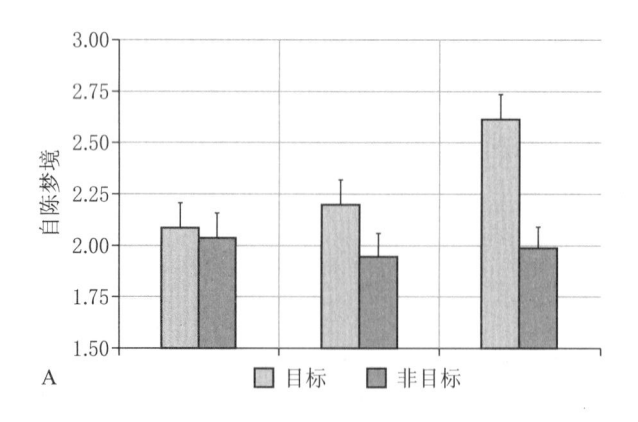

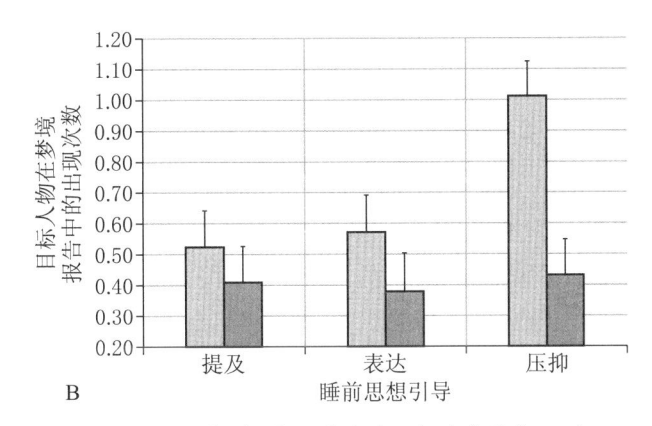

图 8.1 不同预睡眠条件下被试梦到目标人物和非目标人物的情况：在 1 至 5 分量表上自评目标人物是否出现在前一天晚上梦境中(a)，在梦的报告中提到目标人物的平均次数(b)。误差线表示标准误。来源：From Wegner et al. (2004, Figure 1, p.234). Wegner, D.M., Wenzlaff, R.M., & Kozak, M.(2004), "Dream rebound: The return of suppressed thoughts in dreams," *Psychological Science*, 15(4), 232—236. Copyright © 2004 by Sage Publications. Reprinted with permission of Sage Publications.

这提示我们，弗洛伊德对过程的描述是对的，即压抑的想法会在后续的梦中出现，但是他认为这与我们潜在愿望相关，这个观点是不正确的。相反，研究者认为这是心理控制的认知反向加工的一个例子，而不是我们本能的无意识动机(Wegner, 1994)。

倒错：口误和失误。表达无意识冲动的另一种方式是思想或行为的错误。对于弗洛伊德来说，没有什么行为是偶然发生的。他认为口误、笨手笨脚的行为(如之前弗洛伊德错拿了音叉而不是锤头)、忘记名字或词语、丢失或放错东西、笔误或打印错误，以及其他错误行为都揭示了我们潜在的欲望。弗洛伊德将无意识愿望引发的错误称为**倒错**(parapraxes)。弗洛伊德收集了许多倒错的例子，并在他的著作《日常生活的心理分析》中描述了我们表达潜在的、通常是不能接受的冲动的多种方式(Freud, 1901/1960)。

漏嘴(Freudian slip)就是一种倒错，即口误。弗洛伊德所举的一个例子是当时奥地利国会下议院的总统。这位总统在一次开幕式上说(当然是用德语)："先生们，既然所有人都到齐了，我宣布大会闭幕！"(Freud, 1901/1960)。这是不是表达了他最深层次的愿望，希望大会已经结束了？

尽管有很多鲜活的例子，但是研究发现，并不是所有的口误都是漏嘴。人们可能因为之前想到的任何事情而导致口误，并不一定来自压抑的本我冲动(Motley & Baars, 1979)。具体而言，这种口误可能由选择词语时认知上的犹豫不决而引发(Motley, 1985)。

另一种倒错是偶然发生的或错误的行为引起的。我认识的一个女性，她经历了极其严重的婚前恐慌。在离婚礼只有一周时间的时候，当她刚刚从婚纱店取回崭新的婚纱和面纱时，她的未婚夫砰然关上车门，将脆弱的面纱刮出了一条微小的裂缝。当她和妹妹尝试修补面纱时，她们越补越糟，最后不得不剪去了面纱的几英寸以弥补她们的错误。然后，在为新婚之夜打扫房间时，她试图移动一个小书柜，没想到那个书柜倒塌了，打碎了食品加工器，还差点砸伤了她的脚！在她清洗酒杯时，最后的悲剧发生了，她把酒杯打碎并划伤了拇指。这对夫妻几年之后悲伤地离婚了，你会感到意外吗？

幽默。即使是笑话，特别是双关语、反驳和自发的反应都可以被用来分析。与梦境类似，幽默也能够显现它所满足的不被接受的愿望（Freud，1905/1960）。笑话给我们提供了一个社会能够接受的表达攻击和性欲的方式。很多人不会通过正常的驱动来表达他们的冲动，他们会寻找黄色笑话和浴室幽默，以及对性别、身高、发色、宗教信仰、种族或职业存在偏见的笑话，从中找到乐趣。以笑话的方式，这些通常被社会禁忌的想法在一定程度上能被大家所接受。尽管意识层面我们可能想着"我只是开玩笑"，但它非常真实地表达了我们的无意识冲动。

象征性行为。我们表达潜在的本能愿望的另一种途径是通过那些表面看上去很无辜的行为，但事实上，它们代表了更深层次的动机。这些**象征性行为**（symbolic behaviors）允许我们以一种温和的方式安全地表达本我的冲动。例如，毫无疑问，你听说过口唇期人格，我们稍后即将讨论这种人格类型，这种人会通过吸烟、吃东西甚至尖刻的讽刺来满足他们的冲动。这些口唇行为象征了或以更能够被接受的方式满足了性欲（吸烟，吃东西）或者攻击性（讽刺）。

思考题

口误或其他无意识的行为表达了我们的潜意识欲望吗？

自测题

你曾经遇到过一个偶然事件反映了你的潜意识愿望吗？

过去和现在：词汇联想测验和内隐联想测验

在 100 多年前，一个重要的历史事件发生了：西格蒙德·弗洛伊德和他当时的弟子荣格去美国马萨诸塞州伍斯特的克拉克大学演讲。弗洛伊德讲了心理分析、婴儿的性欲和梦的解析。荣格也做了三场演讲，其中两场向观众介绍了**词语联想法**（word association method）（Benjamin，2009）。

词汇联想法被当时的很多心理学家所采用。然而，荣格借此识别无意识的**情结**（complexes），或者发现了个体没有意识到的重要的顾虑，使之达到了一个新的水平。情结，今天被称为**图式**（schema），是指关于一个主题组织起来的思想、记忆和知觉（Jung，1934/1960）。

思考题

你听说过俄狄浦斯情结吗？这里的情结是指什么？

1909年9月卡尔·荣格和西格蒙德·弗洛伊德在克拉克大学。会议的组织者G.斯坦利·霍尔在前排的中间位置，弗洛伊德在他的左边，他们都拿着帽子，荣格站在弗洛伊德的旁边，第一排，右边第三个。

在词汇联想测验中，荣格缓慢的大声朗读了100个单词，要求被试"尽可能快速地回答脑子里想到的第一个单词"。荣格不仅仅会记录被试的反应内容，也会记下他们的反应时以及生理反应。他坚持认为这个测验不仅评估了词汇连贯性，也考察了这个单词是否与特定的情绪含义相关，从而影响被试的反应，使被试反应延迟或引发不寻常的反应(Jung, 1910)。

例如，有时候可能有很多回答方式，被试可能给出不止一个单词。有时候被试可能会对他给出的特别的回答做些解释。另一些时候，被试可能会重复刺激单词，对很多个刺激单词重复同一个回答，口吃，口误，或者干脆放弃回答(Jung, 1910)。所有这些行为都暗示着刺激词激发了被试的情绪反应。

荣格也会计算平均反应时间，看哪个单词引发了更快速的或更慢的反应。这同样也能够揭示某种情结或潜在的问题。见图8.2，这是一位30岁的女性被试的实验结果。她结婚3年了，并宣称婚姻很幸福。从慢反应时和非正常反应模式，荣格推断她的婚姻并不像她所宣称的那样幸福：她不喜欢她丈夫是新教徒而她是天主教徒，她经常想着对丈夫不忠诚，离开这段婚姻，对丈夫和未来都非常害怕。当荣格向她解释这些的时候，她起先否认了，随后承认了她的真实情感，并告诉了荣格更多关于她的不幸福的生活。

即使今天，研究者和临床医生仍然会采用词汇联想测验的变式来评估词汇流畅性和语义记忆(Ross et al., 2007)、人格(Stacy, Leigh, & Weingardt, 1997)、脑损伤(Silverberg, Hanks, Bunks, Buchanan, Fichtenberg, & Mills, 2008)，甚至更多。

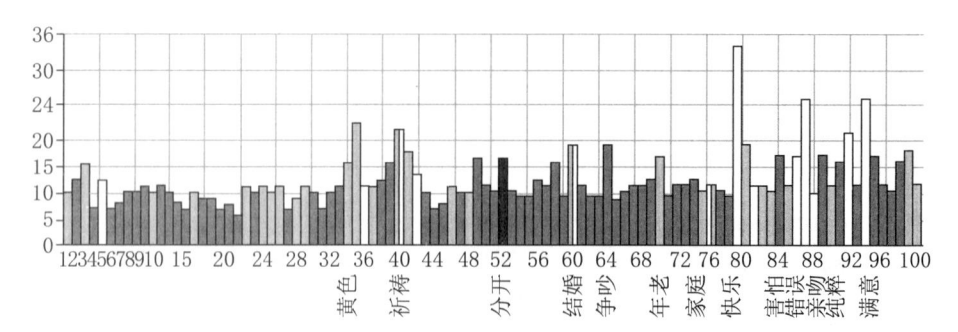

图 8.2 一个宣传婚姻幸福的女性的词汇联想测验的反应时。柱形的高度表示反应时（单位 = 0.2 秒）。部分刺激单词呈现在柱形图的下方。蓝色柱形 = 无回答；绿色柱形 = 重复刺激单词；黄色柱形 = 错误或有多个单词反应；黑色柱形 = 平均反应。根据这个结果，你认为她像她所说的那样幸福吗？来源：荣格（1910，彩色图见 p.238）。

关于反应时能够揭示潜在想法和情绪的观点也是现代测量技术：**内隐联想测验**（Implicit Association Test，IAT）背后的原理（Greenwald，McGhee，& Schwartz，1998）。对于自我报告，特别是对于敏感的话题，人们可能不愿意给出真实的反应。人们可能会做假或者让自己呈现正面的形象。无意识反应，如反应时能够揭示我们的真实态度吗？

IAT 通过反应时来测量概念之间联想的强度（Greenwald，Nosek，& Banaji，2003；Greenwald，Poehlman，Uhlmann，& Banaji，2009；Nosek，Greenwald，& Banaji，2005）。概念之间的相关性越高，被试就越能够迅速而准确地将它们归为一类。在执行计算机任务时，相较于要求对两个无关概念执行相同任务的情况，被试在对两个相关概念执行相同任务情况下的反应更顺利。由于相对于不相关概念人们对相关联概念的反应更快，因此我们可以通过给被试呈现不同的两两配对概念词，并根据他们对其中哪一概念词的反应速度最快来推断他们对两者的态度。例如，当要求对喜欢的物体和积极词汇执行同样任务（如按空格键）时被试会反应得更快，而当要求对个体不喜欢的物体和积极词汇执行同样任务时，被试则反应得更慢。我们可以对照片进行配对，配上积极的或消极的词汇，并根据被试的相关反应时来判断人们对照片中的物体或人有着积极还是消极的态度。

为了说明 IAT 是如何实施的，让我们来看一个采用德国本科生为被试的实验，该实验比较了自我报告的焦虑与 IAT 测量的焦虑（Egloff & Schmukle，2002）。对于 IAT 测验，被试必须将词汇分为反映自我（我、自己、我的、自己的）和反映他人（他们、他们的、你们的、你们，其他）的，同时将另一些词汇分为与焦虑相关的（紧张、担心、害怕、焦虑、不确定）以及与平静相关的（放松、平衡、安逸、平静、悠闲）。

在焦虑问卷上得分高的被试更容易将与自我相关的词汇和焦虑词汇归为一类，而不是将自我与平静归为一类。而且，IAT 得分比自我报告的焦虑测验能够更好地预测被试失败后的表现和紧张行为的增加，如嘴部运动、口误和压力下手的颤抖。

尽管在 IAT 测验中撒谎或做假更加困难（Greenwald et al.，2009），但这是否意味着

IAT能够更好地预测真实态度和信仰呢？未必如此。事实上，IAT和自我报告是对同一个事物的两种不同的测量方法，并得到了不同的结果(Greenwald et al.，2009)。自我报告和IAT测验的关键区别在于我们对自身信念的加工深度或意识程度。或许正如我们的真实动机一样，真实态度和信念潜伏在无意识深处，就像弗洛伊德和荣格所假设的那样。

思考题
为什么IAT能够比问卷更有效地揭示潜在的或无意识的想法？

弗洛伊德的人格观点：结构说和地形说

弗洛伊德通过结构模型和地形模型来描述人格，结构模型描绘了人格的组成部分，地形模型描述了人格在我们思想中的位置和区域。他甚至画了一个图来揭示这两个模型之间的关系(见图8.3)。

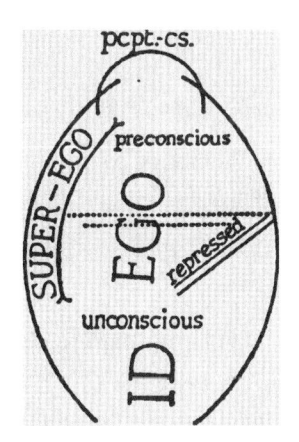

图8.3 这是弗洛伊德所认为的结构模型与地图模型之间的关系。请注意pcpt-cs代表知觉意识，即弗洛伊德早期对意识的叫法。他用这个词来表示思想是如何从前意识中涌现出来的。请注意无意识、前意识和意识彼此之间如何相关，这表明了弗洛伊德对精神生活的观点。米源：From Freud(1933/1990，p.98). Freud, S.(1933/1990). The anatomy of the mental personality(Lecture 31). In New introductory lectures on psychoanalysis. New York，NY：Norton.(Original work published 1933).

人格的结构模型：本我、自我和超我 人格的结构模型(structured model of personality)，其实是我们今天所认为的自我(self)，由三部分组成：本我(id)，自我(ego)和超我(superego) (Freud, 1923/1961)。在德语中，弗洛伊德将本我称为"das es"或者"the it"来强调本我包括纯粹的本能力量，并且是冲动和欲望的汇集。本我通过**初级思维过程**(primary process thinking)来思考，即不遵循逻辑规则和意识思考来做决策(Freud, 1923/1961)。本我完全超乎我们的控制，完全处在无意识之下。这就是为什么我们通常看到本我的活动都是无意识的,如梦和倒错。本我遵循**快乐原则**(pleasure principle,Freud,1923/1961),想要什么就要什么,想在什么时候要就什么时候要,并且要求即刻得到满足,正如俗话所说"我只是忽然想到了它(本我)"(Westen et al.,2008)。

有两种满足本我的方式:本能反应和愿望的达成。弗洛伊德试图缓解身心问题的矛盾,一种解决方案涉及躯体,另一种涉及心理。**本能反应**(reflex action)是本我通过即刻的躯体反应来获得满足。如果采取本能反应不可能或不现实,那么本我就会通过**愿望达成**(wish fulfillment)来获得满足。这里本我通过想象它所想要的,来获得满足(Freud,1911/1958)。对于本我来说,幻想也能像现实一样满足它,至少暂时是这样。通过这种方式,例如,梦可以作为本我冲动的愿望达成(Freud,1923/1961)。

人格的哪一部分决定是否满足本我的需求?这取决于本我。"我"或自我必须尝试通过现实世界中的物体或事件满足本我的愿望,这个过程被称为**认同**(identification)(Freud,1923/1961)。认同一个物体,意味着该物体满足了本我的愿望。自我根据**现实原则**(reality principe)受社会和自然条件限制,来满足本我(Freud,1923/1961)。自我必须想办法最大程度地满足本我,同时对现实和超我造成最小程度的消极后果。自我遵循**次级思维过程**(secondary process thinking)来运作,即我们所认为的逻辑思维,会考虑行动的成本和收益(Freud,1923/1961)。

如果自我在满足本我冲动的过程中做出了错误的决定,超我可能会怎样惩罚或奖赏自我呢?超我或"我之上"(over I)、"超越于我"(above me)包括思想或行动的道德标准,它就像一个严厉的法官审视我们所做的每一件事,随时准备惩罚自我因允许本我冲动流露出来而犯下的错误。超我追求完美,像本我一样不现实。超我包含我们在成长过程中从父母那里学来的行为的社会标准。

超我包括两部分:道德良心和自我理想。**道德良心**(conscience)(不要与意识混淆)包括我们不应该做的事情。这是我们已经内化的,或者已经被我们所接受的过去经历中被惩罚过的行为。当我们做错事情时,道德良心通过内疚感、羞愧感和尴尬来惩罚我们(Freud,1923/1961)。

自我理想(ego ideal)包括我们应该做什么的常识。这是我们从过去受到奖励的经历中内化的。当我们做了正确的事情时,自我理想通过骄傲感来奖励我们(Freud,1923/1961)。

你是否还记得我们之前说过的,通过幻想来表达本我冲动——愿望达成——是在现实环境中满足本我的一个很好的途径?你可以看到,既然这样并没有真的做什么不对的事情,所以这也是满足超我的一种途径。弗洛伊德的一个5岁的病人在描述他的手淫欲望时总结道:"想和做不是一回事"(Freud,1909a/1955,p.31;关于小汉斯的细节见研究方法事例)。然而,一个超我非常强烈的人通常具有非常高的道德标准,因此不会认可上述推理,而是相信想和做一样坏劣("我的内心充满欲望")。

总之,人格由需要即刻得到满足的本我冲动组成。然而,超我就像道德的裁判,不会直接让本我表达出来。相反,自我必须想出一个途径在超我的社会规范和道德标准要求之下满足本我,这些都要考虑到现实的约束。正如弗洛伊德所说的:

> 自我和本我的关系可以用骑士和马的关系来比喻。马提供动力,骑士有权决定目的地和马的行动。但是在很多情况下,自我和本我并不能够达成一致的意见,而骑士不得不遵循马想去的地方(Freud,1933/1990,p.96)。

自测题
想象一下,你有一堂课正好在午饭之前上,而你在课上感到非常饿,这时你会如何处理饥饿感?

思考题
道德良心和自我理想的道德标准从哪里来?

思考题
尽管弗洛伊德将本我、自我和超我作为人格结构来讨论,它们真的是我们大脑的组成部分,还是假设的概念或比喻呢?

结构理论在多大程度上能得到实证研究的支持?即使心理分析学家都批评结构理论,建议我们抛弃弗洛伊德的人格结构模型(Brenner,2003;Westen et al.,2008)。目前尚未有证据支持我们的人格或思想能够被区分为更符合逻辑的和不那么符合逻辑的部分(Brenner,2003)。然而,该模型所表达的人格内在矛盾的观点,以及关于行为反应欲望、道德良心、现实和社会可接受程度的综合,这些观点仍然非常重要,并确实影响着我们的思想、行为和人格(Westen et al.,2008)。

人格的地形模型:意识、前意识和潜意识
人格的地形模型包括意识、前意识和潜意识。意识包括我们当前意识到的想法和情绪。前意识包括意识之外、但是非常容易到达意识层面的想法,这些想法能够根据我们的意愿进入意识(Freud,1923/1961)。

潜意识包括我们本身"无法了解,也不能马上去实现"的欲望、想法、愿望、渴望和记忆(Freud,1923/1961,p.15)。也就是说,我们无法通过自己的努力恢复潜意识的想法,除非在特殊的环境下,正如之前所提到的(例如,通过梦、自由联想、象征性行为、倒错等)(Freud,1923/1961)。

尽管我们能够在意识层面不断的转移话题,有意识地将注意力从前意识中转移,或将想法推入无意识中,但我们却不能有意识地将潜意识的想法直接恢复到意识层面。潜意识会产生特殊的、与我们的冲动相关的想法、情绪、行为和防御,正是因为这个原因,潜意识通常被称为**潜意识动机**(motivated unconscious)(Westen et al.,2008)。

请记住,意识、前意识和潜意识的区分意味着三个独立的成分,但是弗洛伊德认为心理活动是一个连续体。即想法或记忆变得有意识,或者变成潜意识,并不像穿过窗帘到一个独立的房间,而更像一个物体进入或离开摄像镜头的焦点。

弗洛伊德关于心理和记忆的模型与我们今天对心理的了解相比如何呢?弗洛伊德的理论与今天认知心理学发现的心理工作理论有着惊人的相似,虽然有些例外情况。

首先,弗洛伊德意识到意识和潜意识是一个连续体,而非截然分开的两个状态(Erdelyi,2006b)。这点你可以从图8.3弗洛伊德所画的模型中看出,他在意识和潜意识之间是用虚线分开的。同时,即使在潜意识水平的想法也存在多个意识层面(Glaser & Kihlstrom,2005;Hilgard,1977)。或许我们不应该将潜意识看作思想层面的一个位置,而应该将它看作一个心理过程(Westen,1998b)。现在的关键问题是——特别是治疗方面(Westen,1998b)——人们在多大程度上能够意识到防御和动机,而不是心理的哪一部分卷入其中。

其次,弗洛伊德认为潜意识会影响意识,包括我们的想法和行动(Westen,1998a,1998b),这也是正确的。然而,弗洛伊德认为潜意识主要遵循驱动力而运作;我们今天知道这种观点过于简单。

再次,正如弗洛伊德所假设的,当前研究认为,**潜意识认知**(cognitive unconscious)受目标驱动,但不完全是按照弗洛伊德所假设的方式那样。潜意识并不是完全用来满足本我冲动的,也不是意识与更深层次动机的混合,也不是对真实动机的扭曲。相反,潜意识与意识类似,可以帮助调节想法、情绪、动机、目标,甚至意向,而不受心理分析的潜意识的"冲突和戏剧"的影响(Uleman,2005,p.6)。潜意识更像一个有益的、高效的万能管家,而不像一个有影响力和控制欲的黑暗势力。

思考题

弗洛伊德关于潜意识的概念与现代认知心理学的自动化思维有什么异同?

焦虑和自我防御机制

在弗洛伊德的人格模型中,自我必须以社会能够接受的方式去满足本我冲动,从而让超我满意,同时还要考虑现实的因素。有时候,本我、超我和现实的平衡对于自我来说太困难了,会引起焦虑。这种焦虑可能引发——这里再一次涉及身心二元论——躯体症状(即弗洛伊德说的**转化型反应**)或心理疾病(如焦虑症、神经衰弱症、恐惧症)。然而,自我能够采取措施进行自我防御,从而防止焦虑。自我防止或减轻焦虑,从而使欲望(本我)、道德(超我)和现实达到平衡的方式之一是防御机制。防御机制是自我处理具有威胁性的想法或不能接受的冲动，从而保护自我和使焦虑、压力最小化的一种方式。

今天，心理分析学家已经不再认为性和攻击是人类最具威胁性的冲动(Westen，1998a)。相反，我们更关注对自尊的威胁，而不是对自我的威胁(Baumeister，Dal，& Sommer，1998)。或许，在弗洛伊德的时代，承认一个人有性和攻击性冲动会对个体的自尊造成很大的威胁(Baumeister et al.，1998)。

事实上，安娜·弗洛伊德(Anna Freud)，弗洛伊德的女儿也是一位心理分析学家，她对弗洛伊德的大部分防御机制都进行了详细阐述。安娜基于她父亲的工作，发现了 10 种防御机制(A.Freud，1937/1966)。其他人又发现了其他一些防御机制(如 Vaillant，1995)，包括 50 多种(Clark，1998)。

我们将关注首先被弗洛伊德发现的最基本的防御机制，这些防御机制不意味着严重的精神异常，它们启发了后来的人格心理学的工作(Baumeister et al.，1998)。如果你发现某些防御机制在你或你周围的人身上存在，请不要觉得惊讶！防御机制可以是有用的、暂时处理压力和焦虑的方式。

1913 年，安娜·弗洛伊德和西格蒙德·弗洛伊德在意大利多洛米蒂山度假。

反向形成 在**反向形成**(reaction formation)中，人们并不是将具有威胁性的本我冲动表达出来，而是表达与本我相反的冲动。反向形成的一个有效线索是，其反应与真实事件比例失衡，比通常情况更极端或更强烈。例如，你是否注意到，当一对正在约会的情侣忽然分手时，他们会马上恨对方？爱怎么会如此迅速地转换为恨呢？有时候，环境可能会引发极端反应，但是我想知道是否对失去爱的焦虑并不能使有些人更容易表达出相反的情感(恨)，并以此来处理焦虑。

这里有一个反向形成的例子，来自于我的一个老朋友。她刚刚安装了有线电视，但她并没有因现在拥有了丰富的节目选择而感到高兴，相反，她对于某个频道播放的限制级电影表达了震惊和愤慨。她花了 10 分钟向我解释，包括细微的、令人尴尬的细节，各种各样的做爱场面，以及她在观看这些画面时有多愤怒。当我问她为什么不换一个频道时，她说："我想知道它的结局如何！"很显然，对于一个通常一本正经、循规蹈矩的小老太太来说，要承认她很享受观看做爱场面，或者被这些电影所唤起，这是多么恐怖的一件事，因此她选择了表达相反的情感，愤怒。

反向形成可能是最经常运用的防御机制，尤其是当我们担心他人会对我们有不好的评价时。一项研究综述发现，当我们有可能表现出类似违反社会的与性相关的情感、偏见、不胜任时，我们可能会以相反的情感来反应(Baumeister et al.，1998)。我们似乎是通过公开表现出相反的情感来证明这些指责是错误的。反向形成的证据是很明显的,然而,我们仍需确定人们的反应在多大程度上是有意识或无意识的。

"我认为那位女士过于自我保护了。"

哈姆雷特,第3场,第2幕,222—230

隔离 当我们在心理上将一个具有威胁性的想法与其他想法或情感分离开来时,隔离(isolation)就发生了。弗洛伊德从病人身上观察到,隔离的一种方式是在一个想法和其他想法之间创建一个停顿或缺口。

隔离的一种形式是**理智化**(intellectualization),当我们把情感隔离开来了,就能够重温想法或记忆而不受恼人的情感干扰。例如,人们可能通过理智化从逻辑上理解创伤性事件。同时,理智化能够防止人们将恐怖事件与过度的情感相联系。

从认知模型上很容易理解隔离。我们的想法在心理和记忆上是相互关联的,因此一个负性事件可能引发其他负性事件。通过心理上将负性事件隔离开来——或者通过有意识地想象一个中性或积极的事件——我们确实能让自己感觉更好。事实上,大量支持隔离的论文都来自认知心理学,甚至都没有提到弗洛伊德(Baumeister et al.,1998)!

鲍迈斯特等(Baumeister et al.,1998)认为人们可能通过隔离进行自我保护,例如将失败反馈与行为标准分离开来,将罪恶行为琐碎化,通过将现在的自己想象成一个完全不同的人来隔离过去的经历。这可能是为什么有的人会宣传自己是一个"重生的基督徒"或"重生的处女",这些都是非常有意义的名称。

否认 否认(denial)是当我们拒绝相信或承认威胁性或创伤性事件,或者与此相关的情绪时发生的。例如,我们在听到坏消息的时候,可能会马上大声地说"哦,不!"。有效的否认能为我们赢得时间加工震惊事件。或者,我们可能会幻想事情可能是怎么样的。否认在短时间内可能是有效的处理策略,但是从长远来看不如其他策略有效(Suls & Fletcher,1985)。

例如,弗洛伊德认为当小男孩看到女孩的生殖器与自己的不同时,他们"不承认这个事实并相信女孩也和他们一样有一个阴茎"(Freud,1923/1961,pp.143—144)。弗洛伊德认为男孩通过否认来减轻他们的阉割焦虑,我们后面会讨论这个问题。

有许多证据表明,人们否认对他们的自尊具有威胁性的反馈。例如,人们可能认为测验是不公平的(Pyszczynski, Greenberg, & Holt,1985)或研究证据是有瑕疵的(Liberman & Chaiken,1992),以此来让自己应对自身的不佳表现或不健康行为。人们甚至可能用不现实的乐观来说服自己,认为自己的未来可能比他们的同辈更称心如意(Weinstein,1980)。人们也可能在创伤性事件后通过否认来慢慢地接受(Janoff-Bullman,1992)。否认也可能出现在人们否认乳腺癌的严重性(Carver et al.,1993),地震带来伤害的可能性(Lehman & Tayor,1987),意外怀孕的几率(Burger & Burns,1988)

噢，不！住在危房中的学生更有可能否认他们在地震中处于危险境地（Lehman & Taylor，1987）。

等方面。

抵消 抵消（undoing）是指想要表现或已经做出不被接受的行为的个体用后续的其他行为来抵消之前的表现。当然，我们理智上知道某个行为或想法已经发生了，但是通过一个"神奇"的撤销（未发生），可以回去或取消这个行为（Freud，1915/1957，p.164）。弗洛伊德将这个行为描述为"负面的神奇的……通过……象征或吹散，不仅仅是事件的结果，甚至包括事件本身"（Freud，1925/1959，p.119）。

弗洛伊德认为抵消是无法摆脱的症状、流行习惯和宗教仪式的一部分（Freud，1925/1959）。例如，或许你听说过迷信的说法：通过掐左肩膀可以抵消盐溢出带来的坏运气。

更严重的关于抵消的事例是，有进食障碍的女性通过清理肠道来抵消进食。一个具有虐待倾向的男人可能通过给妻子送花来补偿前一天晚上对妻子的虐待。这两种行为都涉及某种程度的变态行为，即个体真正说服了自己，能够抵消不希望发生的行为。这种极端的抵消行为在正常个体身上还没有记录（Baumeister et al.，1998）。

然而，很多人都可能无意识地做着一些更常见却不那么严重的抵消行为，那就是对过去的事件所进行的反复思考，想象着要是他们当时不那样做结果将会怎样（Baumeister et al.，1998；Roese，Sanna，& Galinsky，2005）。一个关于1992年夏季奥运会运动员的项目研究了这种反事实思维（counterfactual thinking）（Medvec，Madey，& Gilovich，1995）。不论是当时的表现还是在领奖台上，铜牌获得者比银牌获得者感觉更幸福。

为什么表现差一些的人会感觉更幸福？在后续的研究中，研究者有机会访问参加纽约州1994年州运动会的运动员。研究者发现银牌获得者比铜牌获得者有更多"我差点就做得更好了"，而不是"我至少这一次做好了"的想法。银牌获得者不停地想着他们本可以避免的失败的表现。不幸的是,这种反事实的反复思考只会让他们感到更糟糕。

思考题
在迷信和儿童的游戏中,你能找出更多抵消的例子吗?

抵消心理使得铜牌获得者可能比银牌获得者更开心。

总之,关于抵消的证据很复杂,这取决于该解释在多大程度上遵循弗洛伊德的最初观点。在任何一种情况下,心理上否定过去并不能保护一个人或他的自尊心免受负面事件伤害。这可能有助于个体形成备选策略以优化未来的表现,但这不能改变负面事件已经发生的事实。因为这个原因,鲍迈斯特等(1998)建议抵消是处理负面事件的一种机制,而不是一种防御机制。

投射　投射(projection)是我们将惹人厌烦的事或不能被社会接受的冲动归结到其他人身上。例如,我们和朋友吵架了,过后回忆这件事情时,我们可能评价朋友"她很有敌意",而不会承认自己的攻击性。通常,我们发现他人身上令人烦恼的地方,其实更大程度上揭示的是我们自己的不安全感:将这种不安投射到他人身上比承认自己的失败更安全。

在一个具有说服力的投射实验中,被试将他们不希望具有的特质通过精心编造的故事归结为其他人的特质(Newman, Duff, & Baumeister, 1997)。首先,研究者给被试提供错误的人格特质反馈。被试通过一个虚假的人格测验,然后被告知他们拥有四个积极特质和两个消极特质(如顽固的、优柔寡断的、不诚实的、精神紊乱的)。

在接下来的15分钟里,让被试思考人格测验的结果,并且以自由联想的方式将他们脑中出现的想法大声地说出来,但要求被试不要去想他们其中一个消极特质,至于是哪一个消极特质则是随机分配的。

最后,让被试观看一段一位大学生谈论自己的无声视频。通过观察她的非语言行为,让被试在六个特质维度上给这位女生评分。被试在实验的第一部分已经收到了自己的人格特质反馈。

被试所获得的错误的人格反馈会影响他们对这位女生的评分吗？如果被试用投射这种防御机制来处理人格测验的负面反馈给自尊带来的冲击，这将影响他们的判断。被试只在某一个负面特质上对该女生的评分更负面，即要求他们不要去想的那个特质！换句话说，他们更可能投射一个被压抑的不受欢迎的特质，而不是一个积极特质或能够回想的特质。

基于这个研究以及其他的相关实验，研究者得出了一个结论，刻意不去想一个消极特质，事实上增加了在其他人身上看到该特质的可能性。因此，弗洛伊德关于投射的理论是正确的！

然而，也有证据表明，投射是刻意抑制、不去想自身缺点的结果；是之前所讨论的梦的研究中反向加工的另一个例子。即，抑制（而不是投射）是这里的防御机制；投射是思维抑制的结果，而不是抑制思考自身缺点的一种方式。自相矛盾的是，思维抑制使人们更加意识到他们不去想的那个特质，不管是积极的还是消极的（Newman, Duff, Hedberg, & Blitstein, 1996）。这种更加意识到该特质的情况，使人们更可能利用该特质去解释他人的模糊行为。

最起码，弗洛伊德发现了一个重要的现象：防御性投射，但是，借助当前社会和认知心理学的研究，人们才充分解释了这个过程。我们对于自己的看法影响了我们对他人的看法，不管是积极的还是消极的。但是这样投射是思维抑制的结果，而不是否定我们自身的某些特质的结果。

思考题

防御机制中的投射与投射测验背后的思想有什么相似之处？

转移　在**转移**（displacement）中，真正的本我冲动表达出来了，但其原本所针对的对象被转移到一个更容易被接受的对象身上。或许你看到过一个小孩对自己的母亲有怒气，但是直接对母亲表达怒气是很危险的，因此小孩可能通过砰地关上自己房间的门来表达怒气。

弗洛伊德的著名案例小汉斯（Little Hans）是关于一个5岁小男孩的，小汉斯害怕他的父亲，并将这种恐惧转移到马身上。为什么是马呢？因为马"嘴边有一圈黑色"以及与父亲的胡子和眼镜相似的眼罩（Freud, 1909a/1955, p.42）。欲了解更多关于汉斯以及他为什么恐惧父亲的详细情况，请参阅本章稍后的研究方法示例。

尽管转移这种防御机制很流行，但是关于它的实证研究非常少（Baumeister et al., 1998）。通常，其他解释能够比转移更好地说明导致结果的原因。例如，我们知道挫折、直接报复或情绪不好都会增加攻击性，但这些都不涉及转移（Baumeister et al., 1998）。事实上，一项专门为考察转移而设计的实验未发现显著效果（Bushman & Baumeister,

1998)。该实验中的被试对于令他们生气的当事人最有攻击性,而不会将这种攻击性指向无辜的人。

转移是弗洛伊德理论中宣泄(来自希腊语净化或清除)的一种方式。宣泄(catharsis)是指未被满足的本我冲动的紧张力会逐步累积,就像一个封闭系统中的蒸汽,并且必须以某种方式释放出来,否则将以心理症状的形式损害系统。这种本我能量的释放被称为宣泄(Breur & Freud,1893/1955)。攻击行为(躯体的)或观看攻击行为(精神的)应该能满足这种冲动,并引发更少的攻击性。真的是这样吗?

为了检验这个理论,研究者在一项研究中要求被试写一篇散文,而接下来他的散文被同伴斥责为他们所见过的最差的文章(Bushman, Baumeister, & Stack, 1999)。之后,研究者允许其中一半的被试通过猛击沙袋2分钟来发泄攻击行为,而另一半被试则不能进行宣泄行为。然后,所有的被试都与侮辱过他们的那个同伴一起玩一个攻击性的电子游戏。对于那个曾经侮辱过他们的同伴,那些能够猛击沙袋以发泄攻击行为的被试是否比另一些被试更没有攻击性呢?

根据宣泄假设,应该是这样的,对于侮辱他们的同伴,由侮辱引发的攻击性冲动得到满足和发泄的被试应该更没有攻击性。然而,这与研究者所发现的结果不符!击打过沙袋的被试比单纯坐在那里的被试反而对侮辱过他们的同伴更有攻击性——几乎是另一半被试的3倍。宣泄理论不仅完全没有优点,事实上,从事攻击性行为甚至观看攻击性行为强化了之后的攻击行为(Bushman et al., 1999)。

升华 另一种处理本我冲动的方式是将这种冲动转化为更被社会接受的东西,这个过程被称为**升华**(sublimation)。例如,个体的攻击性冲动可能转化为对心理威胁程度较小的体育运动、风险性活动或者健康的竞争性活动。类似的,弗洛伊德认为性冲动可以通过努力工作、从事艺术活动或者其他创造性活动得以安全地表达。弗洛伊德强调,我们在社会化的过程中,社会要求我们将性冲动和攻击性冲动转换为建设性的行为。

此外,尽管升华这个概念本身极具吸引力,但鲍迈斯特等(1998)坚定地认为没有证据支持所谓的升华。他们甚至无法在顶级的研究期刊上找到一篇有说服力的文章来证明升华的存在。相反,他们曾经尝试过寻找与升华可能相关的证据,但是他们失败了。

思考题

还有哪些关于宣泄的流行概念是无效的?例如,观看暴力运动电视节目是否会增加或减少随后的攻击性行为?

例如,鲍迈斯特等(1998)回顾了历史上那些具有伟大创造力的时期,但是没有发现这些时期与禁欲有关;事实上,他们发现的结果恰好相反。知识创新的时期——意大利文艺复兴、伊丽莎白时期的英格兰或者古希腊——同时也是性自由的时代。类似的,20世纪最著名的作家、音乐家和画家所生活的时代也是被称为"性泛滥"的时代而不是性禁忌时代(Baumeister et al., 1998, p.1106)。

除非有证据支持，否则升华这个防御机制应该被抛弃。

压抑 根据弗洛伊德的理论，"压抑的本质是拒绝或将某些事情排除在意识之外"(Freud,1951b/1957,p.147)。将一个不希望出现的想法排除在意识之外能够使人免于焦虑。

弗洛伊德原本认为压抑可能是有意识的，也可能是无意识的，这与他关于精神生活连续性的观点一致（Erdelyi，2006b）。他的女儿安娜在解释弗洛伊德的防御机制时将**抑制**(suppression)和**压抑**(repression)进行了区分(A. Freud, 1937/1966)。抑制本我冲动是有意识地将不被社会所接受的想法或冲动排除在意识之外，而压抑是无意的。例如，当面临使我们焦虑的事件或想法时，我们可能有意识地将它放置在意识之外或者抑制对它的思考。然而，如果这种遗忘是无意识发生的，或者超出我们的控制，就是压抑。

尽管升华这个概念本身很有吸引力，但是没有任何实证研究支持人们将性冲动转化为创造性行为这一理论。

弗洛伊德认为一些创伤性事件可能引发焦虑，因此本我会将这类事件埋藏在无意识深处。你可以从图8.3弗洛伊德的原始图画中看出，他将压抑描绘成无意识直接进入意识的通道。

防御机制既可以在外显层面发挥作用，也可以在内隐层面发挥作用(Vaillant，1998)，而事实上，有证据表明人们处理创伤性事件的一种方式就是避免去想它，不管是有意的还是无意的(Brewin, 2003; McNally, 2003a, 2003b)。但是这是否意味着人们已经完全忘记了创伤性事件呢？

或许不是。首先，我们从认知心理学中知道，将一个想法排除在意识之外，不管是通过有意识地抑制还是无意识地压抑，都只会使这个想法出现得更频繁(Najmi & Wegner, 2006; Wegner, 1989, 1994; Wegner & Erber, 1992, Wegner, Schneider, Carter, & White, 1987)。

其次，通常人们并不会忘记创伤性事件，人们通过管理对创伤性事件的情绪反应来处理创伤性事件(Boden, 2006; Foa, Riggs, Massie & Yarczower, 1995)。

第三，没有证据表明，记忆可以被压抑并长期排除在意识之外(Boden, 2006; Hayne, Garry, & Loftus, 2006; Holmes, 1995; McNally, 2003a, 2003b; Pope, Oliva, & Hudson, 1999)。然而，很多受害者宁愿遗忘创伤性事件，因此，他们可能有意识地选择不与

朋友、家人、治疗师或研究者分享创伤经历。从表面上看，压抑可能是由于害怕、内疚或尴尬引起的(Boden，2006；Freud，2006)。

不要去想这头熊：矛盾的是，试图不去想某件事(正如压抑)，会使得这个想法出现得更频繁。

尽管这种争论还没有完全结束，根据今天能够获得的证据来看，压抑或许应该从有效的防御机制中被移除(Rofé，2008)。相反，研究者需要更多地研究认知心理学的相关主题，如认知回避(cognitive avoidance)、提取抑制(retrieval inhibition)或记忆偏向(memory bias)，以此来解释压抑现象(Erdelyi，2000)。

合理化 合理化是人们重新解释自己的行为，从而隐藏行为的真实动机的过程。事实上，行为本身是被承认的，合理化只是对该行为进行重新解释使其显得更容易接受。通过重新解释，本我能够得到满足，同时超我又不反对。

弗洛伊德注意到患强迫症个体可能将他的强迫行为以一种合理的方式进行解释，从而使行为合理化。弗洛伊德描述了他的一个病人，该病人在公园被一个树枝绊倒了，因此他将树枝扔到了附近的灌木丛中。在回家的路上，他忽然冒出一个想法，树枝在灌木丛中比原来在路上对行人更加危险。弗洛伊德认为是病人的焦虑促使他回去并将树枝放回路上，病人并没有承认自己的强迫行为，而是通过说服自己树枝在原来的位置更加安全来使自己的行为合理化，尽管事实并非如此(Freud，190b/1955)。

使自己的决策、信念、情感或态度合理化的观点形成了社会心理学中的认知失调理论的基础(Gray，2001；Kay，Jimenez，& Jost，2002)。根据认知失调理论，当态度与行为或信念不一致时，我们会感到不和谐，即感觉像伪君子(Festinger，1957)。为了感觉更好，并说服自己我们的确是合乎逻辑的人，我们寻找方式使行为或信念合理化，或得到恰当的解释。认知失调理论中的合理解释就是弗洛伊德的合理化机制的例子。

认知失调理论后来进行了修正，认为只有当行为使人感到不好受时，我们才会感到有必要合理化我们的行为或信念(Aronson，1968)。通过这种方式，认知失调作为一种防御机制维护我们的自尊。有大量实验证据支持认知失调理论。例如，通过激励人们通过使用合理化的防御机制从而重新解释自己的行为，认知失调理论被用来帮助人们克服进食障碍(Wade, George, & Atkinson, 2009),从事更安全的性行为(Stone, Aronson, Crain, Winslow, & Fried, 1994),保护水资源(Dickerson, Thibodeau, Aronson, & Miller, 1992)。这些仅仅是认知失调理论的几个应用领域而已。

你可以看到防御机制都涉及某种形式的转化,如冲动、目标或个人对冲动的感受的转化(弗洛伊德用"变迁兴衰"来形容本能的变动性)。将这三个过程进行区分有助于区别各种防御机制。

你也可以看到,有大量关于防御机制的证据。心理学家不断地在实践或研究中探索这种或那种防御机制,包括人格心理学、社会心理学、发展心理学和认知心理学(Cramer, 2000, 2006)。

思考题

如果压抑是完全有效的,就不需要其他防御机制,为什么?

自测题

你曾经用合理化来隐藏你的一个不良行为的真实动机吗?

性心理发展阶段

弗洛伊德的心理分析学的基础之一是:成人的人格是由童年经历形成的。弗洛伊德根据他的病人所叙述的内容来描述性心理发展阶段。然而,很多弗洛伊德假设的发展阶段都是相互矛盾的。为了评估弗洛伊德的理论,我们需要理解他的主张是什么。当你阅读下面提及的理论时,请结合你从其他课程学到的关于儿童发展的知识,或者你自己对儿童发展的经验,来看弗洛伊德的理论是否合理。

由于性本能是弗洛伊德理论中最重要的概念,用性来解释观察到的心理现象,每一个性心理发展阶段都始于力比多的需求,这种需求是特定的、生理因素决定的机体部分的体验。婴儿或儿童在**性欲发生区**(erogenous zone)感到张力,并且必须找到一种社会能够接受的方式来满足本我冲动。

> "性心理发展假说最好被隐喻地理解或一起抛弃。知道应该抛弃哪些不是一件容易的事。"
>
> Westen et al. (2008, p.65)

一旦本我冲动得到了满足,张力就减弱,儿童就能够从心理上走向下一个阶段。然而,如果儿童得到了过多或过少的满足——弗洛伊德没有区分两者——就会有一些力比多能量被滞留(Fenichel, 1945/1995)。然后,儿童将有更少的心理资源用于处理下一阶段的挑战。结果就是固着(fixation),即心理资源仍然在处理前一阶段的问题,而不能完全向下一阶段转移。

固着在某一阶段的个体会表现出某些特定的成人人格特质,并表现出与固着直接相关的行为。另外,个体还会表现出与固着相关的象征性行为。再结合弗洛伊德强调的身与心的相互关联,我们看到了固着在身体(性欲发生区相关行为)和心理(象征性行为)上的证据。

弗洛伊德假设我们天生就有本我,这是力比多的来源,因此本我冲动是从出生就伴随出现的(Freud, 1915/2000)。在2岁以前,随着我们学会控制大小便,由于处理俄狄浦斯情结的缘故,超我在5岁之前也形成了。在孩子5岁的时候,人格的三个部分——本我、自我和超我——就形成并共同作用了。这就是为什么弗洛伊德认为人生的最初5年是个体发展中最为重要的阶段,并且认为人格在5岁之前就确定了。表8.1总结了弗洛伊德的性心理发展阶段说的关键要素。

表8.1 弗洛伊德的性心理发展阶段说概要

阶段名称	性感区	年龄	任务	成人固着		
				人格特质	行为	象征性行为
口唇期	口腔	0—18个月	早期:哺乳	口欲综合型人格:依赖	吃、喝、吸烟、接吻	收集东西、好的倾听者、易轻信的
			晚期:断乳	口欲施虐型人格:攻击性	嚼口香糖、咬指甲、暴食	讽刺、挖苦、嘲笑
肛门期	肛门	1—3岁	早期:排泄	肛门排泄型人格:自信、放纵、抵制权威	不能控制大小便、尿床	过度慷慨、丢三落四、有创造力
			晚期:排泄滞留	排泄滞留型人格:固执、冲动、活在他人的期望中	便秘	吝啬、整洁、倔强、完美主义
性器期	生殖器	2—5岁	男孩:俄狄浦斯情结、阉割焦虑	性器期人格:超男子气	关注男子气、大男子主义	重型机床、汽车、卡车、大型机器
			女孩:俄狄浦斯情结、阴茎嫉妒	歇斯底里症人格:超级女子气	爱调情的、引诱人的	乱交、男性阉割、攻击男性
潜伏期	无	5岁—青春期	升华	性心理停滞期——无固着		
两性期	无	成年期	成人	结婚、生儿育女、为社会做贡献:"去爱和工作"(Lieben und arbeiten)		

来源:Bornstein 2005, Table 1, p.327. Bonstein, R.F. (2005). Reconnecting psychoanalysis to main stream psychology. Psychoanalytic Psychology, 22(3), 323—340. Copyright American Psychological Association. Adapted with permission.

思考题

你是否同意人格在5岁之前就已经形成了？为什么同意，或为什么不同意？

思考题

你有没有注意到，弗洛伊德很喜欢收集希腊、罗马和拜占庭的故事？他几乎从来离不开他的标志性雪茄。作为一个治疗师，他是很好的倾听者。

口唇期 从出生到18个月，婴儿的生活主要围绕着哺乳（Freud，1915/2000）。口唇期的性敏感区是口腔。婴儿在进食过程中通过口腔获得快感。在口唇早期，婴儿主要关注哺乳、吮吸和吞咽。在口唇晚期，婴儿有了牙齿。这时婴儿的快感从进食转移到撕咬和狼吞虎咽。如果婴儿在这一时期从这些活动中获得太多或太少的满足——在非常小的时候就开始进食或者比较大的时候才撕咬——成年以后将发展成口唇期固着人格。

如果在口唇期早期需求没有得到恰当的满足，个体将会形成**口欲综合型人格**（oral incorporative personality）。这种人将重复婴儿早期的状态，表现为过度依赖，并通过吃、喝、吸烟或接吻来满足口腔快感。她也可能通过口欲综合型象征性行为来获得满足，如收集东西、做好的倾听者或者容易轻信他人（相信他人的话）。

然而，如果在口唇期晚期需求没有得到满足，个体将会发展成**口欲施虐型人格**（oral sadistic personality）。这种人表现出攻击性行为、口腔活动（如咀嚼口香糖、咬指甲）或者暴饮暴食，或者象征性撕咬行为（如讽刺、挖苦和嘲笑）。

肛门期 一旦婴儿断奶了，下一个生理上的里程碑是学会控制大小便，这个时期大多数儿童面临着大小便训练。在1到3岁之间，儿童必须学会什么时间在什么地方排泄。这是儿童第一次必须遵守社会规范，被父母强迫而不是纵容。儿童如何应对父母的控制和监控将对其成年后的人格产生影响。

儿童可能通过随时随地大小便获得满足感。成年以后，这种**肛门排泄型人格**（anal explusive personality）将表现出自信、放纵、非常规性和抵制权威。肛门排泄型人格的人生理上可能表现出不能控制、尿床。他也可能表现出过度慷慨，丢三落四和富有创造力。

相反，另一些儿童可能拒绝父母对大小便的限制，不去排便。成年以后，将成为**排泄滞留型人格**（anal retentive personality），这种人固执、冲动，活在他人的期望中。她可能有生理上的排便问题（如便秘），也可能表现出象征性行为，如吝啬、极度整洁、倔强、完美主义（Freud，1908/1959）。

今天我们知道，对于成人来说，肠和膀胱问题是真实的生理症状，而与肛门固着没有关系。

性器期 性器期是弗洛伊德的人格发展阶段理论中最复杂、最有争议的部分。迄今，本我冲动已经从口唇转移到肛门。在如厕训练过程中，儿童发现了自己的阴茎（弗洛伊德将所有事物都归结为男子气的发展,所以,我们暂时不考虑你恰好没有阴茎的情况)。在性器期,儿童感到本我冲动来自阴茎,并通过手淫获得满足。

小男孩感到对母亲有性冲动并想娶母亲为妻。然而,问题是还有父亲。小男孩开始憎恨父亲,因为父亲会与他争夺母亲的爱和关注。小男孩必须找到某种方式来处理这种**俄狄浦斯情结**(Oedipus complex)(Freud,1925/1961),即希腊神话中的王子底比斯无意中杀了他的父亲娶了母亲。

与此同时,小男孩发现女孩没有阴茎。他推测女孩肯定曾经有过阴茎,后来被阉割了,因此,男孩因女孩残缺的身体而感到恐惧(Freud,1925/1961,p.252)。因为阴茎是愉悦感和对母亲性冲动的来源,因此男孩产生了**阉割焦虑**(castration anxiety),并生活在害怕父亲会阉割他的阴茎的恐惧中。弗洛伊德注意到,这可能来自真实的阉割威胁,因为在这个阶段,劝诫儿童不要玩弄生殖器是很常见的。

结果,男孩意识到,他必须压抑对母亲的欲求和对父亲的敌意,否则他可能受到父亲的惩罚。因此,他压抑了这些冲动而认同了父亲。通过对父亲的认同,他想象自己就是父亲,得到母亲,至少在他的心里本我的愿望得到了满足。通过认同,他也内化了父亲的超我,接受了父亲的道德观。

如果男孩没有处理好俄狄浦斯情结,没有认同父亲,他可能固着在这个阶段。这样的男人将形成**性器期人格**(phallic character),性器期以过度夸张的男子气为特质。性器期人格者通过持续从事象征阴茎的爱好活动来表现他的男子气概:如重型机床、汽车、卡车、大型机器。

对女孩来说,这个过程稍微有所不同,伴随着不那么令人满意的结局。像男孩一样,女孩开始被母亲强烈吸引,毕竟目前她是舒适和食物的来源。然而,女孩有了"重大发现",即男孩有阴茎,极其明显的,尺寸很大,并马上意识到这是与她们自己小小的、不明显的生殖器对应的事物。从这以后女孩成了嫉妒阴茎的受害者,她们将经历**阴茎嫉妒**(penis envy)(Freud,1925/1961,p.252)。

女孩推测她肯定也曾经有过阴茎,但是在某种程度上被切除了。由于唯一亲近到可以做这件事的人就是她的母亲,因此她认为母亲肯定把她的阴茎切除了。与此同时,她在生理上被父亲所吸引,但她既生气又嫉妒,因为父亲有阴茎而她没有。

弗洛伊德得到一个令人伤心的结论,对于女孩来说,没有令人满意的方式来解决俄狄浦斯情结:"这种情结可能逐渐被抛弃或者被压抑,或者它的效应将一直持续到女性的正常精神生活中"(Freud,1925/1961,p.257)。女孩的阴茎嫉妒基本上将她固着在这个阶段,直到她通过象征性地拥有阴茎,与像父亲一样的男人生小孩(最好是一个男孩)。"她放弃了拥有阴茎的梦想,转而希望有一个小孩:带着这个目的,她将父亲视为爱的对象"(Freud,1925/1961,p.258)。

由于女孩没有认同父亲,所以她们没有形成超我。因此,女性缺乏道德感,自然比男性低一等:"我无法回避这样一种观念(尽管我犹豫是否要表达出来),女性关于什么是正常道德水平的判断与男性的不同"(Freud,1925/1961,p.258)。这就是为什么弗洛伊德认为解剖是命中注定的。

很多人过于简单地理解了弗洛伊德,认为女性是因缺少阴茎而比男性低等。但是,根据弗洛伊德的理论,缺乏超我对于女性的地位更具毁灭性。

固着在这个阶段的女性发展成了**歇斯底里人格**(hysterical character),以过度夸张的女性气质为标志,并表现出爱调情、引诱人以及乱交(想想《飘》里的美女斯嘉丽·奥哈拉)。她可能发现了象征性地弥补阴茎嫉妒的方式,通过乱交获得她缺少的阴茎,或者因为嫉妒男性的阴茎而通过侮辱和贬低男性,象征性地阉割男性。

弗洛伊德对当时反对他理论的女性说了什么?"我们绝对不允许通过否定女子气而歪曲这样的结论,女性急于让我们承认两性在地位和价值上是平等的"(Freud,1925/1961,p.258)。

潜伏期 潜伏期从5岁一直到青春期,这个阶段没有明显的发展,至少对于本我冲动和性敏感区是这样的。弗洛伊德假设本我冲动升华为别的活动,比如学校生活、体育运动和同性友谊(Freud,1915/2000)。由于儿童的生殖系统尚未成熟,性冲动不能获得满足,必须通过升华得到保护。然而,今天我们知道这个阶段是儿童生理、认知、社会和情绪发展的重要阶段。

思考题

对于弗洛伊德理论来说,缺少阴茎和缺乏超我哪个更重要?

思考题

从5岁到青春期,儿童将经历怎样的发展变化?

弗洛伊德没有发现潜伏期,5岁到青春期这个阶段是儿童生理、认知、社会和情绪发展的重要阶段。

两性期　一旦到了青春期,至少在弗洛伊德所在的时代,年轻人就被认为是成年人了。如果人们顺利地度过了口唇期、肛门期、性器期和潜伏期,并得到了恰当的满足,他们将有能力承担成年人的责任。作为一个成年人——弗洛伊德对此非常清楚,这反映在他传统的、保守的和狭隘的维多利亚情感中——意味着你将异性恋、结婚、生小孩,并成为一个自我满足的、对社会有生产力的成员。这个观点被总结为"去爱和工作"(Erikson,1950)。

然而,如果某个人没能顺利地解决某个性心理发展阶段的任务或挑战,那么他或她在成年以后将因为某一阶段的固着而出现问题。弗洛伊德是如何建议解决固着的呢?当然是通过精神治疗,因为治疗过程中这些被压抑的冲动或没有被满足的本我冲动能够被察觉到,因而固着能够得到解决。

思考题

当今社会,一个人什么时候算成年了?为什么?

弗洛伊德的性心理发展阶段论存在的问题　即使我们仅局限在俄狄浦斯情节的讨论中,对弗洛伊德理论彻头彻尾的批评也将会非常激烈。然而,由于他的很多观点都存在争议,我们有必要关注几个主要的批评意见。事实上,有些批评也适用于他的其他观点。

首先,他的心理性欲发展阶段论是基于对他的病人和他自己的回忆。进一步,我们知道他的病人都经历着某种程度的情感问题。事实上,他从有问题的成年人身上着手,并让他们回忆童年,而不是研究各个阶段的儿童或者追踪研究一群经历各个阶段的儿童,或者通过比较成年后有问题与没问题的人的童年。结果,他的理论是基于带偏见的方法和样本。

其次,想一想弗洛伊德的俄狄浦斯情节理论的来源:关于男性和女性生殖器的差异。2到5岁的儿童真的了解生殖器的差异吗?很显然,他们不像弗洛伊德所宣称的那样了解得足够多而会感到或害怕阉割(Bem, 1989; Brilleslijper-Kater & Baartman, 2000; Katcher, 1955)。

再者,男孩和女孩在道德上没有差异,尽管弗洛伊德理论认为女孩没有形成超我的机会。有一个研究发现男孩和女孩不存在道德差异,儿童比弗洛伊德所想象的幼儿期更早就表现出了道德行为,这促使心理学家抛弃了无效的俄狄浦斯道德理论(Shaffer, 2009)。

> "弗洛伊德是最有创造力的思想家之一,但这并不意味着他的观点都是正确的。"
> Azar 引自心理学家罗伊·鲍迈斯特(1997, p.28)

> "道德的内化或许远远早于儿童经历俄狄浦斯或伊莱克特拉(Electra)情结之前,更不是这两个情结所解决的……或许是时候该抛弃俄狄浦斯道德了。"
> Shaffer(2009, p.343)

最后,弗洛伊德的整个心理性欲发展理论是建立在性幻想的基础上。然而,如果这些成年病人所回忆的不仅仅是关于性的想法、愿望或幻想,而是真实发生的性侵犯的记忆,那情况将是怎样呢?

最初,弗洛伊德认为他的病人,无论男性还是女性,都是儿童期性侵犯的受害者。他在1896年发表了一篇文章《歇斯底里的病理学》(Masson,1984a,1984b)。在弗洛伊德当时治疗的18位歇斯底里症患者中,所有人都经历过性侵犯,有些人还有独立的证据支持性侵犯。

杰弗里·马森(Jeffrey Masson)——著名的弗洛伊德研究学者,也是西格蒙德·弗洛伊德档案的项目经理,他后来向公众公布了弗洛伊德的最初观点,这些观点与传统档案研究的观点相左,包括安娜·弗洛伊德自己。根据弗洛伊德当时的通信记录,上面描述了性侵犯理论。弗洛伊德相信性侵犯是真实存在的,而不是错误的记忆或治疗师的引导语所致,因为:

> 弗洛伊德的病人回忆他们的悲剧时,想起了"属于当时的经历的所有情绪"。他们被允许回忆当时的情绪,显然这些情绪在当时遭遇性侵犯时是缺失的,现在最终被体验到了:生气、厌恶、无助和背叛,所有这些强烈的情感都浮现出来了。弗洛伊德就像一个探索者,偶尔误入一个深深掩藏的世界。(Masson,1984b,p.35)

甚至弗洛伊德当时的一个同事,桑德尔·费伦齐(Sandor Ferenczi)也宣称在他的病人中发现了类似证据,但是认为这些报告难以令人相信,因为报告暗示在当时儿童性侵犯是普遍存在的。然而,弗洛伊德在1905年撤回了1896年的文章,相反,提出性侵犯事件是儿童幻想出来的,是儿童的性冲动激发的。马森认为当时原始的未发表的文件和通信记录,其中大多数都被弗洛伊德及其追随者审查,以避免提及他的不幸的引诱理论。基于此,马森认为,弗洛伊德迫于当时的压力撤回了原来的观点,并一直被这个决定所困扰。为了避免有影响力和受人尊敬的同事沦为骗子,以及其他当时受人尊敬的同事成为儿童性骚扰者和让儿童受性虐待问题广为人知的人,弗洛伊德宣称他错了,并撤回了他的理论。

通过指责一场拙劣手术的受害者(她由于本身的生理问题而接受手术),说她几乎"由于被压抑的愿望而并非不熟练的手术"以及弗洛伊德自己的疏忽而要流血而亡了,弗洛伊德保护了他自己和同事的声誉(Masson,1984b,p.41)。然而,通过假设儿童对成人有性冲动,弗洛伊德能够为他的同事甚至他自己的父亲的行为申辩,并从根本上指责受到他或她虐待的受害者。

让我们姑且把弗洛伊德的心理性欲发展阶段理论看作是一个理论,不是一个正常的发展阶段,而是一个被虐待的儿童的发展阶段。儿童的性欲是儿童自发的,还是他们与成人之间的经历导致的?儿童性虐待足以让这么小的儿童认识到生殖器差异吗?而且,为什么女孩会恨她母亲,而不是像男孩认同父亲一样认同母亲?女孩对母亲生气或许不是因为切除了她的生殖器,而是没能保护她免受父亲的虐待?为什么女孩一定会恨父亲?父亲是不是实施虐待的元凶?毋庸置疑,结婚并在婚姻中发生性关系是健康发展的标志。我们可能会问自己,哪个理论能够更好地解释数据,弗洛伊德原始的虐待理论,还是后期的儿童性欲理论?

马森(1984b)提出,如果用性虐待理论重新审视弗洛伊德的一些案例,这样会更容易解释。看看弗洛伊德的一段关于一位年轻女性的描述:

> 我告诉她,我完全相信她表弟的死与她现在的状态无关,但是有其他事情发生,而她没有提及。这时,她尝试说一个重要的词,然而直到结束,她几乎没有说出一个字。她的老父亲,坐在她后面,开始痛苦地哭泣。自然,我无法进一步探索了,但是我再也没有见到这个病人。(p.45)

思考题

马森认为用性虐待理论能够更有效地解释弗洛伊德的某些案例,你同意这个看法吗?

然而,有评论者否定了马森的主张,认为弗洛伊德伪造了病人的报告,从病人的症状错误地推断出了性虐待,或者让病人产生了错误的记忆。当时的医学委员会因为这些原因反对弗洛伊德的理论,而不是因为发现他的性虐待理论令人厌恶(Gleaves & Hernandez, 1999)。

弗洛伊德的引诱理论与他的压抑概念引发了20世纪80年代关于错误记忆的争论(Erdelyi, 2006a)。当时,新闻媒体报道了大量宣称记得发生在多年前的创伤性事件的案例。后来,这些创伤性事件被证明是假的。主流出版社持无效观点,即记忆可以被压抑很多年,然后突然浮出表面。过去的虐待记忆被认为是一系列心理或生理痛苦的根源,即使当事人不能回忆起任何虐待事件。

什么引起了错误记忆?首先,记忆机制不同于电子记录;记忆具有主观性,容易受不一致信息影响,包括错误记忆的信息灌输和恢复(Loftus, Garry, & Feldman, 1994; Schacter, 1987; Sedikides & Green, 2006)。其次,错误记忆的出现也可能是因为诱导性问题或被不称职的、不择手段的治疗师的暗示(Loftus & Bernstein, 2005; Kihlstrom, 2006),弗洛伊德也被人们指责(Esterson, 1993, 1998, 2001, 2002a, 2002b)。然而,有些恢复的记忆可能是真实的。

尽管一直在争论弗洛伊德理论的合理性(见 Gleaves & Hernandez, 1999,他们做了很好的总结),但学者们一开始没有足够重视儿童性虐待已经在这个领域造成了伤害,并影响了无数人。我们必须记住"错误的记忆并不意味着缺乏真实的成分"(Erdelyi, 2006a, p.40)。真正的悲剧是这些概念进入了文化领域,以至于绝大多数人,尤其是那些没有上过心理学课程的人仍然相信儿童性欲和俄狄浦斯情结是一个真实存在的、有着心理学意义的概念,而不是误导和无效的理论。

如果期待看到俄狄浦斯行为,或口唇期、肛门期,我们便很容易由于自我实现的预言或证实的偏见而在周围世界中找到它们,而并不是真正基于弗洛伊德对人类行为的天才发现。当然,弗洛伊德在发现早期家庭生活对个人发展的影响方面走在了正确的轨道上,但是他认为这涉及性冲动则是错误的。实验证据不支持弗洛伊德的心理性欲发展阶段理论。

思考题
尽管没有证据支持它的存在,为什么人们仍然相信俄狄浦斯情结?

研究方法示例:个案研究和心理传记

个案研究,一种对个体的深入研究,传统上是医学和临床心理学用于说明案例的重要方法。心理传记是采用心理理论,通常是人格理论,将个人的生活组织成一个连贯的故事(McAdams,1988)。人格研究中著名的个案研究包括珍妮(Jenny)(Allport,1965)、独自环游世界的亨利·基辛格(Henry Kissinger)(Swede & Tetlock,1986),以及许多美国总统(Simonton,1999)。

个案研究能够帮助我们针对某个特定个体的人格进行深入的了解(Elms,2007),了解个体是如何区别于他人的,尤其是在发现了人们的共性或者个体与他人之间的共同点之后(Schltz,2005)。像其他研究方法一样,个案研究有它的优势和劣势。当然,最大的劣势在于我们只能得出关于这个特定个体的结论;我们不能据此推测到其他人,我们也不能像一个真正的实验那样推断因果关系。

然而,与实验法一样,个案研究不仅能够用来支持或推翻某种理论,它也能够用来提出某个理论。实验法的逻辑是演绎(从一般性原则到特定例子),个案研究法的逻辑是归纳(从特定例子到一般性原则)。通过这种方式,特定个体的生活可以启迪新的理论(Carlson,1988)。个案研究能够帮助我们更好地理解某个理论,或通过了解个体特别的气质特点看到理论是如何作用于个体的(Elms,2007)。个案研究提供了大量关于理论如何在个体身上起作用的有用证据和解释(Elms,2007)。

个案研究法优势的发挥依赖于研究对象的选取和研究者的全面性。尤其是做个案研究时,研究者在任何时候都需要记住自身的个人偏见可能不恰当地影响他们的工作。同时,研究者需要保持开放的心态,他们关于某个人的研究可能是错误的,最好多方收集数据,并努力证实个案研究。

弗洛伊德因大量的著名个案研究而广为人知,其中包括关于达·芬奇(Leonardo Da Vinci,Freud,1910/1964)和伍德罗·威尔逊(Woodrow Wilson,Freud,1967)的研究。让我们看看关于小汉斯的研究。小汉斯是个5岁的小男孩,他形成了对马的恐惧(Freud,

1908a/1955)。汉斯是弗洛伊德的助理所做的研究,这位助理自己分析了小男孩汉斯,并报告给了弗洛伊德。当然,汉斯的个案是激动人心的,因为它为我们提供了一个机会来查看假想的性器期的性本能是如何在一个真实的儿童身上表现。

在个案研究中,心理学家深入研究一个人。这幅画是伯莎·巴本海姆(Bertha Pappenheim),弗洛伊德在一个著名的个案研究中称其为"安娜 O"。

汉斯的父亲报告,小汉斯在 3 到 4 岁的时候对"小鸡鸡"非常好奇。他很快就发现马和狗也有,而桌子和椅子却没有。他的父亲从动物园回来并画了一幅长颈鹿的画,小汉斯坚持他们应该给马加上"小鸡鸡"(见图 8.4)。他注意到他 3 个月大的妹妹汉娜有一个"极小的、小小的"小鸡鸡。他看见了他父亲的,但是当他问母亲是否有时,母亲回答说当然有了。与此同时,小汉斯经常抚摸自己,而他的父母试图改掉他的这个习惯。他们甚至威胁小汉斯,如果他再不改掉这个习惯,就把他的"小鸡鸡"切除。

图 8.4 汉斯的父亲画的长颈鹿。"小鸡鸡"是汉斯自己加上去的。来源:S.Freud, 1955/1909a, p.13. Freud, S.(1955/1909a). Analysis of a phobia in a five-year old boy. In Standard edition: Volume 10.(pp.5—149). London, UK.: Hogarth Press.(Original work published 1909)。

大约5岁时，小汉斯有了外出恐惧，担心马会咬他。当他被带出家门时，他希望快点回家并在母亲的怀抱中得到抚慰。后来，他们发现小汉斯特别害怕戴着眼罩和嘴上有黑色马具的马（见图8.5）。

图8.5 汉斯的父亲画的戴着眼罩和嘴上有黑色马具的马。来源：S.Freud，1955/1909a，p.49. Freud, S.(1955/1909a). Analysis of a phobia in a fiveyear old boy. In Standard edition: Volume 10.(pp.5—149). London, UK.: Hogarth Press.(Original work published 1909)。

汉斯的恐惧似乎在一次乡下度过的暑假之后加强了。由于父亲在城里工作，汉斯能够单独与母亲相处。他特别喜欢早上抱着母亲。他甚至在这段时间做了一个梦，梦到母亲离开了他，他没有人可以拥抱了。父亲责备母亲溺爱小汉斯，花太多时间与汉斯在一起，在他看来，表现了过多的情感。汉斯的父亲发现小汉斯仍然没有停止抚摸自己，但对自己的习惯更加焦虑了（回想一下，汉斯认为"想不等于做"，在我们开始讨论愿望达成和超我时曾经引用过）。

有天晚上，小汉斯做了一个生动的梦："晚上房间里有一只大长颈鹿和一只坡脚的长颈鹿，大的长颈鹿开始叫唤，因为我把坡脚的那只带走了。随后，它停止了叫唤。然后我坐在坡脚的那只身上。"(Freud, 1909a/1955, p.37)几天之后，小汉斯表达了他害怕父母之一或父母都会离开他，并在早餐后应验了。汉斯的父亲起身要离开，汉斯说道："爸爸，不要离开我！"

对弗洛伊德和汉斯的父亲来说，这个不寻常的措辞暗示着他恐惧的无意识来源：他的父亲就是马！当然，他们解释恐惧来自汉斯害怕马（他父亲）会伤害他，因为他想独占母亲。

弗洛伊德和汉斯的父亲认为，这是汉斯俄狄浦斯情结的一部分。首先，很显然汉斯爱母亲。其次，尽管他宣称当父亲不在时会害怕，但其实他希望父亲不在画面中，这样他就可以独自拥有母亲（坡脚的长颈鹿）。然后，汉斯形成了阉割焦虑，他担心父亲会切除他的"小鸡鸡"，作为对他想独占母亲的报复。与害怕父亲不同，汉斯将恐惧转移到了马身上并害怕马。这种恐惧后来被证实，实际上是一个伪装的愿望，他希望父亲跌倒死了，就像他与母亲外出时看到的不幸的真实的马车事故一样。

但是，你能对他的恐惧进行另一番解释吗？一个小孩对涉及马车和马的事故可能做何反应？通常情况下一个3岁小孩对家里的新生儿最典型的反应是什么？一个4岁的儿童对父亲长时间的离开可能怎么反应？最后，这些事件发生后不久，汉斯的父母分手了并最终离婚了。这是不是提示你给这些事件另一种解释？

这个典型的案例既证明了个案研究的优点，又证明了它的缺陷。尽管这个案例说明了弗洛伊德关于儿童性欲的理论包括本我的冲动、俄狄浦斯情结和阉割焦虑，但弗洛伊德自己也意识到这个案例中存有偏见。他提醒到："心理分析不是一个公正的科学的研究方法，只是一种治疗手段"(Freud, 1909a/1955, p.104)。

弗洛伊德之后的心理动力理论

自弗洛伊德时代以来,心理分析领域发生了很多次变革。在早期,弗洛伊德的一些同事与他分道扬镳并开创了各自的理论。这些新弗洛伊德主义者包括阿德勒(Alfred Adler)、荣格(Carl Jung)、霍妮(Karen Horney)、弗洛姆(Eric Fromm)以及沙利文(Harry Stack Sullivan)。像弗洛伊德一样,他们创立了自己的人格理论和治疗技术(Westen et al.,2008)。

特别地,有些人反对弗洛伊德的"本我心理学",发展了自己的自我心理学,关注自我的发展和功能而不是本我冲动。这些先行者中包括哈特曼(Heinz Hartmann)和弗洛伊德的女儿安娜·弗洛伊德(Westen et al.,2008)。

客体关系理论、自体心理学、关系心理学很快形成了(Wolitzky,2006)。所有这些理论都源于精神分析,但是更加重视自我或其他的心理表征,不那么重视性和攻击性。比如客体关系理论,聚焦于亲密关系中的认知和情绪过程:我们如何形成亲密关系、建立连结、从认知上表征重要他人。客体关系理论关注真实经历的影响,而不是幻想(Westen et al.,2008)。客体关系理论的主要理论家包括海因茨·科胡特(Heinz Kohut,1966,1971,1977,1984)、奥托·科恩伯格(Otto Kernberg,1975,1984)、查尔斯·布伦纳(Charles Brenner,1982)和斯蒂芬·米切尔(Stephen Mitchell,1988,1993,1997;Greenberg & Mitchell,1993)。

> "关于无意识精神过程的假说,认可阻抗和压抑理论,对性和俄狄浦斯情结的重要性的评价——这些构成了精神分析的基本主题,也是这个理论的基础。如果一个人不接受这些,那他不应该自称为精神分析学家。"
>
> 西格蒙德·弗洛伊德(1955,p.247)

今天的精神分析是什么样呢?下面是界定当代精神分析理论的五个基本原理。这些是弗洛伊德主义中被实验数据证实的方面,并得到今天绝大多数精神分析学者的支持(Westen,1998a,2000)。

1. 我们的很多想法、情绪、动机、防御、恐惧和愿望都是无意识的,无意识过程仍然是当代精神分析的核心。

2. 作为人类,很重要的一点是意识到我们有相互冲突的想法、情绪和动机。行为通常是这些理论的不完美的折衷。我们的无意识比弗洛伊德想象的要理性一些;情绪对我们认知的影响比当代认知心理学最初所认为的要强烈。

3. 人格在儿童时期开始形成并持续影响成年以后。儿童时期的经历对人格的形成非常重要,尤其在与他人的关系中。

4. 自我、他人和人际关系的心理表征是很重要的。因为这些表征引导着我们日后人际关系的形成，以及将要经历的心理问题。

5. 人格的发展和成熟涉及从一个不成熟的、依赖的状态到一个成熟的、相互依赖的状态。发展不仅仅涉及处理性和攻击冲动；它也包括以恰当的方式处理依赖、独立和相互依赖的情感。

为了了解这五个基本假设在当代理论中的合理性，我们首先来了解一下当前的理论，这个理论始于实验研究，并得到了实验数据的支持。依恋理论被认为是人格的心理动力学的修正版（Shaver & Mikulincer, 2005）。尽管始于精神分析的思想，依恋理论已经超越了它的最初根源，成为了很有影响力的人格理论、亲密关系理论和发展心理学理论，并已经改变了儿童发展的精神分析理论（Westen et al., 2008; Fonagy, Gergely, & Target, 2008; Shaver & Mikulincer, 2007）。

卡伦·霍妮（1885—1952）反对弗洛伊德的很多概念，并创立了女性心理学。

"只有极少的精神分析学者完全遵守弗洛伊德的理论。"
莫里斯·伊格尔（Morris Eagle），美国心理学协会精神分析分会主席，被霍根引用（Horgan, 1996, p.106）

思考题
为什么幻想与现实的区分对于客体关系理论非常重要？为什么对于弗洛伊德学派幻想更重要？

依恋理论

历史简介

想象一下20世纪早期美国或欧洲典型的儿童医院。婴儿和幼儿被放在独立的小卧室中，由戴着头巾、蒙着脸的医生和护士照料，他们动作小心翼翼，生怕惊动任何微尘或细菌。父母探望时不允许抚摸、怀抱、搂抱、抚慰甚至看看婴儿，这样的状态甚至持续将近一年。医务人员只给婴儿提供最小程度的照顾，将奶瓶用枕头支撑住以便更有效地喂

(Karen,1994)。

虽然听上去令人恐惧,但这就是当时医院或孤儿院照顾婴儿的标准方式。当时人们更关心无菌、有序以及婴儿的生理需求,而不关心他们的情感需求。在这样的抚养条件下长大的婴儿或儿童将会怎么样呢?不是很好。尽管有更好的营养条件和更干净的环境,这些儿童难以恢复正常状态,显得无精打采,且有些抑郁,即使回归了家庭(或最后被收养),将来他们也会出现行为问题,例如对违法行为感到愤怒或者抵触依恋行为。父母抱怨他们带回家的孩子和不久前送去医院的孩子非常不一样(Karen, 1994)。

约翰·鲍尔比(John Bowlby)是一名儿童精神病学家,早期接受过精神分析训练,曾经在类似的照顾婴幼儿的临床中心实习过。他对医院和临床中心的做法感到困惑,并着手证明儿童的情感需求也像生理需要一样,甚至更重要。鲍尔比认为,与母亲或主要照顾者的情感联结对儿童一生的情绪调控、人际技巧和精神健康都有影响(Shaver & Mikulincer, 2007)。尽管他同意弗洛伊德关于成人的很多行为都能在儿童时期的社会经历中找到根源的观点,但他希望直接观察到这些事件并进行追踪,而不是依赖于成人的回忆(Shaver & Clark, 1994)。

> 儿童可能吃得不好、睡得不好,可能肮脏或者受疾病折磨,甚至被虐待,但是除非他的父母完全拒绝他,只要他知道他对于某个人是有价值的,某个人会保护他,即使那个人不能为他提供足够的保障,只要有这个信念,他就是安全的。
>
> 约翰·鲍尔比,被卡伦引用(1994, p.64)

思考题

今天在医院的儿童是如何被照顾的?

日常生活中的人格:
将创伤消灭在住院期

鲍尔比在观察医院儿童期间,发现儿童对与主要照顾者分离的反应有明显的模式。首先是抗议,婴儿会哭泣、紧紧抓住母亲或者试图找到母亲,通过这些行为试图阻止母亲离开或者与母亲重新建立联系。然后是绝望,婴儿表现出伤心、被动和绝望,认为母亲再也不会回来了,并对失去母亲表现出悲痛。最后是冷漠,这时候婴儿对母亲的到来不感兴趣,转过脸去,无动于衷,分离之前的依恋行为消失(Bowlby, 1969)。在与主要照顾者重新团聚以后,有的婴儿几天后就回归到正常状态,但是有的婴儿很长时间都受分离影响。

> 同样的模式也出现在灵长类动物的幼儿身上。与母亲分离的年幼猴子也会选择温暖的、舒服的、毛巾布做成的猴子,而不会选择冰冷的、钢丝做成的替代母亲,即使钢丝做成的母亲能提供食物。尽管当时的心理学家预测猴子会偏好能提供营养的母亲,但哈洛(Harlow)发现接触舒适性更有吸引力。鲍尔比在人类婴儿中也证实了这一发现(Harlow,1958)。
>
> 尽管安娜·弗洛伊德发现在"二战"期间,有些儿童更愿意紧挨着母亲睡在黑暗的、吓人的、随时可能遭到袭击的伦敦街头,而不愿意单独呆在无菌的、安全的临床中心,但可惜的是,她没有意识到这一观察结果的重要性(Karen,1994)。
>
> 今天,医院会安排父母或监护人在整个住院期间守护在儿童房里。有些医院,比如坐落在田纳西州孟菲斯的世界著名的圣犹大儿童医院彻底拒绝儿童住院!他们认识到儿童的父母和家庭是他们情感和社会支持的重要来源,尤其是在生病期间。通过鼓励与家庭成员在一起,或者待在一个像家一样的环境中而不是在医院里,这些医院满足了儿童的依恋需求,使他们获得了安全基础和天堂。

鲍尔比推论依恋系统的进化是为了让婴儿靠近他们的母亲从而远离伤害。鲍尔比认为:(1)如果婴儿相信母亲是容易接近的、反应灵敏的,相比于那些不太相信母亲会出现的婴儿,他们更不容易害怕。(2)这种自信是自出生开始就慢慢建立起来的,并将相对稳定地一直持续到成年。(3)这种预期相对准确地反映了个体的真实经历。鲍尔比将这种预期称为**内部工作模型**(internal working models)(Bowlby,1973)。

基于这段早期的依恋关系,我们形成了两套内部工作模型:他人工作模型和自我工作模型。他人工作模型来自我们对主要照顾者反应敏感性的预期。自我工作模型来自需要帮助时我们对价值、爱的能力和能力的感受(Bowlby,1969)。这些他人和自我工作模型伴随我们一生,形成了亲密关系的基础:他们整理我们的记忆,指导我们将来如何与亲近的人互动。

不仅如此,鲍尔比认为拥有健康的依恋使我们在生活中表现更好。有了安全的基础,我们对世界的好奇心增强了,自我管理能力以及必要时依赖他人的能力发展了。缺乏安全感的人没有能力探索世界,或者与他人建立健康的关系。一个依赖焦虑的人可能过度依赖他人,一个回避依赖的人可能过度依赖自我(Shaver & Mikulincer, 2007)。

思考题

内部工作模型能够解释一见钟情吗?

如果不是有玛丽·安斯沃思(Mary Ainsworth)的研究,鲍尔比的工作将仅仅停留在理论层面。安斯沃思和她的同事多次拜访了巴尔的摩地区刚出生一年的婴儿及他们的母亲,在每次为期4个小时的拜访期间,他们观察了母亲在满足婴儿的需求时母婴之间是如

安全依恋的婴儿将父母视为安全基地,并以此为基础开始探索世界。

何互动的(Ainsworth, Blehar, Waters, & Wall, 1978)。研究者就以下方面进行评分:母亲对婴儿发出的信号的敏感性;接受或拒绝婴儿的需求;配合婴儿的愿望和节奏,而不是干涉、要求或侵犯;响应婴儿而不是无视婴儿发出的信号。例如,安斯沃思和她的助手们记录了母亲与婴儿之间的每一次抚摸、拥抱、微笑、发声、眼神交流或面对面的交流。她发现有些母亲非常敏感,并积极响应婴儿发出的信号。然后,受鲍尔比的工作影响,她想知道与母亲分离之后婴儿的反应。她开发了一项名为"陌生情境"(Strange Situation)的实验室技术。

在陌生情境中,首先将母亲和婴儿带到一个堆满玩具的实验室。在接下来的30分钟内,母亲和婴儿将经历一系列的分离和重聚,每一次分离或重聚持续3分钟。婴儿在三个阶段的反应被详细监控:与母亲在实验室自由玩耍时,当母亲离开时,以及当母亲回来时。

安斯沃思和她的同事不仅观察到了在陌生情境中婴儿行为的显著差异,也能够根据婴儿的依恋行为来预测母亲在家的敏感性和反应灵敏性(Ainsworth et al., 1978)。她们发现了三种依恋类型。

在家里,反应灵敏的母亲比反应不那么灵敏的母亲所带的婴儿更少哭、沟通更好、服从性更好,并且享受亲密的身体接触。尽管他们享受身体接触,但并不粘人,实际上他们比其他两组婴儿更少寻求身体接触。根据安斯沃思的研究,这些婴儿表现出**安全型依恋**。在陌生情境中,他们将母亲作为**安全基地**,并开始探索实验室的玩具,当危险来临,如实验助理接近时,他们将母亲视为**避风港**,回到母亲的身边寻求安全和抚慰(Ainsworth et al., 1978)。

相反,其他一些母亲在婴儿出生的头三个月不那么敏感,并且在婴儿出生的第一年经常不喜欢或回避与婴儿的亲密身体接触。这些婴儿在陌生情境中表现出**回避型依恋**(secure attachment)。尽管他们主动探索实验室的玩具,但不在意母亲的离开和回来,也不把母亲视为避风港。尽管这些婴儿对分离表现出独立性和无动于衷,但他们的心跳速度与安全依恋儿童一样快,这表明他们对于目前的离开非常伤心(Spangler &

Grossmann，1993）。

最后，第三组母亲经常无视婴儿发出的信号，但是不拒绝亲密的躯体接触。这些母亲在响应婴儿需求时表现不一致，或者表现为相互矛盾的、不敏感的方式。在家里，这些婴儿即使母亲在场也哭得更多，也更少探索环境，这种模式在陌生情境中也重现了。在陌生情境中，尽管婴儿对母亲的分离很伤心，当母亲回来时，他们跑向母亲，但是并不接受母亲的抚慰，当母亲试图拥抱时，婴儿回避。总体而言，这类婴儿似乎总是焦虑。这类婴儿与母亲的依恋关系是**焦虑—矛盾型依恋**（anxious-ambivalent attachment）（Ainsworth et al.，1978）。

后来，在陌生情境中又发现了第四种依恋类型，即**混乱型依恋**（disorganized/disoriented attachment）（Main & Solomon，1990）。这类婴儿的父母本身充满恐惧，或者是他们无意中的行为吓到了婴儿（如，表现出焦虑的面部表情或别扭的姿势）。对婴儿来说，他们很难接近这样的父母，不知道如何对父母做出反应。令人伤心的是，很多这类父母自己本身经历过依恋创伤，比如因死亡或分离而失去父母或抚养者。虐待儿童的父母容易培养出混乱型依恋的儿童，但并不是所有混乱型依恋的儿童都有被虐待的历史。

你可能会认为，如果依恋系统对于生存非常重要，那么将母亲作为安全基地是非常普遍的，至少在美国、日本、以色列、哥伦比亚、德国和挪威是这样的。那么那些促成婴儿成长为理想的、安全的婴儿的因素就有一定的文化差异性（Posada et al.，1995；Rutter，2008）。在许多文化中，依恋的关键要素是抚养者注意到婴儿发出的信号，并从婴儿的角度准确地解释，从而给予恰当的反应，并且始终这样做（Ainsworth et al.，1974；Bretherton，1990）。母亲对婴儿的敏感性对于婴儿的依恋类型，而不是婴儿的性格起着更关键的作用（Fraley & Shaver，2008）。

自测题

下一次当你遇到一个小孩子时，仔细观察下他/她是否将其抚养者作为安全基地来探索世界，看看当他/她遇到害怕的事物时是否会回到抚养者身边。

"还有什么比我们坚持沿着初次遇到的道路寻找幸福更自然？……当沉浸在爱中，我们第一次对苦难如此不抗拒；当失去了所爱的对象时，我们经历了前所未有的绝望、悲伤。"

西格蒙德·弗洛伊德（1929/1989，p.33）

依恋类型是终生的吗？

鲍尔比将人从摇篮期到进入坟墓一生的依恋类型比喻成轨道系统（Bowlby，1973）。尽管这个系统可能开始于单一主干道，它经常因生活经历不同而分为一系列独立的分支（见下图）。一项最近的对 27 名 1 至 6 岁的不同被试的研究表明，这些分支的确与他们原始的干道非常接近，尽管生活经历使它们彼此分离了（Fraley，2002）。早期依恋与后来任何时期的依恋之间的相关约为 r = .39。

鲍尔比用铁轨来比喻人生的依恋轨道。

更重要的是,最近有研究发现,婴儿在陌生情境中的安全或不安全依恋与青春期或成年早期的依恋存在 70% 至 75% 的相关。那些改变依恋类型的被试是由于生活压力的存在,包括父母的去世、父母离异、致命疾病或者父母的一方经常将安全环境变得不安全(Crowell, Fraley, & Shaver, 2008)。这表明,内部工作模型更像是因生活经历和重大事件而修正的更新版本,正如鲍尔比所建议的,其与极端心理动力学所认为的童年残留的观点相反(Shaver & Mikulincer, 2005)。

还有证据表明,依恋模型通过教化传递给下一代,考虑到依恋来源于抚养者的响应敏感性,这一点也不足为奇了。为了评估成年人的依恋模型,研究者开发了**成年人依恋访谈**(Adult Attachment Interview, AAI)(Main, Kaplan, & Cassidy, 1985;见 Hesse, 2008 的综述)。访谈中,要求成年人回忆童年以及与父母的互动类型。被试的回忆很能说明问题。他们被分为三种依恋类型,与婴儿的三种依恋类型非常相似(Main, 1996)。

无数采用成年人依恋访谈的研究发现,成年人回忆自己童年经历的依恋类型与他们的孩子在陌生情境中的依恋类型相似的几率高达 76% 至 85%(Karen, 1994)。事实上,有一个研究追踪了三代人的依恋类型!当母亲怀孕时,以及他们的孩子 11 个月时分别进行成年人依恋访谈。母亲的母亲也接受成年人依恋访谈,然后,当孩子 23 个月大时,母亲和孩子一起在陌生情境中进行实验。

成人的依恋风格

在成年之前,我们在亲密关系中形成了关于他人和自我的内部工作模型。研究者假设不同成人依恋风格的人对爱情有不同的预期,即他们有不同的内部工作模型。人们成年后的恋爱关系与他们童年时期的依恋类型非常相像(Fraley & Shaver, 2008; Mikulincer & Shaver, 2007; Mohr, 2008)。

为了验证这一点,研究者在当地的报纸《石山新闻》(*Rocky Mountain News*)上做了一个"爱情测验"(Hazan & Shaver, 1987)。测验的一部分是让被试回答一系列关于他们的经历的问题,从三段描述中选择最准确地描述了他们感受的描述(见表8.2)。成年人依恋风格的三段描述是基于安斯沃思等(1978)关于婴儿依恋类型的描述,为了适应成年人的恋爱关系进行了适当修改。

表 8.2　成年人依恋风格

%	依恋类型	描述
56	安全型	"我相对容易与他人建立亲密关系,依赖他人或被他人依恋我都感到舒服。我不会经常担心被抛弃或某些人跟我走得太近。"
25	回避型	"与他人走得太近让我感到不舒服;我发现很难充分相信他们,也很难让自己依赖他们。当别人走得太近时,我感到紧张,我常常觉得伴侣希望的亲密程度超出了我感到舒适的程度。"
19	焦虑—矛盾型	"我发现其他人不愿意像我所期望的那样走得那么近。我经常担心伴侣不是真的爱我或者不会与我在一起。我希望与他人完全融入,但是这个想法有时候把人吓跑了。"

来源:From Hazan and Shaver(1987, Table 2, p.515). Hazan, C., & Shaver, P.R.(1987). Romantic lover conceptualized as an attachment process. *Journal of Personality and Social Psychology*, 52(3), 511—524. Copyright American Psychological Association。

超过1 200名被试回答了问卷,年龄从14岁至82岁,平均年龄为36岁。人们可以轻而易举地从这三段描述中找出对应的婴儿依恋的研究发现(Ainsworth et al., 1978)。这三组成年人与父母分离的童年经历不存在差异,但是不同成年人依恋风格的个体将经历不同的恋爱关系。

思考题

什么类型的经历能够使依恋类型变得更安全? 更不安全?

思考题

依恋对成人依然重要吗?

自测题

表 8.2 中的哪一段最适用你?

安全型的个体将重要的恋爱经历描述为幸福的、友好的和信任的。他们认为爱的感觉会随着恋爱关系的开始或结束而变化,这种感觉可以回到恋爱早期高度紧张的状态。相比于其他两组被试,安全型的成年人报告了与父母更温暖的关系,以及父母之间拥有更温暖的关系。

回避型的伴侣害怕亲密关系,他们的恋爱关系充满了情绪高涨、情绪低落和嫉妒。他们认为电影描述的令人神魂颠倒的爱情是不存在的。他们认为真正的爱情很少能持久,真正值得爱的人是非常罕见的。回避型的成人将母亲描述为冷漠的、拒绝的。

焦虑—矛盾型的伴侣将经历痴迷、渴望交互和团结、极端情绪、强烈的性冲动、对伴侣的嫉妒。他们很容易陷入爱河,但是很少能够找到真爱。他们也认为爱的感觉会随着恋爱关系的开始或结束而变化。在第二项研究中,焦虑—矛盾型的伴侣报告了最多的孤独,而安全型的伴侣报告得最少(Hazan & Shaver, 1987)。

如果依恋风格源于早期经历,为什么离婚会影响依恋?一项关于大学男生和女生的研究探讨了这个问题。在这个研究中被试报告了他们父母的婚姻状况,并确认了他们的成年依恋风格(Brennan & Shaver, 1993)。研究发现对儿童依恋风格有着更重要影响的是父母关系的质量,而非婚姻状态本身。

布伦南和谢弗(Brennan Shaver, 1993)发现成人的依恋风格与父母的婚姻状态没有关系。然而,仍然处于婚姻状态的父母对于成人依恋风格有影响。被描述为婚姻幸福的父母,他们的子女可能有三种类型的成年人依恋风格。但是那些被描述为婚姻不幸福的父母,他们的子女更少安全依恋风格,而更多不安全依恋风格的,尤其是回避型的。

我们希望这些不安全依恋风格能够被改变,如果父母,尤其是抚养儿童的父母一方能够幸福地再婚的话。在这种情况下,更多的孩子在成年后会变成安全型的。如果父母双方都一直不再结婚,这个儿童成年以后更有可能将自己描述为不安全依恋风格的。

思考题

相比于父母的婚姻状态,为什么父母婚姻的质量对儿童成年后的依恋风格有更重要的影响?

依恋对成人人格的影响

让我们考虑一下,成年人面对分离时,会对他们的依恋对象有何反应。尽管我们不可能将成年人放在一个像儿童那样的陌生情境中,一些研究者发现了与儿童陌生情境等价的成年人陌生情境。在一个精巧的可操作的分离场景中,研究者在机场观察了109对伴侣,被试的年龄从16岁到68岁,大约一半的被试已婚(Fraley & Shaver, 1998)。大约超过半数的伴侣将在机场分离,剩下的一起旅行。实验时间发生在人们能够走到门口与伴侣道别,或从窗口看着飞机起飞并与伴侣挥手告别的时候。

在这项研究中,一位研究者让被试填写一份问卷,问卷包括他们的依恋风格、与伴侣的关系性质、如果与伴侣分离他们的悲伤程度如何。同时,另一位完全不知情的研究者通过在候机室远距离观察被试与伴侣道别或一起上飞机的行为,对被试的分离焦虑和依恋行为进行评定。

在机场分离的夫妻的反应与陌生情境中婴儿离开母亲的情境非常相似,他们的行为反映了他们的依恋风格。首先,将要分离的夫妻比一起旅行的夫妻表现出更多的依恋行为。将要分离的夫妻更有可能与伴侣坐得很近,接吻、拥抱、温柔地抚摸伴侣的头或脸,甚至流泪、哭泣。

> "当一个人真正陷入爱河时,将变得多么无畏!"
>
> 西格蒙德·弗洛伊德(1960/1992,p.11)

在机场分离的成年人也会像陌生情境中的婴儿一样表现出依恋行为吗?

其次,夫妻相处越久,对分离的悲伤程度越小。长期相处的夫妻也比相处不久的夫妻表现出更少的依恋行为。最后,在分离行为中,性别与依恋风格存在交互作用。

依恋焦虑的女性面临分离时比一起旅行的女性报告了更多的悲伤,尽管她们并没有表现出不同的分离行为。然而,回避型依恋的女性在分离时比一起旅行的女性表现出更多的回避和退缩,更少的接触,寻求接触、寻求关心或给予关心。

依恋焦虑的男性比一起旅行的男性更少联系伴侣。他们在分离时没有表现出特别的反应模式或行为。这项研究表明,正如鲍尔比所建议的,依恋行为是当分离即将发生时试图与抚养者保持联系的行为。

分手时会怎么样呢?失去或威胁要失去一段重要的关系应该会激发与依恋类似的行为。在一项研究中,超过5 000名网民自愿填写了一份问卷,问卷是关于他们对亲密关系的焦虑和回避程度,并描述他们最近的一次分手(Davis, Shaver, & Vernon, 2003)。安全型依恋的被试在焦虑和回避维度上的得分偏低,他们更可能使用社交策略,如把朋友和家人作为避风港来处理分手。

然而,焦虑型或回避型依恋的被试报告了更多的悲伤,为了处理分手他们经历了更困难的时期。正如你能想象的,回避倾向高的被试更可能采用自我依赖的处理策略,他们更倾向于独自处理而不是向朋友或家人求助。对于分手他们更多地责备自己,而不是伴侣。

焦虑型依恋的被试在三种类型的被试中经历了最痛苦的时期。他们报告了更多的生理和情绪痛苦,沉浸于失去的爱情、通过探索分手原因来进行干涉。矛盾的是,他们表现出更多的愤怒和报复行为,做更多努力试图修复关系。与依赖于朋友或独自面对不同,他们更可能采取无效的方式应对,包括酒精和其他药物。

如果成年人的恋爱关系与儿童的依恋类型相似,那么探索性行为呢?安全型依恋的成年人可能在工作场合为探索提供支持吗?这个假设在一个关于依恋类型、工作满意度、休闲活动和幸福感的研究中进行了验证(Hazan & Shaver, 1990)。

这项研究的被试是《丹佛邮报》的读者,他们回答了发表在周末杂志上的一份问卷。这份问卷采用段落描述评估他们的成年人依恋风格(Hazan & Shaver, 1987;见表8.2)。作为后续研究,被试又收到了一份两页纸的问卷,询问与工作相关的态度和行为。正如所预期的,依恋风格与工作态度存在显著相关。

安全型依恋的被试报告了对工作的积极态度,他们最不可能出现拖延、害怕失败以及无法完成工作任务的情况。他们最不害怕来自同事的拒绝。他们有健康的工作生活平衡方式,他们花时间度假,工作之前处理好关系,不让工作影响身体健康。相比于其他组,他们报告了最高的工作满意度和工作成就。事实上,安全感使他们有自信安全地探索工作世界,从他们自己的兴趣和欲望出发将精力聚焦于他们的事业。

相反,焦虑—矛盾型的被试更偏好与他人一起工作,但是在工作中感到被误解、不被认可,并憎恨感知到的来自他人的侵犯。他们似乎因他人的赞扬而感到激励,他们担心其他人不欣赏自己的努力,担心因工作表现不佳而遭到拒绝。他们报告个人生活与工作相互干扰。对这类人来说,探索——以绩效、成就、来自他人的尊重和崇拜的形式——变成了实现未满足的依恋需求的方式,而不是为了追求他们自己的兴趣或发展自己的才能。尽管控制了受教育水平这一自变量,这类人在三组人中收入最低。

最后,回避型被试似乎利用工作来回避与他人建立亲密关系。他们报告了近乎冲动性的工作方式,一旦不工作,他们就感到紧张,几乎不能从度假中获得愉悦。他们偏好独自工作,并发现除了工作几乎没有时间恋爱。回避型成年人以工作为借口,回避与他人的互动,并将自己从未得到满足的依恋需求的焦虑中暂时解脱出来。其他关于成年人依恋类型和工作动机的研究发现了类似结果(Elliot & Reis, 2003)。

总之,研究发现依恋类型与成年人的一系列积极成果相关。例如,安全型的成年人表现出更少的防御行为,包括自我强化偏见和跨团队偏见(Fraley & Shaver, 2008)。不安全的成年人更难容忍团队外成员,相对缺乏人道主义价值观、同理心以及利他主义行为(Fraley & Shaver, 2008)。缺乏安全基地和避风港,导致他们成年以后一直为获得稳定的自我价值而努力(Foster, Kernis, & Goldman, 2007;Fraley & Shaver, 2008)。

安全型的成人比不安全型的成人更可能表现为人本主义心理学家卡尔·罗杰斯（Carl Rogers，1968）所说的功能完善者（fully functioning）：对新经验开放，相信自己和世界，不害怕缺少赞扬或遭到拒绝，深刻地感受思想或情绪，对他人的需求反应敏感，在社区里自愿承担责任（Fraley & Shaver，2008）。

有证据表明，实际上，依恋风格与成年人的很多外在表现都强烈相关，包括爱和工作。或许弗洛伊德所提出的"去爱和工作"是健康发展的目标，这离真相并不遥远！

思考题

什么依恋经历能够帮助人们更好地达到工作和爱情的平衡？

回避型依恋风格的成年人可能会利用工作来回避与他人的亲密关系。

本章小结

你觉得怎么样？弗洛伊德死了吗？弗洛伊德的理论对人格科学有贡献吗？或者，研究者和临床学家采用了弗洛伊德理论中的有用部分，进行延伸、修正，建立在弗洛伊德理论的基础上，使得原来的理论实际上没有任何作用？抑或正如心理学家德鲁·韦斯滕富有挑战性的观点那样，弗洛伊德的理论是否属于"和其他中生代的秘密一起躺在自然历史博物馆里"了？（1998a，p.356）。

弗洛伊德假设人类被无意识生活和死亡所驱使。尽管这些冲动，尤其是性冲动和攻击本能隐藏在无意识中，但它们时不时地通过催眠、自由联想（如由卡尔·荣格发明的词汇联想测验）、梦、倒错、笑话、象征性行为和投射测验潜入我们的意识。弗洛伊德的人格结构说（本我、自我和超我）仍然是描述人格功能的有效比喻；他的人格的心理地形说（意识、前意识、潜意识）最好被作为连续体来看待。自我必须找到方法在道德（内化为超我的道德良心和自我理想)和现实的约束下满足本我的冲动。防御机制是自我处理不能被社会接受的本我冲动的方式。当前研究明确支持弗洛伊德提出的某些防御机制(反向形成、隔离、否认、合理化),部分支持两种防御机制(抵消、投射),不支持其他机制(压抑、转移、升华)。

弗洛伊德用伴随生理变化发生的一系列心理性欲发展阶段来解释儿童成长和发展的心理变化,这些阶段包括:口唇期、肛门期、性器期、潜伏期和两性期。弗洛伊德认识到儿童早期人际关系对于后期发展的重要性,这是正确的,但是他解释成本质上是性和幻想就误入歧途了。特别具有争议的是性器期,弗洛伊德认为在性器期男孩将经历阉割焦虑,并且必须处理俄狄浦斯情结,女孩将经历阴茎嫉妒。弗洛伊德用个案研究来形成和支持他的很多结论。

实验证据支持弗洛伊德理论的某些方面,包括无意识的影响,动机的冲突和妥协,童年经历对塑造成年人人格的影响,自我和他人的心理表征,健康的人格发展要求学会调节性和攻击性行为。

今天的心理分析方法建立在弗洛伊德理论的一些基本原则上:无意识加工的重要性、冲突、毕生人格发展的连续性,自我和他人的心理表征,童年经历对成年人人格的重要性。这些观点是当前本我心理学、自我心理学和客体关系心理学的起源。

由约翰·鲍尔比和玛丽·安斯沃思所提出的依恋理论发现,我们从童年期就形成了关键依恋的内部工作模型,它将影响我们成年后的人际关系。安全型依恋通过与敏感的、反应灵敏的、可信赖的抚养者的互动而形成。通过观察婴儿与主要抚养者在陌生情境中的互动,可以评估婴儿的依恋。对于成人来说,通过依恋访谈、段落描述以及问卷测量可以评估成年人的依恋风格。人们的依恋类型在一生中趋于一致,甚至跨代一致。成年人的依恋与爱情观、与伴侣分离时的反应,甚至工作成就感和满意度都相关,这就是弗洛伊德所预测的"去爱和工作"。

关于内部工作模型对恋爱关系的影响,证据来自本章开头的实验:人们对与过去的恋人相似的潜在约会对象比对不相似的对象感到更亲近,特别没有阻抗力。

关于弗洛伊德的争论不会很快就销声匿迹。当然,弗洛伊德的部分理论我们可以置之不理。或许我们应该以历史的眼光将其看做一个有趣的理论,而更关注当代实证的理论,如依恋理论。

> 弗洛伊德应该与达尔文归于一类,他们都是生于发现基因之前。
>
> 神经系统科学家 Jaak Panksepp 引用在 Guterl,(2002,p.51)

✓ 学习和巩固:在网站 mysearchlab.com 上可以找到更多学习资源。

问题回顾

1. 布伦博和弗雷利(2006)关于被试对与其前男/女友相似的潜在约会对象的个人征婚广告进行评分的实验结果如何?弗洛伊德将如何解释这些结果?依恋理论又将如何解

释这些结果？

2. 为什么德鲁·韦斯滕将弗洛伊德与猫王进行比较？弗洛伊德过时了吗？

3. 什么是本能？弗洛伊德假设存在哪两种本能？什么是力比多？

4. 有哪些解释无意识的技术？什么是倒错？什么是象征性行为？

5. 荣格如何运用词汇联想测验来研究无意识过程？他发现了什么？当代与词汇联想测验相当的技术是什么？

6. 人格的三个组成部分是什么？这三个部分分别在什么水平上起作用？

7. 什么是初级思维过程？什么是快乐原则？本我通过哪两种方式寻求满足？

8. 什么是认同？什么是现实原则？什么是次级思维？

9. 超我的两个组成部分是什么？

10. 焦虑的三种类型是什么？自我如何处理焦虑？哪种防御机制有最坚实的研究支持？哪种防御机制得到部分支持？哪种没有得到支持？

11. 什么是性心理发展阶段说？什么是固着？固着通过哪两种方式来表达？固着如何影响成人的人格？

12. 什么是俄狄浦斯情结？男孩和女孩如何处理该情结？固着在该阶段的男性和女性有什么特点？什么是引诱理论？弗洛伊德的性心理发展阶段理论的证据是什么？

13. 什么是个案研究法？个案研究法的优势和劣势是什么？弗洛伊德的小汉斯案例如何展示了个案法的优势和劣势？

14. 当代心理分析理论的五个基本假设是什么？

15. 什么是依恋？什么是内部工作模型？作为早期依恋经历的结果，我们形成了哪两种内部工作模型？

16. 什么是陌生情境？陌生情境中发现的依恋类型是哪四种？

17. 早期的依恋类型会伴随我们一生吗？依恋类型具有跨代相似性吗？

18. 早期依恋类型与成年人对爱情的期望有什么关系？离异对依恋有什么影响？成年人与伴侣分离时有什么反应？成年人的依恋风格能够预测工作行为吗？

关键术语

移情	梦的隐藏内容	人格的心理结构说
本能	倒错	初级思维过程
性本能	口误	快乐原则
死本能	象征性行为	本能反应
力比多	词汇联想法	愿望达成
自由联想	情结	认同
梦的解析	图式	现实原则
梦的显性内容	内隐联想测验（IAT）	次级思维过程

道德良心	宣泄	性器期人格
自我理想	升华	阴茎嫉妒
人格的心理地形说	压抑	歇斯底里人格
潜意识动机	抑制	个案研究法
潜意识认知	合理化	内部工作模型
转化型反应	性心理发展阶段	陌生情境
防御机制	性欲发生区	安全型依恋
反向形成	固着	安全基地
隔离	口欲综合型人格	避风港
理智化	口欲施虐型人格	回避型依恋
否认	肛门排泄型人格	焦虑—矛盾型依恋
抵消	排泄滞留型人格	混乱型依恋
投射	俄狄浦斯情结	成年人依恋访谈（AAI）
转移	阉割焦虑	功能完善者

第9章

调节与动机：自我决定理论

三种基本的心理需要
我们如何满足这些需要？
 培养自主感：自主支持
 培养胜任感：结构和最佳挑战
 培养关联感：参与
日常生活中的人格：大学生的关联需要
过去和现在：削弱内部兴趣
自我决定理论与其他人格心理学理论之间
 的联系
 自主感与因果观
 胜任感与自我效能理论
 关联感与依恋理论
研究方法示例：路径分析

自我调节意味着什么
 动机的类型
 因果取向
自我决定理论的应用
 健康行为
 运动行为
 工作行为
 追求幸福
重新回顾跆搏运动研究
本章小结
问题回顾
关键术语

到我的搜索实验室(mysearchlab.com)阅读本章

  我上大一的时候，老师曾经要求心理学101班的同学（大约500名学生）完成一项特殊的任务：改变自己的某种行为。尽管我的朋友们有的选择了戒烟，有的选择了定期使用青春痘药物，而我却决定选择加强小提琴练习，要知道我的小提琴练习在上大学以后就荒废了。

  我们学校的学生中心地下室有好多个练琴房，学生可以定一个练琴房并在练习结束后将钥匙还到前台，而前台旁边恰好有卖糖果的。每练习半个小时，我都会买一小袋M&M巧克力作为对自己的奖励。鉴于奖励紧随着期望的行为（练琴），并且是我真正喜欢的东西(巧克力)，我觉得我的计划简直棒极了。

毫无疑问，我开始有规律地练习小提琴，并且能够重新演奏高中时学过的乐曲。我沉浸于重新发现小提琴的美妙乐趣之中，直到练习开始大约一周之后的某一天，我在回宿舍的半路上忽然意识到——带着无法完成任务的恐惧——我忘记给自己奖励了，并且在过去的几天里一直忘记给自己奖励了！然而，我的行为在缺乏奖励的情况下仍然坚持着。我确信我将因为这个意外情况而无法完成任务。然而，当拿到学分时，我很高兴地发现事实上我已经找到了正确答案：激励不仅仅是奖励和惩罚，在某些情况下，内部奖励比外部的糖果奖励——即使是巧克力——更有效。

根据爱德华·德西和理查德·瑞安的**自我决定理论**(self-determination theory)，人们因为外部而从事某项活动与因为内部的原因而从事某项活动，两者存在很大的差别(Deci & Ryan, 1985b; Ryan & Deci, 2000)。当我们**受外部因素激励**(extrinsically motivated)，因为某些外部的压力，如奖励(M & M 巧克力)或者惩罚(无法完成某项任务)而从事某项活动时，我们可能没有那么享受活动本身，从而导致不能尽自己最大的努力或者自发地持续努力。然而，当我们**受内部因素激励**(intrinsically motivated)，即由于内部的渴望和因自己的选择而从事有趣的或自我满足的活动时(如，创作音乐)，我们会享受所从事的活动，并且这个过程本身会增强我们的幸福感。根据自我决定理论，我们做某件事情的原因比做什么事情本身更重要。

看看下面的实验(Vansteenkiste, Simons, Soenens, & Lens, 2004)。学生们在高中体育课上参加了跆搏(Tae Bo)小组，跆搏运动结合了跆拳道的艺术与拳击的速度及节奏。这些 10 至 12 年级的学生被随机分为条件不同的两组，两组条件的差异在于教练是强调活动目的的内部性还是外部性，以及教练是以支持性的还是支配性的方式来阐述活动目的。

> "当我们被具有远大意义的目标、需要实现的梦想、需要表达的纯粹的爱所激励时，这才是我们真正的生活。"
>
> Greg Anderson, 美国运动员和教练

自测题

有什么行为是你希望持续坚持的，比如学习、锻炼、学习某种乐器或培养某种爱好？

自测题

你做过哪些仅仅是为了好玩而进行的活动？

在参加跆搏运动时,拥有内部原因,有一个支持性的教练,比因为外部原因或有一个支配性的教练更能激励人。

例如,在介绍学生加入跆搏小组的时候,教练对内部动机小组成员强调"打跆搏有助于你保持身体健康并防止将来得病"。在其他课上,教练对外部动机小组的成员强调"打跆搏有助于你保持身材吸引力并防止将来变胖"。

与此同时,在支持性条件下,教练在向学生示范各种跆搏动作时强调学生有权选择是否尝试跆搏运动,教练在课堂上使用"我们建议你"、"你可以"或者"你可能"这类词语。在支配性条件下,教练使用"你有义务"、"你应该"或者"你必须"等词语强调学生不能自主选择是否参加跆搏运动。

在介绍完以后,一位经过认证的跆搏教练进入教室,并在接下来的两节课教授学生跆搏并指导他们练习,而这位教练并不知道学生处于哪个小组甚至不知道学生在参与实验。

目标和环境对学生的动机和表现有什么影响呢?影响非常大!拥有内部动机的学生比有外部动机的学生投入更多努力学习跆搏。他们也在几天后的跆搏测验中表现更好。同时,在支持性环境中的学生比支配性环境中的学生更努力,表现更佳。

目标和环境对于坚持性的影响更大(见图9.1)。为了测验学生在课程结束之后参加

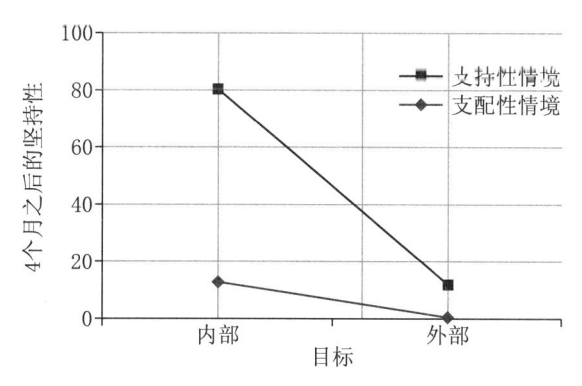

图9.1 有着内部目标并在支持性环境下学习跆搏的学生在4个月之后有着更强的展示跆搏技能的意愿。来源:Based on means reported by Vansteenkiste et al.(2004)。

跆搏运动的意愿,主试者分别在课程结束1周之后、1个月之后和4个月之后询问学生是否愿意在其他课上展示跆搏。尽管在支持性环境中和拥有内部动机的学生比支配性环境中或外部动机的学生坚持得更久,但既在支持性环境中又拥有内部动机的学生在4个月后表现出最长久的坚持。他们甚至更有可能参加学校官方的跆搏俱乐部。

这些结果解释了自我决定理论的两个重要预测。首先,我们为什么做某件事——例如内部还是外部动机——对于努力程度、表现以及任务的坚持性非常重要。其次,他人给我们传递预期和指导语的方式同样对我们的努力程度、表现以及任务的坚持性有重要影响。实际上,我们周边有很多人希望将他们的期望传递给我们,比如健康专家、父母、老板和老师;我们自己也一样,即希望将我们的期望传递给其他人,而自我决定理论在激励和表现方面有着很多的发现。

本章我们将学习自我决定理论以及人们对于自我决定程度的感知上的差异。我们同样会探讨如何帮助人们感受到更多的鼓舞以及更快乐地在工作或生活中从事某项活动,而不是没有激情地、懒散地、抑郁地工作或生活。接下来,我们将运用这个理论来理解健康行为(如遵医嘱,保持健康)、运动行为、工作行为,以及对幸福的追求。

自测题

你的父母、老师或者老板是如何以一种支持性的方式告诉你他们对你的期望的?

三种基本的心理需要

自我决定理论源于**人本主义传统**(humanistic tradition),该理论强调责任、成长以及自我实现倾向(Deci, 1980; Dci & Ryan, 1985b)。人本主义将个体视为具有主观能动性的有机体,个体寻求最佳的方式成长和发展而不仅仅是生存。卡尔·罗杰斯(1951)将这种能动性称为**自我实现倾向**(actualizing tendency),即实现或带来积极变化的动力。一颗注定要开花的野草,它即使生长在路边缝隙也要绽放。当然,不是所有的环境都支持个体(花或者人类)的成长,但是根据人本主义传统,只要不是受环境所迫,人们是有能力找到他们成长所需要的东西的。

除了对食物、水和空气等物质的生理需要,人们同样要满足自身与生俱来的心理需求,从而得以生存并健康成长。根据自我决定理论,人类有三种基本和普遍的心理需要:自主需要、胜任需要和关联需要(Deci & Ryan, 1985b; Ryan & Deci, 2000)。事实上,在心理学家研究过的所有心理需要中,包括亨利·穆雷(Henry Murray, 1938)和亚伯拉罕·马斯洛(Abraham Maslow, 1954)所研究的自我实现(Maslow, 1954)、安全感、金钱、影响力、名气、健康、自尊以及愉悦,对于自主、胜任和关联需要是最重要的(Sheldon, Elliot, Kim, & Kasser, 2001)。这些需要相当广泛地存在于不同文化中,不管是集体主义文化还是个体主义文化,无论是传统价值观还是平等主义价值观(Deci & Ryan,

2008b；Sheldon et al.，2001）。

首先，个体必须感受到他们能够自由地选择追求什么，而不是被迫地去做某件事，或者背负着来自他人或环境甚至自己的"不得不、应该、必须"。这是自主需要。自主是个体感到自由，并能够选择自己的行动、自我调节、决定自己的行动和计划，而不是沦为他人或命运的棋子（Deci & Ryan，1985b）。

其次，个体需要感到有能力去追求自己追求的东西，能够掌握对他们来说既非高不可攀亦非轻而易举的任务。这是胜任的需要。胜任感是个体感到对自己的动作有控制感，有机会和精力去练习、扩展和表现个体的能力（Deci & Ryan，1985b）。

最后，个体也需要感到他们与周围的人存在有意义的联系，比如与同辈或长辈。这是关联的需要。关联感是感到自己与他人联接在一起，有关心的人，能获得他人的关心（Ryan & Deci，2000）。关联感也可以来自于对于某个团体的隶属关系，如学校、工作单位、俱乐部或城镇（Reis & Patrick，1996）。

当自主需要、胜任需要和关联需要得到满足时，人们会感到有动力并愿意参与活动，即人们会感到有内部动机、表现得很好，并发展技能，增加幸福感（Ryan & Deci，2000）。这三种基本的心理需要是普遍的，并对健康成长至关重要。每一个个体都需要这些心理养料，无论他们是否外显地意识到（Ryan & Deci，2008a）。

思考题

与行为主义传统相比，人本主义传统在强化行为上有什么不同？

自测题

你上过的最糟糕的一门课是什么课？为什么？

自测题

你上过的最好的一门课是什么课？为什么？

为了解释这三种需要，回想一下你在高中或大学遇到的最糟糕的课程。当我询问我的学生这个问题时，他们通常描述的都是这三种需要中的某种没有得到充分满足的经历，尽管他们当时并没有意识到这些需要。例如，如果课程难度太大或者非常无聊，学生通常会有糟糕的课程体验。学生通常不喜欢那些需要大量阅读或者高度标准化的作业，因为他们几乎不能选择做什么或怎么做。这些都是缺乏自主性的课堂的例子。最后，学生有时说他们不喜欢不关心人的、冷漠的或者不尊重人的老师。另外一些学生会说他们不喜欢那些没有机会认识其他同学的课。这是缺乏关联感的课。

同样的道理，回想一堂你非常喜欢的课程。是不是因为你很努力，当你掌握了课程所

像其他任何物种一样,人类努力寻求他们能够生存并充分发挥自己潜能的环境,自我决定理论描述了能够促进动机和幸福感的环境。

要求的内容时又觉得有所回报?是不是因为老师给了学生大量的自由,并且鼓励学生发挥创意完成作业?或者因为你有一群朋友陪你一起度过,或者有一位老师不厌其烦地教你?在这些课程中,他们满足了你的胜任需要、自主需要和关联需要从而增强了你的动机、学习和幸福感。事实上,我保证你完全能够想象出在那种感到无力的、被逼迫的课程或者工作情景下,你之所以能够挺过来是因为有一帮完全投入的朋友跟你一起分享这段经历。

我们如何满足这些需要?

正如花儿需要环境提供土壤和水分来成长和繁荣一样,人也需要环境和情境来满足他们的需要,这样才能发现自己。人们必须平衡内部的自主性、胜任和关联需要与外部环境提供的养料(Ryan & Deci,2008a)。环境的某些成分能够促进三种基本需要的满足(见表9.1)。

表 9.1 如何满足三种基本的心理需要

需　要	供应源	满　足　方　式
自　主	自主支持	认可个体的独特观点 在可能的情况下提供选择 给予最小的压力 鼓励主动性 与个体的目标和价值观形成联接 支持个体的选择 在个体能够应对的范围内,帮助个体承受选择的结果

(续表)

需 要	供应源	满 足 方 式
胜 任	结 构	明确预期 明确应急 提供反馈 将任务分解为小的、可控的片段
	最佳挑战	不太困难的任务 不过于简单的任务
关 联	参 与	时间 兴趣 活力

来源：Connell and Wellborn(1990)。

"他是在培育珍贵的兰花和人。"

——一位心理系主任对其教员谈论一名临床心理学家。

培养自主感：自主支持

为了满足自主需要，人们必须感到他们能够按照自己的意愿行事（例如遵从自己的意愿、偏好和要求）。例如，父母、老师、教练、治疗师、领导，甚至亲密朋友能够帮助我们做选择并形成我们自己的做事方式，但他们也可能尝试控制或迫使我们按照他们所希望的那样做事或者考虑问题。帮助个体形成和表达自己的策略是自主支持，自主的对立面是控制。理想的情况是，父母、老师、教练、治疗师、上级、朋友和配偶能够从内心记住我们最感兴趣的，并帮助我们形成自己的自主感。然而，情况并非总是这样，正如在特定工作中，或者当父母必须设定限制条件以辅助教学或保护儿童免受伤害时就不尽然了。即使在这些情况下，仍然有办法提供自主支持而不是施压、独裁、命令，或依靠控制和处罚。

提供自主支持的方式之一是给予选择(Connell，1990)。例如，父母通过询问孩子"你喜欢豌豆还是胡萝卜？"而不是直接要求"吃疏菜"更有可能成功地让孩子吃疏菜。回忆一下这是在范斯汀克斯特等(Vansteenkiste el al.，2004)的实验中支持性条件下教练介绍跑步的方式。类似的，父母或老师通过施加尽可能小的压力来支持儿童的自主感，从而使儿童服从，而不是直接利用威胁迫使儿童遵从。我的一位朋友因为脚肿去看医生，医生没有直接让他减肥；相反，医生有点心不在焉地说道"我的病人都感到减肥最困难"，以此来暗示我的朋友如果能够减肥将是非常好的，但是医生没有给他压力一定要减肥，或者让他感觉如果不减肥就很糟糕。

提供支持的另一种方式是鼓励主动——提供机会让人们自己决定做什么或怎么做，而不用担心选择错误带来的后果(Connell，1990)。如果个体犹豫或害怕做选择，那么他将无法形成自主感。儿童通过在小事上做选择学会调节和控制自己的行为,比如在幼儿期选择穿什么衣服,然后慢慢学会做更大的决定,如青少年期选择自己的朋友和参加的活动。

为了提供自主性,父母、老师、上级、治疗师或者医生需要支持儿童、员工或病人的选择,即使他们不同意这些选择(Connell,1990)。例如,教授经常要求学生写论文,但是大多数时候教授允许学生自己选择主题——尽管教授可能已经读过上百篇该主题的论文了!好的教授可能会限定或支持某些主题,以确保所有学生做的论文都有成效;糟糕的教授可能限制学生只能选择他们所研究的领域作为论文主题。选择写什么主题的论文有助于学生建立自主感。

与此同时,父母和老师应该随时准备帮助儿童或学生承受选择的后果,毕竟,这就是我们学习的过程,但是要在儿童或学生能够处理的范围之内(Connell,1990)。我认识的一位心理学教授每周六会带他的孩子们去打杂。完成任务之后,他们会去当地的糖果店,在那里孩子们可以选择他们想要的任何一种口味的糖果作为奖励。唯一的要求是,如果他们不喜欢所选择的糖果,不可以哭或者耍赖(这家糖果店对于店里展示的漂亮的手工糖果有很严格的退货规定)。大多数时候,他们的选择都是成功的,但是偶尔也会选到自己不喜欢的糖果。他们的父亲,作为激励专家,可能会说:"噢,这些是你们妈妈最喜欢的!去看看她是否有什么东西愿意跟你们交换这些糖果。"通过这个小小的奖励,他的孩子学会了做选择,尝试新事物,承担责任,并承受选择的结果。总而言之,他通过应用自主支持原则,帮助孩子们在恰当的年龄发展了自主感。

"哈利,是我们的选择显示了我们是谁,而不是我们的能力。"

Dumbledore 教授引自 Rowling(1999,p.333)

自测题

你更喜欢哪份作业?你自己选择主题的,还是教授指定主题的?为什么?胜任感或自主感与你的回答有关吗?

即使不能给他人选择与控制,人们仍然可以说点什么来帮助个体保有自主感。例如,认可和尊重个体的观点以及对某件事情的感受,或者帮助个体看清行为与个人目标、信念或价值观的关系,都会在帮助个体调节行为和避免无助感方面起到很大作用(Connell,1990)。例如,提供意见者可能会说:"我知道当大家都在外面享受好天气的时候,你不是很乐意要准备 LSATs(法学院入学考试)。但是,只要再坚持几周就行了。另外,既然你希望进入好的法学院然后成为一名律师,那么现在所有的付出都是值得的。"

运用这些法则，研究者甚至能让儿童干净地画画。实验要求一、二年级的小朋友画一匹他们愿意一起住的马，水彩和纸整齐地摆在他们面前（Koestner, Ryan, Bernieri, & Holt, 1984）。小朋友们被随机分到三种不同的条件中，每一种条件下都有一名成年人向他们介绍画画的规则。支配条件下的小朋友被告知"在开始画画前，我想告知你们一些必须做的事。我们对画画有一些规定。你们必须保持画作干净……我希望你们做一个好男孩（女孩），不能把画弄得乱七八糟。"在自主支持条件下，小朋友被告知："我知道有时候把颜料泼出去的确非常好玩，但是在这里，绘画材料和这个房间都需要保持得很好，以方便其他小朋友使用。"同时还有一组控制组，该组小朋友在画画时没有受到任何限制。

绘画活动结束之后，小朋友有机会选择继续画画还是转换到其他活动，而此时实验者短暂地离开实验室。在这段时间内，实验助理在不知道小朋友属于哪一种实验条件的情况下，暗暗监控小朋友的活动。实验者想知道不同的指导语会如何影响儿童的内部动机，通过儿童是否愿意继续画画来衡量内部动机。他们也想知道设定限制条件是否会影响儿童的创造性和对绘画的享受。

在某些行为上给儿童提供选择，即使父母可能不同意这些选择，但这有助于儿童建立自主感。图中的女孩，如果不是她很有时尚感，那就是她在形成自主感方面做得很好。

所有三种条件下的小朋友都按照要求完成了绘画，并且没有把绘画弄得乱七八糟。然而，这不是最大的发现：在自主支持条件的儿童比支配条件下的儿童更享受绘画，更富有创造力和艺术性（见图9.2）。具体而言，自主支持条件下儿童的绘画更有创造力，技巧性更好，整体质量更高，使用的颜色更丰富，更多细节。自主支持组与控制组儿童在上述指标上无显著差异。让人惊奇的是，这些组别差异继续出现在自由选择阶段，自主支持组和控制组的儿童比支配组的儿童绘画时间更长（见图9.3）。这些结果告诉我们，限制可以通过不削弱儿童自主感的方式传递给他们，从而强化

限制和规则不一定会削弱内部动机，如果他们是以自主支持的方式传递的话。

他们的动机和表现。

思考题

哪一种更好:告诉小孩"该上床睡觉了",还是"五分钟之后该上床睡觉了"?为什么?

培养胜任感:结构和最佳挑战

为了发展胜任感,人们需要恰当难度水平的任务(既不太难也不过于简单),有清晰的步骤和可行性。具体而言,人们需要清楚地知道如何完成任务,以及他们行动的结果是什么。例如,如果你第一次学习如何在电脑上编辑文档,那么知道点击鼠标右键会出来快捷菜单这一点是很有帮助的。人们也需要知道他们的任务要求是什么(例如,"你需要从菜单上选择'复制'"),并从任务中获得及时反馈("噢,'剪切'突出显示,'复制'在哪里?"),或者获得来自他人的反馈,从而学会完成任务的正确方式("'剪切'在'复制'上面")。大型的或困难的任务需要分解为多个步骤。篮球教练可能先训练传球、投篮和运球,最后再传授如何赢得比赛。通过尝试难度恰当的任务,且完成任务所用的必要的步骤是清晰的、可行的,并能获得及时反馈,人们学会了如何掌握一项任务、建立胜

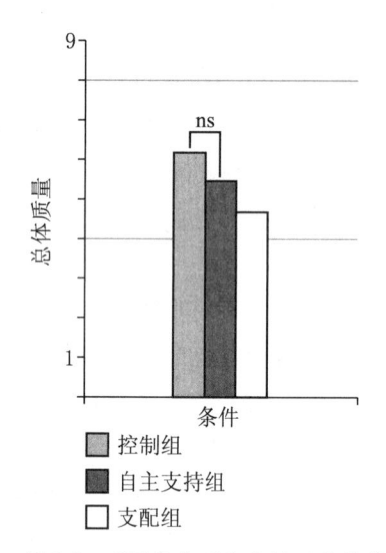

图 9.2 不同条件下儿童绘画的总体质量。ns 表示两组之间不存在显著差异;其他对比结果是显著的。来源:Koestner et al. (1984)。

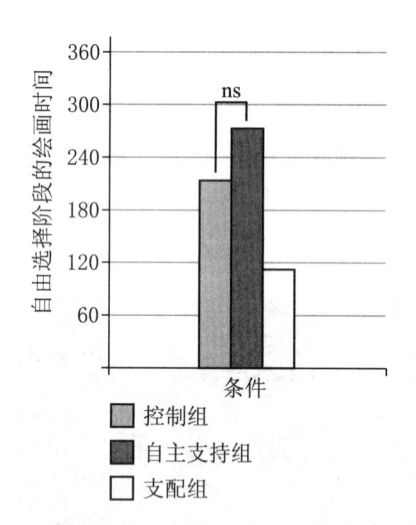

图 9.3 不同条件下的儿童花在绘画上的时间。ns 表示两组之间不存在显著差异;其他对比结果是显著的。来源:Koestner et al. (1984)。

自测题

你如何学会骑自行车的?你有训练轮子吗?什么时候开始放弃它们的?

任感(Connell，1990)。

你可以看到教练训练运动员、父母给孩子分派家务活(最小的孩子收拾桌子,大一点的孩子洗碗)、上级给下级分配工作("今天的目标是打10个销售电话"),甚至在很多电脑游戏中都有这个原则的运用。令人惊奇的是,这种任务结构甚至被植入Wii健康游戏(Wii fit game)程序中。首先,在初始设置阶段,系统会基于玩家的年龄和体重估计一个恰当的健康等级,这确保人们朝一个既不太难也不过于简单的健康目标努力。然后,玩家开始游戏时,屏幕给玩家提供视觉反馈,让他们确切知道自己是如何做的。

例如,其中一个活动是训练玩家在板上保持平衡,屏幕显示两条圆柱,表示他们每条腿上承受的重量。使用者必须使自己的重量分布与电脑设置的标准相匹配,通过向左边或右边倾斜使两根圆柱排列成特定的方式。开始几个回合,玩家不需要非常精确地满足标准。但是随着游戏进行,电脑要求玩家在动作上越来越精确。即电脑通过逐步逼近的方法训练玩家更好地控制动作和保持平衡。当然,在整个过程中,玩家既能从屏幕上获得视觉反馈,也能在达到目标时得到欢快的喝彩声("哇!")或者没有达到目标时得到("噢!")。这些特性有助于玩家掌握身体动作,如平衡、敏捷性和协调性,或许也能在过程中提高他们的健康水平。

满足胜任需要的重要因素是任务为**最佳挑战**(Optimally challenging)(Connell,1990;Csikszentmihalyi,1975;Deci,1975)。太困难的任务,如要求超过了个体的技能,可能令个体感到受挫、担心和焦虑。任务过于简单,可能让个体感到放松和无聊。在参与有明确目标、恰当反应、及时反馈及能够最大程度发挥潜能的任务时,个体能够达到一种积极的状态,这种状态称为**心流体验**(flow)(Csikszentmihalyi,1975,1997;见图9.4)。

人们能够在这样的活动中发展胜任感:期望非常明确,行为与结果之间的联系很清晰,任务被分解为可控制的片段,有反馈,即使所有这些都是电脑提供的。

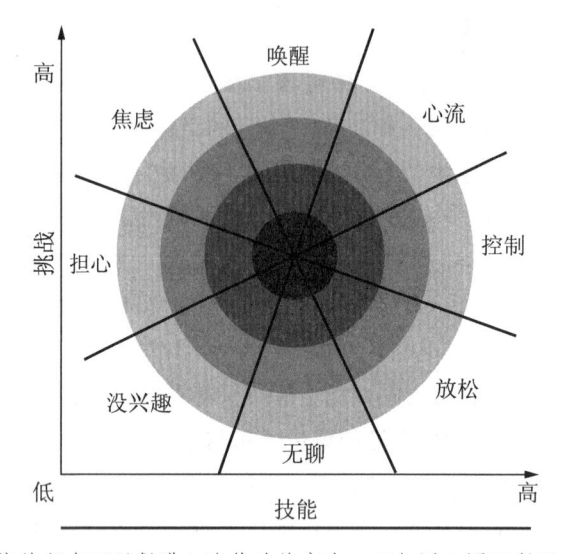

图9.4 最佳挑战的任务可以促进心流体验的产生。正如同心圆环所示，紧张感随着挑战和技能水平而增加。来源：From Nakamura and Csikszentmihalyi（2009，Figure 18.2，p.201）. Nakamura, J., & Csikszentmihalyi, M.(2009). Flow theory and research. In S.J.Lopez & C.R.Snyder(Eds.), Oxford handbook of positive psychology research(pp.195—206). Oxford, UK：Oxford University Press。

心流体验是一种完全的专注、深层次的享受、紧张的投入、近乎扭曲的状态，因为人们屏蔽了任何不相关的刺激，完全专注于手头的工作(Csikszentmihalyi, 1975, 1997)。运动员将之称为**进入化境**（being in the zone），宗教神秘主义将之称为**恍惚**（ecstasy）(Csikszentmihalyi, 1997)。想象艺术家仅仅专注于绘画，完全忘记了饥饿和疲劳(Getzels & Csikszentmihalyi, 1976)。当处于心流状态时，人们无法感知时间，他们报告那段时间似乎仅仅是瞬间。

当人们从事创造性活动、音乐、运动、游戏和宗教仪式时，特别可能产生心流体验。一位作曲家解释了他在音乐创作顺利进行时的感受：

> 你处于一种入迷的状态，似乎感觉不到自己的存在。我时不时地有这种感觉。我的手似乎离开了我自己，我与正在发生的一切没有任何关系。我只是坐在那里观看，充满了敬畏和好奇。音乐自己流了出来(Csikszentmihalyi, 1975, p.4)。

自测题

你曾经有过心流体验吗？什么时候？

仅仅是从事日常活动也能产生心流体验，只要这些活动非常有意义并需要恰当的挑战和技能水平。心流体验绝不是个体满足胜任需要的唯一方式，但它绝对是使个体感到胜任的强有力的方式,它与自主感一起形成了动机和敬业(Shernoff, Csikszentmihalyi, Schneider, & Shernoff, 2003)。那些略微超出个体现有技能的、对个体有意义,且能让其非常享受并产生兴趣的,或者对个人而言值得做的任务能够使人获得最大程度的内部动机和积极的情绪体验。

培养关联感:参与

自主支持和任务结构都发生在人际关系中,这种人际关系可能是病人—医生,老师—学生,父母—孩子,老板—员工,治疗师—患者,配偶—配偶或者朋友—朋友。这些人际关系的质量能够增加自主和胜任需要被满足的可能性。人们通过参与,感到与其他人相关或联系在一起:他人表现出的兴趣和关爱、陪伴他们的时间、他人投入的能量(Connell, 1990; Grolnick & Ryan, 1987, 1989)。例如,你可能会怀念一位为你付出了额外时间或对你的进步表现出特别兴趣的老师或教练。你可能会想起父母或祖父母帮助你参与了学校的某个项目或者与你分享了某项技能,比如教你烹饪或钓鱼。这些努力让你感到与他们联系在一起,并让你更容易感到有动力。

有一项实验证明了关联感的重要性。在这个实验中,4到5岁的儿童在不同的奖励条件下玩记号笔(Anderson, Manoogian, & Reznick, 1976)。在控制条件下,小朋友遇到的是一个中立的实验者,他们之间没有互动,对此小朋友和实验者都感到尴尬和不安。即使实验者不与小朋友进行眼神交流,不关注小朋友的绘画,忽视小朋友的提议,小朋友也会坚持吸引实验者的注意。与奖励条件相比,控制条件下的儿童表现出最低的内部动机,即一周之后小朋友用记号笔作画的意愿是最低的。

自主支持的老师得以成功的部分原因是他们与学生建立了一种温暖的、支持性的关系(Reeeve & Jang, 2006)。自主支持的老师花时间倾听学生,给学生时间讨论,接受学生的观点。这些行为产生了一种温暖、有感情的感觉,表现出对学生的接纳,促进了关联感。相反,支配性的老师似乎完全忽视师生关系,而关注正确答案和期望的行为(Reeve & Jang, 2006)。自主支持的老师表现出对学生的敏感和调谐,他们通过感知学生的认知和情感状态来调整他们的指导方式。

关联感与胜任感、自主感对大学生的动机和敬业非常重要。

思考题

对父母的依恋有什么特别之处吗？对任何成年人的依恋都能满足幼儿的关联需要吗？

日常生活中的人格：
大学生的关联需要

早期关于大学生上大学动机的研究主要关注大学生的胜任和自主需要，而忽视了关联需要(Vallerand & Bissonnette, 1992)。但是对于有色人种大学生来说，对家庭、同伴和教师的关联感对于他们的动机和敬业尤其重要。有色人种大学生如果感到公寓中的同伴关系是有敌意的、不友好的——意味着缺乏关联感——他们可能会在大学表现不好，并最终辍学(Smedley, Myers, & Harrel, 1993)。

为了研究大学生的关联感，研究者开发了《大学生关联需要问卷》(NRC-Q)，来测量学生对于朋友、家人、教师、工作人员和同伴的关联感(Guiffrida, Gouveia, Wall, & Seward, 2008；见表9.2)。

运用这个量表，研究者发现关联感是大学生动机来源的重要因素，无论其来自哪种文化背景。因为希望发展的关系（例如，与朋友的关系）、渴望获得的教育（来自教授），以及来自家庭和朋友的爱与支持，学生感受到大学的吸引力。研究者还发现来自朋友和家庭的支持既可能是上大学的内部原因（例如回报那些支持过、帮助过你的人），也可能是外部原因（例如不落后于周围的人）。内部原因与对同伴的关联感和对教师及工作人员的关联感一起减少了学生辍学的可能性，而外部原因与学生辍学的关系不大。

这些结果突显了自我决定理论所预测的情况，即在预测动机和敬业方面，关联感是一个重要但是常常被忽视的变量。无论对于在高校就读的大学生，还是在小学上课的儿童，父母、老师和同伴的融入均有助于满足个体的关联感需求。

表9.2 《大学生关联需要问卷》(NRC-Q)

我上大学……
下面的陈述在多大程度上描述了你上大学的原因？根据符合程度，对每一个陈述按照1分（完全不符合）至7分（非常符合）进行打分。
对同伴的关联感(M = 11.03)：
12. 为了认识新朋友
2. 为了遇到好朋友和让我感到舒服的人
9. 为了成为一个有趣的学生组织的一员
对家人和朋友的关联感(帮助他们、让他们骄傲，回报他们)(M = 13.12)：
1. 为了回报我的家人
11. 为了有能力帮助我的家人
4. 因为我想让我的家人和朋友因我而骄傲

对教师和工作人员的关联感(M = 10.96):
5. 因为我想与在我感兴趣的领域有专长的教授建立联系
7. 为了可以向教职人员学习并与他们舒服地相识相处
3. 为了与支持我、关心我的导师建立联系

对家人和朋友的关联感(不落后于周围的人)(M = 9.51):
10. 为了不落后于家人和朋友
6. 为了与家族中上过大学的朋友建立联系
8. 为了帮助我与朋友或家庭成员聊天

注:分量表的得分进行了汇总。括号内是每一个分量表的平均得分。每道测题的序号是原始量表的序号。

来源:Adapted from Guiffrida et al. (2008, Appendix, p.261). Guiffrida, D., Gouveia, A., Wall, A., & Seward, D. (2008). Development and validation of the need for relatedness at college questionnaire(NRC-Q). *Journal of Diversity in Higher Education*, 1(4), 251—261. Copyright American Psychological Association. Adapted with permission.

过去和现在:削弱内部兴趣

取得了好分数就奖励孩子是好事吗?2009—2010学年末,费城地区的适龄儿童可以用A(学习成绩优异)兑现披萨、冰淇淋、快餐,甚至一些全国连锁店的购物券,如必胜客(Buckman, 2010)。还有当地图书馆的暑期阅读计划,该项目也承诺适龄儿童完成独立阅读能够获得奖励。

我们都同意勤奋学习和阅读技能对于孩子非常重要,但是如果这些外部奖励反过来阻碍了孩子培养伴随一生的对阅读本身的热爱,又该怎么办呢?这里的问题是外部因素(如奖励)和外部控制(如最后期限、强加的目标、竞争、监督、评价)对内部动机会产生什么作用(Ryan & Deci, 2008a)。

关于外部奖励对内部行为的影响,社会心理学史上争论已久,其实这也促进了自我决定理论的诞生(Deci, 1971; Ryan & Deci, 2008a)。其中一项最早的具有里程碑意义的研究是奖励幼儿园的小朋友用记号笔绘画的实验(Lepper, Greene, & Nisbett, 1973)。

研究者挑选了对记号笔绘画有兴趣的儿童参加一个儿童绘画实验。儿童进入实验室后,逐个被随机分配到三种不同的实验条件下。在预测奖励条件下,儿童被告知他们将因绘画获得"好队员"的称号。在意外奖励条件下,儿童获得同样的"好队员"称号,但是只有在他们用记号笔绘画之后。这个实验测量了是否纯粹获得奖励会降低内部兴趣,或者外部的奖励承诺会降低兴趣。在第三种无奖励(控制)条件下,儿童用记号笔绘画,但是没有听说也没有得到奖励。

所有儿童都用记号笔绘画了,并且获得了奖励(如果他们在预测奖励或意外奖励条件下),并回到了自己的教室。接下来,大约一周之后,研究者将记号笔放在儿童的教室里,并且从单向玻璃后面观察儿童的行为。研究者记下了儿童在自由玩耍时间内花了多长时

间玩记号笔。

令行为学家感到意外的是他们原来预期的是奖励强化了期望的行为,奖励事实上起了相反的效果!与意外奖励和无奖励条件下的儿童相比,预测奖励条件下儿童的绘画作品得到的专家评分更低,该组儿童回到教室玩记号笔的时间也更短(见图9.5)。

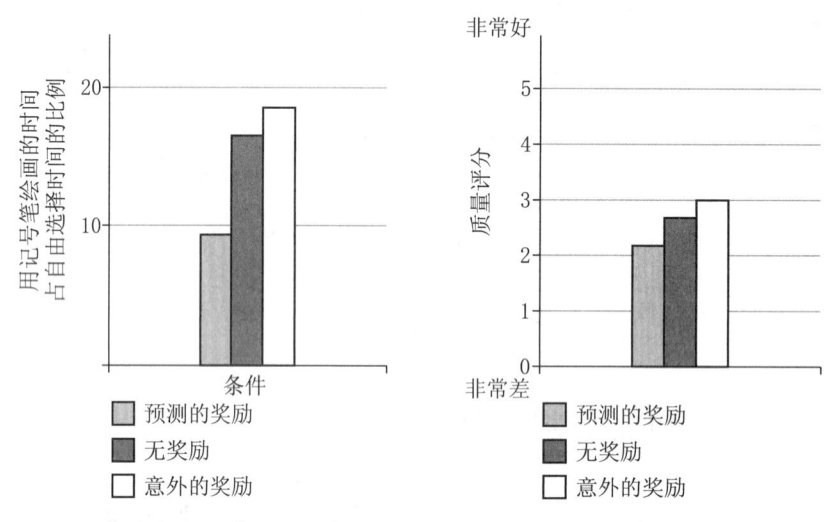

图9.5 不同奖励条件下,实验过程中专家对绘画质量的评分,以及实验结束后儿童在自由玩耍期间用记号笔作画的时间比例。来源:Lepper et al.(1973)。质量用1—5分来评价。

这种现象被称为削弱内部兴趣或**过度效应**(overjustification effect)。当活动的内部兴趣已经很高时(比如这些孩子对于绘画很感兴趣),如果外部因素通过提供奖励做得更加明显,人们将会减少做某件事情的内部动力。他们似乎对自己说:"这一定是人们让我必须做的事,这些事从一开始就没什么意思。"结果,人们将这种活动看做是通向某种结果的工具,不再将这种活动看作是值得要的。认知失调理论(Festinger,1957)和自我知觉理论(Bem,1967,1972)都支持了这种逻辑。

继该研究之后,在将近40年的时间里有超过128个控制精确的实验测量了外部奖励对内部兴趣的效应。一项元分析研究的结论非常清晰和一致:有形的奖励——任何形式,无论是钱还是棉花糖——会削弱被试的内部兴趣,无论对成年人还是儿童(Deci, Koestner, & Ryan, 1999)。高水平的表现或者完成了一项任务而获得奖励,比那些不需要从事某些特定的任务或者与完成情况、输出质量、达到优秀的标准无关的奖励,更有可能产生反作用(Deci et al., 1999,不同的观点也可见 Eisenberger, Pierce, & Cameron, 1999)。

思考题

人们通常做什么事情能够获得奖励?通常它们一开始就有趣吗?

预测奖励或惩罚是否会对动机和绩效产生负面效果的关键是认识到外部激励传递了两方面信息:控制和信息(Ryan & Deci,2008a)。外部因素的控制性意味着该行为在外部控制之下("你做这件事情是因为我奖励你"),特别容易阻碍自主需要的满足。外部因素的信息性提供了人们在任务上表现的反馈("再来一次,你将得到10分!"),因此人们能够调整行为从而满足胜任需要。被体验为控制的奖励("非常好!你应该继续好好工作。")会剥夺人们的自主感并削弱内在兴趣。而被体验为信息性的奖励("非常好!你做得很棒。")会增加胜任需要的满足而不会削弱内在兴趣。

思考题

"我为你骄傲",这传递了怎样的信息?

思考题

"看,我知道你能做到",这传递了怎样的信息?

学生获得好分数就奖励,这会有什么影响?

因此,并不是奖励本身好或坏,而是奖励被传递和解释的方式决定了它的哪一面(控制和信息方面)对最终动机和绩效的影响更重要。如果内部动机和绩效被当作控制手段(剥夺自主感)而不是反馈信息来运用(增强能力感),外部动机,如最后期限、强加的目标、竞争、监督、评价也可能削弱它们。

必胜客的人抓住了两者的重要区别,他们在网站上强调阅读奖励的信息性和非绩效相关的性质,他们的口号是"激励你的孩子去阅读,通过口头表扬、认可和娱乐奖励他们的阅读成果!"——这些都是不太可能削弱儿童的内在阅读兴趣的条件。

自我决定理论与其他人格心理学理论之间的联系

如果你觉得自我决定理论的某些方面听起来很熟悉,那是因为该理论建立在以往相关理论的基础上,并结合了前人的心理学研究。特别是,其他理论家和研究者认可自主感、胜任感和关联感的重要性。本章我们将强调并澄清自我决定理论与其他人格心理学理论之间的联系。

自主感与因果观

人们在控制的信念上存在差异(Rotter, 1966)。内部归因的个体相信他们能够通过自己的努力、行为或性格影响身边的事,外部归因的个体相信发生在他们身上的事取决于机会、运气、命运或其他人。外部归因的个体认为自己对于身边发生的事没有控制能力。**控制点**(locus of control)描述了行为和结果之间的关系。有控制力的反面是感到无助(我们将在第10章更深入地讨论控制感的重要性)。

自主描述了选择和行为之间的关系:个体在多大程度上能够自由选择行为或遵从自己的兴趣。人格心理学家将选择和行为之间的关系称为**因果观**(locus of causality)(DeCharms, 1981)。你可以看出,因果观和控制观存在细微的差异。人们可能理解行为与结果之间的关系,并能够控制行为(控制观),但是他们可能不希望或不能自由选择这些行为(因果观)。

自主的对立面是服从(包括遵守规则和服从命令)或反抗,这两种行为都发生在对他人控制行为的反应中(Patrick, Skinner, & Connell, 1993)。任何人屈从于外部(如奖励、惩罚)或内部(如罪恶感)压力而表现出某种特定行为,都是失去自主的表现。

令人遗憾的是,在学校,尤其是在低年级,学生经常因服从而非自主而得到奖励(Patrick et al., 1993)。例如,你是否曾经面临过这样的选择:是写老师希望写的,还是你自己完全控制写作行为,写自己想写的论文或文章。然而,做老师要求做的所带来的压力感,以及不能真实地、真诚地按自己的方式行事的感觉,非常好地诠释了外部控制感和缺乏自主感。

胜任感与自我效能理论

胜任感与自我效能感非常类似。**自我效能感**(self-efficacy)是个体对自己是否有能力完成某种活动的一种信念(Bandura, 1977a, 1982, 2000b, 2001)。自我效能感分为两个部分(见图9.6)。首先是**结果期待**(outcome expectation),指个体对某种行为将产生特定结果的信念。其次是**效能期待**(efficacy expectation),指个体对自己能否完成特定行为的信念,即个体对能否成功完成所要求的动作的推断。

```
个体 ──────────→ 行为 ──────────→ 结果
        │                  │
     效能期待            结果期待
```

图9.6 自我效能的两个部分：效能期待与结果期待。来源：Lepper et al. (1973). Quality was rated on a 1 to 5 scale. Bandura, 1977, Figure 1, p.193. Bandura, A. (1977a). Self-efficacy: Toward a unifying theory of behavioral change. *Psychological Review*, 84(2), 191—215. Copyright American Psychological Association. Reprinted with permission.

思考题
为了不削弱个体的内在动机，你会如何表扬对方？

思考题
是什么引起个体的罪恶感？罪恶感是外部的还是内部的？

例如，想象一个背部损伤刚刚恢复的人被告知，防止类似损伤的一种方式是加强腹部肌肉锻炼。理疗师告诉她，如果每天坚持锻炼，她将会越来越健康。这里描述了她的行为（锻炼）将引起的结果（更健康）。这足以激励她坚持锻炼吗？她或许的确相信会有效果，但是她同样需要效能期望，相信她的身体能够支撑她在地上做仰卧起坐或其他练习。根据自我效能理论，效能期待比结果期待更重要。很多时候人们都知道应该做什么，或者不应该做什么，但是感觉做不到。自我效能理论将这种现象称为缺乏胜任感知。

了解个体的自我效能感能够预测他们在活动前及活动中的动力如何（Bandura，1977）。自我效能感决定了人们在多大程度上可能参加或回避某项活动；他们将付出多大努力参与某项活动；他们有多大可能坚持或放弃，尤其是遇到困难的时候；他们表现得有多好；他们在活动前、活动中、活动后的情绪反应如何。尽管自我效能理论预测了动机的大小，但是它无法像自我决定理论那样区分动机的类型。

我们通过四种信息来源形成自我效能感（Bandura，1977，1982）。最直接的途径是个体经验。成功增强自我效能感，而失败减弱自我效能感。糟糕的滑雪体验可能让一个人在相当长一段时间甚至永远远离滑雪场！

第二个途径是通过间接观察他人行为成功或失败的经验，然后再自己尝试。通过观察他人，我们能够知道任务是怎样的，从而预测如果自己做的话情况会怎样。我们也学会了策略，从而增加成功的几率。你是否曾经观赏过运动员或舞蹈演员精彩的表演，然后想着或许你也能做到？或者你有完全相反的经验，并意识到你永远做不到！然后你意识到自我效能感如何通过观察学习和社会榜样而强化或减弱，特别有影响力的是那些通过决心和努力克服困难的人的事迹（Bandura，1977a）。

哟！自我效能感来自直接经验、观察他人、说服以及参加活动时的生理和情绪状态。

自我效能感也能通过说服而形成或改变，即朋友、教练、老师或治疗师可能说服他人相信自己有能力做到期望的行为（例如 Miserandino, 1998）。他们的说服经常涉及改变效能期待（"是的，你能够打电话给他。深呼吸然后拨他的号码"），但是也涉及结果期待（"这是他的号码，是什么阻止了你？""看着球，而不是其他球员！"）。

最后，自我效能感也可能来自生理和情绪状态。根据自我效能理论，我们解读自己的生理和情绪反应，并相应地调整自我效能感。对于当着全班的面公开演讲的想法，或者对公园一次吓人的、有趣的骑车活动的记忆，你是否有一种本能的反应？让我们流汗、疲惫或引起疼痛的活动或关于活动的想法，可能阻止我们尝试某项活动（"我看到骑车就头晕目眩"），或者让停止某项活动（"好吧，玩三次过山车足够了"）。使人充满活力或者不会引起内脏不适应反应的活动能够增加我们的自我效能感，让我们想再次尝试这样的活动（"好的，我会再试一次。"）或者继续玩（"嘿，这看上去不那么糟糕，我们继续玩吧！"）。某些活动带来的紧张、焦虑和抑郁，或者某些需要耐力和力量的任务带来的无力感和痛苦可能被解释为低效能感（Bandura, 2000b）。

心理学家运用自我效能理论的原则减少了人们乘坐汽车、电梯、扶梯、爬高楼梯、在餐馆进餐、在超市购物、进入公共场所的恐惧感（Bandura, Adams, Hardy, & Howells, 1980）。除了治疗恐惧症，自我效能理论也帮助人们从心脏停搏中恢复（Bandura, 1982），解释群体的有效性（Bandura, 2000a）、学生的学术成就和职业选择（Bandura, Barbaranelli, Caprara, & Pastorelli, 2001）。

思考题
系统脱敏法或意象引导技术能否帮助人们减少恐惧感及增强自我效能感？为什么？

关联感与依恋理论

关联很像依恋,事实上,自我决定理论是基于依恋理论的相关研究的。回想一下第 8 章,依恋对象既可以是探索外部世界的安全基地,也可以是逃避压力的安全天堂(Bowlby, 1973; Shaver & Mikulincer, 2007)。同样的道理,自我决定理论承认与他人联系或建立关系的需要是非常重要的,不仅仅是与照看者或伴侣的关系十分重要,与朋友、同事、团队成员以及世界上的其他人建立关系同样是重要的。与他人建立关系和自主感、胜任感让我们有动力活在世界上,在遇到困难时能够坚持下去,并增强生活幸福感。

研究方法示例:路径分析

自我决定理论研究经常使用**路径分析**(path analysis)统计技术,考察变量之间如何相互影响。尽管路径分析技术背后的数学原理相当复杂,但是其逻辑非常简单易懂,它是建立在回归分析基础之上的。通常,研究者对于变量之间如何相互影响有自己的假设,然后再运用路径分析检验他们的猜测。即在路径分析中,研究者运用统计技术检验他们关于变量之间如何相关的假设。接下来,研究者会画一个**路径图**(path diagram)来形象地表示彼此之间存在显著效应的变量。变量之间的关系可能是直接效应、间接效应、无效应。直接效应通常用实线表示;间接效应用虚线表示;无效应则没有连线。箭头方向表示效应的方向。双向箭头表示两个变量之间相互影响。

对于每一个模型研究者都会检验(1)总体模型是否能够解释数据中的大部分变量;(2)系数是否显著大于零;(3)变量间的效应是直接效应还是间接效应。一旦找到这些问题的答案,研究者画出路径图,包括变量、线条、箭头以及确定存在显著效应的系数。

请看图 9.7 的路径图。该图来自一项关于一家美国大型投资银行 528 名员工的研究(Baard, Deci, & Ryan, 2004),研究者想考察自我决定理论在工作场所的预测效果。上述模型比其他模型能够更好地解释研究数据。例如,性别在这个模型中不是一个好的预

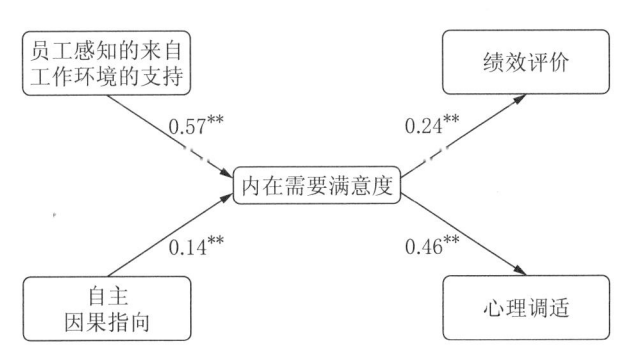

图 9.7 工作绩效和调适的路径图。来源:From Baard et al.(2004, Figure 1, p.2061). Reprinted with permission from Baard, P.P., Deci, E.L., & Ryan, R.M.(2004), "Intrinsic need satisfaction: A motivational basis of performance and well-being in two work settings," *Journal of Applied Social Psychology*, 34, pp. 2045—2068. Permission conveyed through the Copyright Clearance Center。

测变量,因此性别不在这个路径图中。正如你所看到的,所有的路径都是直接的(线条是实线)、单向的(只有一头有箭头)、效应显著的(系数带星号)。

分析表明,员工感知到的来自工作环境的支持对于自主需要、胜任需要及关联需要(在该研究中用一个叫作内在需要满意度的综合变量来测量)的满足有显著影响。同时,相对于外部激励、被外部世界推动的方式,自发的、内部驱动的应对外部世界的方式也直接影响员工需要的满足。

而且,员工的需要得到满足也对绩效评价和心理调适有直接影响。因为这两个系数是正的,这意味着员工的需要得到满足增加了员工工作绩效的质量并增强了对工作环境的心理调适(Baard et al., 2004)。拥有自主支持工作环境且满足了自主需要的员工比自主需要没有得到满足的员工情绪更稳定、更健康。请注意,需要满意度与绩效评价之间的箭头是单向的,因此我们知道好的工作评价并不能反过来满足员工的自主需要、胜任需要及关联需要。也就是说,需要满意度是高绩效的原因而不是结果。

现在你知道了路径分析的基本概念以及如何解释路径分析了,你可以理解一些有趣的运用自我决定理论的各个领域的研究。

自我调节意味着什么

当面对一个不是特别有内在动机的任务,比如学校或工作的任务,为了让自己完成任务,你会对自己说什么? 你会放弃它,不想它吗? 你会想如果没有完成任务可能发生什么可怕后果吗? 你会答应自己如果完成了就给自己一个奖励吗? 你会提醒自己这个任务与你的重要目标如何相关吗? 正如我们在本章前面所看到的,这是一种提供自主支持的策略。或者完成任务对你来说很自然,是你本身性格的延伸,根本不是问题? 尽管在旁观者看来这些行为都是一样的,但不管出于什么原因去做,其结果在本质上是不同的。

动机是以持续的、从外部到内部、个体感知到所拥有的个人意愿或自主程度为特征的(Ryan & Deci, 2000)。有一种动机叫做**无动机**(amotivation),这是一种没有动机的状态,处于这种状态的人既不被外部推动也不被内部推动,感到无动于衷或孤独。自我调节意味着根据情境和手头的活动来调节行为和态度,使之达到动机的某个水平(见图9.8)。自我决定理论包含了人道主义的价值观,如自由、责任或真诚,卡尔·罗杰斯(1968)认为这些都是为了发挥全面功能的各个方面,这正是自我决定理论的核心。

思考题

好的工作绩效评价能够增加个人在工作中的调节吗? 检验这个假设的研究者发现了什么?

自测题

想想你这周必须完成的任务。为了让自己有动力,你会对自己说什么?

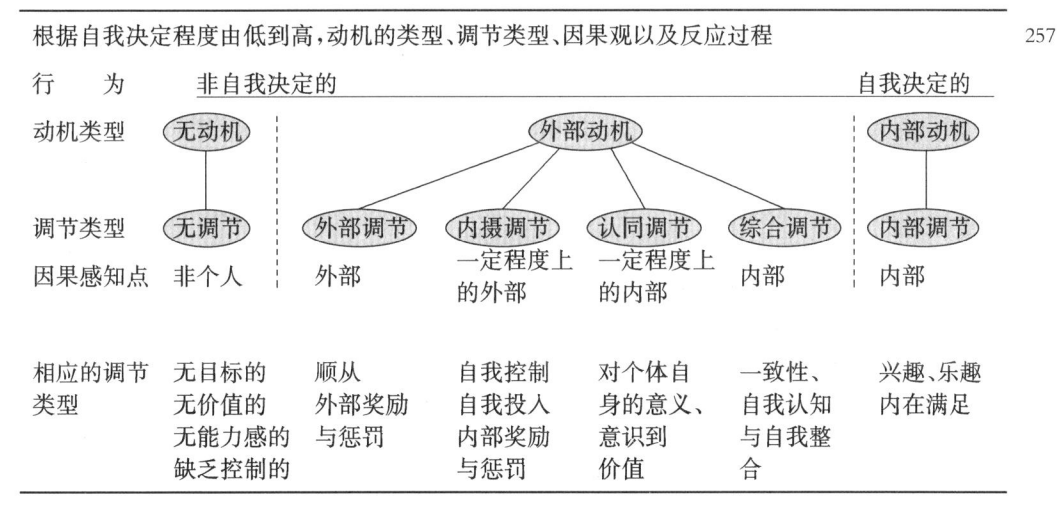

根据自我决定程度由低到高,动机的类型、调节类型、因果观以及反应过程

行为	非自我决定的					自我决定的
动机类型	无动机	外部动机				内部动机
调节类型	无调节	外部调节	内摄调节	认同调节	综合调节	内部调节
因果感知点	非个人	外部	一定程度上的外部	一定程度上的内部	内部	内部
相应的调节类型	无目标的 无价值的 无能力感的 缺乏控制的	顺从 外部奖励与惩罚	自我控制 自我投入 内部奖励与惩罚	对个体自身的意义、意识到价值	一致性、自我认知与自我整合	兴趣、乐趣 内在满足

图 9.8 自我决定理论中动机和规则的类型,及其在与之相关的连续体上的位置。来源:Ryan and Deci(2000, Figure 1, p.72), Deci and Ryan(2008a, Figure 1, p.17), Deci, E.L., & Ryan, R. M.(2008a). Facilitating optimal motivation and psychological Association. *Canadian Psychology*, 49(1). 14—23。

动机的类型

当人们在某项活动中因自身感到满意或快乐而乐于从事该活动时,**内部动机**(intrinsic motivation)和**内部调节**(intrinsic regulation)在起作用。事实上,日常生活中很少有活动完全是内部激励的。然而,大部分活动——比如走到教室、去杂货店、回电话、去图书馆、刷牙——都需要意志参与来完成;即通常我们不是被强迫或被逼去杂货店或去刷牙,然而将牙刷涂满肥皂一样的东西在嘴里动来动去也没有什么内在的乐趣!我们每天做的大部分事情,特别是琐事都并没有特别的、内在的乐趣,都是通过自我调节来完成的。

与内部动机相比,当因为外部原因或者与活动本身无关的原因而从事某项活动时,外部动机在起作用,如获得奖励或避免惩罚(Ryan & Deci, 2000)。根据自主或意愿程度由低到高来分,外部动机可分为四种类型(Deci & Ryan, 2008b)。**外部调节**(external regulation)是完全受外部的或者被自身以外的人和事控制。或许当你是个孩子的时候,刷牙只是为了获得奖励,比如可以看你最喜爱的电视节目或者得到一句"好孩子"的口头表扬。

内摄调节(introjected regulation)所讨论的是由我们自己所控制的行为。内摄调节经历与外部调节类似的控制过程,两者的唯一区别在于我们通过内疚、焦虑、条件性自尊、责任、赞成或其他想法来控制我们的行为。例如,我猜有的父母可能会告诉你睡觉前要刷牙,如果你照做了就称赞你"好孩子"(外部调节)。然而,你可能让自己刷牙并因此感觉良好(内摄调节)。

外部调节和内摄调节都是受控制的,都属于外部动机,因为个体感到有压力或者被要求和意外事故所控制(Deci & Ryan, 2008b)。尽管表面看起来积极参与某项活动,但当人们受外部调节或内摄调节时,通常也会经历冷漠、低创造力、滥用药物和酗酒、心理不健康(Deci et al., 2001)。

> "被自己或被他人控制都一样让人不舒服,并且会损害内部动机。"
>
> Deci 和 Ryan(1985b, P.106)

儿童时期的外部调节的经历通常被内化为成年后的内摄动机。

另外两种外部动机是被自主调控的,但是仍然被认为是外部动机,因为它们不是活动本身所固有的(Deci & Ryan, 2008b)。**认同调节**(identified regulation)是当我们为了达到比当前手头上的事更重要的目标而认为某项活动对自己是有意义的。在**综合调节**(integrated regulation)下,人们将计划(如工作环境、保持健康的生活方式、获得教育)的目标和价值内化了,尽管活动本身(如准备报告、戒烟、参加考试)并不有趣。

例如,重视身体健康的个体可能会在综合调节下刷牙,而不介意牙刷带来的暂时不适和牙膏的药味。然而,如果个体刷牙的唯一原因是为了避免令人讨厌的齿龈炎,这可能就是外部调节的例子。

试想一个保持健康生活方式的人:他定期锻炼、不抽烟、吃五份蔬菜、不喝含糖饮料、使用有机产品并在周末享受室外活动。假设保持牙齿健康只是他表现个性的一个方面,是他人格的一部分,他甚至不需要去想这件事。在这种情况下,刷牙是综合调节的例子,对刷牙的认同已经被整合到自我的其他方面(Ryan & Deci, 2000)。综合调节的活动通常是真实自我的一部分。

关于不同类型动机以及人们如何调节行为的讨论表明，如果理解了活动背后的意义和更大的价值，人们就能够有意识地从事不感兴趣的活动。在动机上受自主调节或自我调节的个体能够带着认同的、综合或者内部调节动机参与活动，在活动中比受外部控制的个体(Ryan & Deci, 2000)更有兴趣、热情、自信、表现更好、耐力更持久，以及更有创造力(Deci & Ryan, 1991; Sheldon, Ryan, Rawsthorne, & Ilardi, 1997)，也更有活力(Nix, Ryan, Manly, & Deci, 1999)，自尊水平更高(Deci & Ryan, 1995)，一般幸福感更高(Ryan, Deci, & Grolnick, 1995)，以及更能长久地保持健康行为(Deci & Ryan, 2008b)。

思考题

回想一下你在本章开头所认定的活动。你为什么想做这件事？你做这件事的动机说明了什么？

或许你现在也能看到，为什么表9.1所总结的提供自主支持的各种方式会起作用：它们帮助人们在不同自主程度的动机水平上找到调节行为的方式。通过提供自主，父母、老师、教练、治疗师、领导和朋友促进了内部动机和自我决定。通过控制，他们促进了外部动机和非自我决定(Deci & Ryan, 1985b; Grolnick & Ryan, 1989)。当条件允许时，我们选择内部感兴趣的活动；当没有选择的时候，我们选择调节自己的行为，以维护自我决定。

因果取向

在成年之前的所有经历能够使我们建立自主感，引导我们发展能力感，与家人、朋友和其他人建立联系。对于那些自主需要、胜任需要和关联需要得到满足的个体，和那些一直被摆布、未能发展自己的能力、没有得到周围人支持的个体来说，这个世界是完全不一样的。这些人在**因果取向**(causality orientations)或者自我调节的典型方式上存在差异(Deci & Ryan, 2008b)。人们对外部世界的期待以及应对特定情境的方式上的不同是重要的个体差异。

尽管人们在一定程度上可能表现出几种倾向，但是通常一种倾向比其他倾向更强烈。人们在不同行为（刷牙、练习罚球）、不同情境（工作中、在家）甚至不同领域（学术、领域）中表现出持续的完成任务的普遍方式。

有三种因果取向类型：自主取向、受控取向、客观取向。**自主取向**(autonomous orientation)描述了人们在多大程度上将情境解释为自主支持的、为自我调节提供信息的(Ryan & Deci, 2008a)。当三种基本心理需要都得到满足时，个体会形成自主取向。自主取向的个体对于可能激发他们的内在兴趣和最佳挑战的情境最有兴趣。自主取向与自主调节、主动性更强、良好的表现以及心理幸福相关(Deci & Ryan, 2008b)。你可能想起了前面讨论过的一个投资银行工作绩效的研究案例(见图9.7),在案例中,自主取向更高的员工更有可能满足三种基本需要、有更积极的工作绩效评价和更强的心理调适能力(Baard et al.,2004)。

受控取向(controlled orientation)描述了人们在多大程度上寻求对环境的控制,让环境和他们的内心融合决定和调节行为(Ryan & Deci,2008a)。当胜任需要和关联需要部分得到满足,而自主需要没有得到满足时,个体会形成受控倾向。拥有受控倾向的个体随时准备好响应情境要求和意外事故,他们通过内心融合和外部突发事件进行自我调节,他们依靠奖励和其他外部控制,且幸福感降低(Deci & Ryan,2008b)。

客观取向(impersonal orientation)描述了人们在多大程度上对重大结果感到缺乏控制(Ryan & Deci,2008a)。当三种基本心理需要一直受到抑制时,个体会形成客观取向。客观取向的个体应对情境时表现出无动机、冷漠、无兴趣,认为他们不能为期望的结果做任何事情。拥有客观取向的个体表现出很差的能动性和幸福感(Deci & Ryan,2008b)。

因果取向通过《一般因果取向问卷》(General Causality Orientation Scale,GCOS;Deci & Ryan,1985a)来测量。GCOS给应答者提供12种假设的情境和3种可能的应对方式(见表9.3)。应答者根据他们采取每种应对方式的可能性大小进行1至7分的评分。每一种应对方式都代表了一种因果取向。每一种因果取向的测题分别计分,应答者将得到表明他们在每一种倾向上的强度的分数。

表9.3 《一般因果问卷》的测题样例及因果取向

每一种结果出现的可能性有多大?	
工作一段时间后,公司给你提供一个新的职位。首先出现在你脑海里的第一个问题可能是:	
我想知道新工作是否有趣?	自主取向
在这个岗位上我能赚更多钱吗?	受控取向
如果我不能履行新的职责怎么办?	客观取向

来源:Deci and Ryan(1985a, p.118). Reprinted from Deci, E.L., & Ryan, R.M.(1985), "The general causality orientations scale: Self-determination in personality," *Journal of Research in Personality*, 19, 109—134. Copyright © 1985, with permission from Elsevier.

思考题

因果取向是可变的吗?

自我决定理论的应用

我们可以通过一个动机和敬业模型来理解三种基本的心理需要和促进这些需要的条件(Connell & Wellborn,1990;见图9.9)。根据这个模型,环境提供了满足三种需要的养料,即促进胜任感的结构、促进自主感的自主支持,以及促进关联感的参与。当这些需要得到满足时,我们感到有动力,将经历积极的情绪体验,并感到全身心投入在手头的任务、学业(Miserandino, 1996; Skinner, Furrer, Marchand, & Kindermann, 2008)、工作(Gagné & Deci, 2005)、保持健康(Ryan, Patrick, Deci, & Williams, 2008; Willianms et al., 2006, 2009; Williams, Grow, Freedman, Ryan, & Deci, 1996; Wilson, Mack, & Grattan, 2008)、亲密关系(La Guardia & Patrick, 2008)、治疗(Ryan & Deci, 2008b),或者养育子女之中(Joussemet, Landry, & Koestner, 2008)。在上述所有情境中,我们的行为会增强技能、能力和幸福感。

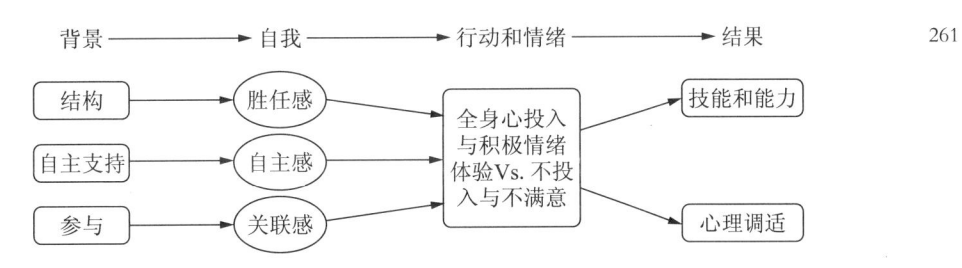

图9.9 关于心理需要对敬业度的影响的动机模型。来源:From Connell and Wellborn(1990, Figure 2.2, p.51). Reprinted from Connell, J.P., & Wellborn, J.G.(1990), "Competence, autonomy, and relatedness: A motivational analysis of self-system processes," as appeared in M.Gunnar & L.A.Sroufe(Eds.), The Minnesota Symposia on Child Psychology Vol. 22, pp.43—77(Minneapolis, MN: University of Minnesota Press). Permission conveyed through the Copyright Clearance Center。

然而,如果环境无法提供参与、结构或自主支持,需要就无法得到满足,我们就感觉不到有动力。我们可能感到不满,而不能全身心投入计划的活动中(如,学习、工作、锻炼等)。例如,全身心投入环境的人会表现出创造性行为,如注意集中、努力和坚持,然而不满意的人会表现出缺乏努力和退缩行为(Skinner et al., 2008)。不满意的人可能会表现出负性情绪,如抑郁、沮丧或无聊,而不是好奇或享受(Skinner et al., 2008)。因为不满意而表现出来的行为和情绪,我们会错失培养技能和能力的机会,甚至可能经历糟糕的心理调适带来的悲痛。

如果你觉得这些太抽象了,那么我要告诉你理论模型就是这样的。但是如果我们将这个模型应用到特定的情境中,你可能就会更容易理解它。这个模型的厉害之处就在于它适用于很多不同的情境。让我们来仔细地看看它在几个方面的应用。

健康行为

研究者和治疗师将自我决定理论的原则应用在帮助病人更好地照顾自己上(Ryan et al., 2008)。病人的自主感、胜任感和关联感越强,他们戒烟(Williams et al., 2006)、控制血糖水平(Williams et al., 2009)、减肥(Williams et al., 1996)、定期锻炼(Wilson et al., 2008)的意愿和能力就越强。牙医和卫生专家应用动机和敬业度的自我决定模型,让人们更好地照顾自己的牙齿(Halvari & Halvari,2006;见图9.10)。

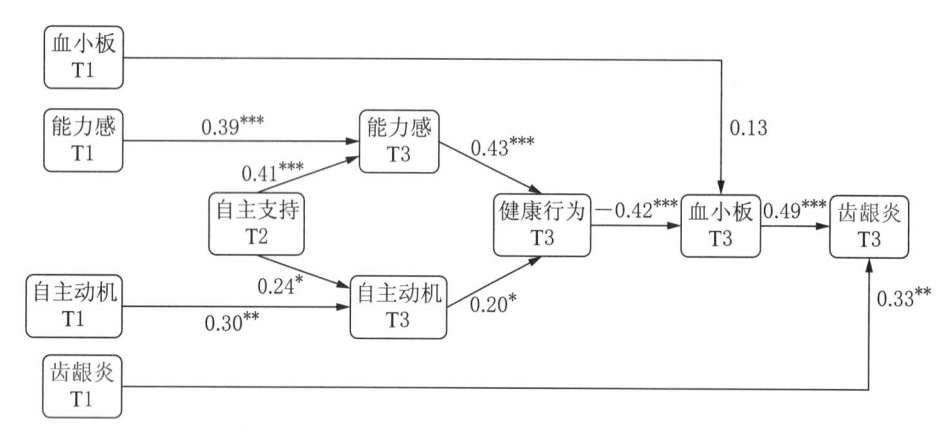

图9.10 口腔健康的自我决定理论:自我决定理论预测了实验结束后病人牙菌斑的数量比实验之前更多。显著的路径用星号标出:$*p<.05$,$**p<.01$,$***p<.001$。T1 = 实验刚开始,T2 = 两个月之后,T3 = 实验结束。来源:Halvari and Halvari(2006,Figure 1,p.300) Halvari, A.E.M., & Halvari, H.(2006). Motivational predictors of change in oral health: An experimental test of self-determination theory. Motivation and Emotion, 30, 295—306.

在研究初期,研究者对牙医诊所的病人照顾牙齿的动机进行了测量,同时测量了牙菌斑和齿龈炎的程度(Halvari & Halvari,2006)。一个月之后,所有被试的牙齿都被进行了清洁。然后,大约两个月之后,病人被随机分到特殊干预或标准护理组。特殊干预组的病人回到诊所与牙医一对一地面谈。标准护理组的病人不会回到诊所,也不接受这个额外的关于家庭口腔护理的会谈。当时的标准做法即没有特殊会谈说明。

> "疾病有两种类型:无意中染上的疾病,以及没有严格遵守预防措施而得的病。可预防的疾病造成的负担占据了治疗及相关成本的大约70%。"
>
> C.Everett Koop,在1982—1989年间担任美国军医总监(1995)

思考题

是什么阻碍了人们采取措施防止染上本可预防的疾病?

在特殊干预阶段,牙医询问病人是否有任何关于牙齿的问题。他们仔细地聆听,认可病人的感受和看法,然后给予反馈和建议。如果病人有任何问题,卫生专家给病人呈现X光片、照片、例子以及关于如何治疗和预防常见牙龈炎问题的信息。病人有权利选择在家采取的预防疾病的治疗措施,并且还告之这些治疗措施背后的原理。牙医向病人演示用牙线和牙刷清洁牙齿的正确方法,同时让病人练习这些方法。她自始至终都鼓励病人,让他们相信自己有能力完成任务。整个过程中,尽量少地使用控制性的或有压力的语言。

这个过程结束之后，为病人提供牙刷、牙线和手册，以确保他们在家也能得到良好的牙齿护理。

7个月之后，所有的被试都回到诊所，研究者对他们的动机、对牙齿护理能力的感知、牙齿护理的态度，以及牙齿健康行为进行测量。最后，对所有被试的牙菌斑和牙龈炎进行重新测量。

研究者假设干预能够增加病人对牙齿护理能力的感知以及保持良好的牙齿卫生习惯的自主能力。胜任感更强的病人能够更好地使用牙线和牙刷，到实验结束时，口腔的牙菌斑和牙龈炎也会更少。图9.10展示了使用路径分析检验该模型的结果。

结果证实了这些预测。干预（方框自主支持T2）成功地增强了病人的能力感和自主感（分别是能力感T3和自主动机T3方框）。能力和自主需要得到满足的病人比缺乏能力感和自主感的病人更可能护理好牙齿、减少牙菌斑，无论是通过干预得到满足还是一开始就有很强的自主感。自我决定理论路径能够更准确地预测实验结束后的牙菌斑含量，而不是实验开始的牙菌斑含量！另外，病人的胜任感和自主感通过病人初期的牙菌斑含量间接影响实验结束时的牙龈炎情况，而实验初期的牙菌斑含量则直接影响实验结束时的牙龈炎情况。

该研究解释了自主感和胜任感通过自主支持和任务结构激励人们更好地护理牙齿。正是动机的增强引发了健康行为，从而拥有更健康的口腔。

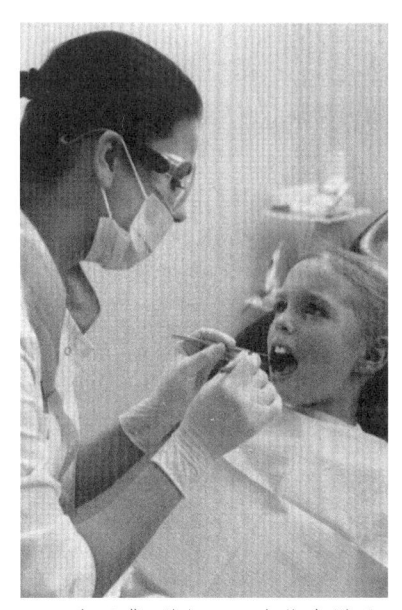

张开嘴，说啊……有能力刷牙、使用牙线和负责任的病人比缺乏胜任感和自主感的病人血小板更少。

自测题

你的牙医或卫生专家对你说了什么？结束拜访之后你感到能胜任并受到激励，还是不能胜任、有压力？

运动行为

你更同意哪一句话，"获胜不代表一切，但它是唯一的永恒"，或者"重要的是过程而非结果"？正如我们在本章前面所看到的，反馈能够提供两方面的意思：控制和信息（Ryan & Deci, 2008a）。与竞争对手比赛的唯一结果——赢或者输——传递了个体技能的信息。所以竞争本身不意味着激励或挫伤，然而如果运动员将竞争过程理解为受控制的，竞争的环境会削弱内在动机（Reeve & Deci, 1996）。

在方块拼图比赛中获胜的大学生比失败的竞争对手获得更强的胜任感，无论他们在赛前被告知一定要击败对手,还是只要尽力就行。然而,因压力所迫而赢得比赛的被试比无需身负压力而获胜的被试感知到的内在激励和自主感更低(Reeve & Deci,1996)。这意味着教练对运动员如何理解和体验训练及比赛有极大的影响,进而会增强或削弱运动员的动机。

在一项针对西班牙巴伦西亚足球队的12至16岁足球运动员所做的研究中,研究者发现教练能够影响运动员训练和比赛中自我调控动机的能力以及情绪体验(Alvarez, Castillo, & Duda, 2008)。凭借路径分析,研究者发现运动员的自主、胜任、关联需要被满足的程度将直接和间接地增加运动员享受比赛的程度,并减少他们的枯燥感(见图9.11)。运动员感知到来自教练的自主支持、结构和参与越多,自我调节的程度越大,越有可能运用内部调节或认同调节,而不是外部调节或内摄调节、无动机(见表9.4)。自我调节的动机反过来又会增加运动员享受比赛的程度。

教练对运动员的动机和幸福感有直接影响

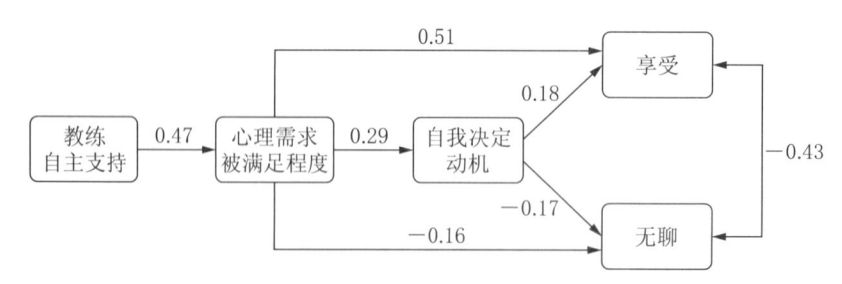

图9.11 关于足球运动员的背景、需要满足程度、动机和情绪的自我决定理论的路径分析。所有表示出来的路径都是效果显著的。图中所标的数字是标准贝塔系数。负数表示一个变量会减弱路径中下一个变量的效果。来源:Adapted from Álvarez et el.(2008, Figure 3, p.145). Reprinted with permission from Álvarez, M.S., Balaguer, I., Castillo, I., & Duda, J.L.(2008), "Coach autonomy support and quality of sport engagement in young soccer players," *The Spanish Journal of Psychology*, 12(1), 138—148。

表9.4 你为什么参加运动？《运动动机量表》的测题样例

测题	调节类型
真正投入运动时内心激动的感觉	内部调节
因为这是我所选择的发展自己其他方面的最好方式之一	认同调节
因为我必须通过运动才能自我感觉良好	内摄调节
为了运动员的声誉	外部调节
我不知道；我觉得自己没有能力在运动中获胜	无调节

注：自我决定动机是用西班牙语版（Balaguer, Castillo, & Duda, 2007）的《运动动机量表》（SMS; Pelletier et al., 1995）施测的。回答采用李克特7点量表，从1分（完全不符合）到7分（完全符合）进行打分。

来源：Álvarez et al.（2008, p.142）。

需要注意的是，这些运动员是在同一时间被研究的，因此我们无法确切地知道教练的行为是否促使运动员感到他们的需要得到了满足。切记，相关不是因果。为了肯定地回答教练的行为对运动员的动机和幸福感有什么影响，我们需要跨时间地研究教练的行为和运动员的体验。这正是一项关于体操运动员的研究所做的工作（Gagné, Ryan, & Bargmann, 2003）。

运用日记研究法，研究者追踪了45名7—18岁的体操运动员每天参加训练的动机、三种需要的满足程度、情绪、能量水平以及自尊（Gagné et al., 2003）。体操运动员是竞争团队的一部分，平均每周训练7个小时。在一个月15次的训练中，运动员每次训练之前和之后都要填写问卷。研究者想了解随着运动员感知到的来自教练和父母的自主支持、结构、参与以及他们的需求被满足程度的波动，他们的动机、能量和自尊如何波动（见图9.5）。

正如你所期待的，这些体操运动员在自我决定动机上得分非常高，其中在认同调节和内部调节方面得分最高。年轻的体操运动员比年长的体操运动员的内摄调节得分更高。认同调节得分高的体操运动员更加按时地参加训练。

体操运动员感到来自父母和教练的自主支持越多，他们自我调节的程度越大，表现出更多的认同和内部调节。自我调节高的体操运动员在训练中体验到更多的积极情绪，比如激动、敏锐、热情、鼓舞。他们也在训练中表现出更多的能量和活力（如感到有生气、有能量、有精神），更稳定的自尊和更频繁地参加训练。自我调节低的体操运动员更多地感到受父母和教练的控制，更多地报告内摄和外部调节，在训练中体验到更多的负性情绪，比如感到悲伤、紧张、难过、急躁。他们也表现出更少的能量和活力，更不稳定的自尊。

在一个训练环节中，报告通过训练从而使自主、胜任和关联需要得到满足的体操运动员，在训练结束后，相对于训练开始积极情绪体验、能量以及自尊稳定性有所提升。而且，感知到教练高度投入训练的体操运动员比感到教练没有投入训练的体操运动员拥有更稳定的自尊感。

这项研究揭示了两个效应。首先，运动员在训练中会有不同的自我调节风格。这种调节风格是在与父母的长期相处以及过去与教练的接触中逐渐形成的。我们可以将这种调节风格看作某次训练进行的背景。体操运动员的自我调节风格是他们人格的一部分，而且在研究进行的几个月中是相对稳定的。一般来说，自我调节程度高的体操运动员比自我调节程度低的体操运动员更敬业，幸福感更强。

表 9.5 《需要满足量表》的部分测项

需 要	测 项
自 主	我的教练在训练中帮助我选择自己的方向
胜 任	我擅长体操运动
关 联	我感觉自己是团队的一分子

注：该量表评估了体操运动员在多大程度上感觉需要在训练中得到了满足。回答采用李克特 5 点量表，从 1 分（完全不同意）到 7 分（完全同意）进行打分。
来源：Gagné et al.（2003，p.378）。

思考题

为什么年轻的体操运动员比年长者表现出更低的自我决定动机？

其次，在整个研究过程中，每一个训练阶段对体操运动员敬业度和幸福感的影响作用处于变动之中。每一个训练阶段都会影响体操运动员对需要满足的感知程度。一个好的训练阶段（在这个阶段，体操运动员的自主、胜任和关联需要被满足）使他们比刚进来时感觉更好：更激动、更敏锐、更受鼓舞、更有活力、更有热情等。然而，一个糟糕的训练（他们的自主、胜任和关联需要没有得到满足）使他们比刚进来时感觉更糟糕：更悲伤、更紧张、更难过、更急躁，更孤独、更沮丧、更泄气，对自己更没有信心。

将这个研究与阿尔瓦雷斯等（2008）关于西班牙足球运动员的研究（见图 9.11）进行对比就会发现，可以肯定地说，教练在训练阶段促进运动员三种需要的满足，这能够增强运动员的自我调节、敬业度和幸福感。

工作行为

一项研究显示，当今的工作场所近年来已经发生了变化，因此经理们需要改变他们的思维方式（Stone, Deci, & Ryan, 2009）。经理们曾经采用胡萝卜加大棒的方式激励员工，即通过提供奖励或惩罚来控制员工，我们现在知道这种控制方式是有问题的。至少，这样的方法需要持续的监督和控制。最糟糕的是，这种方法会削弱内部兴趣。而且，当今信息社会的工作性质比早年工厂中的日常工作需要更多的思考和创新。人们没有办法通过简单的控制方法来培养创新和才能，这正如我们在之前所述的孩子创作绘画的例子中看到的情形。最后，因为员工招聘和培训而带来的成本和付出，组织开始转移注意力，比以前更加关注留任和员工满意度，努力提升员工的幸福感和组织生产力。自我决定理论提供了增强员工动机、创造力、满意度和工作绩效的工具（Deci, Connell, & Ryan, 1989；

Stone et al., 2009)。

经理们能够采取一系列措施来增强员工的动机,引导员工产生持续的动力,即自我决定的,而不是受外部控制的,没有直接监督的激励措施(见表9.6)。这些措施是提供自主支持、结构和参与的方式,有助于满足员工的自主、胜任和关联需要。正如我们看到的,当人们感到需要被满足的时候,他们会在工作中更敬业。

表9.6 如何在一个工作环境中建立自主调节

1. 询问开放性问题,并邀请员工参与解决问题。
2. 积极倾听并认可员工的观点。
3. 在一定范围内提供选择,包括澄清责任。
4. 提供真诚的、积极的反馈,认可员工解决问题的主动性,提供反映问题的实际的、不带判断的反馈。
5. 尽量少控制,包括奖励和与他人比较。
6. 培养才能和分享知识,以提升能力感和自主感。

来源:From Stone et al.(2009, Table 1, p.80). Beyond talk: Creating autonomous motivation through self-determination theory. *Journal of General Management*, 34, 75—91。

20世纪80年代大裁员时期,这些原则被运用在施乐公司,以帮助提升员工士气(Deci et al., 1989)。该研究的被试是将近1 000位技术人员和他们的区域经理。技术人员几乎所有的时间都花在处理客户问题的路上,区域主管负责由18位技术人员组成的工作团队。技术人员之间几乎没有任何联系,除了每月的组会,每周只能在上交考勤卡的时候才能见到区域经理一次。

自测题

工作中的名誉、金钱和自由对你的重要性如何?

在这段不确定时期里,工资是被冻结的,裁员在不断蔓延。技术人员和区域经理都因为工资被冻结感到沮丧,并带着巨大的压力去工作,他们觉得自己很可能是下一个被裁掉的人。技术人员并没有感到来自经理的支持——经理自己本身也毫无疑问地感到来自上面的压力——而是感到压力和被控制。经理们感到被孤立,避免谈及其他经理,因为他们担心揭露他们自己或团队的弱点。正如你所看到的,在上述条件下,自主需要和关联需要都缺失了,尽管公司管理层并没有用这些词汇来定义当时的问题。

为了改进这种状况,公司管理层想改变组织的环境,从而包含更多参与式管理(这将增加自主性)和员工参与(这将增加关联)。改进计划包括专门的培训,建立问题解决小组,重组工作团队,引进外部顾问协助实施改进。其中一些顾问受过自我决定理论原理培训。在干预阶段,这些顾问在与经理互动过程中亲身示范自主支持和参与行为,从而使经理们自身体验自我决定理论对激励和敬业度的影响。

作为干预的一部分,区域经理聚到一起表达他们对工作环境的负面感受,他们的看法得到了认可。接下来,经理们分享他们在自己团队中所采取的策略。在这个过程中,顾问示范如何共情地倾听,接纳经理们的观点,认可他们的感受。培训区域经理如何从自主支持的角度支持员工的自我决定,包括在任何可能的情况下为他们提供选择,为他们提供非控制的反馈,表现接纳和认可的观点。

在学习这些技能的过程中,经理们学会了支持和鼓励彼此。当他们回到日常工作团队时,他们能够在技术人员身上应用这些技能。结果,技术人员感到更少压力和被控制感,更多支持和自由。例如,经理们寻求来自其他经理的支持,而不是将压力转移给技术人员。经理们也支持员工的主动性,帮助员工自我管理。

在研究的18个月中,区域经理对员工自我决定的支持增强了技术人员的工作满意度。开始的时候,研究者可能会听到这样的话:"这是一家一点也不关注员工的公司"(Deci et al., 1989, p.586)。但是研究结束时,支持员工自我决定的经理开始让员工感觉更好,员工对工作情境的大多数方面更加满意。控制型的经理仍然让员工感觉糟糕,员工对工作的大多数方面表现出消极情绪。

思考题

当今许多人面临不确定的工作环境。类似的干预能否提高员工的士气和动机?

自主感、胜任感和关联感能增加员工的动机和工作满意度。

经理给予技术人员的自我决定支持越多,技术人员对公司的信任越多,感知到的压力越小。技术人员也报告了研究过程中对经理反馈的满意度、投入的机会、工作安全感的提升。

追求幸福

什么能带来幸福?追求名誉、财富和美貌能带来幸福吗?尽管这些东西被许多人追求,无论在美国还是其他国家,一些研究者想知道对这些外部目标的追求是否将人们与家庭、朋友、社区分离了，使得人们更难获得幸福和精神健康。

对于许多人来说，追求财富成功的"美国梦"的确有负面效应（Kasser & Ryan, 1993, 1996），即追求财富目标（如能够买自己想买的东西，做自己的老板，有一份受人尊敬的工作）的年轻人比追求自我接纳（过有意义的生活、了解并接纳自己）或情感关联的人（有朋友、配偶和孩子）更抑郁、更焦虑、更少自我实现。

这同样适用于像俄罗斯这样的前社会主义国家，当前俄罗斯的年轻人可以追求自由市场经济的价值，尽管他们不是在市场经济中长大的（Ryan et al., 1999）。在美国和俄罗斯，重视内部目标多于外部目标的大学生有更高的幸福感、生活满意度、自尊和自我实现。

然而，这不是全部：幸福感也取决于人们追求财富成功的原因（Carver & Baird, 1998）。例如，认为拥有一份报酬高的工作很开心，或者能够自由选择自己想做的非常重要，或者拥有一份报酬高的工作就心满意足了的学生，他们的自我实现程度更高。相反，那些认为取得财富成功是应该做的，或者财富成功能够为家族增光，或者财富成功能够赢得他人的尊重的学生，他们的自我实现更低。

问题是，很多时候对名誉、财富或美貌的追求涉及外部标准而不是个体内部的标准（Kasser & Ryan, 1996），即涉及外部动机而不是内部动机。因此，你追求什么以及你为什么追求，对于幸福和快乐同样重要（Sheldon, Ryan, Deci, & Kasser, 2004）。名誉、财富和美貌本身并不能够带来幸福和快乐，而是自由选择追求什么、有能力去实现、与他人建立有意义的联系，这三者一起通往幸福（Kasser & Ryan, 1996）。

重新回顾跆搏运动研究

你还记得本章开篇介绍的关于青少年在体育课上学习跆搏运动的研究吗？该实验控制了教练的自主支持（Vansteenkiste et al., 2004）。在其中一种条件下，教练鼓励学生对于是否参加跆搏运动进行自主选择，而在另一种条件下，教练强迫学生必须参加运动。与此同时，研究者也控制了学生参加跆搏运动的内部动机和外部动机。自主支持与内部动机一起促使学生更努力、表现更佳、四个月后更长久地坚持。自主支持和内部动机同时存在时效果最好！

你现在可以看出这些变量是如何促进学生的自主感的了。自主感的满足增强了学生学习和练习跆搏运动的动机。而且，完全投入跆搏运动毫无疑问也有助于学生培养这项新技能。

> "美国宪法并不能保证幸福，唯有不懈的追求才能得到它。你必须自己去抓住幸福。"
>
> 本·富兰克林

想象一下，如果一直都处在培养自主感、胜任感的环境中，同时与同伴和成年人拥有温暖的、支持的关系，那么在成年之前，我们便能够对外部世界形成一般的观点。但是，人们在感到被迫或得到支持的程度上存在着差异。这种因果取向的差异解释了人们在接近新情境和解释反馈方面的差异，这又会影响心理机能和幸福感（Ryan & Deci, 2008a,

2008b)。因此,做一点跆搏运动可能是有益的,但是自主感、胜任感和关联感更重要!

本章小结

自我决定理论认为,人们从事活动的内部和外部动机与重要的结果相关。当人们迫于压力而从事某项活动时,他们将失去动机,表现糟糕,丧失幸福感。然而,当人们出于自身的意愿而从事某项活动时,就能够保持动力,表现较好,获得幸福感。这是三种基本心理需要之一的自主需要。

根据自我决定理论,所有人,不管哪种文化背景,天生就有三种对于生存和繁荣至关重要的基本心理需要:自主需要(选择、意愿)、胜任需要(掌握、熟练)以及关联需要(与他人建立联系)。这三种基本心理需要受到不同派别心理学家的广泛关注。自我决定理论是基于相关理论发展起来的,包括因果观(自主)、自我效能理论(胜任)和依恋理论(关联)。人们从社会情境中满足这些需要。自主支持有助于产生自主感,结构和最佳挑战有助于人们感到胜任,参与让人们感到关联。

自我决定理论的推断之一是奖励和惩罚可能起到相反的作用,从而导致人们丧失对活动的兴趣或者表现不好,特别是对于那些需要创造力的活动。这种过度效应在儿童和成人身上都得到了验证,不管是哪种形式的奖励(如金钱、表扬、糖果等)。外部激励,如最后期限、强制目标、竞争、监督、评估以及传递了任务中的胜任信息的奖励,它们不一定会削弱动机和表现。然而,意味着缺乏自主或控制的奖励对动机和表现是有害的。

自主的一个方面是有能力自我调节行为,尤其是从事并非内部感兴趣的活动时。动机随自我决定程度高低而异,从无动机(无调节)、外部调节、内摄调节、认同调节以及内部调节。自我决定程度最低的是无动机,即人们感到缺乏兴趣或不投入。自我决定程度最高的是内部调节,即人们出于内在的兴趣而完成任务。

随着成长而经历自主需要、胜任需要及关联需要得到或未得到满足,人们对外部世界形成了期待,这被称为因果观。人们可能拥有自主性、受控制或客观倾向,他们在动机、敬业、心理调适和整体幸福感方面存在差异。

研究者运用路径分析来检验假设的模型是否解释了足够变量,是否优于其他模型。路径分析发现了变量彼此间的直接和间接效应。分析结果通常用图画出来,同时标出变量间显著效应的路径。路径分析可以告诉我们在众多变量中哪一个更可能是因果路径,但是却无法证明两者之间存在因果关系,除非在不同时间测量变量或者用真实验进行严格控制。研究者运用路径分析检验了敬业度的自我决定理论模型。

根据敬业度的自我决定理论模型,社会环境能够促进或阻碍三种基本心理需要的满足。当三种需要得到满足时,人们感到有动力,敬业,表现好,掌握技能,增强幸福感。当这些需要没有得到满足时,人们感到不投入,冷漠的,无动力,经历消极情绪体验,无法掌握新技能,整体幸福感低。该模型广泛适应于无数的领域,包括学校、工作环境、健康行为、亲密关系、治疗和父母教养中。

例如，当健康专业人员帮助病人满足这三种基本心理需要时，病人对自己的健康更负责，最终更健康。教练帮助运动员满足这三种基本心理需要，促使运动员更有动力，更享受训练。工作中，感到自主、能胜任和有关联感的员工拥有更高的工作满意度，工作更独立。最后，过程中能够自由选择追求什么目标，有能力追求自己想追求的，与他人建立了有意义的联系，这会通向持久的幸福。接受外部目标如追求名誉、财富和美貌是不幸福的。

✓ 学习和巩固：在网站mysearchlab.com上可以找到更多学习资源。

问题回顾

1. 什么是自我决定理论？跆搏运动解释了自我决定理论的哪两个预测？
2. 有哪三种基本心理需要？我们如何满足这些需要？在特定情境中，这些需要被满足的具体例子有哪些？
3. 与绩效挂钩的奖励和惩罚可能会传递哪两种信息？哪种反馈可能削弱内部兴趣？
4. 自主与因果观有什么相似之处？胜任与自我效能有什么相似之处？关联感如何建立在依恋理论基础之上？
5. 什么是路径分析？理解路径图时，实线、箭头和系数分别表示什么意思？
6. 自我调节意味着什么？自我调节的类型有哪些？动机的类型有哪些？
7. 因果取向有哪三种？三种不同因果取向的人如何接近新情境？
8. 敬业度的动机模型如何描述背景、自我和行动引起积极或消极结果？
9. 自我决定理论如何应用于健康护理、运动员的动机、工作动机和追求幸福？

关键术语

自我决定理论	过度效应	内部调节
受外部因素激励	控制点	外部动机
受内部因素激励	因果观	外部调节
人本主义传统	自我效能	内摄调节
自我实现倾向	结果期待	认同调节
自主	效能期待	综合调节
胜任	路径分析	因果取向
关联	路径图	自主取向
最佳挑战	无动机	受控取向
心流	内部动机	客观取向

第 10 章

人格的认知基础

控制点
    控制点的测量
    控制点与成就
    控制点与工作行为
    控制点与生理及心理健康
    控制点与社会行为
    控制点的文化差异
过去和现在：控制点
习得性无助
解释风格
    解释风格的测量
    解释风格与成就
        学校
        运动
    解释风格与工作行为
    解释风格与生理及心理健康
        生理健康

        心理健康：抑郁
    解释风格与社会行为
    解释风格的文化差异
研究方法示例：田野研究和自然操纵
气质性乐观
    气质性乐观的测量
    气质性乐观与应对策略
    乐观的信念和期望
    乐观主义与应对策略
    乐观主义者采取行动
    乐观主义与判断可控性
    乐观的信念与心理机能
日常生活中的人格：让人们变得更乐观
本章小结
问题回顾
关键术语

到我的搜索实验室(mysearchlab.com)阅读本章

  从大学拿到心理学学位之后，我便想着要从事拯救世界的工作。我在墨西哥的遥远村庄里做了大约一个月时间的志愿者。我和同事们组织了大量的活动来帮助当地人，通过管理政府赞助的扫盲项目，为健康诊所配备医护人员，开展青少年外展服务，看望病人，为儿童搭建各种日营。在我刚到的几天,我惊讶地发现一个四岁的小女孩茫然地盯着眼前的蜡笔,而她周围的其他小朋友咯咯地笑着从桌子中间拿蜡笔,兴高采烈地涂鸦,唯有埃琳娜安静地坐着。

当我问她为什么不画画时,她只是耸耸肩,陷入了沉默。我很好奇为什么一个四岁的小孩还不知道如何涂画,因此我轻轻地将手搭在她的手上,我们一起握住了蜡笔并开始涂画。但是缺乏上色训练并不是她的真正问题,尽管有我的指导和鼓励,埃琳娜还是没有学会用蜡笔画画。当其他小朋友在纸上涂满了精心设计的颜色时,她的画纸上除了我们一起画的几笔之外,其余的地方仍然不合常理地空着。

一个无助的小孩盯着满桌子蜡笔的画面不断地出现在我的脑海里。是什么让一个小女孩如此无助,以至于不能或根本不愿意像其他小朋友一样画画?我想到了心理学课上学过的习得性无助,想知道这是不是习得性无助的表现。如今,我倾向于认为埃琳娜当时是抑郁的,至少对用蜡笔画画这个想法是抑郁的。仅仅是想法会让我们抑郁吗?如果是的话,改变想法能改变抑郁状态吗?如果改变想法,是否就改变了人格的根本呢?

塞利格曼及其同事的实验考察了改变人们想法的可能性(Seligman, Steen, Park, & Peterson, 2005)。他们将被试随机分配到 5 个小组中。要求他们每周安排一天思考特定的事,比如表达感谢,回想生活中的美好事物,发现、反思或发展自己的优势性格,如好奇、兴趣、领导力、宽恕、希望、仁慈和爱。第 6 组是控制组,被试写下他们的早期记忆。最后,在不同时间段测量被试的抑郁和幸福水平,测量时间分别是实验刚结束之后、1 周之后、1 个月之后、6 个月之后。

尽管被试在研究初始时存在一定程度的抑郁,但是通过回想自己曾经经历过的美好事情以及这些事情发生的原因,或者通过新的方式培养自己的性格优势,被试的抑郁症状减轻了,而且他们在实验中的幸福感也增强了。写感谢信的被试也感觉好多了,但是这种好的状态只持续了一个月。然而,回忆早期经历、发现或反思自己的性格优势对于抑郁或幸福感却没有任何作用(见图 10.1)。

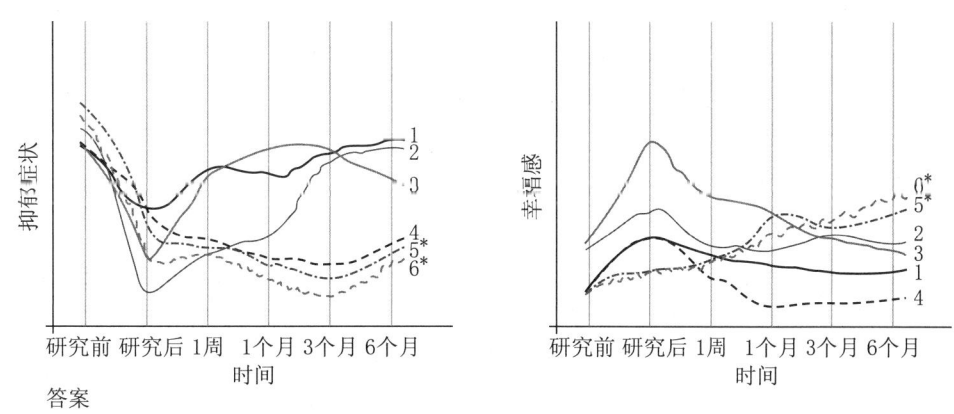

图 10.1　不同条件下,抑郁症状和幸福水平随时间的变化。尽管某些干预有即时效应,只有运用优势(5)和解释三件好事(6)才能引发持续的变化。来源:Based on Seligman et al.(2005, Figures 1 and 2, pp.417—418)。

"乐观主义者看到玫瑰而不是玫瑰的刺；悲观主义者只盯着刺看，却忽略了玫瑰。"

Kahlil Gibran(1947/2006)

自测题

下次当你感到精神不振时，不妨试试这几个策略。

训练性格能量，如好奇、兴趣、领导力、宽恕、希望、爱和仁慈能够预防抑郁并增强幸福感。

这个实验令人惊叹的地方在于，干预是通过电脑实施的，而不是治疗师！被试从来没有与另外一个人说话或互动，甚至没有踏进实验室。实验的招募、测量和干预都通过一个网页在网络上进行。许多治疗干预依赖于治疗师的专业性或共情，但是这个干预是在缺乏人际互动的情况下进行的。塞利格曼等(2005)认为如果辅以更富关怀精神、更有经验的咨询师或人生教练，那么在原有数据基础上，干预可能更有效。这个研究从文字上和数字上证明了积极思维的力量！

很多心理学家一致地发现，人们在感知和思考世界的方式上存在差异。例如有些人更依赖于视觉线索，对环境更敏感。**场依存**(field-dependent)的个体倾向于看大局而不是细节。相反，**场独立**(field-independent)的个体更依赖于自己的生理知觉，选择性地注意特定的物体而不被周围的细节所干扰(Witkin, Moore, Goodenough, & Cox, 1977)。场独立的个体更适合在传统课程情境下学习语言，而场依存的个体更适合新语言完全渗入日常生活情境的学习方式(Brown, 1994)。

"我思,故我在。"

哲学家笛卡尔(Rene Descartes)

除了知觉上的差异,人们在解释世界的结构或图式(Kelly, 1995)、智力是稳定的还是随着努力和经验的增长而增加(Dweck, 1999),以及期待、信念、目标(Mischel & Shoda, 1995)等方面也存在差异。本章我们聚焦于个体在期待和信念上的差异,并深入了解当前人格心理学关注的领域:人们如何看待发生在他们身上的事件的起因及其影响,以及控制点、习得性无助、乐观和悲观解释风格、气质性乐观的不同是如何构成不尽相同的人格的。

控制点

生存还是毁灭,这是一个问题:
默默忍受命运暴虐的毒箭,
或是挺身反抗人世无涯的苦难,
通过斗争把他们扫清,
这两种行为,哪一种更高贵?

选自《哈姆雷特》,威廉·莎士比亚(第1幕,第3场)

你更认同哈姆雷特的哪一种行为:是必须忍受命运的安排,还是努力掌控自己的人生?

尽管莎士比亚早已发现了这两种看待世界的方式,但人格心理学家朱利安·罗特第一个将控制点(locus of control)定义为对生活中的事件结果和强化进行控制的信念。人们在不同程度上,即在控制信念连续体上的不同位点上,认为事件的结果取决于自己的行为或人格特质。那些认为自己对生活中的事件有一定控制力的人被认为具有内控倾向(internal locus of control),并被称为内控者(internals)。相反地,外控者(externals)或者具有外在控制倾向(external locus of control)的人认为他们对生活中发生的事件几乎缺乏控制,并将结果和责任归因为机遇、运气、命运、有影响力的群体,或者不可预测的因素(Rotter, 1966)。尽管人们可能同时具有内控和外控的信念,但是通常是以其中的一种思考方式为主。

人们从以往经历中形成了不同的期望(Rotter, Chance, & Phares, 1972)。如果因为自己的行为而受到奖励,他们会认为自己的确能控制发生在自己身上的事。然而,如果他们的行为没有受到奖励,他们会认为自己缺乏控制,认为事情的发生是因为外部因素或者是一些不知道的、无法预测的原因。例如,将事件归因为机遇或运气的外控者比内控者更可能相信占星学,并通过看星象或购买占星学书籍来支撑这一信念(Sosis, Strickland, & Haley, 1980)。

内控者和外控者在信息加工方面也存在差异。内控者比外控者更关注将来可能对他们有用的信息,保留更多信息(Wallston, 2001)。例如,住院的肺结核病人(Seeman &

Evans,1962)和面临假释的囚犯(Seeman,1963),他们中的内控者要比外控者对所处情境了解得更多。内控者对于所处情境有着更深程度的了解,这对于改变现状非常重要。

控制点的测量

控制点经常用《内—外控制点心理量表》测量(the Internal-External Locus of Control Scale, Rotter, 1966;见表10.1)。受测者对29对以迫选形式呈现的陈述进行回答。每一对陈述包括一个内控陈述和一个外控陈述。受测者必须回答他们更同意哪一种陈述。其中六对陈述是充数选项,不计分。最终分数从0至23分,高分意味着外控程度更高,低分意味着内控程度更高。

表10.1 《罗特内—外控制点量表》的部分测题

内控者倾向于认同下面的陈述:
1. 人们的痛苦是由他们所犯的错误导致的。
2. 从长远来看,人们能够获得他们应得的尊重。
3. 对我来说,与其相信命运,不如下决心采取明确的行动。
4. 对于准备充分的学生来说,从来不存在所谓不公平的测验。
5. 成功是靠努力工作,与运气几乎没有任何关系。
外控者倾向于认同下面的陈述:
1. 人们生活中的很多不幸福都是因为运气不好。
2. 不幸的是,不管多么努力,个体的价值经常不被认可。
3. 我经常发现该来的总会来。
4. 很多时候,考试题目与课程完全无关,我觉得学习真的没什么用。
5. 找到好工作主要取决于处在正确的地方、正确的时间。

注:从0=不可能到100=确定来打分。
来源:Generalized expectancies for internal versus external control of reinforcement. Psychological Monographs: General and Applied, 80(1), (Whole number 609), 1—28. Copyright American Psychological Association. Reprinted with permission。

后来,研究者陆续开发了若干种量表,用于测量特定目标领域的控制点(Lefcourt, 1979, 1981, 1991),包括健康(Wallston, Wallston, & DeVellis, 1978)、体重控制(Saltzer, 1982)、个人财务管理(Furnham, 1986)、财富积累(Steed & Symes, 2009)、人际关系(Lewis, Cheney, & Dawes, 1977)、婚姻结局(Miller, Lefcourt, & Ware, 1983)、头痛(Martin, Holroyd, & Penzien, 1990)、工作(Spector, 1988)、睡眠(Vincent, Sande, Read, & Giannuzzi, 2004)、饮酒(Donovan & O'Leary, 1978)以及脑力、生理和社会领域(Bradley, Stuck, Coop, & White, 1977)。

无数关于控制点的研究显示,成就、工作、健康、人际关系的成功都与内控相关。然而,罗特本人提醒道,不能简单地认为内控是更好的或更健康的思维方式,而外控是不好的思维方式(Rotter, 1975)。外控者不会为他们的信念感到痛苦。但是很多(不是全部)重要的人生结果都是与内控相关。让我们看看下面几个领域的主要发现。

控制点与成就

内控者比外控者有着更强的行动力(Rahim, 1997),包括采取政治行动(Gore & Rotter, 1963; Strickland, 1965);内控者比外控者学习更投入,在测验中表现更好,获得更高的分数,从而取得更高的学术成就(Nord, Connelly, & Daignault, 1974 Prociuk & Breen, 1974)。事实上,10 岁时较高的内控分数能够预测成年以后更高的教育成就(Flouri, 2006)。内控者比外控者更经常憧憬成就,更少想象失败(Brannigan, Hauk, & Guay, 1991)。

内控者更擅长计划和从事长期目标(Lefcourt, 1982)并建立现实的目标(Gilmor & Reid, 1978)。例如,内控学生比外控学生更快修完大学学分(Hall, Smith, & Chia, 2008)。三至五年级的内控儿童比外控儿童更能够实现延迟满足(Strickland, 1973)。他们更愿意放弃一颗棒棒糖以获得 2 周后的 3 颗棒棒糖。

内控者自己承担更多责任,也为他人设立较高的责任标准(Phares & Wilson, 1972)。例如,内控者更可能支持死刑(Butler & Moran, 2007)。即使在控制了收入、教育、负性生活事件(如医疗支出、失业或收入降低等条件)之后,内控者也拥有更高的信用评价。内控者比外控者拥有更高的收入,更丰富的金融知识,更高的受教育水平(Perry, 2008)。

控制点与工作行为

内控对于事业和工作行为确实有所裨益。一项基于 222 项研究的元分析研究发现,内控员工比外控员工对薪酬、晋升、同事和上级更满意(Ng, Sorensen, & Eby, 2006)。内控员工比外控员工表现出更高的工作承诺、更强的内部动机、更高的生产力、更成功的职业生涯、更强的工作挑战性以及更长的工作时间。相反,外控的员工更可能经历工作超负荷、工作问题、压力、倦怠、缺勤、工作职责与家庭冲突。

内控大学生表现出更好的职业决策技能(Millar & Shevlin, 2007)。在 6 个国家所进行的研究都发现,无论是熟练的员工还是不熟练的员工,内控员工与工作更投入相关(Reitz & Jwell, 1979)。内控员工对绩效奖金非常敏感,并且在绩效系统(如销售或计件工资条件)下工作得特别好。内控者普遍对工作更满意(Spector, 1982);在一项关于德国抑郁的护士的研究发现,外控者是最抑郁和倦怠的(Schmitz, Neumann, & Oppermann, 2000)。

然而,尽管企业家中有着更多的内控者,但自己创立公司的企业家却不一定比为他人打工的非企业家更成功(Venkatapathy, 1984)。内控企业家比外控企业家从事更多与事业相关的活动,如工作更长时间、拓展业务、为企业设定目标(Durand & Shea, 1974)。研究者认为,内控者比外控者更有能力将想法和梦想付诸实践。

1972 年 6 月袭击宾夕法尼亚的毁灭性飓风摧毁了该区域内 430 家企业,其中内控的企业主应对得更好(Anderson, 1977)。在灾难后 8 个月,内控者开始采取问题关注的应对方式,而不是情绪关注的应对方式,他们能够控制焦虑、愤怒、或其他情绪反应。在面对整个情境时,外控者比内控者更有压力。

甚至在 3 年半之后,内控的企业主仍然比外控的企业主做得更好,他们拥有更高的信用评价。研究者发现,内控的企业主在这个阶段采取了更有效的行动,反过来,这使得这些企业主更加内控,从而使他们的业务回到飓风之前的水平。外控的企业主随着业务的改善,他们变得比飓风前更加外控(Anderson, 1977)。这个研究验证了罗特最初的观点,控制点会影响表现,表现也会反过来影响将来的控制点。

控制点与生理及心理健康

有能力控制事件的信念与采取行动的强烈意愿结合到一起,便有助于人们的整体生理及心理健康(Lefcourt, 1982; Selander, Marnetoft, Åkerström, & Asplund, 2005)。例如,内控者患心脏病的风险更低,这可能是由于采取了预防措施,如更经常锻炼以及吃得更健康(Sturmer, Hasselbach, & Amelang, 2006)。

内控者比外控者更可能系安全带(Hoyt, 1973),进行锻炼(Norman, Bennett, Smith, & Murphy, 1997),戒烟(Segall & Wynd, 1990),使用计生用品(MacDonald, 1970),记录用药史(Hong, Oddone, Dudley, & Bosworth, Bovbjerg, 2005),采取措施降低患乳腺癌的风险(Rowe, Montgomery, Duberstein, & Bovbjerg, 2005)。10岁时内控的英国儿童成年以后超重可能性较小,30岁时肥胖的可能性更小,更健康,更少心理困扰(Gale, Batty, & Deary, 2008)。外控的慢性病患者认为健康掌握在医生的手里,并报告更多的情绪困扰(Shelley & Pakenham, 2004)。

思考题

为什么内控者比外控者表现出更多的内部动机?

思考题

为什么外控者不能采取措施保护自己?

内控的个体更可能照顾好自己,比如按要求使用安全带、吃更健康的食物。

外控者更容易焦虑和抑郁(Benassi, Sweeney, & Dufour, 1988)，更没有能力处理有压力的生活经历(Lefcourt, 1983)。外控青少年的自杀风险比内控青少年高(Evans, Owens, & Marsh, 2005)。内控者更快乐(Lefcourt, 1982; Ye She, & Wu, 2007)。

例如，试想一下海湾战争期间居住在以色列的民众。当时他们面临夜间导弹袭击，而且持续了5个星期。内控青少年比外控者报告了更轻的生理症状（如头痛、无力、失眠、没胃口等）、更少的害怕情绪、更好的压力下的认知能力（如注意力、记忆、决策）(Zeidner, 1993)。

也有证据表明，控制点不同的个体在处理压力情境时存在差异。许多研究一致发现，内控个体更多采用问题关注的应对方式，寻找可能的解决方案，采取具体措施使事情好转。相反，外控者更多采取情绪关注的应对方式，比如通过找人聊天缓解他们的愤怒、焦虑或伤心的情绪(Ng et al., 2006)。在前面部分，我们看到企业家控制点的差异是如何导台风袭击多年后恢复生产情况的差异的(Anderson, 1977)。

控制点与社会行为

控制点甚至会影响个体与他人的互动。社会关系是通过自己的努力建立和维护起来的，相信这一点的个体比不相信的个体社交技巧更好，社会敏感性更高(Lefcourt, Martin, Fick, & Saleh, 1985)。内控个体比外控个体更可能表现出独立性，抵制社会影响(Crowne & Liverant, 1963)。外控者更容易受到说服、社会影响力和从众压力的影响(Avtgis, 1998)。

内控者比外控者更经常参加社团活动(Brown & Strickland, 1972)，担任更多校园领导岗位(Brown & Strickland, 1972; Hiers & Heckel, 1977)。当选择与其他人坐哪儿的时候，内控者比外控者更可能选择有影响力的位置，比如坐在桌子的首席(Hiers & Heckel, 1977)。

依据各自期望奖励的差异，内控者和外控者对情境的关注点不同。外控者对情境的社会要求更敏感，而内控者对情境的任务要求更敏感。在一项实验中，对于自己的表现外控者更关注来自实验者的反馈，而不是直接来自任务本身的反馈。当然，内控者更喜欢直接来自表现的反馈(Pines & Julian, 1972)。

然而，当与陌生人交谈时，外控者比内控者谈得更多，更经常看他们的搭档(Rajecki, Ickes, & Tanford, 1981)。再一次，我们看到，这是因为外控者和内控者期望的奖励不同，后者来自自身的行为，而前者来自他人的行为。

自测题

找一天，基于社会关系取决于自己的努力这一信念来表现。第二天，基于社会关系不取决于努力的想法来表现。你更喜欢哪段经历？

控制点的文化差异

相信自己对事情有控制力或缺乏控制力似乎是人类普遍存在的现象，内控和外控的本质区别存在于多种文化中。然而，在不同文化中，人们对自己拥有控制力的程度的认识存在差异(Cross & Markus, 1999)。个体主义文化中，比如美国和西欧国家的人们普遍更加内控。事实上，个体主义文化是如此的内控，以至于他们容易产生**控制错觉**(illusion of control)，即人们认为他们能够控制实际上不可控的情境。

相反，集体主义文化，比如东亚国家的人普遍更加外控。他们相信超自然的力量、宿命甚至命运决定结果。例如，日本大学生比美国大学生感到更加不能控制积极或消极事件(Heine & Lehamn, 1995)。

然而，约翰·维兹(John Weisz)和同事认为存在两种控制方式(Weisz, Rothbaum, & Blackburn, 1984)。首先，人们可以练习**初级控制**(primary control)，然后尝试使自己感觉更好或者通过改变环境减轻痛苦。当然，为了做到这点，个体必须是内控的。

或者，人们可以练习**次级控制**(secondary control)，然后尝试以使自己感觉更好或不那么悲伤的方式配合、适应或接纳情境或事件。这也要求个体是内控的。他们举了一个关于日本文化中的"akirame"的例子，这个词的意思是"满足于命运所赐予的"(Weisz, Eastman, & McCarty, 1996, p.67)。类似的，印度教很看重个体对情境放弃控制和超然，认为这导致更好的心理健康状况(Berry, Poortinga, Segall, & Dasen, 1992)。有证据表明，美国人在从成年早期走向中年的过程中会表现出初级控制，然后在迈向老年时表现出次级控制(Schultz, Heckhausen, & Locher, 1991)。即，随着能做的事情越来越少，人们更多地采用认知的方式来保持控制，而不是承认对情境失去控制。

内控和外控的根本区别可能在于外控者有强烈的"受害者思维"，他们感到无助、被动，并认为他们无法改变结果或强化内容。这种无助和绝望的感觉是引发抑郁的危险因素，我们将在本章的后续部分看到。初级控制和次级控制的概念表明，不能仅仅因为集体主义文化表现得更加外控，就认为该文化下的人适应得更差或更大程度地感受到环境的压力。他们只是对控制的信念与美国人不同(Sosis et al., 1980)。这也意味着心理健康的标准和"正常"的定义取决文化。

思考题

心理健康和病理学的标准在多大程度上受文化的影响？

过去和现在：控制点

有一个谜语：自从朱利安·罗特首次提出控制点概念以来，美国年轻人的内、外控发展趋势非常有趣。你认为现在的大学生比20世纪60年代的大学生更加内控还是外控？

一方面，如今美国文化变得更加个人主义（回顾我们之前在第5章的讨论）。我们可

集体主义文化(如东亚国家)的人比个体主义文化(如美国)的人普遍更加外控。

能会预期,随着对个体的重视,更多人会相信个人的力量。或者,如特温吉等提出的,"现代人,从理论上讲,更加坚强、独立,个体能够掌控自己的命运,不受社会力量限制"(Twenge, Zhang, & Im, 2004, p.309)。客观而言,现代人对环境比半个世纪之前更有控制力了,如,生育控制、更频繁的旅行机会、更多元化和宽容的社会,以及科技进步带来的便捷购物、沟通和娱乐。这增强了个体的控制感吗?

或许不是。因为在这期间,美国人也变得愤世嫉俗、不信任别人、疏离、好诉讼(Twenge et al., 2004)。另外,离婚率、暴力犯罪、自杀率持续上升。或许因烦恼而抱怨外部力量是保护我们免受更危险的世界伤害的一种方式。

哪一种假设是正确的,独立模型所提出美国人变得更加内控,还是疏离模型所提出的美国人更加外控?控制点的优势在于它是人格心理学中被研究得最充分的变量之一,特温吉等(2004)绘制出控制点得分的平均数随着时间而变化的曲线。他们发现一组大学生样本的《罗特内—外控量表》得分与一组4、5岁儿童的得分之间的相关达到 $r = .70$。或者,换一种说法,2002年的大学生总体上比80%的20世纪60年代大学生更加外控(Twenge et al., 2004)。

特温吉等(2004)想知道,如果所有人都变得更外控,那么适度的外控是不是并不像过去那么糟糕?也就是说,控制点的绝对水平(内控或外控)重要,还是同辈或社会中普遍的相对水平重要?或许,正如集体文化一样,美国人变得越来越次级控制,包括对环境的控制。这种对次级控制的转向导致人们更加外控。

思考题

控制点的绝对水平(内控或外控)重要,还是同辈或社会中普遍的相对水平重要?

20世纪60年代的大学生。　　　　当代大学生比早期大学生更加外控。

习得性无助

控制点并不是人们看待世界的唯一差异。内控的反面不是外控,而是对现状感到无助,对将来感到绝望。现在我们将要转向习得性无助(learned helplessness)——控制点只是其中的一部分。

在朱利安·罗特发现控制点的重要性的同一时期,马丁·塞利格曼和同事正在试图寻找,为什么狗在经历过无法逃脱的电击之后不能从本可以逃脱的后续的电击中逃出来(Overmier & Seligman, 1967)。今天对此的解释似乎显而易见:狗在一定程度上知道了它们的努力是没用的,并放弃了尝试。狗对将来有期望,这一理念在多年条件反射研究证据面前得到了飞跃发展。习得性无助正是狗所学会的!

奥福迈尔和塞利格曼(Maier & Seligman, 1967)推断,当狗或人类发现自己处在一个令人厌恶的刺激中,而且不能以任何方式削弱、消除或者控制厌恶刺激时,他们可能经历**习得性无助**,并且认为将来在类似情境中他们的行动也是无效的。研究者假设,是缺乏控制导致了这种习得性无助,而如果对厌恶刺激能够施加控制,便能够预防后续的无助感。无助感会导致机体失去动力,出现思维和学习问题,消极情绪(如悲伤、抑郁或愤怒)。

为了检验习得性无助这一解释,研究人员将狗随机地分配到三种条件中(Seligman & Maier, 1967)。在可逃脱电击条件下,狗首先经历训练阶段,在该阶段它们受到电击,但是可以通过头接触触摸板来中止电击。在不可逃脱电击条件下,狗受到与可逃脱条件下相同时间的电击,唯一的区别在于狗不能采取任何行动中止电击。一种条件下被试受到的处理取决于另一种条件下被试的行为,研究者将这种现象称为**配轭**(yoking)。在第三种,即实验控制条件下,狗没有像在其他两种条件下那样接受电击训练。这种**三元设计**(triadic design)通过设置三种条件来检验对电击的控制(而不是电击本身)所导致的无助。

经过初期训练,24小时之后,三种条件下的狗都参加实验的检验阶段。在这个阶段,狗被放在穿梭箱中,一面与狗的肩膀等高的墙将箱子分成两个隔间。在每次操作中,狗被放在一个隔间,隔间的灯变暗则意味着狗要接受一次电击。10秒钟之后,狗将从隔间的地板上受到电击。然而,如果狗跳过墙到隔壁的隔间去,电击将会中止。狗能自己发现这一点吗?

正如你在表10.2所看到的,所有经历过可逃脱电击训练的狗能够非常快速地发现它们可以逃脱,甚至灯一暗就越过障碍跳到隔壁避免受电击。但是不可逃脱条件下的大多数狗没有这样做。在训练阶段它们已习得自己无法避免电击,所以在检验阶段什么也没做。它们放弃了尝试,只是被动地接受电击。然而,如果实验人员强行将狗拖过障碍物,它们最终也能够自己学会逃脱电击(Maier & Seligman, 1976)。

表10.2 在不同训练条件下,检验阶段无法逃脱电击的狗的比例

可逃脱电击	0%
不可逃脱电击	75
实验控制组	12.5

来源:Seligman and Maier(1967)。

思考题

研究中的动物使用是否应该像IRB标准下的人类被试实验一样进行管理?你会满意地发现,动物研究实施之前,首先要经过实验动物管理和使用机构(institutional animal care and use committee, IACUC)的审查。

请记住,电击的疼痛足以让狗想逃脱,但是又不至于伤害狗。一般来说,研究者不喜欢采用这样的方法,除非无法避免,或者有很大可能性为减轻人类痛苦做贡献。当然,很多人反对将动物作为研究对象。

该实验的结果如此令人吃惊,它使得很多批评者认为,有很多其他解释可以代替习得性无助。有的研究者认为,狗学会了不反应是有益的,而不是缺乏控制。实际上狗学会了被动而不是无助。为了检验这种假设,研究者采用同样的三组三元实验设计,并将狗置于与塞利格曼和梅尔(1967;Maier, 1970)相同的训练和检验阶段。但是这一次在训练阶段,狗在可逃脱条件下需要保持完全静止以中止电击。通过静止的方式,逃脱电击仍然受狗的控制,但是只有被动的方式才可控制。在检验阶段,狗被放在穿梭箱中并施以电击,越过障碍物可逃脱电击,实验者

狗会习得无助吗?

想知道狗是否真的采取被动方式来成功逃脱电击，因为这是第一阶段起作用的方式。

正如习得性无助理论所预测的一样，尽管比前人实验中狗的反应稍微慢一点，在意识到保持完全静止无法中止电击之后，狗逃脱了电击。避免无助感的关键不是学会哪种特定的反应是有效的，而是学会任何反应都是有效的。不感到无助的狗会持续走动，尝试新行为，直到找到特定情境中的正确反应。

无助的反面是个人控制，尤其是对于人类而言。想象一下，被试坐在一个有红色按钮的桌子前面（Hiroto，1974）。他们被告知"一个很响的声音会时不时地出现，但这个声音出现的时候，你可以采取行动中止它"。突然，他们听到一个讨厌的、尖锐的声音像电锯一样响的声音。你觉得被试可能会如何反应？

大多数被试马上按了按钮。然而，按按钮只有在可避免噪音条件下才能停止噪音。尽管指导语说可以采取行动，在不可避免噪音条件下，被试无论做什么都没法停止噪音。事实上，他们必须忍受整整5秒钟噪音。控制组的被试不经过训练阶段。

接下来，三种条件下的被试都坐到另一张桌子面前，面前摆放着不同的装置：一个看上去像超级长的鞋盒的木箱子，从顶部突出的球形把手被锁在箱子两头之间的某个地方。箱子的顶部放着一盏红色的灯，这盏灯会亮5秒，当灯熄灭的时候，与训练阶段一样的讨厌的噪音会出现。

你可能已经看出来了，这个箱子类似于之前无助实验中所用的穿梭箱。如果被试将球形把手从一头推到另一头，他们可以停止噪音。当然，正如动物研究中所看到的，接受不可避免噪音条件的人类被试在检验阶段找出避免噪音的方法时显著地慢于其他组被试。控制组和可避免噪音组的被试更快速地找到避免噪音的方法，他们甚至能够从一开始就预防噪音的出现。不可避免噪音组的被试不太认为他们可以预防噪音的出现。

这个实验的被试还接受了控制点测量。基于罗特的控制点研究，研究者想知道哪一类被试在检验阶段能更快找到停止噪音的方法。相信自己能够控制结果的内控者比外控者更快速地逃脱了这个人类穿梭箱的噪音。

思考题

那个不能用蜡笔涂色的女孩埃琳娜，更像可避免噪音还是不可避免噪音条件下的被试？

在另一个与此类似的实验中，实验者让一些被试相信中止噪音需要技能："你做什么取决于你想到了什么。你有可能控制情境。"其他被试被告知任务涉及运气："停止噪音的方式取决于实验者，这是一个猜测游戏。如果你猜错，噪音会继续响。"相信预防或停止噪音取决于自己本身的技能的被试比那些认为任务取决于运气的被试更快速地完成了任务。

这个实验证明了习得性无助来自人们关于控制的信念、对特定任务的期待、所经历过的不可控的结果（Hiroto，1974）。其中的任何一个因素都足以导致人的习得性无助。

人类的习得性无助像动物一样，会导致一系列动机、认知和情绪问题（Maier & Seligman，1976）。经历不可逃脱电击、不可控噪音或者无解的重组字任务会导致无助的状况，致使人们放弃反应(Hiroto & Seligman, 1975)。即使他们的某个反应有用，无助感也会使人们很难或根本不可能认识到他们的反应是起作用的(Maier & Seligman, 1976)。无助感首先引起焦虑，然后持续暴露于无助中会导致抑郁(Seligman, 1975)。

人类和动物一样，习得性无助将经历三个阶段(Peterson, Maier, & Seligman, 1993)。首先，必然经历行动与结果的分离，在这个阶段人们在特定情境中对结果确实失去控制。但是经历结果不可控并不足以导致无助感，必须使他们逐渐相信无论做什么都没有用。最后，当人们认识到行动是徒劳的时，就会放弃行动从而被动地接受。

然而，当发现自己无助时，与动物不同，人类会问自己"为什么我是无助的"(Abramson, Seligman, & Teasdale, 1978)。人们对无助感起因的认识在很大程度上决定了无助感的破坏性大小。这导致了人类习得性无助的新形式(Abramson et al., 1978)，并最终形成了当前的抑郁的**习得性无助模型**(hopelessness model of depression)。该模型认为，个体相信自己缺乏控制(对当前的负性事件感到无助)，这与无助感将会持续到将来的信念一起，导致个体绝望、停止尝试、感到悲伤(Abramson, Metalsky, & Alloy, 1989)。

像其他抑郁类型一样，无助抑郁导致动机(如被动或放弃)、认知(如无法察觉控制结果的机会)、情绪(如悲伤、内疚)的变化，自尊的降低(如感到没用或没能力；Abramson et al., 1989)。

如果预期将来的环境可能不一样，人们可能会感到无助，但是不会感到绝望(Abramson et al., 1989)。例如，相信其他人可能会介入帮忙或者外部环境将来可能变得更好(如任务变得更简单)，这些是充满希望的信念。当不好的事情发生或者重要的好事没有发生时，当前的无助感以及对于负性事件将会持续发生的绝望感会使得人们很容易变得抑郁。

思考题

相信错误是因为运气引起的，这会有什么代价？相信错误是因为技能引起的，又会如何？

人类会习得无助吗？

解释风格

在塞利格曼和同事关于狗的习得性无助实验中，另外一个有趣的地方是他们使用了超过 150 条狗(Maier & Seligman, 1976)。这些狗中有 33% 不会变得绝望，尽管它们被置于不可逃脱的电击条件下。同时，有大约 5% 的狗无法学会逃脱电击，即使它们没有经历不可逃脱的电击训练。研究人员想知道，在进入实验室之前，这些狗过去的经历是否有什么让它们学会了无助或者对无助免疫？

想一想，正如狗在进入实验室之前有的感到无助有的不会一样，人的一生也会经历好事或坏事。实际上，实验室不是狗或人第一次或第一个感到努力徒劳的地方。经历过多次这样的事件之后，人们对于身边发生的好事或坏事形成了习惯性的解释方式。这种方式被称为**解释风格**(explanatory style)。解释风格的差异是重要的人格差异。

有些人将负性事件归因为自己的过错(内控的)，并认为其还会再次发生(稳定的)，从而削弱对生活中其他方面的兴趣(整体的)，这样会增加罹患抑郁症的风险(Peterson & Seligman, 1984; Sweeney, Anderson, & Bailey, 1986)。这种解释风格被称为**悲观解释风格**(pessimistic explanatory style)。相反，**乐观解释风格**(optimistic explanatory style)的个体不认为负性事件是自己的过错(外控的)，不太可能再次发生(不稳定的)，并局限在某一方面(局部的)。乐观解释风格的人们能够快速从负性事件中恢复过来，不太可能表现出抑郁症状。

对好事的解释也存在悲观主义和乐观主义两种不同方式。乐观解释风格的人们认为是他们自己使事件得以发生，他们能够使事件再次发生，他们的好运气会使生活中的一切都变得更美好。相反，悲观解释风格的人们认为他们对好运气几乎什么也做不了，好事可能再次发生也可能再也不会发生，好事只会影响生活中的某一方面。

对事件的解释存在三种不同的方式。正如我们在习得性无助中所看到的，当尝试理解所遭遇的无助情境时，人们可能认为他们对于解决问题什么也做不了(如缺乏控制)。解释风格的差异之一是**内控 vs 外控**(internal versus external)程度的差异。

"没来由的悲观起不了任何作用。"

Phillip Mueller

世界上的事情，无所谓好坏，关键在于怎么看。

威廉·莎士比亚
选自《哈姆雷特》(第2幕，第2场)

例如，想象一下奥利维亚在心理学测验中做得很糟糕。这是为什么呢？她可能认为测验太难(外控的)或者测验不公平(外控的)，或者她认为自己不够努力(内控的)或自己不聪明(内控的)。然而，并不是所有的解释风格都同等重要！有些解释可能导致她将来感到无助，而其他解释风格能防止她将来得低分。如果她的确认为是由于自己不够努力

悲观解释风格的人会如何解释图中的情景？

(不稳定的条件)，那么她下次可以更努力。然而，如果她认为自己不够聪明而难以得到高于 D 的分数(缺乏能力)，那她为什么还要一直操心学习呢？不努力和没有能力之间的差异与原因的持续性或稳定性有关。因此，解释风格的另一个差异是**稳定 vs 不稳定**(stable versus unstable)。

换一个情境。想象一下，第一次约会之后，塔米卡告诉贾马尔，她不想再与他约会了。贾马尔可能认为这是因为塔米卡这个学期特别忙(外控的)或者她发现他很无聊(内控的)。但是即使塔米卡发现他在这次约会中很无聊，也并不意味着在未来可能的约会中也会觉得他很无聊。尽管无聊是一个内控的解释，但这也是导致贾马尔不能与塔米卡第二次约会的不稳定因素。然而，假设贾马尔深受这个消息的打击，他开始相信朋友们几乎无法忍受他，他会给未来的雇主留下糟糕的印象，他会有失败的人生！这样的话，分手消息不仅是内控的、稳定的，还影响了他生活的其他方面，而不仅仅是再次约会的机会。贾马尔对于分手的想法全方位地影响了他的生活。解释风格的第三种差异是**整体 vs 局部**(global versus specific)的差异。

总之，当好事或坏事发生时，人们会想出可能的解释以理解事件的起因(见表 10.3)。

表 10.3 乐观与悲观解释风格

		乐观解释风格	悲观解释风格
坏	事	外控的："不是我" 不稳定的："只是暂时的挫折" 局部的："就这一次"	内控的："是我" 稳定的："将会一直持续" 整体的："这将毁坏所有的事"
好	事	内控的："我做的" 稳定的："我能够再次做到" 整体的："生活是美好的"	外控的："它自己发生的" 不稳定的："这只会发生一次" 局部的："就这一次"

注：对好事和坏事的解释风格在三个维度上存在差异：内控—外控，稳定—不稳定，整体—局部。
来源：Abramson et al. (1978)。

这些解释在三个维度上存在差异,正如奥利维亚和贾马尔的例子所显示的。解释可能在控制点(内控或外控)、稳定性(稳定性、持久性、复发可能性 vs 不稳定性、暂时性、间歇性)、普遍性(整体性、影响个人生活的方方面面,或者局限在特定的领域)。

事实上,好事增多或对积极事件的乐观解释风格增强(将好事归因为稳定的、整体的因素)的大学生比悲观解释风格的大学生更容易从悲伤中恢复,更少地报告抑郁症状(Needles & Abramson, 1990)。此外,乐观解释风格(稳定的、整体的解释)的大学生从好事中获益最多,然而对好事进行悲观解释风格(不稳定的、特定的解释)的大学生似乎不能从好事中得到很多快乐。此外,被试对将来职业或个人生活绝望感的增强是对抑郁恢复能力的重要预测。

自测题

想想最近的一次负性事件。是什么引起了这件事?你的解释风格偏向内控还是外控?稳定的还是不稳定的?整体的还是局部的?

正如控制点的差异一样,乐观主义和悲观主义解释风格的差异与成就、职业和工作行为、生理和心理健康以及社会行为相关(Wise & Rosqvist, 2006)。乐观解释风格与动机增强、成就更高、身体更健康、抑郁更低、整体幸福感提升相关(Buchanan & Seligman, 1995; Peterson & Steen, 2002; Wise & Rosqvist, 2006)。相反,悲观解释风格与消极情绪、抑郁症状、更低学业能力、更差的生理健康状况、更差的运动表现、更低的婚姻满意度甚至政治失败相关(Gillham, Shatte, Reivich, & Seligman, 2001)。悲观解释风格是罹患抑郁症的危险因素之一(Gladstone & Kaslow, 1995; Joiner & Wagner, 1995; Sweeney et al., 1986)。

解释风格的测量

解释风格是如何测量的?基本上有两种方式:问卷和内容分析(第5章讨论过的一种研究方法)。最常见的问卷是《归因方式问卷》(Attributional Style Questionnaire, ASQ)(Perter et al., 1982)。ASQ假设12种好的和坏的情境。受测者想象这些情境发生在自己身上,并写下他们认为的主要原因。然后对每一种原因从内控—外控、稳定—不稳定、整体—局部三个维度进行1至7分的打分。这些情境包括变得富有、得到加薪、受到朋友夸奖、糟糕的约会、演讲失败、没有完成全部工作。通常,研究者会计算受测者在三个维度的平均得分,得到一个对坏事的评价分数、对好事的评价分数以及两者的综合。高分意味着悲观解释风格(对坏事内控的、稳定的、整体的解释,对好事外控的、不稳定的、局部的解释),而低分意味着乐观解释风格。研究者也可以只计算对坏事的稳定—不稳定、整体—局部两个维度的得分,测量受测者的绝望感(Needles & Abramson, 1990)。

ASQ有修订和扩展版(Peterson & Villanova, 1988)。也有专门针对老年人的归因方式问卷(Houston, McKee, & Villanova, 2000)、针对工作情境的《职业归因方式问卷》(OASQ; Furnham, Sadka, & Brewin, 1992),以及测量绝望性抑郁易感性的《认知方式问卷》(CSQ; Alloy et al., 2000; Haeffel et al., 2008)。

第二种测量解释风格的方法是口头解释内容分析法,简称 **CAVE 技术**(Peterson, Luborsky, & Seligman, 1983)。该技术与 ASQ 技术非常类似。首先,研究者必须获得个体解释好事或坏事为什么发生在他/她身上的原话。研究者再将事件及其解释一起呈现给经过训练的评判员,评判员从内控—外控、稳定—不稳定、整体—局部三个维度对受测者的解释在 ASQ 上进行 1 至 7 分的评分(Zullow, Oettinggen, Perterson, & Seligman, 1988)。然后再计算维度平均分以及好事、坏事的平均分。高分意味着更悲观的解释风格,低分意味着更乐观的解释风格。

思考题

如果你能发现某人的解释风格,会是谁呢?为什么?你能运用 CAVE 技术来分析他/她吗?

采用 CAVE 技术,研究者发现,拥有乐观解释风格队员的球队比有着悲观解释风格队员的球队在一次比赛失败后表现得更好。

CAVE 技术的优势在于研究者可以用它来研究历史人物、名人、政要、运动员甚至任何人,只要他们留有信件、演讲、访谈、日记、杂志、学校论文、新闻故事以及其他档案材料(Zullow et al., 1988)。

表 10.4 解释了 CAVE 技术的原理。引语选自 1982 年至 1984 年凯尔特人队、尼克斯队、子弹队、七六人队、新泽西网队等篮球队的队员在《体育新闻》周报上的发言。评判员对每一种解释从三个维度进行评分,包括内控—外控、稳定—不稳定、整体—局部,然后计算每一个球员的解释风格。两个赛季下来,拥有更多乐观球员的球队比拥有悲观球员的球队在比赛失利之后表现得更好(Rettew & Reivich, 1995)。

表 10.4　CAVE 技术：事件、解释、评分

事　件	解　释	评　分
球员状态低迷（坏事）	"我给自己施加了太大压力了。现在我放松了。"	I/E = 7 S/U = 3 G/S = 6
"我不泄气"（好事）	"因为我有信心，我拥有成功的必备条件"	I/E = 7 S/U = 7 G/S = 7
球员错过了很好的得分机会（坏事）	"我没有时间抓住第二次机会了"	I/E = 7 S/U = 1 G/S = 1
球员两节都没有得分（坏事）	"为了改变，他们正在进行很好的防御"	I/E = 1 S/U = 1 G/S = 1

注：对好事和坏事的因果解释在三个维度上有所不同：内控—外控（I/E；高分内控，低分外控）、稳定—不稳定（S/E；高分稳定、低分不稳定）、整体—局部（G/S；高分整体，低分局部）。

来源：From Rettew and Reivich (1995, Table 10.1, p.175). Reprinted with permission from Rettew, D., & Reivich, K. (1995), "Sports and explanatory style," as appeared in G.M.Buchanan & M.E.P.Seligman (Eds.), Explanatory style, pp.173—185 (Hillsdale, NJ: Erlbaum). Permission conveyed through the Copyright Clearance Center.

另一项研究中，研究者运用 CAVE 技术分析病人在治疗期间的解释风格，从而预测病人的情绪波动（Peterson et al.，1983）。Q 先生在治疗期间表现出不同寻常的情绪波动，这常常让他本人和医生感到意外。但是你可以从图 10.2 看出，他的情绪波动是随着他所采取的解释方式而变动的。当他采取更悲观的解释时，他的情绪变得更加抑郁，从而

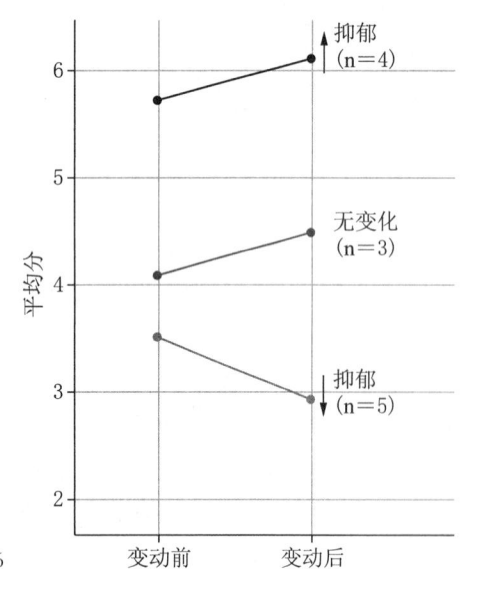

图 10.2　情绪变动前与变动后对负性事件归因的平均分。高分意味着更悲观的解释风格（括号里的数字代表治疗阶段，平均分是基于该治疗阶段的）。来源：From Peterson et al. (1983, Figure 1, p.100). Peterson, C., Luborsky, L., & Seligman, M. E. P. (1983). Attributions and depressive mood shifts: A case study using the symptom-context method. *Journal of Abnormal Psychology*, 92, 96—103. Copyright American Psychological Association. Reprinted with permission.

他的解释也更加悲观。但是当他采取不那么悲观的解释时,他的抑郁似乎得到改善,他的解释随着治疗的进行变得更加乐观。

采用CAVE技术评估的乐观解释风格也与政治成功(Zullow,1995)、过分军事自信(Satterfield & Seligman,1994)、政治自由国家的生活质量(Zullow et al.,1988)相关。例如在1948年至1984年的美国总统选举中,10次中有9次,候选人在接受提名演讲中越悲观越容易在竞选中失败,特别是当他沉思或沉溺于压抑的想法时(Zullow & Seligman,1990)。第10次竞选情况如何呢?候选人在演讲开始时足够乐观,后来随着竞选的继续变得更悲观和沉思。我们当前的总统怎么样呢?乐观再一次赢了!

"对候选人乐观程度进行的联合分析再一次验证了,候选人越乐观越有希望。巴拉克·奥巴马(Barack Obama)赢得了选举。我们认为,希望在选举中发挥了主要作用。在歌颂美国的好处以及承认美国持续给世界带来积极变化的能力方面,奥巴马胜过了麦凯恩(McCain)。显然,在当时,这个信息对美国人更有吸引力。"宾夕法尼亚大学积极心理学中心的斯蒂芬·舒莱尔这样分析。图中,在马萨克市第50次市政会议后,参议员巴拉克·奥巴马在伊利诺伊州梅特罗波利斯市中心的超人雕像前摆姿势。

解释风格与成就

在许多情境下,乐观解释风格的人比预期表现得更好,经常比他们在学校或赛场上的悲观同伴和竞争者更好(Gillham et al.,2001;Rettew & Reivich,1995;Schulman,1995)。大学里,乐观的学生表现得更好,超过了他们的高中分数、班级排名、SAT分数或者成就测验分数所能预期的水平(Schulman,1995)。乐观的球队或个体运动员比悲观的球队或运动员更容易从失败或糟糕表现中恢复过来(Gillham et al.,2001)。

学校 乐观解释风格的大学生比悲观解释风格的学生在课堂上表现更好,即使在控制了能力因素之后也依然如此(Metalsky, Abramson, Seligman, Semmel, & Peterson, 1982;Metalsky, Halberstadt, & Abramson, 1987;Peterson & Barett, 1987)。是什么使得乐观主义者比预期表现得更好?乐观解释风格的学生表现出更强烈的动机,面对不幸坚持得更久,拥有更多与高成就相关的策略(Wise & Rosqvist,2006)。

在一项研究中,大一学生填写一系列测量解释风格的问卷,来回答他们如何应对学业失败和挫折、SAT分数和绩点。即使运用平均SAT分数来控制被试本身能力因素之后,结果也显示悲观解释风格的学生大一时表现更糟糕,平均得分C,而乐观解释风格的学生平均得分B,(Peterson & Barett,1987)。乐观解释风格的学生在面对挫折时仍然保持动力,结果获得了更高的平均绩点(GPA),而悲观解释风格的学生倾向于在遭遇学业挫折后放弃。他们的GPA反映了缺乏动机而不是缺乏能力。

对小学生的研究也发现了类似的结果。悲观解释风格的学生在标准化测验和绩分更低,无论在美国(Nolen-Hoeksema, Girgus, & Seligman, 1986)还是在中国(Yu & Seligman, 2002)。此外,中国教师报告,悲观解释风格的学生表现出更多问题行为,这在美国被试身上没有发现。

然而,有的时候悲观解释风格——聚焦于失败、贬低成功——在改善成就方面起积极作用,比如面对要求很高的学业项目(如法律)(Satterfield, Monahan, & Seligman, 1997)和市场营销(LaForge & Cantrell, 2003)。在一项研究中,开始学习法律前采取悲观解释风格的学生(对负性事件进行内控、稳定、整体的解释,对正性事件进行相反的解释)取得了更高的GPA,在法律期刊上发表文章更成功。与将失败解释为外部的、不稳定的、具体的因素相比,悲观解释风格的某些方面(如为失败承担责任并改正)对未来取得成就更有适应性、建设性。法学院的学习非常紧张,或许法学院的学业对那些步履蹒跚的学生而言就是一切。或许将失败看做内控的因素更能够将学生保持在正常轨道上,更有动力追求成功。当然,研究者警告,我们不知道这些悲观主义者是否有更大的风险罹患抑郁症,或者这些负面归因仅仅是一种防御机制,让他们的期望保持在较低水平,从而确保自己的表现一直是最佳的(Satterfield et al.,1997)。

悲观解释风格倾向于自我满足:悲观解释风格的学生更不可能拥有具体的学业目标,更不可能寻求学习建议,对学业成就表现出被动性而不是采取主动策略(Peterson & Barett,1987)。一个典型学生的学业生活中——本书的许多读者能够证实——存在很多挫折,这些挫折可能来自失败的测验、困难的问题集、丢失的课本、突然的测验、没完成的阅读作业、无法动笔的论文,或者难以理解的讲座,学生每天必须面对这些。成功的学生不一定是最聪明的学生,而是那些能够克服这些不可避免的困难,并且继续努力而不放弃的学生。

运动 即使在体育竞技场,乐观解释风格的个体或团队比悲观解释风格的表现更好(Gillham et al.,2001;Rettew & Reivich,1995;Seligman, Nolen-Hoeksema, Thornton, & Thornton,1990),特别是在失败后(Seligman et al.,1990)。我们在前文运用CAVE技术分析职业篮球队时已经发现了这一现象(Rettew & Reivich,1995)。

在另一项采用类似方法的关于棒球的研究中,拥有乐观队员的球队比拥有悲观队员的球队在赛季的后续比赛中赢了更多场(Rettew & Reivich,1995)。在预测下个赛季比赛表现方面,解释风格与当前赛季的表现一样有效(见图10.3)。乐观解释风格的足球运动员比悲观的运动员在失败后表现更好(Gordon,2008)。

为什么解释风格对运动表现有如此强的影响？研究者认为赢得体育比赛的关键在于遭遇挫折之后的坚韧不拔。这在顶级游泳运动员中研究得更详细。

思考题
就学业成就而言，悲观解释风格好还是乐观解释风格好？或者两者相当？

思考题
团队有悲观和乐观之分吗？

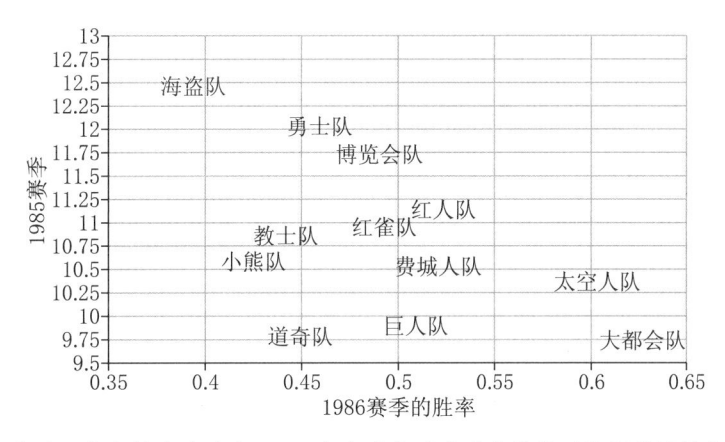

图 10.3 解释风格与棒球队胜率：1985 年赛季中对悲观事件的平均解释风格与 1986 年赛季的胜率。高分意味着更悲观的解释风格。来源：From Rettew and Reivich（1995，Figure 10.1，p. 180）. Rettew, D., & Reivich, K.（1995）. Sports and explanatory style. In G.M.Buchanan & M.E.P. Seligman（Eds.），Explanatory style（p.173—185）. Hillsdale, NJ：Erlbaum。

该实验的被试来自加利福尼亚大学伯克利分校的男子和女子游泳队。这两队都是全国闻名的，该队中有多名队员当时是国家或国际记录的保持者，并在备战 1988 年的奥运会。在赛季初，研究者让游泳运动员报告各自的解释风格，并让教练对他们从一次糟糕表现中恢复过来的能力进行评分。在接下来的常规赛期间，每一次游泳比赛结束之后，教练对运动员是否超越预期表现或未达预期表现进行评分。结果发现，悲观解释风格的运动员和那些被教练评价为不太可能从失败表现中恢复过来的运动员，在整个赛季中表现得比预期更差（Seligman et al.，1990）。

研究者推测，乐观主义者比悲观主义者表现更好的原因是，乐观者更有能力从失败中恢复过来。拥有悲观解释风格的个体认为坏事有可能再次发生，导致其在失败后感到无助并放弃尝试。然而，显然你得承认，上述研究仅仅揭示了两者之间的相关。我们不知道糟糕的表现是否导致了悲观，而没能引起乐观，并进而导致放弃和下次不那么努力（Seligman et al.，1990）。

在使用同一批被试的第二个实验中,研究者有意给每一位游泳运动员强加失败,并观察运动员的表现变化。为了达到这一目的,在竭尽全力比赛之后,游泳运动员被告知在某个特定时刻他们所花的时间显著长于实际所花的时间。这些时间长得足以使运动员感觉到自己表现得很差,但是也短得能让运动员根本察觉不到。在30分钟的休息时间之后,游泳运动员重新进行比赛。在这次人为操纵的失败之后,乐观主义者和悲观主义者会如何表现呢?

乐观的游泳运动员还像第一次比赛那样表现得一样好,但是悲观的游泳运动员游得更慢。尽管在第一次比赛中乐观者和悲观者所花的时间不存在显著差异,但如果这是一次真实的游泳比赛,悲观者和乐观者在第二次比赛中的差异足以使他们输掉比赛(见图10.4;Seligman et al., 1990)。

另一项关于职业篮球队的研究发现了相似的效应:拥有乐观解释风格的球队比悲观解释风格的球队更可能从失败中恢复过来,赢得比赛(Rettew & Reivich, 1995)。就运动表现而言,正如俗话所说:当情况变得艰难时,乐观主义者继续前进!同时,当情况变得艰难,悲观主义者去购物或者采取其他类似行为,因为悲观者倾向于采取回避策略来应对负性事件(Scheier, Carver, & Bridges, 2001)。

在表现失败后,乐观的游泳运动员比悲观者恢复得更好。

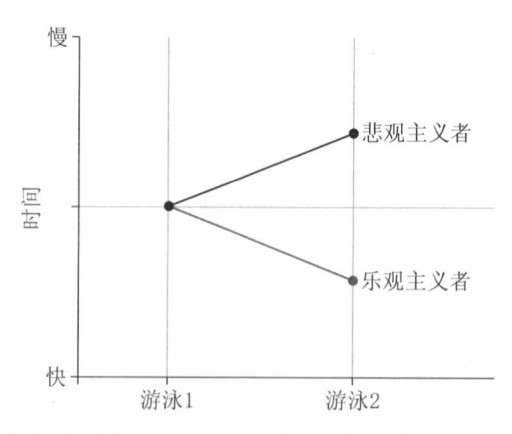

图10.4 在虚假失败之后,乐观主义者和悲观主义者的游泳时间。乐观者比悲观者在失败后表现得更好。来源:Seligman et al.(1990)。

解释风格与工作行为

无论在美国还是其他国家,包括希腊(Xenikou,2005)和澳大利亚(Henry,2005),无论经理、非经理还是工人,在各行各业,包括医院、学校、营销、银行或信息技术,具有乐观解释风格的员工比具有悲观解释风格的员工更有动力,在面对逆境时能坚持更长久,绩效更好,更少感到筋疲力尽,更少离职。

就销售岗位而言,乐观解释风格的确大有裨益。无论是在保险、远程通信、房地产、办公产品、汽车还是银行业,任何时候坚持对克服困难都是必要的,乐观解释风格的销售人员比悲观解释风格的销售人员销售额高出 20%—40%(Shulman,1999)。为什么会这样?销售人员经常要打"陌生电话"与潜在的购买者联系,而对方并不期待接到电话,或者与不认识的人联系。很显然,在这种情况下成功成交的可能性非常小,因此成功的销售人员必须能够应对拒绝并继续打电话。

想象一下,新进的保险销售员卡洛斯和曼尼刚刚结束 20 通陌生电话,并且每一个电话都遭到了拒绝。卡洛斯对自己说:"我打了 20 通电话,没有任何成交迹象,我怎么啦?我不适合做这个工作(内控的)。我估计我不擅长与人打交道,或者不是很有说服力。"(稳定的和整体的)(Schlman,1999,p.32)带着这种态度,卡洛斯有多大可能再一次拿起话筒?

再来看看曼尼所说的:"这是一个艰难的开始,但是这也可能发生在最优秀的销售员身上(外控的)。或许顾客不需要我所卖的产品或者他们太忙了(外控的)。同时,我是一个新手,需要时间来练习和学习诀窍,磨炼我的销售技能(不稳定的和具体的)。正如我的老板所说,这是一个数字游戏——你必须打很多电话以发现仅有的几个真正有兴趣购买的客户。"(Schlman,1999,pp.32—33)带着这种态度,曼尼能够面对下一个电话,甚至下一次拒绝。

显然,卡洛斯是悲观解释风格,而曼尼是乐观解释风格。这两个假想的销售员是一项解释风格研究被试的典型代表,该研究的被试是美国大都会保险公司的 104 名保险销售代表(Seligman & Schulman,1986)。乐观解释风格的保险销售代表比悲观解释风格的销售代表卖出了更多寿险。乐观解释风格的员工也不太可能放弃或者在入职 2 年之内被开除。事实上,乐观的销售代表比悲观的销售代表平均多卖出 35% 的保险。悲观解释风格的销售代表可能更容易被打"陌生电话"任务压垮,变得避免打"陌生电话"。他们开始失去信心,陷入无助、绝望和悲观的自我实现预言中,这最终可能导致放弃(Schulman,1999)。相反,乐观的销售代表更可能将逆境看作挑战,或者将其视作能够采取正确策略或以足够努力解决的难题。他们可能花几个小时提升自己的人际技巧,并在被拒绝后努力保持自信,因此能够从挫折中快速恢复,并在挑战面前坚持住。

但是我们凭什么如此肯定,解释风格会让员工坚持得更长久,并最终导致其他好的表现?毕竟没有任何一个研究随机将员工归为某一种解释风格,也可能是工作成功导致员工的解释风格变得乐观。然而,我们可以随机地对某些员工进行实验处理,使他们变得更乐观,并将他们与没有经过实验处理的员工进行比较。将员工的解释风格变得更乐观能导致更好的工作表现吗？

答案是非常确定的"是"！一家英国大型保险公司刚刚经历一场大规模的组织重组，员工们参加了旨在帮助他们形成更乐观的解释风格的干预项目（Proudfoot, Corr, Guest, & Dunn, 2009）。干预之前，组织重组沉重打击了员工；37%的员工经历了心理应激，压力大到足以需要专业的帮助。

在该实验中，一半被试被随机地抽取，并立即参加一项特殊培训；另一半被试被放在等待名单中，他们将在大约5个月之后接受完全一样的培训。通过这种方式，除了所接受的培训不一样之外，研究者认为他们可以确保实验处理组和控制组具有可比性。实验处理组连续7周每周参加3个小时的培训。培训综合运用苏格拉底式提问、小组讨论、自我观察、反省、布置任务，这些活动采用认知行为疗法的原则来改变员工与工作相关的解释风格。

思考题

在其他什么样的工作中，员工也面临着类似情境？在那些情境中，乐观解释风格的员工也能表现得更好吗？

干预不仅使干预组的员工比没有接受干预的员工更乐观，干预也产生了积极的心理和与工作相关的成果。两者都出现在干预之后以及3个月之后，实验组的员工相比于干预前报告了更高的自尊、更高的工作满意度、更高的生产力。他们也报告了更小的心理压力、更低的放弃意愿、更低的离职率。控制组的员工也表现出这些改善，但是只有在接受培训之后（Proudfoot et al., 2009；见图10.5）。

你可以看到，乐观解释风格不仅能够引起好的工作结果，也能够帮助员工平安度过变革和组织重组的压力。

解释风格与生理及心理健康

生理健康　我们已经看到悲观解释风格对心理健康有多大害处（Peterson & Seligman, 1984；Sweeney et al., 1986），也会对个体的生理健康有害（Peterson & Bossio, 2001）。乐观解释风格与更强的免疫功能相关（Brennan & Charnetski, 2000；Kamen-Siegel, Rodin, Seligman, & Dwyer, 1991）。乐观解释风格的人比悲观解释风格的人更好地照顾自己，更可能寻求并遵照医嘱。他们也更可能从事健身活动，从而预防疾病。乐观主义者拥有更强大的社会支持，即朋友的数量多质量更高，拥有更有质量的个人关系，这两者都有助于增强免疫功能（Seligman, 1990）。乐观解释风格的大学生比悲观解释风格的大学生更少生病、更少就医、更有信心能够预防健康问题（Peterson, 1988；Peterson & DeAvila, 1995）。

成年早期的解释风格为将来的心理和生理健康定下了基调。大学期间属于乐观解释风格的大学生中年时拥有更好的生理健康状况（Peterson, Seligman, & Vaillant, 1988）。在经历过心脏病的人中,乐观解释风格的个体有更大的生存概率(Buchanan,1995)。

思考题
为什么乐观主义者和悲观主义者在朋友的数量和质量上存在差异?恶性循环或自我实现预言在这里起作用吗?

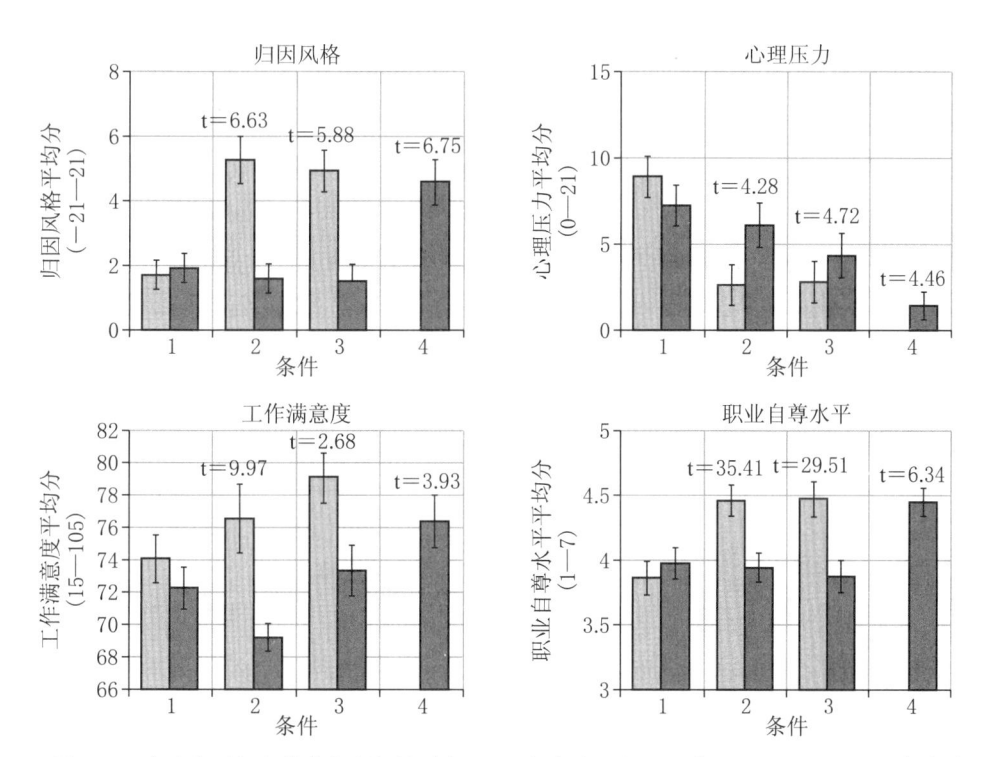

图10.5 实验处理组与等待控制组的对比:1=实验处理组干预前;2=干预后;3=实验处理组 3 个月之后的跟踪以及控制组的基线水平;4=控制组干预后。来源:From Proudfoot et al.(2009, Figure 2, p.150). Reprinted from Proudfoot, J.G., Corr, P.J., Guest, D.E., & Dunn, G.(2009), "Cognitive-behavioural training to change attributional style improves employee well-being, job satisfaction, productivity, and turnover," Personality and Individual Differences, 46, 147—153. Copyright © 2009, with permission from Elsevier.

心理健康:抑郁 关于悲观解释风格的一个重要发现是,悲观解释风格是罹患抑郁症的危险因素,无论对于儿童(Gladstone & Kaslow, 1995; Joiner & Wagner, 1995)还是成人(Gillham et al., 2001; Robins & Hayes, 1995)。当坏事发生或好事未发生时,尽管每个人都会感到悲伤,但是悲观解释风格的个体比乐观解释风格的个体悲伤程度更严重,持续时间更长(Peterson & Seligman, 1984)。这一发现被横断相关研究、纵向研究、现场研究、实验室实验以及个案研究所证实(Peterson & Seligman, 1984)。除了抑郁,面对负性事件悲观主义者经历更多消极情绪,如焦虑、内疚、愤怒、悲伤、绝望(Isaacowitz & Seligman, 2003)。

证实悲观解释风格引起抑郁的困难之处在于:我们不能将人随机分为乐观解释风格或

其他风格。同样,故意地让坏事发生在某人身上然后观察谁变得抑郁也是不道德的。因此,许多关于解释风格对抑郁的效应的证据都是相关研究。然而,这些研究背后的逻辑的确推出了结论:悲观解释风格是罹患抑郁症的危险因素。

例如,许多研究发现在同一个时间点,解释风格与抑郁相关。你可能还记得,这可能是悲观解释风格导致了抑郁,也可能是抑郁导致了悲观解释风格,或者由于第三个变量(如神经质)导致了抑郁和悲观解释风格。

关于这个问题的一种解决方式是,从抑郁症状不存在差异的乐观和悲观解释风格的被试样本开始,然后尝试预测哪些人在自然发生的负性事件之后变得抑郁了,比如考试失败了、没有进入理想的大学、被理想的大学生联谊会或女大学生联谊会拒绝,或心脏病发作。许多研究都采用自然发生的负性事件追踪解释风格和抑郁之间的关系,并的确发现悲观解释风格经常导致被试负性事件之后的抑郁(e.g., Abela & Seligman, 2000)。

例如,大学生经常面临自然发生的负性事件:考试。心理学导论课上的本科生参加了ASQ测验,并说出在即将到来的期中考试中得什么分数会使得他们开心或不开心。随后研究者在令人害怕的期中考试即将开始前或刚结束后对学生的情绪进行测验。在期中考试考得不好(根据他们自己的定义)的学生中,悲观解释风格的学生比乐观解释风格的学生在得知分数后更可能抑郁(Metalsky et al., 1982)。解释风格与考试分数不相关。

思考题
　　如果悲观解释风格会引起抑郁,归因治疗能否干预或缓解抑郁?

大学生经常面临自然发生的负性事件。然而,与悲观解释风格的大学生相比,乐观解释风格的大学生恢复得更好,在考试失败后更不可能变得抑郁。

类似的,变态心理学课上的本科生在得知他们期中考试考得不好时也变得沮丧。然而,乐观解释风格的学生似乎一两天就恢复过来了,而悲观解释风格的学生仍然沉浸在抑郁症状中。如果学生是悲观解释风格的、低自尊的、考试失败的——三重打击加重了风险——在得知分数后的5天内持续表现出低自尊，比高自尊的学生从考试失败中恢复的时间长了很多(Metalsky, Joiner, Hardin, & Abramson, 1993)。

如果是悲观解释风格，当发生负性事件的时候，即使是儿童也容易得抑郁症(Nolen-Hoeksema et al., 1986)。拥有悲观解释风格的三、四、五年级的学生比乐观解释风格的学生更可能表现出抑郁症状，尤其是当他们经历负性生活事件的时候。这些儿童也报告更常出现无助的行为。这一观察结果被他们的老师所证实，并且他们在州学业成就考试中得分更低。总体而言，无助行为和抑郁与标准成就测验的糟糕表现相关。该研究中也有证据表明，抑郁可能导致悲观解释风格。

研究者采用的另一个证明悲观解释风格引起抑郁的有效策略是追踪解释风格和抑郁症状的跨时间相关性。采用这种纵向追踪的研究的确发现，悲观解释风格能够预测抑郁症状随着时间推移加重的倾向(Gillham et al., 2001)。一项研究发现，在6周之内，经历日常困扰事情越多，人们经历抑郁症状的可能性就越大，尤其是当他们具有悲观解释风格时(Gibb, Beevers, Andover, & Holleran, 2006)。

第三种策略是设计处理方案改变人们的解释风格，然后观察这种变化是否导致抑郁状态的改变。当然，试图将乐观解释风格变成悲观解释风格是不道德的，因此研究者倾向于将悲观解释风格变成乐观解释风格。一个更有力的证据是将干预组与控制组的被试进行比较，这两组在解释风格和抑郁症状方面相似，但是控制组不接受干预。如果我们在实验组看到改善，但是在控制组没有看到，这就表明对解释风格的操纵引起了抑郁症状的减轻。

上述两种类型的研究都有研究者做过(Gillham et al., 2001)。宾夕法尼亚大学的塞利格曼和同事设计了"宾州大学心理弹性计划(Penn Resiliency Program)"。该项目旨在将悲观解释风格变成更加乐观的解释风格。事实上，这些项目不仅改变了解释风格，也预防了成人(Seligman, Schulman, DeRubeis, & Hollon, 1999)和儿童(Gillham et al., 2001)的抑郁症。这些项目在美国(Gillham Reivich, Jaycow, & Seligman, 1995; Jaycox, Reivich, Gillham, & Seligman, 1994)和中国(Yu & Seligman, 2002)都取得了极大成功。在本章后面的"日常生活中的人格心理学"部分，我们将更加详细地介绍这些项目是如何增强乐观和减轻抑郁的。

另一种处理方式是心理治疗。如果成人成功地通过认知疗法改善了抑郁症，他们的解释风格将从悲观的转为乐观的(Peterson & Seligman, 1984; Seligman et al., 1988)。相反，悲观解释风格意味着抑郁症在治疗结束之后可能会复发(DeRubeis & Hollon, 1995; Ilardi, Craighead, & Evans, 1997)。例如，一项研究监控了四位接受认知疗法的抑郁症病人，在失去亲人后的思考过程。根据他们初期、中期和晚期的治疗记录，在治疗初期，这些病人对负性事件表现出最明显的内控、稳定、整体的解释风格；在治疗晚期，表现出最低程度的内控、稳定、整体的解释风格(Peterson & Seligman, 1984)。

然而，并不是所有研究都支持悲观解释风格是抑郁症的危险因素(Gillham et al., 2001; Norem, 2003)。少数结论不一致的研究发现，解释风格不能预测一年之后抑郁症状的变化(Bennett & Bates, 1995; Hammen, Adrian, & Hiroto, 1988; Tiggemann, Winefield, Winefield, & Goldney, 1991)。这三项研究都关注日常困扰对抑郁症的影响。或许日常压力不足以引发悲观解释风格者的抑郁症状。

其他研究发现，悲观解释风格可能在某些情境中适应性更强。回想前面讲过的，悲观解释风格的法学院学生比乐观解释风格的学生在高压力课程中取得了更高的分数(LaForge & Cantrell, 2003; Satterfield et al., 1997)。由于这几个研究都没有关注抑郁症状，因此我们不知道悲观解释风格学生的高分是否存在心理代价。然而，有证据表明，悲观解释风格对于老年人的心理健康有益(Isaacowitz & Seligman, 2001)。

一个对居住在费城地区的老年人样本的研究发现，乐观解释风格的老人 6 个月之后抑郁症状程度最轻，除非他们经历了负性事件，如至爱的人去世了或者身体状况恶化了。在这种情况下，乐观主义者表现出最严重的抑郁症状。悲观主义者，无论是否经历了负性事件，都处于抑郁症状的中间状态(见图 10.6；Isaacowitz & Seligman, 2001)。

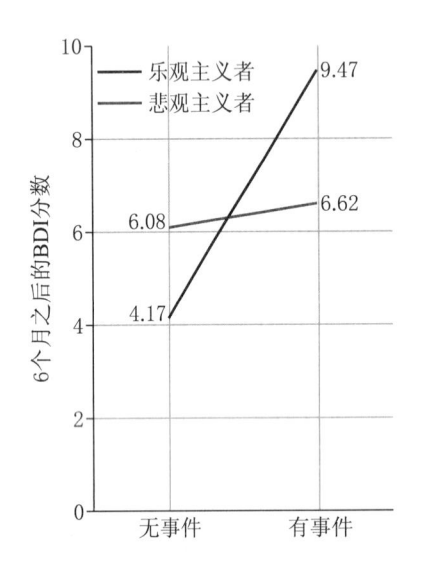

图 10.6　乐观主义者和悲观主义者 6 个月之后用《贝克抑郁量表》(BDI)所测的抑郁症状随负性生活事件的变化。来源：From Isaacowitz and Seligman(2001, Figure 1, p.264). Reprinted from Isaacowitz, D. M., & Seligman, M. E. P. (2001), "Is pessimism a risk factor for depressive mood among community-dwelling older adults?" Behaviour Research and Therapy, 39, 255—272. Copyright © 2001, with permission from Elsevier.

埃萨科维茨和塞利格曼(Isaacowitz and Seligman, 2001)推测，当负性事件发生在老年人身上时，乐观主义者毕生将负性事件看作暂时的、可以改变的习惯忽然受到了质疑。对于年轻人来说，考试失败是暂时的，对于老年人来说，身体状况的变化、朋友的逝去或其他与年老相关的生活方式的变化都是永久的，并且在大多数情况下，的确会影响他们生活的方方面面。对于老年人来说，如果事件被证实是老年人生活中稳定的部分，将负性事件归为不稳定的，就可能会引起抑郁症的加重。

类似的，对于乐观主义者来说，老去或许更难以接受，因为他们采用一贯主动的、问题为中心的处理方式来解决不能解决的问题。悲观主义者或许更能接受有些事情不在他们的掌控之内这一事实。因此，即使悲观解释风格通常是年轻人罹患抑郁症的危险因素，考虑到老年人的实际生活情况，乐观解释风格也可能是老年人罹患抑郁症的危险因素。不管个人的期望有多沮丧，现实主义可能是老年人更好的应对策略，正如悲观是法学院学生和市场从业者的良好策略一样。

解释风格与社会行为

乐观和悲观解释风格者在社会行为(如孤独和婚姻满意度)上也存在差异。正如人们可以通过将负性事件归为外控的、不稳定的、局部的，从而避免抑郁并获得好处一样，乐观解释风格的人将他们配偶的行为也进行类似的归因，他们对婚姻的体验更好(Gillham et al., 2001)。毕竟，你更愿意跟谁结婚，是性情古怪的、自私的伴侣，还是心烦意乱的、正在经历工作困难期的好心人？我们对朋友或伴侣进行的这类归因，属于假定某人无辜的归因，这会产生更好的结果，比如1年后更高的婚姻满意度，对我们自己的行为也会产生同样的效果(Fincham & Bradbury, 1993)。

孤独者与不孤独者相比，抑郁者与不抑郁者相比，前者对孤独和抑郁更经常进行内控的、稳定的、整体的归因(Anderson & Arnoult, 1985; Anderson, Horowitz, & French, 1983)。孤独和抑郁者将他们与人交往的问题归因为自身缺乏能力或个人缺陷，将人际交往失败归因为自身的稳定因素。相反，不孤独和不抑郁者将他们的人际交往失败归因为缺乏努力或策略不足。这表明孤独者在与他人交往过程中经历了无助感，如果这是真实情况，则也暗示着应如何治疗孤独：意识到你可以采取具体步骤，比如与他人联系，从事志愿工作，与朋友联系，缓解孤独感(Cacioppo & Patrick, 2008)。正如在生理健康部分所提到的，社会孤立与生理问题相关(Cobb, 1976)；正如第6章所看到的，与免疫系统的消极基因变异相关(Cole et al., 2007)。

自测题

下次当你感到孤独时，将它视为暂时的，并想想你能做什么。至少在短期内，你会感觉好一些。

解释风格的文化差异：中国学生比美国学生更悲观。

解释风格的文化差异

你可能已经想到,既然控制点存在文化差异,那么解释风格也存在文化差异(Peterson & Chang, 2003)。回想一下,集体主义文化(如东亚国家)倾向于外控,而个体主义文化(如美国)倾向于内控(Heine & Lehman, 1995)。在解释风格中也发现了一样的模式:中国人有着比美国人更悲观、不那么乐观的解释风格(Lee & Seligman, 1997)。

中美两国本科生用母语做了 ASQ 问卷。正如你在图 10.7 所看到的,中国学生最悲观,美国学生最乐观,华裔美国学生大致处于中间位置。特别是,欧裔美国人比华裔美国人或中国大陆人更可能表现出自私偏差,他们将好事归因为自己,将坏事归因为外部因素。华裔美国学生和中国学生都将好事归因为环境而不是自己,这可以用中国传统文化的"谦虚"来预测。在所有样本中,悲观都与低分数、糟糕的心理健康以及低自信相关。

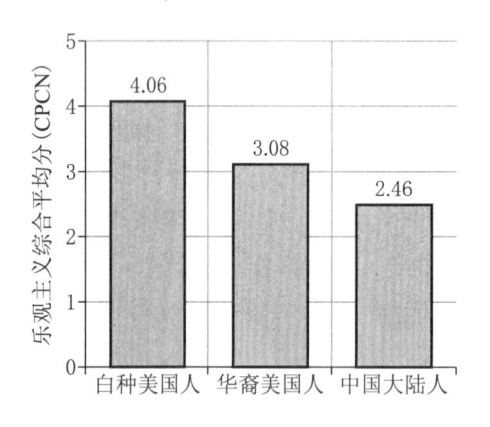

图 10.7 白种美国人、华裔美国人和中国大陆人的乐观主义综合平均分。高分意味着更乐观的解释风格。来源:From Lee and Seligman(1997, Figure 1, p.36). Lee, Y., & Seligman, M.E.P.(1997),"Are Americans more optimistic than the Chinese?" *Personality and Social Psychology Bulletin*, 23(1), 32—40. Copyright © 1997 by Sage Publications. Reprinted with permission of Sage Publications。

很显然,文化价值观促进了乐观或悲观解释风格的形成。中美文化中的哪部分可能对解释风格的形成产生影响?一项关于亚裔美国学生和欧裔美国学生解释风格的研究发现,那些成长在强调顺从——中国文化中非常重要的价值观——的家庭的孩子,对负性事件的解释更加整体化,无论他们的文化背景是否提供直接证据;文化价值观受父母和主流文化影响,它会影响解释风格(Kao, Nagata, & Peterson, 1997)。

研究方法示例:田野研究和自然操纵

我在研究生院认识一个令人赞叹的教授。罗恩·麦克是一个有爱心的人,在心理学院算是一个人物。但是作为临床心理学家,他经常对社会和人格心理学家所使用的各种研究方法感到困扰,因为这些方法让人感觉糟糕、悲伤、痛苦,或者让他们在看似很重要的任务上失败。他的哲学很简单:世界上的痛苦已经够多了,我们不需要通过在实验室给被试施加有压力的操纵,为这个世界增加痛苦。

罗恩·麦克是对的:世界上已经有很多自然发生的灾难,这些灾难挑战着人们的信念和期望,有些甚至让人陷入抑郁的困境。由于有意地将个体变成抑郁或使之心理痛苦是不道德的，因此研究者设计实验或相关研究时经常通过采用田野研究（field studies）进行自然操纵（McGuire，1967）。

田野研究是在实验室外实施的研究。田野研究可能是实验的，也可能是非实验的（Aronson，Ellsworth，Carlsmith，& Gonzales，1990）。当研究者无法控制自变量，或者随机将被试分到特定条件会造成伤害，或者干预是不可能或不恰当的时候（Aronson et al.，1990），研究者就会采取非实验方法。非实验设计经常被称为准实验（quasi-experimental）或相关设计。准实验设计较有力地提示了因果关系，但是就像相关研究一样，必须谨慎解释，因为它们本身不能证明什么（Aronson et al.，1990）。

因为研究问题可以通过各种方式来探讨，研究者必须选择最佳的方法来证明他们的假设，通常最终采取一个折中的方案（Aronson et al.，1990）。例如，研究正在应对灾难（比如台风和洪灾）的人们时，研究者必须牺牲实验控制和随机分配，从而获得对真实世界悲剧的认识。研究者也可能需要运用不同的方法，从而用另一种方法的优势来弥补一种方法的劣势（Aronson et al.，1990）。这就是为什么许多研究者在实验室发现了因果关系，因为在实验室能够做真实验，然后尝试将他们的发现推广到不能控制自变量的田野研究中（Aronson et al.，1990）。其中最有代表性的例子是关于习得性无助的研究。首先研究者在实验室用狗做被试，发现无助感的起因（Seligman & Maier，1967），然后通过准实验的田野研究应用这些发现来理解自然发生的人类行为。

除了道德方面，田野研究的另一个优势是被试可能给出更自然的反应，减少实验要求的特征，因为他们经常没有意识到自己在实验中。同时，因为被试没有意识到在实验中，这可能涉及隐私侵犯问题（Aronson et al.，1990）。

实验研究和田野研究都涉及实验控制与外部可推广性的权衡问题（Dunn，1999）。实验室实验通常涉及许多实验控制，多到我们足以确定因果，但是它们的外部效度或者在与实验室严格的、受控制的条件不同的情境中的适用性比较有限。相反，田野研究有很高的可推广性，但是实验控制水平要低一些。

与社会心理学和社会学研究相比，人格心理学采用在人们不知情的情况下，观察并记录人们行为的田野研究更少。人格心理学家经常采用实验和田野研究混合的方法来研究，比如研究自然灾难带来的压力及其应对。比如本章我们讨论过人们应对肺结核（Seeman & Evans，1962）、假释（Seeman，1963）、飓风和洪灾（Anderson，1977）、游泳比赛失利（Seligman et al.，1990）、潜在的失业（Proudfoot et al.，2009）、失败的考试（Metalsky et al.，1982；Metalsky et al.，1993）、失去至爱的人（Peterson & Seligman，1984）、心脏搭桥手术（Scheier et al.，1989）和癌症（Scheier et al.，2001）的研究。在这些研究中，研究者都没有操纵或引起坏事的发生。相反，研究者观察人们在处理这些悲痛情境时如何因受控制点、解释风格或者气质性乐观的不同而有所差异。

请看下面的田野研究，在这个研究中，被试是一家疗养院的病人，他们甚至不知道自己正被研究（Langer & Rodin，1976）。研究者想知道，随着年龄增长，某些功能的减退是否源于个人责任的丧失和无助感的产生，而不是由于身体健康状况的恶化或年老的自然反应。

为了验证这个假设,康涅狄格州的一家疗养中心两层楼里的老年人被随机分配到两种条件:责任组和控制组。请注意,老年人并不是按个体分为两组,而是整个一层楼的人被分为同一组。尽管没有完全符合随机分配原则,但是这样减少了老年人彼此交流从而影响实验效果的风险。因为两层楼的老年人的生理条件、心理健康状况、之前的社会经济状况是相似的,他们当初被分到哪个房间是取决于哪个房间空着。研究者牺牲了随机分配原则,以追求结果的真实性和可推广性。

有一天,疗养中心的管理员在休息室召集该层的老年人开会。对于责任组,管理员强调他们要自己负责房间的装饰、照顾自己、决定如何打发时间。控制组的老年人仍然保持原来疗养中心对他们的照料方式,比如收拾好房间、照顾他们、允许他们参加各种活动。接下来,责任组的老人有权利选择植物,如果他们想要的话;如果选择了,他们就可以"按照自己的方式照料和养护植物"。控制组的老人被告知"植物是你们的,但是护士会帮你浇水、照料它们"。最后,责任组的老人被告知他们可以选择接下来一周的哪天去看电影;而控制组的老人被告知会安排他们哪天晚上去看电影。

尽管实验开始前责任组和控制组的老人在因变量上得分类似,在实验处理3周之后,这两组出现了显著差异。责任组比控制报告了更高的幸福感和活动性。责任组也被观察者评价为更敏捷,护士报告他们更经常参加活动,比如看望其他老人、与员工交谈、参加电影夜活动。总体而言,在实验开始后93%的责任组老人在饮食、睡眠、心情方面得到了改善,然而只有21%的控制组老人表现出积极变化。事实上,71%的控制组老人变得更加虚弱,尽管他们得到了同样高质量的照顾。(观察者和护士都不知道老人属于哪一组。)

这种变化在 18 个月以后仍然存在 (Robin & Langer, 1977)。实验开始前的 18 个月前,老人的总体死亡率是 25%,实验处理之后两层楼的死亡率显著不同:控制组为 30%,而责任组为 15%。

该实验的效果非常明显,尤其是考虑到我们目前所知道的习得性无助以及它对个体生理和心理健康的控制力。当然,我们应该谨慎解释这些结果,因为这不是真实验。

这就是为什么研究者经常在文章结尾

拥有责任感和保持对日常生活的控制的老年人比失去生活控制的老年人更健康。

处附加警告"有必要进行更多研究"!

思考题

想象一下,你的祖母希望为周日的家庭聚餐帮忙准备食物。你母亲可能认为对她来说活太多了。基于本研究,你怎么看待这个问题?

气质性乐观

> 双胞胎1:我们离开这里吧。这个旧牲口栅闻起来很可怕!
> 双胞胎2:不,等等,看这些粪便,这附近某个地方肯定有小马!

> "当上帝关了这扇门,一定会为你打开另一扇门。"

除了乐观解释风格,人格心理学家定义乐观的另一种方式是:对未来会越来越好的预期,这种定义更接近大多数人概念中的乐观(Isaacowitz & Seligman, 2003)。气质性乐观(dispositional optimism)是对未来出现好结果的总体预期(Scheier & Carver, 1985, 1993)。气质性乐观的个体用积极的预期面对生活——即使面对灾难——并认为好事总会发生,事情和环境总会出现最好的结果,好会战胜恶(Carver & Scheier, 2001; Wise & Rosqvist, 2006)。低气质性乐观,即悲观主义者拥有消极预期,并相信该来的总会来,坏事将会发生,并在未来不断发生。由于对未来结果的预期不同,乐观主义者更自信,更容易坚持。相反,悲观主义者是怀疑的、踌躇不前的(Carver & Scheier, 1998, 2002)。这些信念有助于乐观主义者比悲观者更好地挑战经历以及应对日常压力。

查尔斯·卡弗和迈克尔·舍尔在他们的早期自我控制理论中提出了气质性乐观和悲观的概念(Carver & Scheier, 2001; Scheier & Carver, 1988)。在为理想目标努力的过程中,当取得进展离目标更接近时,个体将体验到积极情绪(如自豪、感激、放松);当进展受阻时,个体将体验到消极情绪(如羞愧、愤怒、怨恨)(Carver & Scheier, 1990; Scheier & Carver, 1992)。当人们遇到他/她认为无法克服的障碍时,会发生什么呢?

首先,如果被迫放弃努力,而本人非常想实现目标,人们会感到无助和痛苦(Carver & Scheier, 2003b)。如果主动放弃目标或放弃实现目标的努力,人们可能选择其他途径实现目标或者选择其他目标,从而避免无助感。新的目标可能比原目标更适中,同等难度或者更困难。这种情况下,放弃不会引起无助感,这可能是适应性的策略。然而,如果没有进行任何调整,放弃目标又没有选择其他目标,人们可能感到漫无目的或空虚(Carver & Scheier, 2003b)。健康的自我调节可以是在逆境面前坚持,也可能是放弃,或进行调整,可能是相同或其他可供选择领域里的目标(Carver & Scheier, 2001)。

人们根据未来目标和实现目标的信心来调整当前行为。通过这种方式,信心(乐观)

或怀疑(悲观)决定了当前不同的行为,并导致将来在成就、生理和心理健康、工作行为、社会行为上的天壤之别(Carver & Scheier, 2001)。乐观和悲观这两种不同的预期变成自我实现预言:放弃使得失败成为必然,而坚持使成功概率更大。

与内控或乐观解释风格不同,气质性乐观的个体不一定通过控制自己的命运来建立信心。好事总会发生,因为他们有才能、努力工作、被祝福、幸运、有朋友在适当的地方相伴,或者上述因素的综合(Carver & Scheier, 2003a)。

乐观主义者并不是坐等好事发生,他们的行为与托马斯·杰斐逊(Thomas Jefferson)的观察吻合:"我相信运气,并且我发现越努力工作,我得到越多。"面对困难时,乐观主义者继续努力工作并寻求替代方案达成目标,并相信他们能够实现目标;悲观主义者不确定能否达到目标。气质性乐观引发持续努力和坚持,而悲观导致放弃(Carver & Scheier, 2003a)。最终,乐观主义者和悲观主义者在接近、处理和有效应对挑战和问题方面存在差异(Carver & Scheier, 2003a)。

正如我们在习得性无助中所看到的,人们的行为受到行为结果预期的调控(Scheier & Carver, 1987)。当看到期望的结果能够达到时,人们坚持接近目标,即使过程变得很艰难。但是当人们认为,不管是自身的不足还是环境因素造成的,期望的结果不能实现时,他们就会放弃并选择其他活动。气质性乐观或悲观反映了人们对可能发生在他们身上的好事或坏事的总体预期:不管什么原因,好事发生在他们身上的概率有多大。结果,对于乐观主义者来说,日常障碍就不那么具有破坏性了。

解释风格和气质性乐观的前提都是,信念和预期会影响人们的行为和经历(Carver & Scheier, 2003a)。尽管采用了不同的研究方法,解释风格和气质性乐观的研究还是在两个重要结论上汇合了。首先,对未来抱有悲观预期会导致放弃、消极情绪、抑郁症状、压力感、难以从应激状态恢复、社交孤立、更短的预期寿命(Scheier & Carver, 1987)。第二,对未来抱有乐观预期会带来坚持、好士气、积极情感、主动的问题解决、问题关注应对策略、更长的寿命、社会支持、更幸福(Peterson, 2000)。尽管乐观主义者在生活中能获得更好的结果,但是气质性乐观与智力、财富或学业成就无关(Aspinwall, Richter, & Hoffman, 2001)。

例如,对于不同群体(如大学生、老年人)、不同医学条件(如癌症、怀孕、心脏搭桥手术、艾滋病、关节置换手术、类风湿性关节炎)、不同照顾者(如护士、家庭成员、阿尔海默茨患者的照料者),不管在治疗前、治疗中还是治疗后,气质性乐观与更少抑郁和痛苦症状、更好的情绪、更高的生活质量之间存在着相关(Affleck, Tennen, & Apter, 2001; Scheier et al., 2001)。

关于乐观主义的研究证据非常充足:气质性乐观的人在现实地调整目标以及应对生活中的负性事件方面做得更好(Scheier et al., 2001)。然而,如果一个人过分乐观或以不适合的方式过分乐观,坐着被动等待好事的发生,那么这种不切实际的乐观(Weinstein, 1980)、痴心妄想(Peterson, 2000)、过度自信(不同于气质性乐观)就会引发问题(Scheier & Carver, 1993)。气质性乐观与希望(Needles & Abramson, 1990)以及塞利格曼所谓的弹性乐观(Seligman, 1990)类似。

乐观与否的差异在于对未来的预期,那他们对于过去和当前的预期呢？一些本科生填写了测量他们对当前生活(如"我对当前的生活是满意的")、过往经历("我对过往的生活是满意的")和未来预期(如"我将对未来的生活感到满意")的满意程度问卷。乐观主义者和悲观主义者都认为随着时间推移他们的生活越来越令人满意,这是生活满意度研究的共同发现。然而,正如你能预期的,乐观主义者在三个阶段都报告了比悲观主义者更高的生活满意度(Busseri, Choma, & Sadava, 2009)。

时间与乐观/悲观也存在交互效应,乐观主义者将他们当前和未来的生活视为同样乐观,而悲观主义者期望将来的生活更美好——只是没有乐观主义者所想象的那样乐观。即,与乐观主义者相比,悲观主义者认为当前的生活与过去,而不是未来的生活更相似(见图10.8)。研究者得出结论,生活满意度一定程度上取决于气质性乐观:对于乐观主义者来说,当前生活已经"尽善尽美"了,而悲观主义者认为"最好的还没到来"。

杯子里的水是半满还是半空？气质性乐观主义者认为好事总会发生,事情和环境总是会出现最好的结果,好会战胜恶。

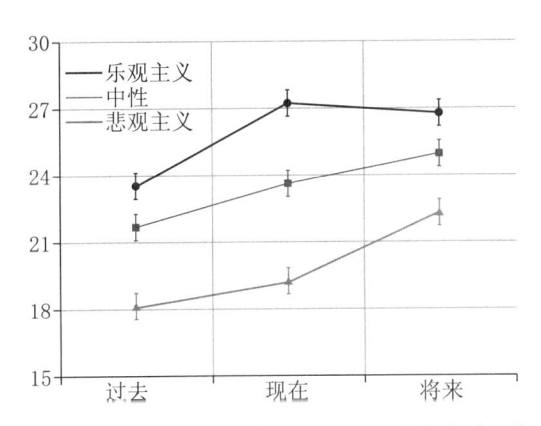

图10.8　乐观主义/悲观主义组对过去、现在和将来生活满意度的预期。纵轴为生活满意度平均数,正负一个标准差。来源:From Busseri et al. (2009, Figure 1, p.354). Reprinted from Busseri, M.A., Choma, B.L., & Sadava, S.W. (2009), "As good as it gets" or "The best is yet to come"? How optimists and pessimists view their past, present, and anticipated future life satisfaction, "Personality and Individual Differences, 47, 352—356. Copyright © 2009, with permission from Elsevier.

思考题

不切实际的乐观与气质性乐观有什么不同？

自测题

你更同意哪一种观点：今天的生活已经尽善尽美了，还是最好的还没到来？

气质性乐观的测量

个体的气质性乐观或悲观的差异由《生活取向量表》(the life orientation test，LOT)测量(Scheier & Carver, 1985)，现在有修订版(LOT-R；Scheier, Carver, & Bridges, 1994)。LOT-R 量表有 10 道测题，3 道测量乐观主义，3 道测量悲观主义，还有 4 道用于掩饰测验目的。受测者必须对每一道测题在 5 点量表上表示"同意"或"不同意"。所有测题综合起来形成一个唯一的乐观主义分数，尽管最近的研究表明独立的乐观或悲观分数能够预测不同的结果(Isaacowitz & Seligman, 2003；Perterson, 2000)。你可以通过做表 10.5 的 LOT-R 测验来了解你是乐观主义还是悲观主义。

表 10.5 《生活取向量表—修订版》(LOT-R)

阅读每一道测题，并圈出你的回答。请在整个过程中尽量诚实和准确。尽量不要让一道测项的反应影响你对其他测题的反应。答案无"正确"或"错误"之分。根据你的真实感受，而不是你认为的"大多数人"的回答来回答。

A = 我非常同意
B = 我部分同意
C = 中立
D = 我部分不同意
E = 我非常不同意

1. 当前途未定时，我通常会往好的方面想。	A	B	C	D	E
2. 我很容易放松。	A	B	C	D	E
3. 如果有什么坏事会发生在我身上，那么一定会发生。	A	B	C	D	E
4. 我一直对自己的未来很乐观。	A	B	C	D	E
5. 我很喜欢我的朋友们。	A	B	C	D	E
6. 对我来说，保持忙碌很重要。	A	B	C	D	E
7. 我几乎从来不指望事情会按照我的方式发生。	A	B	C	D	E
8. 我不容易沮丧。	A	B	C	D	E
9. 我从来不期望好事会发生在我身上。	A	B	C	D	E
10. 总体而言，我希望发生在我身上的是好事而不是坏事。	A	B	C	D	E

注：第 2、5、6 和 8 题是探测题，不计分。乐观主义测项是第 1、4 和 10 题，计分为：A = 5，B = 4，C = 3，D = 2，E = 1。悲观主义测项是第 3、7 和 9 题，计分为：A = 1，B = 2，C = 3，D = 4，E = 5。将所有测项的得分加总得到量表的总分，高分意味着乐观。

来源：From Scheier et al. (1994, Table 6, p.1073). Scheier, M.F., Carver, C.S., & Bridges, M.W. (1994). Distinguishing optimism from neuroticism(and trait anxiety, self-mastery, and self-esteem): A reevaluation of the Life Orientation Test. Journal of Personality and Social Psychology, 67, 1063—1078.

气质性乐观与应对策略

与本章前面讨论的控制点、解释风格的研究成果一致,气质性乐观与学校和工作情境中的积极结果、生理和心理健康以及社会行为相关。然而,气质性乐观领域的研究者的方向略有不同,他们聚焦于乐观主义者和悲观主义者如何应对重大生活事件。面对负性事件,乐观者比悲观者报告了更少的抑郁症状、更有效的应对策略、更少生理症状(Scheier & Carver,1992,1993)。气质性乐观与更强的幸福感、更好应对生活应激事件相关(Scheier et al.,2001)。

例如,经历负性事件的中年女性中,乐观程度低的人报告了更多抑郁症状(Bromberger & Matthews,1996)。类似的,一项追踪中年女性一年的研究发现,照顾者比非照顾者更不乐观,更悲观。然而,悲观程度能够预测照顾者和受照顾者的焦虑状态的改变、体验到的压力、恶化的自我评估健康状况(Robinson-Whelen, Kim, MacCallum, & Kiecolt-Glaser,1997)。

对于医学院学生、法学院学生和一年级本科生来说,气质性乐观也与更好地适应生活中的挑战性事件相关。乐观的学生取得更好的成就,更少孤独、压力、抑郁症、慢性生气,以及更少愤怒情绪的克制(Scheier et al.,2001)。

接受冠状动脉搭桥手术前乐观程度高的男性比悲观者更多表现出问题关注应对策略,恢复得更快,更快速地回到日常活动中,手术6个月之后报告更高的生活质量(Scheier et al.,1989)。

总体而言,不管从短期还是长期来看,乐观者比悲观者应对得更好。让我们进一步看看为什么会这样(见表10.6)。

表10.6　为什么气质性乐观得分高的人过得更好

1. 乐观的信念和期望比悲观的更有优势。
2. 乐观主义者在危机面前采取更好的应对策略。
3. 乐观主义者采取行动、制定计划、践行健康行为。
4. 乐观主义者能够更准确地判断情境是否可控,从而调整策略。
5. 乐观的信念改变了心理机能,并保护身体免受压力困扰。

乐观的信念和期望　面对压力情境,乐观主义者比悲观主义者应对得更好,这是因为乐观者的信念和期望有助于他们应对,而悲观者的信念和期望会伤害他们(Scheier et al.,2001)。当面对压力时,乐观帮助人们阻抗抑郁(Carver,2004),使人们继续努力实现目标,改进应对威胁生活的健康问题的策略(Carver et al.,1993;Stanton & Snider,1993)。正如下文这段基督教的引述所说的,乐观者可能相信许多东西都能从尝试中学会(Carver & Gaines,1987)。正如土木工程师通过研究桥梁和房屋的灾难,并利用这些知识建造更结实的建筑一样,乐观者拥抱失败,并准备分析过去的失败经历,使下一次做得更好(Wise & Rosqvist,2006)。你可能听到过乐观主义者宣称,"一切都是从经验中学习的"。

例如,气质性乐观能够预测对癌症诊断和治疗的适应性。对于患乳腺癌的女性和患前列腺癌的男性,乐观能够预测手术后以及之后1年更低程度的痛苦。对于接受化疗的病人来说,乐观与整个过程中更好的适应性相关(Scheier et al.,2001)。对于乳腺癌病人,乐观能够预测手术中、手术后及术后13个月拥有更好的情绪和心理幸福感、更轻微的抑郁症状(Carver et al.,1993,1994;Epping-Jordan et al.,1999;Stanton & Snider,1993),乐观主义者也比悲观主义者能够更快地回到日常社交和娱乐活动中。这些活动反过来降低了他们的情绪压力,保护他们避免因为接受癌症治疗而变得抑郁(Carver Lehman,& Antoni,2003)。悲观的女性无法享受这些好处。

> "如果每一段困难的经历都让你变得更坚强……那么在经历这一切之后,我应该充满睿智……令人惊异……如地狱一般坚强。"
> 克丽丝汀"汤匙小姐"蜜瑟兰蒂诺,32岁的红斑狼疮病幸存者,网站www.ButYouDontLookSick.com的创立者,2009年12月25日。

在从冠状动脉搭桥手术中康复的男性和女性患者中,无论是手术刚结束还是术后5年,气质性乐观的病人比悲观的病人表现出更低水平的敌意和抑郁症状,报告了更强的幸福感,更放松,对医学护理更满意,从家人和朋友那里得到了更多情感支持,更高的生活质量(Scheier et al.,2001)。

对于育龄女性,气质性乐观与怀孕期间更少焦虑、怀孕期间和产后更少抑郁症状,以及更好地面对流产相关。而气质性悲观与不孕不育夫妻的痛苦程度相关(Scheier et al.,2001)。

个体不需要面对重大疾病才能从气质性乐观中获益。对于大一学生而言,乐观的学生比悲观的学生拥有更高的学业期望,面对学院的挑战更有激情,将挑战视为机会而不是威胁。最终,他们比悲观的学生在大学第一年压力更小、更幸福、更健康、适应性得更好、得到更高的分数(Chemer,Hu,& Garcia,2001)。

还记得高中时你压力有多大吗,尤其是想到未来时?在澳大利亚郊区8至12年级的学生中,与乐观程度低的学生相比,乐观程度高的学生表现出更多职业探索和职业规划,更高的职业决策信心,拥有更多与职业相关的目标。悲观程度高的学生比悲观程度低的学生更不了解工作,更少使用决策策略,更少了解潜在职业,更优柔寡断,学业成就更低。总体而言,乐观程度高的青少年与更高的心理健康水平(如更高的自尊水平和更少报告心情低落)相关(Creed,Patton,& Bartrum,2002)。

乐观主义与应对策略 乐观主义者和悲观主义者采取不同的应对策略,乐观者的策略在处理压力方面更有效(Scheier & Carver,1985)。乐观者正面面对问题,采取所有可能的措施走出困境,采取主动的问题关注应对策略。**问题关注**应对策略是人们着手解决问题或采取具体措施改变压力来源的方式。这个过程可能涉及计划,邀请朋友帮忙弥补,聚焦于解决问题而忽略其他活动,或者进行任何其他旨在降低压力的活动(Carver,Scheier,& Weintraub,1989)。当感到压力情境是可控的时,乐观者非常可能采取问题关注应对策略。当事情不可控时,乐观者采取更灵活的应对机制,比如再构造,看到情境的有利之处,从糟糕情境中吸取教训,接受不可改变的部分,现实地调整目标,采取幽默的方式。乐观者持续努力,而悲观者更可能感到沮丧并放弃努力(Brown & Marshall, 2001; Scheier & Carver, 1987)。

悲观主义者更经常地表现出**情绪关注**应对策略,他们努力减少或管理压力带来的消极情绪和痛苦(Carver et al., 1989)。这可能导致被消极情绪占满,接受压力,给事件一个积极的解释,否认压力,向宗教寻求帮助,寻求朋友的安慰。悲观者也可能采取**回避型应对**(avoidant coping),比如放弃目标、保持距离、否认、滥用药物、无法采取建设性措施处理问题。

问题关注应对策略能够减少威胁,而情绪关注应对策略能够减轻威胁带来的情绪低落(Scheier & Carver, 1987)。人们通常根据情境不同,采取这两种不同的应对策略。通常情绪关注应对策略能够减轻痛苦和悲伤,使人们能够采取问题关注应对策略。

为了研究应对风格的差异,一项研究要求本科生想象自己处在5个假想的情境中(Scheier, Weintraub, & Carver, 1986)。情境的压力水平为中等并在一定程度可控,比如在同一天处理多个期终考试任务,以及其他与大学生密切相关的情境。正如所预测的那样,乐观主义者和悲观主义者采取不同的应对策略,乐观者采取偏问题关注的应对策略,而悲观者采取偏情绪关注的应对策略。

思考题

接受癌症治疗时,人们如何做到乐观?

思考题

还有什么其他方式来采取问题关注应对策略?

思考题

还有什么其他方式来采取情绪关注应对策略?

思考题

相对于个体主义文化,情绪关注应对策略中的从他人那里寻求安慰,这一方法对于集体主义文化是不是特别有用?

对于亚洲人和美国人而言,乐观者和悲观者的应对策略存在有趣的文化差异(Chang, 2001)。自我认同的亚裔美国大学生(一个公认的、混杂的群体)表现出与美国白人程度相似的气质性乐观,但是更悲观。之前的研究发现,亚裔美国人的这种悲观主义与

更可能采取回避型策略、更经常出现心理问题(如焦虑、害怕、恐慌症、疏离感、能力不足感、思维障碍以及其他症状)相关。但是在亚裔美国人中这种悲观主义和回避型应对策略并不与更严重的抑郁症状相关,而在美国白人中通常与抑郁症相关。相反,这些悲观的亚裔美国人比美国白人更可能采取问题关注的应对策略。或许这就是为什么亚洲人更悲观,但是不像美国白人大学生一样容易得抑郁症。如果悲观的想法是亚洲人重要的应对策略,张(Chang,2001)建议亚裔美国人的治疗师应该尝试增加病人的乐观想法,而不是减少悲观想法,因为减少悲观想法是认知行为疗法的标准做法(Beck,1976)。

乐观主义者采取行动 与悲观主义者相比,乐观主义者采取直接的、主动的、问题关注的方法,使得他们以促进健康的方式行动。乐观者比悲观者更可能寻求信息,遵医嘱,健康饮食,定期锻炼,定期采取行动促进健康、降低风险(如果有HIV呈阳性的危险,就进行更安全的性行为;如果存在患皮肤癌的风险,那么就进行日光浴)(Scheier et al.,2001)。与悲观者相比,乐观者更可能定期食用维生素,吃健康午餐,降低脂肪摄入量,减少吸烟,减少喝酒,进行锻炼,参加心脏康复项目(Scheier & Carver,1992)。不管是老年人还是大学生,乐观者与更少出现生理症状相关(Scheier & Carver,1987)。

问题关注的应对策略的一部分是为处理危机制定行动计划,乐观主义者比悲观主义者更可能这样做(Scheier & Carver,1987)。在一项研究中,乐观的冠状动脉搭桥手术病人更可能为康复制定计划,通过为自己设定目标,尽可能多地获取康复相关信息。相反,悲观的病人不去想康复情况。结果,乐观的病人表现出更快康复,更少手术并发症。

乐观主义与判断可控性 正如前面所提到的,当面对不可控的情境时,乐观主义者更可能改变策略或目标。这里的关键在于,乐观者比悲观者更有能力判断情境是否可控,从而选择更恰当的策略(Aspinwall et al.,2001)。

例如,一项研究中,学生着手猜字谜活动(打乱的字谜),他们认为该活动是测量他们的语言智力水平(Aspinwall & Richter,1999)。学生有20分钟时间猜出尽可能多的字谜。他们有所不知的是,前7个字谜是无解的。对于不可选择条件下的被试而言,这是他们得到的唯一任务。对于可选择条件下的被试而言,他们额外得到了两套有解的字谜(当然,被试并不知道)。同时,两种条件下都有一半被试被允许回头去解一个放弃的字谜,而另一半被试不被允许回头。

当被试处在不可选择任务条件下时,所有被试——无论乐观者还是悲观者——都一直猜字谜,直到时间到了为止。但是当可以选择且不能回头时这迫使他们在语言智力测验中承认失败,乐观的被试比悲观的被试早4分钟放弃不可解的字谜。结果,乐观的被试比悲观的被试在新任务中表现得更好(Aspinwall & Richter,1999;见图10.9)。

> "愿上帝赐予我宁静,去接受那些我不能改变的事情;赐予我勇气,去改变那些我能够改变的事情;并赐予我智慧,去分辨两者的不同。"
>
> Reinhold Niebuhr,《宁静的祷告者》

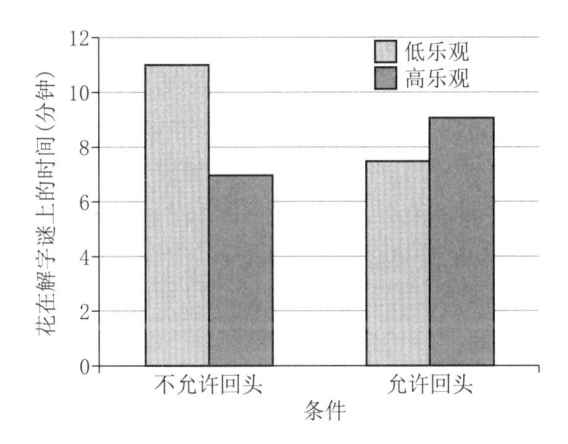

图10.9 不同气质性乐观以及是否被允许回头去解之前未解出的字谜条件下,被试花在不可解的字谜上的时间。来源:Aspinwall and Richter(1999)。

这可能让你想起《宁静的祷告者》。乐观主义者更有能力去改变他们能够改变的事情,去接受那些他们不能改变的事情,并有智慧去分辨两者的不同——至少比悲观主义者更有智慧(Aspinwall et al.,2001)。或者正如传奇喜剧大师 W.C.菲尔茨所说:"如果你开始没有成功,尝试,再尝试,然后放弃。没有必要成为傻瓜。"

乐观的信念与心理机能 乐观主义似乎对于身体对压力的生理反应具有保护作用,防止压力给身体带来可能的伤害(Scheier & Carver,1987)。即使在控制了其他与健康相关的人格变量(如神经质、焦虑、抑郁),乐观主义与生理及心理健康的关系仍然存在。这意味着乐观主义必然能通过其他方式影响健康。其中的一个机制可能是通过免疫系统:乐观主义似乎使免疫系统机能更好,保护身体免受压力的有害后果的影响。

前人的研究已发现,乐观主义与免疫功能显著相关,但是这些研究都是相关研究。例如,在一个 HIV 阳性的男性样本中,随着时间推移,乐观主义与更强的免疫功能相关,尽管免疫功能的增强并不能延缓病情的恶化。悲观主义与病情恶化相关更严重,但这不是由于增强的免疫功能引起的(Milam,Richardson,Marks,Kemper & McCutchan,2004)。在另一项研究中,学业压力较大期间,乐观的学生比悲观者拥有更多活动的 T 细胞和自然杀伤细胞,这两类细胞都是帮助抗感染的(Segerstrom,2001,2005;Segerstrom,Taylor,Kemeny,& Fahey,1998)。在一项关于乳腺癌诊断和治疗的研究中,气质性乐观抵消了高压力与自然杀伤细胞低活动水平之间的作用效应(Von Ah,Kang,& Carpenter,2007)。

关于乐观引起免疫系统变化的最佳证据来自最近的一项研究,该研究采用了安慰剂控制组来比较气质性乐观与压力对免疫功能的影响(Brydon,Walker,Wawrzyniak,Chart,& Steptoe,2009)。研究者随机将健康本科男生分配到四种条件下,控制他们的心理压力和疾病暴露程度。

疫苗的原理是通过生理刺激机体,从而使其产生抗体,阻抗感染。通过双盲技术(double-blind technique),实验者和被试都不知道谁是安慰组,谁是实验处理组。有些被试接种了伤寒疫苗,而另一些被试被注射了无害的盐水。然后一半被试休息,另一半被试面临两个有心理压力的任务。其中一个任务是经典的斯特鲁普测验,给被试呈现不同颜色的表示颜色的单词,这些单词通过不同颜色的字母在电脑屏幕上呈现。被试必须指出字母的颜色,而不是单词所表示的意思(这个任务比看起来更难,研究者通常以此来引发被试的压力)。第二个任务是被试必须想象他们被错误地指认为小偷,必须为自己辩护。他们相信自己的辩护会被录像并被据此进行评判。

思考题

为什么安慰控制组为乐观是否引起免疫系统功能变化提供了最好的证据?

证据表明,气质性乐观的人比悲观的人有强健的免疫系统,更有能力阻抗感冒。

在完成任务的过程中,研究者测量被试的情绪、压力反应、免疫功能。他们尤其对白细胞介素—6和炎性细胞因子感兴趣,因为当免疫系统被激活时,这两类细胞的含量会上升。短暂的炎症反应对于阻抗感染是必要的。当个体长期处于压力中时,产生的长期炎症反应可能带来伤害。白细胞介素—6的副作用是增加紧张和焦虑感。研究者想知道,心理压力(斯特鲁普测验和辩护任务)是否会增加白细胞介素—6?被试的气质性乐观程度对免疫系统的反应有什么影响?这种反应是否会削弱被试阻抗感染的能力?

首先,当经历即时压力时——把一根针扎到手臂上作为实验的一部分——乐观主义者较小幅度地增加了紧张和焦虑感,这意味着白细胞介素—6的小幅度增加。

其次,当面临会引发焦虑的斯特鲁普测验或辩护演讲时,乐观缓解了压力反应。即乐观者的免疫系统对这些压力表现出稳定的反应,而不会像悲观者一样表现出像世界末日的最后报警似的反应。这种稳定的反应限制了长期炎症,并保护了机体对抗感染的能力。

你可以在图10.10看到这一反应。压力体验结束2小时之后,悲观者的白细胞介素—6仍然处于高水平,而乐观者的白细胞介素—6已经显著下降。这提供了直接的证据,即当面对压力时,气质性乐观引发更强的免疫功能。

两者,从3周后他们对伤寒疫苗的反应可以看出,由于更有效的应对压力的反应方式,乐观者的免疫系统更有能力阻抗生理感染。

这么来看:想象一下你正和朋友在高速公路上开车,忽然看到一个坑。有的司机可能会尖叫然后急转弯以避开坑，车辆瞬间失控，导致乘客不安。面对这种情境，每一个人都需要时间收集信息，重新回到原本舒适的旅程。然而，有的司机可能只是喘气而不会尖叫，更加温和地转弯以避开坑。这种司机重新控制车辆的做法不那么具有破坏性，更安全，对于本人和旅客来说更舒适。通常，压力会削弱机体阻抗感染的能力。然而，乐观者或许因为对压力没有那么大的生理反应，不像悲观者那样容易受到生理感染。

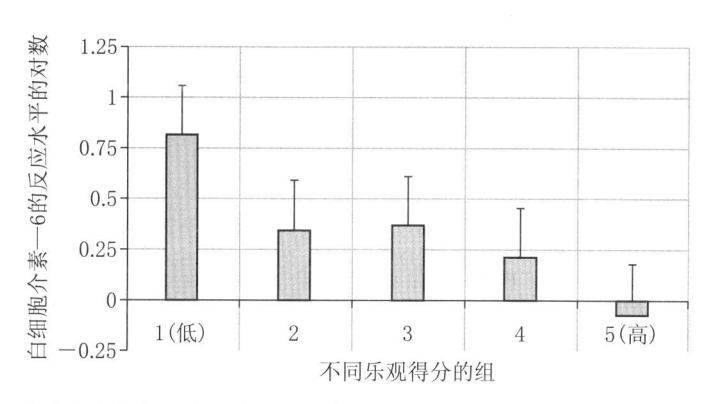

图10.10 乐观者的免疫系统比悲观者的恢复得更快速。本图显示了压力之后2小时，不同乐观水平被试的白细胞介素—6的平均变化。被试根据气质性乐观得分的高低被分为5组，分数越低越悲观。悲观者仍然表现出对压力的炎症反应，而乐观者的白细胞介素—6水平已经大大降低了。乐观通过在压力事件后迅速降低白细胞介素—6的水平，似乎能够保护机体免受长期炎症的困扰。来源：From Brydon et al.(2009, Figure 2, p.813). Reprinted from Brydon, L., Walker, C., Wawrzyniak, A.J., Chart, H., & Steptoe, A.(2009), "Dispositional optimism and stress-induced changes in immunity and negative mood," Brain, Behavior, and Immunity, 23, 810—816. Copyright © 2009, with permission from Elsevier.

"永远乐观是人生的强力推进器"

Colin Powell

"乐观是勇气的基础。"

Nicholas Murray Butler

本实验的结果表明，乐观能够保护机体免受心理压力引起的长期炎症影响(Brydon et al., 2009)。白细胞介素—6与健康人群的抑郁症状相关，某些临床抑郁病人的白细胞介素—6水平也很高(Irwin & Miller, 2007)。在某些情况下，循环系统的白细胞介素—6水平也上升了，比如心血管疾病、关节炎、疼痛和某些癌症，所有健康条件下，乐观者都比悲观者情况更好。本研究解释了为什么乐观者有更好的免疫系统反应。乐观者少量的长期白细胞介素—6反应能够保护他们免受压力相关的疾病困扰。乐观者像抗氧化剂一样——想想巧克力、绿茶、浆果、菠菜——帮助机体在重大压力后免受长期炎症影响。

总之，尤其是压力情境下，乐观主义者的期望、信念、应对策略、主动行动、免疫系统反应、评估达到目标的机会、改变策略的意愿，一起保护他们，促进生理和心理健康。因此，如果你不是那么乐观，你能做什么？看看下面日常生活中的心理学，它描述了心理学家如何改变人们的想法，使之变得更好的。

日常生活中的人格：
让人们变得更乐观

通过改变人们的想法——在解释风格和气质性乐观两方面——我们能让人们变得更乐观吗？有两种方法已经被证明的确能够让人们变得更乐观：认知行为疗法（Carver & Scheier，2002）和归因矫正法（Miserandino，1998；Peterson，2000；Proudfoot et al.，2009）。这些原则在一个叫做"宾州大学心理弹性计划（Penn Resiliency Program，PRP）"的专门项目上得到体现，该项目通过喜剧、故事、视频、角色扮演、游戏、讨论的形式，教会儿童变得更乐观（Jaycox et al.，1994）。

这个项目是基于阿尔伯特·艾利斯（Ellis，1962）的 ABC 理论和阿龙·贝克（Beck，1976）的认知行为疗法。当激发事件（adversity，A）发生时，它会激发信念（beliefs，B），进而引发情绪和行为反应（consequences，C）。儿童有时会意识到消极的想法（如"我不擅长任何事情"）会自动产生，正如我们脑袋中反复地唱着某首歌曲一样。通过学习抵制自动产生的消极想法（步骤 D，流程实施者将其增加到 ABC 模型；Seligman，1975），然后评估消极想法是增强了还是减弱了（步骤 E，激发消极情绪），儿童可以开始选择使自己感觉更好的想法，抵制让自己感觉糟糕的想法。

小朋友以充满希望的"霍利"和"霍华德"为榜样来行事。乐观队定期挑战悲观的"格雷格"和"彭妮"的消极想法和悲观解释风格，帮助他们找到解决问题的方法。小朋友被鼓励以夏洛克·福尔摩斯为榜样，而不是他的搭档赫姆洛克·琼斯，采用 ABCD 和 E 步骤考虑可选方案，而不是相信自动想法，自动想法通常对负性事件是内控的、稳定的、整体的解释（Seligman，1995）。

项目开始之前，无论是等待组还是干预组，这些 5 至 12 年级的学生中有 24% 的小朋友都有中、重度的抑郁症状。项目结束之后，控制组的儿童仍然表现出抑郁症状，而干预组的儿童比控制组的儿童抑郁的概率低了一半（Gillham et al.，1995；Seligman，1995）。干预组的儿童更少地将负性事件归因为稳定的因素，他们的解释风格变得更乐观。他们在家和在学校表现出行为问题的可能性也下降了。

宾州大学心理弹性计划项目在许多情境下都成功了，包括在内陆城市、郊区、偏远学校以及欧洲裔美国人、亚裔美国人、拉丁美洲儿童和青少年中。在澳大利亚和中国的类似项目也取得了相似的效果。PRP 显著减轻了抑郁，预防了焦虑，防止了行为问题，引发了更乐观的解释风格，更少无助感，更少自动想法，提高了自尊水平，更好的灾难应对以及更好的问题解决技能（Brunwasser, Gillham, & Kim, 2009；Gillham, Brunwasser, & Freres, 2007）。

本章小结

本章通过认知心理学的视角，让我们见证了这些词的力量：思想、信念、期望，它们如何使得我们以不同的方式看待和体验这个世界，进一步加强了我们生活中的自我实现预言。

一个重要的信念是，自身的力量能够引起重要结果的发生。一些内控的人相信他们能够控制自己的命运。另一些外控的人相信发生在他们身上的事情都是因为运气、机遇、有影响力的其他人、命运或者不可控的因素。通常，内控与尽责性、高成就、工作更成功、对工作更满意、更好的生理和心理健康、更高的社会敏感性相关。内控的人能够更好地处理压力事件。生活在个体主义文化背景下的人更内控，而集体主义文化下的人更外控。自20世纪60年代以来，美国大学生变得更加外控。控制点可通过量表来测量。

控制感对人或动物（如狗或小孩，如本章开头的案例中面对蜡笔的埃琳娜）都非常重要，如果发现自己不能控制重要的结果或者防止负性事件发生，人们就会变得无助。习得性无助会导致动机、认知和情绪问题，这或许是罹患绝望型抑郁症的危险因素。

在与外部世界和社会（包括父母、老师、教练和媒体）的互动过程中，人们会形成习惯性的解释事情发生的方式。这种解释可能在三个维度上存在差异：内控还是外控的、稳定还是不稳定的、整体还是局部的。乐观解释风格的人将好事解释为内部的、稳定的、整体的；悲观解释风格的人将好事解释为外控的、不稳定的、局部的。乐观解释风格的人将坏事解释为外控的、不稳定的、局部的；悲观解释风格的人将坏事解释为内部的、稳定的、整体的。

因为这些信念的差异，与具有悲观解释风格的人相比，具有乐观解释风格的人不管情境如何，都能够坚持更久，取得更高的学业成就，赢得更多体育比赛，工作绩效更好。乐观解释风格与更好的生理和心理健康相关；悲观解释风格是罹患抑郁症和感到孤独的危险因素。像控制点一样，解释风格也存在文化差异：集体主义文化背景下的人比个体主义文化的人更悲观。解释风格可以通过问卷或词汇的内容分析来测量。

很多关于控制点、解释风格、应对灾难的研究都是田野研究和自然操纵的。研究者可能在实验室之外进行研究，通常在真实世界的困境中观察人们如何应对心脏病、癌症、肺结核、飓风、失业和其他灾难，这些条件不能被有意操纵或控制，被试也不能被随机分配到某种条件下。当由于伦理道德或现实原因无法进行真实验研究时，研究者可能会转向准实验设计。准实验设计可以表明潜在的因果关系，但是无法像真实验设计那样证明因果关系的存在。

✓ 学习和巩固：在网站 mysearchlab.com 上可以找到更多学习资源。

"如果发现存在怀疑的漏洞，那么人们就用希望去填补它。"

Christopher Peterson(2000，p.51)

> "开始时,我像悲观的彭妮一样。我经常感觉非常糟糕,并想着我经常搞砸事情……都是宾州大学的人来到我们学校,一直帮助我们变得不那么悲观。"
>
> 塞利格曼(1975,p.129)

最后,人们对未来可能变好还是变坏的总体期望存在差异。像控制点和解释风格一样,气质性乐观与更好的生理和心理健康相关。当情况变得困难时,乐观者更有应对技巧,坚持克服挑战,不放弃。气质性乐观可通过量表进行测量。

本章的研究证据非常充足,很清楚,想法和信念对于我们如何体验生活和应对负性事件会产生重要影响:乐观主义者做得更好。本章真正的好消息是解释风格和气质性乐观可以改变,包括采取认知疗法,或者专门的工作坊通过挑战自动产生的消极想法,形成更乐观的解释风格,甚至如本章开头的电脑实施的在线干预。这些项目成功地使儿童或青少年免受抑郁和焦虑困扰。根据认知心理学的方法,如果你是你所想的那样,本章应该给你一些启发。引用托马斯·潘恩的话:"真正的乐观者在困境中微笑,从悲伤中积聚力量,并通过反省变得勇敢。"

问题回顾

1. 请描述塞利格曼等(2005)的在线研究,该研究给被试提供了6种可能的抑郁干预方案。哪两种干预最有效?

2. 什么是控制点?如何测量控制点?内控和外控的人在成就、工作行为、生理和心理健康、社会行为方面存在哪些重要差异?控制点存在文化差异吗?美国大学生的控制点随时间推移发生了什么变化?

3. 什么是习得性无助?请描述塞利格曼和梅尔(1967)的三元设计,分析为什么实验中有些狗无法逃脱电击。处于类似情境中的人会怎样呢?什么是抑郁的习得性无助模型?

4. 什么是解释风格?哪三种维度决定了人们的解释风格?乐观解释风格的人们采取什么归因方式?悲观解释风格的人们采取什么归因方式?解释风格有哪两种测量方法?乐观解释风格和悲观解释风格的人在学校和运动成就、工作行为、生理和心理健康、社会行为方面存在哪些重要差异?解释风格存在文化差异吗?

5. 什么是田野研究?田野研究有什么优势和劣势?

6. 什么是气质性乐观?如何测量气质性乐观?为什么乐观的人能够更好地处理生活中的重大事件?

7. 可以通过训练让人们变得更乐观吗?

关键术语

场依存	初级控制	配轭
场独立	次级控制	三元设计
控制点	稳定 vs 不稳定	准实验设计
抑郁的习得性无助模型	整体 vs 局部	气质性乐观
解释风格	《归因风格量表》(ASQ)	问题关注应对策略
悲观解释风格	CAVE 技术	情绪关注应对策略 308
乐观解释风格	田野研究	回避型应对策略
内控 vs 外控	习得性无助	双盲技术 309
控制错觉		

第 11 章

性别与人格

关于两性人格的相似性和差异性的观念
研究方法示例:效应量和元分析
人格的性别差异:真相还是杜撰?
    五因素模型的性别相似性和差异性
    人格及社会行为的其他方面的性别
      差异
        攻击性
        冒险性
    性别差异?看情况!
        共情
        情绪
        焦虑
        助人行为
        领导力
        易受影响性
        自尊和自信
是什么导致了性别差异?
    进化
    社会背景
    社会角色理论
    社会建构
    生物心理社会模型
日常生活中的人格:人格的性别差异观念
    造成了什么影响?
过去和现在:性别的定义与评鉴
本章小结
问题回顾
关键术语

到我的搜索实验室(mysearchlab.com)阅读本章

    想象一下明天早晨你醒来,发现自己的性别变了,你的生活会有什么变化?你的穿着会变吗?你的朋友会变吗?你的大学专业会变吗?你的内心还是原来的那个你吗?你的人格还是原来的样子吗?

    这就是本章的基本问题:性别——包括遗传学、生理学,及社会、文化的期望——是怎样决定我们是谁的?或者说,如果我们将人格看做是连续稳定的行为方式,那么男性和女性的行为是否有差异?当然,男性和女性存在生理上的差异,但也存在心理上的差异吗?

性别差异是真的存在，抑或仅仅是我们的主观印象？如果真的存在，这些差异从何而来？它们是由生物力量和进化力量所导致，难以更改的，还是由社会力量和文化力量所引发，可以更改的？

探索性别差异及其来源是非常重要的。比如，人们普遍认为男性的数学比女性好，其实这是错误的，我们会在后面讨论到。不过，有一种数学能力，男性的确比女性要好，那就是空间推理（spatial reasoning）能力。实际上，男性和女性在心理旋转（mentally rotation，空间推理的一种）方面的差异恰恰是两性认知能力方面最大的差异（见图11.1）。

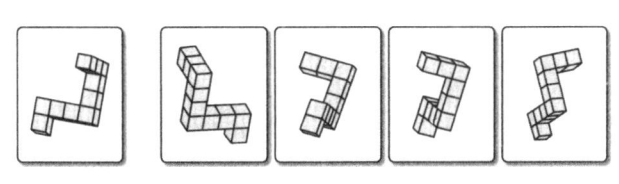

图11.1 心理旋转任务示例。被试要找出右边哪两张图片是左边物体旋转后的图像。来源：Source: Feng et al. (2007, Figure 1b, p.851). Reprinted from Feng, J., Spence, I., & Pratt,). (2007), "Playing an action video game reduces gender differences in spatial cognition," Psychological Science, 18(10), 850—855. Used with permission。

那么心理旋转的性别差异又从何而来呢？由于3到5个月大的婴儿已经表现出这样的差异（Moore & Johnson, 2008; Quinn & Liben, 2008），心理学家认为这是进化过程"焊"在男女身上的生物特质。毕竟，比起生养孩子来说，判断猎物的距离、计算猎物的速度、估摸武器能投掷到多远都需要更强的视觉空间能力。那么空间旋转能力的性别差异是进化的结果吗？

直到最近，还有许多人是这样认为的。不过，研究者让男女大学生接受10个小时的训练，有的玩3D拼图游戏，有的玩瞄准射击的3D动作游戏（Feng, Spence, & Pratt, 2007）。训练过后，这些学生的游戏水平都提高了，而且那些玩动作游戏的大学生在心理旋转的任务中表现得更好了。令人惊讶的是，女大学生从训练中得到的收获更多。心理旋转能力的性别差异——原本被看成是先天的、无法改变的——大大的减小了，女性受训后的空间能力赶上了未受训男性的平均水平（见图11.2）。该结果说明，某些我们认为是不可改变的

图11.2 被试经过拼图游戏或动作游戏训练后完成心理旋转任务时的表现。纵坐标表示被试在训练前、训练后以及训练结束五个月后的平均成绩。引自：Adapted from Feng et al. (2007, Figure 3, p.853) Feng, J., Spence, I., & Pratt, J. (2007), "Playing an action video game reduces gender differences in spatial cognition," Psychological Science, 18（10），850—855. Copyright © 2007 by Sage Publications. Reprinted by permission of Sage Publications。

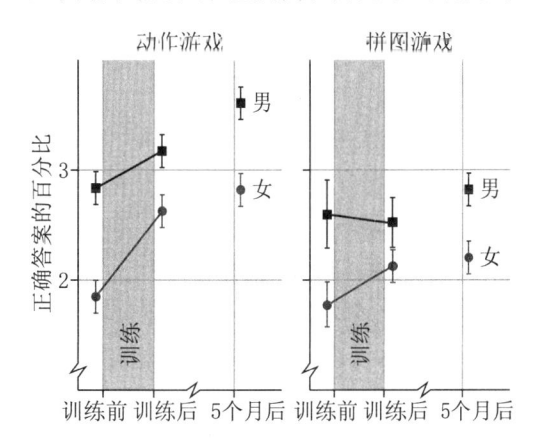

性别差异其实是可以被生活经历、机遇、偏好和期待所改变的,它们不是天生的。这样一来,我们永远也没法知道,我们所应对的性别差异是天生的,还是社会化的结果了!

思考题

数学能力的性别差异更多的是由先天遗传因素导致的,还是由后天学习因素导致的?

某些性别差异,比如空间旋转能力的差异曾被认为是进化的结果,但可以经由特定的机遇和经历而弱化。

本章我们将讨论男性和女性是否存在人格差异。为了回答这个问题,我们得试着区分关于性别差异的说法哪些是真相,哪些是杜撰。评估性别差异的大小,讨论性别差异的来源,考虑性别观念的影响,还要看看性别定义和性别评估这些年来是如何改变的。

关于两性人格的相似性和差异性的观念

根据某些心理学家的看法,美国主流文化被性别差异的观念牢牢绑架了,把男女差异看得很大,从一出生就有(不是一出生就有,也是出生不久就有了),而且认为自身区别于异性的地方恰恰就是自身性别的重要本质(Zurbriggen & Sherman, 2007)。

我们倾向于相信男女之间的人格特质、社会角色、生理特性(不仅是生殖机能)、情感体验、表达能力,甚至思维方式都存在差异(见表11.1)。在许多文化中关于男女形象的观念都是根深蒂固的:女性专事抚养,男性专事行动和其他技能(Kite, Deaux, & Haines, 2008; Williams & Best, 1990)。

> "人们不必是相同的,但可以是平等的。"
> ——心理学家黛安·哈尔彭(2004),认知能力的性别差异研究专家。

思考题

你是否认为男性和女性拥有不同的人格？

表 11.1 男性和女性的传统形象

分类	男性	女性
人格	目的导向、善用工具 主动、好胜、独立、自信	喜欢表达、喜欢分享 情绪化、温和、善解人意、自我奉献
社会角色	领导者、经济来源、一家之主	照顾者、提供情感支持、持家者
生理特性	健壮、肌肉发达、宽肩、力气大	小巧、可爱、声音甜美、优雅
情绪体验	愤怒、自豪	更善于表达情绪、能体验到诸多不同的情绪
认知	善于抽象思维、善于解决问题	善于语言推理、艺术家

来源：Kite et al.(2008)。

人们还认为男性和女性从事的职业不同、兴趣爱好不同、最喜欢的活动也不同（Twenge，1999）。传统的男性化的职业包括汽车修理工、木匠、喷气机飞行员和土木工程师；传统的女性化的职业包括护士、美术老师以及社会工作者。男人业余玩电脑、下象棋，女人则逛街购物。

总之，这些观念表明，女性总是与他人、与社会群体有关，她们是相互依赖的，而且感觉到自己与他人、与群体相联结。相反，男性专注于个体，专注于自我保护，主张自己的权利。这两种相反的社会属性称为**分享性**（communion）和**动因性**（agency），它们分别反映了传统的女性社会化和男性社会化（Eisenberg & Lennon, 1983）。

毫无疑问，你一定见过这类关于两性的**刻板印象**（stereotypes）。刻板印象是对群体的归纳，它假定每个人都符合归纳出的特性，而忽略实际的个体差异（Aronson, Wilson, &

婚礼上的印度夫妇。全世界的性别刻板印象惊人的相似，它们是不是说明了什么真相呢？

Akert，2001）。人们认为有些行为特质出现在某种性别身上比出现在另外一种性别身上要频繁得多，性别刻板印象就描述了这样的特质和行为（Best & Williams，2001）。它描述了男性和女性分别是什么样的，应该是什么样的（Kite et al.，2008）。通常，这些刻板印象强化了传统的性别角色（Best & Williams，2001）。

传统的观念是对的吗？我们知道"大家"是怎么说的，媒体是怎么说的，但心理学研究又是怎么说的呢？幸运的是，性别和性别差异正是心理学研究最多的话题。为了比较不同研究得出的结果，我们需要理解什么叫**"效应量"**（effect size）。

研究方法示例：效应量和元分析

假设你正在做沙司（Doherty，2004），你需要番茄、洋葱、芫荽叶、酸橙汁、盐，或许还有些其他的配料。不过，你在准备一顿晚宴，准备到一半的时候发现酸橙汁用完了，而客人还有15分钟就要到了，你会赶紧跑去商店买酸橙汁吗？还是不管它，继续忙活？许多人都会选择继续忙活，毕竟有没有酸橙汁对沙司的最终味道影响很小。不过，万一你发现你忘记买番茄了怎么办？你怎么可能不用番茄而做沙司呢？

这个例子可以帮助我们理解效应量的概念（Cohen，1988）。番茄和酸橙汁对沙司味道的影响是不一样的，效应量可以告诉我们某个变量对总效应的影响大小或重要性。某个效应显著，比如 t 检验或方差分析（ANOVA）的效应显著，可以说明男性和女性的平均得分存在显著差异，而效应量则可以告诉我们这个差异的大小。

我们可以计算单个实验的效应量，但真正厉害的是**元分析**（meta-analysis）（Hyde，2005，2007；Johnson & Boynton，2008；Ozer，2007；Roberts，Kuncel，& Viechtbauer，2007）。在元分析中，研究者结合不同实验的结果，涵盖许多不同的被试、样本、实验、方法、测量，估算出一个值，来说明该效应的大小。元分析和效应量可以帮助我们了解某种性别差异有多大，并能评估该差异是真实的，还是由特殊的样本或特别的测量方法所导致的。

效应量是通过统计量 d 来估算的：

$$d = \frac{M_m - M_f}{s}$$

M_m 是男性的平均得分，M_f 是女性的平均得分，S 是男女所有分数的标准差（Hyde，2004，p.93）。你可以从公式中看到，当男性均分高于女性均分时，得到的 d 为正值；当女性均分高于男性均分时，得到的 d 为负值；当二者没有显著差异时，d 就会接近于零（见表11.2）。

图11.3展示了不同的效应量。如 a 图所示，当效应量很小时，男女得分的分布就会极大地重合。虽然某特质的性别差异在统计上是显著的，但它未必是实际上显著的。d 值为0.2时太小，在日常生活中不会被注意到，只有在大样本的对照研究中才可能被观察到。同理，如 b 图所示，d 值为0.5就是中等幅度的差异，很可能在日常生活中就会被注意到。如 c 图所示，当 d 达到0.8或更大时，人们往往早就意识到了这种差异的存在（Lippa，2005a）。

表 11.2　元分析：差异有多大？

d 的范围	效应大小
－0.1 到 0；0 到＋0.1	很小
－0.11 到－0.35；＋0.11 到＋0.35	小
－0.36 到－0.65；＋0.36 到＋0.65	中等
－0.66 到－01.0；＋0.66 到＋1.0	大
大于 1.0	很大

注：正值表示男性分数高于女性；负值表示女性分数高于男性。
来源：Effect size interpretations from Hyde(2007)，after Cohen(1988)。

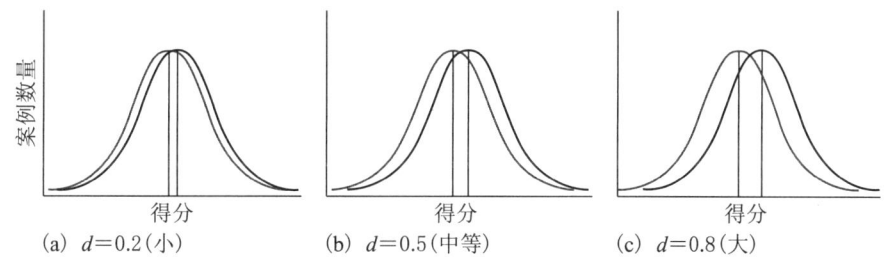

(a) $d=0.2$(小)　　(b) $d=0.5$(中等)　　(c) $d=0.8$(大)

图 11.3　小、中等、大的效应量。a 图是男女在自尊水平上的差异，差异小，$d=0.2$；b 图是男孩和女孩在活动水平上的差异，差异中等，$d=0.5$；c 图显示的差异大，$d=0.8$，该差异比男女的运动知识差异要略大一些。注意，以上三种情况下曲线所代表的分布都有很大的重合。来源：Lippa(2005a, Figure 14, p. 8). Lippa, R. A. (2005). Gender, nature, and nurture. Mahwah, NJ：Lawrence Erlbaum and Associates。

知道两性在某些特质上存在差异，远远不如理解差异的大小那样重要。毕竟，人们在各种变量上都是千变万化的。效应量的公式说明，男女均数的差异与所有分布的所有变量都有关系。这意味着一种个体差异很大的特质（如，身高）必须在男女身上表现出更大的差别，才能保证性别差异是显著的。但对那些人人都差不多的特质，平均数的较小差值就足以说明性别差异的显著。在做元分析时，我们就是在比较两性之间的差异与同性个体之间的差异。

图 11.4 是男女在空间能力上的得分分布。性别间差异和性别内差异是否相同？如

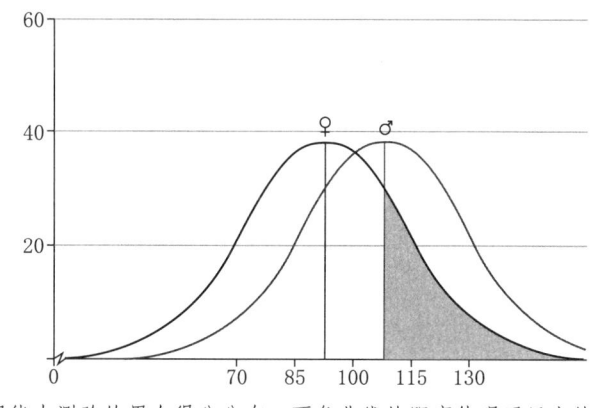

图 11.4　一项空间能力测验的男女得分分布。两条曲线的距离体现了巨大的性别差异；$d=0.73$

你所见,男性的均分比女性的均分高,但两条曲线所代表的分数分布存在大幅度的重叠。从重叠的部分可见,有23%的女性得分高于男性平均分。因此,即使男女之间存在空间能力的巨大差异,也不是每个男性都比每个女性强。

与任何一种分析一样,元分析的好坏取决于所分析的数据的好坏。理想状况下,分析者应该确认和收集同一主题下的所有研究。根据普遍的规律,囊括的研究数量越多——尤其是实验不同、方法不同的研究——就能越准确地估算性别差异。但是,如果元分析中囊括的研究所使用的因变量都是一样的,就会导致所估算的效应量普适性不够,无法应用于其他测量。分析者们通常将他们要分析的研究统合整理在一张表里,包括方法、测量、样本容量、年龄、性别等。这样可以生成并测验特定的假说,以发现是什么导致了观察到的性别差异。

最后,我们必须记住,许多社会行为实验只测量了一个项目,例如助人意愿、遵从性等,可能都低估了真实的效应量(Lippa, 200sa)。在可能的范围内,本章讨论了基于元分析得出的性别相似和性别差异,以及一些综述文章,但不讨论单独的实验。

现在你已经熟悉了效应量,我们可以来评估,比起个体差异来说,性别差异到底有多大、多重要了(见表11.2)。个体差异的变量往往与性别差异的变量有诸多重合,因此我们可以通过计算性别差异与个体差异的比率来估算出效应量d。对于我们所研究的每个人格变量,两性的得分分布都有重叠。其重叠程度又是怎样的呢?请看下文!

人格的性别差异:真相还是杜撰?

人们认为,男性和女性的社会行为、生理特性、情绪体验、道德推理、性行为、认知、职业、兴趣以及人格都有差异。但真的是这样吗?要回答这个问题,我们可以考察性别差异的大小及其稳定性,还要考察其他可能的解释。

珍妮特·海德(Janet Hyde, 2007)主持了一项极其严格的元分析研究,其中囊括了一些大范围的全国性研究。她发现,有78%的性别差异都是小的(48%)或不显著的(30%)。表11.3是她归纳的研究结果。

> "男性和女性在坚信男女不同这一点上表现得格外相似。在某种程度上,男女对两性心理差异和行为差异的期待是一致的,他们的表现也符合这种期待,而这正是两性的相似之处。"
>
> ——Rhoda K.Unger(1979, p.1086)

表 11.3 性别差异的元分析小结

变量	变量类型	非重合%	d	效应量
身高(2.60)	生理		2.6	
			2.5	
			2.4	
			2.3	
投掷速度(2.18)	生理	81.1%	2.2	
			2.1	
投掷距离(2.0)	生理		2.0	
			1.9	
			1.8	很大
			1.7	
			1.6	
			1.5	
			1.4	
人—事维度(1.35)	职业		1.3	
			1.2	
			1.1	
渴望从事现实类的职业(1.06)	职业	55.4	1.0	
技术知识(1.04)	兴趣			
电子知识(0.98)	兴趣			
投掷准度(0.96)	生理	51.6	0.9	
手淫(0.96)	性生活			
一生中理想伴侣的数量(0.87)	性生活			大
投射测验测得的攻击性(0.86)	社会行为	47.4	0.8	
想象中的攻击性(0.84)	社会行为			
对随意性关系的态度(0.81)	性生活			
运动知识(0.75)	兴趣	43	0.7	
心理旋转(0.73)	认知			
外向性：自信魄力(0.67)	人格			
握力(0.66)	生理	38.2	0.6	
对配偶身体/情感出轨的不满程度(0.64)	社会行为			
由同龄人报告的攻击性(0.63)	社会行为			
攻击性，生理(0.06)	气质			
科学知识(0.58)	兴趣			
要求配偶的身体有吸引力(0.54)	性生活			中等
常识(0.51)	兴趣	33	0.5	
活跃程度(0.5)	社会行为			
对稳定性关系的态度(0.49)	性生活			
空间知觉(0.44)	认知	27.4	0.4	
做爱时对性的态度(0.43)	性生活			
自我报告的攻击性(0.40)	社会行为			

(续表)

变 量	变量类型	非重合%	d	效应量
SAT考试数学成绩(2004年以前)(0.39)	认知			
被色情内容引发性唤起(大学生)(0.38)	性生活			
外向性(0.38)	气质			
助人行为(0.34)	社会行为			
15至18岁时的自尊水平(0.33)	人格	21.3	0.3	
活跃性(0.33)	气质			
同性恋(0.33)	性生活			
SAT考试数学成绩(2004年)(0.31)	认知			
被色情内容引发性唤起	性生活			
高强度娱乐(0.30)	气质			小
性伴侣数量(0.25)	性生活			
11至14岁时的自尊水平(0.23)	人格	14.7	0.2	
自尊水平(总体)(0.21)	人格			
共情(小于0.20)	社会行为			
司法推理(0.19)	道德推理			
19至22岁时的自尊水平(0.18)	人格			
7至10岁时的自尊水平(0.16)	人格	7.7	0.1	
数学(0.16)	认知			
空间想象(0.13)	认知			
23至59岁时的自尊水平(0.10)	人格			
SAT考试语文(0.06)	认知			
渴望从事传统的常规职业(0.06)	职业			
外向性:活力(0.01)	人格			
开放性:思辨(0.00)	人格			
自豪感的频率(ns)	情绪			
自豪感的强度(ns)	情绪			
内疚的频率(ns)	情绪			
思想—数据维度(ns)	职业			
文学知识(ns)	兴趣			很小
商业知识(ns)	兴趣			
艺术知识(ns)	兴趣			
领导有效性(0.03)	社会行为	0	0.0	
60岁以后的自尊水平(−0.03)	人格			
平衡能力(−0.09)	生理			
学分绩点(GPA)(−0.04)	认知			
被色情内容唤起性欲(成人)(−0.04)	性生活			
愤怒的频率(−0.05)	情绪			
性满足(−0.06)	性生活			

(续表)

变　　量	变量类型	非重合%	d	效应量
外向性:乐群性(-0.06)	人格			
内疚的强度(-0.07)	情绪			
开放性(-0.07)	人格			
阅读理解(-0.09)	认知			很小
神经质:冲动性(-0.10)	人格			
语言能力(1973年以后完成学业的)(-0.10)	认知			
语言能力(-0.11)	认知			
恐惧感(-0.12)	气质	7.7		
尽责性:条理性(-0.12)	人格			
感到满足的频率(-0.13)	情绪			
消极情绪的频率(-0.14)	情绪			
愤怒的频度(-0.14)	情绪			
尽责性(-0.14)	人格		-0.1	
外向性(-0.15)	人格			
愉悦的频率(-0.16)	情绪			
悲伤的频率(-0.16)	情绪			
抑郁症状(-0.16)	情绪			
恐惧的频率(-0.17)	情绪			
满足的强度(-0.18)	情绪			
自我暴露	社会行为			
积极情绪的频率(-0.20)	情绪	14.7		小
民主型领导力(-0.22)	社会行为			
宜人性:信任(-0.22)	人格			
积极情绪的强度(-0.23)	情绪			
语言能力(1973年以前完成学业的)(-0.23)	认知			
影响能力(-0.26)	社会行为			
愉悦的强度(-0.26)	情绪		-0.2	
恐惧的强度(-0.26)	情绪			
情感的强度(-0.25)	情绪			
消极情绪的强度(-0.25)	情绪			
神经质:焦虑(-0.25)	人格			
考虑他人需求(-0.28)	道德推理			
悲伤的强度(-0.28)	情绪			
情感的频率(-0.30)	情绪	21.3	-0.3	
宜人性(-0.32)	人格			
艾式(Asch)从众行为(-0.32)	社会行为			
医学知识(-0.32)	兴趣			中等
知觉灵敏度(-0.38)	气质	27.4	-0.4	
微笑(-0.40)	社会行为			

(续表)

变量	变量类型	非重合%	d	效应量
食物、烹调知识(−0.48)	兴趣			
情绪稳定性(−0.49)	人格			
		33	−0.5	
渴望从事社会性工作	职业	38.2	−0.6	
渴望从事艺术类工作	职业			中等
要求配偶有抱负	性生活			
要求配偶有地位	性生活			
		43	−0.7	
		47.4	−0.8	
宜人性:同理心(−0.92)	人格	51.6	−0.9	大
		55.4	−1.0	

要点:
d=以标准差为单位的男女均分之差。
+正值表示男性分数高于女性。
−负值表示女性分数高于男性。
来源:以上数据综合了多方面资料。

表11.3 总结了许多元分析的结果(如 Feingold，1992，1994；Hyde，2005，2007；Lippa，2005a，2007)，包括海德(Hyde，2005，2007)没有回顾到的一些元分析结果。第一列是变量,括号中给出了该变量的具体效应量值 d;第二列是变量的种类(如社会行为、生理属性、情感体验、认知、职业、兴趣、道德推理、性生活以及人格);第三列是两性在该变量上得分分布的重合度。第四列是性别差异的效应量 d。最后一列是根据海德(2007,见表11.2)提出的标准对效应量的归类:很小、小、中等、大,以及很大。

表11.3 有许多值得注意的地方。第一,也是最引人注目的地方,就是人们竟然研究过那么多特性! 该表综合了超过1 500项研究的结果,将它们按效应量整合在一起。你能想到还有什么特性被遗漏了吗? 第二,绝大部分效应有多大? 如你所见,几乎有一半的效应都是微不足道的。实际上,如果将"很小"的和"小"的效应量都排除掉,表格中的内容就所剩无几了。那么,这些"很小"的和"小"的效应量都属于哪些变量呢?

其次,仔细看看那些效应量"大"的或"极大"的变量种类,无论是男性得分更高的项目(正分)还是女性得分更高的项目(负分)。哪些变量的性别差异最大? 最后,即使有显著的差异,也不要忘记看看两性重叠的部分。在大多数变量上,男性和女性的表现还是有相当大的重合的。

表11.3 并未显示每一个单独的研究,但的确总结了一些主要的元分析结果。许多效应量分析的结果都说明,男性和女性最大的不同在于生理特性,如身高、力气大小(Easton & Enns, 1986; Thomas & French, 1985);性生活方面也存在一些不同(Oliver & Hyde, 1993; Petersen & Hyde, 2010),比如使用色情物品、手淫的频率,对随意性行为的态度,以及对性伴侣质量的要求(Feingold, 1992; Sprecher, Sullivan, & Hatfield, 1994)。人格

和社会行为方面最大的两性差异与性方面的最大差异相当。

你所预料的男女差异有些的确存在,但有些却并不是你想象的那样。表11.4突出显示了一些有趣的差异。如你在表11.3中所见的,职业选择存在性别差异,男性比女性更偏好现实型的职业,与机器设备和非生物打交道;相反,女性更偏好以人为中心的职业,涉及管理或与人互动。而对那些要求创造性思维和智力努力的职业,常规的数据导向的职业,或在那些传统职业,如遵守设置好的规章流程的办公室经理或文秘等职业上,男女不存在偏好上的差异(Lippa,2005a)。

表11.4 "是,否,也许?"两性在人格与社会行为上的相似性和差异性

以下特质不存在性别差异	外向性:自信魄力
神经质:冲动性	性生活
外向性	非言语行为
外向性:乐群性	攻击性
外向性:活力	冒险性
开放性	职业倾向
开放性:智力	精神障碍
尽责性	领导风格
尽责性:条理性	以下特质可能存在性别差异
一般智力	共情
数学能力	情绪
语言能力	焦虑
领导有效性	助人行为
自信	影响能力
以下特质存在性别差异	自尊
宜人性:同情心	空间能力

男女的一般智力(general intelligence)并不存在性别差异(Halpern,2000;Halpern & LaMay,2000),但某些特定的心理能力的确有差异。过去人们认为女性的语言能力高于男性,但实际上这方面的差异微乎其微($d=-0.11$),而且还变得愈来愈小(Hyde & Linn,1988)。类似的,数学能力也不存在性别差异($d=-0.05$)(Hedges & Nowell,1995;Hyde,Fennema,& Lamon,1990)。但男女在数学文字题上的表现还是有些微不同($d=0.12$)(Hyde & Linn,2006)。不过,正如图11.5所示,更严重的问题是美国孩子的数学水平远远落后于其他国家的孩子!总体上来说,在女性能受到良好教育的富裕国家,男孩和女孩的数学水平是相当的,女性在议会和科研界也占有一定的比例(Else-Quest,Hyde,& Linn,2010)。

思考题

你认为男女什么特质差异最大?什么特质差异最小?

思考题

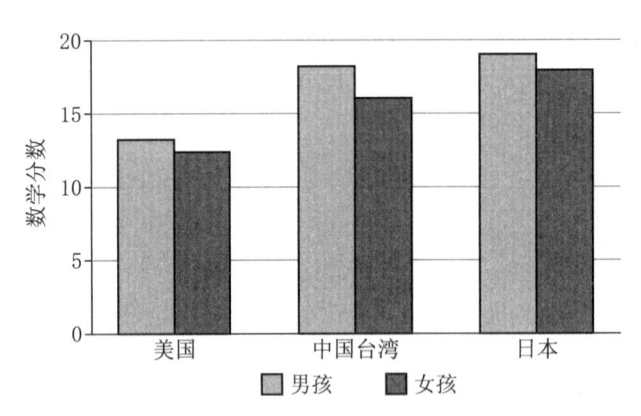

你有没有发现出乎你意料的结果？为什么？

图 11.5 不同国别、不同性别的人在数学方面的差异。五年级学生数学文字题水平的国别差异要大于性别差异。橙色表示男孩的分数，黄色表示女孩的分数。来源：Hyde and Linn(2006, p.600). Reprinted with permission from Hyde, J. 5., & Linn, M. C.(2006), "Gender similarities in mathematics and science," Science, 314(5799), 599—600. Permission conveyed through the Copyright Clearance Center。

正如我们讨论过的,两性的空间能力存在微小的差异(Linn & Petersen, 1985；Voyer, Voyer, & Bryden, 1995)。空间想象(例如在图中找到一个隐藏的图案)的性别差异较小($d=0.13$；Linn & Petersen, 1985)。但空间知觉,如真正的垂直旋转或水平旋转($d=0.44$；Linn & Petersen, 1985)以及心理旋转($d=0.73$,根据 Linn & Petersen, 1985；$d=0.56$,根据 Voyer et al., 1995)的性别差异则较大。

在精神障碍方面,不同的障碍影响的男女人数不太一样(Hartung & Widiger, 1998)。与物质相关的障碍(如饮酒、吸毒)、儿童疾病(如智力缺陷、阅读障碍、孤独症)以及性别认同障碍(如受虐狂、恋物癖、恋童癖)常常出现在男性而不是女性身上。不过,情绪障碍(如恐慌症、双相障碍、厌食症和贪食症)和抑郁(Nolen-Hoeksema & Hilt, 2009)往往在女性中更为常见。有的人格障碍类型(如分裂型人格障碍、反社会人格障碍、自恋型人格障碍、强迫性人格障碍)的患者往往是男性,而另一些人格类型(如边缘性人格障碍、表演型人格障碍)的患者则往往是女性。

尽管这很有趣,但严格来讲,这些特质都不算是人格。男性和女性的人格存在差异吗？现在就让我们讨论一些人格和社会行为方面的性格差异。

五因素模型的性别相似性和差异性

考虑到男女在人类繁衍中扮演的角色不同,两性在性和生理机能上存在差异就并不奇怪了。令人吃惊的反而是男女在人格上的相似性(Hyde, 2005, 2007)。让我们看看五因素人格模型中的这五个因素(见表11.5)。下表的数据来自一项广泛的研究,观察者使用《NEO-PI-R》(Costa & McCrae,1992),对来自50多种文化(包括美国文化)的人进行人格评分。神经质的性别差异最大,所有样本的女性均分都高于男性。开放性的性别差异最小,男女的开放性实际上是相同的。在所有的文化中,女性在尽责性、外向性和宜人性上表现出略高于男性的趋势。

表11.5 五因素模型的性别相似性与差异性

因素与成分	d	极小	小	中等	大
神经质	−0.49			✓	
焦虑	−0.25		✓		
冲动性	−0.10	✓			
外向性	−0.15		✓		
乐群性	−0.06	✓			
自信魄力	0.67				✓
活力	0.01	✓			
开放性	−0.07	✓			
观念	0.00	✓			
宜人性	−0.32		✓		
信任	−0.22		✓		
同理心	−0.92				✓
尽责性	−0.14		✓		
条理性	−0.12		✓		

注:大五因素:使用《NEO人格问卷—修订版》量表对来自50种文化的成人进行观察者评分所得($N = 10\,690$);人格成分:对取自美国成人的8个样本进行自我评分,以及4~8个不同的人格测验所得($N = 19\,546$;Feingold,1994)。正值表示男性分数高于女性;负值表示女性分数高于男性。

来源:Feingold(1994);McCrae et al.(2005a)。

回想一下我们前面强调的:效应量只有在估计多样化的测量时才具有最大的普适性。在50多种文化下数千名被试中检测五因素人格模型时,所有人使用的都是相同的因变量。有什么证据能够证明我们测得的性别差异不是由《NEO-PI-R》造成的?

一项早期的元分析查看了五因素模型内可能存在的差异。该分析总结了许多人格量表的研究结果,包括NEO-PI-R、《艾森克人格问卷》以及MMPI(Hathaway & McKinley,1940),这些量表针对的是不同的成人样本(见表11.5)。由于每个量表测量的都是人格的不同方面,研究者能够有针对性地计算五因素模型中各个变量的效应量。这限制了我们得出的结论,两性各方面的差异都令人沮丧地消失了。但效应估计变得更加可靠了,并具有更高的普适性。

正如表11.5所示,男女的自信魄力(男性分数高)和同理心(女性分数高)有很大差异。相反,男女在焦虑、信任和条理性三个方面的差异小,女性分数稍高。各种测量都会研究到的几个方面——冲动性、乐群性、活力以及开放性——只显现出极小的差异。底线是：在人格这个问题上，男女的相似之处远远大于不同之处(Hyde, 2005)。

人格及社会行为的其他方面的性别差异

攻击性 无论是在美国还是其他国家，最稳定的调查结果之一就是男性比女性更具攻击性(Archer, 2004; Bettencourt & Miller, 1996; Eagly & Steffen, 1986; Hyde, 1984, 1986; Knight, Fabes, & Higgins, 1996; Maccoby & Jacklin, 1974)。回想一下，元分析的好处之一即如果样本和研究广度足够大，我们就能测验特定的假说。现在看来，男性比女性攻击性强，主要强在身体攻击方面($d=0.40$)，而在言语攻击方面仅略高于女性($d=0.18$; Eagly & Steffen, 1986)，除非女性受到直接威胁。因此，男女的攻击性没有显著差异可言(Bettencourt & Miller, 1996)。

贝当古和米勒(Bettencourt & Miller, 1996)发现，在未被激怒的情况下，男性的攻击性显著高于女性($d=0.43$)，而当人们面临直接威胁时，攻击性的性别差异就消失了($d=0.06$)。总体来说，男性更倾向于诉诸身体攻击，无论是无端的($d=0.21$)还是有原因的($d=0.48$)。在受到激怒时，女性比男性更喜欢报之以言语攻击($d=-0.11$)。面对什么样的情况人们会回击？成年男女对身体攻击、侮辱或负面评价的回击是一致的。男性面对挫败感时，比女性反应更激烈($d=0.17$)；在他人侮辱自己的智商时也是一样($d=0.59$)。

绝大多数这一类的研究都很关注实验室内的攻击性，无疑实验被试都会表现出最好的行为。但实际上，最近的元分析研究统计了美国、印度、日本、澳大利亚、加拿大等10个国家的田野研究结果，发现攻击性的性别差异比早期元分析得出的结论要大(Archer, 2004)。男性的确比女性在身体和言语上都要有攻击性得多，综观同伴报告、教师报告、观察者报告和自我陈述四种方法所得到的研究结果，攻击性的效应量从0.42到0.57不等。攻击性的性别差异在18至22岁的成年人中最大($d=0.66$)，之后随着年龄增长而逐渐减小。在身体攻击方面尤其男性比女性得分高。通过统计自我陈述结果而得到的性别差异最小($d=0.39$)，通过统计观察者报告而得到的性别差异最大，达0.84。不过，在儿童晚期和青少年晚期，女孩比男孩参与了更多的间接攻击和人际攻击($d=-0.74$)。观察研究发现，女孩比男孩更倾向于通过拒绝、排挤、鼓动对立或散布闲言碎语等方式来蓄意伤害他人。

思考题
　　男性和女性在自信魄力和共情方面的差异可能来自哪里？

思考题
　　为什么在受到激怒时男性和女性的攻击性不存在差异，而未受到激怒时则表现出中等程度的差异？

总之，对年龄、文化、攻击类别以及攻击情境的多项元分析表明，男性（包括男孩）的攻击性远远高于女性（包括女孩）。在美国及其他国家，这样的性别差异每天都在上演，暴力犯罪的往往是男性而非女性(Daly & Wilson,1988)。这并不是说所有男性都有攻击性，或者所有男性都比女性更具攻击性。正如利帕(Lippa,2005a)所言，大多数人——无论男女——都不会殴打和谋杀他人(Bussey & Bandura,1999)。

冒险性 男女在冒险性上有差异吗？男性更喜欢寻求刺激，例如假期去蹦极(Zuckerman & Kuhlman,2000)，但是，当冒险行为可能给日常生活带来危险时（比如超速驾驶或闯黄灯），男性的冒险性只比女性高一点($d=0.13$)(Byrnes, Miller, & Schafer, 1999)。冒险性的性别差异取决于冒险内容、风险种类，在某种程度上还取决于年龄(Byrnes et al.,1999)。正如表 11.6 所示，性别差异的效应量虽然不过是"小"到"中"等，但却始终存在。两性在冒险行为的总量和种类上差异最大，在对待冒险行为的态度上差异最小。

表 11.6 冒险的性别差异

任　　务	平均 d 值	极小	小	中等	大
自陈行为					
吸烟	−0.02	√			
饮酒/用药	0.04*	√			
性行为	0.07*	√			
驾驶	0.29*		√		
观测行为					
体育活动	0.16*		√		
驾驶	0.17*		√		
赌博	0.21*		√		
危险实验	0.41*				√
智力冒险	0.40*				√
运动技能	0.43*				√

注：正值表示男性分数高于女性；负值表示女性分数高于男性。星号（*）表示效应显著。
来源：Byrnes et al.,(1999)。

当要求人们自愿参加一项可能导致身体或心理伤害的实验时，或人们参加某些奖金很高、技巧性很强的游戏（如，沙狐球或扔套环），或参加某些很容易暴露自己的无知的智力冒险游戏时，男性和女性表现出的差异最大。而在驾驶（如，车辆损坏、身体受伤、接到罚单）、赌博（玩纯凭运气的游戏）、伴随路况观察的驾驶（如，在迎面而来的车辆前左转弯，遇到停车标识不停下而是滑过），以及参加有危险的体育活动（如攀登陡峭的岸堤、在街上玩耍、尝试平衡木等体育器材），或者骑动物（如驴子等）时，根据被试的自我陈述，男女的差异要小一些。在涉及吸烟、饮酒、药物使用及性行为等的冒险行为中，被试自陈的性别差异则非常小。

男性比女性更喜欢参与冒险活动。

尽管冒险性在所有年龄段（从童年到成年）都存在显著的性别差异，但对危险的定义随着年龄而变化。例如，从高中到大学，男性饮酒、药物使用数量急剧增多，远远超出了女性。大学期间，女性则比男性更喜欢抽烟。而大学毕业后，女性饮酒、药物使用的行为数量继续增长，超过了男性。

另一个有趣的性别差异是，即使冒险是个坏主意，男孩和成年男性也更倾向于冒险。女孩和成年女性则相反，即使冒险可能会见成效，她们还是会规避风险，例如在 SAT 考试中承担风险。伯恩斯等（Byrnes et al., 1999）猜想，男性可能更常面对失败或其他负面结果，而女性规避风险的策略可能无形中阻碍了她们在许多领域取得成功。

最终，冒险行为的性别差异可能会随着时间流逝而逐渐减小。1964 到 1980 年间的研究所统计出的平均效应量（$d=0.20$）要高于 1981 到 1997 年间的研究（$d=0.13$）。这个趋势如今仍在继续么？答案只有等下一轮的元分析研究来揭晓。

思考题
为什么冒险行为的性别差异会随着时间流逝而逐渐减小？

性别差异？ 看情况！

让我们仔细看看人格与社会行为方面的性别差异。当我们说"看情况"时，是什么意思？

共情 正如我们所见，共情能力是男女差异最大的人格特质之一。女性比男性有更多的同理心和同情心。迄今为止，在已研究的50种文化（包括美国文化）中，同理心（宜人性的一个构面）的性别差异最大（观察评分 $d=-0.39$；自我评分 $d=-0.28$；McCrae et al., 2005）。通过对同理心方面的多项研究进行元分析，也得出了类似的结论（$d=-0.92$；Feingold, 1994）。这说明女性的确比男性更善解人意，对他人的苦难更为敏感。

思考题
男性和女性在自我陈述上没有差异，但实际行为却有差异。这说明了什么？

但这并不是全部。以上发现都是基于自陈测量，让被试报告自己的感觉，而不是基于实际的表现，也不考虑共情的准确程度（Feingold, 1994；McCrae et al., 2005）。

在许多关于共情准确性的研究中，被试观看一段两人互动的录像，然后识别其中一人的感受。有些实验要求被试评价自己的识别准确度，有些实验则要求被试判断自己的识别是对的还是错的。根据一项元分析，相比于男性，女性更倾向于认为自己能准确判断他人的情绪（$d=-0.56$）。但实际上，男女判断他人情绪的准确程度并没有差异（$d=-0.04$；Ickes, Gesn, & Graham, 2000）。研究者猜想，女性在自我陈述中力图表现得更具共情能力，可能是为了保持性别角色的刻板印象。

该发现与一项早期的元分析结果不谋而合。后者调查了各种各样的共情任务，包括在听说他人或看到他人照片后的情绪反应、生理指标、表情、语调以及自陈的共情表现（例如"看到别人哭会让我难过"；Eisenberg & Lennon, 1983）。研究者注意到7种测量类型的结果是不一致的。不过，一个明确的效应出现了：在自我陈述时，或在其他明确测量共情的任务中，女性比男性表现出更强的共情；但悄悄观察被试的面部表情或生理指标，则没有发现性别差异。这个模式说明，当人们知道自己的共情表现受到监视时，就会在实验中展示那些符合需求的特质，从而表现得和平时不一样，但与性别角色所要求的一致（Eisenberg & Lennon, 1983）。

一项研究情绪感染的自陈测量表明，女性还更易于感受到周围人的情绪（Doherty, 1997）。量表中有"如果与我谈话的那个人开始哭，我也会流眼泪"，或"我无意中听到愤怒的争吵就会紧张"之类的测题。女性自称她们经常能感受到周围人的愉快、恐惧、愤怒或悲伤等情绪，而男性捕捉他人情绪的频率则低于女性。

女性对他人情绪的高度响应表现在女性更强的非语言洞察力上（Hall, 1978, 1984, 2006b）。女性在识别人脸（$d=-0.34$）、解读他人肢体语言和面部表情时的表现都要优于男性（$d=-0.43$）。女性也比男性更擅长无言地表达情绪（$d=-0.52$），尤其是把情绪写在脸上（$d=-1.01$）。女性在交流时的眼神接触也要比男性更多（$d=-0.68$）。

情绪 女性比男性更情绪化吗？情绪的性别差异更多取决于文化因素、情境影响、性别角色压力以及所用的测量方法，而较少取决于情绪的真实体验（如 Brody, 2000；Ickes et al., 2000；LaFrance & Banaji, 1992；Shields, 1995；Wester, Vogel, Pressly, & Heesacker, 2002）。由于测量情绪没有统一的方法，问题变得复杂了（LaFrance & Banaji,

1992)。例如,研究者可能测量了各种情绪表达方式(如肢体、面部、声音、语言等)的强度、频率、发作、持续时间,情感范围,以及准确性和一致性(LaFrance & Banaji, 1992)。又或者,研究者可能测量了情绪体验、非语言表达、生理反应,每一样都反映了情绪体验和情绪表达的不同方面。

男性和女性都能体会他人的感受。不过,当男性知道自己被监视时,可能更不情愿展现与性别刻板效应不一致的行为。

例如,男女对情绪的生理体验是没有差异的。但是,如果使用自陈测量的方式,让女性直接报告他人身上显而易见的情绪,她们就会说出更多的情绪。若问及一般的情感而不是特定的情绪,她们也会说出更多的情绪(LaFrance & Banaji, 1992)。

思考题

在自我报告的情绪体验中,男性和女性可能存在哪些差异?

女性倾向于自称有强烈的悲伤、抑郁或心境不佳(Brody & Hall, 2008),男性则倾向于自称有强烈的自豪感、自信心、愧疚感和兴奋感(Brody, 1993)。最后,羞耻(Brody, 2000)、愤怒、轻蔑和孤独感(Brody & Hall, 2008)的性别差异研究结果是不稳定的,取决于情境和测量方法。

以上发现表明,男女自陈情绪的差异与性别角色期待是一致的。在对男性的角色期待中,承认自己脆弱、悲伤或难为情是缺乏男子气概的表现,因此男性较少报告负面的情绪,例如厌恶、悲伤、恐惧、焦虑、受伤、羞耻和尴尬(Brody, 1999, 2000)。类似的,女性发现表现得骄傲或显得缺乏懊悔和愧疚感可能不太合适,因为这可能威胁到社交关系。反过来,社会压力迫使女性表达一些能保护和培养人际关系的情感,例如热情、鼓励和快乐(Brody, 2000)。情绪体验真的存在性别差异吗?还是说男性和女性把性别角色的要求内化了?

在许多国家,男性和女性都感到类似的压力:必须符合性别期待对情绪表达的要求。在一项涉及 37 个国家的研究中,女性自称她们比相同文化中的男性表达情绪更公开,感受情绪更强烈,体验情绪更持久(Fischer & Manstead, 2000)。

这些差异究竟有多大?由于测量方法迥异,这个问题现在还很难回答。实际上,还从没有人进行过一次能够囊括千差万别的研究的元分析。不过,一项最新的研究调查了 41 个国家的大学生,试图估算出情绪的性别差异的效应量(Brebner, 2003)。研究者询问被试感受到 4 种积极情绪(喜爱、满足、愉悦、自豪)和 4 种消极情绪(愤怒、恐惧、愧疚、悲伤)的频率和强度。

研究者对 8 种情绪的自陈频率和强度进行了性别差异的效应量计算。元分析既可以总结多种效应的效应量,也可以计算单一研究的单个效应的效应量,我们可以比较该研究中的效应量与本章所讨论的其他性别差异的效应量。

如表 11.7 所示,我们可以预估,通过自我陈述得出的效应会夸大两性情绪体验的差异(LaFrance & Banaji, 1992)。在新的研究结果、元分析结果出现之前,我们可以有把握地做出这样的结论:情绪体验的性别差异可能更多的与性别角色期待和实验方法有关,而与男女的性格差异无关。

表 11.7 情绪的性别差异的效应量

情 绪	频 率	强 度	情 绪	频 率	强 度
积极情绪	−0.20	−0.23	消极情绪	−0.14	−0.25
喜 爱	−0.30	−0.25	恐 惧	−0.17	−0.26
愉 悦	−0.16	−0.26	愤 怒	−0.05	−0.14
满 足	−0.13	−0.18	悲 伤	−0.16	−0.28
自 豪	ns	ns	愧 疚	ns	−0.07

注:正值表示男性分数高于女性;负值表示女性分数高于男性。ns 表示两性的分数差异不显著。
来源:Brebner(2003)。

焦虑 哪种性别的人更容易焦虑?根据元分析的结论,女性更容易焦虑($d = -0.30$)。不过,这是基于自陈测量得到的结论(Maccoby & Jacklin, 1974)。女性真的比男性更容易焦虑吗?还是说她们只是更愿意承认自己的焦虑,因为女性公开承认自己的脆弱会更容易被社会所接受?当研究者真的观察男女对压力事件的反应时,他们发现焦虑并不存在性别差异(Maccoby & Jacklin, 1974)。其他研究发现,在焦虑时,男性实际上比女性有更多的生理反应,如心率加快、皮肤导电性增强,呼吸变得急促(综述见 Gottman, 1993)。

自测题

想到"英雄"时,你的脑中会出现什么形象?

助人行为 元分析表明,总体上来说,男性比女性参与了更多的助人行为($d=0.34$),尤其是当旁观者在场、被试知道自己正被观察的时候($d=0.74$;Eagly & Crowley,1986)。但若无人目击,性别差异就消失了($d=-0.02$)!男性和女性的助人行为总量可能没有差异,但提供帮助的种类可能存在差异。女性更多地照顾孩子和年迈的父母,而男性往往充当救援者和英雄,特别是在只能依靠体力的场合(Eagly,2009a;Eagly & Crowley,1986)。女性的助人行为往往是交际型的,一般发生在亲密关系中;男性的助人行为往往是目的明确的,针对的是陌生人(如旁观者干预)。大多数社会心理学实验研究的助人行为都是后一种(Eagly,2009a;Wood & Eagly,2010)。

领导力 类似的,领导有效性也不存在性别差异($d=0.03$)。不过,男性和女性倾向于使用不同的领导风格(Eagly,Karau,& Makhijani,1995)。民主型领导力的效应量显示,女性倾向于分享权力,男性则更加专横(Eagly & Johnson,1990)。两性差异在于风格,而不在于有效性(Eagly & Johannesen-Schmidt,2001;Eagly,Johannesen-Schmidt,& van Engen,2003;Eagly & Johnson,1990)。其他研究验证了该结论:男性往往可能在需要完成任务、维持生产力的情境中担当任务领导($d=0.33$)。女性往往在需要团结协作、维持团队的完整性的情境中担任领导者($d=-0.21$;Eagly & Karau,1991)。

易受影响性 想想容易受到影响的社会行为,人们是多么愿意附和他人。元分析显示女性比男性稍微容易受到影响一些($d=-0.26$)(Eagly,1978;Eagly & Carli,1981)。女性倾向于和同伴保持一致(想想著名的艾氏从众实验),尤其是她们必须当众表态时($d=-0.32$)。在与观点不同的人互动时,女性更容易被劝服,更容易改变态度($d=-0.16$;Eagly & Carli,1981)。

男性和女性的领导风格不同,但效力是等同的。左图中,1997年2月,当时的美国国务卿奥尔布赖特在莫斯科丹尼洛夫修道院会见俄罗斯东正教大牧首阿列克谢二世。

你可能猜想得到,当面对传统的男性话题(如运动、军事或技术)时,女性更容易改变态度,遵从传统。例如,最能体现男女易受影响程度的话题就是足球($d=1.05$)。同时,在面对传统的女性话题(如社工、教育、日常照料人、健康习惯、家庭问题、抽象艺术和对艺术创造力的判断)时,男性更容易动摇。男性评判计划生育问题时最容易受到影响($d=-0.75$)。在面对性别中立的话题时,男女的态度改变和依从性没有差异(Eagly & Carli, 1981)。

奇怪的是,伊格力和卡利(Eagly & Carli, 1981)还发现,在男性设计的实验中,女被试比男被试更容易动摇($d=-0.28$);在女性设计的实验中,被试的易受影响程度则没有性别差异。而他们分析的实验中有79%都是男性设计的。研究者的性别之所以会对被试产生影响,可能是由于男性研究者在选择话题时有偏见,或者是由于未被提及的不显著的性别差异。

总之,易受影响这一特质的性别差异是小到中等的。正如我们早先说的那样,元分析的好坏取决于纳入分析的研究的好坏。在性别与易受影响这个话题上,我们还有很多未解的问题。比如,我们不知道实验室得出的效应能在多大程度上被推广到日常生活中(Becker, 1986)。我们不知道非大学年龄的群体是不是也有类似的性别差异,也不知道这些差异今天是否还存在,毕竟许多实验已经是30年前做的了。最后,我们不知道男性和女性的态度改变会持续多长时间(Becker, 1986)。

自尊和自信　或许最有趣的性别差异就是自尊了。综观216项研究,男性比女性的自尊水平稍高($d=-0.20$),但该差异会随着时间而改变(见图11.6)。自尊的性别差异仅出现在美国白人身上($d=0.20$),而没有出现在非裔美国人身上($d=-0.04$)。

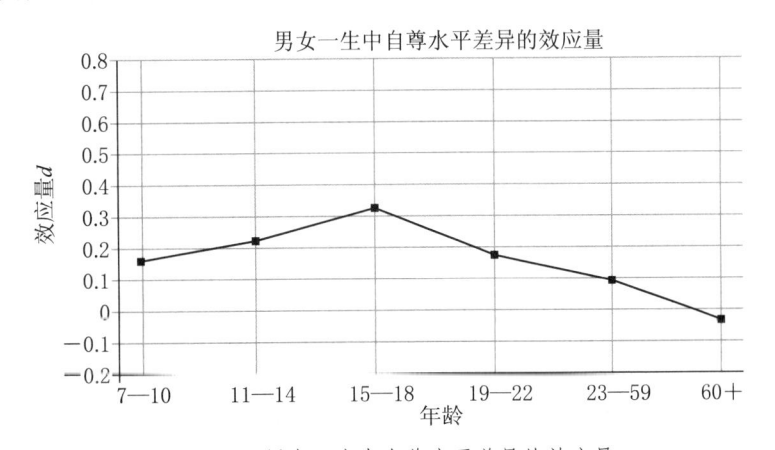

图 11.6　男女一生中自尊水平差异的效应量

来源:Kling et al., 1999。

自尊是一个人对自己的总体评价。它与自信不同,也不是指相信自己能成功完成任务。虽然早期的评估发现女性不如男性有自信(Maccoby & Jacklin, 1974),但根据最近的评估,在特定情境下,女性可能只是较少表现出自信,这取决于具体的任务、能否得到绩效反馈,以及是否注重与他人的社会比较(Lenney, 1977)。

后续的研究证实了以上发现。实验要求大学新生估计自己第一学期能得多少GPA

(学分绩点),有些新生要把自己估计的结果大声告诉主试(公开组),有些则要把估计结果写在纸上装入信封后密封上交,这样主试就不会看到他们写下的内容(密封组)。学期结束后,对比新生们估计的GPA和他们实际得到的GPA,发现女生估计的GPA显著低于男生,表现出不自信——不过只有公开组的女生才会这样,而密封组的男生和女生估计的GPA没有差异(Heatherington et al., 1993)。

另一个后续实验采用了类似的方法,发现女生在一个比自己更差的学生面前会将自己的GPA估计得较低。有趣的是,这两个实验中男生和女生实际取得的GPA并没有差异。研究者猜想,女生低估自己的学分绩点是为了表现出谦虚,或体谅他人的感受。也就是说,自信心的性别差异其实是谦虚和对他人敏感程度的性别差异。

后续的研究发现这一差异更多的是因为男生倾向于高估自身的成功几率,而女生则容易低估成功几率。男生显得有些过于自信,而女生则相对不那么自信(Beyer, 1999; Mednick & Thomas, 1993)。我们应该尽力避免在解释数据时有意无意地投射对性别的偏向(Hyde, 2004)。

是什么导致了性别差异?

或许男性和女性比你想象得更相似,毕竟,许多心理方面的性别差异都是微不足道的。但事实上,"中等"或"大"的差异的确也存在。因此我们要小心,不要轻易接受"男性和女性是一样的"、"男性和女性不一样"这种简单化的结论(Lippa, 2006)。研究者面临的真正问题是:为什么会存在性别差异?性别差异从哪里来?这样我们才能厘清导致性别相似和性别差异的生物因素和社会因素(Lippa, 2006)。

经过前面的讨论,你可能对两性异同的起因已经有了一些看法。心理学家提出了各种各样的"先天—后天"问题来解释性别差异的存在。让我们先简要回顾一下这些解释(见表11.8)。

表11.8 关于性别差异的各种解释

解释	例证	解释	例证
生物	攻击性、非语言敏感性	社会角色理论	外向性:自信魄力
遗传	生理属性	女权理论	共情
进化	性	社会建构	情绪
社会化	空间能力	生物心理社会模型	人格
社会背景	助人行为		

首先,极端的先天论非生物学解释莫属。生物学解释认为,性别差异是天生的,是由激素、遗传和进化决定的。一项双生子研究(包括同卵和异卵双生子)调查了十几岁的男孩和女孩的不一致行为,研究估计,对于男孩来说,有25%的不一致行为是受遗传影响的;对于女孩来说,则有38%是受遗传影响的(Cleveland, Udry, & Chantala, 2001)。剩

下的75％和62％则由个体环境(比如父母的对待方式)和测量误差决定。现在,心理学家们还在探索产前激素、(男性)睾丸酮的每日波动、(女性)雌激素的每月波动,甚至(女性)终生接触雌激素对认知能力的影响(Halpern,2004)。

再看一下新近的发现:在面临压力时,女性的交感神经系统不仅会释放肾上腺素和去甲肾上腺素,还会释放催产素。催产素会让女性在压力下产生"照料—结盟"(tend-and-befriend)反应,而睾丸酮与去甲肾上腺素相互作用则会增加男性的"对抗—逃跑"(fight-or-flight)反应。与男性不同,女性会寻找同伴,变得更有母性,更会照顾其他人(Taylor et al.,2000)。在一项双盲实验中,注射了催产素的男性在非语言敏感性测验中表现得比注射安慰剂的男性要更好(Domes,Heinrichs,Michel,Berger,& Herpertz,2007)。催产素可以很好地解释同理心和非语言敏感性的性别差异。

极端的后天论则非社会学解释莫属。比如,社会学习理论认为,性别差异不是天生的,而是在与父母互动的过程中产生的,是从同伴、老师,或通过媒体从社会那里学到的(Bandura,1977;Mischel,1966)。例如,认知方面的性别差异就是社会化过程中产生的,会随着教育机会和社会期待的改变而逐渐减小或消失(Halpern,2004)。又例如,数学方面存在性别差异并不是因为女孩们的能力有先天缺陷,而是她们自己的选择(Ceci & Williams,2010);有些女孩在高中选择了放弃数学课程(Hyde,1993)。

不过,对玩具和颜色的偏好倒真有可能是天生的,人们通常认为这两样特质是**性别社会化**(gender socialization)的产物(Hurlburt & Ling,2007)。3到8个月大的女婴更喜欢盯着粉色的娃娃,而男婴更喜欢盯着蓝色的卡车(Alexander,Wilcox,& Woods,2009)。雌猴和雄猴也有类似的偏好(Alexander & Hines,2002;Hassett,Siebertand,& Wallen,2008)。对玩具和颜色的偏好差异不仅猴子有,而且在婴儿身上也出现得如此之早,使人很难将其归咎于社会化。

> "当我们检验各个方面的性别话题时,最好牢记一点:男人和女人不过是同一物种的细微变异。也就是说,从解剖上和生理上来讲,男女的相同之处远远大于不同之处。因此,在绝大多数的社会行为和社会角色上,男女都是可以相互对调的——分娩是个例外。"
>
> ——Deborah L.Best and John E.Williams(1993,p.215)

思考题

性激素能解释一切性别差异的原因吗?

亚历山大(Alexander,2003)相信,人类进化出颜色偏好与形态偏好的性别差异,是为了给成年后的生殖角色做准备。无论是人还是猴子,雌性偏好粉色的物体,因为粉色暗示着养育行为。雄性则偏好代表移动或定位的物体。有证据表明,雄激素不仅能够刺激和控制男性特质的发展,还可以影响包括视皮层在内的视觉系统的结构。除了导致颜色、功能方面的性别偏好,雄激素还可能导致了颜色命名、空间知觉上的性别差异。

还有第三种理论,位于两个极端之间。某些性别差异,如情绪表达、焦虑、自信方面的差异是由社会状况或社会背景导致的。此类差异可能在不同的环境下改变或消失。其他社会学解释认为,性别差异反映了社会角色的差异。**女权理论**(feminist theories)质疑了这些社会角色的实质。

根据女权主义的观点,性别差异往往被阐释为价值判断,认为女性的价值低于男性(Halpern,1997;Unger,1979)。哈尔朋(Halpern,1997)注意到,我们都知道男女的生殖器不同,所以讨论哪套系统更优越是毫无意义的。可是,在讨论两性的心理差异时,这种情况却经常发生。

女权主义观点还指出,两性功能的不同往往误导了研究者提问的方向。例如,研究者应该广泛探索女性在生殖角色以外的性行为,而不该囿于两性的生殖功能差异——那是进化心理学家所持有的决定论观点(Hyde & Oliver,2000)。

最后,心理学家认识到,性别差异的原因可能并不是简单的生物性原因或社会性原因。有些心理学家提出了"生物心理社会模型",在这个模型中,生物因素和社会心理因素是相互影响的(Halpern,2004)。

其他心理学家则意识到,也许只有联合所有的解释,才能找到两性之所以是两性的原因(Sternberg,1993;见 Halpern et al.,2007,该文概括了所有的理论,分析它们是怎样解释两性在科学和数学上的差距的)。麻烦在于,我们可能永远也无法确知什么样的变量经过什么样的组合能导致什么样的性别差异。

思考题

如果男性和女性分别占据不同的社会角色,性别差异会消失一些吗?

性别差异有许多种解释。图中的女人是医生还是护士?为什么?

表 11.9 人格与社会特征的性别差异：可能的解释

特　　质	目前的最佳解释	特　　质	目前的最佳解释
性行为	进化	宜人性：同理心	生物学（催产素）
攻击性	进化	心理旋转	社会化
冒险性	进化	职业偏好	社会化
玩具偏好	进化	领导风格	社会化
粉色—蓝色偏好	进化	外向性：自信魄力	社会角色理论
非语言行为	生物学（催产素）	精神障碍	生物心理社会学

注：以上解释基于现有的研究结果，是基于证据的最佳心理学猜想。某些解释仍在探讨中，随着后续证据的出现，可能会有所改变。

进化

根据进化心理学（evolutionary psychology），人类进化出不同的特质以适应不同的环境和不同的生物条件（Buss，2004，2005）。在一定程度上，所有人都面临相同的挑战，比如寻找足够的食物、寻找可供栖息的地点，男女就会发展出相似的特质（例如喜欢品尝热量高的甜食或含脂肪的食物）。不过，当男性和女性面临不同的问题——也就是生殖问题时——性别差异就出现了。能让生殖成功的那些特质就更有可能遗传给后代（Buss，1995a）。我们怎么知道进化选择了哪些特质呢？通过查找跨年代、跨文化的相似性可以知道。格外有价值的特质会普遍地出现在不同的环境和不同的文化中（Kenrick & Trost，1993）。研究者猜想，可能是因为男女要适应的问题不同，才出现了生理特征（如身高）、攻击性和性行为的差异，以及对配偶的不同要求（Buss，1995b，2003）。

生殖的性别差异是怎样导致不同的约会方式和择偶策略的？对女性来说，生殖意味着要投入极多的时间和精力。怀孕的机会每个月只有一次，过程却长达 9 个月，之后还要花更多的时间照顾脆弱无助的小生命。总之，女性需要安全可靠的资源来支撑她们和她们的孩子，好应对食物短缺的状况，或因怀孕、生产而带来的行动不便。相反，男性却不需要为繁殖付出那么多代价。这样一来，为适应不同的情况，不同的择偶策略就逐渐发展起来了（Buss，1995b）。

女性在择偶时变得更加注意，她们寻找能为自己和后代提供安全资源的对象，这样才能将自己的基因遗传下去。根据进化心理学家的说法，这就是为什么女性很少对随意性关系感兴趣，而且看重对方的地位和抱负（Buss，1995b）。

相反，男性则发展出一套策略，在追求异性、寻求随意性关系、追求多性伴侣的过程中可以通过攻击、冒险来击败竞争者，同时看重对方的身体吸引力（用以评估健康状况和生殖能力），从而提高自己的基因遗传下去的几率（Buss，1995b）。

另外，男性和女性虽然都会对伴侣的出轨行为"吃醋"，但由于生殖策略不同，两者对不同的出轨行为看重的程度不同（Confer et al.，2010）。不同文化的研究都表明，女性对情感出轨更为不满,男性对身体出轨更难容忍($d=0.64$;Hofhansl, Voracek, & Vitouch, 2004,引自 Confer et al., 2010)。这一差异是通过受访者自我陈述以及心理测量记录下来的(Buss, Larsen, & Westen, 1992),较难用其他理论来解释(Buss, Larsen, & Westen, 1996)。

自测题

假设你发现你的伴侣和别的人发生了性关系,或者情感上有外遇,哪种情况更令你沮丧?

类似的,根据进化心理学,男性之所以发展出更好的空间技能,是因为这些技能能让猎人生存下来,生存下来的猎人又会将具有这些技能的基因遗传给子孙后代。但是,也有人辩驳说,传统的女性事务(如针线活、料理家务等)比长途跋涉和掷长矛要求更多的空间技能(Halpern, 2004; Pontius, 1997)。进化视角也不是没有批评者,心理学家已经提出了不同于进化学的其他理论(Confer et al., 2010)。

社会背景

助人行为、领导力、焦虑、共情以及易受影响性——以上各方面的性别差异都取决于社会背景和测量方法。例如,人们在被观察时,或者在自我陈述中,往往会表现得更符合性别的社会期待。男性真的比女性对性更感兴趣吗?还是女性不太容易在调查中承认自己对性的兴趣?女性真的比男性对他人更敏感吗?还是说她们觉得自己应该这么表现?两性的行为随着情境的改变而改变,这说明以上差异其实与社会背景有关,而并非真正重要的性别差异(Yoder & Kahn, 2003)。在排除社会影响之前,我们永远也说不清男性和女性的本质是什么。所以说寻找性别差异的原因才显得如此重要。比如说,一个特定环境中的准则可能会塑造人们的行为,或者,就像第五章所写的那样,人们会特意做出某种行为以迎合准则。

举例来说,过去人们认为空间能力是"焊"在大脑里的。但是,本章开头提到的实验证明,通过特定的电子游戏加以练习,心理旋转的性别差异是可以消除的(Feng et al., 2007)。甚至,图案变得简单一些(人形图案 vs.抽象图案;见图 11.7; Alexander & Evardone, 2008)或任务说明变得简单一些就能消除心理旋转任务中的性别差异(Sharps, Price, & Williams, 1994; Sharps, Welton, & Price, 1993)。如果心理旋转任务的说明是"评估你的空间能力,即通过推理解决空间物体问题的能力。空间能力涉及修理、导航、读地图及其他工具性行为",那么任务结果就会出现标准的性别差异:男性比女性表现得要好。但是,同样一个任务,如果对它的描述是"评估你的空间能力,即通过推理解决空间物体问题的能力",而不提其他的任务,那么女性就会和男性表现得一样好(见图 11.8)。

思考题

为什么说性别差异取决于测量的社会情境?

图 11.7　人形图案的例子。当使用人形图案时,男性和女性都表现得比使用抽象图案时更好,而且性别差异减小了一半。

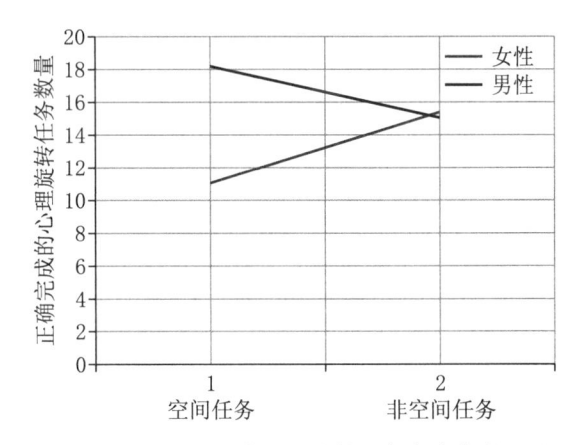

图 11.8　随着指导语的不同,男女被试在心理旋转任务中的表现不同。当未对任务性质做进一步说明时,男女被试的表现相当。来源:Sharps et al.(1993)。

社会角色理论

社会角色理论(social role theory)认为,男女之所以发展出差异,是因为他们必须在社会中扮演不同的角色(Eagly, 1987; Eagly & Wood, 1999)。有些差异看似是性别不同导致的,实际上可能是因为权力和地位不同才产生的,因为男权社会赋予男性更多的价值和权力。比如说,女性更善养育,是因为我们社会中大多数的护理工作都是由女性来做的。如果男性能多做些护理工作,他们就会变得更能共情。类似的,如果世界五百强的CEO或政界人物中有更多的女性,或者女性能与男性同工同酬,那么她们就会变得更自信、更有竞争力、更具商业头脑,而社会上对优秀领导人物的刻板印象就会开始改变

(Eagly & Sczesny, 2009)。

性别差异的社会角色理论认为,男性和女性发展出不同的人格,是因为要扮演不同的社会角色。通过改变角色,我们也许可以消除一些性别差异。

两性发展的差异得益于,同时也受限于社会的劳动分工。劳动分工关注的是两性的不同之处。从历史的角度来说,男性最终扮演了力气大、高地位、多财富的角色。社会愈复杂,男性的性别优势就愈明显。随着对角色的顺应,男性变得主导,女性则变得顺从。主导行为是独断的、控制的、专横的,还可能涉及性的控制;顺从则表现为容易顺从社会影响,较少公开斗争,容易配合,性方面缺乏自主(Eagly & Wood, 1999)。于是,在角色顺应的过程中,男性和女性就分别发展出与角色相关的技能和特征。社会角色理论解释了男性和女性是怎样分别发展出动因性和分享性特质的(Eagly & Wood, 1999)。

例如,实验发现,被指派为监管角色的男女都显得更具支配性;而同样是这批男女,当被指派为下属角色时,都显得更谦卑。角色调换使同一批被试做出完全不同的行为,先前的监管员变得谦卑,而先前的下属变得更威风了(Moskowitz, Suh, & Desaulniers, 1994)。

社会角色理论还能解释非语言交流中的性别差异现象。例如,一个男子喜欢打断别人说话,可能是因为他有支配权,或有较高的社会地位(Hall, 2006a)。不过,支配权和地位不足以解释非语言交流中的一切性别差异现象。

要看是不是性别角色导致了男女的人格差异,还有一个方法,就是消除性别角色,然后看看行为差异是否也会随之消失。要消除性别角色,研究者就会利用一种社会现象,即**去个性化**(deindividuation)(Zimbardo, 1969)。去个性化是指人们认为自己不必为自己的行为负责的状态。在一个群体中,所有的人都是匿名的,不再承担社会规范施加给自己的角色,这时人们的行为就不会再符合标准,往往变成反社会的、攻击性的。作为一名男性,社会角色要求他具备攻击性;而作为一名女性,社会角色要求她抑制攻击性。角色松绑会减少攻击性的性别差异吗?

研究人员让被试玩一个电子游戏,在游戏中,他们可以向对手扔炸弹。在"个性化"条件下,每个玩家首先都要向其他人做自我介绍,为自己起一个昵称,并当众回答一些个人背景和兴趣爱好方面的问题。在"去个性化"条件下,几个玩家组成一个小组,不必自我介绍,不使用昵称,也不回答私人问题。这两种不同的条件会怎样影响被试在游戏中的攻击行为呢?

正如图11.9所示,在个性化条件下,女性比男性投掷的炸弹要少一些,但在去个性化条件下则不然。当性别规范带来的压力消失后,女性的攻击性增强了,攻击性方面通常存在的性别差异消失了! 你可能会想:这些被试也许会觉得,在这个游戏中,或者在去个性化条件下,攻击行为是受到鼓励的。不过,之前的一个实验已经证明,大学生被试没有意识到去个性化会影响他们随后的攻击性。

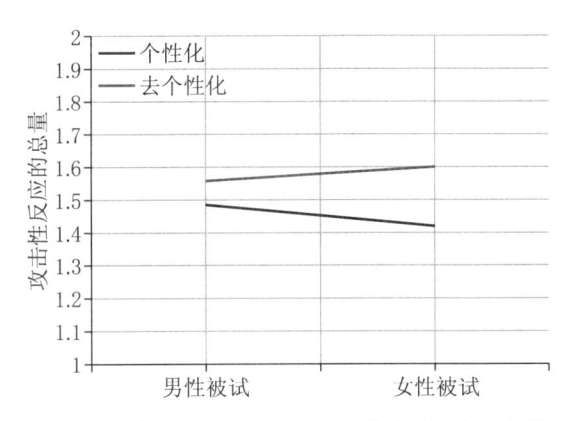

图11.9 不同条件下不同性别被试的攻击性反应。被试性别和去个性化条件出现了显著的交互作用。在角色松绑的情况下,女性的攻击性变强了。来源:Lightdale and Prentice(1994)。

社会角色理论还为择偶策略的差异(比如对配偶的质量要求)提供了另外的解释:人们必须选择符合劳动分工角色的婚姻伴侣。因为女性缺少地位、权力和财富,所以她们必须选择能够提供这些的男性。的确,研究者调查了37种文化,发现在两性更为平等的文化中,女性不大会选择比自己年长的男性,或把赚钱能力强的男性当做择偶目标,而男性也不大会选择比自己小很多的女性,或把家务能力作为择偶的标准。男女平等的文化减小了男女择偶偏好的差异。不过,无论在什么样的文化中,男性总是比女性更看重配偶的吸引力。或许对身体吸引力的重视取决于进化,而其他择偶偏好则取决于社会角色(Eagly & Wood,1999)。

为了验证社会角色理论对择偶偏好差异的解释,研究人员让大学生想象自己结婚生子后在婚姻中扮演什么样的角色:是持家的人,还是赚钱养家的人(Eagly, 2009b)? 认为自己将来是前者的大学生(无论男女)都把未来配偶的地位、野心、事业和薪水看得很重要,而认为自己会是后者的大学生(无论男女)则关注未来的配偶厨艺怎样、对孩子好不好、会不会持家。我们可以看到,大学生择偶看重什么,取决于他们对自己的角色定位,而非他们自身的性别。该研究说明,某些性别差异,比如择偶偏好,可能更多是由社会角色而非生物性别决定的(Eagly，2009b)。

社会建构

请你想象以下场景：

克里斯今天真的非常生气！受够了。克里斯穿上灰西装去上班，走进老板的办公室，大声吼道："我带给公司的钱比谁都多，结果所有人都提拔了，除了我！你以为提拔是发糖吗？"老板看到克里斯的拳头砰地砸在桌上，脸上写满了愤怒。两人试图沟通，但失败了。克里斯气愤地离开了办公室。

在阅读上面这段话时，你脑子里浮现出的克里斯是男人还是女人？或许灰色的西装让你觉得克里斯是个女人，而重重砸在桌上的拳头又让你觉得克里斯是个男人。请你再读一遍，把克里斯想象成跟刚才不一样。如果你读得很仔细，你可能会发现，文中并没有标注克里斯的性别——是你的期待标注了性别。

我们定义和建构了现实——这种想法正是**社会建构主义**(social constructionism)的核心。格根(Gergen，1985)认为，我们基于社会背景来建构知觉。某些建构(如性别刻板印象)之所以存在，是因为它们支持现存的社会秩序，把对不同群体的区别对待合理化了(Beall，1993)。社会建构理论声称性别差异并不是先天的，而是取决于人们对两性的观念。这一观点暗示，关于性别的看法因人而异，且都是主观的。

自测题

想象你已经结婚，并有了小孩。你觉得你会是负责持家的，还是负责养家糊口的？你未来的配偶应该具备哪些重要的品质？

思考题

两性的观念是怎样误导我们对他人的看法的？

一项研究让男女大学生观看一个视频片段，视频拍的是9个月大的婴儿面对各种玩具时的反应，其中包括一个打开盖子就会跳出小人儿的玩具盒(Condry & Condry，1976)。婴儿对玩具盒的反应是不明朗的：一开始，婴儿似乎大吃一惊，因为盒子里跳出了小人儿；接着婴儿越来越不安，哭了起来；再后来，每次小人儿弹出，婴儿都会尖叫，直到哭泣。所有的被试都观看同样的视频，但一组人被告知他们看到的是个男孩(名叫大卫)，另一组则被告知他们看到的是个女孩(名叫丹娜)。研究者要求被试判断婴儿的情绪和情绪的强度。

尽管被试观看的是同一个婴儿，两组人对婴儿的情绪判断却大相径庭(见图11.10)。

第一组被试,无论男女,都认为"大卫"对跳出小人儿的玩具盒又生气又害怕;而第二组被试却认为"丹娜"很害怕,但不那么生气。

许多研究都使用这类方法,为那些被观察的婴儿、儿童甚至成人赋予一个性别,将赋予性别(而不是本来的性别)告诉观察者,结果都发现,无论是鉴别情绪(Condry & Condry, 1976)、选择玩具(Seavey, Katz, & Zalk, 1975; Sidorowicz & Lunney, 1980)、判断体能(Vogel, Lake, Evans, & Karraker, 1991)、攻击性评分(Condry & Ross, 1985),还是各种各样其他方面,观察者们的反应都取决于他们已知的赋予性别,而与被观察者的实际性别无关。

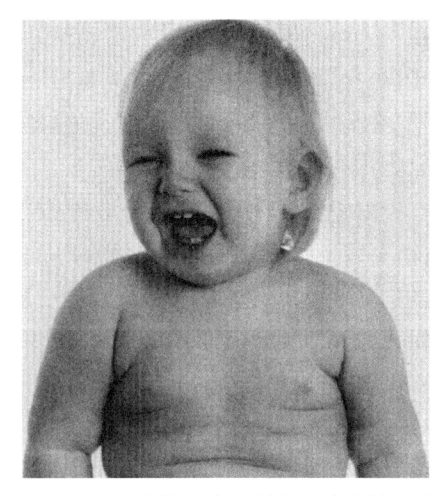

孩子的情绪是什么样的?他和性别有什么关系?

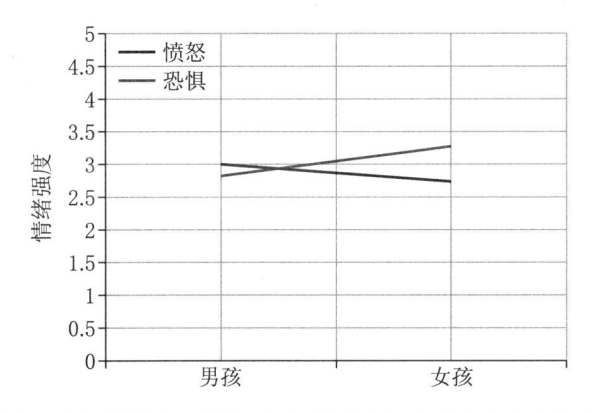

图 11.10 性别是一种主观看法。看同一个孩子对玩具盒的反应,认为孩子是女孩的被试观察到较少的愤怒和较多的恐惧,而认为孩子是男孩的被试则认为孩子的愤怒和恐惧是程度相当的。来源:Condry and Condry(1976)。

生物心理社会模型

在理解性别差异时,应该明白生物差异和社会差异会互相影响(Halpern, 2004)。正如第六章所说的,先天因素和后天因素共同塑造了我们。**生物心理社会模型**(biopsychosocial model)认为,性别差异是由这种组合——社会力量作用于生物进程,生物进程又反过来作用于心理和社会进程——而导致的(Halpern, 2004; Sternberg, 1993; Wood & Eagly, 2002)。

比如说,男孩和女孩可能会基于兴趣和能力探寻不同的体验,从而进一步发展相应的能力(Halpern, 2004)。看起来所谓生物学的能力差异实际上可能是兴趣的差异,即主动性基因型—环境相关;也可能是由于人们基于孩子的性别为他们提供了特定的机会,从而导致了差异,即反应性基因型—环境相关(你可以翻翻第六章,重温这些术语)。

孩子天然地喜爱/排斥某种活动是一回事,但如果大人对孩子的爱好横加干涉,强迫孩子做自己不喜欢的事情,那就是另一回事了,即用社会力量扭转遗传倾向。这种情况说明,在解释性别差异时,要把天生(遗传学)的效应与后天(社会力量)的效应区分开是非常困难的。

以心理旋转的性别差异为例,尽管婴儿很小就已经表现出这种差异,大学生却可以消除它:或通过制定适合不同性别的任务(Sharps et al.,1993),或通过让女大学生接受特殊的训练(Feng et al.,2007)。就算心理旋转的性别差异的确是天生的,差异的程度也尚不足以解释为什么全美的工程学士中只有10%是女性(Hyde,2004)。

那么,为什么全美的工程学士中只有10%是女性呢? 女性可能自认为不符合科学家(Thomas, Henley, & Snell, 2006)或电脑工程师(Cheryan, Plaut, Davies, & Steele, 2010)在人们心目中的形象,也可能她们对科学职业不感兴趣(Cheryan et al., 2010)。绝大多数大学生,无论男女,都会把"一位科学家"想象成男性(Thomas et al., 2006;见图 11.11)。现在,让一群本科生坐在这间教室里,墙上贴着"星际迷航"海报,房间里摆着视频游戏盒、

从前　　　　　　　　　　　　现在

我觉得科学家工作特别投入,有点疯狂,讲话特别快。他总是不断地有新想法,不断地问问题,而且很容易被激怒。他先听别人的想法,然后质疑他们。

我现在知道科学家只是普通人,做着不那么普通的工作……他们在不搞科学的时候,过着普通的生活。他们也喜欢跳舞、陶器、慢跑,甚至还喜欢打壁球。当一个科学家,只不过是选择了一个更刺激的工作。

——艾米

图 11.11　一群七年级学生到伊利诺伊州巴达维亚参观了费米实验室的质子对撞机。在那里,三个物理学家(一个白人男性,一个白人女性,一个非裔美国男性)向他们讲解了费米实验室的科学仪器、研究方法,以及成果应用(如癌症治疗)。学生们改变了他们对科学家的看法。左图是"科学家"过去在艾米心目中的形象,右图中,科学家的形象在参观之行后发生了改变。来源:From http://ed.fnal.gov/projects/scientists/amy.html。

电脑配件、技术书籍和一些垃圾食品，那么女生对计算机科学专业的兴趣会远远小于男生，她们甚至没兴趣学一门计算机语言。不过，如果同样是这间教室，里面贴的是自然风景的海报，摆放着矿泉水，普通的书籍和健康的零食——总之不同于人们对计算机科学的刻板印象——女生对计算机科学的兴趣就会变大，变得和男生感兴趣的程度差不多，也会考虑以后从事这门职业(Cheryan et al., 2010；见图11.12)。

图11.12 当教室环境符合/不符合学科刻板印象的时候，大学生对计算机科学的兴趣(自陈)。女生22人，男生17人。来源：Cheryan(2010, Figure 1, p.1049). Cheryan, S., Plaut, V. C., Davies, P.G., & Steele, C.M.(2010). Ambient belonging: How stereotypical cues impact gender participation in computer science. Journal of Personality and Social Psychology, 97（6），1045—1060. Copyright American Psychological Association. 已获得重印许可。

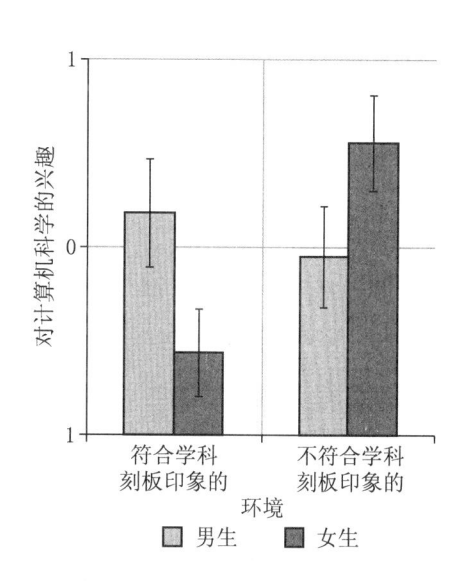

那么是环境因素导致女性远离计算机科学领域吗？后续的研究证实，无论被试做出怎样的回答(选择什么专业？加入哪个工作组？到一般的公司还是网络设计公司去工作？)，也无论工作团队的性别比例如何(主要是男性？全部是女性？男女人数差不多？)，女性总是回避那些符合刻板印象的环境，也就是在两性眼里都很男性化的环境。男性化的工作环境会使女性气馁，即使它的性别比例、薪资条件、工作时间和工作内容与中立的工作环境都一样(Cheryan et al., 2010)。

最近的一项研究重复了上述结论。美国大学妇女协会(American Association of University Women)的研究发现，科学、技术、工程和数学领域鲜有女性，这与生物因素或大生的数学能力差异毫不相干，而是与社会环境有关(Hill, Corbett, & St. Rose, 2010)。平等只意味着为每个人提供相同的机会，却不能保证每个机会都产出相同的结果。

用生物心理社会模型解释性别差异，最有趣的例子也许就是最新的跨文化人格研究(Costa, Terracciano, & McCrae, 2001；Guimond, 2008；Schmitt, Realo, Voracek, & Allik, 2008)。你认为哪种文化中的男女人格差异更大？是生活水平低、男女不太平等的国家，还是人民健康状况好、男女平等、繁荣富裕的国家？如果你认为社会经济的平等会使两性更为相似，你就大错特错了。在富裕的国家，男性和女性都有更多的资源去追求自己的爱好、天分，奇怪的是，这恰恰增强了两性的人格差异(Schmitt et al., 2008)。

自测题

当你想到科学家时,脑子里浮现出的是什么样的形象?

思考题

你认为哪种文化中的男女人格差异更大?是男女不平等的社会,还是男女平等的社会?

在生活水平更高、男女更平等的文化中,两性人格差异最大(McCrae et al.,2005a)。自我陈述和观察报告都显示,亚非文化中的男女人格差异最小,而欧美文化中的差异最大(Costa et al.,2001;McCrae,2002;Schmitt et al.,2008)。图11.13是不同地区(涵盖50多种文化)大五人格的性别差异(Schmitt et al.,2008),从西方到非西方,差异逐渐减小。

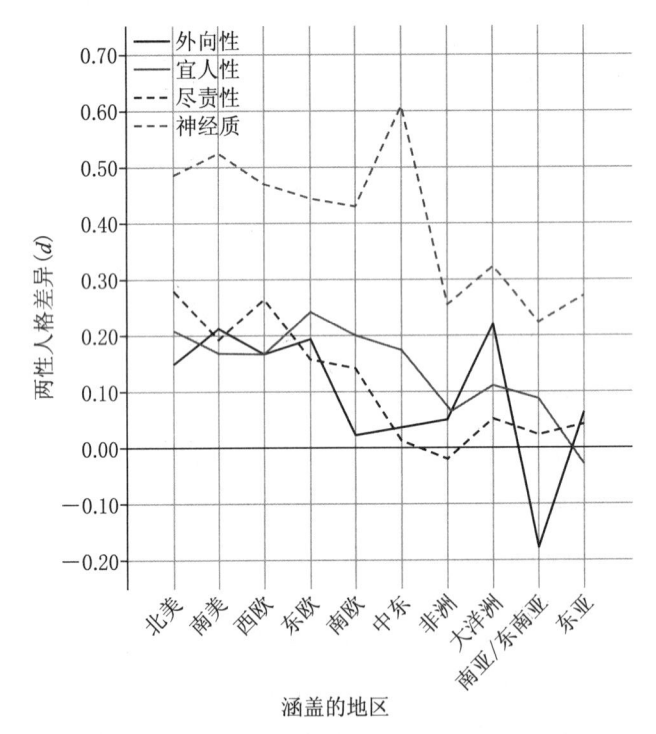

图11.13 外向性、宜人性、尽责性和神经质的性别差异幅度(d)。数据来自国际两性调查项目(International Sexuality Description Project;ISDP),涵盖的10个主要地区。从西方文化到非西方文化,两性人格差异逐渐减小。来源:Schmitt(2008, Figure 1, p.175). Schmitt, D.P., Realo, A., Voracek, M., & Allik, 1.(2008). Why can't a man be more like a woman? Sex differences in big five personality traits across 55 cultures. Journal of Personality and Social Psychology, 94(1), 168—182. Copyright American Psychological Association.已获得重印许可。

施密特等(Schmitt et al., 2008)想找出这种现象的原因。他们发现,性别差异与男性的人格相关,但是与女性人格不相关。这说明随着所在国家变得更富裕,男性的人格比女性的变化更大。尤其是,男性越来越迥异于女性,他们的内省性增强,神经质、宜人性和尽责性都减弱了。国家富裕给人们追求个人爱好提供了条件,展现并发展了人们天生的气质,在此过程中,男性的动因性变得更强,而分享行为变得更少了。

这项发现说明,性别差异在西方/富裕文化中被放大了。而心理学家们恰恰又是在西方文化中研究和寻找性别差异——我们会不会因此而人为地夸大了性别差异(Guimond, 2008)?在富裕的条件下,男性的内省性增强,神经质、宜人性和尽责性减弱——他们表现出传统男性形象的一切特征(Williams & Best, 1990)。

得到什么样的答案,取决于提出什么样的问题,研究性别差异尤其如此(Sternberg, 1993)。心理学家们首先构建一些问题,如:性别差异是生物因素导致的,还是环境因素导致的呢?现在你应该已经意识到,这个问题不存在简单的答案——生物和环境互相影响,且因时因地而变(Sternberg, 1993)。如果将问题问得复杂些,我们的答案、心理学的研究就会有所进展。现在,你对此的认识应该更深刻,对两性异同之处的生物机制和社会机制也应该有了更全面的了解。

日常生活中的人格:

人格的性别差异观念造成了什么影响?

男女之间当然有差异,但差异被放大了,而且盖过了两性的共同点。为什么说这很重要呢?第一,将男女视作对立双方,或"两性大战"中的敌人是对我们自己的伤害。这种视角把每个人都当成是"男人"或"女人",而不是当成一个独立的个体来看待,而且会诱使我们与异性为敌,而不是与异性合作。

第二,刻板印象为人们的行为和态度设定了标准和规范,社会对违背刻板印象的人不那么宽容,尤其是在性别规范方面。例如,不符合培养规范的女性在工作场所可能会面临评价问题(Eagly, Makhijani, & Klonsky, 1992; Rudman & Glick, 1999)。

第三,性别刻板印象可能会变成**自我实现预言**(self-fulfilling prophecies)。人们的性别观念,无论对错都会影响自己的行为,使他们按照自己的性别观念行事,直至最初的性别期待变为现实(Jussim, 1986; Rosenthal & Jacobson, 1968)。

例如,父母、教师甚至孩子自己都会认为男孩应该比女孩学习好(Bhanot & Jovanovic, 2005; Jussim & Eccles, 1992; Yee & Eccles, 1988)。成人可能不会为女孩提供进步的机会,结果,"女孩学习不如男孩"变成了现实。类似的,既然我们认为男人不该触碰自己的情绪,男性又怎么能洞察自己的情绪,怎么会敏于捕捉他人的情绪呢?

第四,关注性别差异,尤其是那些微乎其微或根本不存在的差异,可能会把注意力从真正重要的性别话题中转移走。例如,我们一边强调女孩的自尊水平较低,一边可能就会忽视那些与不符合刻板印象的、同样面临自尊问题的男孩(Kling, Hyde,

Showers, & Buswell, 1999)。同理,我们还可能高估那些有才华的女孩,因为家长和老师都认为女孩是学不好数学的(Hyde, 2005; Lummis & Stevenson, 1990)。

最后,正如第五章所述,当一个人面临刻板印象的威胁时,会变得非常焦虑,表现变差,结果反而强化了别人心目中的刻板印象,这就是刻板印象威胁(Aronson et al., 1998; Aronson & Rogers, 2008; Spencer, Steele, & Quinn, 1999; Steele et al., 2002)。比如,面对数学难题的挑战时,一个在其他方面很有才能的女子既想得到正确的答案,又不想被看成"又一个数学很差的女人",她很可能会噤声。

为了让每个人都能发展自己独特的才华,茁壮成长,我们应该允许人们摆脱社会期待和刻板印象的限制,摆脱自我造成的限制,去做真正的自己。

"请你想象一条彩虹。如果能看见彩虹的所有颜色,我们就会觉得正红色和品红色非常接近。但若消除其他的颜色,我们就会觉得正红和品红看起来有差别。要强调这差别,就得抹除其他的颜色。男性和女性也是一样,二者的联系因狭隘的性别差异研究而失色了。"Rhoda K. Unger(1979, p.1093)

过去和现在:性别的定义与评鉴

你是男性还是女性?

如果你是男性,那就是男子气的;如果你是女性,那就是女子气的。对吗?——也许不对。过去,心理学家认为人们基于自己的生物性别发展出一套人格特质;男性就是男子气的,女性就是女子气的。今天,"性别"有了更丰富、更广泛的定义,不仅要考虑生物性别,还要考虑个人感受与社会经验。

让我们从最基本的开始。生物性别(sex)是以染色体和性激素为标准的生物学分类;社会性别(gender)是指社会学分类(Unger, 1979)。心理学家常用的"男性"(male)和"女性"(female)是指生物性别,而男子气(masculine)和女子气(feminine)则是指社会性别(当然,一种差异到底应该归咎于生物角色还是社会角色,并不总是那么容易分辨的)。早期的人格测量把社会性别视为一种类型(typology),意思是,人们要么是这种类型,要么是那种类型——要么是男子气的,要么是女子气的——泾渭分明。进一步来说,一个人的社会性别与生物性别是一致的,男性是男子气的,女性是女子气的。任何不符合此标准的情况都被认为是有问题的。

心理学家们很快就意识到性别类型的局限性。他们将男子气和女子气结合成一个**双向**(bipolar)维度——一个人的男子气多,那么女子气就少。与以前的性别类型一样,这个**单维度模型**(unidimensional model)也有其局限性,它认为人可以是男子气的,也可以是女子气的,但不能同时具备二者。

MMPI(Hathaway & McKinley, 1940)就是一个单维度的人格测验。1989年修订的MMPI-2至今仍在使用(Butcher et al., 1989)。两个版本都包括10个不同的量表,其中一个就是《男性化—女性化量表》(masculinity-femininity scale)。在MMPI中,如果一名男性在该量表上得分很高(意味着更多女子气),或者一名女性得分很低(意味着更多男子气),就标志着病态。

20世纪70年代,心理学家们开始意识到,单维度量表并不能涵盖两性所有的行为(Constantinople, 1973)。为什么女性不能既合群又独断呢?为什么男性不能既独立,又会养育孩子呢?心理学家们开始把男子气和女子气看做两个分离的维度。不同的维度有不同的评分。也就是说,一个人不仅可以在传统的男性特质(如领导力和分析思维)上得高分,也可以在传统的女性特质(如柔情、富有同情心)上得高分。《个人特质问卷》(Personal Attributes Questionnaire, PAQ; Spence, Helmreich, & Stapp, 1974, 1975)与《贝姆性别角色量表》(Bem Sex Role Inventory, BSRI; Bem, 1974)采用的都是这种测量方法,两者所测的结果非常相近,且彼此相关(Spence, 1991)。另外,两个测验中的男子气测题和女子气测题的得分互不相关,这意味着它们分属两个独立的维度(Spence & Helmreich, 1979)。

> "实验结果计算的是群体的平均值,它不代表任何一个个体。"
> ——心理学家 Diane Halpern(2004)

思考题
男子气和女子气的定义会随着时间而改变吗?为什么?

思考题
测量性别是不是就像在射击移动靶?

PAQ使用5点评分法,受测者要为每一组语句打分,找出最符合自己个性的描述(见

表 11.10）。男子气维度的测题用于测量"目标导向"和"工具主义"这两种特性；女子气维度的测题用于测量"人际导向"和"喜爱表达"这两种特性。尽管两者分别符合人们对男女的刻板印象，但所有的特性都是同等可取的。本科生认为，至少自 1975 年起，理想的男性和女性应该具备表中所有的特性(Spence et al., 1975)。

表 11.10　《个人特质问卷》

1. 一点也不好斗	A	B	C	D	E	非常好斗
2. 一点也不独立	A	B	C	D	E	非常独立
3. 一点也不情绪化	A	B	C	D	E	非常情绪化
4. 非常听话	A	B	C	D	E	非常有支配性
5. 关键时刻从不激动	A	B	C	D	E	关键时刻容易激动
6. 非常被动	A	B	C	D	E	非常主动
7. 无法为他人全心投入	A	B	C	D	E	可以把自己奉献给他人
8. 非常粗鲁	A	B	C	D	E	非常温和
9. 从不帮助他人	A	B	C	D	E	总是帮助他人
10. 一点也不好胜	A	B	C	D	E	好胜心很强
11. 非常顾家	A	B	C	D	E	追逐名利
12. 一点也不友善	A	B	C	D	E	非常友善
13. 不在乎他人的认可	A	B	C	D	E	极度需要他人的认可
14. 不容易被伤害	A	B	C	D	E	很容易受到伤害
15. 对他人的感受毫无知觉	A	B	C	D	E	很能觉察他人的感受
16. 很容易做决定	A	B	C	D	E	做决定很困难
17. 很容易放弃	A	B	C	D	E	从不轻易放弃
18. 从来不哭	A	B	C	D	E	经常哭
19. 一点也不自信	A	B	C	D	E	非常自信
20. 自认为低人一等	A	B	C	D	E	自认为高人一等
21. 一点也不理解他人	A	B	C	D	E	很理解他人
22. 对他人很冷淡	A	B	C	D	E	对他人很热情
23. 不太需要安全感	A	B	C	D	E	非常需要安全感
24. 重压之下会崩溃	A	B	C	D	E	面对重压泰然自若

注：请你用字母 A 到 E 逐条判断自己是否符合描述。每道题都描述了一对相反的特质，也就是说，你不可能同时选择两个，例如，你不可能既好斗又不好斗。字母表示趋向于两极的程度，请你选择一个最能描述你情况的字母。例如，如果你认为自己一点也不好斗，那么就选择 A；如果你觉得你是好斗的，你可以选择 B；如果你只是有一些好斗，你可以选择 C。以此类推。

计分方法：A＝0，B＝1，C＝2，D＝3，E＝4。根据你的答案，将得分标在题号前。将 3、7、8、9、12、15、21 和 22 题的得分相加，即为女子气维度的得分；将 2、6、10、16*、17、19、20 和 24 题的得分相加，即为男子气维度的得分。注意：第 16 题的得分应反转计算，4 分记为 0 分；3 分记为 1 分；2 分记为 2 分；1 分记为 3 分；0 分记为 4 分。

来源：Spence and Helmreich(1978)。

BSRI 使用 7 点评分法，受测者对 60 个形容词进行从 1 到 7 的评分，1 代表"不正确/几乎不正确"，7 代表"几乎正确/一直正确"。男子气维度和女子气维度分别有 20 个测题，分别取均分；剩下的 20 个测题适合任一性别，不计入结果。研究者根据计算结果决定受测者应该归入四个种类中的哪一类(见表11.11)。

表 11.11 双维度性别:《个人特质问卷》与《贝姆性别角色量表》

	男子气维度得分偏低	男子气维度得分偏高
女子气维度得分偏低	未分化类型	(男)男性化类型 (女)跨性别类型
女子气维度得分偏高	(女)女性化类型 (男)跨性别类型	双性化类型

注:得分高低的划分标准是同龄组得分的中位数。未分化类型的自尊水平低于其他类型,这验证了第五章讨论的自尊和自我概念的清晰度。来源:Bem(1977);Spence et al.(1975)。

在女子气维度上得分偏高、男子气维度上得分偏低的女性被划分为**女性化类型**(feminine sex-typed);在男子气维度得分偏高、女子气维度得分偏低的男性被划分为**男性化类型**(masculine sex-typed);在两个维度上得分都偏高的男女属于**双性化类型**(androgynous);在两个维度上得分都偏低的人则属于**未分化类型**(undifferentiated)。那些在男子气维度上得分偏高(在女子气维度上得分偏低)的女性和在女子气维度上得分偏高(在男子气维度上得分偏低)的男性被称为**跨性别类型**(cross sex-typed)(Bern, 1977)。

20世纪70年代,BSRI问世,并测量了一批斯坦福大学学生。自那以后,社会变化很大。其一,本科生变得越来越双性化(Twenge, 1997)。这意味着,社会越来越能接受男性善于表达,女性善用工具的情况。一项1999年的研究采用贝姆的初始研究方法,调查了富兰克林与马歇尔学院的学生,发现所有人都更能接受女性表现出特定的男性特质(比如攻击性、爱运动)并避免某些女性特质(如讲话轻柔、委婉)(Auster & Ohm, 2000)。其二,BRSI的创始人,桑德拉·贝姆(Sandra Bem)意识到这份量表及其背后的理论暗示着双性化比男/女性化和未分化更优越,而跨性别则是有问题的——这并非她的本意(Bern, 1981, 1993)。她的本意是创造一个乌托邦式的环境,在那里,性别只和生物属性有关(Bern, 1993)。贝姆意识到这可能是不现实的,现在她主张完全忽视人们的性别类型,放任人们在生物性别、社会性别和性欲中自由转变(Bern, 1995)。

BSRI和PAQ的测量结果都表明,女性变得越来越有男子气,量表中的传统男性特质越来越多的表现在女性身上,男女差异越来越小。不过,尽管20世纪70年代到90年代的文化转变很大,变得鼓励女性更加善用工具,但对男性的表达和分享性仍不包容(Twenge, 1997)。或许比起BSRI和PAQ出现的时代,如今的性别期待——至少对女性——不再那么严格了。

男/女性化和双性化类型的划分方法来源于性别图式理论(gender schema theory)(Bern, 1981, 1984, 1993)。贝姆发现,对于男/女性化类型的人来说,性别占据着非常重要的地位,性别构成了他们藉以判断自我和世界的原则。例如,在记忆测验中他们倾向于把词汇按照性别分类来记(Bern, 1981)。他们描述自己时,判断那些符合性别期待的特质(如:女性—敏感;男性—好胜)比判断那些不符合性别期待的特质(如:女性—强硬;男性——爱孩子)要更快(Bem，1981)。与其用 BSRI 测量社会性别，不如用它测量认知取向和性别图式强度，这样或许会更好(另见 Spence，1993)。

如今，使用多维度(而不是一个两个维度)来定义性别已经成了一种趋势(如 Twenge，1999)。例如，雅内·斯彭斯(Janet Spence)和她的同事们认为，PAQ 和 BSRI 所测得的男子气和女子气(或善用工具与乐于表达的特质)就是定义性别的维度之一。她认为，**性别认同**(gender identity)是对自身性别的一种心理感受，就像自我概念一样，是早期形成的(Spence，1993；Spence & Sawin，1985)。如第五章所讲到的，性别认同是诸多社会认同之一(Wood & Eagly，2009)。成年男女自我陈述的性别认同包括生理特性(如外貌、运动、言语)、兴趣爱好、社会行为、生物性别、性以及善用工具/乐于表达的人格特质(Spence & Sawin，1985)。从玩具偏好到事业偏好，从择偶偏好到运动偏好，在生活的各方面，人们所表现出的行为与性别的一致性是有限的(Egan & Perry，2001)。比起单维度模型或者双维度模型，性别认同的多维度视角能更好地解释人们是如何体验到自己是男性/女性的。

有两项研究表明，中学生的性别认同与他们在整个中学阶段的心理调适和社会适应有关(Carver，Yunger，& Perry，2003；Egan & Perry，2001)。研究者猜想，性别认同是由以下四个维度组成的：

1. 成员知识(Membership Knowledge)，即作为男性或女性的一员所要了解的知识。

2. 性别协调(Gender Compatibility)，即感到与自身性别(而不是异性的性别)是协调的，能感受到自己是一个典型的男性/女性。对自己的性别、性特征和性取向感到满意。

3. 性别遵从压力(Gender Conformity Pressure)，即感到自己的行为必须符合性别标准，害怕老师、父母和同学的奚落和惩罚，不敢自由进行更大范围的探索活动。

4. 群体间偏见(Intergroup Bias)，即将优点归功于自身性别的一方，缺点归结于异性一方。表现为偏爱自身性别一方，对异性有偏见，或夸大自身性别一方的优点和异性的缺点。

这两项研究都发现，以上四个维度都和心理调适、社会适应有关，而彼此相关不大，因而支持多维度视角。如果儿童能稳定地表现出自身性别的典型特点，同时又能自由探索异性的行为，那么他们在自尊、社会竞争以及同伴接纳等方面会适应得更好。如果儿童在遵循性别期待时感到压力较大，或表现出较强的群体间偏见，那么往往会造成适应不良。有趣的是，在这两项研究中，男孩在性别典型性、性别满意度、性别遵从压力方面得分比女孩高，这与其他的研究结果是一致的。其他的研究结果发现，男孩比女孩表现出更为典型的性别化特征，并且经受更多来自性别期待的压力。另外，如果孩子们感到自己的行为必须符合性别期待，那么这种压力会导致女孩的动因行为(如，断言、冒险和竞争)和男孩的分享行为(如，合作、保持亲密、表露出恐惧和脆弱)减少(Carver et al.，2003)。

最后，这两项研究都认为，男子气和女子气的确是一个双向维度的两端：一个人的男子气越多，则女子气越少，或者说，一个人乐于表达的特质越强，则善用工具的特质越弱。因此，在测量性别的时候，研究者开始重新考虑将男子气和女子气放入单一的量表，而不是两个分离的量表。不过,按照这两项研究的结果,人格认同还包含有更多的维度,而不仅仅是单一的男子气—女子气维度。

本章小结

男女之间存在性别差异吗?世界各地的人们对两性形象的看法惊人的一致。人们相信男女的人格特征、社会角色、生理特性、情绪体验、情感表达、认知技能、兴趣爱好、职业和活力都有所差异。人们认为女性是分享性的,关注养育照护,以及与他人之间保持联结;男性则是动因性的,关注个体行为和成就。

元分析可以对不同方法、不同测量得到研究结果进行综合,估算出一个平均效应量(d),帮助我们评估性别差异是否存在,如果存在,有多大、多稳定。根据元分析的结果,我们发现男女的相似之处很多,而差异是少量的。绝大多数差异都是生理上的和性方面的,而绝大多数相似之处则是人格方面的。

冲动性、外向性、乐群性、活力、开放性、观念、尽责性、条理性、智力、数学能力、语言能力、领导有效性、自信等特性不存在性别差异。同理心、自信魄力、性生活、非语言行为、攻击性、冒险性和职业偏好等存在性别差异,某些精神障碍疾病的发病率也存在性别差异。人格及社会行为的其他方面是否存在性别差异,这取决于社会背景、测量方法以及定义标准。例如,男女可能在共情、情绪、助人行为、领导风格、焦虑和自尊方面有差异。可以通过练习或改变任务说明来消除空间能力的性别差异。

是什么导致了性别差异?心理学家认为,性别差异可以从生物、基因、激素、进化、社会化、社会环境、社会建构、社会角色以及生物心理社会模型的角度来加以解释。

人格存在性别差异的观念对日常生活有什么影响?如果仅以人们的行为是否遵从性别要求来对他们进行评价,那么我们就没有把这些人当成不同的个体来对待。性别刻板印象也许会变成行为标准,那么我们就可能会看低或冷落那些没有遵循标准的人。它还可能发展为自我实现预言,还可能会使人们误以为男女是对立的。另外,刻板印象威胁可能使人表现不佳。

最后,从单维度量表到双维度模型,再到多维度视角,性别的定义变得越来越复杂、深刻。性别认同不仅仅是男子气—女子气的单一维度,它还包括生物性别、性别协调、性别遵从压力以及群体间偏见。

回想本章开头的问题,现在你会给出不同的答案吗?你的内心还是原来的那个你吗?你的人格还是原来的样子吗?绝大多数人的人格应该还是老样子,但表现方式可能会有所不同。正如钻石在不同的光照下会焕发不同的光彩,男性和女性也并不因形象不同而存在实质相异。我们应该庆幸男女拥有共同之处,而不是仅仅关注男女的差异。无论两性究竟有何差异,男女都不是对立的双方(Lippa, 2005a)。理想的状况下,性别的社会角色应该让人们感到舒适自然,而不会束手束脚。

"我只是一个被困在女性身体里的人"

——Comedian Elayne Boosler

✓ 学习和巩固：在网站 mysearchlab.com 上可以找到更多学习资源。

问题回顾

1. 空间旋转的技能是天生的，还是后天培养的？空间旋转能力的性别差异是先天的，还是后天的？

2. 人们认为男性和女性的形象分别是什么样的？这些刻板印象会因文化不同而改变吗？

3. 什么是效应量？如何计算效应量？如何解释效应量？元分析可以用来解决哪些关于性别差异的问题？

4. 哪些变量的性别差异最大？哪些变量的性别差异最小？在五因素模型中的各因素和变量上，男女的相似程度较之差异程度谁大谁小？

5. 男女的攻击性和冒险性存在差异吗？男女在共情能力、基本情绪、助人行为、领导有效性、易受影响性、焦虑、自尊以及自信方面存在差异吗？请具体阐述。

6. 心理学家对性别差异的成因做了哪些解释？请阐述每个理论。

7. "男女人格有差异"这一观念如何影响我们和周围的人？

8. 性别的定义和评估是怎样随着时间而改变的？

关键术语

分享性	进化心理学	女性化类型
动因性	社会角色理论	男性化类型
刻板印象	去个性化	社会建构主义
效应量	生物心理社会模型	双性化类型
元分析	自我实现预言	未分化类型
性别社会化	双向维度	跨性别类型
女权理论	单维度模型	性别认同

第 12 章

整合的迷你章:性取向

性取向:神话与误解
日常生活中的人格:美国社会中的异性恋规范
什么是性取向?
多少人是男同性恋、女同性恋、异性恋或双性恋?
什么决定了性取向?
    生物学解释
        进化
        遗传

脑结构
孕期因素
环境理论
交互理论
相异引发性欲
爱与性欲的生物行为模型:对女性性体验的解释

本章小结
问题回顾
关键术语

到我的搜索实验室(mysearchlab.com)阅读本章

2010 年 12 月,芭芭拉·沃尔特斯(Barbara Walters)采访著名的脱口秀女王奥普拉·温弗瑞(Oprah Winfrey),询问她结束脱口秀生涯后会做些什么。采访中,沃尔特斯问奥普拉是否是同性恋。关于奥普拉的流言很多,包括她与闺蜜盖尔·金(Gayle King)的关系,以及她为什么迟迟不与多年的恋人斯特德曼·格拉汉姆(Stedman Graham)结婚。

令人震惊的是,这个大胆的问题成了国内新闻。说到底,名流们的私生活与我们何干?的确,许多人还想知道喜剧女演员万达·赛克斯(Wanda Sykes)、《欲望与都市》的女演员辛西娅·尼克松(Cynthia Nixon)、德鲁·巴里摩尔(Drew Barrymore)、安吉丽娜·朱莉(Angelina Jolie)、Lady Gaga、艾伦·德杰尼勒斯(Ellen DeGeneres)、安妮·希芝(Anne Heche)以及波蒂亚·德·罗西(Portia De Rossi)的性取向。为什么人们对男性名流的性取向不这么困惑呢?男性的性取向有什么不同吗?或许性取向的问题之所以重要,是因为它透露了一个人的关键人格特质，又或许是因为美国社会认为性取向是重要的问题。不管怎样，从心理学的角度来说，性取向是个有趣的问题；从社会学角度来说，它也是一个敏感的政治话题。

是什么让一个人成为异性恋、双性恋或是男同性恋、女同性恋？这是一种选择，还是你生就如此？性取向是指向同性、异性或二者兼有的一种亲近感，一种被吸引，一种偏好，一种渴盼。我们可以将性取向看做"伴侣取向"（partner orientation）(Diamond，2003b)。心理学家曾一度认为性取向是在青春期前后确立的，且终生不变。但现在我们认识到，性取向的确立和**改变**（fluid）都是因人而异的。

举例来说，传统的分类标签，如男/女同性恋、异性恋、双性恋，可能无法准确地描述许多人的性取向。你很快将会发现，鉴别性取向并非易事。一个人被谁所吸引与他/她的行为以及认同感都有可能是不相匹配的。这说明，在描述性时，以上分类标签或许过于简单化了。

对于女性来说，"女同性恋"、"异性恋"、"双性恋"等传统的分类尤其具有误导性。一项关于性别认同的研究追踪了18岁至25岁的女同性恋和女双性恋达10年之久，每过两三年，研究者就会对每个人进行访谈，询问她们："当前你对同性感兴趣还是对异性感兴趣？请如实回答，即使答案与你对外宣称的不同。如果你无法确定，请选择'无法归类'"（unlabeled）(Diamond，2008a，p.8)。在整个研究过程中，将近三分之二的女性至少曾有一次改变过她们的性指向，36%的女性不止一次改变过兴趣指向。令人惊讶的是，"无法归类"是选择最多的选项。这些女性可能通过"无法归类"来表明对自己当前性取向的疑问，表明将来性取向变化的可能性，或表明一种不那么排他的同性性吸引（same-sex attraction），这种性吸引完全不同于传统的同性恋、双性恋分类（Diamond，2008a）。

人们一度认为，许多女性会经历一段为同性所吸引的状态，但事实并非如此（Diamond，2003a）。在一项对非异性恋女性长达8年的访谈研究中，丽莎·黛蒙德将青春晚期到成年早期的被试划分为3个群体。一些女性对自己的性别定位始终如一，或为"女同性恋"（稳定性女同性恋），或为"非女同性恋"（稳定性非女同性恋）。请注意，稳定性非女同性恋在行为上表现为双性恋，同时被男性和女性所吸引，但她们并不把自己归类为"双性恋"。第三个群体，黛蒙德称之为"易变性女同性恋"（fluid lesbian），她们在前两种身份中不断转换，有时认为自己是女同性恋，有时又拒绝给自己贴上任何标签，尽管她们同时感受到来自男性和女性的性吸引。在表12.1中可以看到随着时间流逝被试改变兴趣指向的比例。

表12.1 年轻女性的性向认同（sexual identity）的改变

群 体	脱 离	接 受	群 体	脱 离	接 受
女同性恋	25%	19%	无法归类	33%	37%
双性恋	33%	23%	异性恋	10%	21%

来源：Savin-Williams（2007，Table 2.2，p.41）；Diamond（2003a）. Savin-Williams，R.C.（2007）The New gay teenager. Cambridge，MA：Harvard University Press。

举例来说，一位被试在研究之初自称是女同性恋，百分之百地被女性所吸引。2年后，她自称仍是女同性恋，但女性对她的吸引力仅有90%。到第5年，她难以将自己归为任何一类，并声称女性对她的吸引力仅有70%。到第8年，女性对她来说只剩50%的吸引力，她拒绝给自己归类。

"重要的不是爱谁，而是爱本身。"

——美国当代作家 Gore Vidal

"贴标签？OK，没问题。我是双性恋。会转向的异性恋。对生命好奇。差不多就是这些了。"

——Morgan Torva

自测题

你现在对同性感兴趣，还是对异性感兴趣？请如实回答，即使答案与你对外宣称的不同。

思考题

性取向应该是一维（伴侣性别）的，还是二维（伴侣性别与取向的可变性）呢？

稳定性非女同性恋和易变性女同性恋（行为上表现为双性恋或受到双性性吸引，但拒绝将自己归类为双性恋的人）更多地赞成这样的说法："我是被某个人所吸引，而不是被其性别所吸引"（Diamond, 2003a, p.126）。女性对同性的兴趣会随着时间而改变，女性拒绝为自己贴上分类标签。根据这两点，戴蒙德（Diamond, 2005）提出，应当废止"女同性恋"和"双性恋"这样给性取向分类的标签，因为它们无法解释非异性恋女性的性体验。相应地，戴蒙德（2003a）推荐将性取向和性取向的灵活性——她称之为易变性（fluidity）——作为衡量个体差异的两个维度。

性取向的易变性解释了一些名流看上去自相矛盾的行为，如方达·赛克斯、辛西娅·尼克松、德鲁·巴里摩尔、安吉丽娜·朱莉、Lady Gaga 以及其他性取向无法归类的人。艾伦·德杰尼勒斯与她的两个女伴的同性恋关系是稳定的，而安妮·希芝以及波蒂亚·德·罗西也曾一度是坚定的异性恋者。性取向易变的女性拥有范围更广的性欲体验，这些体验远远超出了女同性恋、双性恋、异性恋等标签所框定的内容（Diamond, 2008b）。

本章我们将讨论什么是性取向，讨论鉴别男同性恋、女同性恋、异性恋和双性恋的困难之处，以及性取向的决定因素。尽管心理学家从各个领域——生物的、基因的、神经科学的、社会的、发展的领域——参与了这个问题的讨论，但要理解生命中最私密、最有趣的领域——性，我们仍然有很远的路要走。

性取向：神话与误解

在开始之前，或许应该先看看我们对性取向了解多少，或自认为了解多少。在往下看之前，请首先思考一下表 12.2 中的陈述。

表 12.2　关于男同性恋、女同性恋和双性恋的神话与误解

1. 男同性恋是非常想变成女人的。
2. 通过恰当的干预可以矫正性取向。
3. 同性恋青少年都是激进分子。
4. 与正常人相比，同性恋属于自杀、酗酒以及其他问题的高风险人群。
5. 同性性行为是一种精神疾病。
6. 男同性恋往往会性骚扰儿童。
7. 同性恋不过是人生的一个阶段。
8. 双性恋不过是人生的一个阶段。
9. 所有的男同性恋都会死于艾滋病。
10. 男同性恋只对性感兴趣，他们并不在意保持长期的恋爱关系。
11. 男同性恋都是女子气的。
12. 女同性恋都是男子气的。
13. 双性恋都是不能清醒思考的糊涂蛋。
14. 比起异性恋来说，双性恋更喜欢滥交，而且不可能保持忠诚，不可能保持一夫一妻。
15. 极少有人会对同性感兴趣。
16. 自然界不存在同性恋。
17. 同性恋不能做中小学教师，因为他们会把学生带成同性恋的生活方式。
18. 比起其他男性来说，男同性恋更像女人。
19. 比起其他女性来说，女同性恋更像男人。
20. 通过一个人的穿着打扮就能知道他/她是不是同性恋。
21. 有些人之所以变成同性恋或双性恋，是因为他们童年时期遭受过性虐待。
22. 同性恋父母只能养出同性恋孩子。
23. 同性恋的本性是不信神的、不道德的。
24. 双性恋只是向同性恋转变的过渡阶段。
25. 男同性恋总是强奸男异性恋，或者总是想强奸男异性恋。
26. 女同性恋是非常想变成男人的。
27. 同性恋、双性恋不应该成为受保护的少数群体，因为他们能够在公共场合表现得像异性恋。

注：以上各个看法都是错误的。

尽管表中所有的观点看上去都很有道理，你认识的人中，肯定有些人相信这些观点，但实际上它们都是错误的。

在第十一章中，我们讲到"生物性别（sex）"是生物学定义的，而"社会性别（gender）"则是社会学定义的，"性别认同（gender identity）"是人类对自己的男性特征或女性特征的心理感受。我们可以为性别认同添加一个维度：性取向。所以，尽管一个男同性恋也许会爱上其他男性，但这绝不等于他的男子气、他对自身是男性的认同感有所减少，也不意味着他情愿成为一个女人。同理,如果一个女同性恋不喜欢购物、化妆、赶时髦,也并不能增加她的男子气,或暗示着她情愿成为一个男人。同性恋的男/女子气会有些差异,确实各方面都有差异,但这种差异与异性恋之间的差异并无二致。我们对谁产生性欲,对谁产生情感,这是构成人格的两个重要部分,是无法改变、无法伪装、无法教化的,也无法将他人的生活方式改造成自己的。

> "麻烦的并不是人们的无知,而是人们知道了太多错误的东西。"
> ——美国幽默大师 Josh Billings(1818—1885)

> "人们有一种错误的观念,认为同性恋只要性,异性恋则会爱。这真是大错特错。每个人都希望被爱。"
> ——Boy George

日常生活中的人格:
美国社会中的异性恋规范

在当今世界,做一个同性恋并不容易。在绝大多数文化中,异性恋被认为是自然的、正确的、正常的(Berlant & Warner, 1998; Herek, 2010)。这种观点被称为**异性恋规范**(heteronormativity)。在美国社会,异性恋被视为理所当然的,并拥有明确的法律、政治和社会方面的优势。

举例来说,在生死攸关的急救时刻,未婚伴侣是不能呆在急救室的,因为他们没有法律权利呆在爱人身边,也没有权利为无法自理的伴侣做健康方面的重要决定。在许多州,婚姻赋予已婚人士一些法律权利,包括继承权、社会保险、健康保险、家属权利,以及获知涉及另一半隐私的健康信息的权利。某些宗教和道德信仰谴责同性间的性行为。但是,因为人们的性取向而剥夺公民权,这种做法公平吗?

当然,关于伴侣权利及同性婚姻的法律正在竭力改变这种状况。有证据表明,美国人对同性恋的抵触正在逐渐减小,对同性关系的接纳程度正在逐渐增加。根据芝加哥大学的全国民意研究中心(national opinion research center, NORC)的一项调查显示,认为"成人间的同性关系是错误的"的美国人比例从1973年的74%下降到了2002年的55%。不过,非异性恋仍然面临着社会抵制、偏见和歧视等问题(Davis, Smith, & Marsden, 2010)。

综上所述,非异性恋的青少年和成年人面临着更多的挑战和困难。比起异性恋的同龄人来说,他们可能有更严重的抑郁、焦虑,更高的吸毒和自杀比例(Meyer, 2003)。但也有证据表明这样的状况正在发生变化。今天的年轻人较少对自己的性行为贴标签归类,他们不再认为自己"是个同性恋",而是自认为"是个普通人,碰巧是同性恋","与其他同龄人一样,我们也面临着来自约会、朋友、班级和父母的挑战"(Savin-Williams, 2007)。

什么是性取向？

在20世纪40年代性学研究者阿尔弗雷德·金赛（Alfred Kinsey）的研究结果出现之前，人们认为，一个人的性取向可以分为两类，至多三类：异性恋、同性恋和双性恋。通过对5 300名男性（Kinsey, Pomeroy, & Martin, 1948）和5 940名女性（Kinsey, Pomeroy, Martin, & Gebhard, 1953）进行的访谈，金赛等意识到，性行为更像是一个连续变量（continuum），一端是绝对的异性恋，一端是绝对的同性恋（Kinsey et al., 1948, 1953；见图12.1）。

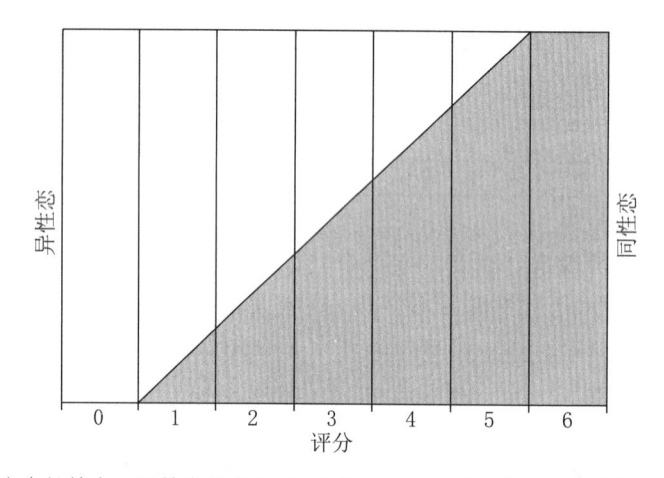

图12.1 《金赛异性恋—同性恋量表》。阿尔弗雷德·金赛与他的同事使用该量表评估被试的心理反应和外显行为，看其在多大程度上是异性恋的和同性恋的：
1＝很大程度上是异性恋，偶尔有同性恋行为
2＝主要为异性恋，但也有同性恋行为
3＝异性恋与同性恋倾向相同
4＝主要为同性恋，但也有异性恋行为
5＝很大程度上是同性恋，偶尔有异性恋行为
6＝完全同性恋
来源：Kinsey et al. (1948, Figure 161, p.638). Reprinted with permission from Kinsey, A.C., Pomeroy, W.B., & Martin, C.E. (1948), *Sexual behavior in the human male*, Bloomington, IN: Indiana University Press. Permission conveyed through the Copyright Clearance Center.

在金赛实施此项研究之前，人们相信，一个人的性取向是由其人格发展而来的：一个女子气的男人是男同性恋，一个男子气的女人是女同性恋。性取向、男/女子气、与性别有关的兴趣爱好，这三者之间的确存在轻微的联系（Lippa, 2005b）。但性别认同才是有别于性吸引和性欲的一个独立维度。也就是说，男性的女子气并不使其成为男同性恋，女性的男子气也并不使其成为女同性恋。可悲的是，这些僵化的看法至今尚存。

尽管金赛在性史访谈研究中倾尽全力以保证结果的精确性，尽管他采用了精心制作的代码系统来保护受访者的身份，还是无法避免采样出现偏差。他招募的受访者往往有一些不同于常人的性行为。考虑到他采样的时间（1938年到1949年间），那期间愿意谈

论自己性史的人很可能在性行为方面较普通人更为开放。这样一来,许多研究者都认为金赛很可能高估了总体人群中同性性行为出现的频率(Pomeroy, 1972)。

> "你知道么,我是个男同性恋,但我的性行为不能决定我的本质……那只是个事实而已。我的生命取决于我的朋友、我的兴趣,而我恰巧对好的策划有激情。"
> ——Thom Filicia, "Bravo TV show Queer Eye for Straight Guy"
> 节目策划,引自 Finn(2004, p.B2)

同性婚姻赋予男同性恋夫妻和女同性恋夫妻与异性恋夫妻同等的合法权利,包括为彼此作出健康决定、继承、社会安全、健康保险和其他近亲属权利。

思考题
把性取向看成是几个独立的种类,或者把性取向看成一个渐变量,两者有什么不同?

金赛正确地认识到了"性取向是一个连续变量",不过这个渐变比他所认为的要不稳定、易变得多。正如本章开头提到的研究所示,女性的性驱力(sex drive)比男性要灵活得多(Baumeister, 2000),女性可能在一生中改变她们的性取向(Diamond, 2007, 2008a)。

对《金赛量表》(Kinsey scale)的另一种批评是:性取向不仅仅包括性行为。毕竟,一个人即使没有性经验,也还是有性取向的。性取向包括很多方面:想法、感觉、行为以及认同感。例如,克莱因等(Klein, Sepekoff, & Wolf, 1985)测量性取向的指标就包括性吸引、性行为、性幻想、情绪偏好、社会偏好、自我认同,以及受测者过去、现在和理想中的生活方式。今天的研究者将**性取向**定义为人们对同性、异性或双性的广泛存在的性唤起、性感觉、性幻想和性行为的综合(Savin-Williams, 2006)。性取向可以通过性吸引、性行为或性向认同几个方面来阐释。

思考题

没有性经验的人可以有性取向吗？

性吸引（sexual attraction）包括对性爱或性关系的想法、感觉、需求和欲望。性吸引并不包括性行为。许多人对他人有感觉，有念头，或有性幻想，但并未付诸实践。以上这些都是性幻想的各个方面（Savin-Williams，2006）。

性行为（sexual behavior）是指性行为中实际发生的行为，包括双方都同意的、性交或未性交、有高潮或无高潮的一切生殖器接触和性兴奋（Savin-Williams，2006）。

最后，**性向认同**（sexual identity）包括人们给自己的性行为打上的一切标签，无论是个人选择的标签还是社会公认的标签。试回忆第五章中讲到的，"认同"包括人际方面的（如，角色、关系），也包括潜能方面的（如，我会成为什么样的人），还包括价值方面的（如，道德、优先权）（Baumeister，1986）。所有这些方面的内容都固有地体现在男同性恋、女同性恋、双性恋、异性恋这样的标签中。一个人认同自己身上的哪些标签，不仅是一个心理声明，也是一个政治声明（Savin-Williams，2007）。

为了说明性取向的三个不同方面，你可以假设一位年轻女性正要对她的父母表明出柜。随着表述（如下）的不同，她的父母会有什么不一样的反应？

> 妈妈，爸爸……
> 我对女人有兴趣。
> 我在和别的女人约会。
> 我和别的女人有性关系。
> 我是个同性恋。

以上每一个表述都揭示了性取向的不同方面（Savin-Williams，2007，p.64）。

将性取向看做以上三个方面的集合，有利于我们理解其他文化中的性取向概念。在许多文化中，人们可以有性行为，可以向各种人表达性欲，而不必被归类为男同性恋、女同性恋或双性恋（Peplau，2001）。在苏门答腊，行为表现像男性的女性被称为"假小子（tomboi）"。假小子把自己当成男性，行为像男性，被传统的女子气的女性所吸引。不过，当地对"假小子"的女性爱人没有特定的称呼，人们认为她们和其他女性没有什么差异（Blackwood，2000）。类似的，对莫哈韦沙漠的印第安人（Mojave Indians）来说，只要一个女性能担当与传统男性一样的社会角色，她就可以选择像男性一样生活，甚至与其他女性结婚。她的妻子往往是传统的、女子气的女人，且不会被看成是同性恋或跨性别人（cross-gendered）（Blackwood，1984，Peplau，2001 有所论及）。

再看如下例子：250 种美国本地语言中，有 168 种至今仍在使用，这些仍在使用的语言都有专门的用词来指称那些既非男性亦非女性的人。这些人有两个灵魂：一个是男性的，一个是女性的。他们可能着装、举止像男性/女性，又可以与任意性别的人结婚。这些人在他们的群体中表现出一种"灵一性认同"(spiritual-sexual identity),并被认为是受赐福的人(Tafoya,1997,Garnets,2002有所论及)。

不同的文化对同性性行为的接受程度也不同。例如,在美的非裔美国人对同性性行为,尤其对男性的同性性行为容忍度较低(Greene,2000;Icard,1996)。类似的,相较于盎格鲁文化,拉丁裔美国人的文化对同性性行为的容忍度更低,尤其对女性的同性性行为难以容忍(Gonzales & Espin,1996)。

在某些文化中,则另有一些判别同性恋的标准。在墨西哥,发生性关系的两个男性各自担当不同的角色:一个是受方(被插入的一方),一个是攻方(插入的一方)。人们认为受方是女子气的、没种的男同性恋,而攻方则是有男子气概的,且不是男同性恋(Magaña & Carrier,1991)。类似的区分也出现在阿拉伯文化中,如埃及(Miller,1992)。在墨西哥文化和阿拉伯文化中,攻方最终会与异性结婚、组建家庭,他会被认为是异性恋,尽管曾有过男性性经验,他也永远不会自称或被称为双性恋。

对许多年轻人来说,自我认同为男同性恋、女同性恋或双性恋,不仅是一种性向认同,也是一种社会认同。

自测题

你是什么时候意识到你的性取向的?你是有意识选择的,还是自然而然就知道的?

思考题

为什么一种文化对男性和女性的同性性行为的宽容度不同?

多少人是男同性恋、女同性恋、异性恋或双性恋?

考虑到其他文化判别同性恋的标准,你会发现这个看似简单的问题实际上并不好回答。问题的措辞不同,人们自认为是男同性恋、女同性恋、异性恋、双性恋的比例也会不同(见表12.3)。更不用说许多研究者没有调查受访者对同性/异性的兴趣的程度和性行为的比例,从而导致研究结果不稳定,研究分类出现误差(Savin-Williams,2006)。

即便是在一次单独的研究中,随着调查侧重点的不同——侧重性吸引力、性行为还是性向认同——受访者的分类判断也会改变。在美国的一项研究中,仅有20%的成年同性恋在萨文—威廉姆斯提出的三种维度上均被判断为同性恋(Savin-Williams,2006,数据引自Laumann,Gagnon,Michael,& Michaels,1994)。该研究中,有人愿意承认自己被同性吸引,也有人愿意把自己定义为同性恋,前者人数最多,后者人数最少。也有些人但凡经历过任何同性性吸引或发生过任何同性性行为,就自认是同性恋,不过这样的人只占极少数。自称为同性恋的人实际上非常少,很可能只是总人口的一个零头(Savin-Williams,2006)。

表12.3 在性取向的三个维度上,四国男性/女性是同性恋的比例

国家和人群	性吸引		性行为		性向认同	
	女性	男性	女性	男性	女性	男性
美国:青年	13%	5%	4%	3%	4%	3%
美国:成年	8	8	4	9	1	2
澳大利亚:成年	17	15	8	16	4	7
土耳其:青年	7	6	4	5	2	2
挪威:青少年	21	9	7	6	5	5

注:数字表示赞成该选项的人数百分比。
来源:Adapted from Savin-Williams(2006,Table 2,p.41). Reprinted with permission from Savin-Williams, R.C.(2006), "Who's gay? Does it matter?," *Current Directions in Psychological Science*, 15(1), 40—44. Permission conveyed through the Copyright Clearance Center.

对男同性恋、女同性恋、双性恋、同性恋的不同定义说明了为什么不同研究中对性取向的统计估量存在巨大差异。阿尔弗雷德·金赛和他的助手估量的值最大:他们发现37%的男性和13%的女性自述了至少一次同性性经历,且引发了高潮。但是,只有4%的男性和3%的女性称他们是终身的同性恋(Kinsey et al.,1948,1953)。37%这个数值成了当时轰动的新闻标题,但正如我们所看到的,该数值很可能高估了总人口中男同性恋的比例。

后来,芝加哥大学全国民意研究中心(National Opinion Research Center,NORC)举办了一次范围更广、设计更佳的调查(Laumann et al.,1994)。研究人员使用了合理的科学抽样方法,采取面对面的访谈,并在访谈后让被采访者填写匿名调查问卷。他们调查了18至59岁的美国成年人的性行为,其中包括大量来自少数民族的具有代表性的样本。根据美国国家卫生和社会生活调查(National Health and Social Life Survey,NHSLS),大约0.9%的男性和0.4%的女性称他们从18岁起拥有同性性关系,但有2%的男性和0.9%的女性自认为是同性恋。4%的男性和3.7%的女性报告说他们从18岁起与男性和女性都发生过性关系,但只有0.8%的男性和0.5%的女性自认为是双性恋(Laumann et al.,1994;见表12.4)。不过,以上数据也有可能低估了实际的情况:在我

们的文化中,同性间性吸引和性行为名声不好,人们有可能因此羞于提起自己的同性性行为。

表 12.4　成年男性和成年女性的性行为、性吸引及性向认同

	成年男性	成年女性
性行为		
过去的一年中没有性伴侣	10.5%	13.3%
过去的一年中只有异性性伴侣	86.8	85.4
过去的一年中只有同性性伴侣	2.0	1.0
过去的一年中有男性性伴侣和女性性伴侣	0.7	0.3
18 岁以来没有性伴侣	3.8	3.4
18 岁以来只有异性性伴侣	91.3	92.5
18 岁以来只有同性性伴侣	0.9	0.4
18 岁以来有男性性伴侣和女性性伴侣	4.0	3.7
性吸引		
只对异性有兴趣	93.8%	95.6%
通常对异性有兴趣	2.6	2.7
对同性、异性都有兴趣	0.6	0.8
通常对同性有兴趣	0.7	0.6
只对同性有兴趣	2.4	0.3
性向认同		
我是异性恋	96.9%	98.6%
我是双性恋	0.8	0.5
我是同性恋	2.0	0.9
其他	0.3	0.1

注:数字表示赞成该选项的人数所占的百分比。

来源:Adapted from Laumann et al.(1994, Table 8.3A and 8.3B, p.311). From Laumann, E. O., Gagnon, J.H., Michael, R.T., & Michaels, S.(1994), "The social organization of sexuality: Sexual practices in the United States," Chicago, IL: University of Chicago Press. Copyright © 1994. Used with permission.

同样的调查在 2002 年又进行了一次,数据显示,15 岁到 44 岁的人群中,6% 的男性和 11.2% 的女性报告说他们生活中曾有过同性间的性接触,但只有 2.3% 的男性和 1.3% 的女性认为自己的性取向是男同性恋或女同性恋。只有 1.8% 的男性和 2.8% 的女性称自己是双性恋(Smith, 2006a)。

"我不是双性恋,也不是同性恋。我只是个'有性恋'。"

——戴蒙德研究中的一位女性受访者(2005, p.126)

> **思考题**
> 定义性取向时遇到的问题是方法学问题,还是一些涉及性取向本质的东西?

什么决定了性取向?

直到最近,性取向的研究才因三个假说而变得生动起来。第一,许多理论都从异性恋的视角出发,认为异性间的性行为才是正常的,而同性间的性行为是特例,是非常态,是需要解释的。与此不同,现在的理论更多关注取向本身,或关注究竟是什么驱动着性唤起和性吸引,而较少关注人们最终选择的伴侣是同性还是异性。第二,科学家过去认为男性和女性的性机制是一样的,从而致力于寻找一种理论,既能解释男同性恋的取向,也能解释女同性恋的取向。现在,新的理论则认为,既然男性和女性的性行为存在巨大差异(见第十一章),那么男性和女性的性取向产生的原因也很可能不同(Chivers,2005;Peplau,2003)。第三,研究者开始考虑以下可能:人类,至少男性存在不止一种类型的同性性行为,每种类型都由不同的因素决定(Bell,1974)。也就是说,社会因素或许可以解释为什么一些男人是同性恋;而遗传因素则可能解释为什么另外一些男人不是同性恋。

"爱本身是不分取向的。"

——Lisa M.Diamond(2003b,p.174)

性取向的不同能反映社会经历的不同吗?能反映生物因素的不同吗?还是两者都能反映?下面就让我们深入了解一下生物理论、社会理论和交互理论。

生物学解释

进化 同性之间的性行为是个达尔文悖论(Darwinian paradox):如果同性恋的繁殖力低于异性恋,那怎么没有被淘汰掉(Ciani, Corna, & Capiluppi, 2004)?这个问题至少有三种解答:男性同盟理论(male alliance theory)(Muscarella, 2006),家族利他假说(the kin altruism hypothesis)(Confer et al., 2010;Wilson, 1978),以及女性亲属繁殖力增强说(increased female reproductive success)(Ciani et al., 2004)。

某些学者认为,男性之间的性行为是调节支配地位的一种演变方式。在共同生活的一群男性中,顺从和结盟能提高男性生存和繁殖的成功率(Muscarella, 2006)。但是,同盟理论无法解释男性之间排他性的性行为,也无法解释女性的同性性行为。迄今为止,该理论仅有间接的证据支持,也缺乏其他研究的检验。

某些行为对个体和种群的生存是至关重要的,从进化的角度来看,能够对这些行为进行编码的基因会被选中遗传下去。无法繁衍的人就无法直接传递他们的基因,那么同性性行为怎么没有被自然淘汰？根据家族利他假说，男同性恋把对后代的投入转移到了亲属身上，例如兄弟姐妹们的孩子(Confer et al.，2010；Wilson，1978)。

支持该理论的证据相当薄弱。一项研究采访了萨摩亚(Samoa)的男女异性恋和男同性恋，询问他们有多大兴趣参与侄子/侄女、外甥/外甥女或者邻家小孩的活动，包括照料孩子、为他们买玩具、辅导他们学习、帮助他们接触美术和音乐，以及为他们的福利而投资。比起异性恋的男女，男同性恋更愿意参与以上活动。不过，三种人帮助非亲属孩子的意愿都同样很低。由于只有男同表现出更高的意愿来帮助亲属，而不是非亲属，因此该结果表明同性性行为确实是有报偿的。男同变成了"巢中助人者"，照顾他们的侄子/侄女、外甥/外甥女，从而间接增加自己的合群程度(Vasey & VanderLaan，2010)。

不过，在美国的另一项研究不仅比较了受访者助人的意愿，还比较了他们的实际助人行为，结果未发现能证明家族利他假说的证据(Bobrow & Bailey，2001)。研究者发现，收入相当的男同性恋和男异性恋者在金钱或情感方面帮助家人的意愿没有差异，帮助侄子/侄女、外甥/外甥女的意愿也没有差异。更重要的是，他们的实际助人行为(如经济资助)也没有差异。如果一定要说有什么差异的话，比起异性恋男性，男同性恋更易与家庭之间产生疏离感(Bobrow & Bailey，2001)。

基于目前的证据，同性性行为的家族选择说(kin selection theory)缺乏证据支持。不过，进化力量选择同性性行为的另一种方式可能是：编码同性性行为的基因同时也能使亲属具有更高的繁殖成功率(Ciani et al.，2004)。

意大利的两项最新研究找到了证据，说明男同性恋的女性亲属具有更高的繁殖力。比起男异性恋的母系亲属，也就是他们的姨妈和母亲，男同性恋的母系亲属有更多的孩子，即使统计过程中已控制了家庭规模的差异，还是得到以上结果(Ciani et al.，2004；Iemmola & Ciani，2009)。男同性恋的母系亲属平均有 2.17 个孩子，而男异性恋的母系亲属平均只有 1.83 个孩子(Ciani et al.，2004)。男异性恋和男同性恋的父亲、叔伯或祖父母的孩子数量则没有差异。

思考题

同性性行为存在着遗传因素，那么它有哪些进化上的优势呢？

思考题

三种理论都试图解释男性的性取向，那么进化论会怎样解释女性的同性性取向呢？

另外，男同性恋的母系家族比父系家族中存在更多的男同性恋亲属。这种情况在男异性恋的家族中则不存在(Ciani et al.，2004；Iemmola & Ciani，2009)。比起男异性恋来说，男同性恋较少是头胎，一般会有更多的兄长。这些发现说明男性的同性性行为可能是遗传的，并且至少部分地通过 X 染色体来传播(Iemmola & Ciani，2009)。科学家尚未从

进化的角度对女性的同性性行为作出理论解释。

遗传 除了以上发现,其他研究还认为,遗传变异可以部分地解释同性性取向的出现(Bailey & Pillard, 1991; Bailey, Pillard, Neale, & Agyei, 1993; Kendler, Thorton, Gilman, & Kessler, 2000; Kirk, Bailey, Dunne, & Martin, 2000)。一项研究调查了男同性恋及其双生兄弟,女同性恋及其双生姐妹(Bailey et al., 1993),发现同卵双生子均为同性恋的可能性高于异卵双生子(见表12.5)。研究者估计由遗传变异所导致的同性性取向在男同性恋中占31%到74%,在女同性恋中占40%到76%。最新的研究给出了更精确的估计:同性性行为的可遗传率在男性中占34%到39%,在女性中占18%到19%;与之对应的个人环境的因素所起的作用在男性中占61%到66%,在女性中占64%到66%(Långström, Rahman, Carlström, & Lichtenstein, 2010)。

表12.5 兄弟姐妹均为同性性取向的比率

兄弟姐妹	男 性	女 性
同卵双生	52%	48%
异卵双生	22	16
亲生的兄弟姐妹	9.2	14
领养的兄弟姐妹	11	6

说明:数字表示兄弟姐妹是同性恋的样本所占的百分比。
数据来源:Bailey et al.(1993); Bailey & Pillard(1991)。

性向的一致性比率提示,性取向除了受环境影响外,还受到较强的遗传因素的影响。

以上发现表明,在同性性取向的构成因素中,遗传因素所占的比重是中等程度的,并且遗传特征对男性的影响比对女性的要大。不过,同卵双生子(有完全相同遗传物质)的性取向一致性并未达到100%,这说明环境因素对同性性取向的影响还是非常重要的。

特别是各人特有的不同环境,包括社会的、生物的环境,对性取向的影响是较大的(Långström et al.,2010)。

在以上研究的基础上,迈克尔·贝利和他的同事发现,同性性行为的两个因素——童年期性别不协调(gender nonconformity)和成年人的男子气—女子气特质也是可以遗传的(Bailey, Dunne, & Martin, 2000)。

正如第六章所讲到的,人类遗传学的研究常常被误解。尽管研究人员努力想找到决定性取向的基因,至今他们仍未得到一致的结果(Bailey et al.,1999;Bailey & Pillard,1995;Hammer, Hu, Magnuson, Hu, & Pattatucci, 1993;Marshall,1995;McKnight & Malcolm, 2000;Rice, Anderson, Risch, & Ebers, 1999)。在寻找"男同基因"的热潮中,人们很容易忘记,环境同样对同性性取向起着重要的作用。任何与性取向相关的基因都只能带来遗传倾向,而不能说一定会导致同性性取向或异性性取向(Mustanski & Bailey, 2003)。

脑结构 仅有少量研究调查了同性恋和异性恋的脑结构是否存在差异(Allen & Gorski,1992;Byne et al.,2001;LeVay,1991;Swaab & Hofman,1990)。可惜的是,这些研究的样本数量很少,所得结果互不一致,而且缺乏对女性,尤其是女同的研究,因此难以得出结论。不过,一项最有希望也最具争议的研究在下丘脑发现了性别差异和性向差异(LeVay,1991)。因为下丘脑是多种性行为的中心,因此人们的下丘脑的差异可能与性唤起、生殖、性别认同、性别认同混乱以及性取向等方面的差异有关(Swaab,2005)。

乐维(LeVay,1991)研究了一批人的脑组织,包括18名死于艾滋病的同性恋男子、16名据推测是异性恋的男子(6人死于艾滋病)以及6名据推测是异性恋的女子(1人死于艾滋病)。乐维证实了前人研究的结果:异性恋女子的下丘脑前部的第三间位核(third interstitial nucleus, INAH-3)不及异性恋男子的一半大小。不过,乐维真正的发现是:同性恋男子与异性恋女子的INAH-3大小难以区分,而且前者只有异性恋男子的一半大小。后续研究证实了乐维的发现,并扩大研究范围,对男同性恋、男异性恋和女异性恋都做了研究(Byne et al.,2001)。

研究者们仔细考察了乐维的研究,并提出了方法学方面的批评。最主要的批评认为,是艾滋病而非性取向差异导致了男同性恋和男异性恋 INAH-3 的不同。不过,仅仅是比较均死于艾滋病的男同性恋和男异性恋,乐维(1991)也发现了显著的差异。

第二种批评集中在异性恋男子身上。由于他们的性取向并非直接评估得出,而是猜测得到的,所以他们可能是同性恋或双性恋。不过,假如真是这样的话,乐维(1991)就会低估男同性恋和男异性恋 INAH-3 的差异。也就是说,弄错这些男子的性取向只可能让他更难发现差异。

第三,乐维(1991)的研究遗漏了一个主要对象,那就是他们没有研究女同性恋,这也是该领域其他研究(如 Swaab & Hofman,1990)同样存在的问题。要画出关于性取向的完整框架,我们必须同时研究不同取向的男性和女性,包括双性恋。

最后,我们无法得知,这些男子成为同性恋是因为他们下丘脑的 INAH-3 要小一些,还是说,正因为他们是同性恋,所以才导致他们的下丘脑这部分发育得较小,还是说其他的神经激素同时影响了性取向和脑结构(Allen & Gorski, 1992)。也就是说,我们没法从这类相关性的研究中确定因果关系。我们需要更大、更广泛、界限更分明的研究,使用神经科学最新的非侵入式技术,包括正电子发射断层扫描术(PET)和核磁共振成像(MRI)来解释这些最初的发现(Bailey, 2003)。

思考题
寻找所谓"男同基因"的活动存在哪些争议?

思考题
为什么男同性恋和男异性恋的脑结构可能有差异?

最终,问题并没有解决:为什么男同性恋和男异性恋的脑结构会存在差异?研究发现,产前激素(prenatal hormones)及孕妇的免疫反应都可能导致胎儿脑发育出现差异(Blanchard & Bogaert, 1996)。胎儿在关键期接触到产前激素可能会影响其脑结构的发育,进而影响到性取向(Bailey, 2003)。

孕期因素　荷尔蒙理论　早期关于性取向的一个观点是:荷尔蒙的代谢水平决定了对性伴侣的选择(Mustanski, Chivers, & Bailey, 2002)。但研究很快发现男同性恋和男异性恋的荷尔蒙代谢水平不存在差异(Meyer-Bahlburg, 1984)。通过实验条件控制男性荷尔蒙的水平,发现它可以影响男性性驱力的强度,但不会影响其取向(Barahal, 1940)。对女性荷尔蒙及性取向的研究则没有取得一致的结论,或是存在方法学的问题(Mustanski et al., 2002)。我们唯一能确定的是,成年人的荷尔蒙状态与性取向之间没有因果关系(Byne, 1995)。不过,的确有证据表明孕期荷尔蒙可能间接影响孩子今后的性取向。

在孕期,所有的胚胎一开始的发育过程都是一样的。到第7周左右,染色体开始指示性腺(睾丸和卵巢)分化出性别。一旦睾丸和卵巢形成,它们就开始分泌不同的性激素,促使其余的内外性征继续发育(Hyde & DeLamater, 2006)。性征发育会持续7到24周,在第18周,性激素分泌达到顶峰。在此过程中,性激素也会影响脑的发育。如果孕期荷尔蒙在这段关键期内被胎儿接触到,就会影响胎儿脑的特定结构的发育,从而可能影响性取向(Bailey, 2003)。孕期性激素可能影响孩子将来的脑发育和性发育。

对动物和人类进行先天性内分泌失调的研究,发现睾丸酮等**雄激素**(androgens)可以调节性行为,可以调节对女性的兴趣,还可以调节与性行为相关的脑结构。人们认为,男性的异性恋行为和女性的同性恋行为可能与人们在胎儿发育的关键时期接触的雄激素太多有关,而男性的同性恋行为和女性的异性恋行为则可能与接触的雄激素太少有关

(Bailey，2003；Ellis & Ames，1987)。不过，也有其他研究发现，胎儿时期接触过大量雌激素(estrogen)的女性更容易被归类为双性恋或同性恋(Meyer-Bahlburg，1997；Meyer-Bahlburg et al.，1995)。现在人们已普遍相信雄激素可以调节人类脑结构的性别差异，但发育中为何会产生这一情况，仍然不得而知(Bailey，2003)。

现在的技术尚无法监测孕期荷尔蒙的状况，因此我们还不能直接将性取向和子宫里所发生的一切联系起来(Mustanski et al.，2002)。不过，通过研究那些可能会受到孕期荷尔蒙影响的特质，我们可以间接地观察孕期荷尔蒙的作用。例如，我们可以研究两性的典型特征和行为，包括跨性别兴趣(Berenbaum & Snyder，1995)和身体标记(physical marker)(Ellis & Ames，1987)。身体标记可以标示性别，它包括皮纹(指纹纹型)、耳声发射(产生于内耳的微弱声音)、腰臀比例、空间能力、手指长度比例以及利手特征。尽管所有这些都和性取向有着或多或少的联系，但只有跨性别行为、手指长度比例和利手特征这三点才是稳定可靠的指标(Lippa，2003；见 Mustanski et al.，2002 的综述)。

思考题
该不该把性驱力的强度和可变性视为性取向的第三个维度？

性别不协调　早期对性行为的研究认为，同性恋存在**性别倒错**(gender inversion)。人们相信，生长发育期间出现的生物缺陷导致男性变成了女性、女性变成了男性，心理特质和体型都发生了变化(Elllis，1928；Krafft-Ebing，1908/1986)。西格蒙德·弗洛伊德甚至描述了引起性别倒错和同性性吸引的心理过程(Freud，1915/2000)。显然，这种简单化的看法是错误的(Peplau, Spalding, Conley, & Veniegas，1999)。不过，男同性恋更像女人，而不像男人；女同性恋更像男人，而不像女人——这样的看法还是有几分正确的，但只限于兴趣爱好方面，而不适用于人格方面。

一项研究调查了大学生群体的职业兴趣、业余爱好、乐于表达的特质、善用工具的特质、男/女子气，以及其他常用来区分两性的性格特征，发现男性和女性之间存在显著差异(性别差异)，异性恋和同性恋之间也存在显著差异(性向差异)(Lippa，2000)。

首先，性别倒错理论缺乏证据支持。总体结果并没有表现出男同性恋的人格更像女性，或女同性恋的人格更像男性。尽管男/女子气、乐于表达和善用工具等特质都存在显著的性别差异和性向差异，但总的来说男同性恋还是与男异性恋(而不是女异性恋)更相似，女同性恋还是与女异性恋(而不是男异性恋)更相似。换言之，人们的人格与自己同性别的人(而不是异性)更相似。

例如，尽管男同性恋在"乐于表达"一项上和男异性恋的得分一样，但他们在"善用工具"方面得分较低。女同性恋在"善用工具"一项上得分和女异性恋一样，但她们在表达方面得分较低。在职业兴趣、业余爱好和男/女子气等特质上，男同性恋和女同性恋位于男异性恋和女异性恋之间。也就是说，男同性恋和女同性恋不如男异性恋那么男性化，也不如女异性恋那样女性化，他们比男异性恋更女性化一些，比女异性恋更男性化一些。

其他研究在人格的五因素(five factors)方面有类似的发现。尽管比起女异性恋来说，女同性恋在开放性因素上得分更高，在神经质因素上得分更低，但她们的《NEO-PI-R》评鉴结果与男异性恋并不相似。男同性恋则与女性有相似之处，他们在神经质、开放性、宜人性、尽责性这四个因素上都显著高于男异性恋(Lippa，2005b)。

其次，无论性取向是什么样的，男性在传统的男子气量表上得分都高于女性，女性在传统的女子气量表上得分都高于男性。根据被试的自我陈述，男同性恋和男异性恋的差异、女同性恋与女异性恋的差异在兴趣爱好上表现得最为突出(Lippa，2000)。

最后，男同性恋和女同性恋在兴趣爱好上都与异性更相似。比起女异性恋/男同性恋来，女同性恋/男异性恋较少有兴趣做美容顾问、室内装饰、时装模特、小学教师，而更有兴趣成为诗人、木匠、电脑程序员或喷气机飞行员。一些较为中性化的职业，如律师、内科医生、新闻记者、心理学家等，则没有出现这种差异。后续的研究证实了这一点：儿童和青少年时期的兴趣爱好与性别不一致——这一特点与成年后的性取向高度相关，而善用工具或乐于表达等特质与成年后的性取向则没有关系(Lippa，2000，2002，2005b)。

在男性(而非女性)身上，童年性别不协调与成年后的性取向有关。

尽管性别倒错假说缺乏证据支持，但以上研究的确说明了童年时期行为和兴趣的性别不协调与成年后的性取向相关。的确，对41个内省研究的元分析发现，比起异性恋来说，对同性有兴趣的成年人往往都能回忆起更多童年时期的跨性别行为，男同性恋尤其如此(Bailey & Zucker，1995)。那些长大后会变成同性恋的男子，在儿童和青少年时期就经常感到自己的兴趣和行为跟他们的男性同伴不一致(Green，1987；Zucker，1990)。反过来，童年时期的性别不协调较为准确地预示着男性成年后的性取向(Bailey & Zucker，1995)。不过没有人对女同性恋进行童年到成年的跟踪研究，也就无法得知性别不协调是否也能预示女性成年后的性取向了(Bailey & Zucker，1995；Peplau & Huppin，2008)。

女孩的性别不协调往往表现为"假小子"，喜欢传统的男孩子的游戏活动(Peplau et al.，1999)。美国、菲律宾、巴西以及秘鲁的女同性恋声称，她们在童年时期出现的性别不协调情况比其他女孩子多。她们更喜欢玩男孩的玩具,更喜欢别人称她们为假小子(Whitam & Mathy, 1991)。不过,假小子并不预示着成年后的性取向:绝大多数的假小子长大后成为异性恋(Bailey & Zucker, 1995)。甚至那些童年时期性别极度不协调的女性也是这样。

为什么女性的童年性别不协调无法预示成年后的性取向?首先,无论是在童年期还是成年后,女性探索跨性别行为的自由度都比男性大,所以一个有跨性别行为的女孩受到的驱逐和排斥要更少一些(Peplau, Garnets, Spalding, Conley, & Veniegas, 1998)。第二,就像上面提到的,许多异性恋女子都回忆起自己童年做过假小子,因此在女性身上,假小子可能和性取向没有太大关联(Peplau et al., 1998)。最后,正如本章一直暗示的那样,女性的性行为可能根本上就和男性的不同(Baumeister, 2000)。在本章的末尾,我们还将继续追问:上面提到的理论在多大程度上能解释女性的性行为?

思考题
在成长的过程中,你是否喜欢过异性的玩具或活动?

思考题
有没有可能男孩子传统的玩具和活动都比女孩子的有趣,比如运动量更大,更有挑战,更多户外活动,运动水平更高……从而不仅吸引男孩子也吸引女孩子?

思考题
性别不协调是由社会规范造成的,还是由个体的人格造成的?

大多数假小子长大后都成了异性恋。

发育过程中受到紧张性刺激　基于动物实验的证据表明：雌鼠若在怀孕期间受到压力，可能会使其雄性后代雌性化，因为对性发育至关重要的雄激素的激增没有及时出现。但是，对人类这方面的研究屈指可数，有的发现孕妇受到压力会对男性后代有影响，而对女性后代没有影响（Ellis，Ames，Peckham，& Burke，1988）；有的又发现孕妇受到压力会影响女性后代，而不会影响男性后代（Bailey，Willerman，& Parks，1991）。

科学家在一项研究中调查了来自美国、加拿大20所大学超过7 500名男女异性恋、同性恋和双性恋大学生以及他们的母亲（Ellis & Cole-Harding，2001）。研究者询问母亲们在孕前、孕中和产后是否经历过76种压力中的任何一种，包括身体压力、健康压力、怀孕相关的压力、情绪压力或来自内心的压力、婚姻或性方面的压力、核心家庭的压力、来自大家庭和朋友的压力，以及社会灾难或自然灾害的压力。母亲们还要对孕期每个月的总体压力评分，并陈述用药、饮酒及吸食尼古丁的情况。

研究表明，自称在孕早期（怀孕的头三个月）受到压力的，男同性恋的母亲比男异性恋的母亲多，而女同性恋的母亲和女异性恋的母亲则数量相当。孕期饮酒和用药与孩子的性取向没有关系，但比起女异性恋的母亲们来说，女同性恋的母亲们在孕早期吸食尼古丁的更多，并且在孕中期承受更大的压力（Ellis & Cole-Harding，2001）。

尽管该研究的结果是很有前景的，我们仍然必须谨慎地解释它。实验结果是基于母亲们的回忆得出的，回忆可能有误，也可能有捏造，因为有些母亲知道研究的焦点是孩子的性取向。另外，这是第一次在女性身上发现吸食尼古丁和性取向之间的关系，该结果尚待重复验证。研究者注意到，比起不吸烟的母亲及其女儿来说，吸烟的母亲以及她们的女儿睾丸酮水平更高。不过，我们需要更多的研究来确定尼古丁、雄激素（睾丸酮），或其他同时与二者相关的变量是否会影响女性的性取向（Ellis & Cole-Harding，2001）。

兄弟出生顺序与母体免疫反应　兄弟出生顺序是指一个家庭中的亲兄弟出生的先后顺序。众多研究结果都表明，男同性恋往往比非男同性恋拥有更多的兄长（Blanchard，1997，2001；Blanchard & Sheridan，1992；Blanchard & Zucker，1994；Blanchard，Zucker，Bradley，& Hume，1995）。不过，女同性恋和女异性恋则不存在出生顺序、兄姐数量的差异（Blanchard，1997，2001）。兄弟出生**顺序效应**（fraternal birth order effect）的出现与姐姐的数量无关，与兄弟出生时间间隔无关，也不是因为父母年事已高仍然生养弟妹所导致的（Blanchard，2001）。据估计，14.5%到15.2%的男性是因为兄弟出生顺序效应而成为同性恋的（Cantor，Blanchard，Paterson，& Bogaert，2002）。另据估计，每增加一位兄长，同性性吸引的机会就会以33%的比率增长（Blanchard & Bogaert，1996）。由于统计显著不等同于实际显著，我们还不能根据一个男孩的兄长的数量来预测他将来的性取向。一对夫妻的大儿子成为同性恋的概率是2%，他们的第6个儿子成为同性恋的概率则上升到6%，不过仍然算低的（Blanchard，2001）。为验证上述说法，研究人员比较了两组青少年和儿童，其中一组长大后认为自己是男同性恋（男同性恋组），另一组则不这样认为（对照组）。所有的受访者当时都在精神科接受临床治疗。男同性恋组的儿童由于存在跨性别行为或性别认同问题而被送来临床治疗，而那些已经是公开男同性恋的青少年则是由于其他问题被送来。男同性恋组的每个人都有一个相对应的同年龄非男同性恋作为对照,二者在家庭中拥有的兄弟姐妹数量一样多。对照组的绝大多数受访者是由于破坏性行为障碍和发育障碍而接受临床治疗的(Blanchard, Zucker, & Hume, 1995)。

研究者发现男同性恋组的受访者一共有 149 个兄弟和 106 个姐妹,对照组的受访者一共有 130 个兄弟和 125 个姐妹。统计分析证实,男性成为同性恋跟"出生晚"、"有兄长"都有关系。而仅仅是"出生在大家庭",或"有一大群姐妹"这样的因素,则与性取向并不相关。以上发现表明,同性性取向可能是由孕期因素导致的,而不是由童年时期的社会因素导致的(Blanchard, Zucker, & Hume, 1995)。

为什么会存在兄弟出生顺序效应呢?人们给出了许多种解释,研究发现只有一种解释最有力:男性胎儿会激起母体的免疫反应。人们怀疑,一种 H-Y 雄激素(由 Y 染色体上的一个基因调控)与母体的抗原极为不同,从而引发了母亲的过敏反应。根据**母体免疫假说**(maternal immune hypothesis),这种仅在男胎上(而不会在女胎上)表达的 H-Y 抗原会进入母体的血液循环,触发母体免疫系统,使母体抗体攻击 H-Y 抗原。该母体抗体会影响胎儿的脑发育,妨碍其发展出典型的男性脑结构和男性行为。每一个男胎都会增加母体免疫系统对抗原的敏感程度,从而引发更强烈的免疫反应,导致后出生的孩子成为男同性恋的几率越来越高。

对人和动物进行研究所取得的证据(直接的或间接的)都支持这种假说(综述见 Blanchard & Klassen, 1997)。动物研究表明,H-Y 抗原对于雄性的脑发育来说是必需的,而对于其生殖器发育来说则不是必需的。雌鼠子宫内的抗—H-Y 抗体会扰乱子代雄鼠将来的性行为。母体免疫系统通过攻击 H-Y 抗原,干扰子代脑(而非身体)的发育,从而改变雄性特有的通路。这或许可以解释为什么一个人的身体是典型的男性,却被其他的男人所吸引,还拥有女子气的性格;或者可能感觉自己是个女的,却被困在男人的身体里,从而表现为易性癖。

不过,虽然动物模型的前景很乐观,人类身上的证据又有哪些呢?我们知道人类的 H-Y 抗原对男性和女性的性发育很重要,同时,胎儿的 H-Y 抗原的确会引发母体的免疫反应。H-Y 抗原还能穿过血脑屏障,从母体进入胎儿的脑。最后,细胞学研究显示母体对男孩的细胞免疫反应更强烈,对女孩的细胞免疫反应则相对较弱。

一个有趣的发现是,有哥哥的新生男婴比有姐姐的新生男婴体重更轻。而且,男同性恋甚至在出生时就比男异性恋轻。这些都说明,如果母亲曾经怀过一个男孩,后来再怀上的男孩胚胎期发育就会受到影响,以致出生时体重较轻,而他们长大后往往会发展成同性恋(Blanchard, 2001)。

研究者怀疑某些孕期因素,例如母体免疫反应,不仅影响男孩的出生体重,也会影响他们的性取向,前者可能是母体免疫反应的副作用(Blanchard, 2001)。需要强调的是,支持该假设的直接证据来自于动物实验。母体免疫反应假说认为,生长抑制过程(growth-inhibiting process)——而非雌性化过程——才是男同性恋的成因。也许这是一种进化机制:通过限制子代的生育数量来保证亲属繁殖成功率。如果是这样的话,那么多子的母亲为什么不生育更多的男同性恋呢(Blanchard, 2001)?

母体免疫假说无法解释为什么有的男性是同性恋,但却没有亲哥哥。在一项研究中,男同性恋的出生体重和男异性恋没有差异,和那些只有姐姐的男异性恋也没有差异。既然这些男同性恋的出生体重表明他们没有遭到母体免疫攻击,所以肯定有一些其他的解释能说明他们的性取向问题(Blanchard, 2001)。

母体免疫假说是一个很有前景的理论,它很好地利用和解释了脑结构方面的研究结果,但还缺乏来自人类学研究的直接证据。显然,我们还需要更多的研究,而且这方面的研究可能是我们了解性行为和性取向的最有成效的途径之一。

思考题

本书还有哪些地方提到了免疫系统会/不会影响心理过程的证据?

环境理论

如果性取向不是天生的,那么一定是后天养成的,对吗?尽管我们的直觉坚持认为同性恋、异性恋是后天养成的,但极少有研究支持这种说法。社会化过程的确赋予男女不同的角色,但社会压力是将人们推向异性恋的(Hyde & Jaffee, 2000)。应该说,有些人仍然会变成同性恋和双性恋,即使他们已经社会化了。他们变成同性恋和双性恋不是因为社会化。类似的,被女同性恋或易性癖父母养大的孩子长大后不会成为女同性恋或易性癖(Golombok, Spencer, & Rutter, 1983; Green, 1978; Kirkpatrick, Smith, & Roy, 1981)。实际上,大多数女同性恋和男同性恋是由异性恋父母抚养长大的(Bailey & Dawood, 1998; Patterson, 1997)。来自同伴和家庭的社会化教育几乎无法影响一个人的性取向,那个人本身也不能选择自己会被谁吸引(Ellis, 1996)。

甚至有研究者调查了同性恋的早期童年经历,也无法找到弗洛伊德所声称的能使人变成同性恋的特定经历(如,专横的母亲、软弱的父亲、无法对同性别的家长产生认同等)(Bell, Weinberg, & Hammersmith, 1981a; Downey & Friedman, 1998; Magee & Miller, 1997)。

尽管在我们的社会异性恋才是模范的、被强化的,同性间的吸引是不显眼的、经常受罚的,但还是有人会成长为同性恋和双性恋(Bohan, 1996)。无论研究者搜寻得多么仔细,他们也没有发现成年女性的童年里有什么事件或活动会跟她们长大后成为双性恋或女同性恋有关系(Bohan, 1996)。

交互理论

心理学家认为性取向既非由生物因素单独决定,也非由后天学习单独决定,而是由二者共同决定的,对女性来说尤其如此(Peplau & Garnets, 2000)。在这些较为新颖的理论中,生物因素和社会因素的相互作用导致了人们成为同性恋或双性恋。

相异引发性欲 达里尔·贝姆(Daryl Bem, 1996, 1998, 2000)提出的交互理论认为,我们觉得不同寻常的、奇异迷人的事物,会激起我们的性兴趣,进而变成性吸引。根据**相异导致性欲理论**(exotic becomes erotic theory, EBE),有些文化强调男女之间的差异,儿童和成人的行为服从于严格二分的社会生活、社会规范和社会期待(如 S. L. Bern, 1993),这样的文化会将性别两极化,从而使异性变得既陌生又神秘,变成兴趣的源泉。

根据 EBE 理论,基因等生物因素并不会直接决定性取向,但会决定童年气质的某些方面,如攻击性或活动强度——二者均有很强的生物学基础,且男孩的攻击性和活动强度都高于女孩(Easton & Enns, 1986; Else-Quest, Hyde, Goldsmith, & Van Hulle, 2006; Hyde, 1984)。儿童会基于他们的气质来选择活动和兴趣爱好。例如,一些更活泼、更具攻击性的孩子喜欢混战、扭打等游戏或体育比赛——这些都是典型的男性行为。其他孩子则喜欢安静的交际游戏或玩具娃娃——典型的女性行为。儿童会找到兴趣相投的玩伴:喜欢棒球、足球的孩子会找男孩一起玩,喜欢娃娃、美术和手工艺品的孩子则会找女孩一起玩。

根据儿童选择的游戏和玩伴,可以看出他们是否遵循文化对他们的性别期待。性别协调的儿童会选择同性玩伴以及符合自身性别的游戏;性别不协调的儿童会选择异性玩伴以及性别特征不典型的游戏。性别协调的儿童会感到自己和同龄的异性是不一样的,会认为异性是不同的、陌生的、奇异迷人的。

对这种差异的感受在童年、青少年和成年时期都会唤起强烈的情感。贝姆举例说,女孩在男孩身边会感到羞怯、腼腆、不安,男孩在"讨厌的"女孩面前会产生轻蔑的感觉。贝姆还认为,一个男孩在其他男孩面前被嘲弄为"娘娘腔",可能会感到愤怒或害怕;类似的,女孩被同伴取笑为假小子,可能会生气,或注意自己的外表。这两种情况所唤起的情感今后都会转化为性唤醒以及对同性伙伴的兴趣。

思考题

性欲是可以教授的吗?

思考题

如果一个孩子生长在既有女孩也有男孩的家庭中,他/她还会觉得异性是奇异的、迷人的吗?

对 EBE 理论最有力的支持是一种很稳定的现象:之前提到,比起男异性恋,男同性恋在童年时期存在更多的性别不协调情况,不过,因为这种情况没有发生在女性身上,批评者认为 EBE 理论不能解释女性的性取向(Bern, 1998; Peplau et al., 1998, 1999)。作为回应,贝姆分析了采自男/女同卵双胞胎和异卵双胞胎的数据,他发现童年性别不协调对成年性取向有直接影响(Bem, 2000, 2008)。不过,遗传倒不会直接影响性取向,这说明遗传的影响是通过性别不协调而体现出来的。

EBE 理论还因为无法解释性取向方面的某些发现而备受批评(Peplau et al., 1998)。

例如,在贝姆(1998)引用的一项研究中,大多数男性和女性——不管他们是什么性取向——都声称童年的绝大多数(甚至全部)好朋友,包括最好的朋友都是同性。这一现象与 EBE 理论相悖,该理论认为同性恋小时候应该与异性朋友呆的时间更长。

EBE 理论将童年性别不协调作为成年性取向的重要预兆。研究者必须继续弄清楚,性别不协调的原因是偏社会性的(社会压力及对性别差异的感受),还是偏生物性的(孕期雄激素或遗传因素),抑或是二者的结合(社会上的性别两极化和孩子先天的气质)。

爱与性欲的生物行为模型:对女性性体验的解释 正如我们在本章看到的,许多研究都无法解释女性的同性性行为。女性和男性对性行为和性取向的体验有诸多不同(Diamond,2007)。第11章就讲到,男性和女性在性行为方面差异最大。总体来说,女性的性欲低于男性,对婚前性行为的态度也更为保守(Hyde & Oliver,2000)。男女对性取向的理解也存在差异,一些研究者总结道:"男性的性取向模式已经被女性拒绝了。"(Mustanski et al.,2002,p.127)

为什么我们认为女性对性行为和性取向的体验与男性不同?第一,青少年女性和成年女性多数声称对两性都有兴趣,而少数声称仅对同性有兴趣(Diamond,2007)。相反,声称只对异性有兴趣或只对同性有兴趣的男性较女性多,声称对两性都有兴趣的男性比女性少(见图12.2)。同样的模式也体现在性取向的其他方面,包括心理唤醒和性欲。

> "男人是性欲,由睾丸主导;女人是情欲,由心灵主导。"
> ——Daryl J.Bem(1998,p.397),对 Peplau 等(1998)
> 关于两性在性方面的差异的观点的总结

> "将男性的情况推广到女性身上是愚蠢的。"
> ——Linda Garnets(2002,p.118)

女性的性行为可能在本质上不同于男性。对女性来说,性欲包含着从情感上亲近对方的愿望。

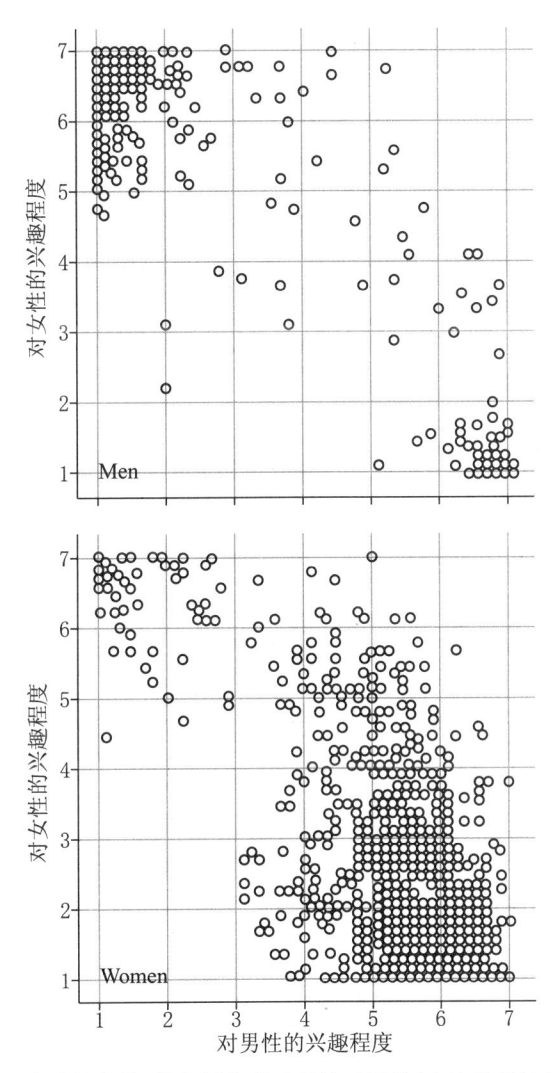

图 12.2 女性性行为的易变性:散点图表现了男性对男性/女性的兴趣(上图),女性对男性/女性的兴趣(下图)。男性倾向于随他们的性取向而被男性或女性所吸引,女性则无论是什么取向,均被男性和女性所吸引。

来源:From Lippa(2006b, Figure 1, p.51). Reprinted with permission from Lippa, R. A. (2006b), "Is high sex drive associated with increased sexual attraction to both sexes?," *Psychological Science*, 17(1), 46—52. Permission conveyed through the Copyright Clearance Center.

第二,男性的兴趣——不管是对同性的兴趣还是对异性的兴趣——往往是终生不变的,而女性的兴趣会随着时间和情境而改变(Diamond, 2007)。达里尔·贝姆描述了这种差异,他注意到,出柜的男性可能会说"我终于发现了我真正的性取向",而出柜的女性则更倾向于说"那是过去的我,现在的我是这样的"(Bem, 1998, p.398)。

第三,女性性行为对情境、人际、环境等因素更为敏感,心理学家称之为"更易变"(Baumeister, 2000; Diamond, 2007;另见 Hyde & Durik, 2000)。因此,女性往往声称她们的兴趣是视条件、具体的人而定的,而男性的兴趣完全是自发的。绝大多数女性的性行为是以二人关系或伴侣为导向的；而绝大多数男性的性行为则是以肉体为中心的(Peplau，2001；Peplau & Garnets，2000)。

看看一位年轻的异性恋男子是怎样定义性欲的："性欲就是想要一个人……的肉体。无条件的，不受限制的性交。"一位年轻女子则是这样定义的："性欲意味着憧憬情感上的亲密关系，以及表达对另一个人的爱。"(Regan & Berscheid，1996，p.116)

最后，男性倾向于在青春期前体验第一次性吸引，不管是男异性恋被女性吸引，还是男同性恋或双性恋被其他男性吸引。相反，许多女性声称她们第一次体验同性性吸引是在成年以后，因为遇上女同性恋或女双性恋而了解到同性性吸引怎么回事，或是因为恰巧有同性性接触的机会(Diamond，2007)。

为什么女性的性行为会和男性相差这么大？心理学家丽莎·黛蒙德(2006a)认为，女性的性欲进化成易变的，这样女性就不仅能在排卵期生殖，也能在任何时期生殖。

生物学家对**性发起**(proceptivity)和**性唤起**(arousability)做了区分：性发起是一种想要发起性行为的动机；性唤起专指人类被性刺激唤起的能力，在动物身上称为性接受(receptivity)。高等哺乳动物在进化过程中摆脱了固定的发情期，在任何时候都可以保持性活跃，从而使性发起和性唤起变成了两个分离的系统。女性的易变性就是在这个分离的过程中进化而来的(Diamond，2006a)。

女性性发起的欲望在生殖周期提升，并在排卵期达到顶峰，而性唤起的能力则在任何时候都不会消失。男性性发起的欲望则由于大量的睾丸酮而持续不断。与男性相反的是，女性每日的性欲更多的受到性唤起而不是性发起的影响。对女性来说，性唤起更普遍，而且不像性发起那样仅针对特定的性别。由于性唤起对情境的依赖性较大，一些女性的欲望容易受到时间和情境的影响，因此能体验到同性、异性或两性的吸引力(Diamond，2006a)。

自测题

你的性唤起模式是否与研究所展示的一样？

性发起是一种想要发起性行为的动机，是女性感受到性欲，"想要"的时刻。动物通过躯体信号或气味来告诉同类，自己已经准备好了要交配。女性的性发起在排卵期达到顶峰，这也是她们受孕能力最强的时候。性发起对女性的性取向的作用比性唤起更大。

越来越多的研究者提议用一种新的视角来看待性行为和性取向,从而解释男女性体验的差异(Garnets,2002;Peplau et al.,1999;Peplau & Garnets,2000)。过去性取向被视作是二分的,由行为定义的,是从小就确定的,通过单一的途径形成;今天的研究者认为性行为和性取向是易变的、多面的,由性吸引、情感和行为共同定义的。性取向,尤其是女性的性取向,是可变的、易变的,可以通过多种途径来发展和形成。最近,丽莎·戴蒙德(2003b)基于对年轻女性的研究结果提出了性取向的生物行为模型(biobehavioral model)。

该生物行为模型包含了生物加工和社会加工两方面。戴蒙德(2003b)将性取向分为两个部分:性欲和情感,分别由进化过程中产生的两个分离的生物系统所控制。由于这两个系统与性激素的相互作用有所不同,导致男性的性取向较为稳定,一般是同性恋或异性恋;而女性的性取向更容易变化,所以女性反对给自己贴上同性恋、异性恋、双性恋的标签。

第一个系统,**性欲**(sexual desire),受性交系统调控,促进性的结合以达到繁殖的目的(Fisher,1998)。性欲是与我们觉得有性吸引力的人进行性行为的一种愿望、需要,一种驱力(Regan & Berscheid,1995)。

第二个系统,**情感依恋**(emotional attachment)能维持浪漫关系并使人陷入爱情,该系统受一夫一妻制的配对关系(pair-bonding)所调控。一夫一妻制的配对关系能够保证伴侣们共同照顾和保护他们的孩子。一夫一妻制的动物及人类所生育的幼体往往在出生时尚未发育完全,需要额外照顾。通常,父亲也会照顾后代及其配偶(Fraley, Brumbaugh, & Marks, 2005)。

性唤起指的是被唤起的能力,当女性并没有很强的性欲时,假如环境和伴侣都合适,她们也能接受对方的性欲。女性有能力在任何时候被唤起。性唤起更普遍,而且不像性发起那样仅针对特定的性别。

出于进化方面的原因,性欲肯定是指向某个异性;与此相反,情感则指向两个人的关系,而与性别无关。换言之,情感是无关性别的,我们对同性和异性都可能产生情感。这听起来很有道理,如果情感系统的目的就是为年幼的孩子提供一个照料者的话(Diamond,2003b)。虽然性欲是指向异性、同性或双性的,但浪漫情感指向的是具体的人,而非某种性别。

我们从两个例子中可以看出这两套系统的区别:一个男同性恋自称与前女友做爱"可以得到生理上的满足,但不能得到情感上的满足";另一个男同性恋说他曾爱过他大学时期的女朋友,但"并不想要她的身体"(Savin-Williams,1998,p.110)。对大多数人来说,两个系统导出的性取向是一致的,但对某些人(往往是女性)来说并非如此。某些女同性恋和女双性恋声称她们爱上的是某个人,而不是某种性别(Diamond,2003b)。

人类的两个系统是分离的,因此我们可以交配,但不建立感情,或者我们可以建立感情,而不交配(Diamond,2003b)。不过,两个系统会相互竞争,因此性欲会引发情感,情感也会引发性欲。女性更介意感情出轨,男性更介意身体出轨,这个现象说明两个系统是分离的,且都是进化而来的(Buss et al., 1992)。共度时光、享受相处时的亲密感以及触摸都能让人产生爱情的感觉(Hazan & Zeifman,1994)。根据戴蒙德(2003b)的研究,我们可以体验到没有性欲的爱情,即使我们爱上的人不符合我们的性取向。同理,我们也有可能对同性朋友产生性的感觉。

女性比男性更容易对同性朋友产生性的感觉,这种现象不仅有文化和社会的因素,也有生物的因素(Diamond,2003b)。人类,尤其是女性的催产素会促进性欲和配对关系(Diamond,2004)。因为女性对环境线索的反应是灵活多变的,所以她们比男性更容易爱上自己的同性朋友;又因为催产素的释放,她们的爱超越了她们的普遍性取向。

戴蒙德的生物行为模型还很新,还缺乏来自人类研究的直接证据。现在,许多证据都是间接的,或来自于动物实验(例如 DeVries,Johnson,& Carter,1997)。不过,这个理论是激动人心的,因为它提出了一个模型,并且同时适用于男性和女性。比起那些无法解释女性性取向的理论,这是一个重要的进步。不过该理论仍然有一些问题无法解释:

该理论称,女性爱上的是具体的人,而不是某种性别,那么究竟是这个人的哪些方面点燃了爱情的火花?生物行为模型无法预测一名女性会爱上哪一个人,当然,也没有任何理论能解释这个最具魔力也最神秘的体验。类似地,该理论也无法预测为什么某些人对一种性别有感觉,某些人却对另外一种性别有感觉。戴蒙德的研究还在继续,并且已经能够辨识出哪些人的性取向更灵活多变。下一步当然是要找出他们多变的原因。这是不是由于遗传和产前激素的影响呢?

根据戴蒙德的研究,她推荐对性别认同使用新的定义,性别认同更多的是个体构建的,而不是社会构建的(Diamond,2006b):性别认同是人们选择理解自己的性感受和性行为的角度(Weinberg,Williams,& Pryor,1994)。毫无疑问,对女性性取向的研究将会帮助我们更好地理解男性和女性的性取向。

本章小结

本章我们讲到了什么是性取向,当把性取向定义为性吸引、性行为和性向认同时,对男同性恋、女同性恋、双性恋的人数统计会随之变化。在 20 世纪 40 年代,阿尔弗雷德·金赛和他的助手第一次调查了美国公众的性行为,用著名的《金赛量表》将同性性行为到异性性行为归纳为渐变量。但是,由于取样偏差,他们高估了男同、女同和双性恋的人数。如今,NHSLS 提供了一个更好的估计值。自称被同性吸引的人比自称是同性恋的人要多。戴蒙德(2008a)的研究表明,性取向可以是改变的,尤其是女性的性取向,有些女性在一生中会改变性向认同。我们还破除了一些常见的关于性取向的神话和误解。

我们在定义同性性行为时所遇到的问题,所观察到的性取向的可变性,都使得性取向成因方面的研究结果变得很难解释。一些心理学家认为性取向是天生的,由生物因素决定的,包括进化、遗传、脑结构以及孕期因素(激素、脑结构、无根据的性别倒错理论、性别不协调、母体压力、兄弟出生顺序以及母体免疫假说)。另外一些心理学家认为性取向是习得的,或是由童年经历发展而来的。还有一些心理学家认为性取向由生物因素和社会因素交互决定(比如达里尔·贝姆的相异导致性欲理论)。最近,有研究人员认为以上理论均无法解释女性的性取向,于是提出了包含性欲和情感的生物行为模型。随着理论模型逐渐成熟,实验操作愈发精细,在不久的将来,我们一定会在最私密的人格领域有新的发现,对人类性取向的理解也会更加深刻。

问题回顾

1. 为什么用女同性恋、双性恋、异性恋这样的标签来描述人类的性取向可能是不准确、不恰当的?

2. 关于性取向的误解和神话通常有哪些?

3. 今天的心理学家是怎样定义性取向的?金赛是怎样定义性取向的?对金赛的研究有哪些批评?把性取向看成是几个独立的种类,或者把性取向看成一个渐变量,两者有什么不同?在其他文化中,性取向是怎样定义的?

4. 有多少人认为自己是男同性恋、女同性恋、双性恋或异性恋?

5. 对性取向可能的生物学解释,包括遗传、脑结构和孕期因素,分别是什么意思?

6. 是否有证据能证明性取向是习得的?

7. EBE 理论的内容是什么?

8. 解释女性的爱和性欲的生物行为模型的内容是什么?什么叫性发起?什么叫性唤起?性发起和性唤起与性欲和情感的关系是怎样的?

关键术语

易变的性取向	性向认同	性发起
异性恋规范	雄激素	性唤起
性取向	性别倒错	性欲系统
性吸引	兄弟出生顺序	情感依恋系统
性行为	异性导致性欲（EBE）理论	

第 13 章

整合的迷你章：心理弹性

什么是心理弹性？
心理弹性的人格特质
 坚韧性：控制感、承诺和挑战
 特质性心理弹性
 积极情绪
  积极情绪促进适应性的应对方式
  积极情绪修复消极情绪的生理危害

  积极情绪增加思维的灵活性
  积极情绪建立持久的社会关系
  积极情绪的螺旋式上升
具备良好心理弹性者的七个习惯
日常生活中的人格：谁是快乐的？
本章小结
问题回顾
关键术语

到我的搜索实验室（mysearchlab.com）阅读本章

"他的心理弹性相当于一百万个橡胶圈。"

Alan K.Simpson

  说到心理弹性，我想起了我的哥哥杰瑞。他是一个为残疾人服务的适应性滑雪项目的认证滑雪教练。冬天，他在新英格兰地区从事培训和教学活动。到了夏天，他便与伤残军人援助项目的其他成员一起去划船、钓鱼、冲浪以及进行其他户外运动。我哥哥令人惊异的地方在于，45年前，他自己就是一名伤残退伍军人，带着两条假肢从越南战争中回来。

  在从伊拉克战争和阿富汗战争中回来的军人中，有将近20%的人患有创伤后应激障碍（symptoms of posttraumatic stress disorder, PTSD）和重度抑郁症（Ramchand, Karney, Osilla, Burns, & Caldarone, 2008）。这个数字让人不禁感到悲伤，想想另一方面：80%的退役军人——绝大多数——没有表现出任何症状！

为什么有些人能够很快从灾难中恢复,而另一些人却相当困难?来看一项关于最近从第一次海湾战争回来的美国陆军国民警卫队和预备役军人医疗单位的研究(Bartone,1999)。该研究样本的平均年龄为34岁,有男性也有女性。服役地点分布在波斯湾(沙特阿拉伯或科威特)、美国驻德国部队,或者美国本土。

首先,你可能已经猜到了,战场对生理和心理健康有显著效应。在波斯湾附近服役的士兵报告了最严重的压力、PTSD和健康问题,其次是在德国服役的,本土服役士兵的障碍报告最少。

研究者最感兴趣的问题是,是否有些人格类型在战争环境下较少能够体验到心理压力?请看图13.1。研究者根据人格的不同将被试分为两组。虚线表明,对于其中的一组被试来说,高度暴露在战斗应激环境下与更严重的心理症状,如焦虑和抑郁相关。然而,对于第二组被试(实线)来说情况并非如此,无论暴露在战斗应激环境中的程度如何,他们的悲伤程度都比较低。

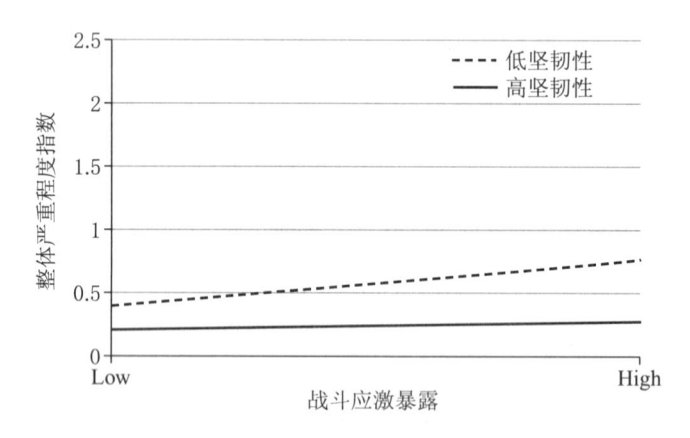

图13.1 战斗应激和坚韧性对心理压力的影响。来源:Bartone(1999, Figure 3, p.79). Bartone, P.T.(1999). Hardiness protects against war-related stress in army reserve forces. *Consulting Psychology Journal: Practice and Research*, 51(2), 72—82.

关于PTSD和应激的躯体症状的研究也发现了相同的效应:在高战斗应激条件下,第二组被试比第一组表现出更轻微的生理症状和精神压力。

是什么样的人格特质保护了这些预备役军人避免目睹战争的消极后果呢?这要归结为心理弹性。有些人具有特定的人格特质、认知、价值观和信念,面对应激时可以保护他们免受伤害。在本研究中,坚韧性高的个体比坚韧性低的个体体验到更少痛苦。

在这个整合的迷你章,我们要讨论人格特质和认知一起对机体生理起作用,从而保护一些人免受应激带来的生理和心理伤害。本章是综合前面章节所讨论的内容,帮助你如何对前面讨论过的独立视角的人格心理学形成一个整体概念。心理弹性是建立在生理、人格特质、认知、依恋理论、调节和动机研究基础之上的。

2010年夏天,杰里·米瑟兰迪诺与伤残军人一起在海上冲浪。伤残军人援助项目为受伤的退伍军人提供项目和服务。该组织旨在"培养出本国历史上最成功、最具适应性的一代受伤退伍军人"。

什么是心理弹性?

心理弹性(Resilience)是从悲剧、灾难、困难中恢复过来或者适应持续的生活应激源的能力(Newman, 2005; Tugade & Gredrickson, 2007)。当遭受创伤性事件时,每个人都会暂时失去平衡。但是正如身体通过内部稳态来调节体温一样,我们人类有不可思议的,甚至神奇的保持心理平衡的能力(Masten, 2001),在遭受创伤后恢复到之前的幸福状态(Carver, 1998)。关于心理弹性研究的意外发现是,人类有惊人的精神力量,可以从逆境中恢复并实现好的结果,而且这种能力相当常见(Masten, 2001, p.228);我们都有心理弹性的潜力(Bonanno, 2004; Masten, 2001; Tugade & Fredrickson, 2007)。

当创伤性事件发生时,比如所爱的人离世、被诊断为患有重大疾病、9.11恐怖袭击、战争、暴力犯罪,人们至少有四种反应方式(Carver, 1998;见图13.2)。在创伤性事件刚结束的惊吓阶段之后,有些人可能无法从创伤性事件中走出(陷于困境),然而其他人可能经受永久性创伤,或者虽然幸存但某些功能有所缺损(survival with impairment)。我们感兴趣的是后两类人群。从创伤性事件中恢复过来的,甚至达到比创伤性事件前更好的功能水平的,后者可能会说疾病或灾难是发生在他们身上的最好的事情,因为这些事件使他们受到了挑战并活得更好。

"那些无法摧毁我的东西,将使我变得更加强大。"

弗里德里希·尼采

思考题

心理弹性的神秘之处在哪里?

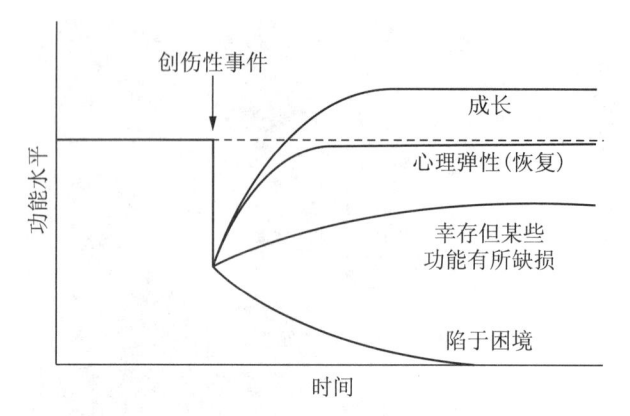

图13.2 "创伤后的可能反应。创伤性和应激事件会扭转个体的生理或心理状态,使个体的功能持续恶化并最终陷于困境,某些功能有所缺损,恢复到灾难前的功能,恢复到比灾难前更成熟的功能——得到成长。"来源:Carver 1998, Figure 1, p.246. Reprinted with permission from Carver, C.S.(1998), "Resilience and thriving: issues, models and linkages," *Journal of Social Issues*, 54 (2), 245—266. Permission conveyed through the Copyright Clearance Center.

心理学家至少提出了四种关于人格如何影响健康的模型(Smith, 2006b)。首先,根据**健康行为模型**(health behavior model),那些尽责性很强或内控的人会采取更健康的生活方式,能够更好地照顾自己,如健康饮食、锻炼身体,不吸烟。其次,**相互作用的应激中介模型**(transactional stress moderation model)认为某些人格特质,如神经质或感觉寻求,可能会影响个体暴露在压力或危险环境的概率。例如,回想第七章所提到的,高感觉寻求者会寻求诸如不安全性行为、消遣性吸毒这样的情境或行为,实际上这些行为会将他们置于受伤和患病的危险中(Hoyle at el., 2000;Kaester et al., 1977;Mawson et al., 1988; Zuckerman, 2007)。

素质倾向模型(constitutional predisposition model)认为可能存在某些潜在的基因或素质因素同时影响人格和疾病。例如,回想第七章汉斯·艾森克的精神质—外向性—神经质模型(Eysenck, 1990)和杰弗里·格雷的强化敏感性理论(Corr, 2008b)。这两个理论都强调人格的差异在于生理和神经反应的差异。素质倾向模型认为生物学差异可能与生理或心理障碍相关。

最后,交互作用的**应激中介模型**(interactional stress moderation model)或许是所有模型中最令人着迷的或者此处我们最关注的。该模型认为人格特质通过增强或减弱生理反应从而起到调节作用。例如,在第十章中我们看到乐观主义能够增强免疫系统功能,使人们不太容易受到长期应激的伤害(Brydon et al., 2009)。还有其他人格特质能够帮助我们在灾难面前更有弹性吗?

心理弹性的人格特质

什么样的人更有可能从应激性事件中恢复过来?人格心理学家至少从三个不同的研

究方向,力求找到这个问题的答案。心理弹性者通常更加坚韧,具有弹性特质,体验到更多积极情绪。这些人格特质与积极情绪,如愉悦、兴趣、满足、骄傲、爱、提升、幸福,共同保护人们免受应激伤害,促进个体从创伤性事件中恢复。

思考题
为什么高神经质的人会给自己制造更大压力?

思考题
五因素模型中的哪些人格特质与心理弹性有关?

作为美国乳腺癌联盟的发言人、格莱美奖得主、流行歌手、乳腺癌幸存者雪儿·克罗敦促议会通过法案支持乳腺癌研究。

坚韧性:控制感、承诺和挑战

你是否曾经注意到,有些人在最不应该感冒的时候感冒了?内分泌学家,应激生物学领域的先驱,汉斯·塞利(Hans Selye)在50多年前就提出,一定存在着某种独特的特质,使得某些人能够经历高强度的压力而不生病,而其他人却无法幸免(Selye,1956)。为了找到所谓的适应性强的人异于其他人的人格特质,研究者着手在伊利诺斯贝尔电话公司对中高层实施长达12年的研究。研究进行期间,电信行业正经历着放宽监管的趋势,员工体验到高压力,面临着行业兼并重组和组织重建的双重挑战。

研究初期,研究者将高压力状态的被试分为两组,一组为高患病风险的员工,另一组为低患病风险的员工。对整个样本中的小部分进行研究,研究者发现了将高患病风险组和低患病风险组区分开来的人格特质。接下来,研究者在剩下的样本中对结果进行了交叉验证。当然,基于当时的推理,研究者对于哪些人格特质与坚韧性相关有了初步的想法。适应性强的高管,即那些在高度压力环境下保持健康的高管在控制感、承诺和挑战三个方面表现得更好(Kobasa,1979;见图 13.3)。

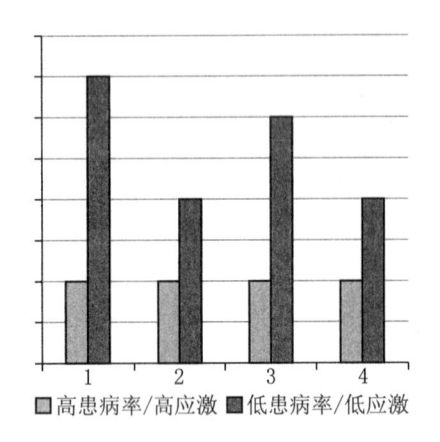

图 13.3　高、低适应性组在四个关键变量上的图式比较:1＝个体压力知觉;2＝内部控制点;3＝自我价值承诺;4＝寻求挑战。
来源:来自 Kobasa(1979)的数据。

首先,适应性强的人相信他们能够控制结果和强化。正如我们在第十章所看到的,内控能够防止人们感到无助、被动、在灾难面前放弃(Hiroto,1974)。控制感使适应性强的人全力以赴地行动,尝试改变事件的进程,使其走向更好的结果(Maddi, Kahn, & Maddi,1998)。

其次,适应性强的人也会主动参与身边的社交活动。他们对他人承诺,为他人奉献更多。适应性强的人通过承诺获得参与而不被孤立,将压力经历转化为有趣的或重要的事情(Maddi et al.,1998)。

最后,挑战是指将负性事件视为机会而不是世界末日。例如,我认识一个适应性强的女性,她因为化疗的副作用而脱发。但是她没有悲伤,而是将此视为一个绝佳的尝试新发色的机会,那是一种她通常羞于在公众场合展示的发色。

即使在事情进展顺利的时候,适应性强的人通过反思过往经历,与他人互动,欣赏他人,尽可能从他人身上学习,进而从生活中收获尽可能多。缺乏挑战感的个体不能够从过往经历中获得成长和发展(Maddi,2002)。相反,适应性强的人能够从生活中寻求成就。他们从生活中寻求持续成长和挑战,而并非遵循惯例、追求安全和舒适(Maddi et al.,1998)。

这三种价值观一起帮助适应性强的人获得参与感,采取行动,将压力事件转化为可管理的、有趣的、重要的事或者学习经历(Maddi,2002)。

对不同种族群体的大量研究表明,坚韧性与更佳的健康状况、预防职业倦怠、老年阶段参加更多活动、面临重大疾病时拥有更高的生活质量、更高的绩效、面临生活变故时经受更小的压力、更有效的应对策略、更健康的行为方式以及更好的免疫反应相关(Maddi et al.,1998)。一项研究发现,坚韧性比社会支持和体育锻炼更有力地保护了我们(Maddi et al.,1998)。

自测题

你通常会在一年中的哪一段时间生病?

将应激的英文单词"stressed"倒过来写就是甜品"desserts"!

"砖墙的存在是有原因的。砖墙并不是要将我们阻挡在外,而是要让我们知道我们有多么想要某件东西。砖墙是用来阻止那些欲求并不足够强烈的人的。它在那里阻止那些人!"

Randy Pausch

亚历山德拉·斯科特("亚历克斯")在其生命中的绝大多数时间里,与儿童期癌症做着不懈斗争。尽管她于 8 岁时去世,但她通过卖柠檬水筹集了超过一百万美元的资金,用于寻找癌症的治疗方案。如今,亚历克斯柠檬水抗癌基金会将继续她未尽的事业。

根据萨瓦托瑞·麦第和同事的研究(Maddi,1987;Maddi & Kabasa,1984),当面临应激事件时,我们的第一反应是唤醒。事件的增多、更严重的事件的发生、长期压力或者持续的紧张和压力可能会导致生理或精神疾病、无效能感、社会支持感下降以及工作满意度下降。然而,适应性强的人直面问题而不是回避。他们可能会评估由应激情境引起的认知和情绪反应,从更广泛的角度来看待问题,采取行动降低压力,以及给事件赋予意义。麦第和同事将适应性强的人将经历变得不那么具有威胁性并最终获得成长的行为称为**转换应对策略**(transformational coping)。

在一项关于公共事业单位管理人员的研究中,被试自愿参加压力管理课程,然后被随机分配到三种处理条件中的一种(Maddi et al.,1998)。不管处于哪种处理条件下,被试在 10 周内,每周花 1.5 个小时以小组的形式见面。在坚韧性训练条件下,被试通过练习和讨论学习转换应对策略。在放松/沉思条件下,被试接受标准的压力治疗法,即学习综合运用肌肉放松训练、视觉化技术和简单的冥想。在被动倾听条件下,被试叙述他们的压力经历,组织者强调在支持性条件下通过与同伴讨论和反思自己发现解决方案的重要性,正如他们所做的那样。三种条件下的被试都有家庭作业。尽管三种都是有效的压力管理治疗方法,但是研究者预测坚韧性训练优于其他两种方法。

事实上,坚韧性训练组的被试比其他两组在坚韧性上的成长更显著。该组被试的紧张程度下降了,疾病的躯体症状减轻了,工作满意度提升了,社会支持感增强了。坚韧性不仅能够引起积极结果,而且与坚韧性相关的积极态度也是能够学习和传授的(Maddi et al., 1998)。

坚韧性如何帮助人们从创伤性事件中恢复过来? 首先,即使是在威胁中也要发现意义,适应性强的人改变对事件的认知,从而减小事件带来的压力(Maddi & Kobasa)。其次,适应性强的人所采取的转换应对策略是一种有效的应对策略(Funk, 1992)。或许转换应对所引起的乐观,正如我们在第十章所看到的,是一种强有力的应对压力的机制(Peterson, 2000; Scheier et al., 2001)。同时,转换应对在处理创伤性事件方面是一种主动的问题关注策略,而不是一种被动的情绪关注策略(Scheier & Carver, 1985)。再次,适应性强的人更乐于与人交往,心理学家知道社会支持非常重要(Cobb, 1976)。适应性弱的人缺乏社会支持来源(Maddi & Kobasa, 1984)。最后,适应性强的人——毫无疑问地,由于他们是内控的——拥有更健康的生活方式,能够更好地照顾自己(Lefcourt, 1982; Selander et al., 2005)。

> 中文的"危机"一词有两个汉字组成,"危"表示危险,"机"意味着机会。
> "只是遇到了障碍,并非绝境。"
>
> Dimitrios Diamantaras

思考题

坚韧性与控制点、解释风格或在第十章中讨论的气质性乐观有着怎样的相似性?

尽管实验的结果令人满怀希望,但是更新的研究发现坚韧性这个概念存在很多问题(Funk, 1992; Funk & Houston, 1987)。首先,坚韧性的三个组成部分——控制感、承诺和挑战——似乎是独立的部分,而并非单个人格类型的不同角度。即,它们不像神经质或外向性的组成成分一样总是以同一种方式出现(如 Costa & McCrae, 1992)。同时,这三种成分中的任何一种都能够帮助人们缓解压力,用三个成分来解释并不比用一个成分解释有任何优势。

第二,或许更严重的问题在于,坚韧性不是一个独一无二的概念:它与气质性乐观(Scheier & Carver, 1987)、控制点(Hull, Van Treuren, & Virnelli, 1987)和神经质(Funk, 1992)有所重叠。即,坚韧性并不能比其他变量更好地解释或预测结果。在一项研究中,适应性强的人比适应性弱的人在《NEO-PI-R》中外向性、开放性和尽责性方面得分显著更高,神经质得分显著更低(Ramanaiah & Sharpe, 1999;也见 Robins, Caspi Moffitt, & Stouthamer-Loeber, 1996)。而且,当加入神经质得分之后,坚韧性的效应被抵消了,这意味着坚韧性与情绪稳定性有所重叠(Funk, 1992)。

最后,像心理弹性一样,我们知道坚韧性与低患病率和悲伤相关,但是我们不知道为什么。这可能是由于对自我报告研究的一贯偏见,测量坚韧性的量表本身的问题,坚韧性的定义不准确,坚韧性效应研究的实验设计存在缺陷(Funk, 1992;Funk & Houston, 1987)。甚至没有一个标准的测量坚韧性的问卷,这使得比较评估不同研究结果存在困难(Funk, 1992)。

例如,神经质高的人和坚韧性弱的人在自我报告中都更消极。神经质高的人比神经质低的人报告了更多躯体症状,更消极地看待生活,然而,对生理健康和生活质量的客观测量结果显示不存在差异(Funk, 1992)。坚韧性弱的人表现出类似的倾向,他们比坚韧性强的人报告了更多躯体症状,更低的生活满意度(Rhodewalt & Zone, 1989)。

而且,相对于没有这些特质的人,低坚韧性/神经质的人可能会制造出一个更有压力的社交环境(Rhodewalt & Zone, 1989),这验证了前面讨论过的相互作用的应激中介模型。有些研究者认为缺乏控制感和缺乏承诺都是有压力的。难怪缺乏控制感或承诺的人(坚韧性弱的人)比具有这些特质的人更悲伤(Hull et al., 1987)。

关于坚韧性的争论还包括,控制感、承诺和挑战可能并非保护人们免受疾病侵袭的关键人格特质。相反,与坚韧性混在一起的变量,比如消极和积极情绪,可能是坚韧性的保护效应的真正原因。

思考题

高神经质的人的自我报告偏差是由于他们的人格特质还是认知造成的?这一点能改变吗?

特质性心理弹性

心理弹性这个词最早出现在心理学文献中是在60多年前,20世纪60年代出现在心理学家杰克·布洛克(Jack Block)和珍妮·布洛克(Jeanne Block)所著的心理学论文专辑中。为了保持与当时的弗洛伊德思潮保持一致,布洛克夫妇推测,人们对情境性压力源的情绪和行动反应可能表现出不同程度的控制。那些更加逆来顺受的人更有能力灵活地应对挫折或压力,能够更快速地恢复到自我控制的典型水平。他们将个体的这种能力称为**自我心理弹性**(ego-resilience),今天我们可能将它看作自我控制(见第九章)。自我心理弹性是指应激之后,个体改变反应以适应压力情境的要求,并恢复到自我控制的典型水平的能力(Block & Kremen, 1996)。《自我心理弹性量表》(Block & Kremen, 1996;见表13.1)是测量心理弹性的众多量表中的一个(Ahern, Kiehl, Sole, Byers, 2006)。

"人类所制造的东西中,没有什么比他们的心灵更具有弹性的。"

Bern Williams

表 13.1　《自我心理弹性量表》(ER89)的测项

1. 我对朋友很慷慨。
2. 我能够很快地从震惊中恢复过来。
3. 我喜欢应对新的、非同寻常的情况。
4. 我通常能给他人留下好印象。
5. 我喜欢品尝以前没吃过的食物。
6. 别人都认为我精力充沛。
7. 我喜欢选择不同的路径去往熟悉的地方。
8. 我比大多数人都具有更强的好奇心。
9. 我所遇到的大多数人都很可爱。
10. 我通常能够做到三思而后行。
11. 我喜欢尝试新鲜和不同的事物。
12. 我的生活中充满了让我好奇的事情。
13. 我倾向于将自己描述为一个很"强"的人。
14. 我能够很快、很理智地消除对别人的气恼。

注:对每个测项的回答均按照以下等级:1＝完全不符合;2＝有一点符合;3＝大致符合;4＝非常符合。在一组年龄在 17 到 40 岁的大学生样本中,ER 分数的分布范围是 28 到 54,平均数为 42(标准差＝6.41)(Tugade & Fredrickson, 2004)。

来源:Block and Kremen(1996, Table 1, p.352); Tugade and Fredercickson(2004). Block, J., & Kremen, A.M.(1996). IQ and egoresiliency: Conceptual and empirical connections and separateness. *Journal of Personality and Social Psychology*, 70(2), 349—361. Copyright American Psychological Association. Reprinted with permission.

我们认为特质性心理弹性或自我控制是一个连续体,有些人可能对自己的反应缺乏控制,而另一些人可能过度控制,但是具有心理弹性的人能够在两个极端中取得恰当的平衡(Block & Kremen, 1996)。在一个青春期男孩的样本中,研究者发现了三种人格类型,这三种类型可能在控制行为的程度上存在差异:过度控制、控制不足、有弹性的(Robins et al., 1996)。

有弹性的人能够调节自己的行为,对挫折、应激进行恰当反应,恢复到通常状态。照顾者将他们描述为果断的、有表现力的、有活力的、可靠的、漂亮的、思想开放的、聪明的、自信的。相反,过度控制的人是害羞的、胆小的、人际敏感的、依赖的,他们也表现出一定程度的焦虑和退缩,但是他们是温暖的、合作的、考虑周到的。控制不足的男孩是冲动的、自我中心的、操纵欲很强的、对抗的、外向的。然而,控制不足的男孩比其他两组表现出更多违法行为、学业表现更差、智力测验得分更低。此外,这三组男孩在外向性、宜人性、尽责性、情绪稳定性和开放性五个因素上存在差异(见图 13.4)。

在一项对 18 岁的男性和女性的研究中,研究者发现了类似的结果。高特质性心理弹性的人比低的人被评价为更灵活、适应性更强、表现出更强的心理调适能力。具有心理弹

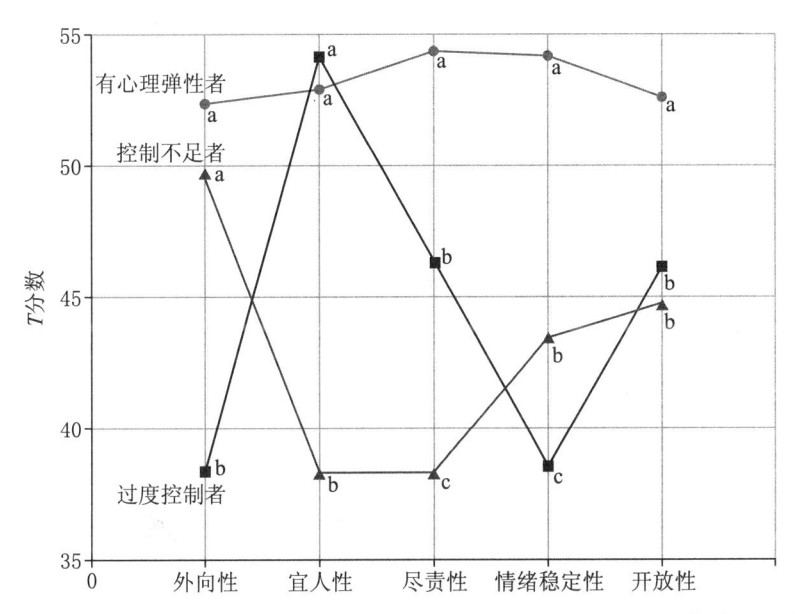

图 13.4 三种人格类型的青少年的大五人格剖面图。标注不同字母的平均数之间具有显著差异，$p<.01$。

来源：From Robins et al. (1996, Figure 1, p.163). Robins, R. W., Caspi, A., Moffitt, T. E., & Stouthamer-Loeber, M. (1996). Resilient, overcontrolled, and undercontrolled boys: Three replicable personality types. *Journal of Personality and Social Psychology*, 70(1), 157—171. Copyright American Psychological Association. Reprinted with permission.

性的人也更自信，体验到更多积极情绪。相反，面对压力情境，过度控制者可能会固执地过度控制而不能灵活应对，控制不足者可能会缺乏控制，没有形成清晰的策略来处理压力。这两种极端做法都不是有适应力的(Block & Kremen, 1996)。

具备良好心理弹性的本科生被熟人评价为兴趣广泛、志向远大、社交娴熟、自信、果断、快乐。他们的生活很有意义。但是控制不足的本科生被评价为情绪化、难以捉摸、武断、叛逆、自我放纵、夸张。过度控制的本科生被评价为更依赖的、始终如一的、冷静的、无动于衷的(Letzring, Block, & Funder, 2005)。

许多研究支持特质性弹性高的人比低的人(Tugade & Fredrickson, 2007)能够更快地从压力经历中恢复，无论是在生理上(Tugade & Fredrickson, 2004)还是情绪上(Ong, Bergeman, Bisconti, & Wallace, 2006; Waugh, Fredrickson, & Taylor, 2008)。

举例来讲，在一项实验中，研究者让具备高、低特质性心理弹性的大学生准备一段即席演讲，且他们的演讲将被拍摄下来并会接受其他学生的评价。对于一半的被试，研究者将此次任务描述为一次挑战，而对另一半被试，研究者将其描述成一次威胁。当被试满怀期望随后又得知该活动被取消之后，研究者测量了他们的心血管活动。结果显示，高特质性心理弹性被试的血压和心率比低特质性心理弹性被试更快地恢复到正常水平，而且前者也更多地体验到积极情绪，尤其是当他们原先认为这是一次威胁时。但是，在挑战条件下，两组被试的心血管活动和积极情绪体验并未呈现显著的差异(见图 13.5)。这一结果提示,将一种情境视为挑战而非威胁能够激发低心理弹性者的积极情绪,从而为其提供心理保护措施(Tugade & Fredrickson, 2004)。

回想一下,将事件看作挑战是坚韧性的三个重要方面之一。上述研究进一步表明坚韧性和特质性心理弹性具有相似性。的确,体验积极情绪的能力可以解释为什么坚韧性和特质性心理弹性能够帮助人们更好地应对压力。

自测题

当你下次面对应激情境时,请试着将它视作机遇或挑战,而不是危机。

将不利情境看做挑战而非威胁会对处于应激事件中的人们起到帮助作用。

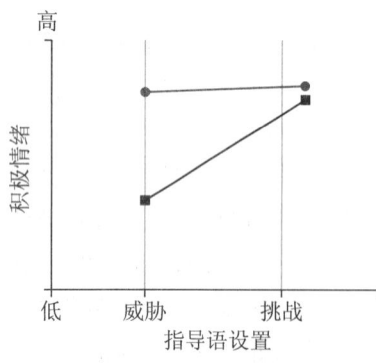

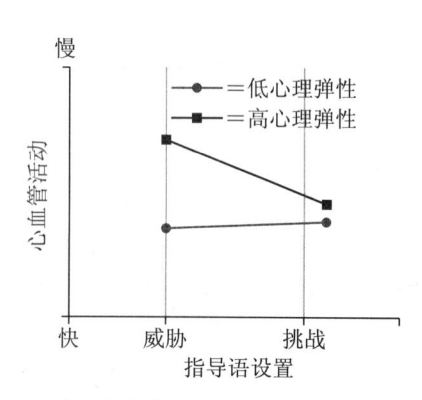

图 13.5 不同指导语设置、不同心理弹性水平对积极情绪和心血管活动的影响。
来源:Tugade and Fredrickson(2004)。

那么,如果应激性事件引发了情绪性反弹,那会如何呢?我们来看接下来的一项关于心理弹性与积极、消极情绪之间关系的研究。该项研究招募了年龄范围在 62 到 80 岁之间的老人。这些特质性心理弹性水平高低不同的老人要持续记录 30 到 45 天当中每天的情绪和压力感的变化情况。结果发现,心理弹性好的个体更多地报告了积极情绪(Ong, Bergeman, et al., 2006)。

为了理解这一结果的意义,我们首先要理解情绪是怎样工作的。当我们不处于压力状态下时,积极情绪和消极情绪更多地是一种相互独立的体验(Diener & Emmons, 1984)。也就是说,通常来讲,我们感受到更多的悲伤情绪并非意味着我们就不快乐,或者反之。我们也许会在看电影的时候感受到悲伤,但同时我们也会很开心与好朋友一起观看了这部电影,而且还享受了一大袋爆米花。我们也许会抱怨一辆疾驰而过的汽车将我们挡在了前往餐馆的路上,但随后我们会庆幸我们就此避免了一场灾祸。通常,我们在一天当中所报告的积极情绪体验次数并非与消极情绪体验次数之间存在负相关的关系。然而,当我们处理应激事件时,积极和消极情绪之间就呈现负相关关系了,此时,我们感受到的悲伤越多,体会到的快乐就越少(Ong, Bergeman, et al., 2006)。

就在上述的这项关于日常心境的研究中,心理弹性较低的人在压力状态下显示了相反的积极与消极情绪关系:一天当中报告的消极情绪越多,积极情绪就越少。这一结果在高应激状态下尤其明显。然而,即便是在高应激状态下,心理弹性好的个体在一天当中所体验到的积极和消极情绪大抵相当。此外,无论是采用坚韧性还是特质性心理弹性作为区分心理弹性高低的指标,研究得出的结果是非常一致的(Ong, Bergeman, et al., 2006)。

上述结果在另一组被试样本中也得到了验证。这组被试是新近丧偶,处于生命中最为痛苦时期的女性。其中的高心理弹性者体验到积极情绪,如开心、平静、快乐,也顺利地应对了消极情绪,如抑郁、担心和焦虑(Ong, Bergeman, et al., 2006)。

上述两项研究共同表明了为什么高弹性者比低弹性者,无论是用坚韧性还是用特质性心理弹性来定义,能够更好地应对应激事件,这一现象与积极情绪有关。积极情绪能够帮助人们从生理和心理层面更好地应对压力。心理弹性的关键成分是积极调节情绪的能力(Ong, Bergeman, et al., 2006; Tugade & Fredrickson, 2004, 2007)。

思考题

心理弹性较低的人是不是经常会产生消极情绪,或者至少他们所经历的积极情绪并未给他们带来提升?

积极情绪

在某种程度上,积极情绪对心理学家来说是一个谜(Fredrickson, 1998)。首先,积极情绪并不像消极情绪那样具有如此强烈的生理唤醒水平。其次,根据一项估计,人们报告的消极情绪与积极情绪的比值大约为 3∶1 或 4∶1。第三,消极情绪似乎有着各自独特

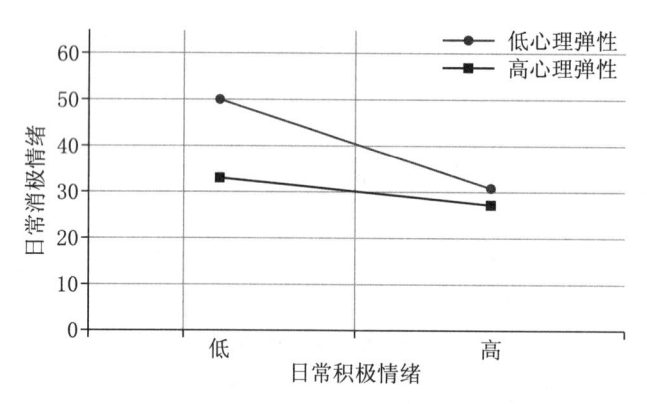

图13.6 刚成为寡妇的女人在高度应激的日子里,心理弹性对日常积极情绪及消极情绪的影响。来源:Ong, Bergeman, et al.,(2006, Figure 5, p.742). Ong, A.D., Bergeman, C.S., Bisconti, T. L., & Wallace, K.A.(2006). Psychological resilience, positive emotions, and sucessful adaptation to stress in later life. *Journal of Personality and Social Psychology*, 91(4), 730—749. Copyright American Psychological Association. Reprinted with permission.

的面部表情,而许多积极情绪基本上基于共同的面部表情:真正的笑容会同时包含嘴部和眼部的动作。例如,喜悦和高兴,兴趣和好奇,或者爱和快乐之间的差异就要比悲伤和愤怒之间的差异来得大。第四,尽管我们能够很明显地意识到性命攸关之际的与消极情绪相关的对抗/逃跑反应能够帮助人们求生,但积极情绪却并未在自我保护方面起到同样的作用。的确,生命因积极情绪而更加有趣,而且积极情绪也标志着健康和幸福,同时也是求偶的重要属性,但是,它对于我们的生存真的那么重要吗?

新近的研究表明,积极情绪并不仅仅是让我们感觉好——而是事实上让我们变得好(Ong, Bergeman, et al., 2006;见图13.2)。积极情绪能够增加思维和问题解决的灵活性(Fredrickson & Branigan, 2005; Isen, Daubman, & Nowiki, 1987),消除消极情绪带来的生理影响(Fredrickson & Levenson, 1998; Ong & Allaire, 2005),增强适应性应对能力(Folkman & Moskowitz, 2000, 2004),构建持久的社会关系(Fredrickson & Branigan, 2001; Keltner & Bonnano, 1997),以及促进幸福生活(Fredrickson, 2000; Fredrickson & Joiner, 2002)。接下来,让我们进一步看些具体的研究是如何得出这些结论的。

积极情绪促进适应性的应对方式 对寡妇进行的心理弹性研究表明,积极情绪对于处于压力状态或者自身心理弹性较低的个体具有特别重要的作用,因为积极情绪能够帮助她们从负性事件中恢复过来(Ong, Bergeman, et al., 2006)。这可能是因为积极情绪阻碍了应激体验,给了处于压力状态下的个体以恰到好处的心理中断期(Folkman & Moskowitz, 2000; Ong, Bergeman et al., 2006)。也可能是积极情绪重新修复了个体的自我控制能力,使其为即将出现的应激源做好准备(c.f., Tangney, Baueister, & Boone, 2004)。例如,低神经质(即,消极情绪低)、高外向性(积极情绪高)、高开放性的成年人和老年人报告了更多的幸福感,他们也能够更好地应对生活中的压力事件(McCrae & Costa, 1986)。积极情绪能够帮助人们调节情绪压力并易化恢复过程(Ong, Bergeman, et al., 2006)。

在一项针对患有由关节炎和纤维肌痛所导致的慢性疼痛的病人的研究中,积极情绪,如兴趣、兴奋、热情、自豪、灵感,以及减少的消极情绪,如悲痛、烦躁、害怕、恼怒、紧张都会明显地伴随疼痛而产生。当痛感增强时,积极情绪的缓冲作用更为明显。疼痛期间的积极情绪会干扰痛感与消极情绪之间的通常联系。而且,积极情绪越强,痛感和消极情绪之间的联结越弱(Zautra, Smith, Affleck, & Tennen, 2001)。如此,积极情绪就会减轻个体体验到的情绪压力(见图13.7)。

思考题
从进化的角度看,积极情绪起着什么作用?

思考题
大笑是最好的药物吗?

表13.2　高兴点,别担心:积极情绪如何能够促进健康,增加幸福感

积极情绪
1. 培养应对的适应性反应。
2. 修复消极情绪所带来的生理危害。
3. 增强思维灵活性。
4. 构建持续的社会联系。
5. 增加未来幸福感。

来源:Ong, Bergeman, et al.(2006)。

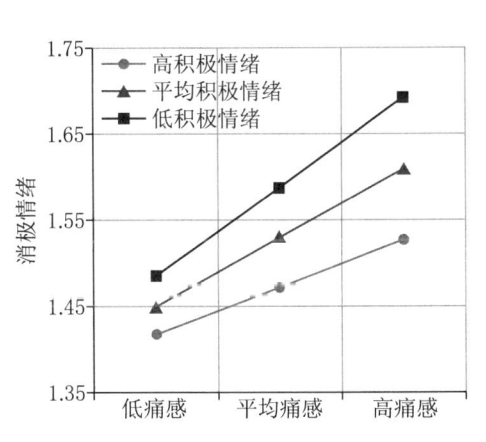

图13.7　患关节炎的女性每周的积极情绪与疼痛之间的交互作用。积极情绪对疼痛和消极情绪之间的关联有影响。在痛感增强的时间里,只要积极情绪维持高水平,消极情绪的增加幅度并不会很大。患有慢性纤维肌痛的女性也表现出相似的结果。来源:Zautra(2001, Figure 1, p.790). Zautra, A.J., Smith, B., Affleck, G.G., & Tennen, H.(2001). Examinations of chronic pain and affect relationships: Applications of a dynamic model of affect. *Journal of Consulting and Clinical Psychology*, 69(5), 786—795. Copyright American Psychological Association. Reprinted with permission.

根据拓展—建构理论(broaden-and-build theory)，积极情绪，如情绪增强(Haidt, 2000)、快乐、兴趣、满意、自豪和爱，能够拓展我们的意识、思维以及行动(Fredrickson, 2001)。这种思维和行动的新方式可以构建我们的生理、心智、社会和心理资源。可以这样想：当我们遭受生理和情绪上的痛苦时，就会觉得此时痛苦占据了所有注意资源。而积极情绪却能够产生相反的效果，使得我们在自己与所面对的情境之间看到更为广泛的可能性(Fredrickson, 2001)。例如，当很开心时，我们就有一种玩乐和创造力无穷的感觉(Ellsworth & Smith, 1988)。当感到有兴趣时，我们就会探索外部世界，并将其纳入自己的知识体系(Csikszentmihalyi, 1990; Ryan & Deci, 2000)。当感受到爱时，我们就会寻求与家人朋友的接触和互动(Izard, 1977)。

继而，注意、思维和行动的拓展能够帮助我们建立并存储新的资源。为建立生理资源，我们进行新的活动；为扩展心智资源，我们发展自身兴趣爱好；为建立心理资源，我们不断获得新体验；为建立社会资源，我们与他人互动。你一定听说过"未雨绸缪"吧？由积极情绪所构建的这些资源犹如银行存款一样，在你即刻需要它们的时候能够发挥重要的作用。再打一个比方，积极情绪的不断累积正如银行存款的利息，会不断地扩大，使你能够更好地应对未来(Fredrickson & Joiner, 2002)。更重要的是，积极情绪能够帮助我们建立对于不利事件的心理弹性(Fredrickson, 2000；见图 13.8)。

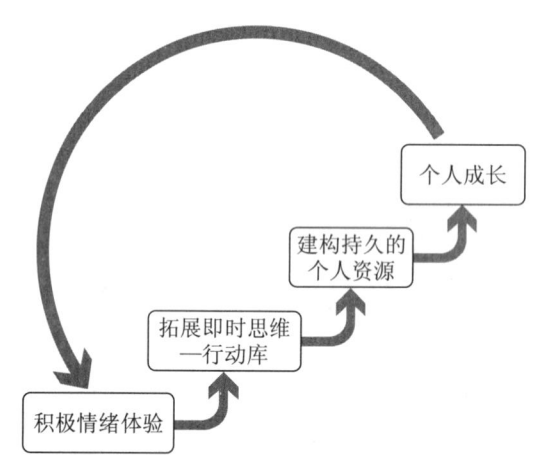

图 13.8 积极情绪的拓展—建构理论。来源：Frederickson(2002, Figure 9.1, p.124). Fredrickson, B. L., & Joiner, T. (2002), "Positive emotions trigger upward spirals toward emotional well-being," *Psychological Science*, 13(2), 172—175. Copyright © 2002 by Sage Publications. Reprinted by permission of Sage Publications.

积极情绪修复消极情绪的生理危害 积极情绪的生存意义可能在于它能够纠正，或者消除因暴露于应激环境下而产生的消极情绪所带来的有害的生理和心理影响(Fredrickson & Levenson, 1998)，尤其是积极情绪可以帮助机体更快地恢复心血管活动(Fredrickson, Mancuso, Branigan, & Tugade, 2000)。

为了验证这一观点，研究者们测量了正期待着一场重要演讲的大学生们的血压和心率(Fredrickson et al.,2000)。被试认为他们有50%的几率被电脑随机选中,进行一场演讲或是看场电影。当然,这个操纵仅仅是为了能够诱发被试的焦虑情绪。事实上,没有人被选中进行演讲或者观看电影,而仅仅是随机地被安排去看三部短片之中的一部。前测的结果显示这三部短片具有相似的趣味性,但会引发不同的情绪:海浪拍打着海岸(惬意)、玩耍的小狗(乐趣)、堆放彩色木棍的抽象影片(无情绪)。

如图 13.9 所示,观看惬意和充满乐趣电影的被试比观看中性情绪电影的被试更快地从焦虑的情绪中恢复过来。两组被试恢复到压力状态之前的正常血压和心率值的速度相差数秒钟。积极情绪——无论是惬意的还是有趣的——对伴随焦虑而引发的心血管活动起到了放松作用。这一效果存在于作为心血管疾病高危人群的男性和非洲裔美国人中(Fredrickson et al.,2000)。在接下来的一项研究中,研究者进一步排除了积极情绪仅仅是以心血管的正性反应来取代原来的负性反应的可能性,再次表明积极情绪能够降低焦虑、害怕、以及其他具有健康损害性应激源对于心血管系统的不利影响。

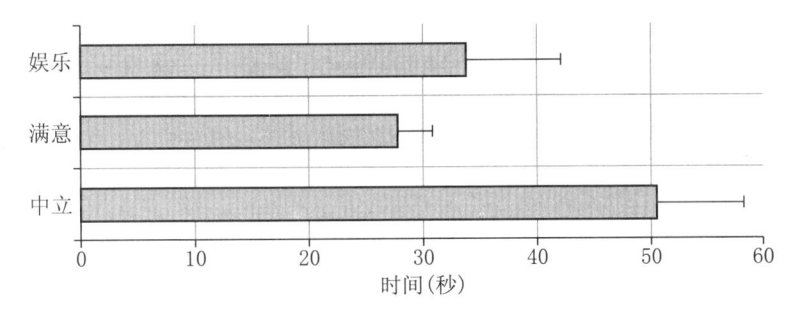

图 13.9 电影影响心血管活动的平均时长。误差线代表标准误。来源:From Frederickson et al.(2000,Figure 2,p.248). Fredrickson, B.L., Mancuso, R.A., Branigan, C., & Tugade, M.M. (2000). The undoing effect of positive emotions. *Motivation and Emotion*, 24(4), 237—258.

积极情绪增加思维的灵活性 拓展—建构理论的直接证据来自于一项研究。在该研究中,研究者让大学生观看两段情绪影片,并在之后完成一项视觉加工测验或者写下他们想要做的事情(即,看了这部电影之后最想要干什么)。研究者推测,积极情绪可以拓展人们的思维,使其能够想出多种方案,而消极情绪则限制了思维,使得个体过于关注细节,从而对想出足够多的方案有所影响(Fredrickson & Branigan, 2005)。

被试被随机地安排观看五部影片中的一部,每部影片所引发的情绪各不相同。其中两段影片诱发乐趣或满意的积极情绪,两部影片诱发恶心或焦虑的消极情绪,还有一段影片不引发情绪。

思考题

许多医院和疗养院都设有宠物治疗服务。在那里,狗狗会探访病人。为什么这样会有益于治疗呢?

在视觉加工任务中，被试要看一系列图片，并判断哪两组图片与目标组刺激最相似。图 13.10 显示了该实验中所采用的四个刺激样例（标注了 a-b）。例如，对于图 1a，被试要判断最上方的三个方块组合更像左下方的三个三角组合，因为它们都包含 3 个子图形，还是更像右下角的四个方块，因为它们的子图形都是方块。之前的研究显示，当被试焦虑或者抑郁的时候倾向于基于形状这种相对细节的特征来做选择，而当他们感到开心或者乐观时就会基于数量这种相对宏观的特征来做选择（Fredrickson & Branigan, 2005）。

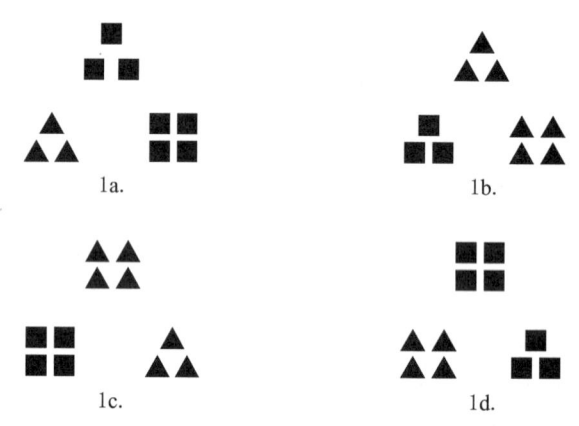

图 13.10 视觉加工任务中的刺激样例。带有积极和消极情绪的被试能否基于图形排列和数字的一般特征，或者基于图形的细节特征，来判断刺激之间的相似性？来源：From Frederickson and Branigan(2005, Figure 1, p.317). Fredrickson, B.L., & Branigan, C.(2005), "Positive emotions broaden the scope of attention and throughtaction repertoires," *Cognition and Emotion*, 19(3), 313—332. Reprinted by permission of Taylor and Francis.

研究者想知道，影片所诱发的乐趣、满意、恶心、焦虑是如何影响被试完成任务的。与观看中性情绪影片相比，观看积极情绪的电影能够拓展被试的思维，使其基于一般特征（排列方式、数量）而不是局部的细节特征（形状）来做判断（见图 13.11）。观看消极情绪影片的被试相较于观看中性情绪影片的被试更倾向于依据细节特征做判断，但这一差异未达到统计显著水平。

思考题
如果积极情绪能够让人们想得开，那么它们能否帮助人们解决问题呢？它们能否帮助人们将负性事件看做挑战而非威胁。

相似的，相较于中性情绪影片，积极情绪影片使被试产生了更多的行动想法，而消极情绪影片只让被试产生了较少的行动想法（见图 13.12）。事实上，新近的研究显示，是情绪强度而非效价（积极还是消极）影响了思维的广度（Gable & Harmon-Jones, 2010）。

正如你所看到的，当人们感受到积极情绪时，他们会渴望去行动，以整体视角来加工刺激，并且站在更广泛的角度上思考。消极情绪则降低人们行动的愿望，并导致思路狭

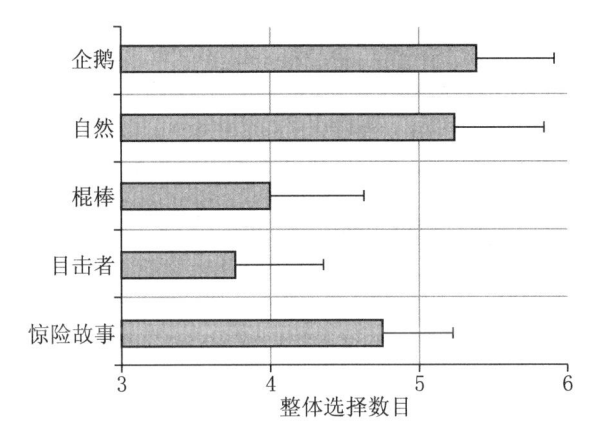

图 13.11　不同观影条件下视觉加工任务中的平均整体选择数目。来源：From Frederickson and Branigan(2005, Figure 2, p.323). Fredrickson, B.L., & Branigan, C.(2005), "Positive emotions broaden the scope of attention and throughtaction repertoires," *Cognition and Emotion*, 19(3), 313—332. Reprinted by permission of Taylor and Francis.

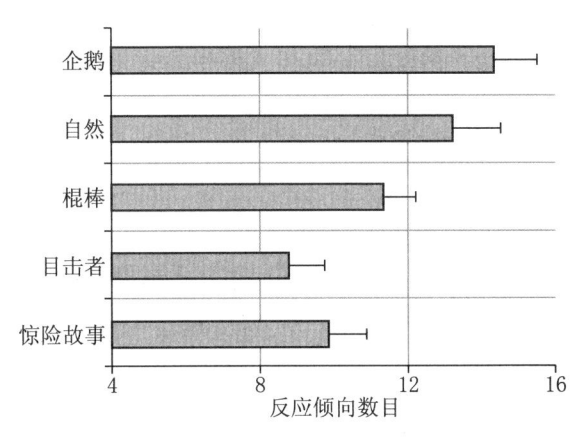

图 13.12　不同观影条件下的反应倾向数目。来源：From Frederickson and Branigan(2005, Figure 3, p.324). Fredrickson, B.L., & Branigan, C.(2005), "Positive emotions broaden the scope of attention and throughtaction repertoires," *Cognition and Emotion*, 19(3), 313—332. Reprinted by permission of Taylor and Francis.

窄。其他的研究也发现，积极情绪能够让人以非同寻常的灵活性、创造性和包容性(Isen, 1987)进行思考。而且，研究者发现这一效应与脑部多巴胺水平的增高有关，多巴胺是与愉悦和奖赏有关的神经递质(Ashby, Isen, & Turken, 1999)。

积极情绪建立持久的社会关系

积极情绪能够奖赏或强化我们在他人身上看到奖赏性行为或者他人在我们身上看到奖赏性行为。积极情绪导致持续的互动，而消极情绪则降低行动和交流的愿望(Keltner & Haidt, 2001)。例如，抑郁的人经常（而且是正确地！）知觉到他人对于自己的拒绝；最终，他们感到毫无乐趣(Myers, 2000a)。幽默、乐趣、微笑、玩耍是喜爱和爱慕的常见表达，它们不仅仅是交流的形式，而且也能够增加他人的反应性，帮助建立社会联结，巩固个体之间的关系(Fredrickson & Branigan, 2001)。通过积极情绪建立和增强的社会联系会进一步成为个体在未来生活中的社交资源。事实上,具备良好心理弹性的人在与他人互动过程中,对于如何引发积极情绪都有着各自的窍门(Tugade, Fredrickson, & Barrett, 2004)。

积极情绪能否构建足以应对哪怕是失去爱人那般痛苦的社会联系?当然能!研究显示,在那些年龄范围在21到55岁的且于3到6个月之前遭遇丧偶的被试中,能够在谈及配偶时露出至少一次真正笑容的个体,要比那些自始至终都未露笑容的被试更能积极地评价自己与配偶之间的关系(Keltner & Bonanno, 2004)。当与访谈者谈论已故的伴侣时,露出笑容的被试要比未露笑容的被试更少地报告压力和消极情绪,如生气、抑郁、内疚,同时更多地报告了积极情绪。

"如果微笑,全世界都会与你一起微笑;但如果哭泣,那就只有你一个人哭泣了。"

积极情绪的螺旋式上升

不仅仅是在创伤性事件中发现意义能够产生有助于应对的积极情绪,反之,积极情绪,由于能够拓展思维,也能够增加在未来事件中发现意义的可能性(Fredrickson, 2000)。正如抑郁和悲观思想互为根基并损害身心健康一样,应对能力的提高和积极情绪也是互为因果并使得个体能够感觉良好,有效应对,增强幸福感(Fredrickson & Joiner, 2002)和心理弹性(Cohn, Fredrickson, Brown, Mikels, & Conway, 2009)。

为了验证上述假设,研究者们想知道积极情绪是否促使个体更多地使用思路宽广的应对方式(Fredrickson, 1998)。男女大学生在结束了一学期的课程之后,要对自己的积极情绪、消极情绪以及应对方式进行评定(Fredrickson & Joiner, 2002)。当被问及过去一年他们所面对的"最重要的问题"时,采用宽广思路的被试更有可能报告说自己试图"寻找不同的问题解决方法",或者"退回到起点,然后变得更加客观一点"。

此外,在研究伊始,被试感受到的积极情绪越强,他们在5周之后采用宽广思路的应对方式的可能性就越大。宽广思路的应对方式是唯一的一种与积极情绪相关联的应对策略。而没有任何应对策略与消极情绪相联系。此外,该研究还显示,采用宽广思路应对方式的个体会增强积极情绪体验,但不会减少消极情绪体验。最后,研究者发现,随着时间的推进,宽广思路的应对方式与积极情绪相互促进(Fredrickson & Joiner, 2002)。

有趣的是,是否运用宽广思路应对方式的关键差异并不在于消极情绪体验方面,而在于积极情绪的体验。积极情绪导致了更宽广的思路,进而促使更多应对方法的产生,又使得个体在接下来数周里产生更多的积极情绪,并促使生活的幸福感增强。

在近期的一项研究中,使用类似的方法,研究者进一步发现,在一个月的时间内,积极情绪增强了大学生的特质性心理弹性和生活幸福感(Cohn et al., 2009)。大学生在日常生活中体验到更高水平的乐趣、惊奇、激情、满意、高兴、希望、兴趣、欢乐、爱和自豪,则不仅仅感觉更好,而且其心理弹性也更好。这种适应变化的能力,包括识别机遇、适应环境以及从不利事件中恢复,它帮助他们很好地应对了生活中的压力并增强了他们的生活满意度(Cohn et al.,2009)。

> "疼痛是暂时的,但美丽是永恒的。"
> 当被问及为何身患手部致残性关节炎仍旧坚持画画时,奥古斯特·雷诺阿对亨利·马蒂斯如是说。
> "好好活,更多爱,经常笑。"

具备良好心理弹性者的七个习惯

之前的文献综述表明,有很多研究心理弹性的方法(Bonanno,2004)。事实上,坚韧性、特质性心理弹性和积极情绪三者之间有着很大的重合性。上述三类研究提示有七种人格特质、经验和行为能够帮助建构心理弹性以及缓冲压力(见表13.3)。接下来,让我们进一步了解。

表 13.3　高心理弹性者的七个习惯

1. 积极情绪和大笑:欢乐、嬉闹、兴趣、好奇、惊奇、流畅、满意、爱,等等
2. 与家人和朋友的亲密关系
3. 有意义的人生
4. 乐观主义和希望
5. 感恩
6. 放松
7. 快乐

正如我们所知道的,积极情绪可以通过促进适应性应对,修复由消极情绪所导致的有害生理反应,增强认知灵活性,构建持续的社会关系,以及为未来积蓄正能量。建构心理弹性的一个十分重要的方法是积累积极情绪,包括快乐、乐趣、兴趣、好奇、惊讶、心流、满意和爱。

如果积极情绪能够在生理和心理上帮助人们应对逆境,那么大笑的确是最好的一剂良药。大笑能够帮助人们应对创伤性事件(Keltner & Bonanno,1997),也能够增强人们的免疫系统(Dillon, Minchoff, & Baker, 1985—1986)。心理弹性好的人将幽默作为一种应对机制(Tugade & Fredrickson,2004,2007)。

渡过难关的一个重要方面是与家人和朋友建立良好的亲密关系。心理弹性好的人有着他们随时可以依赖的人际关系网络(Cobb,1976;Maddi & Kobasa,1984)。根据自我决定理论,关系或者是他人能够给予我们的兴趣、时间以及能量(这让我们感到被重视)是一个重要的心理需求(Connell,1990)。如果没有它,人们就会变得毫无动力、不满、懒散、幸福感缺失(Deci & Ryan,2008b)。类似的,依恋理论也支持人际关系的重要性(Ainsworth et al.,1974;Bowlby,1969,1973,1980)。

生活得有意义能够从生理和心理层面提升幸福感(Davis, Nolen-Hoeksema, & Larsen,

1998；Taylor，Kemeny，Reed，Bower，& Gruenewald，2000）。生活意义能够引发积极情绪帮助人们应对不利事件（Folkman & Moskowitz，2000；Fredrickson，2000），也能够增强机体的免疫功能（Epel，McEwen，& Ickovics，1998）。快乐的人也会有满意的工作，使得他们产生心流体验。心流体验是一种伴随着极度地享受，注意力高度集中，全情投入某项活动的心理状态（Myers & Diener，1995）。

人们可以通过积极重评来发现积极意义，这样他们就可以换个角度重新审视压力事件；例如，赋予平常事件以积极意义；追求和获得现实目标（Fredrickson，2000）。在一项针对照料罹患艾滋病的爱人的人群所做的研究中，有22％的照顾者报告他们在平时会使用积极重评策略（Folkman，Moskowitz，Ozer，& Park，1997）。发现意义的其他方式包括：能够从日常的照料中获得些许乐趣（21％），有成就感、自豪感和自尊感（17％），感受到希望和乐观（13％），从他人那里得到肯定（11％）。宗教信仰也是一种能够帮助人们发现生命意义的方式（Fredrickson，2000）。

就像积极情绪一样，希望看起来也能够帮助消除消极情绪和缓解压力（Ong，Edwards，& Bergeman，2006；Snyder，2002）。一天中个体所获得的希望越多，正如"现在，我充满希望地去追求目标"和"我现在所面临的问题一定要很多的解决办法"，那么消极情绪所造成的不利影响就越小，个体也就能够更好地应对压力。这一效应在具有高水平特质性希望的个体身上表现得尤为明显（Ong，Edwards，& Bergeman，2006；见表13.4）。

表13.4 《状态希望量表》的测项

---

1. 如果我需要摆脱困境，那么我认为我可以采取很多方式达到目的。
2. 当前，我正满怀激情地追求着自己的目标。
3. 我所面临的任何问题都有很多种解决方法。
4. 我现在就能想象出我成功的样子。
5. 我可以想出很多实现目标的方法。
6. 这一次，我正在实现自己设定的目标。

注：此刻，请花一点时间来想想自己，以及你的生活中将会发生些什么。如果此时此刻你有了些想法，那么就认真回答量表中的每道问题。请在每道问题后面的空白处选填数字，以表明对当前自己的认识。1＝完全不符合；2＝基本不符合；3＝有些不符合；4＝有一点不符合；5＝有一点符合；6＝有些符合；7＝基本符合；8＝完全符合。在一组大学生样本中，444名大学生的平均分为37（标准差＝6.33）。

来源：Snyder，Sympson，Ybasco and Borders（1996，Appendix，p.335）. Snyder，C.R.，Sympson，S.C.，Ybasco，F.C.，& Borders，T.F.（1996）. Development and validation of the state hope scale. *Journal of Personality and Social Psychology*，70(2)，321—335. Copyright American Psychological Association. Reprinted with permission.

是否有人建议你做宗教祈祷？这些民间智慧似乎能够通过让人们通过凡事往好处想的方式，来帮助他们应对生活中的消极情绪（Emmons & McCullough，2003）。感恩（Emmons & McCullough，2003）、满意（Fredrickson，2000）以及爱别人（Fredrickson，Cohn，Coffey，Pek，& Finkel，2008）都能增强积极情绪及幸福感。研究显示，每周进行一次感恩的大学生报告了更少的躯体症状，做了更多的定期锻炼，对生活的满意度更高，学业进步更大，人际关系更好。而那些每天记录烦心事，或每周仅仅报告开心和不开心事情的学生则不会获得身心健康方面的提升(Emmons & McCullough, 2003)。

"瑞德，心怀希望是件好事，也许是最好的事情，好的东西永不消亡。"

电影《肖申克的救赎》中安迪的台词

维也纳心理学家，同时也是大屠杀幸存者的维克托·弗兰克尔(Viktor Frankl)牢记着弗里德里希·尼采的话："只有明白为什么的人才能够忍受常人所不能忍"，并建立了旨在发现生命意义重要性的意义治疗学校。

最后，联想放松、肌肉放松、瑜伽、生物反馈、冥想练习对于缓解压力(Fredrickson, 2000)和促进免疫系统功能(Davidson et al., 2003)也非常有效。

对于该领域研究的回顾能够，让你认识到具有良好心理弹性的人有着足够的能力去应对压力事件。回想一下本章开头所讲的巴顿(1999)研究中的预备役军人，他们所具有的人格特质、认知、价值观以及信念能够保护他们应对压力，包括许多心理弹性良好者所具有的积极情绪、乐观主义精神、良好的人际关系以及明确的生活意义。

日常生活中的人格：

谁是快乐的？

快乐的人通常会展示出许多能够帮助应对有害事件的习惯。快乐的人在经济收入、事业发展和健康方面都要优于那些不快乐的人(Lyubomirsky, King, & Diener, 2005)，但是快乐却不是用钱能够买来的(Myers, 2000b)。快乐的人也具有更加充沛的精力、更强的自信魄力、创造力以及社交能力，而且他们也报告了更多的积极情绪(Myers, 2000a)。因为人们的生活满意度来源于积极情绪和消极情绪之间的平衡

(Diener & Larsen, 1993)，所以积极情绪应该是生活中积极事件的核心(Lyubomirsky et al., 2005)。

快乐的人也通常具有更高的自尊水平、内控、高外向性(Myers & Diener, 1995)以及低神经质(Lyubomirsky et al., 2005)。外向者更多地参与日常生活中的那些能够引发积极情绪的事情。相反，高神经质者则对于生活中的负性事件更为敏感(Zautra, Affleck, Tennen, Reich, & Davis, 2005)。回忆一下，那些具有高特质性心理弹性的人也具有较高的外向性和情绪稳定性(Robins et al., 1996)。

快乐的人也拥有同家人朋友之间的良好亲密关系(Myers, 2000b)。举例来说，已婚者通常要比未婚者更加幸福。快乐的人通常在婚姻和朋友关系方面都比较成功(Lyubomirsky et al., 2005)。

最后，快乐的人通常具有宗教信仰以及服务性(Myers, 2000b)。由于宗教通常致力于回答生活中的一些具有深刻意义的问题，诸如生存、希望以及相互支持的意义和目的等，因此它能够增强人们的幸福感(Myers & Diener, 1995)。你能够很明显地看到快乐的人和坚韧的人在自我控制、对他人承诺以及理性看待不利事件方面拥有共同的特质(Maddi et al., 1998)。

因此，快乐的人更能够承受挫折和延迟满足(Myers, 2000a)。他们更加的宽厚仁慈、充满爱心。对于批评，他们很少做出过激反应。他们喜欢乐观向上的音乐、故事、电影和人，倾向于乐观地看待生活(Myers, 2000a)，并且展示出乐观主义的解释风格(Fredrickson, 2000)。

本章小结

本章开头，我们提出了一个问题，即为什么有些人能够顺利地从灾难性事件中恢复过来并取得生活中的成功？也许你会认为高心理弹性者具有某种特殊的人格特质，但实际上，他们比我们想象的要普通，而且我们也完全有能力在我们自己身上积累他们所具备的的特质。

人格如何影响健康？心理学家提出了四种模型：健康行为模型、相互作用的应激中介模型、素质倾向模型、交互作用的应激中介模型。

使人具备心理弹性的因素可以归结为坚韧性(即，控制感、承诺和挑战)、特质性心理弹性(即，自我弹性或者情绪反应和行为的自我调节能力；既不能控制过度，也不能控制不足)和积极情绪。例如，高坚韧性的人会利用转换应对策略将创伤性经验转换成成长经验。尽管该领域的研究一开始得出了令人振奋的结果，但我们所看到的坚韧性可能混淆了其他的变量的影响。如今我们了解到，这些变量可能与健康和幸福感有关(如，控制感、积极情绪、神经质)。

研究者近来意识到积极情绪能够促进适应性应对方式，修复消极情绪的生理危害，增强思维灵活性,建立持久的社会关系,并保护个体应对未来的压力。积极情绪正如银行存款一样,为我们顺利应对未来的不利事件提供储备。积极情绪的优点来自于拓展—建构理论。该理论认为积极情绪拓宽了注意、思维以及潜在行为的广度。继而,这就能够帮助个体产生更好的应对办法,并提升应对不利事件的心理弹性。

最后,建立生理及心理弹性的元素有哪些?根据本章的文献回顾,答案是积极情绪(包含快乐、大笑、爱、希望和感恩)、乐观的视角、亲密的人际关系、有意义的生活以及方式。的确,这些要素大多已在巴顿研究(1999)的预备役军人身上得到验证。这些人格特质、认知、价值观以及信念能够保护他们应对压力,无论是准备一场课堂演讲还是即将进行的战斗。

问题回顾

1. 试论巴顿(1999)研究中的退役军人和坚韧性。什么样的人格特质造就了坚韧性?
2. 什么是心理弹性?对于心理弹性如何影响健康这一问题,心理学家提出了哪四种模型?
3. 心理弹性良好者的三个基本人格特质是什么?
4. 坚韧性由哪三个部分组成?
5. 什么是特质性心理弹性?如何测量特质性心理弹性?特质性心理弹性水平不同的个体在外向性、宜人性、尽责性、情绪稳定性以及开放性上存在差异吗?
6. 与心理弹性较弱的人相比,适应性强的人或者特质性心理弹性高的人如何体验和调节积极情绪?
7. 积极情绪通过哪五种方式来促进健康和幸福?
8. 心理弹良好者具有哪七个习惯?
9. 是什么使人快乐?

关键术语

心理弹性　　　　　　　　　素质倾向模型　　　　　　　自找弹性
健康行为模型　　　　　　　交互作用的应激中介模型　　特质性心理弹性
相互作用的应激中介模型　　转换应对策略　　　　　　　拓展—建构理

参考文献

Abela, J. R. Z., & Seligman, M. E. P. (2000). The hopelessness theory of depression: A test of the diathesis-stress component in the interpersonal and achievement domains. *Cognitive Therapy and Research, 24*(4), 361–378.
Abramson, L. Y., Metalsky, G. I., & Alloy, L. B. (1989). Hopelessness depression: A theory-based subtype of depression. *Psychological Review, 96*(2), 358–372.
Abramson, L. Y., Seligman, M. E. P., & Teasdale, J. D. (1978). Learned helplessness in humans: Critique and reformulation. *Journal of Abnormal Psychology, 87*(1), 49–74.
Ackerman, S. J. (2006). *Hard science, hard choices.* New York: Dana Press.
Affleck, G., Tennen, H., & Apter, A. (2001). Optimism, pessimism, and daily life with chronic illness. In E. C. Chang (Ed.), *Optimism & pessimism: Implications for theory, research, and practice* (pp. 147–168). Washington, DC: American Psychological Association.
Ahern, N. R., Kiehl, E. M., Sole, M. L., & Byers, J. (2006). A review of instruments measuring resilience. *Issues in Comprehensive Pediatric Nursing, 29,* 103–125.
Ainsworth, M. D. S., Bell, S. M., & Stayton, S. (1974). Infant–mother attachment and social development. In M. P. Richards (Ed.), *The introduction of the child into a social world* (pp. 99–135). London, England: Cambridge University Press.
Ainsworth, M. D. S., Blehar, M., Waters, E., & Wall, S. (1978). *Patterns of attachment: A psychological study of the strange situation.* Hillsdale, NJ: Erlbaum.
Alexander, G. M. (2003). An evolutionary perspective of sex-typed toy preferences: Pink, blue, and the brain. *Archives of Sexual Behavior, 32*(1), 7–14.
Alexander, G. M., & Evardone, M. (2008). Blocks and bodies: Sex differences in a novel version of the mental rotations test. *Hormones and Behavior, 53,* 177–184.
Alexander, G. M., & Hines, M. (2002). Sex differences in response to children's toys in nonhuman primates (*Cercopithecus aethiops sabaeus*). *Evolution and Human Behavior, 23,* 467–479.
Alexander, G. M., Wilcox, T., & Woods, R. (2009). Sex differences in infants' visual interest in toys. *Archives of Sexual Behavior, 38,* 427–433.
Allen, L. S., & Gorski, R. A. (1992). Sexual orientation and the size of the anterior commissure of the human brain. *Proceedings of the National Academy of Sciences, 89,* 7199–7202.
Alloy, L. B., Abramson, L. Y., Hogan, M. E., Whitehouse, W. G., Rose, D. T., Robinson, M. S., et al. (2000). The Temple-Wisconsin cognitive vulnerability to depression project: Lifetime history of axis I psychopathology in individuals at high and low cognitive risk for depression. *Journal of Abnormal Psychology, 109,* 403–418.
Allport, G. W. (1927). Concepts of trait and personality. *Psychological Bulletin, 24,* 284–293.
Allport, G. W. (1937). *Personality: A psychological interpretation.* New York: Holt.
Allport, G. W. (1937/1961). *Pattern and growth in personality.* New York: Holt, Rinehart and Winston.
Allport, G. W. (1962). The general and the unique in psychological science. *Journal of Personality, 30,* 405–422.
Allport, G. W. (1965). *Letters from Jenny.* New York: Harcourt, Brace and World.

Allport, G. W., & Odbert, H. S. (1936). Trait names: A psycho-lexical study. *Psychological Monographs, 47*(Whole No. 211), 1–171.

Almagor, M., Tellegen, A., & Waller, N. G. (1995). The big seven model: A cross-cultural replication and further exploration of the basic dimensions of natural language trait descriptors. *Journal of Personality and Social Psychology, 69*(2), 300–307.

Alvarez, J. M., Ruble, D. N., & Bolger, N. (2001). Trait understanding or evaluative reasoning: An analysis of children's behavioral predictions. *Child Development, 72,* 1409–1425.

Álvarez, M. S., Balaguer, I., Castillo, I., & Duda, J. L. (2008). Coach autonomy support and quality of sport engagement in young soccer players. *The Spanish Journal of Psychology, 12*(1), 138–148.

American Educational Research Association, American Psychological Association, & National Council on Measurement in Education. (1999). *The standards for educational and psychological testing.* Washington, DC: American Educational Research Association.

American Psychological Association. (2002). Ethical principles of psychologists and code of conduct. *American Psychologist, 57,* 1060–1073.

American Psychological Association. (2010). 2010 amendments to the 2002 "ethical principles of psychologists and code of conduct." *American Psychologist, 65*(5), 493.

Anderegg, D. (2004). Paging Dr. Froid: Teaching psychoanalytic theory to undergraduates. *Psychoanalytic Psychology, 21*(2), 214–221.

Anderson, C. A., & Arnoult, L. H. (1985). Attributional style and everyday problems in living: Depression, loneliness, and shyness. *Social Cognition, 3*(1), 16–35.

Anderson, C. A., Horowitz, L. M., & French, R. D. (1983). Attributional style of lonely and depressed people. *Journal of Personality and Social Psychology, 45,* 127–136.

Anderson, C. R. (1977). Locus of control, coping behaviors, and performance in a stress setting: A longitudinal study. *Journal of Applied Psychology, 62*(4), 446–451.

Anderson, R., Manoogian, S. T., & Reznick, J. S. (1976). The undermining and enhancing of intrinsic motivation in preschool children. *Journal of Personality and Social Psychology, 34,* 915–922.

Anonymous. (1946). Letters from Jenny. *Journal of Abnormal and Social Psychology, 41,* 315–350, 449–480.

Archer, J. (2004). Sex differences in aggression in real world settings: A meta-analytic review. *Review of General Psychology, 8*(4), 291–322.

Ardelt, M. (2000). Still stable after all these years? Personality stability theory revisited. *Social Psychology Quarterly, 63,* 392–405.

Aronson, E. (1968). Dissonance theory: Progress and problems. In R. P. Abelson, E. Aronson, W. J. McGuire, T. M. Newcomb, M. J. Rosenberg, & P. H. Tannenbaum (Eds.), *Theories of cognitive consistency: A sourcebook* (pp. 5–27). Chicago: Rand McNally.

Aronson, E., Ellsworth, P. C., Carlsmith, J. M., & Gonzales, M. H. (1990). *Methods of research in social psychology.* New York: McGraw-Hill.

Aronson, E., Wilson, T. D., & Akert, R. M. (2001). *Social psychology* (7th ed.). Upper Saddle River, NJ: Pearson.

Aronson, J., Lustina, M. J., Good, C., Keough, K., & Steele, C. M. (1999). When White men can't do math: Necessary and sufficient factors in stereotype threat. *Journal of Experimental Social Psychology, 35*(1), 29–46.

Aronson, J., Quinn, D. M., & Spencer, S. J. (1998). Stereotype threat and the academic underperformance of minorities and women. In J. K. Swim & C. Stangor (Eds.), *Prejudice: The target's perspective* (pp. 83–103). San Diego, CA: Academic Press.

Aronson, J., & Rogers, L. (2008). Overcoming stereotype threat. In S. J. Lopez (Ed.), *Positive psychology: Exploring the best in people: Vol. 3. Growing in the face of adversity* (pp. 109–121). Westport, CT: Praeger.

Ashby, F. G., Isen, A. M., & Turken, A. U. (1999). A neuropsychological theory of positive affect and its influence on cognition. *Psychological Review, 106,* 529–550.

Ashton, M. C., & Lee, K. (2005). Honesty-humility, the Big Five, and the five-factor model. *Journal of Personality, 73*(3), 1321–1353.

Ashton, M. C., & Lee, K. (2007). Empirical, theoretical, and practical advantages of the HEXACO model of personality structure. *Personality and Social Psychology Review, 11*(2), 150–166.

Ashton, M. C., Lee, K., & Goldberg, L. R. (2004). A hierarchical analysis of 1710 English personality-descriptive adjectives. *Journal of Personality and Social Psychology, 87*(5), 707–721.

Ashton, M. C., Lee, K., Goldberg, L. R., & de Vries, R. E. (2009). Higher order factors of personality: Do they exist? *Personality and Social Psychology Bulletin, 13*(2), 79–91.

Ashton, M. C., Lee, K., Perugini, M., Szarota, P., de Vries, R. E., DiBlas, L., et al. (2004). A six-factor structure of personality-descriptive adjectives: Solutions from psycholexical studies in seven languages. *Journal of Personality and Social Psychology, 86*(2), 356–366.

Aspinwall, L. G., & Richter, L. (1999). Optimism and self-mastery predict more rapid disengagement from unsolvable tasks in the presence of alternatives. *Motivation and Emotion, 23,* 221–245.

Aspinwall, L. G., Richter, L., & Hoffman, R. R., III. (2001). Understanding how optimism works: An examination of optimists' adaptive moderation of belief and behavior. In E. C. Chang (Ed.), *Optimism & pessimism: Implications for theory, research, and practice* (pp. 217–238). Washington, DC: American Psychological Association.

Auster, C. J., & Ohm, S. C. (2000). Masculinity and femininity in contemporary American society: A reevaluation using the Bem Sex-Role Inventory. *Sex Roles, 43*(7/8), 499–528.

Ávila, C., & Torrubia, R. (2004). Personality, expectations, and response strategies in multiple-choice question examinations in university students: A test of Gray's hypotheses. *European Journal of Personality, 18,* 45–59.

Ávila, C., & Torrubia, R. (2008). Performance and conditioning studies. In P. J. Corr (Ed.), *The reinforcement sensitivity theory of personality* (pp. 228–260). Cambridge, England: Cambridge University Press.

Avtgis, T. (1998). Locus of control and persuasion, social influence and conformity: A meta-analytic review. *Psychological Reports, 83,* 899–903.

Azar, B. (1997, October). Was Freud right? Maybe, maybe not. *APA Monitor on Psychology, 28,* 30.

Baard, P. P., Deci, E. L., & Ryan, R. M. (2004). Intrinsic need satisfaction: A motivational basis of performance and well-being in two work settings. *Journal of Applied Social Psychology, 34,* 2045–2068.

Bailey, J. M. (2003). Biological perspectives on sexual orientation. In L. Garnets & D. C. Kimmel (Eds.), *Psychological perspectives on lesbian, gay, and bisexual experience* (pp. 50–85). New York: Columbia University Press.

Bailey, J. M., & Dawood, K. (1998). Behavioral genetics, sexual orientation, and the family. In C. J. Patterson & A. R. D'Augelli (Eds.), *Lesbian, gay and bisexual identities in families* (pp. 3–18). New York: Oxford University Press.

Bailey, J. M., Dunne, M. P., & Martin, N. G. (2000). Genetic and environmental influences on sexual orientation and its correlates in an Australian twin sample. *Journal of Personality and Social Psychology, 78*(3), 524–536.

Bailey, J. M., & Pillard, R. C. (1991). A genetic study of male sexual orientation. *Archives of General Psychiatry, 48,* 1089–1096.

Bailey, J. M., & Pillard, R. C. (1995). Genetics of human sexual orientation. *Annual Review of Sex Research, 6,* 126–150.

Bailey, J. M., Pillard, R. C., Dawood, K., Miller, M. B., Farrer, L. A., Trivedi, S., et al. (1999). A family history study of male sexual orientation using three independent samples. *Behavior Genetics, 29*(2), 79–86.

Bailey, J. M., Pillard, R. C., Neale, M. C., & Agyei, Y. (1993). Heritable factors influence sexual orientation in women. *Archives of General Psychiatry, 50,* 217–223.

Bailey, J. M., Willerman, L., & Parks, C. (1991). A test of the maternal stress theory of human male homosexuality. *Archives of Sexual Behavior, 20*(3), 277–293.

Bailey, J. M., & Zucker, K. J. (1995). Childhood sex-typed behavior and sexual orientation: A conceptual analysis and quantitative review. *Developmental Psychology, 31*(1), 43–55.

Bakan, D. (1966). *The quality of human existence.* Boston: Beacon Press.

Balaguer, I., Castillo, I., & Duda, J. L. (2007). Propiedades psicométricas de la escala de motivación deportiva en deportistas españoles. *Revista Mexicana de Psicología, 24,* 197–207.

Baldwin, A. L. (1942). Personal structure analysis: A statistical method for investigating the single personality. *Journal of Abnormal and Social Psychology, 37,* 163–183.

Bandura, A. (1977a). Self-efficacy: Toward a unifying theory of behavioral change. *Psychological Review, 84*(2), 191–215.

Bandura, A. (1977b). *Social learning theory.* Englewood Cliffs, NJ: Prentice Hall.

Bandura, A. (1982). Self-efficacy mechanism in human agency. *American Psychologist, 37*(2), 122–147.

Bandura, A. (2000a). Exercise of human agency through collective efficacy. *Current Directions in Psychological Science, 9*(3), 75–78.

Bandura, A. (2000b). Self-efficacy. In A. E. Kazdin (Ed.), *Encyclopedia of psychology* (Vol. 7, pp. 212–213). Washington, DC: American Psychological Association.

Bandura, A. (2001). Social cognitive theory: An agentic perspective. In S. T. Fiske, D. L. Schacter, & C. Zahn-Waxler (Eds.), *Annual Review of Psychology* (Vol. 52, pp. 1–26). Palo Alto, CA: Annual Reviews.

Bandura, A., Adams, N. E., Hardy, A. B., & Howells, G. N. (1980). Tests of the generality of self-efficacy theory. *Cognitive Therapy and Research, 4,* 39–66.

Bandura, A., Barbaranelli, C., Caprara, G. V., & Pastorelli, C. (2001). Self-efficacy beliefs as shapers of children's aspirations and career trajectories. *Child Development, 72*(1), 187–206.

Barahal, H. S. (1940). Testosterone in psychotic male homosexuals. *Psychiatric Quarterly, 14,* 319–329.

Bardeen, M. (2000). Retrieved July 9, 2010, from http://ed.fnal.gov/projects/scientists/amy.html.

Barenbaum, N. B. (1997). The case(s) of Gordon Allport. *Journal of Personality, 65*(3), 743–755.

Barenbaum, N. B., & Winter, D. G. (2008). History of modern personality theory and research. In O. P. John, R. W. Robins, & L. A. Pervin (Eds.), *Handbook of personality: Theory and research.* New York: Guilford Press.

Barrett, L. F. (2009). Understanding the mind by measuring the brain. *Perspectives on Psychological Science, 4*(3), 314–318.

Barrett, P., & Eysenck, S. B. G. (1984). The assessment of personality factors across 25 countries. *Personality and Individual Differences, 5,* 615–632.

Barrick, M. R., & Mount, M. K. (1991). The Big Five personality dimensions and job performance: A meta-analysis. *Personnel Psychology, 44,* 1–26.

Barry, H. I. (2007). Characters named Charles or Charley in novels by Charles Dickens. *Psychological Reports, 101*(2), 497–500.

Bartholomew, K., Henderson, A. J. Z., & Marcia, J. E. (2000). Coded semistructured interviews in social psychological research. In H. T. Reis & C. M. Judd (Eds.), *Handbook of research methods in social and personality psychology* (pp. 286–312). Cambridge, England: Cambridge University Press.

Bartone, P. T. (1999). Hardiness protects against war-related stress in army reserve forces. *Consulting Psychology Journal: Practice and Research, 51*(2), 72–82.

Bartram, D. (2005). The great eight competencies: A criterion-centric approach to validation. *Journal of Applied Psychology, 90*(6), 1185–1203.

Baumeister, R. F. (1982). A self-presentational view of social phenomena. *Psychological Bulletin, 91*(1), 3–26.

Baumeister, R. F. (1986). *Identity: Cultural change and the struggle for self.* New York: Oxford University Press.

Baumeister, R. F. (1987). How the self became a problem: A psychological review of historical research. *Journal of Personality and Social Psychology, 52*(1), 163–176.

Baumeister, R. F. (1997). Identity, self-concept, and self-esteem: The self lost and found. In R. Hogan, J. Johnson, & S. Briggs (Eds.), *Handbook of personality psychology* (pp. 681–710). San Diego, CA: Academic Press.

Baumeister, R. F. (1999). The nature and structure of the self: An overview. In R. F. Baumeister (Ed.), *The self in social psychology* (pp. 1–20). Philadelphia: Taylor and Francis.

Baumeister, R. F. (2000). Gender differences in erotic plasticity: The female sex drive as socially flexible and responsive. *Psychological Bulletin, 126*(3), 347–374.

Baumeister, R. F., Campbell, J. D., Kreuger, J. I., & Vohs, K. D. (2003). Does high self-esteem cause better performance, interpersonal success, happiness, or healthier lifestyles? *Psychological Science in the Public Interest, 4*(1), 1–44.

Baumeister, R. F., Dale, K., & Sommer, K. L. (1998). Freudian defense mechanisms and empirical findings in modern social psychology: Reaction formation, projection, displacement, undoing, isolation, sublimation, and denial. *Journal of Personality, 66*(6), 1081–1124.

Baumeister, R. F., Tice, D. M., & Hutton, D. G. (1989). Self-presentational motivations and personality differences in self-esteem. *Journal of Personality, 57,* 547–579.

Baumgardner, A. H. (1990). To know oneself is to like oneself: Self-certainty and self-affect. *Journal of Personality and Social Psychology, 58,* 1062–1072.

Bazana, P. G., & Stelmack, R. M. (2004). Stability of personality across the life span: A meta-analysis. In *On the psychobiology of personality: Essays in honor of Marvin Zuckerman* (pp. 113–144). Amsterdam, Netherlands: Elsevier.

Beall, A. E. (1993). A social constructionist view of gender. In A. E. Beall & R. J. Sternberg (Eds.), *The psychology of gender* (pp. 127–147). New York: Guilford Press.

Beaver, J. D., Lawrence, A. D., van Ditzhuijzen, J., Davis, M. H., Woods, A., & Calder, A. J. (2006). Individual differences in reward drive predict neural responses to images of food. *The Journal of Neuroscience, 26*(19), 5160–5166.

Beck, A. T. (1976). *Cognitive therapy and the emotional disorders*. New York: International Universities Press.

Beck, A. T., Steer, R. A., & Brown, G. K. (1996). *Manual for the Beck Depression Inventory-II*. San Antonio, TX: Psychological Corporation.

Becker, B. J. (1986). Influence again: An examination of reviews and studies of gender difference in social influence. In J. S. Hyde & M. C. Linn (Eds.), *The psychology of gender: Advances through meta-analysis* (pp. 178–209). Baltimore, MD: Johns Hopkins Press.

Bell, A. P. (1974). Homosexualities: Their range and character. In *Nebraska symposium on motivation 1973* (Vol. 21, pp. 1–26). Lincoln: University of Nebraska Press.

Bell, A. P., Weinberg, M. S., & Hammersmith, S. K. (1981a). *Sexual preference: Its development in men and women*. Bloomington: Indiana University Press.

Bell, A. P., Weinberg, M. S., & Hammersmith, S. K. (1981b). *Sexual preference: Its development in men and women. Statistical appendix*. Bloomington: Indiana University Press.

Bem, D. J. (1967). Self-perception: An alternative interpretation of cognitive dissonance phenomena. *Psychological Review, 74*, 183–200.

Bem, D. J. (1972). Self-perception theory. In L. Berkowitz (Ed.), *Advances in experimental social psychology* (Vol. 6, pp. 1–62). New York: Academic Press.

Bem, D. J. (1996). Exotic becomes erotic: A developmental theory of sexual orientation. *Psychological Review, 103*(2), 320–335.

Bem, D. J. (1998). Is EBE theory supported by the evidence? Is it androcentric? A reply to Peplau et al. (1998). *Psychological Review, 105*(2), 395–398.

Bem, D. J. (2000). Exotic becomes erotic: Interpreting the biological correlates of sexual orientation. *Archives of Sexual Behavior, 29*(6), 531–548.

Bem, D. J. (2008). Is there a causal link between childhood gender nonconformity and adult homosexuality? *Journal of Gay and Lesbian Mental Health, 12*(1), 61–79.

Bem, S. L. (1974). The measurement of psychological androgyny. *Journal of Consulting and Clinical Psychology, 42*, 155–162.

Bem, S. L. (1977). On the utility of alternative procedures for assessing psychological androgyny. *Journal of Consulting and Clinical Psychology, 45*(2), 196–205.

Bem, S. L. (1981). Gender schema theory: A cognitive account of sex typing. *Psychological Review, 88*, 354–364.

Bem, S. L. (1984). Androgyny and gender schema theory: A conceptual and empirical integration. In *Nebraska symposium on motivation* (Vol. 32, pp. 179–226). Lincoln: University of Nebraska Press.

Bem, S. L. (1989). Genital knowledge and gender constancy in preschool children. *Child Development, 60*, 649–662.

Bem, S. L. (1993). *The lenses of gender: Transforming the debate on sexual inequality*. New Haven, CT: Yale University Press.

Bem, S. L. (1995). Dismantling gender polarization and compulsory heterosexuality: Should we turn the volume down or up? *The Journal of Sex Research, 32*(4), 329–334.

Benassi, V. A., Sweeney, P. D., & Dufour, C. L. (1988). Is there a relationship between locus of control orientation and depression? *Journal of Abnormal Psychology, 97*, 357–367.

Benet, V., & Waller, N. G. (1995). The big seven factor model of personality description: Evidence for its cross-cultural generality in a Spanish sample. *Journal of Personality and Social Psychology, 69*(4), 701–718.

Benet-Martínez, V., & Oishi, S. (2008). Culture and personality. In O. P. John, R. W. Robins, & L. A. Pervin (Eds.), *Handbook of personality: Theory and research* (pp. 542–567). New York: Guilford Press.

Benet-Martínez, V., & Waller, N. G. (2002). From adorable to worthless: Implict and self-report structure of highly evaluative personality descriptors. *European Journal of Personality, 16*, 1–41.

Benjamin, L. T., Jr. (2009). Psychoanalysis, American style. *APA Monitor on Psychology, 40*(8), 24.

Bennett, D. S., & Bates, J. E. (1995). Prospective models of depressive symptoms in early adolescence: Attributional style, stress and support. *Journal of Early Adolescence, 15*, 299–315.

Berenbaum, S. A., & Snyder, E. (1995). Early hormonal influences on childhood sex-typed activity and playmate preferences: Implications for the development of sexual orientation. *Developmental Psychology, 31*(1), 31–42.

Berlant, L., & Warner, M. (1998). Sex in public. *Critical Inquiry, 24*(2), 547–566.

Bernstein, I. H. (1980). Security guards' MMPI profiles: Some normative data. *Journal of Personality Assessment, 44*(4), 377–380.

Berry, C. M., Sackett, P. R., & Wiemann, S. (2007). A review of recent developments in integrity test research. *Personnel Psychology, 60*, 271–301.
Berry, J. W., Poortinga, Y. H., Segall, M. H., & Dasen, P. R. (1992). *Cross-cultural psychology: Research and applications.* Cambridge, England: Cambridge University Press.
Best, D. L., & Williams, J. E. (1993). A cross-cultural viewpoint. In A. E. Beall & R. J. Sternberg (Eds.), *The psychology of gender* (pp. 215–248). New York: Guilford Press.
Best, D. L., & Williams, J. E. (2001). Gender and culture. In D. Matsumoto (Ed.), *The handbook of culture and psychology* (pp. 195–219). Cambridge, MA: Oxford University Press.
Bettencourt, B. A., & Miller, N. (1996). Gender differences in aggression as a function of provocation: A meta-analysis. *Psychological Bulletin, 119*(3), 422–447.
Beyer, S. (1999). Gender differences in the accuracy of grade expectations and evaluations. *Sex Roles, 41*, 279–296.
Bhanot, R., & Jovanovic, J. (2005). Do parents' academic gender stereotypes influence whether they intrude on their children's homework? *Sex Roles, 52*, 597–607.
Billieux, J., Linden, M. V. D., D'Acremont, M., Ceschi, G., & Zermatten, A. (2006). Does impulsivity relate to perceived dependence on and actual use of the mobile phone? *Applied Cognitive Psychology, 21*, 527–537.
Blackburn, R., Renwick, S. J. D., Donnelly, J. P., & Logan, C. (2004). Big five or big two? Superordinate factors in the NEO five factor inventory and the antisocial personality questionnaire. *Personality and Individual Differences, 37*, 957–970.
Blackwood, E. (1984). Sexuality and gender in certain native American tribes: The case of cross-gender females. *SIGNS: Journal of Women in Culture and Society, 10*(1), 27–42.
Blackwood, E. (2000). Culture and women's sexualities. *Journal of Social Issues, 56*(2), 223–238.
Blanchard, R. (1997). Birth order and sibling sex ratio in homosexual versus heterosexual males and females. *Annual Review of Sex Research, 8*, 27–67.
Blanchard, R. (2001). Fraternal birth order and the maternal immune hypothesis of male homosexuality. *Hormones and Behavior, 40*, 105–114.
Blanchard, R., & Bogaert, A. F. (1996). Homosexuality in men and number of older brothers. *American Journal of Psychiatry, 153*, 27–31.
Blanchard, R., & Klassen, P. (1997). H-Y antigen and homosexuality in men. *Journal of Theoretical Biology, 185*, 373–378.
Blanchard, R., & Sheridan, P. M. (1992). Sibship size, sibling sex ratio, birth order, and parental age in homosexual and nonhomosexual gender dysphorics. *Journal of Nervous and Mental Disease, 180*, 40–47.
Blanchard, R., & Zucker, K. J. (1994). Reanalysis of Bell, Weinberg, and Hammersmith's data on birth order, sibling sex ratio, and parental age in homosexual men. *American Journal of Psychiatry, 151*, 1375–1376.
Blanchard, R., Zucker, K. J., Bradley, S. J., & Hume, C. S. (1995). Birth order and sibling sex ratio in homosexual male adolescents and probably prehomosexual feminine boys. *Developmental Psychology, 31*, 22–30.
Block, J. (1961). *The Q-sort methodology in personality assessment.* Springfield, IL: Thomas.
Block, J. (1995). A contrarian view of the five-factor approach to personality description. *Psychological Bulletin, 117*, 187–215.
Block, J. (2001). Millennial contrarianism: The five-factor approach to personality description 5 years later. *Journal of Research in Personality, 35*, 98–107.
Block, J. (2010). The five-factor framing of personality and beyond: Some ruminations. *Psychological Inquiry, 21*(2), 2–25.
Block, J., & Kremen, A. M. (1996). IQ and ego-resiliency: Conceptual and empirical connections and separateness. *Journal of Personality and Social Psychology, 70*(2), 349–361.
Bobrow, D., & Bailey, J. M. (2001). Is male homosexuality maintained via kin selection? *Evolution and Human Behavior, 22*, 361–368.
Boden, J. M. (2006). Motive and consequence in repression. *Behavioral and Brain Sciences, 29*(5), 514–515.
Bohan, J. S. (1996). *Psychology and sexual orientation.* New York: Routledge.
Bolger, N., & Schilling, E. A. (1991). Personality and the problems of everyday life: The role of neuroticism in exposure and reactivity to daily stressors. *Journal of Personality, 59*(3), 255–386.

Bonanno, G. A. (2004). Loss, trauma, and human resilience: Have we underestimated the human capacity to thrive after extremely aversive events? *American Psychologist, 58*(1), 20–28.

Bond, M. H. (1994). Trait theory and cross-cultural studies of person perception. *Psychological Inquiry, 5*(2), 114–168.

Boomsma, D. I., de Geus, E. J. C., van Baal, G. C. M., & Koopmans, J. R. (1999). A religious upbringing reduces the influence of genetic factors on disinhibition: Evidence for interaction between genotype and environment on personality. *Twin Research, 2*, 115–125.

Borgatta, E. F. (1964). The structure of personality characteristics. *Behavioral Science, 9*(1), 8–17.

Borman, W. C., Hanson, M. A., & Hedge, J. W. (1997). Personnel selection. *Annual Review of Psychology, 48*, 299–337.

Bouchard, T. J., & McGue, M. (2003). Genetic and environmental influences on human psychological differences. *Journal of Neurobiology, 54*, 4–45.

Bowlby, J. (1969). *Attachment and loss: Vol. 1. Attachment.* New York, Basic Books.

Bowlby, J. (1973). *Attachment and loss: Vol. 2. Separation: Anxiety and anger.* New York: Basic Books.

Bowlby, J. (1980). *Attachment and loss: Vol. 3. Loss, sadness, and depression.* New York: Basic Books.

Bradley, R. H., Stuck, G. B., Coop, R. H., & White, K. P. (1977). A new scale to assess locus of control in three achievement domains. *Psychological Reports, 41*(2), 656–661.

Brandt, A. C., & Vonk, R. (2006). Who do you think you are? On the link between self-knowledge and self-esteem. In M. H. Kernis (Ed.), *Self-esteem issues and answers* (pp. 224–228). New York: Psychology Press.

Brannigan, G. G., Hauk, P. A., & Guay, J. A. (1991). Locus of control and daydreaming. *The Journal of Genetic Psychology, 152*(1), 29–33.

Brebner, J. (2003). Gender and emotions. *Personality and Individual Differences, 34*, 387–394.

Brennan, F. X., & Charnetski, C. J. (2000). Explanatory style and immunoglobulin A (IgA). *Integrative Physiological and Behavioral Science, 35*(4), 251–255.

Brennan, K. A., & Shaver, P. R. (1993). Attachment styles and parental divorce. *Journal of Divorce & Remarriage, 21*(1–2), 161–175.

Brenner, C. (1982). *The mind in conflict.* Madison, CT: International Universities Press.

Brenner, C. (2003). Is the structural model still useful? *International Journal of Psychoanalysis, 84*, 1093–1103.

Bretherton, I. (1990). Open communication and internal working models: Their role in the development of attachment relationships. In R. A. Thompson (Ed.), *Nebraska symposium on motivation 1988* (Vol. 36, pp. 57–113). Lincoln, NB: University of Nebraska Press.

Breur, J., & Freud, S. (1893/1955). On the psychical mechanisms of hysterical phenomena: Preliminary communication. In *Standard edition* (Vol. 2, pp. 1–17). London: Hogarth Press. (Original work published 1893).

Brewer, M. B. (1991). The social self: On being the same and different at the same time. *Personality and Social Psychology Bulletin, 17*, 475–482.

Brewer, M. B. (2000). Research design and issues of validity. In H. T. Reis & C. M. Judd (Eds.), *Handbook of research methods in social and personality psychology* (pp. 3–84). Cambridge, England: Cambridge University Press.

Brewer, M. B., & Chen, Y. (2007). Where (who) are collectives in collectivism? Toward conceptual clarification of individualism and collectivism. *Psychological Review, 114*(1), 133–151.

Brewin, C. R. (2003). *Post-traumatic stress disorder: Malady or myth?* New Haven, CT: Yale University Press.

Brilleslijper-Kater, S. N., & Baartman, H. E. M. (2000). What do young children know about sex? Research on the sexual knowledge of children between the ages of 2 and 6 years. *Child Abuse Review, 9*, 166–182.

Brockner, J. (1984). Low self-esteem and behavioral plasticity: Some implications for personality and social psychology. In L. Wheeler (Ed.), *Review of personality and social psychology* (Vol. 4, pp. 237–271). Beverly Hills, CA: Sage.

Brockner, J. (1988). *Self-esteem at work: Research, theory, and practice. Issues in organization and management series.* Lexington, MA: Lexington Books.

Brody, L. R. (1993). On understanding gender differences in the expression of emotion: Gender roles, socialization, and language. In S. Ablong, D. Brown, E. Khantzian, & J. Mack (Eds.), *Human feelings: Explorations in affect development and meaning* (pp. 89–121). Hillsdale, NJ: Analytic Press.

Brody, L. R. (1999). *Gender, emotion, and the family.* Cambridge, MA: Cambridge University Press.

Brody, L. R. (2000). The socialization of gender differences in emotional expression: Display rules, infant temperament, and differentiation. In A. H. Fischer (Ed.), *Gender and emotion: Social psychological perspectives* (pp. 24–47). Cambridge, England: Cambridge University Press.

Brody, L. R., & Hall, J. A. (2008). Gender and emotion in context. In M. Lewis, J. M. Haviland-Jones, & L. F. Barrett (Eds.), *The handbook of emotions* (3rd ed., pp. 395–408). New York: Guilford Press.

Bromberger, J. T., & Matthews, K. A. (1996). A longitudinal study of the effects of pessimism, trait anxiety, and life stress on depressive symptoms in middle-aged women. *Psychology and Aging, 11,* 207–211.

Brown, H. D. (1994). *Principles of language learning and teaching.* Englewood Cliffs, NJ: Prentice Hall.

Brown, J. C., & Strickland, B. R. (1972). Belief in internal–external control of reinforcement and participation in college activities. *Journal of Consulting and Clinical Psychology, 38*(1), 148.

Brown, J. D. (1993). Motivational conflict and the self: The double-bind of low self-esteem. In R. F. Baumeister (Ed.), *Self-esteem: The puzzle of low self-regard* (pp. 117–130). New York: Plenum Press.

Brown, J. D., & Marshall, M. A. (2001). Great expectations: Optimism and pessimism in achievement settings. In *Optimism & pessimism: Implications for theory, research, and practice* (pp. 239–255). Washington, DC: American Psychological Association.

Brown, J. D., & McGill, K. L. (1989). The cost of good fortune: When positive life events produce negative health consequences. *Journal of Personality and Social Psychology, 57,* 1103–1110.

Brown, W. L., McDowell, A. A., & Robinson, E. M. (1965). Discrimination learning of mirrored cues by rhesus monkeys. *Journal of Genetic Psychology, 106,* 123–128.

Brumbaugh, C. C., & Fraley, R. C. (2006). Transference and attachment: How do attachment patterns get carried forward from one relationship to the next? *Personality and Social Psychology Bulletin, 32*(4), 552–560.

Brunwasser, S. M., Gillham, J. E., & Kim, E. S. (2009). A meta-analytic review of the Penn resiliency program's effect on depressive symptoms. *Journal of Consulting and Clinical Psychology, 77*(6), 1042–1054.

Brydon, L., Walker, C., Wawrzyniak, A. J., Chart, H., & Steptoe, A. (2009). Dispositional optimism and stress-induced changes in immunity and negative mood. *Brain, Behavior, and Immunity, 23,* 810–816.

Buchanan, G. M. (1995). Explanatory style and coronary heart disease. In G. M. Buchanan & M. E. P. Seligman (Eds.), *Explanatory style* (pp. 225–232). Hillsdale, NJ: Erlbaum.

Buchanan, G. M., & Seligman, M. E. P. (1995). *Explanatory style.* Hillsdale, NJ: Erlbaum.

Buckman, A. (2010, June 21). Reap rewards of good grades [Television broadcast]. Philadelphia: WPVI TV.

Burger, J. M., & Burns, L. (1988). The illusion of unique invulnerability and the use of effective contraception. *Personality and Social Psychology Bulletin, 14*(2), 264–270.

Burt, S. A. (2008). Genes and popularity: Evidence of an evocative gene–environment correlation. *Psychological Science, 19*(2), 112–113.

Burt, S. A. (2009). A mechanistic explanation of popularity: Genes, rule breaking, and evocative gene–environment correlations. *Journal of Personality and Social Psychology, 96*(4), 783–794.

Bushman, B. J., & Baumeister, R. F. (1998). Threatened egotism, narcissism, self-esteem, and direct and displaced aggression: Does self-love or self-hate lead to violence? *Journal of Personality and Social Psychology, 75,* 219–229.

Bushman, B. J., Baumeister, R. F., & Stack, A. D. (1999). Catharsis, aggression, and persuasive influence: Self-fulfilling or self-defeating prophecies? *Journal of Personality and Social Psychology, 76*(3), 367–376.

Buss, A., & Plomin, R. (1994). *Temperament: Early developing personality traits.* New York: Erlbaum.

Buss, D. M. (1995a). Evolutionary psychology: A new paradigm for psychological science. *Psychological Inquiry, 6,* 1–30.

Buss, D. M. (1995b). Psychological sex differences: Origins through sexual selection. *American Psychologist, 50,* 164–168.

Buss, D. M. (1996). Social adaptation and five major factors of personality. In J. S. Wiggings (Ed.) *The five-factor model of personality: Theoretical perspectives* (pp. 180–207). New York: Guilford Press.

Buss, D. M. (2003). *The evolution of desire: Strategies of human mating.* New York: Basic Books.

Buss, D. M. (2004). *Evolutionary psychology: The new science of the mind.* Boston: Allyn & Bacon.

Buss, D. M. (2005). *The handbook of evolutionary psychology.* New York: Wiley.

Buss, D. M., Larsen, R. J., & Westen, D. (1992). Sex differences in jealousy: Evolution, physiology, and psychology. *Psychological Science, 3*(4), 251–255.

Buss, D. M., Larsen, R. J., & Westen, D. (1996). Sex differences in jealousy: Not gone, not forgotten, and not explained by alternative hypotheses. *Psychological Science, 7*(6), 373–375.

Busseri, M. A., Choma, B. L., & Sadava, S. W. (2009). "As good as it gets" or "The best is yet to come"? How optimists and pessimists view their past, present, and anticipated future life satisfaction. *Personality and Individual Differences, 47*, 352–356.

Bussey, K., & Bandura, A. (1999). Social cognitive theory of gender development and differentiation. *Psychological Review, 106*, 676–713.

Butcher, J. N. (1994). Psychological assessment of airline pilot applicants with the MMPI-2. *Journal of Personality Assessment, 62*(1), 31–44.

Butcher, J. N., Dahlstrom, W. G., Graham, J. R., Tellegen, A., & Kaemmer, B. (1989). *The Minnesota Multiphasic Personality Inventory-2 (MMPI-2): Manual for administration and scoring.* Minneapolis: University of Minnesota Press.

Butler, B., & Moran, G. (2007). The impact of death qualification, belief in a just world, legal authoritarianism, and locus of control on venirepersons' evaluations of aggravating and mitigating circumstances in capital trials. *Behavioral Sciences & the Law, 25*(1), 57–68.

Bybee, J. A., & Wells, Y. V. (2006). Body themes in descriptions of possible selves: Diverse perspectives across the life span. *Journal of Adult Development, 13*(2), 95–101.

Byne, W. (1995). Science and belief: Psychobiological research on asexual orientation. *Journal of Homosexuality, 25*(3/4), 303–344.

Byne, W., Tobet, S., Mattiace, L., Lasco, M. S., Kemether, E., Edgar, M. A., et al. (2001). The interstitial nuclei of the human anterior hypothalamus: An investigation of variation within sex, sexual orientation and HIV status. *Hormones and Behavior, 40*, 86–92.

Byrnes, J. P., Miller, D. C., & Schafer, W. D. (1999). Gender differences in risk taking: A meta-analysis. *Psychological Bulletin, 125*(3), 367–383.

Cacioppo, J. T., & Patrick, W. (2008). *Loneliness: Human nature and the need for social connection.* New York: Norton.

Cacioppo, J. T., & Petty, R. E. (1982). The need for cognition. *Journal of Personality and Social Psychology, 42*, 116–131.

Cacioppo, J. T., Petty, R. E., & Kao, C. F. (1984). The efficient assessment of need for cognition. *Journal of Personality Assessment, 48*(3), 306–307.

Campbell, D. T., & Fiske, D. W. (1959). Convergent and discriminant validation by the multitrait-multimethod matrix. *Psychological Bulletin, 56*(2), 81–105.

Campbell, D. T., & Stanley, J. C. (1966). *Experimental and quasi-experimental designs for research.* Chicago: Rand McNally.

Campbell, J. B., & Hawley, C. W. (1982). Study habits and Eysenck's theory of extravertion-introversion. *Journal of Research in Personality, 16*, 139–146.

Campbell, J. D. (1990). Self-esteem and clarity of the self-concept. *Journal of Personality and Social Psychology, 59*, 538–549.

Campbell, J. D., Chew, B., & Scratchley, L. S. (1991). Cognitive and emotional reactions to daily events: The effects of self-esteem and self-complexity. *Journal of Personality, 59*, 473–505.

Campbell, J. D., & Lavallee, L. F. (1993). Who am I? the role of self-concept confusion in understanding the behavior of people with low self-esteem. In R. F. Baumeister (Ed.), *Self-esteem: The puzzle of low self-regard* (pp. 3–20). New York: Plenum Press.

Campbell, J. D., Trapnell, P. D., Heine, S. J., Katz, I. M., Lavallee, L. F., & Lehman, D. R. (1996). Self-concept clarity: Measurement, personality correlates, and cultural boundaries. *Journal of Personality and Social Psychology, 70*, 141–156.

Canli, T. (2006). Genomic imaging of extraversion. In T. Canli (Ed.), *Biology of personality and individual differences* (pp. 93–115). New York: Guilford Press.

Canli, T. (2008). Toward a "molecular psychology" of personality. In O. P. John, R. W. Robins, & L. A. Pervin (Eds.), *Handbook of personality: Theory and research* (pp. 311–327). New York: Guilford Press.

Canli, T., & Lesch, K. P. (2007). Long story short: The serotonin transporter in emotion regulation and social cognition. *Nature Neuroscience, 10*(9), 1103–1109.

Canli, T., Sievers, H., Whitfield, S. L., Gotlib, I. H., & Gabrieli, J. D. E. (2002). Amygdala response to happy faces as a function of extraversion. *Science, 296*(5576), 2191.

Canli, T., Zhao, Z., Desmond, J. E., Kang, E., Gross, J., & Gabrieli, J. D. E. (2001). An fMRI study of personality influences on brain reactivity to emotional stimuli. *Behavioral Neuroscience, 115,* 33–42.

Cantor, J. M., Blanchard, R., Paterson, A. D., & Bogaert, A. F. (2002). How many gay men owe their homosexual orientation to fraternal birth order? *Archives of Sexual Behavior, 31,* 57–65.

Cardno, A., & McGuffin, P. (2002). Quantitative genetics. In P. McGuffin, M. J. Owen, & I. R. Gottesman (Eds.), *Psychiatric genetics and genomics* (pp. 31–53). Oxford, England: Oxford University Press.

Carey, G. (2003). *Human genetics for the social sciences.* Thousand Oaks, CA: Sage.

Carlson, N. R. (2010). *Physiology of behavior.* Boston: Allyn & Bacon.

Carlson, R. (1988). Exemplary lives: The uses of psychobiography for theory development. *Journal of Personality, 56,* 105–138.

Carter, S., & Snow, C. (2004, May). Helping singles enter better marriages using predictive models of marital success. *Paper presented at the 16th Annual Convention of the American Psychological Society,* Chicago, IL.

Carver, C. S. (1998). Resilience and thriving: Issues, models and linkages. *Journal of Social Issues, 54*(2), 245–266.

Carver, C. S. (2004). Negative affects deriving from the behavioral approach system. *Emotion, 4,* 3–22.

Carver, C. S. (2005). Impulse and constraint: Perspectives from personality psychology, convergence with theory in other areas, and potential for integration. *Personality and Social Psychology Review, 9,* 312–333.

Carver, C. S. (2008). Two distinct bases of inhibition of behavior: Viewing biological phenomena through the lens of psychological theory. *European Journal of Personality, 22,* 388–390.

Carver, C. S., & Baird, E. (1998). The American dream revisited: Is it what you want or why you want it that matters? *Psychological Science, 9*(4), 289–292.

Carver, C. S., & Gaines, J. G. (1987). Optimism, pessimism, and postpartum depression. *Cognitive Therapy and Research, 11*(4), 449–462.

Carver, C. S., Lehman, J. M., & Antoni, M. H. (2003). Dispositional pessimism predicts illness-related disruption of social and recreational activities among breast cancer patients. *Journal of Personality and Social Psychology, 84*(4), 813–821.

Carver, C. S., Pozo, C., Harris, S. D., Noriega, V., Scheier, M. F., Robinson, D. S., et al. (1993). How coping mediates the effect of optimism on distress: A study of women with early stage breast cancer. *Journal of Personality and Social Psychology, 65,* 375–390.

Carver, C. S., Pozo-Kaderman, C., Harris, S. D., Noriega, V., Scheier, M. F., Robinson, D. S., et al. (1994). Optimism versus pessimism predicts the quality of women's adjustment to early stage breast cancer. *Cancer, 73,* 1213–1220.

Carver, C. S., & Scheier, M. F. (1990). Origins and functions of positive and negative affect: A control process view. *Psychological Review, 97,* 19–35.

Carver, C. S., & Scheier, M. F. (1998). *On the self-regulation of behavior.* New York: Cambridge University Press.

Carver, C. S., & Scheier, M. F. (2001). Optimism, pessimism, and self-regulation. In E. C. Chang (Ed.), *Optimism & pessimism: Implications for theory, research, and practice* (pp. 31–51). Washington, DC: American Psychological Association.

Carver, C. S., & Scheier, M. F. (2002). Optimism. In C. R. Snyder & S. J. Lopez (Eds.), *Handbook of positive psychology* (pp. 231–243). New York: Oxford University Press.

Carver, C. S., & Scheier, M. F. (2003a). Optimism. In S. J. Lopez & C. R. Snyder (Eds.), *Positive psychological assessment. A handbook of models and measures* (pp. 75–89). Washington, DC: American Psychological Association.

Carver, C. S., & Scheier, M. F. (2003b). Three human strengths. In L. G. Aspinwall & U. M. Staudinger (Eds.), *A psychology of human strengths: Fundamental questions and future directions for a positive psychology* (pp. 87–102). Washington, DC: American Psychological Association.

Carver, C. S., Scheier, M. F., & Weintraub, J. K. (1989). Assessing coping strategies: A theoretically based approach. *Journal of Personality and Social Psychology, 56*(2), 267–283.

Carver, C. S., Smith, R. G., Antoni, M. H., Petronis, V. M., Weiss, S., & Derhagopian, R. P. (2005). Optimistic personality and psychosocial well-being during treatment predict psychosocial well-being among long-term survivors of breast cancer. *Health Psychology, 24*(5), 508–516.

Carver, C. S., & White, T. L. (1994). Behavioral inhibition, behavioral activation, and affective responses to impending reward and punishment: The BIS/BAS scales. *Journal of Personality and Social Psychology, 67*(2), 319–333.

Carver, P. R., Yunger, J. L., & Perry, D. G. (2003). Gender identity and adjustment in middle childhood. *Sex Roles, 49*(3/4), 95–109.

Caspi, A., Elder, G. H., & Bem, D. J. (1988). Moving away from the world: Life-course patterns of shy children. *Developmental Psychology, 24*(6), 824–831.

Caspi, A., Harrington, H., Milne, B., Amell, J. W., Theodore, R. F., & Moffitt, T. E. (2003). Children's behavioral styles at age 3 are linked to their adult personality traits at age 26. *Journal of Personality, 71,* 495–513.

Caspi, A., McClay, J., Moffitt, T., Mill, J., Martin, J., Craig, I. W., et al. (2005). Role of genotype in the cycle of violence in maltreated children. *Science, 297,* 851–854.

Caspi, A., & Moffitt, T. E. (1993). When do individual differences matter? A paradoxical theory of personality coherence. *Psychological Inquiry, 4*(4), 247–271.

Caspi, A., & Roberts, B. W. (2001). Personality development across the life course: The argument for change and continuity. *Psychological Inquiry, 12*(2), 49–66.

Caspi, A., Roberts, B. W., & Shiner, R. L. (2005). Personality development: Stability and change. *Annual Review of Psychology, 56,* 453–484.

Caspi, A., & Shiner, R. L. (2006). Personality development. In W. Damon & R. M. Lerner (Eds.), *Handbook of child psychology: Social, emotional, and personality development* (Vol. 3, pp. 300–365). Hoboken, NJ: Wiley.

Caspi, A., & Silva, P. A. (1995). Temperamental qualities at age three predict personality traits in young adulthood: Longitudinal evidence from a birth cohort. *Child Development, 66,* 486–498.

Caspi, A., Sugden, K., Moffitt, T. E., Taylor, A., Craig, I. W., Harrington, H., et al. (2003). Influence of life stress on depression: Moderation by a polymorphism in the 5-HTT gene. *Science, 301*(5631), 386–389.

Cass, V. C. (1979). Homosexual identity formation: A theoretical approach. *Journal of Homosexuality, 4,* 219–235.

Cattell, R. B. (1946). *Description and measurement of personality.* Yonkers, NY: World Book.

Cattell, R. B., & Anderson, J. C. (1953). *The I.P.A.T. music preference test of personality.* Champaign, IL: Institute for Personality and Ability Testing.

Cattell, R. B., Eber, H. W., & Tatsuoka, M. M. (1970). *Handbook for the sixteen personality factor questionnaire (16PF).* Champaign, IL: Institute for Personality and Ability Testing.

Cattell, R. B., & Saunders, D. R. (1954). Musical preferences and personality diagnosis: A factorization of one hundred and twenty themes. *Journal of Social Psychology, 39,* 3–24.

CBS3 News. (2008). *Drexel students create 'mind control' video games.* Retrieved July 27, 2009, from http://cbs3.com/topstories/Drexel.University.Games.2.762554.html.

Ceci, S. J., & Williams, W. M. (2010). Sex differences in math-intensive fields. *Current Directions in Psychological Science, 19*(5), 275–279.

Cha, A. E. (2005, March 27). Employers relying on personality tests to screen applicants. *Washington Post,* p. A01.

Chamorro-Premuzic, T., & Furnham, A. (2007). Personality and music: Can traits explain how people use music in everyday life? *British Journal of Psychology, 98,* 175–185.

Chan, D., Schmitt, N., DeShon, R. P., Clause, C. S., & Delbridge, K. (1997). Reactions to cognitive ability tests: The relationships between race, test performance, face validity perceptions, and test-taking motivation. *Journal of Applied Psychology, 82*(2), 300–310.

Chang, E. C. (2001). Cultural influences on optimism and pessimism: Differences in Western and Eastern construals of the self. In E. C. Chang (Ed.), *Optimism & pessimism: Implications for theory, research, and practice* (pp. 257–280). Washington, DC: American Psychological Association.

Chaplin, W. F., Phillips, J. B., Brown, J. D., Clanton, N. R., & Stein, J. I. (2000). Handshaking, gender, personality, and first impressions. *Journal of Personality and Social Psychology, 79*(1), 110–117.

Chavanon, M. L., Stemmler, G., & Wacker, J. (2008). A cognitive-affective extension to reinforcement sensitivity. *European Journal of Personality, 22,* 391–393.

Chemers, M. M., Hu, L., & Garcia, B. F. (2001). Academic self-efficacy and first-year college student performance and adjustment. *Journal of Educational Psychology, 93*(1), 55–64.

Chen, C., Lee, S., & Stevenson, H. W. (1995). Response style and cross-cultural comparisons of rating scales among East Asian and North American students. *Psychological Science, 6*(3), 170–175.

Cherkas, L., Hochberg, F., MacGregor, A. J., Sneider, H., & Spector, T. D. (2000). Happy families: A twin study of humor. *Twin Research, 3,* 17–22.

Cheryan, S., Plaut, V. C., Davies, P. G., & Steele, C. M. (2010). Ambient belonging: How stereotypical cues impact gender participation in computer science. *Journal of Personality and Social Psychology, 97*(6), 1045–1060.

Cheung, F. M., & Leung, K. (1998). Indigenous personality measures: Chinese examples. *Journal of Cross-Cultural Psychology, 29*(1), 233–248.

Cheung, F. M., Leung, K., Fan, R. M., Song, W., Zhang, J., & Zhang, J. (1996). Development of the Chinese personality assessment inventory. *Journal of Cross-Cultural Psychology, 27*(2), 181–199.

Cheung, F. M., Leung, K., Zhang, J., Sun, H., Gan, Y., Song, W., et al. (2001). Indigenous Chinese personality constructs: Is the five-factor model complete? *Journal of Cross-Cultural Psychology, 32*(4), 407–433.

Chivers, M. L. (2005). A brief review and discussion of sex differences in the specificity of sexual arousal. *Sexual and Relationship Therapy, 20*(4), 377–390.

Choi, S. C., Kim, U., & Choi, S. H. (1993). Indigenous analysis of collective representations: A Korean perspective. In U. Kim & J. W. Berry (Eds.), *Indigenous psychologies: Research and experience in cultural context* (pp. 193–210). Belmont, CA: Sage.

Christie, R., & Geis, F. L. (1970). *Studies in Machiavellianism.* New York: Academic Press.

Church, A. T., & Ortiz, F. A. (2005). Culture and personality. In V. J. Derlega, B. A. Winstead, & W. H. Jones (Eds.), *Personality: Contemporary theory and research* (pp. 420–456). Belmont, CA: Wadsworth.

Ciani, A. C., Corna, F., & Capiluppi, C. (2004). Evidence for maternally inherited factors favouring male homosexuality and promoting female fecundity. *Proceedings of the Royal Society of London, Series B: Biological Sciences, 271,* 2217–2221.

Clark, A. J. (1998). *Defense mechanisms in the counseling process.* New York: Sage.

Clark, L. A., & Watson, D. (1995). Constructing validity: Basic issues in objective scale development. *Psychological Assessment, 7*(3), 309–319.

Clark, L. A., & Watson, D. (2008). Temperament: An organizing paradigm for trait psychology. In O. P. John, R. W. Robins, & L. A. Pervin (Eds.), *Handbook of personality: Theory and research* (3rd ed., pp. 265–286). New York: Guilford Press.

Clausen, J. A., & Gilens, M. (1990). Personality and labor force participation across the life course: A longitudinal study of women's careers. *Sociological Forum, 5*(4), 595–618.

Cleveland, H. H., Udry, J. R., & Chantala, K. (2001). Environmental and genetic influences on sex-typed behaviors and attitudes of male and female adolescents. *Personality and Social Psychology Bulletin, 27*(12), 1587–1598.

Cloninger, C. R. (1998). The genetics and psychobiology of the seven-factor model of personality. In K. R. Silk (Ed.), *Biology of personality disorders* (pp. 63–92). Washington, DC: American Psychiatric Press.

Cloninger, C. R. (2008). Psychobiological research is crucial for understanding human personality. *European Journal of Personality, 22,* 393–396.

Cobb, S. (1976). Social support as a moderator of life stress. *Psychosomatic Medicine, 38,* 300–314.

Cohen, J. (1988). *Statistical power analysis for the behavioral sciences* (2nd ed.). Hillsdale, NJ: Erlbaum.

Cohn, M. A., Fredrickson, B. L., Brown, S. L., Mikels, J. A., & Conway, A. M. (2009). Happiness unpacked: Positive emotions increase life satisfaction by building resilience. *Emotion, 9*(3), 361–368.

Cole, S. W., Hawkley, L. C., Arevalo, J. M., Sung, C. Y., Rose, R. M., & Cacioppo, J. T. (2007). Social regulation of gene expression in human leukocytes. *Genome Biology, 8,* R189 (doi:10.1186/gb-2007-8-9-r189).

Collins, H., & Vedantam, S. (1999, December). Penn denies therapy lapse killed teen the FDA found 2 violations in the gene test. *Philadelphia Inquirer,* p. A01.

Condry, J. C., & Condry, S. (1976). Sex differences: A study of the eye of the beholder. *Child Development, 47,* 812–819.

Condry, J. C., & Ross, D. F. (1985). Sex and aggression: The influence of gender label on the perception of aggression in children. *Child Development, 56*(1), 225–233.

Confer, J. C., Easton, J. A., Fleischman, D. S., Goetz, C. D., Lewis, D. M. G., Perilloux, C., et al. (2010). Evolutionary psychology: Controversies, questions, prospects, and limitations. *American Psychologist, 65*(2), 110–126.

Connell, J. P. (1990). Context, self, and action: A motivational analysis of self-system processes across the life span. In D. Cicchetti (Ed.), *The self in transition: Infancy to childhood* (pp. 61–97). Chicago: University of Chicago Press.

Connell, J. P., & Wellborn, J. G. (1990). Competence, autonomy, and relatedness: A motivational analysis of self-system processes. In M. Gunnar & L. A. Sroufe (Eds.), *The Minnesota symposia on child psychology* (Vol. 22, pp. 43–77). Minneapolis: University of Minnesota Press.

Constantinople, A. (1973). Masculinity-femininity: An exception to a famous dictum? *Psychological Bulletin, 80*(5), 389–407.

Cooley, C. H. (1902). *Human nature and the social order.* New York: Scribner's.

Cools, R., Calder, A. J., Lawrence, A. D., Clark, L., Bullmore, E., & Robbins, T. W. (2005). Individual differences in threat sensitivity predict serotonergic modulation of amygdala response to fearful faces. *Psychopharmacology, 180*(4), 670–679.

Corr, P. J. (2001). Testing problems in J. A. Gray's personality theory: Commentary on Matthews and Gilliland. *Personality and Individual Differences, 30,* 333–352.

Corr, P. J. (2002). J. A. Gray's reinforcement sensitivity theory: Tests of the joint subsystems hypothesis of anxiety and impulsivity. *Personality and Individual Differences, 33,* 511–532.

Corr, P. J. (2004). Reinforcement sensitivity theory and personality. *Neuroscience and the Biobehavioral Reviews, 28,* 317–322.

Corr, P. J. (2006). *Understanding biological psychology.* Malden, MA: Blackwell.

Corr, P. J. (2008a). An intermediate-level approach to personality: Dissolving the bottom-up and top-down dilemma. *European Journal of Personality, 22,* 396–398.

Corr, P. J. (2008b). The reinforcement sensitivity theory (RST): An introduction. In P. J. Corr (Ed.), *The reinforcement sensitivity theory of personality* (pp. 1–43). Cambridge, England: Cambridge University Press.

Corr, P. J., & McNaughton, N. (2008). Reinforcement sensitivity theory and personality. In P. J. Corr (Ed.), *The reinforcement sensitivity theory of personality* (pp. 155–187). Cambridge, England: Cambridge University Press.

Cortina, J. M. (1993). What is coefficient alpha? An examination of theory and applications. *Journal of Applied Psychology, 78*(1), 98–104.

Costa, P. T., & McCrae, R. R. (1976). Age differences in personality structure: A cluster analysis approach. *Journal of Gerontology, 31,* 564–570.

Costa, P. T., & McCrae, R. R. (1980). Influence of extraversion and neuroticism on subjective well-being: Happy and unhappy people. *Journal of Personality and Social Psychology, 38,* 668–678.

Costa, P. T., & McCrae, R. R. (1985). *The NEO personality inventory manual.* Odessa, FL: Psychological Assessment Resources.

Costa, P. T., & McCrae, R. R. (1992). *Revised NEO personality inventory (NEO-PI-R) and NEO five-factor inventory (NEO-FFI) professional manual.* Odessa, FL: Psychological Assessment Resources.

Costa, P. T., & McCrae, R. R. (1994). Set like plaster: Evidence for the stability of adult personality. In T. F. Heatherton & J. L. Weinberger (Eds.), *Can personality change?* (pp. 21–40). Washington, DC: American Psychological Association.

Costa, P. T., McCrae, R. R., & Dye, D. A. (1991). Facet scales for agreeableness and conscientiousness: A revision of the NEO personality inventory. *Personality and Individual Differences, 12*(9), 887–898.

Costa, P. T., Terracciano, A., & McCrae, R. R. (2001). Gender differences in personality traits across cultures. *Journal of Personality and Social Psychology, 81*(2), 322–331.

Cousins, S. D. (1989). Culture and self-perception in Japan and the United States. *Journal of Personality and Social Psychology, 56*(1), 124–131.

Cowey, A. (2001). Functional localisation in the brain: From ancient to modern. *The Psychologist, 14*(5), 250–254.

Cramer, P. (2000). Defense mechanisms in psychology today. *American Psychologist, 55*(6), 637–646.

Cramer, P. (2006). *Protecting the self: Defense mechanisms in action.* New York: Guilford Press.

Creed, P. A., Patton, W., & Bartrum, E. (2002). Multidimensional properties of the LOT-R: Effects of optimism and pessimism on career and well-being related variables in adolescents. *Journal of Career Assessment, 10*(1), 42–61.

Crews, F. C. (1996). The verdict on Freud. *Psychological Science, 7*(2), 63–68.

Crews, F. C. (1998). *Unauthorized Freud.* New York: Viking.

Crews, F. C. (2006). What Erdelyi has repressed. *Behavioral and Brain Sciences, 29*(5), 516–517.

Crocker, J., & Knight, K. M. (2005). Contingencies of self-worth. *Current Directions in Psychological Science, 14*(4), 200–203.

Cronbach, L. J. (1947). Test "reliability": Its meaning and determination. *Psychometrika, 12,* 1–16.
Cronbach, L. J. (1950). Further evidence on response sets and test design. *Educational and Psychological Measurement, 10,* 3–31.
Cronbach, L. J. (1951). Coefficient alpha and the internal structure of tests. *Psychometrika, 16,* 297–334.
Cronbach, L. J. (1957). The two disciplines of scientific psychology. *American Psychologist, 12,* 671–684.
Cronbach, L. J. (1960). *Essentials of psychological testing* (2nd ed.). New York: Harper & Row.
Cronbach, L. J., Rajaratnam, N., & Gleser, G. C. (1963). Theory of generalizability: A liberalization of reliability theory. *The British Journal of Statistical Psychology, 16*(2), 137–163.
Cross, S., & Markus, H. R. (1991). Possible selves across the life span. *Human Development, 34,* 230–255.
Cross, S. E., & Markus, H. R. (1999). The cultural constitution of personality. In L. A. Pervin & O. P. John (Eds.), *Handbook of personality: Theory and research* (2nd ed., pp. 378–396). New York: Guilford Press.
Cross, W. E., & Cross, T. B. (2008). Theory, research, and models. In S. M. Quintana & C. McKown (Eds.), *Handbook of race, racism, and the developing child* (pp. 154–181). Hoboken, NJ: Wiley.
Crowell, J. A., Fraley, R. C., & Shaver, P. R. (2008). Measurement of individual differences in adolescent and adult attachment. In J. Cassidy & P. R. Shaver (Eds.), *Handbook of attachment* (pp. 599–634). New York, NY: Guilford Press.
Crowne, D. P., & Liverant, S. (1963). Conformity under varying conditions of personal commitment. *Journal of Abnormal and Social Psychology, 66,* 547–555.
Crowne, D. P., & Marlow, D. (1960). A new scale of social desirability independent of psychopathology. *Journal of Consulting Psychology, 24*(4), 349–354.
Csikszentmihalyi, M. (1975). *Beyond boredom and anxiety.* San Francisco, CA: Jossey-Bass.
Csikszentmihalyi, M. (1990). *Flow: The psychology of optimal experience.* New York: Harper Perennial.
Csikszentmihalyi, M. (1997). *Finding flow: The psychology of engagement with everyday life.* New York, NY: Basic Books.
Daly, M., & Wilson, M. (1988). *Homicide.* New York: Aldine de Gruyter.
Damasio, A. R. (1999). Commentary by Antonio R. Damasio. *Neuro-Psychoanalysis, 1*(1), 38–39.
Darlington, R. B. (2009). *Factor analysis.* Retrieved February 23, 2009, from http://www.psych.cornell.edu/Darlington/factor.htm.
Davidson, R. J. (1992). Emotion and affective style. *Psychological Science, 3*(1), 39–43.
Davidson, R. J. (2004). What does the prefrontal cortex "do" in affect: Perspectives on frontal EEG asymmetry research. *Biological Psychology, 67,* 219–233.
Davidson, R. J. (2009). *Lab for affective neuroscience.* Retrieved July 17 from http://psyphz.psych.wisc.edu/web/news.html.
Davidson, R. J., Kabat-Zinn, J., Schumacher, J., Rosenkranz, M., Muller, D., Santorelli, S. F., et al. (2003). Alterations in brain and immune function produced by mindfulness meditation. *Psychosomatic Medicine, 65,* 564–570.
Davis, C. G., Nolen-Hoeksema, S., & Larsen, J. (1998). Making sense of loss and benefitting from experience: Two construals of meaning. *Journal of Personality and Social Psychology, 75,* 561–574.
Davis, D., Shaver, P. R., & Vernon, M. L. (2003). Physical, emotional, and behavioral reactions to breaking up: The roles of gender, age, emotional involvement, and attachment style. *Personality and Social Psychology Bulletin, 29*(7), 871–884.
Davis, J. A., Smith, T. W., & Marsden, P. V. (2010). *General social surveys, 1972–2008.* Storrs, CT: Roper Center for Public Opinion Research, University of Connecticut/Ann Arbor, MI: Interuniversity Consortium for Political and Social Research. Available from http://www.icpsr.umich.edu/icpsrweb/ICPSR/series/00028/studies/25962/detail.
Day, D. V., & Schleicher, D. J. (2006). Self-monitoring at work: A motive-based perspective. *Journal of Personality, 74,* 685–713.
Deb, M. (1983). Sales effectiveness and personality characteristics. *Psychological Research Journal, 7*(2), 59–67.
DeBono, K. G. (1987). Investigating the social adjustive and value expressive functions of attitudes: Implications for persuasion processes. *Journal of Personality and Social Psychology, 52,* 279–287.
DeBono, K. G. (2006). Self-monitoring and consumer psychology. *Journal of Personality, 74*(3), 715–737.

DeCharms, R. (1981). Personal causation and locus of control: Two different traditions and two uncorrelated constructs. In H. M. Lefcourt (Ed.), *Research with the locus of control construct: Vol. 1. Assessment methods* (pp. 337–358). San Diego, CA: Academic Press.

Deci, E. L. (1971). Effects of externally mediated rewards on intrinsic motivation. *Journal of Personality and Social Psychology, 18*(1), 105–115.

Deci, E. L. (1975). *Intrinsic motivation.* New York: Plenum Press.

Deci, E. L. (1980). *The psychology of self-determination.* Lexington, MA: Lexington Books.

Deci, E. L., Connell, J. P., & Ryan, R. M. (1989). Self-determination in a work organization. *Journal of Applied Psychology, 74*(4), 580–590.

Deci, E. L., Koestner, R., & Ryan, R. M. (1999). A meta-analytic review of experiments examining the effects of extrinsic rewards on intrinsic motivation. *Psychological Bulletin, 125*(6), 627–668.

Deci, E. L., & Ryan, R. M. (1985a). The general causality orientations scale: Self-determination in personality. *Journal of Research in Personality, 19,* 109–134.

Deci, E. L., & Ryan, R. M. (1985b). *Intrinsic motivation and self-determination in human behavior.* New York: Plenum Press.

Deci, E. L., & Ryan, R. M. (1991). A motivational approach to self: Integration in personality. In R. Dienstbier (Ed.), *Nebraska symposium on motivation: Vol. 38. Perspectives on motivation* (pp. 237–288). Lincoln: University of Nebraska Press.

Deci, E. L., & Ryan, R. M. (1995). Human autonomy: The basis for true self-esteem. In M. H. Kernis (Ed.), *Efficacy, agency, and self-esteem* (pp. 31–49). New York: Plenum Press.

Deci, E. L., & Ryan, R. M. (2008). Self-determination theory: A macrotheory of human motivation, development and health. *Canadian Psychology, 49*(3), 182–185.

Deci, E. L., Ryan, R. M., Gagné, M., Leone, D. R., Usunov, J., & Kornazheva, B. P. (2001). Need satisfaction, motivation, and well-being in the work organizations of a former Eastern bloc country. *Personality and Social Psychology Bulletin, 27,* 930–942.

De Fruyt, F., Bartels, M., Van Leeuwen, K. G., De Clercq, B., Decuyper, M., & Mervielde, I. (2006). Five types of personality continuity in childhood and adolescence. *Journal of Personality and Social Psychology, 91*(3), 538–552.

Delfour, F., & Marten, K. (2001). Mirror image processing in three marine mammal species: Killer whales (*orcinus orca*), false killer whales (*pseudorca crassidens*) and california sea lions (*zalophus californianus*). *Behavioural Processes, 53,* 181–190.

Delsing, M. J. M. H., TerBogt, T. F. M., Engels, R. C. M. E., & Meeus, W. H. J. (2008). Adolescents' music preferences and personality characteristics. *European Journal of Personality, 22,* 109–130.

Department of Health and Human Services. (1979). *The Belmont report: Ethical principles and guidelines for the protection of human subjects of research* (DHEW Publication No. 1983, 381-132, 3205). Washington, DC: Government Printing Office.

De Pascalis, V. (2004). On the psychophysiology of extraversion. In R. M. Stelmack (Ed.), *On the psychobiology of personality: Essays in honor of Marvin Zuckerman* (pp. 295–327). New York: Elsevier.

DePaulo, B. M. (1992). Nonverbal behavior and self-presentation. *Psychological Bulletin, 111*(2), 203–243.

Depue, R. A., & Collins, P. F. (1999). Neurobiology of the structure of personality: Dopamine, facilitation of incentive motivation, and extraversion. *Behavioral and Brain Sciences, 22,* 491–569.

Depue, R. A., Luciano, M., Arbisi, P., Collins, P., & Leon, A. (1994). Dopamine and the structure of personality: Relation of agonist-induced dopamine activity to positive emotionality. *Journal of Personality and Social Psychology, 67*(3), 485–498.

DeRubeis, R. J., & Hollon, S. D. (1995). Explanatory style in the treatment of depression. In G. M. Buchanan & M. E. P. Seligman (Eds.), *Explanatory style* (pp. 99–112). Hillsdale, NJ: Erlbaum.

Development Dimensions International Inc. (2005). *Research results: Predicting employee engagement.* Pittsburgh, PA: Author.

DeVries, A. C., Johnson, C. L., & Carter, C. S. (1997). Familiarity and gender influence social preferences in prairie voles (*Microtus ochrogaster*). *Canadian Journal of Zoology, 75,* 295–301.

DeYoung, C. G. (2006). Higher-order factors of the Big Five in a multi-informant sample. *Journal of Personality and Social Psychology, 91*(6), 1138–1151.

DeYoung, C. G., Peterson, J. B., & Higgins, D. M. (2002). Higher-order factors of the Big Five predict conformity: Are there neuroses of health? *Personality and Individual Differences, 33*(4), 533–552.

Diamond, L. M. (2003a). Was it a phase? Young women's relinquishment of lesbian/bisexual identities over a 5-year period. *Journal of Personality and Social Psychology, 84*(2), 352–364.

Diamond, L. M. (2003b). What does sexual orientation orient? A biobehavioral model distinguishing romantic love and sexual desire. *Psychological Review, 110*(1), 173–192.

Diamond, L. M. (2004). Emerging perspectives on distinctions between romantic love and sexual desire. *Current Directions in Psychological Science, 13*(3), 116–119.

Diamond, L. M. (2005). A new view of lesbian subtypes: Stable versus fluid identity trajectories over an 8-year period. *Psychology of Women Quarterly, 29,* 119–128.

Diamond, L. M. (2006a). The evolution of plasticity in female–female desire. In M. R. Kauth (Ed.), *Handbook of the evolution of human sexuality* (pp. 245–274). London: Haworth Press.

Diamond, L. M. (2006b). What we got wrong about sexual identity development: Unexpected findings from a longitudinal study of young women. In A. M. Omoto & H. S. Kurtzman (Eds.), *Sexual orientation and mental health: Examining identity and development in lesbian, gay, and bisexual people* (pp. 73–94). Washington, DC: American Psychological Association.

Diamond, L. M. (2007). A dynamic systems approach to the development and expression of female same-sex sexuality. *Perspectives on Psychological Science, 2*(2), 142–161.

Diamond, L. M. (2008a). Female bisexuality from adolescence to adulthood: Results from a 10-year longitudinal study. *Developmental Psychology, 44*(1), 5–14.

Diamond, L. M. (2008b). *Sexual fluidity: Understanding women's love and desire.* Cambridge, MA: Harvard University Press.

Dickerson, C. A., Thibodeau, R., Aronson, E., & Miller, D. (1992). Using cognitive dissonance to encourage water conservation. *Journal of Applied Social Psychology, 22*(1), 841–854.

Diener, E. (2009). Editor's introduction to Vul et al. (2009) and comments. *Perspectives on Psychological Science, 4*(3), 272–273.

Diener, E. (2010). Neuroimaging: Voodoo, new phrenology, or scientific breakthrough? Introduction to special section on fMRI. *Perspectives on Psychological Science, 5*(6), 714–715.

Diener, E., & Emmons, R. A. (1984). The independence of positive and negative affect. *Journal of Personality and Social Psychology, 47,* 1105–1117.

Diener, E., & Larsen, R. J. (1993). The experience of emotional well-being. In M. Lewis & J. M. Haviland (Eds.), *Handbook of emotions* (pp. 405–415). New York: Guilford Press.

Digman, J. M. (1989). Five robust trait dimensions: Development, stability, and utility. *Journal of Personality, 57,* 195–214.

Digman, J. M. (1990). Personality structure: Emergence of the five-factor model. *Annual review of psychology, 41,* 417–440.

Digman, J. M. (1996). The curious history of the five-factor model. In J. S. Wiggins (Ed.), *The five-factor model of personality: Theoretical perspectives* (pp. 1–20). New York: Guilford Press.

Digman, J. M. (1997). Higher-order factors of the Big Five. *Journal of Personality and Social Psychology, 73*(6), 1246–1256.

DiLalla, L. F. (2004). Behavioral genetics: Background, current research, and goals for the future. In L. F. DiLalla (Ed.), *Behavioral genetics principles: Perspectives in development, personality, and psychopathology* (pp. 3–15). Washington, DC: American Psychological Association.

Dillon, K., Minchoff, B., & Baker, K. H. (1985–1986). Positive emotional states and enhancement of the immune system. *International Journal of Psychiatry in Medicine, 15,* 13–18.

Doherty, K. T. (2004). *Society for teaching of psychology discussion list archives.* Available from http://list.kennesaw.edu/archives/psychteacher.html.

Doherty, R. W. (1997). The emotional contagion scale: A measure of individual differences. *Journal of Nonverbal Behavior, 21*(2), 131–154.

Doi, T. (1973). *The anatomy of dependence.* New York: Harper Row.

Dollinger, S. J. (1993). Research note: Personality and music preference: Extraversion and excitement seeking or openness to experience? *Psychology of Music, 21,* 73–77.

Domes, G., Heinrichs, M., Michel, A., Berger, C., & Herpertz, S. C. (2007). Oxytocin improves "mind-reading" in humans. *Biological Psychiatry, 61,* 731–733.

Dondi, M., Simion, F., & Caltran, G. (1999). Can newborns discriminate between their own cry and the cry of another newborn infant? *Developmental Psychology, 35*(2), 418–426.

Donnellan, M. B., Conger, R. D., & Burzette, R. (2007). Personality development from late adolescence to young adulthood: Differential stability, normative maturity, and evidence for the maturity-stability hypothesis. *Journal of Personality, 75,* 237–263.

Donnellan, M. B., Trzesniewski, K. H., Robins, R. W., Moffitt, T. E., & Caspi, A. (2005). Low self-esteem is related to aggression, antisocial behavior, and delinquency. *Psychological Science, 16*(4), 328–335.

Donovan, D. M., & O'Leary, M. R. (1978). The drinking-related locus of control scale: Reliability, factor structure and validity. *Journal of Studies on Alcohol, 39*(5), 759–784.

Downey, J. I., & Friedman, R. C. (1998). Female homosexuality: Classical psychoanalytic theory reconsidered. *Journal of the American Psychoanalytic Association, 46,* 471–506.

Drexel University Replay Lab. (2009). Retrieved July 27, 2009, from http://www.replay.drexel.edu/.

Dumit, J. (2004). *Picturing personhood: Brain scans and biomedical identity.* Princeton, NJ: Princeton University Press.

Dunkel, C. S., Kelts, D., & Coon, B. (2006). Possible selves as mechanisms of change in therapy. In C. Dunkel & J. Kerpelman (Eds.), *Possible selves: Theory, research and application* (pp. 187–204). New York: Nova Science Publishers.

Dunn, D. S. (1999). *The practical researcher: A student guide to conducting psychological research.* Boston: McGraw-Hill.

Dunn, D. S., & Dougherty, S. B. (2005). Teaching Freud by reading Freud: Controversy as pedagogy. *Teaching of Psychology, 32*(2), 114–116.

Dunn, E. W., Biesanz, J. C., Human, L. J., & Finn, S. (2007). Misunderstanding the affective consequences of everyday social interactions: The hidden benefits of putting one's best face forward. *Journal of Personality and Social Psychology, 92*(6), 990–1005.

Dunning, D., Heath, C., & Suls, J. M. (2004). Flawed self-assessment: Implications for health, education, and the workplace. *Psychological Science in the Public Interest, 5*(3), 69–106.

Durand, D. E., & Shea, D. (1974). Entrepreneurial activity as a function of achievement motivation and reinforcement control. *The Journal of Psychology, 88,* 57–63.

Durrett, C., & Trull, T. J. (2005). An evaluation of evaluative personality terms: A comparison of the big seven and five-factor model in predicting psychopathology. *Psychological Assessment, 17*(3), 359–368.

Duval, S., & Wicklund, R. A. (1972). *A theory of objective self awareness.* New York: Academic Press.

Dwairy, M. (2002). Foundations of psychosocial dynamic personality theory of collective people. *Clinical Psychology Review, 22,* 343–360.

Dweck, C. S. (1999). *Self-theories: Their role in motivation, personality, and development.* Philadelphia: Psychology Press.

Eagly, A. H. (1978). Sex differences in influenceability. *Psychological Bulletin, 85,* 86–116.

Eagly, A. H. (1987). *Sex differences in social behavior: A social-role interpretation.* Hillsdale, NJ: Erlbaum.

Eagly, A. H. (2009a). The his and hers of prosocial behavior: An examination of the social psychology of gender. *American Psychologist, 64*(8), 644–658.

Eagly, A. H. (2009b). Possible selves in marital roles: The impact of the anticipated division of labor on the mate preferences of women and men. *Personality and Social Psychology Bulletin, 35*(4), 403–414.

Eagly, A. H., & Carli, L. L. (1981). Sex of researchers and sex-typed communications as determinants of sex differences in influenceability: A meta-analysis of social influence studies. *Psychological Bulletin, 90*(1), 1–20.

Eagly, A. H., & Crowley, M. (1986). Gender and helping behavior: A meta-analytic review of the social psychological literature. *Psychological Bulletin, 100,* 283–308.

Eagly, A. H., & Johannesen-Schmidt, M. C. (2001). The leadership styles of women and men. *Journal of Social Issues, 57*(4), 781–797.

Eagly, A. H., Johannesen-Schmidt, M. C., & van Engen, M. L. (2003). Transformational, transactional, and laissez-faire leadership styles: A meta-analysis comparing women and men. *Psychological Bulletin, 129*(4), 569–591.

Eagly, A. H., & Johnson, B. T. (1990). Gender and leadership style: A meta-anlaysis. *Psychological Bulletin, 108*(2), 233–256.

Eagly, A. H., & Karau, S. J. (1991). Gender and the emergence of leaders: A meta-analysis. *Journal of Personality and Social Psychology, 60*(5), 685–710.

Eagly, A. H., Karau, S. J., & Makhijani, M. G. (1995). Gender and the effectiveness of leaders: A meta-analysis. *Psychological Bulletin, 117*(1), 125–145.

Eagly, A. H., Makhijani, M. G., & Klonsky, B. G. (1992). Gender and the evaluation of leaders: A meta-analysis. *Psychological Bulletin, 111,* 3–22.

Eagly, A. H., & Sczesny, S. (2009). Stereotypes about women, men, and leaders: Have times changed? In M. Barrento, M. K. Ryan, & M. T. Schmitt (Eds.), *The glass ceiling in the 21st century: Understanding barriers to gender equality* (pp. 21–47). Washington, DC: American Psychological Association.

Eagly, A. H., & Steffen, V. J. (1986). Gender and aggressive behavior: A meta-analytic review of the social psychological literature. *Psychological Bulletin, 100*(3), 309–330.

Eagly, A. H., & Wood, W. (1999). A social role interpretation of sex differences in human mate preferences. *American Psychologist, 54,* 408–423.

Easton, W. O., & Enns, L. R. (1986). Sex differences in human motor activity level. *Psychological Bulletin, 100,* 19–28.

Eaves, L., Eysenck, H. J., & Martin, N. (1989). *Genes, culture and personality: An empirical approach.* New York: Academic Press.

Egan, S. K., & Perry, D. G. (2001). Gender identity: A multidimensional analysis with implications for psychosocial adjustment. *Developmental Psychology, 37*(4), 451–463.

Egloff, B., & Schmukle, S. C. (2002). Predictive validity of an implicit association test for assessing anxiety. *Journal of Personality and Social Psychology, 83*(6), 1441–1455.

Eisenberg, N., & Lennon, R. (1983). Sex differences in empathy and related capacities. *Psychological Bulletin, 94*(1), 100–131.

Eisenberger, R., Pierce, W. D., & Cameron, J. (1999). Effects of reward on intrinsic motivation—negative, neutral, and positive: Comment on Deci, Koestner, and Ryan (1999). *Psychological Bulletin, 125*(6), 677–691.

Elder, G. H. (1969). Occupational mobility, life patterns, and personality. *Journal of Health and Social Behavior, 10*(4), 308–323.

Elliot, A. J., & Reis, H. T. (2003). Attachment and exploration in adulthood. *Journal of Personality and Social Psychology, 85*(2), 317–331.

Elliot, A. J., & Thrash, T. M. (2008). Approach and avoidance temperaments. In G. J. Boyle, G. Matthews, & D. H. Saklofske (Eds.), *The SAGE handbook of personality theory and assessment: Vol. 1. Personality theories and models* (pp. 315–333). Los Angeles: Sage.

Ellis, A. (1962). *Reason and emotion in psycholherapy.* Secaucus, NJ: Lyle Stuart.

Ellis, H. (1928). *Studies in the psychology of sex: Vol. 2. Sexual inversion.* Philadelphia: F. A. Davis.

Ellis, L. (1996). Theories of homosexuality. In R. C. Savin-Williams & K. M. Cohen (Eds.), *The lives of lesbians, gay, and bisexuals: Children to adults* (pp. 11–70). Fort Worth, TX: Harcourt Brace College.

Ellis, L., & Ames, M. A. (1987). Neurohormonal functioning and sexual orientation: A theory of homosexuality/heterosexuality. *Psychological Bulletin, 101,* 233–258.

Ellis, L., Ames, M. A., Peckham, W., & Burke, D. (1988). Sexual orientation of human offspring may be altered by severe maternal stress during pregnancy. *The Journal of Sex Research, 25*(1), 152–157.

Ellis, L., & Cole-Harding, S. (2001). The effects of prenatal stress, and of prenatal alcohol and nicotine exposure, on human sexual orientation. *Physiology & Behavior, 74,* 213–226.

Ellison, N. B., Steinfield, C., & Lampe, C. (2007). The benefits of Facebook "friends": Social capital and college students' use of online social network sites. *Journal of Computer-Mediated Communication, 12*(4), article 1.

Ellsworth, P. C., & Smith, C. A. (1988). Shades of joy: Patterns of appraisal differentiating pleasant emotions. *Cognition and Emotion, 2,* 301–331.

Elms, A. C. (2007). Psychobiography and case study methods. In R. W. Robins, R. C. Fraley, & R. F. Krueger (Eds.), *Handbook of research methods in personality psychology* (pp. 97–113). New York: Guilford Press.

Else-Quest, N. M., Hyde, J. S., Goldsmith, H. H., & Van Hulle, C. A. (2006). Gender differences in temperament: A meta-analysis. *Psychological Bulletin, 132*(1), 33–72.

Else-Quest, N. M., Hyde, J. S., & Linn, M. C. (2010). Cross-national patterns of gender differences in mathematics: A meta-analysis. *Psychological Bulletin, 136*(1), 103–127.

Emmons, R. A., Barrett, J. L., & Schnitker, S. A. (2008). Personality and the capacity for religious and spiritual experience. In O. P. John, R. W. Robins, & L. A. Pervin (Eds.), *Handbook of personality: Theory and research.* New York: Guilford Press.

Emmons, R. A., & McCullough, M. E. (2003). Counting blessings versus burdens: An experimental investigation of gratitude and subjective well-being in daily life. *Journal of Personality and Social Psychology, 84*(2), 377–389.

Enriquez, V. G. (1994). *From colonial to liberation psychology: The Philippine experience.* Manila, Philippines: De La Salle University Press.

Epel, E. S., McEwen, B. S., & Ickovics, J. R. (1998). Embodying psychological thriving: Physical thriving in response to stress. *Journal of Social Issues, 54*(2), 301–322.

Epping-Jordan, J. E., Compas, B. E., Osowiecki, D. M., Oppedisano, G., Gerhardt, C., Primo, K., et al. (1999). Psychological adjustment in breast cancer: Processes of emotional distress. *Health Psychology, 18,* 315–326.
Equal Employment Opportunity Commission, Civil Service Commission, Department of Labor, & Department of Justice. (1978). Adoption by four agencies of uniform guidelines on employee selection procedures. *Federal Register, 43,* 38290–38315.
Erdelyi, M. H. (2000). Repression. In A. E. Kazdin (Ed.), *Encyclopedia of psychology* (Vol. 7, pp. 69–71). Washington, DC: American Psychological Association.
Erdelyi, M. H. (2006a). The return of the repressed [Author's Response]. *Behavioral and Brain Sciences, 29*(5), 535–543.
Erdelyi, M. H. (2006b). The unified theory of repression. *Behavioral and Brain Sciences, 29,* 499–551.
Erikson, E. H. (1950). *Childhood and society.* New York: Norton.
Erikson, E. H. (1968). *Identity: Youth and crisis.* New York: Norton.
Esterson, A. (1993). *Seductive mirage: An exploration of the work of Sigmund Freud.* Chicago: Open Court.
Esterson, A. (1998). Jeffrey Masson and Freud's seduction theory: A new fable based on old myths. *History of the Human Sciences, 11*(1), 1–21.
Esterson, A. (2001). The mythologizing of psychoanlytic history: Deception and self-deception in Freud's accounts of the seduction theory episode. *History of Psychiatry, 12,* 329–352.
Esterson, A. (2002a). Freud's seduction theory: A reply to Gleaves and Hernandez. *History of Psychology, 5,* 85–91.
Esterson, A. (2002b). The myth of Freud's ostracism by the medical community in 1896–1905: Jeffrey Masson's assault on truth. *History of Psychology, 5,* 115–134.
Evans, D. C., Gosling, S. D., & Carroll, A. (2008, March 31–April 2). What elements of an online social networking profile predict target-rater agreement in personality impressions? In *Proceedings of the international conference on weblogs and social media.* Seattle, WA.
Evans, W. P., Owens, P., & Marsh, S. C. (2005). Environmental factors, locus of control, and adolescent suicide risk. *Child and Adolescent Social Work Journal, 22*(3–4), 301–319.
Eysenck, H. J. (1952). *The scientific study of personality.* London: Routledge and Kegan Paul.
Eysenck, H. J. (1967). *The biological basis of personality.* Springfield, IL: Charles C. Thomas.
Eysenck, H. J. (1990). Biological dimensions of personality. In L. A. Pervin (Ed.), *Handbook of personality: Theory and research* (pp. 244–276). New York: Guilford Press.
Eysenck, H. J. (1991). Dimensions of personality: 16, 5, or 3?—criteria for a taxonomic paradigm. *Personality and Individual Differences, 12*(8), 773–790.
Eysenck, H. J. (1997). Personality and experimental psychology. *Journal of Personality and Social Psychology, 73*(6), 1224–1237.
Eysenck, H. J. (1998). *Dimensions of personality.* New Brunswick, NJ: Transaction.
Eysenck, H. J., & Eysenck, M. W. (1985). *Personality and individual differences.* New York: Plenum Press.
Eysenck, H. J., & Eysenck, S. B. G. (1975). *Manual of the Eysenck personality inventory.* San Diego, CA: Educational and Industrial Testing Service.
Eysenck, H. J., & Eysenck, S. B. G. (1976). *Psychoticism as a dimension of personality.* London: Hodder and Stoughton.
Fabrigar, L. R., Wegener, D. T., MacCallum, R. C., & Strahan, E. J. (1999). Evaluating the use of exploratory factor analysis in psychological research. *Psychological Methods, 4*(3), 272–299.
Feingold, A. (1992). Gender differences in mate selection preferences: A test of the parental investment model. *Psychological Bulletin, 112.*
Feingold, A. (1994). Gender differences in personality: A meta-analysis. *Psychological Bulletin, 116*(3), 429–456.
Feng, J., Spence, I., & Pratt, J. (2007). Playing an action video game reduces gender differences in spatial cognition. *Psychological Science, 18*(10), 850–855.
Fenichel, O. (1945/1995). *The psychoanalytic theory of neurosis.* New York: Norton. (Original work published 1945)
Festinger, L. (1957). *A theory of cognitive dissonance.* Evanston, IL: Row, Peterson.
Fincham, F. D., & Bradbury, T. N. (1993). Marital satisfaction, depression, and attributions: A longitudinal analysis. *Journal of Personality and Social Psychology, 64,* 442–452.
Finn, R. (2004, March 25). This Queer Eye takes design to the masses. *New York Times,* p. B2.
Fischer, A. H., & Manstead, A. S. R. (2000). The relation between gender and emotion in different cultures. In A. H. Fischer (Ed.), *Gender and emotion: Social psychological perspectives* (pp. 71–98). New York: Cambridge University Press.

Fisher, H. E. (1998). Lust, attraction, and attachment in mammalian reproduction. *Human Nature, 9*, 23–52.
Fisher, S., & Greenberg, R. P. (1996). *Freud scientifically reappraised: Testing the theories and therapy.* New York: Wiley.
Fiske, D. W. (1949). Consistency of the factorial structures of personality ratings from different sources. *Journal of Abnormal and Social Psychology, 44*(3), 329–344.
Fleeson, W. (2007). Studying personality processes: Explaining change in between-persons longitudinal and within-person multilevel models. In R. W. Robins, R. C. Fraley & R. F. Krueger (Eds.), *Handbook of research methods in personality psychology* (pp. 523–542). New York: Guilford Press.
Flouri, E. (2006). Parental interest in children's education, children's self-esteem and locus of control, and later educational attainment: Twenty-six-year follow-up of the 1970 British birth cohort. *British Journal of Educational Psychology, 76*(1), 41–55.
Foa, E. B., Riggs, D. S., Massie, E. D., & Yarczower, M. (1995). The impact of fear activation and anger on the efficacy of exposure treatment for PTSD. *Behavioral Therapy, 26*, 487–499.
Folkman, S., & Moskowitz, J. T. (2000). Positive affect and the other side of coping. *American Psychologist, 55*(6), 647–654.
Folkman, S., & Moskowitz, J. T. (2004). Coping: Pitfalls and promise. *Annual Review of Psychology, 55*, 745–774.
Folkman, S., Moskowitz, J. T., Ozer, E. M., & Park, C. L. (1997). Positive meaningful events and coping in the context of HIV/AIDS. In B. H. Gottlieb (Ed.), *Coping with chronic stress* (pp. 293–314). New York: Plenum Press.
Fonagy, P., Gergely, G., & Target, M. (2008). Psychoanalytic constructs and attachment theory and research. In J. Cassidy & P. R. Shaver (Eds.), *Handbook of attachment* (2nd ed., pp. 783–810). New York: Guilford Press.
Forer, B. R. (1949). The fallacy of personal validation: A classroom demonstration of gullibility. *The Journal of Abnormal and Social Psychology, 44*(1), 118–123.
Forsyth, D. R., Lawrence, N. K., Burnette, J. L., & Baumeister, R. F. (2007). Attempting to improve the academic performance of struggling college students by bolstering their self-esteem: An intervention that backfired. *Journal of Social and Clinical Psychology, 26*(4), 447–459.
Foster, J. D., Kernis, M. H., & Goldman, B. M. (2007). Linking adult attachment to self-esteem stability. *Self and identity, 6*, 64–73.
Fox, K. R., & Corbin, C. B. (1989). The physical self-perception profile: Development and preliminary validation. *Journal of Sport & Exercise Psychology, 11*(4), 408–430.
Fraley, R. C. (2002). Attachment stability from infancy to adulthood: Meta-analysis and dynamic modeling of developmental mechanisms. *Personality and Social Psychology Review, 6*(2), 123–151.
Fraley, R. C., Brumbaugh, C. C., & Marks, M. J. (2005). The evolution and function of adult attachment: A comparative and phylogenetic analysis. *Journal of Personality and Social Psychology, 89*(5), 731–746.
Fraley, R. C., & Shaver, P. R. (1998). Airport separations: A naturalistic study of adult attachment dynamics in separating couples. *Journal of Personality and Social Psychology, 75*(5), 1198–1212.
Fraley, R. C., & Shaver, P. R. (2008). Attachment theory and its place in contemporary personality theory and research. In O. P. John, R. W. Robins, & L. A. Pervin (Eds.), *Handbook of personality: Theory and research* (pp. 518–541). New York: Guilford Press.
Frankl, V. E. (1959). *Man's search for meaning.* Boston: Beacon Press.
Franzoi, S. L., & Shields, S. A. (1984). The body esteem scale: Multidimensional structure and sex differences in a college population. *Journal of Personality Assessment, 48*(2), 173–178.
Fredrickson, B. L. (1998). What good are positive emotions? *Review of General Psychology, 2*(3), 300–319.
Fredrickson, B. L. (2000). Cultivating positive emotions to optimize health and well-being. *Prevention & Treatment, 3*(1), ArtID 1.
Fredrickson, B. L. (2001). The role of positive emotions in positive psychology: The broaden-and-build theory of positive emotions. *American Psychologist, 56*(3), 218–226.
Fredrickson, B. L. (2002). Positive emotions. In C. R. Snyder & S. J. Lopez (Eds.), *Handbook of positive psychology* (pp. 120–134). New York: Oxford University Press.
Fredrickson, B. L., & Branigan, C. (2001). Positive emotions. In G. A. Bonanno & T. J. Mayne (Eds.), *Emotions: Current issues and future directions* (pp. 123–151). New York: Guilford Press.

Fredrickson, B. L., & Branigan, C. (2005). Positive emotions broaden the scope of attention and thought-action repertoires. *Cognition and Emotion, 19*(3), 313–332.
Fredrickson, B. L., Cohn, M. A., Coffey, K. A., Pek, J., & Finkel, S. M. (2008). Open hearts build lives: Positive emotions, induced through loving-kindness meditation, build consequential personal resources. *Journal of Personality and Social Psychology, 95*(5), 1045–1062.
Fredrickson, B. L., & Joiner, T. (2002). Positive emotions trigger upward spirals toward emotional well-being. *Psychological Science, 13*(2), 172–175.
Fredrickson, B. L., & Levenson, R. W. (1998). Positive emotions speed recovery from the cardiovascular sequelae of negative emotions. *Cognition and Emotion, 12*(2), 191–220.
Fredrickson, B. L., Mancuso, R. A., Branigan, C., & Tugade, M. M. (2000). The undoing effect of positive emotions. *Motivation and Emotion, 24*(4), 237–258.
Frei, R. L., & McDaniel, M. A. (1998). Validity of customer service measures in personnel selection: A review of criterion and construct evidence. *Human Performance, 11*(1), 1–27.
Freud, A. (1937/1966). *The ego and the mechanisms of defense.* Madison, CT: International Universities Press. (Original work published 1937)
Freud, E. L. (Ed.). (1960/1992). Letter to his fiancée Martha Bernays (27 June 1882). In E. L. Freud (Ed.), *Letters of Sigmund Freud* (pp.10-12). Mineola, NY: Dover Publications.
Freud, S. (1900/1953). The interpretation of dreams. In J. Strachey (Ed. and Trans.), *Standard edition* (Vols. 4 & 5). London: Hogarth Press. (Original work published 1900)
Freud, S. (1901/1960). The psychopathology of everyday life. In J. Strachey (Ed. and Trans.), *Standard edition* (Vol. 6). London: Hogarth Press. (Original work published 1901)
Freud, S. (1905/1959). Fragment of an analysis of a case of hysteria. In A. Strachey & J. Strachey (Eds.), *Collected papers* (Vol. 3, pp. 13–136). New York: Basic Books.
Freud, S. (1905/1960). Jokes and their relation to the unconscious. In J. Strachey (Ed. and Trans.), *Standard edition* (Vol. 8). London: Hogarth Press. (Original work published 1905)
Freud, S. (1908/1959). Character and anal eroticism. In J. Strachey (Ed. and Trans.), *Standard edition* (Vol. 9, pp. 167–175). London: Hogarth Press. (Original work published 1908)
Freud, S. (1909a/1955). Analysis of a phobia in a five-year-old boy. In J. Strachey (Ed. and Trans.), *Standard edition* (Vol. 10, pp. 5–149). London: Hogarth Press. (Original work published 1909)
Freud, S. (1909b/1955). Notes upon a case of obsessional neurosis. In J. Strachey (Ed. and Trans.), *Standard edition* (Vol. 10, pp. 153–320). London: Hogarth Press. (Original work published 1909)
Freud, S. (1910/1964). *Leonardo Da Vinci and a memory of his childhood* (A. Tyson, Trans.). New York: Norton.
Freud, S. (1911/1958). Formulations on the two principles of mental functioning. In J. Strachey (Ed. and Trans.), *Standard edition* (Vol. 12, pp. 215–226). London: Hogarth Press. (Original work published 1911)
Freud, S. (1914/1957). On narcissism. In J. Strachey (Ed. and Trans.), *Standard edition* (Vol. 14, pp. 67–102). London: Hogarth Press. (Original work published 1914)
Freud, S. (1915a/1957). Instincts and their vicissitudes. In J. Strachey (Ed. and Trans.), *Standard edition* (Vol. 14, pp. 111–140). London: Hogarth Press. (Original work published 1915)
Freud, S. (1915b/1957). Repression. In J. Strachey (Ed. and Trans.), *Standard edition* Vol. 14, pp. (141–158). London: Hogarth Press. (Original work published 1915)
Freud, S. (1915/2000). *Three essays on the theory of sexuality* (J. Strachey, Ed. and Trans.). New York: Basic Books. (Original work published 1915)
Freud, S. (1920/1955). Beyond the pleasure principle. In J. Strachey (Ed. and Trans.), *Standard edition* (Vol. 18, pp. 3–64). London: Hogarth Press. (Original work published 1920)
Freud, S. (1923a/1961). The ego and the id. In J. Strachey (Ed. and Trans.), *Standard edition* (Vol. 19, pp. 12–66). London: Hogarth Press. (Original work published 1923)
Freud, S. (1923b/1961). The infantile genital organization: An interpolation into the theory of sexuality. In J. Strachey (Ed. and Trans.), *Standard edition* (Vol. 19). London: Hogarth Press. (Original work published 1923)
Freud, S. (1925/1959). Inhibitions, symptoms and anxiety. In J. Strachey (Ed. and Trans.), *Standard edition* (Vol. 20, pp. 77–175). London: Hogarth Press. (Original work published 1925)
Freud, S. (1925/1961). Some psychical consequences of the anatomical distinction between the sexes. In J. Strachey (Ed. and Trans.), *Standard edition* (Vol. 19, pp. 248–258). London: Hogarth Press. (Original work published 1925)
Freud, S. (1929/1989). *Civilization and its discontents.* New York: Norton. (Original work published 1929)

Freud, S. (1933/1990). The anatomy of the mental personality (Lecture 31). In *New introductory lectures on psychoanalysis.* New York: Norton. (Original work published 1933)

Freud, S. (1955). Two encyclopedia articles. In J. Strachey (Ed. and Trans.), *Standard edition* (Vol. 18, pp. 235–259). London: Hogarth Press. (Original work published 1923)

Freud, S. (1967). *Woodrow Wilson: A psychological study.* London: Hogarth Press.

Freyd, J. J. (2006). The social psychology of cognitive repression. *Behavioral and Brain Sciences, 29*(5), 518–519.

Fung, H. H., & Ng, S. (2006). Age differences in the sixth personality factor: Age differences in interpersonal relatedness among Canadians and Hong Kong Chinese. *Psychology and Aging, 21*(4), 810–814.

Funk, S. C. (1992). Hardiness: A review of theory and research. *Health Psychology, 11*(5), 335–345.

Funk, S. C., & Houston, B. K. (1987). A critical analysis of the hardiness scale's validity and utility. *Journal of Personality and Social Psychology, 53*(3), 572–578.

Furnham, A. (1986). Economic locus of control. *Human Relations, 39,* 29–43.

Furnham, A., & Fudge, C. (2008). The five factor model of personality and sales performance. *Journal of Individual Differences, 29*(1), 11–16.

Furnham, A., Sadka, V., & Brewin, C. R. (1992). The development of an occupational attributional style questionnaire. *Journal of Organizational Behavior, 13,* 27–39.

Gable, P., & Harmon-Jones, E. (2010). The blues broaden, but the nasty narrows: Attentional consequences of negative affects low and high in motivational intensity. *Psychological Science, 21,* 211–215.

Gabriel, M. T., Critelli, J. W., & Ee, J. S. (1994). Narcissistic illusions in self-evaluations of intelligence and attractiveness. *Journal of Personality, 62,* 143–155.

Gagné, M., & Deci, E. L. (2005). Self-determination theory and work motivation. *Journal of Organizational Behavior, 26,* 331–362.

Gagné, M., Ryan, R. M., & Bargmann, K. (2003). Autonomy support and need satisfaction in the motivation and well-being of gymnasts. *Journal of Applied Sport Psychology, 15,* 372–390.

Gale, C. R., Batty, G. D., & Deary, I. J. (2008). Locus of control at age 10 years and health outcomes and behaviors at age 30 years: The 1970 British cohort study. *Psychosomatic Medicine, 70,* 397–403.

Gale, S. F. (2002, April). Three companies cut turnover with tests. *Workforce,* 66–69.

Gallup, G. G. (1977). Self-recognition in primates: A comparative approach to the bidirectional properties of consciousness. *American Psychologist, 32*(5), 329–338.

Garnets, L. D. (2002). Sexual orientations in perspective. *Cultural Diversity and Ethnic Minority Psychology, 8*(2), 115–129.

Gay, P. (1988). *Freud: A life for our time.* New York: Norton.

Ge, X., Conger, R. D., Cadoret, R. J., Neiderhiser, J. M., Yates, W., Troughton, E., et al. (1996). The developmental interface between nature and nurture: A mutual influence model of child antisocial behavior and parent behaviors. *Developmental Psychology, 32*(4), 574–589.

Geen, R. G. (1984). Preferred stimulation levels in introverts and extraverts: Effects on arousal and performance. *Journal of Personality and Social Psychology, 46*(6), 1303–1312.

Geen, R. G. (1997). Psychophysiological approaches to personality. In R. Hogan, J. Johnson, & S. Briggs (Eds.), *Handbook of personality psychology* (pp. 387–414). San Diego, CA: Academic Press.

Geher, G. (2000). Perceived and actual characteristics of parents and partners: A test of the Freudian model of mate selection. *Current Psychology, 19*(3), 194–214.

Geis, F. L. (1978). Machiavellianism. In H. London & J. Exner (Eds.), *Dimensions of personality* (pp. 285–313). New York: Wiley.

George, M. S., & Bellmaker, R. H. (2000). *Transcranial magnetic stimulation in neuropsychiatry.* Washington, DC: American Psychological Association.

Gergen, K. J. (1985). The social constructionist movement in modern psychology. *American Psychologist, 40*(3), 266–275.

Gergen, K. J. (1991). *The saturated self.* New York: Basic Books.

Getzels, J. W., & Csikszentmihalyi, M. (1976). *The creative vision.* New York: Wiley.

Gibb, B. E., Beevers, C. G., Andover, M. S., & Holleran, K. (2006). The hopelessness theory of depression: A prospective multi-wave test of the vulnerability-stress hypothesis. *Cognitive Therapy and Research, 30,* 763–772.

Gibran, K. (1947/2006). *The Kahlil Gibran reader.* New York: Kensington Publishing (Original work published 1947)

Gillespie, W., & Myors, B. (2000). Personality of rock musicians. *Psychology of Music, 28,* 154–165.

Gillham, J. E., Brunwasser, S. M., & Freres, D. R. (2007). Preventing depression in early adolescence. In J. R. Z. Abela & B. L. Hankin (Eds.), *Handbook of depression in children and adolescents* (pp. 309–332). New York: Guilford Press.

Gillham, J. E., Reivich, K. J., Jaycox, L. H., & Seligman, M. E. P. (1995). Prevention of depressive symptoms in schoolchildren: Two year follow-up. *Psychological Science, 6,* 343–351.

Gillham, J. E., Shatté, A. J., Reivich, K. J., & Seligman, M. E. P. (2001). Optimism, pessimism, and explanatory style. In E. C. Chang (Ed.), *Optimism & pessimism: Implications for theory, research, and practice* (pp. 53–75). Washington, DC: American Psychological Association.

Gilmor, T. M., & Reid, D. W. (1978). Locus of control, prediction, and performance on university examinations. *Journal of Consulting and Clinical Psychology, 46*(3), 565–566.

Gladstone, T. R. G., & Kaslow, N. J. (1995). Depression and attributions in children and adolescents: A meta-analytic review. *Journal of Abnormal Child Psychology, 23,* 597–606.

Glaser, J., & Kihlstrom, J. F. (2005). Compensatory automaticity: Unconscious volition is not an oxymoron. In R. R. Hassin, J. R. Uleman, & J. A. Bargh (Eds.), *The new unconscious* (pp. 171–195). New York: Oxford University Press.

Gleaves, D. H., & Hernandez, E. (1999). Recent reformulations of Freud's development and abandonment of his seduction theory: Historical/scientific clarification or a continued assault on truth? *History of Psychology, 2*(4), 324–354.

Goffman, E. (1959). *The presentation of self in everyday life.* Garden City, NY: Doubleday.

Goldberg, L. R. (1981). Language and individual differences: The search for universals in personality lexicons. In L. Wheeler (Ed.), *Review of personality and social psychology* (Vol. 2, pp. 141–165). Beverly Hills, CA: Sage.

Goldberg, L. R. (1990). An alternative "description of personality": The Big Five factor structure. *Journal of Personality and Social Psychology, 59,* 1216–1229.

Goldman, D., Kohn, P. M., & Hunt, R. W. (1983). Sensation seeking, augmenting, reducing, and absolute auditory threshold: A strength of the nervous system perspective. *Journal of Personality and Social Psychology, 45*(2), 405–411.

Goldstein, S. (2000). *Cross-cultural explorations: Activities in culture and psychology.* Needham Heights, MA: Allyn & Bacon.

Goleman, D. (1995). *Emotional intelligence.* New York: Bantam Books.

Golombok, S., Spencer, A., & Rutter, M. (1983). Children in lesbian and single-parent households: Psychosexual and psychiatric appraisal. *Journal of Child Psychology and Psychiatry, 4,* 551–572.

Gonzales, F., & Espin, O. (1996). Latino men, Latina women, and homosexuality. In R. Cabaj & T. Stein (Eds.), *Textbook of homosexuality and mental health* (pp. 583–601). Washington, DC: American Psychiatric Press.

Gordon, R. A. (2008). Attributional style and athletic performance: Strategic optimism and defensive pessimism. *Psychology of Sport and Exercise, 9*(3), 336–350.

Gore, P. M., & Rotter, J. B. (1963). A personality correlate of social action. *Journal of Personality, 31*(1), 58–64.

Gosling, S. D. (2008). *Snoop: What your stuff says about you.* New York: Basic Books.

Gosling, S. D., Ko, S. J., Mannarelli, T., & Morris, M. E. (2002). A room with a cue: Personality judgments based on offices and bedrooms. *Journal of Personality and Social Psychology, 82*(3), 379–398.

Gosling, S. D., Rentfrow, P. J., & Swann, W. B. (2003). A very brief measure of the big-five personality domains. *Journal of Research in Personality, 37,* 504–528.

Gottesman, I. I. (1991). *Schizophrenia genesis: The origins of madness.* San Francisco: W. H. Freeman.

Gottlieb, L. (2006). How do I love thee? *The Atlantic Monthly, 297*(3), 58–70.

Gottman, J. M. (1993). *What predicts divorce? The relationship between marital processes and marital outcomes.* New York: Psychology Press.

Gough, H. G. (1979). A creative personality scale for the adjective check list. *Journal of Personality and Social Psychology, 37*(8), 1398–1405.

Gough, H. G., & Heilbrun, A. B. (1983). *Adjective Check List manual.* Palo Alto, CA: Consulting Psychologists Press.

Gray, J. A. (1970). The psychophysiological basis of introversion-extraversion. *Behaviour Research and Therapy, 8,* 249–266.

Gray, J. A. (1976). The behavioural inhibition system: A possible substrate for anxiety. In M. P. Feldman & A. Broadhurst (Eds.), *Theoretical and experimental bases of behaviour modification* (pp. 3–41). London: Wiley.

Gray, J. A. (1982). *The neuropsychology of anxiety: An enquiry into the functions of the septo-hippocampal system.* Oxford, England: Oxford University Press.

Gray, J. A., & McNaughton, N. (2000). *The neuropsychology of anxiety: An enquiry into the functions of the septo-hippocampal system.* Oxford, England: Oxford University Press.

Gray, P. O. (2001). *Psychology* (4th ed.). New York: MacMillian.

Graziano, W. G., & Eisenberg, N. H. (1997). Agreeableness: A dimension of personality. In R. Hogan, J. Johnson & S. Briggs (Eds.), *Handbook of personality psychology* (pp. 795–824). San Diego, CA: Academic Press.

Green, R. (1978). Sexual identity of 37 children raised by homosexual or transsexual parents. *American Journal of Psychiatry, 135,* 692–697.

Green, R. (1987). *The "sissy boy syndrome" and the development of homosexuality.* New Haven, CT: Yale University Press.

Greenberg, J. R., & Mitchell, S. (1993). *Object relations in psychoanalytic theory.* Cambridge, MA: Harvard University Press.

Greene, B. (2000). African American lesbian and bisexual women. *Journal of Social Issues, 56,* 239–250.

Greenwald, A. G., & Farnham, S. D. (2000). Using the Implicit Association Test to measure self-esteem and self-concept. *Journal of Personality and Social Psychology, 79,* 1022–1038.

Greenwald, A. G., McGhee, D. E., & Schwartz, J. L. K. (1998). Measuring individual differences in implicit cognition: The implicit association test. *Journal of Personality and Social Psychology, 74,* 1464–1480.

Greenwald, A. G., Nosek, B. A., & Banaji, M. R. (2003). Understanding and using the implicit association test: I. An improved scoring algorithm. *Journal of Personality and Social Psychology, 85*(2), 197–216.

Greenwald, A. G., Poehlman, T. A., Uhlmann, E. L., & Banaji, M. R. (2009). Understanding and using the implicit association test: III. Meta-analysis of predictive validity. *Journal of Personality and Social Psychology, 97*(1), 17–41.

Grolnick, W. S., & Ryan, R. M. (1987). Autonomy support in education: Creating the facilitating environment. In N. Hastings & J. Schwieso (Eds.), *New directions in educational psychology: Vol. 2. Behaviour and motivation* (pp. 213–232). London: Falmer Press.

Grolnick, W. S., & Ryan, R. M. (1989). Parent-styles associated with children's self-regulation and competence in school. *Educational Psychology, 81,* 143–154.

Gross, J. J. (2008). Emotion and emotion regulation: Personality processes and individual differences. In O. P. John, R. W. Robins, & L. A. Pervin (Eds.), *Handbook of personality: Theory and research* (pp. 701–724). New York: Guilford Press.

Gross, J. J., Sutton, S. K., & Ketelaar, T. (1998). Relations between affect and personality: Support for the affect-level and affective-reactivity view. *Personality and Social Psychology Bulletin, 24*(3), 279–288.

Guadagno, R. E., Okdie, B. M., & Eno, C. A. (2008). Who blogs? Personality predictors of blogging. *Computers in Human Behavior, 24,* 1993–2004.

Guiffrida, D., Gouveia, A., Wall, A., & Seward, D. (2008). Development and validation of the need for relatedness at college questionnaire (NRC-Q). *Journal of Diversity in Higher Education, 1*(4), 251–261.

Guimond, S. (2008). Psychological similarities and differences between women and men across cultures. *Social and Personality Psychology Compass, 2*(1), 494–510.

Guterl, F. (2002, November 11). What Freud got right. *Newsweek, 140*(20), 50–51.

Haeffel, G. J., Getchell, M., Koposov, R. A., Yrigollen, C. M., DeYoung, C. G., af Klinteberg, B., et al. (2008). Association between polymorphisms in the dopamine transporter gene and depression. *Psychological Science, 19*(1), 62–69.

Haeffel, G. J., Gibb, B. E., Metalsky, G. I., Alloy, L. B., Abramson, L. Y., Hankin, B. L., et al. (2008). Measuring cognitive vulnerability to depression: Development and validation of the cognitive style questionnaire. *Clinical Psychology Review, 28*(5), 824–836.

Haidt, J. (2000). The positive emotion of elevation. *Prevention & Treatment, 3*(3), ArtID 3c.

Hall, C., Smith, K., & Chia, R. (2008). Cognitive and personality factors in relation to timely completion of a college degree. *College Student Journal, 42*(4), 1087–1098.

Hall, J. A. (1978). Gender effects in decoding nonverbal cues. *Psychological Bulletin, 85*(4), 845–857.

Hall, J. A. (1984). *Nonverbal sex differences: Communication accuracy and expressive style.* Baltimore: Johns Hopkins University Press.

Hall, J. A. (2006a). Nonverbal behavior, status, and gender: How do we understand their relations? *Psychology of Women Quarterly, 30,* 384–391.

Hall, J. A. (2006b). Women's and men's nonverbal communication: Similarities, differences, stereotypes, and origins. In V. Manusov & M. L. Patterson (Eds.), *The SAGE handbook of nonverbal communication* (pp. 201–218). Thousand Oaks, CA: Sage.

Halpern, D. F. (1997). Sex differences in intelligence: Implications for education. *American Psychologist, 52,* 1091–1102.

Halpern, D. F. (2000). *Sex differences in cognitive abilities.* Mahwah, NJ: Erlbaum.

Halpern, D. F. (2004). A cognitive-process taxonomy for sex differences in cognitive abilities. *Current Directions in Psychological Science, 13*(4), 135–139.

Halpern, D. F., Benbow, C. P., Geary, D. C., Gur, R. C., Hyde, J. S., & Gernsbacher, M. A. (2007). The science of sex differences in science and mathematics. *Psychological Science in the Public Interest, 8*(1), 1–51.

Halpern, D. F., & LaMay, M. L. (2000). The smarter sex: A critical review of sex differences in intelligence. *Educational Psychology Review, 12*(2), 229–246.

Halvari, A. E. M., & Halvari, H. (2006). Motivational predictors of change in oral health: An experimental test of self-determination theory. *Motivation and Emotion, 30,* 295–306.

Hammen, C. L., Adrian, C., & Hiroto, D. (1988). A longitudinal test of the attributional vulnerability model in children at risk for depression. *British Journal of Clinical Psychology, 27,* 37–46.

Hammer, D. H., Hu, S., Magnuson, V. L., Hu, N., & Pattatucci, A. M. (1993). A linkage between DNA markers on the X chromosome and male sexual orientation. *Science, 261,* 321–327.

Hargrave, G. E., & Hiatt, D. (1989). Use of the California psychological inventory in law enforcement officer selection. *Journal of Personality Assessment, 53*(2), 267–277.

Harker, L., & Keltner, D. (2001). Expressions of positive emotions in women's college yearbook pictures and their relationship to personality and life outcomes across adulthood. *Journal of Personality and Social Psychology, 80,* 112–124.

Harlow, H. F. (1958). The nature of love. *American Psychologist, 13,* 673–685.

Harris, K. J., Kacmar, K. M., Zivnuska, S., & Shaw, J. D. (2007). The impact of political skill on impression management effectiveness. *Journal of Applied Psychology, 92*(1), 278–285.

Harter, S. (1983). Developmental perspectives on the self-system. In P. H. Müssen (Ed.), *Handbook of child psychology: Vol. 4. Socialization, personality and social development* (pp. 275–386). New York: Wiley.

Harter, S. (1998). The development of self-representations. In W. Damon & N. Eisenberg (Eds.), *Handbook of child psychology: Vol. 3. Social, emotional, and personality development* (pp. 553–617). New York: Wiley.

Harter, S. (1999). *The construction of the self: A developmental perspective.* New York: Guilford Press.

Harter, S. (2003). The development of self-representations during childhood and adolescence. In M. R. Leary & J. P. Tangney (Eds.), *Handbook of self and identity* (pp. 610–642). New York: Guilford Press.

Harter, S. (2005). Self-concepts and self-esteem, children and adolescents. In C. B. Fisher & R. M. Lerner (Eds.), *Encyclopedia of applied developmental science* (Vol. 2, pp. 972–977). Thousand Oaks, CA: Sage.

Hartung, C. M., & Widiger, T. A. (1998). Gender differences in the diagnosis of mental disorders: Conclusions and controversies of the DSM-IV. *Psychological Bulletin, 123,* 260–278.

Hassett, J. M., Siebertand, E. R., & Wallen, K. (2008). Sex differences in rhesus monkey toy preferences parallel those of children. *Hormones and Behavior, 54,* 359–364.

Hathaway, S. R., & McKinley, J. C. (1940). A multiphasic personality schedule (Minnesota): I. Construction of the schedule. *Journal of Psychology, 10,* 249–254.

Hayne, H., Garry, M., & Loftus, E. F. (2006). On the continuing lack of scientific evidence for repression. *Behavioral and Brain Sciences, 29*(5), 521–522.

Hazan, C., & Shaver, P. R. (1987). Romantic love conceptualized as an attachment process. *Journal of Personality and Social Psychology, 52*(3), 511–524.

Hazan, C., & Shaver, P. R. (1990). Love and work: An attachment-theoretical perspective. *Journal of Personality and Social Psychology, 59*(2), 270–280.

Hazan, C., & Zeifman, D. (1994). Sex and the psychological tether. In *Advances in personal relationships: A research annual* (Vol. 5, pp. 151–177). London: Jessica Kingsley.
Healy, W., Bronner, A. F., & Bowers, A. M. (1931). *The struture and meaning of psychoanalysis.* New York: Alfred A. Knopf.
Heatherington, L., Daubman, K. A., Bates, C., Ahn, A., Brown, H., & Preston, C. (1993). Two investigations of "female modesty" in achievement situations. *Sex Roles, 29,* 739–754.
Hebb, D. O. (1955). Drives and the CNS (conceptual nervous system). *Psychological Review, 62,* 243–259.
Hedges, L. V., & Nowell, A. (1995). Sex differences in mental test scores, variability, and numbers of high-scoring individuals. *Science, 269,* 41–45.
Heine, S. J., & Lehman, D. R. (1995). Cultural variation in unrealistic optimism: Does the West feel more invulnerable than the East? *Journal of Personality and Social Psychology, 68,* 595–607.
Helms, J. E. (1990). *Black and White racial identity: Theory, research, and practice.* New York: Greenwood Press.
Helson, R. (1967). Personality characteristics and developmental history of creative college women. *Genetic Psychologic Monographs, 76,* 205–256.
Helson, R., & Wink, P. (1992). Personality change in women from the early 40s to the early 50s. *Psychology and Aging, 7,* 46–55.
Henry, P. C. (2005). Life stresses, explanatory style, hopelessness, and occupational class. *International Journal of Stress Management, 12*(3), 241–256.
Herek, G. M. (2010). Sexual orientation differences as deficits: Science and stigma in the history of American psychology. *Perspectives on Psychological Science, 5*(6), 693–699.
Hesse, E. (2008). The adult attachment interview: Historical and current perspectives. In J. Cassidy & P. R. Shaver (Eds.), *The handbook of attachment: Theory, research, and clinical applications* (pp. 552–598). New York: Guilford Press.
Hetherington, E. M., & Clingempeel, W. G. (1992). Coping with marital transitions: A family systems perspective. *Monographs of the Society for Research in Child Development, 57*(2–3, Serial No. 227).
Hiers, J. M., & Heckel, R. V. (1977). Seating choice, leadership, and locus of control. *The Journal of Social Psychology, 103,* 313–314.
Hilgard, E. R. (1977). *Divided consciousness.* New York: Wiley.
Hill, C., Corbett, C., & St. Rose, A. (2010). *Why so few? Women and girls in science, technology, engineering and mathematics.* Washington, DC: American Association of University Women.
Hiroto, D. S. (1974). Locus of control and learned helplessness. *Journal of Experimental Psychology, 102*(2), 187–193.
Hiroto, D. S., & Seligman, M. E. P. (1975). Generality of learned helplessness in man. *Journal of Personality and Social Psychology, 31*(2), 311–327.
Ho, D. Y. F. (1996). Filial piety and its psychological consequences. In M. H. Bond (Ed.), *The handbook of Chinese psychology.* Hong Kong: Oxford University Press.
Ho, D. Y. F. (1998). Indigenous psychologies: Asian perspectives. *Journal of Cross-Cultural Psychology, 29*(1), 88–103.
Hock, M. F., Deshler, D. D., & Schumaker, J. B. (2006). Enhancing student motivation through the persuit of possible selves. In C. Dunkel & J. Kerpelman (Eds.), *Possible selves: Theory, research and application* (pp. 205–221). New York: Nova Science Publishers.
Hofhansl, A., Voracek, M., & Vitouch, O. (2004). Sex differences in jealousy: A meta-analytical reconsideration. Paper presented at the 16th annual meeting of the Human Behavior and Evolution Society, July 21–25, Berlin, Germany.
Hogan, R. (1996). A socioanalytic perspective on the five-factor model. In J. S. Wiggins (Ed.), *The five-factor model of personality: Theoretical perspectives* (pp. 163–179). New York: Guilford Press.
Hogan, R., Hogan, J., & Roberts, B. W. (1996). Personality measurement and employment decisions. *American Psychologist, 51*(5), 469–477.
Hojat, M., Callahan, C. A., & Gonnella, J. S. (2004). Students' personality and rating of clinical competence in medical school clerkships: A longitudinal study. *Psychology, Health & Medicine, 9*(2), 247–252.
Holahan, C. K., & Sears, R. R. (1995). *The gifted group in later maturity.* Palo Alto, CA: Stanford University Press.

Holden, R. R., & Jackson, D. N. (1979). Item subtlety and face validity in personality assessment. *Journal of Consulting and Clinical Psychology, 47*(3), 459–468.

Holmes, D. S. (1995). The evidence for repression: An examination of sixty years of research. In J. Singer (Ed.), *Repression and dissociation: Implications for personality theory, psychopathology and health* (pp. 85–102). Chicago: University of Chicago Press.

Hong, T. B., Oddone, E. Z., Dudley, T. K., & Bosworth, H. B. (2006). Medication barriers and anti-hypertensive medication adherence: The moderating role of locus of control. *Psychology, Health & Medicine, 11*(1), 20–28.

Hooker, C. I., Verosky, S. C., Miyakawa, A., Knight, R. T., & D'Esposito, M. (2008). The influence of personality on neural mechanisms of observational fear and reward learning. *Neuropsychologia, 46*, 2709–2724.

Horgan, J. (1996). Why Freud isn't dead. *Scientific American, 275*(6), 106–111.

Hörmann, H., & Maschke, P. (1996). On the relations between personality and job performance of airline pilots. *The International Journal of Aviation Psychology, 6*(2), 171–178.

Hough, L. M., Eaton, N. K., Dunnette, M. D., Kamp, J. D., & McCloy, R. A. (1990). Criterion-related validities of personality constructs as the effect of response distortion on those validities. *Journal of Applied Psychology, 75*, 581–595.

Houran, J., Lange, R., Rentfrow, P. J., & Bruckner, K. H. (2004). Do online matchmaking tests work? An assessment of preliminary evidence for a publicized "predictive model of marital success." *North American Journal of Psychology, 6*(3), 507–526.

Houston, D. M., McKee, K. J., & Wilson, J. (2000). Attributional style, efficacy, and the enhancement of well-being among housebound older people. *Basic and Applied Social Psychology, 22*(4), 309–317.

Hoyle, R. H. (2006). Self-knowledge and self-esteem. In M. H. Kernis (Ed.), *Self-esteem issues and answers* (pp. 208–215). New York: Psychology Press.

Hoyle, R. H., Fejfar, M. C., & Miller, J. D. (2000). Personality and sexual risk-taking. a quantitative review. *Journal of Personality, 68*(6), 1203–1231.

Hoyle, R. H., Stephenson, M. T., Palmgreen, P., Lorch, E. P., & Donohew, R. L. (2002). Reliability and validity of a brief measure of sensation seeking. *Personality and Individual Differences, 32*, 401–414.

Hoyt, M. F. (1973). Internal–external control and beliefs about automobile travel. *Journal of Research in Personality, 7*(3), 288–293.

Huesmann, L. R., Eron, L. D., Lefkowitz, M. M., & Walder, L. O. (1984). Stability of aggression over time and generations. *Developmental Psychology, 20*, 1120–1134.

Hull, J. G., Van Treuren, R. R., & Virnelli, S. (1987). Hardiness and health: A critique and alternative approach. *Journal of Personality and Social Psychology, 53*(3), 518–530.

Hurlburt, A. C., & Ling, Y. (2007). Biological components of sex differences in color preference. *Current Biology, 17*, 623–625.

Hyde, J. S. (1984). How large are gender differences in aggression? A developmental meta-analysis. *Developmental Psychology, 20*(4), 722–736.

Hyde, J. S. (1986). Gender differences in aggression. In J. S. Hyde & M. C. Linn (Eds.), *The psychology of gender: Advances through meta-analysis* (pp. 51–66). Baltimore: Johns Hopkins University Press.

Hyde, J. S. (1993). Gender differences in mathematics ability, anxiety, and attitudes: What do meta-analyses tell us? In L. A. Penner, G. M. Batsche, H. M. Knoff, D. L. Nelson, & C. D. Spielberger (Eds.), *The challenge in mathematics and science education: Psychology's response* (pp. 237–249). Washington, DC: American Psychological Association.

Hyde, J. S. (2004). *Half the human experience: The psychology of women*. Boston: Houghton Mifflin.

Hyde, J. S. (2005). The gender similarities hypothesis. *American Psychologist, 60*, 581–592.

Hyde, J. S. (2007). New directions in the study of gender similarities and differences. *Current Directions in Psychological Science, 16*(5), 259–263.

Hyde, J. S., & DeLamater, J. D. (2006). *Understanding human sexuality*. Boston: McGraw-Hill.

Hyde, J. S., & Durik, A. M. (2000). Gender differences in erotic plasticity—Evolutionary or sociocultural forces? Comment on Baumeister (2000). *Psychological Bulletin, 126*(3), 375–379.

Hyde, J. S., Fennema, E., & Lamon, S. J. (1990). Gender differences in mathematics performance: A meta-analysis. *Psychological Bulletin, 107*, 139–155.

Hyde, J. S., & Jaffee, S. R. (2000). Becoming a heterosexual adult: The experiences of young women. *Journal of Social Issues, 56*(2), 283–296.

Hyde, J. S., & Linn, M. C. (1988). Gender differences in verbal ability: A meta-analysis. *Psychological Bulletin, 104,* 53–69.

Hyde, J. S., & Linn, M. C. (2006). Gender similarities in mathematics and science. *Science, 314*(5799), 599–600.

Hyde, J. S., & Oliver, M. B. (2000). Gender differences in sexuality: Results from meta-analysis. In C. B. Travis & J. W. White (Eds.), *Sexuality, society, and feminism* (pp. 57–77). Washington, DC: American Psychological Association.

Icard, L. D. (1996). Assessing the psychosocial well-being of African American gays. In J. F. Longres (Ed.), *Men of color: A context for service to homosexually active men* (pp. 25–50). London: Haworth Press.

Ickes, W., Gesn, P. R., & Graham, T. (2000). Gender differences in empathic accuracy: Differential ability or differential motivation? *Personal Relationships, 7,* 95–109.

Ickes, W., Holloway, R., Stinson, L. L., & Hoodenpyle, T. G. (2006). Self-monitoring in social interaction: The centrality of self-affect. *Journal of Personality, 74*(3), 659–684.

Iemmola, F., & Ciani, A. C. (2009). New evidence of genetic factors influencing sexual orientation in men: Female fecundity increase in the maternal line. *Archives of Sexual Behavior, 38,* 393–399.

Ilardi, S. S., Craighead, E. W., & Evans, D. D. (1997). Modeling relapse in unipolar depression: The effects of dysfunctional cognitions and personality disorders. *Journal of Consulting and Clinical Psychology, 65,* 381–391.

Irwin, M. R., & Miller, A. H. (2007). Depressive disorders and immunity: 20 years of progress and discovery. *Brain Behavior and Immunity, 21,* 374–383.

Isaacowitz, D. M., & Seligman, M. E. P. (2001). Is pessimism a risk factor for depressive mood among community-dwelling older adults? *Behaviour Research and Therapy, 39,* 255–272.

Isaacowitz, D. M., & Seligman, M. E. P. (2003). Cognitive styles and well-being in adulthood and old age. In M. H. Bornstein, L. Davidson, C. L. M. Keyes, K. A. Moore, & The Center for Child Well-being (Eds.), *Well-being: Positive development across the life course* (pp. 449–475). Mahwah, NJ: Erlbaum.

Isen, A. M. (1987). Positive affect, cognitive processes, and social behavior. *Advances in Experimental Social Psychology, 20,* 203–253.

Isen, A. M., Daubman, K. A., & Nowicki, G. P. (1987). Positive affect facilitates creative problem solving. *Journal of Personality and Social Psychology, 52*(6), 1122–1131.

Izard, C. E. (1977). *Human emotions.* New York: Plenum Press.

Jackson, D. N. (1984). *Personality research form manual.* Port Huron, MI: Research Psychologists Press.

Jaffee, S. R., Caspi, A., Moffitt, T., Polo-Thomas, M., Price, T. S., & Taylor, A. (2004). The limits of child effects: Evidence for genetically mediated child effects on corporal punishment but not on physical maltreatment. *Developmental Psychology, 40,* 1047–1058.

James, W. (1890). *The principles of psychology.* New York: Holt.

Jang, K. L., Dick, D. M., Wolf, H., Livesley, W. J., & Paris, J. (2005). Psychosocial adversity and emotional instability: An application of gene–environmental interaction models. *European Journal of Personality, 19,* 359–372.

Jang, K. L., McCrae, R. R., Angleitner, A., Riemann, R., & Livesley, W. J. (1998). Heritability of facet-level traits in a cross-cultural twin sample: Support for a hierarchical model of personality. *Journal of Personality and Social Psychology, 74,* 1556–1565.

Janoff-Bullman, R. (1992). *Shattered assumptions. Towards a new psychology of trauma.* New York: Free Press.

Jaycox, L. H., Reivich, K. J., Gillham, J., & Seligman, M. E. P. (1994). Prevention of depressive symptoms in schoolchildren. *Behaviour Research and Therapy, 32*(8), 801–816.

Jenkins, J. M. (1993). Self-monitoring and turnover: The impact of personality on intent to leave. *Journal of Organizational Behavior, 14*(1), 83–91.

John, O. P. (1989). Towards a taxonomy of personality descriptors. In D. M. Buss & N. Cantor (Eds.), *Personality psychology: Recent trends and emerging directions* (pp. 260–271). New York: Springer-Verlag.

John, O. P. (1990). The "Big Five" factor taxonomy: Dimensions of personality in the natural language and in questionnaires. In L. A. Pervin (Ed.), *Handbook of personality: Theory and research* (pp. 66–100). New York: Guilford Press.

John, O. P., & Benet-Martínez, V. (2000). Measurement: Reliability, construct validation, and scale construction. In H. T. Reis & C. M. Judd (Eds.), *Handbook of research methods in social and personality psychology* (pp. 339–369). Cambridge, England: Cambridge University Press.

John, O. P., Naumann, L. P., & Soto, C. J. (2008). Paradigm shift to the integrative Big Five trait taxonomy: History, measurement, and conceptual issues. In O. P. John, R. W. Robins, & L. A. Pervin (Eds.), *Handbook of personality: Theory and research*. New York: Guilford Press.

John, O. P., & Robins, R. W. (1993). Gordon Allport: Father and critic of the five-factor model. In K. H. Craik, R. Hogan, & R. N. Wolfe (Eds.), *Fifty years of personality psychology* (pp. 215–236). New York: Plenum Press.

John, O. P., Robins, R. W., & Pervin, L. A. (Eds.). (2008). *The handbook of personality psychology: Theory and research*. New York: Guilford Press.

John, O. P., & Soto, C. J. (2007). The importance of being valid. In R. W. Robins, R. C. Fraley & R. F. Krueger (Eds.), *Handbook of research methods in personality psychology* (pp. 461–494). New York: Guilford Press.

John, O. P., & Srivastava, S. (1999). The Big Five trait taxonomy: History, measurement, and theoretical perspectives. In L. A. Pervin & O. P. John (Eds.), *Handbook of personality: Theory and research* (2nd ed., pp. 102–138). New York: Guilford Press.

Johnson, A. M., Vernon, P. A., & Feiler, A. R. (2008). Behavioral genetic studies of personality: An introduction and review of the results of 50+ years of research. In G. J. Boyle, G. Matthews, & D. H. Saklofske (Eds.), *The Sage handbook of personality theory and assessment* (Vol. 1, pp. 145–173). Los Angeles: Sage.

Johnson, B. T., & Boynton, M. H. (2008). Cumulating evidence about the social animal: Meta-analysis in social-personality psychology. *Social and Personality Psychology Compass, 2*(2), 816–841.

Johnson, W., & Deary, V. (2008). Is RST the Newtonian mechanics of personality psychology? *European Journal of Personality, 22,* 398–400.

Johnson, W., & Krueger, R. F. (2006). How money buys happiness: Genetic and environmental processes linking finances and life satisfaction. *Journal of Personality and Social Psychology, 90*(4), 680–691.

Joiner, T. E., & Wagner, K. D. (1995). Attribution style and depression in children and adolescents: A meta-analytic review. *Clinical Psychology Review, 15,* 777–798.

Jones, E. E., & Pittman, T. S. (1982). Toward a theory of strategic self-presentation. In J. Suls (Ed.), *Psychological perspectives on the self* (pp. 231–262). Hillsdale, NJ: Erlbaum.

Jones, M. (1993). Influence of self-monitoring on dating motivations. *Journal of Research in Personality, 27,* 197–206.

Jordan, C. H., Spencer, S. J., & Zanna, M. P. (2005). Types of high self-esteem and prejudice: How implicit self-esteem relates to ethnic discrimination among high explicit self-esteem individuals. *Personality and Social Psychology Bulletin, 31*(5), 693–702.

Joseph, J. E., Liu, X., Jiang, Y., Lynam, D., & Kelly, T. H. (2009). Neural correlates of emotional reactivity in sensation seeking. *Psychological Science, 20*(2), 215–223.

Joussemet, M., Landry, R., & Koestner, R. (2008). A self-determination theory perspective on parenting. *Canadian Psychology, 49,* 194–200.

Joyce, N., & Baker, D. B. (2008, May). Husbands, rate your wives. *Monitor on Psychology, 39*(5), 18.

Judge, T. A., & Bono, J. E. (2001). Relationship of core self-evaluations traits—self-esteem, generalized self-efficacy, locus of control, and emotional stability—with job satisfaction and job performance: A meta analysis. *Journal of Applied Psychology, 86,* 80–92.

Jung, C. G. (1910). The association method. *The American Journal of Psychology, 21*(2), 219–269.

Jung, C. G. (1921/1971). *Psychological types* (R.F.C. Hull, trans.). Princeton, NJ: Princeton University Press, Bollingen Series XX (Vol. 6). (Original work published 1921)

Jung, C. G. (1934/1960). A review of the complex theory. In *The structure and dynamics of the psyche* (pp. 92–104). Princeton, NJ: Princeton University Press, Bollingen Series XX (Vol. 8). (Original work published 1934)

Jussim, L. (1986). Self-fulfilling prophecies: A theoretical and integrative review. *Psychological Review, 93,* 429–445.

Jussim, L., & Eccles, J. S. (1992). Teacher expectations: II. Construction and reflection of student achievement. *Journal of Personality and Social Psychology, 63,* 947–961.

Kabat-Zinn, J. (1990). *Full catastrophe living.* New York: Random House.

Kaestner, E., Rosen, L., & Apel, P. (1977). Patterns of drug abuse: Relationships with ethnicity, sensation seeking, and anxiety. *Journal of Consulting and Clinical psychology, 45*(3), 462–468.

Kamen-Siegel, L., Rodin, J., Seligman, M. E. P., & Dwyer, J. (1991). Explanatory style and cell-mediated immunity in elderly men and women. *Health Psychology, 10*(4), 229–235.

Kao, E. M., Nagata, D. K., & Peterson, C. (1997). Explanatory style, family expressiveness, and self-esteem among Asian American and European American college students. *The Journal of Social Psychology, 137*(4), 435–444.

Karen, R. (1994). *Becoming attached: First relationships and how they shape our capacity to love.* New York: Oxford University Press.

Kasen, S., Chen, H., Sneed, J., Crawford, T., & Cohen, P. (2006). Social role and birth cohort influences on gender-linked personality traits in women: A 20-year longitudinal analysis. *Journal of Personality and Social Psychology, 91*(5), 944–958.

Kashy, D. A., & DePaulo, B. M. (1996). Who lies? *Journal of Personality and Social Psychology, 70*(5), 1037–1051.

Kasser, T., & Ryan, R. M. (1993). A dark side of the American dream: Correlates of financial success as a central life aspiration. *Journal of Personality and Social Psychology, 65*(2), 410–422.

Kasser, T., & Ryan, R. M. (1996). Further examining the American dream: Differential correlates of intrinsic and extrinsic goals. *Personality and Social Psychology Bulletin, 22*(3), 280–297.

Katcher, A. (1955). The discrimination of sex differences by young children. *The Journal of Genetic Psychology, 87,* 131–143.

Kay, A. C., Jimenez, M. C., & Jost, J. T. (2002). Sour grapes, sweet lemons, and the anticipatory rationalization of the status quo. *Personality and Social Psychology Bulletin, 28*(9), 1300–1312.

Kelly, G. (1955). *The psychology of personal constructs.* New York: Norton.

Keltner, D., & Bonanno, G. A. (1997). A study of laughter and dissociation: Distinct correlates of laughter and smiling during bereavement. *Journal of Personality and Social Psychology, 73*(4), 687–702.

Keltner, D., & Haidt, J. (2001). Social functions of emotions. In T. J. Mayne & G. A. Bonanno (Eds.), *Emotions: Current issues and future directions* (pp. 192–213). New York: Guilford Press.

Kendler, K. S., Thorton, L. M., Gilman, S. E., & Kessler, R. C. (2000). Sexual orientation in a U.S. national sample of twin and nontwin sibling pairs. *American Journal of Psychiatry, 157,* 1843–1846.

Kenrick, D. T., & Trost, M. R. (1993). The evolutionary perspective. In A. E. Beall & R. J. Sternberg (Eds.), *The psychology of gender* (pp. 148–172). New York: Guilford Press.

Kernberg, O. (1975). *Borderline conditions and pathological narcissism.* New York: Jason Aronson.

Kernberg, O. (1984). *Severe personality disorders: Psychotherapeutic strategies.* New Haven, CT: Yale University Press.

Kernis, M. H., & Goldman, B. M. (2003). Stability and variability in self-concept and self-esteem. In M. R. Leary & J. P. Tangney (Eds.), *Handbook of self and identity* (pp. 106–127). New York: Guilford Press.

Kernis, M. H., Grannemann, B. D., & Barclay, L. C. (1989). Stability and level of self-esteem as predictors of anger arousal and hostility. *Journal of Personality and Social Psychology, 56,* 1013–1023.

Kernis, M. H., Grannemann, B. D., & Barclay, L. C. (1992). Stability of self-esteem: Assessment correlates. *Journal of Personality, 60,* 621–644.

Kernis, M. H., Greenier, K. D., Herlocker, C. E., Whisenhunt, C. R., & Abend, T. (1997). Self-perception of reactions to positive and negative outcomes. The roles of stability and level of self-esteem. *Personality and Social Psychology Bulletin, 22,* 845–854.

Kernis, M. H., Lakey, C. E., & Heppner, W. L. (2008). Secure versus fragile high self-esteem as a predictor of verbal defensiveness: Converging findings across three different markers. *Journal of Personality, 76*(3), 477–512.

Kihlstrom, J. F. (2006). Repression: A unified theory of a will-o'-the-wisp. *Behavioral and Brain Sciences, 29*(5), 523.

King, L. A., & Smith, N. G. (2004). Gay and straight possible development. *Journal of Personality, 72*(5), 967–994.

Kinsey, A. C., Pomeroy, W. B., & Martin, C. E. (1948). *Sexual behavior in the human male.* Bloomington: Indiana University Press.

Kinsey, A. C., Pomeroy, W. B., Martin, C. E., & Gebhard, P. H. (1953). *Sexual behavior in the human female.* Bloomington: Indiana University Press.

Kirk, K. M., Bailey, J. M., Dunne, M. P., & Martin, N. G. (2000). Measurement models for sexual orientation in a community twin sample. *Behavior Genetics, 30*(4), 345–356.

Kirkpatrick, M., Smith, C., & Roy, R. (1981). Lesbian mothers and their children: A comparative survey. *American Journal of Orthopsychiatry, 51*, 545–551.

Kite, M. E., Deaux, K., & Haines, E. L. (2008). Gender stereotypes. In F. L. Denmark & M. A. Paludi (Eds.), *Psychology of women: A handbook of issues and theories* (2nd ed., pp. 205–236). Westport, CT: Praeger/Greenwood.

Klein, F., Sepekoff, B., & Wolf, T. J. (1985). Sexual orientation: A multi-variable dynamic process. *Journal of Homosexuality, 11*(1/2), 35–49.

Kling, K. C., Hyde, J. S., Showers, C. J., & Buswell, B. N. (1999). Gender differences in self-esteem: A meta-analysis. *Psychological Bulletin, 125*(4), 470–500.

Kluckhohn, C., & Murray, H. A. (1948). Personality formation: The determinants. In C. Kluckhohn & H. A. Murray (Eds.), *Personality in nature, society and culture.* New York: Alfred A. Knopf.

Knight, G. P., Fabes, R. A., & Higgins, D. A. (1996). Concerns about drawing causal inferences from meta-analyses: An example in the study of gender differences in aggression. *Psychological Bulletin, 119*(3), 410–421.

Knight, R. T. (2007). Neural networks debunk phrenology. *Science, 316*(5831), 1578–1579.

Knutson, B., & Bhanji, J. (2006). Neural substrates for emotional traits? The case of extraversion. In T. Canli (Ed.), *Biology of personality and individual differences* (pp. 116–132). New York: Guilford Press.

Knutson, B., Momenan, R., Rawlings, R. R., Fong, G. W., & Hommer, D. (2001). Negative association of neuroticism with brain volume ratio in healthy humans. *Biological Psychiatry, 50*, 685–690.

Kobasa, S. C. (1979). Stressful life events, personality, and health: An inquiry into hardiness. *Journal of Personality and Social Psychology, 37*(1), 1–11.

Koestner, R., Ryan, R. M., Bernieri, F., & Holt, K. (1984). Setting limits on children's behavior: The differential effects of controlling vs. informational styles on intrinsic motivation and creativity. *Journal of Personality, 52*(3), 233–248.

Kohn, P. M., Hunt, R. W., & Hoffman, F. M. (1982). Aspects of experience seeking. *Canadian Journal of Behavioral Science, 14*(1), 13–23.

Kohut, H. (1966). Forms and transformations of narcissism. *Journal of the American Psychoanalytic Association, 14*, 243–272.

Kohut, H. (1971). *The analysis of the self: A systematic psychoanalytic approach to the treatment of narcissistic personality disorders.* New Haven, CT: Yale University Press.

Kohut, H. (1977). *The restoration of the self.* New York: International Universities Press.

Kohut, H. (1984). *How does analysis cure?* Chicago: University of Chicago Press.

Koop, C. E. (1995). Editorial: A personal role in health-care reform. *American Journal of Public Health, 85*(6), 759–760.

Koppitz, E. M. (1968). *Psychological evaluation of children's human figure drawing.* New York: Grune & Stratton.

Kowert, P. A. (1996). Where does the buck stop?: Assessing the impact of presidential personality. *Political Psychology, 17*, 421–452.

Krafft-Ebing, R. (1908/1986). *Psychopathia sexualis* (F. J. Rebman, trans.). Brooklyn, NY: Physicians and Surgeons Book Co. (Original work published 1908)

Krämer, N. C., & Winter, S. (2008). Impression management 2.0: The relationship of self-esteem, extraversion, self-efficacy, and self-presentation within social networking sites. *Journal of Media Psychology, 20*(3), 106–116.

Krueger, R. F., & Johnson, W. (2008). Behavior genetics and personality: A new look at the integration of nature and nurture. In O. P. John, R. W. Robins, & L. A. Pervin (Eds.), *Handbook of personality: Theory and research* (pp. 287–310). New York: Guilford Press.

Krueger, R. F., Markon, K. E., & Bouchard, T. J. (2003). The extended genotype: The heritability of personality accounts for the heritability of recalled family environments in twins reared apart. *Journal of Personality, 71*(5), 809–833.

Krueger, R. F., & Tackett, J. L. (2003). Personality and psychopathology: Working toward the bigger picture. *Journal of Personality Disorders, 17*(2), 109–128.

Krug, S. E., & Johns, E. F. (1986). A large-scale cross-validation of second-order personality structure defined by the 16PF. *Psychological Reports, 46*, 509–522.

Kuhn, M., & McPartland, T. S. (1954). An empirical investigation of self-attitudes. *American Sociological Review, 19,* 68–76.

La Guardia, J. G., & Patrick, H. (2008). Self-determination theory as a fundamental theory of close relationships. *Canadian Psychology, 49,* 201–209.

Långström, N., Rahman, Q., Carlström, E., & Lichtenstein, P. (2010). Genetic and environmental effects on same-sex sexual behavior: A population study of twins in Sweden. *Archives of Sexual Behavior, 39,* 75–80.

LaForge, M. C., & Cantrell, S. (2003). Explanatory style and academic performance among college students beginning a major course of study. *Psychological Reports, 92,* 861–865.

LaFrance, M., & Banaji, M. (1992). Towards a reconsideration of the gender-emotion relationship. In M. S. Clark (Ed.), *Emotion and social behavior* (pp. 178–201). Newbury Park, CA: Sage.

Lahey, B. J. (2009). Public health significance of neuroticism. *American Psychologist, 64*(4), 241–256.

Lai, C. (2006, December 11). *How much of human height is genetic and how much is due to nutrition?* Retrieved April 9, 2009, from http://www.sciam.com/article.cfm?id=how-much-of-human-height.

Lambird, K. H., & Mann, T. (2006). When do ego threats lead to self-regulation failure? Negative consequences of defensive high self-esteem. *Personality and Social Psychology Bulletin, 32*(9), 1177–1187.

Langer, E. J., & Rodin, J. (1976). The effects of choice and enhanced personal responsibility for the aged: A field experiment in an institutional setting. *Journal of Personality and Social Psychology, 34*(2), 191–198.

Larsen, R. J., & Ketelaar, T. (1989). Extraversion, neuroticism and susceptibility to positive and negative mood induction procedures. *Personality and Individual Differences, 10*(12), 1221–1228.

Larsen, R. J., & Ketelaar, T. (1991). Personality and susceptibility to positive and negative emotional states. *Journal of Personality and Social Psychology, 61*(1), 132–140.

Laumann, E. O., Gagnon, J. H., Michael, R. T., & Michaels, S. (1994). *The social organization of sexuality: Sexual practices in the United States.* Chicago: University of Chicago Press.

Lazar, N. A. (2009). Discussion of "puzzlingly high correlations in fMRI studies of emotion, personality, and social cognition" by Vul et al. (2009). *Perspectives on Psychological Science, 4*(3), 308–309.

Leary, M. R. (2004). *The curse of the self: Self-awareness, egotism, and the quality of human life.* Cambridge, MA: Oxford University Press.

Leary, M. R., Tchividjian, L. R., & Kraxberger, B. E. (1994). Self-presentation can be hazardous to your health: Impression management and health risk. *Health Psychology, 13*(6), 461–470.

Lee, K., & Ashton, M. C. (2004). Psychometric properties of the HEXACO personality inventory. *Multivariate Behavioral Research, 39*(2), 329–358.

Lee, K., & Ashton, M. C. (2007). Factor analysis in personality research. In R. W. Robins, R. C. Fraley, & R. F. Krueger (Eds.), *Handbook of research methods in personality psychology* (pp. 424–443). New York: Guilford Press.

Lee, K., Ogunfowora, B., & Ashton, M. C. (2005). Personality traits beyond the Big Five: Are they within the HEXACO space? *Journal of Personality, 73*(5), 1437–1463.

Lee, S. J., & Oyserman, D. (2009). Expecting to work, fearing homelessness: The possible selves of low-income mothers. *Journal of Applied Social Psychology, 39*(6), 1334–1355.

Lee, S. J., Quigley, B. M., Nesler, M. S., Corbet, A. B., & Tedeschi, J. T. (1999). Development of a self-presentation tactics scale. *Personality and Individual Differences, 26,* 701–722.

Lee, Y., & Seligman, M. E. P. (1997). Are Americans more optimistic than the Chinese? *Personality and Social Psychology Bulletin, 23*(1), 32–40.

Lefcourt, H. M. (1979). Locus of control for specific goals. In L. C. Perlmutter & R. A. Monty (Eds.), *Choice and perceived control* (pp. 209–220). Hillsdale, NJ: Erlbaum.

Lefcourt, H. M. (1981). The construction and development of the multidimensional-multiattributional causality scales. In H. M. Lefcourt (Ed.), *Research with the locus of control construct: Vol. 1. Assessment methods* (pp. 245–277). New York: Academic Press.

Lefcourt, H. M. (1982). *Locus of control: Current trends in theory and research.* Hillsdale, NJ: Erlbaum.

Lefcourt, H. M. (1983). The locus of control as a moderator variable: Stress. In H. M. Lefcourt (Ed.), *Research with the locus of control construct: Vol. 2. Developments and social problems* (pp. 253–268). San Diego, CA: Academic Press.

Lefcourt, H. M. (1991). Locus of control. In J. P. Robinson, P. R. Shaver, & L. S. Wrightsman (Eds.), *Measures of personality and social psychological attitudes* (pp. 413–499). San Diego, CA: Academic Press.

Lefcourt, H. M., Martin, R. A., Fick, C. M., & Saleh, W. E. (1985). Locus of control for affiliation and behavior in social interactions. *Journal of Personality and Social Psychology, 48*(3), 755–759.

Legerstee, M., Anderson, D., & Schaffer, A. (1998). Five- and eight-month-old infants recognize their faces and voices as familiar social stimuli. *Child Development, 69*, 37–50.

Lehman, D. R., & Taylor, S. E. (1987). Date with an earthquake: Coping with a probable, unpredictable disaster. *Personality and Social Psychology Bulletin, 13*(4), 546–555.

Lehnart, J., & Neyer, F. J. (2006). Should I stay or should I go? Attachment and personality in stable and instable romantic relationships. *European Journal of Personality, 20*, 475–495.

Lenney, E. (1977). Women's self-confidence in achievement settings. *Psychological Bulletin, 84*(1), 1–13.

Leone, C. (2006). Self-monitoring: Individual differences in orientations to the social world. *Journal of Personality, 74*(3), 633–657.

Leone, C., & Hawkins, L. B. (2006). Self-monitoring and close relationships. *Journal of Personality, 74*(3), 739–778.

Lepper, M. R., Corpus, J. H., & Iyengar, S. S. (2005). Intrinsic and extrinsic motivational orientations in the classroom: Age differences and academic correlates. *Journal of Educational Psychology, 97*(2), 184–196.

Lepper, M. R., Greene, D., & Nisbett, R. E. (1973). Undermining children's intrinsic interest with extrinsic reward: A test of the "overjustification" hypothesis. *Journal of Personality and Social Psychology, 28*(1), 129–137.

Lesch, K. P. (2007). Linking emotion to the social brain. The role of the serotonin transporter in human social behaviour. *EMBO Reports, 8*(S1), S24–S29.

Lesch, K. P., Bengel, D., Heils, A., Sabol, S. Z., Greenberg, B. D., Petri, S., et al. (1996). Association of anxiety-related traits with a polymorphism in the serotonin transporter gene regulatory region. *Science, 274*(5292), 1527–1531.

Letzring, T. D., Block, J., & Funder, D. C. (2005). Ego-control and ego-resiliency: Generalization of self-report scales based on personality descriptions from acquaintances, clinicians and the self. *Journal of Research in Personality, 39*(4), 395–422.

LeVay, S. (1991). A difference in hypothalamic structure between heterosexual and homosexual men. *Science, 253*(5023), 1034–1037.

Lewis, M., & Brooks-Gunn, J. (1979). *Social cognition and the acquisition of self.* New York: Plenum Press.

Lewis, M., & Ramsay, D. (2004). Development of self-recognition, personal pronoun use, and pretend play during the 2nd year. *Child Development, 75*, 1821–1831.

Lewis, P., Cheney, T., & Dawes, S. A. (1977). Locus of control of interpersonal relationships questionnaire. *Psychological Reports, 41*(2), 507–510.

Liberman, A., & Chaiken, S. (1992). Defensive processing of personally relevant health messages. *Personality and Social Psychology Bulletin, 18*, 669–679.

Lieberman, M. D., Berkman, E. T., & Wager, T. D. (2009). Correlations in social neuroscience aren't voodoo. *Perspectives on Psychological Science, 4*(3), 299–307.

Lifton, R. J. (1986). *The Nazi doctors: Medical killing and the psychology of genocide.* New York: Basic Books.

Lightdale, J. R., & Prentice, D. A. (1994). Rethinking sex differences in aggression: Aggressive behavior in the absence of social roles. *Personality and Social Psychology Bulletin, 20*(1), 34–44.

Lilienfeld, S. O., Wood, J. M., & Garb, H. N. (2000). The scientific status of projective techniques. *Psychological Science in the Public Interest, 1*(2), 27–66.

Lindquist, M. A., & Gelman, A. (2009). Correlations and multiple comparisons in functions imaging: A statistical perspective (commentary on Vul et al., 2009). *Perspectives on Psychological Science, 4*(3), 310–313.

Lindzey, G. (1959). On the classification of projective techniques. *Psychological Bulletin, 56*, 158–168.

Linn, M. C., & Petersen, A. C. (1985). Emergence and characterization of sex differences in spatial ability: A meta-analysis. *Child Development, 56*, 1479–1498.

Lippa, R. A. (2000). Gender-related traits in gay men, women, and heterosexual men and women. *Journal of Personality, 68,* 899–926.

Lippa, R. A. (2002). Gender-related traits of heterosexual and homosexual men and women. *Archives of Sexual Behavior, 31,* 83–98.

Lippa, R. A. (2003). Are 2D:4D finger-length ratios related to sexual orientation? Yes for men, no for women. *Journal of Personality and Social Psychology, 85*(1), 179–188.

Lippa, R. A. (2005a). *Gender, nature, and nurture.* Mahwah, NJ: Erlbaum.

Lippa, R. A. (2005b). Sexual orientation and personality. *Annual Review of Sex Research, 16,* 119–153.

Lippa, R. A. (2006a). The gender reality hypothesis. *American Psychologist, 61,* 639–640.

Lippa, R. A. (2006b). Is high sex drive associated with increased sexual attraction to both sexes? *Psychological Science, 17*(1), 46–52.

Litle, P., & Zuckerman, M. (1986). Sensation seeking and music preferences. *Personality and Individual Differences, 7*(4), 575–577.

Loehlin, J. C. (1992). *Genes and environment in personality development.* Newbury Park, CA: Sage.

Loevinger, J. (1957). Objective tests as instruments of psychological theory. *Psychological Reports, 3,* 635–694.

Loftus, E. F., & Bernstein, D. M. (2005). Rich false memories. In A. F. Healy (Ed.), *Experimental cognitive psychology and its applications* (pp. 103–113). Washington, DC: American Psychological Association.

Loftus, E. F., Garry, M., & Feldman, J. (1994). Forgetting sexual trauma: What does it mean when 38% forget? *Journal of Consulting and Clinical Psychology, 62,* 1177–1181.

Luhtanen, R., & Crocker, J. (1992). A collective self-esteem scale: Self-evaluation of one's social identity. *Personality and Social Psychology Bulletin, 18*(3), 302–318.

Lummis, M., & Stevenson, H. W. (1990). Gender differences in beliefs and achievement: A cross-cultural study. *Developmental Psychology, 26,* 254–263.

Lumsden, M. A., Bore, M., Millar, K., Jack, R., & Powis, D. (2005). Assessment of personal qualities in relation to admission to medical school. *Medical Education, 39,* 258–265.

Lyubomirsky, S., King, L., & Diener, E. (2005). The benefits of frequent positive affect: Does happiness lead to success? *Psychological Bulletin, 131*(6), 803–855.

Maccoby, E. E., & Jacklin, C. N. (1974). *The psychology of sex differences.* Palo Alto, CA: Stanford University Press.

MacDonald, A. P. (1970). Internal–external locus of control and the practice of birth control. *Psychological Reports, 27*(1), 206.

MacDonald, D. A. (2000). Spirituality: Description, measurement, and relation to the five factor model. *Journal of Personality, 68*(1), 153–197.

Machiavelli, N. (1532/1940). *The prince.* New York: The Modern Library.

Machover, K. (1949). *Personality projection in the drawing of the human figure.* Springfield, IL: Charles C. Thomas.

Macmillan, M. (1991). *Freud evaluated: The completed arc.* Amsterdam, Netherlands: North-Holland.

Maddi, S. R. (1987). Hardiness training at Illinois Bell Telephone. In J. Opatz (Ed.), *Health promotion evaluation* (pp. 101–115). Stephens Point, WI: National Wellness Institute.

Maddi, S. R. (2002). The story of hardiness: Twenty years of theorizing, research, and practice. *Consulting Psychology Journal: Practice and Research, 54*(3), 173–185.

Maddi, S. R., Kahn, S., & Maddi, K. L. (1998). The effectiveness of hardiness training. *Consulting Psychology Journal: Practice and Research, 50*(2), 78–86.

Maddi, S. R., & Kobasa, S. C. (1984). *The hardy executive.* Homewood, IL: Jones-Irwin.

Madrid, G. A., MacMurray, J., Lee, J. W., Anderson, B. A., & Comings, D. E. (2001). Stress as a mediating factor in the association between the DRD2 Taq I polymorphism and alcoholism. *Alcoholism, 23,* 117–122.

Magaña, J. R., & Carrier, J. M. (1991). Mexican and Mexican-American male sexual behavior and spread of AIDS in California. *Journal of Sex Research, 28,* 425–441.

Magee, M., & Miller, D. C. (1997). *Lesbian lives: Psychoanalytic narratives old and new.* Hillsdale, NJ: Analytic Press.

Maier, S. F. (1970). Failure to escape traumatic shock: Incompatible skeletal motor response or learned helplessness? *Learning and Motivation, 1,* 157–170.

Maier, S. F., & Seligman, M. E. P. (1976). Learned helplessness: Theory and evidence. *Journal of Experimental Psychology: General, 105*(1), 3–46.

Main, M. (1996). Introduction to the special section on attachment and psychopathology: 2. Overview of the field of attachment. *Journal of Consulting and Clinical Psychology, 64*(2), 237–243.

Main, M., Kaplan, N., & Cassidy, J. (1985). Security in infancy, childhood, and adulthood: A move to the level of representation. *Monographs of the Society for Research in Child Development, 50*(1–2), 66–104.

Main, M., & Solomon, J. (1990). Procedures for identifying infants as disorganized/disoriented during the Ainsworth Strange Situation. In M. T. Greenberg, D. Cicchetti, & E. M. Cummings (Eds.), *Attachment in the preschool years* (pp. 121–160). Chicago: University of Chicago Press.

Malcolm, J. (1994). *Psychoanalysis: The impossible profession.* New York: Jason Aronson.

Markon, K. E., Krueger, R. F., & Watson, D. (2005). Delineating the structure of normal and abnormal personality: An integrative hierarchical approach. *Journal of Personality and Social Psychology, 88*(1), 139–157.

Markus, H. R., & Kitayama, S. (1991). Culture and the self: Implications for cognition, emotion and motivation. *Psychological Review, 98*(2), 224–253.

Markus, H. R., & Nurius, P. (1986). Possible selves. *American Psychologist, 41*(9), 954–969.

Marsh, H. W. (1993). Academic self-concept: Theory, measurement, and research. In J. Suls (Ed.), *Psychological perspectives on the self* (pp. 59–98). Hillsdale, NJ: Erlbaum.

Marshall, E. (1995). NIH's "gay gene" study questioned. *Science, 268,* 1841.

Marshall, J. C. (1984). Multiple perspectives on modularity. *Cognition, 17,* 209–242.

Martin, N. J., Holroyd, K. A., & Penzien, D. B. (1990). The headache-specific locus of control scale: Adaptation to recurrent headaches. *Headache: The Journal of Head and Face Pain, 30*(11), 729–734.

Maslow, A. (1954). *Motivation and personality.* New York: Harper & Row.

Masson, J. M. (1984a). *The assault on truth: Freud's suppression of the seduction theory.* New York: Farrar, Straus & Giroux.

Masson, J. M. (1984b, February). Freud and the seduction theory. *The Atlantic Monthly,* 33–60.

Masten, A. S. (2001). Ordinary magic: Resilience processes in development. *American Psychologist, 56*(3), 227–238.

Matthews, G. (2008). Challenges to personality neuroscience: Measurement, complexity and adaptation. *European Journal of Personality, 22,* 400–403.

Mawer, S. (2006). *Gregor Mendel: Planting the seeds of genetics.* New York: Abrams.

Mawson, A. R., Jacobs, K. W., Winchester, Y., & Biundo, J. J. (1988). Sensation-seeking and traumatic spinal cord injury: Case-control study. *Archives of Physical Medicine and Rehabilitation, 69*(12), 1039–1043.

McAdams, D. P. (1988). Biography, narrative, and lives: An introduction. *Journal of Personality, 56*(1), 1–18.

McAdams, D. P. (1992). The five-factor model in personality: A critical appraisal. *Journal of Personality, 60*(2), 229–361.

McAdams, D. P. (2009). *The person: An introduction to the science of personality psychology* (5th ed.). New York: Wiley.

McClelland, D. C., Atkinson, J. W., Clark, R. A., & Lowell, F. L. (1953). *The achievement motive.* New York: Appleton-Century-Crofts.

McCown, W., Keiser, R., Mulhearn, S., & Williamson, D. (1997). The role of personality and gender in preferences for exaggerated bass in music. *Personality and Individual Differences, 23*(4), 543–547.

McCrae, R. R. (1989). Why I advocate the five-factor model: Joint factor analyses of the NEO-PI with other instruments. In D. M. Buss & N. Cantor (Eds.), *Personality psychology: Recent trends and emerging directions* (pp. 237–245). New York: Springer-Verlag.

McCrae, R. R. (1990). Traits and trait names: How well is Openness represented in natural languages? *European Journal of Personality, 4,* 119–129.

McCrae, R. R. (2001). Trait psychology and culture: Exploring intercultural comparisons. *Journal of Personality, 69,* 819–846.

McCrae, R. R. (2002). NEO-PI-R data from 36 cultures: Further intercultural comparisons. In R. R. McCrae & J. Allik (Eds.), *The five-factor model of personality across cultures* (pp. 105–125). New York: Kluwer Academic/Plenum.

McCrae, R. R. (2007). Aesthetic chills as a universal marker of openness to experience. *Motivation and Emotion, 31,* 5–11.

McCrae, R. R., & Costa, P. T. (1983). Joint factors in self-reports and ratings: Neuroticism, extraversion and openness to experience. *Personality and Individual Differences, 4*(3), 245–255.

McCrae, R. R., & Costa, P. T. (1985). Updating Norman's "adequate taxonomy": Intelligence and personality dimensions in natural language and questionnaires. *Journal of Personality and Social Psychology, 49,* 710–721.

McCrae, R. R., & Costa, P. T. (1986). Personality, coping, and coping effectiveness in an adult sample. *Journal of Personality, 54*(2), 385–405.

McCrae, R. R., & Costa, P. T. (1987). Validation of the five-factor model of personality across instruments and observers. *Journal of Personality and Social Psychology, 52,* 81–90.

McCrae, R. R., & Costa, P. T. (1989). Rotation to maximize the construct validity of factors in the NEO Personality Inventory. *Multivariate Behavioral Research, 24,* 107–124.

McCrae, R. R., & Costa, P. T. (1996). Towards a new generation of personality theories: Theoretical contexts for the five-factor model. In J. S. Wiggins (Ed.), *The five-factor model of personality: Theoretical perspectives* (pp. 51–87). New York: Guilford Press.

McCrae, R. R., & Costa, P. T. (1997a). Conceptions and correlates of openness to experience. In R. Hogan, J. Johnson, & S. Briggs (Eds.), *Handbook of personality psychology* (pp. 825–847). New York: Academic Press.

McCrae, R. R., & Costa, P. T. (1997b). Personality trait structure as a human universal. *American Psychologist, 52*(5), 509–516.

McCrae, R. R., & Costa, P. T. (2008). The five-factor theory of personality. In O. P. John, R. W. Robins, & L. A. Pervin (Eds.), *Handbook of personality: Theory and research* (pp. 159–181). New York: Guilford Press.

McCrae, R. R., Costa, P. T., Pedroso de Lima, M., Simões, A., Ostendorf, F., Angleitner, A., et al. (1999). Age differences in personality across the adult life span: Parallels in five cultures. *Developmental Psychology, 35*(2), 466–477.

McCrae, R. R., Costa, P. T., & Yik, M. S. M. (1996). Universal aspects of Chinese personality structure. In M. H. Bond (Ed.), *The handbook of Chinese psychology.* Hong Kong: Oxford University Press.

McCrae, R. R., & John, O. P. (1992). An introduction to the five-factor model and its applications. *Journal of Personality, 60,* 175–215.

McCrae, R. R., Terracciano, A., & 78 Members of the Personality Profiles of Cultures Project. (2005a). Universal features of personality traits from the observer's perspective: Data from 50 cultures. *Journal of Personality and Social Psychology, 88,* 547–561.

McCrae, R. R., Terracciano, A., & 79 Members of the Personality Profiles of Cultures Project. (2005b). Personality profiles of cultures: Aggregate personality traits. *Journal of Personality and Social Psychology, 89*(3), 407–425.

McCrae, R. R., Yamagata, S., Jang, K. L., Riemann, R., Ando, J., Ono, Y., et al. (2008). Substance and artifact in the higher-order factors of the Big Five. *Journal of Personality and Social Psychology, 95*(2), 442–455.

McGuffin, P. (2004). Behavioral genomics: Where molecular genetics is taking psychiatry and psychology. In L. F. DiLalla (Ed.), *Behavioral genetics principles: Perspectives in development, personality, and psychopathology* (pp. 191–204). Washington, DC: American Psychological Association.

McGuire, W. J. (1967). Some impending reorientation in social psychology. *Journal of Experimental Social Psychology, 3*(2), 124–139.

McKnight, J., & Malcolm, J. (2000). Is male homosexuality maternally linked? *Psychology, Evolution, & Gender, 2,* 229–239.

McNally, R. J. (2003a). Recovering memories of trauma: A view from the laboratory. *Current Directions in Psychological Science, 12*(1), 32–35.

McNally, R. J. (2003b). *Remembering trauma.* Cambridge, MA: Belknap Press/Harvard University Press.

McNamara, L., & Ballard, M. E. (1999). Resting arousal, sensation seeking, and music preference. *Genetic, social, and general psychology monographs, 125*(3), 229–250.

McNaughton, N. (2008). Unscrambling the personality omelet. *European Journal of Personality, 22,* 403–405.

McNaughton, N., & Corr, P. J. (2004). A two-dimensional neuropsychology of defense: Fear/anxiety and defensive distance. *Neuroscience and the Biobehavioral Reviews, 28*(3), 285–305.

McNaughton, N., & Corr, P. J. (2008). The neuropsychology of fear and anxiety: A foundation for reinforcement sensitivity theory. In P. J. Corr (Ed.), *The reinforcement sensitivity theory of personality* (pp. 44–94). Cambridge, England: Cambridge University Press.

Mead, G. H. (1925). The genesis of the self and social control. *International Journal of Ethics, 35,* 251–273.

Mednick, M. T., & Thomas, V. G. (1993). Women and the psychology of achievement: A view from the eighties. In F. L. Denmark & M. A. Paludi (Eds.), *Psychology of women: A handbook of issues and theories.* Westport, CT: Greenwood Press.

Medvec, V. H., Madey, S. F., & Gilovich, T. (1995). When less is more: Counterfactual thinking and satisfaction among Olympic medalists. *Journal of Personality and Social Psychology, 69*(4), 603–610.

Meehl, P. E. (1956). Wanted—a good cookbook. *American Psychologist, 11,* 263–272.

Meek, R. (2007). The parenting possible selves of young fathers in prison. *Psychology, Crime and Law, 13*(4), 371–382.

Meltzhoff, A. N. (1990). Foundations for developing a concept of self: The role of imitation in relating self to other and the value of social mirroring, social modeling, and self-practice in infancy. In D. Cicchetti & M. Beeghly (Eds.), *The self in transition: Infancy to childhood* (pp. 139–164). Chicago: University of Chicago Press.

Metalsky, G. I., Abramson, L. Y., Seligman, M. E. P., Semmel, A., & Peterson, C. (1982). Attributional styles and life events in the classroom: Vulnerability and invulnerability to depressive mood reactions. *Journal of Personality and Social Psychology, 43,* 612–617.

Metalsky, G. I., Halberstadt, L. J., & Abramson, L. Y. (1987). Vulnerability to depressive mood reactions: Toward a more powerful test of the diathesis-stress and causal mediation components of the reformulated theory of depression. *Journal of Personality and Social Psychology, 52,* 386–393.

Metalsky, G. I., Joiner, T. E., Hardin, T. S., & Abramson, L. Y. (1993). Depressive reactions to failure in a naturalistic setting: A test of the hopelessness and self-esteem theories of depression. *Journal of Abnormal Psychology, 102,* 101–109.

Meyer, G. J., Finn, S. E., Eyde, L. D., Kay, G. G., Moreland, K. L., Dies, R. R., et al. (2001). Psychological testing and psychological assessment: A review of evidence and issues. *American Psychologist, 56*(2), 128–165.

Meyer, I. H. (2003). Prejudice, social stress, and mental health in lesbian, gay, and bisexual populations: Conceptual issues and research evidence. *Psychological Bulletin, 129,* 674–697.

Meyer, M. (1926). Review of handbuch der vergleichenden psychologie. *Psychological Bulletin, 23*(5), 261–276.

Meyer-Bahlburg, H. F. L. (1984). Psychoendocrine research on sexual orientation. current status and future options. *Progress in Brain Research, 61,* 375–398.

Meyer-Bahlburg, H. F. L. (1997). The role of prenatal estrogens in sexual orientation. In L. Ellis & L. Ebertz (Eds.), *Sexual orientation: Toward biological understanding* (pp. 41–51). Westport, CT: Praeger.

Meyer-Bahlburg, H. F. L., Ehrhardt, A. A., Rosen, L. R., Gruen, R. S., Veridiano, N. P., Vann, F. H., et al. (1995). Prenatal estrogens and the development of homosexual orientation. *Developmental Psychology, 31,* 12–21.

Mikulincer, M., & Shaver, P. R. (2007). *Attachment in adulthood.* New York: Guilford Press.

Milam, J. E., Richardson, J. L., Marks, G., Kemper, C. A., & McCutchan, A. J. (2004). The roles of dispositional optimism and pessimism in HIV disease progression. *Psychology and Health, 19*(2), 167–181.

Millar, R., & Shevlin, M. (2007). The development and factor structure of a career locus of control scale for use with school pupils. *Journal of Career Development, 33*(3), 224–249.

Miller, N. (1992). *Out in the world: Gay and lesbian life from Buenos Aires to Bangkok.* New York: Random House.

Miller, P. C., Lefcourt, H. M., & Ware, E. E. (1983). The construction and development of the Miller marital locus of control scale. *Canadian Journal of Behavioural Science/Revue canadienne des sciences du comportement, 15*(3), 266–279.

Mills, J. (1976). A procedure for explaining experiments involving deception. *Personality and Social Psychology Bulletin, 2*(1), 3–13.

Mischel, W. (1966). A social-learning view of sex differences in behavior. In E. E. Maccoby (Ed.), *The development of sex differences* (pp. 56–81). Palo Alto, CA: Stanford University Press.

Mischel, W., & Shoda, Y. (1995). A cognitive-affective system theory of personality: Reconceptualizing situations, dispositions, dynamics, and invariance in personality structure. *Psychological Review, 102*(2), 246–268.

Miserandino, M. (1996). Children who do well in school: Individual differences in perceived competence and autonomy in above-average children. *Journal of Educational Psychology, 88,* 203–214.

Miserandino, M. (1998). Attributional retraining as a method of improving athletic performance. *Journal of Sport Behavior, 21,* 286–297.

Missuz J. (n.d.). *I am from . . .* Retrieved August 29, 2009, from http://www.missuzj.com/mjblog/2005/11/index.html.

Mitchell, S. A. (1988). *Relational concepts in psychoanalysis: An integration.* Cambridge, MA: Harvard University Press.

Mitchell, S. A. (1993). *Hope and dread in psychoanalysis.* New York: Basic Books.

Mitchell, S. A. (1997). *Autonomy and influence in psychoanalysis.* Hillsdale, NJ: Analytic Press.

Miyake, A., Kost-Smith, L. E., Finkelstein, N. D., Pollock, S. J., Cohen, G. L., & Ito, T. A. (2010). Reducing the gender achievement gap in college science: A classroom study of values affirmation. *Science, 330*(6008), 1234–1237.

Moffitt, T. E., Caspi, A., & Rutter, M. (2006). Measured gene-environment interactions in psychopathology. *Perspectives on Psychological Science, 1*(1), 5–27.

Mohr, J. J. (2008). Same-sex romantic attachment. In J. Cassidy & P. R. Shaver (Eds.), *Handbook of attachment* (2nd ed., pp. 482–502). New York: Guilford Press.

Monroe, S. M., & Reid, M. W. (2008). Gene–environment interactions in depression research. *Psychological Science, 19*(10), 947–956.

Montemayor, R., & Eisen, M. (1977). The development of self-conceptions from childhood to adolescence. *Developmental Psychology, 13*(4), 314–319.

Moore, D. S., & Johnson, S. P. (2008). Mental rotation in human infants. *Psychological Science, 19*(11), 1063–1066.

Morgan, C. D., & Murray, H. A. (1935). A method of investigating fantasies: The thematic apperception test. *Archives of Neurology and Psychiatry, 34,* 289–306.

Morgan, W. G. (1995). Origin and history of the thematic apperception test images. *Journal of Personality Assessment, 65*(2), 237–254.

Moskowitz, D. S., Suh, E. J., & Desaulniers, J. (1994). Situational influences on gender differences in agency and communion. *Journal of Personality and Social Psychology, 66,* 753–761.

Motley, M. T. (1985). Slips of the tongue. *Scientific American, 253*(3), 116–127.

Motley, M. T., & Baars, B. (1979). Effects of cognitive set upon laboratory induced verbal (Freudian) slips. *Journal of Speech and Hearing Research, 22*(3), 421–432.

Mroczek, D. K. (2007). The analysis of longitudinal data in personality research. In R. W. Robins, R. C. Fraley, & R. F. Krueger (Eds.), *Handbook of research methods in personality psychology* (pp. 543–556). New York: Guilford Press.

Mroczek, D. K., & Spiro, A. (2003). Modeling intraindividual change in personality traits: Findings from the normative aging study. *Journal of Gerontology, 58B*(3), P153–P165.

Mroczek, D. K., & Spiro, A. (2007). Personality change influences mortality in older men. *Psychological Science, 18*(5), 371–376.

Munafò, M. R., & Flint, J. (2009). Replication and heterogeneity in gene x environment interaction studies. *International Journal of Neuropsychopharmacology, 12,* 727–729.

Munsey, C. (2009, July/August). Frisky, but more risky: High sensation-seekers' quest for new experiences leads some to the high-stress jobs society needs done but makes others vulnerable to reckless behavior. *APA Monitor on Psychology, 37*(7), 40.

Muris, P. (2006). Freud was right . . . about the origins of abnormal behavior. *Journal of Child and Family Studies, 15*(1), 1–12.

Murray, H. A. (1938). *Explorations in personality.* New York: Oxford University Press.

Muscarella, F. (2006). The evolution of male–male sexual behavior in humans: The alliance theory. In M. R. Kauth (Ed.), *Handbook of the evolution of human sexuality* (pp. 275–311). London: Haworth Press.

Musek, J. (2007). A general factor of personality: Evidence for the Big One in the five-factor model. *Journal of Research in Personality, 41,* 1213–1233.

Musson, D. M., & Helmreich, R. L. (2004). Personality characteristics and trait clusters in final stage astronaut selection. *Aviation, Space, and Environmental Medicine, 75*(4), 342–349.

Mustanski, B. S., & Bailey, J. M. (2003). A therapist's guide to the genetics of human sexual orientation. *Sexual and Relationship Therapy, 18*(4), 429–436.

Mustanski, B. S., Chivers, M. L., & Bailey, J. M. (2002). A critical review of recent biological research on human sexual orientation. *Annual Review of Sex Research, 13,* 89–140.

Mutch, C. (2005). Higher-order factors of the Big Five model of personality: A reanalysis of Digman (1947). *Psychological Reports, 96*(1), 167–177.

Myers, D. G. (2000a). Feeling good about Fredrickson's positive emotions. *Prevention & Treatment, 3*(1), ArtID 2c.

Myers, D. G. (2000b). The funds, friends, and faith of happy people. *American Psychologist, 55*(1), 56–67.

Myers, D. G., & Diener, E. (1995). Who is happy? *Psychological Science, 6*(1), 10–17.

Myers, I. B., & McCauley, M. H. (1985). *Manual: A guide to the development and use of the Myers-Briggs type indicator.* Palo Alto, CA: Consulting Psychologists Press.

Najmi, S., & Wegner, D. M. (2006). The united states of repression. *Behavioral and Brain Sciences, 29*(5), 528–529.

Nakamura, J., & Csikszentmihalyi, M. (2009). Flow theory and research. In S. J. Lopez & C. R. Snyder (Eds.), *Oxford handbook of positive psychology research* (pp. 195–206). Oxford, England: Oxford University Press.

Narusyte, J., Andershed, A., Neiderhiser, J. M., & Lichtenstein, P. (2007). Aggression as a mediator of genetic contributions to the association between negative parent–child relationships and adolescent antisocial behavior. *European Child and Adolescent Psychiatry, 16,* 128–137.

Nasby, W., & Read, N. W. (1997). The life voyage of a solo circumnavigator: integrating theoretical and methodological perspectives. *Journal of Personality, 65,* 785–1068.

Needles, D. J., & Abramson, L. Y. (1990). Positive life events, attributional style, and hopefulness: Testing a model of recovery from depression. *Journal of Abnormal Psychology, 99*(2), 156–165.

Nettle, D. (2007). *Personality: What makes you the way you are?* Oxford, England: Oxford University Press.

Neuman, W. L. (1997). *Social research methods: Qualitative and quantitative approaches.* Boston: Allyn & Bacon.

Newman, L. S., Duff, K. J., & Baumeister, R. F. (1997). A new look at defensive projection: Thought suppression, accessibility, and biased person perception. *Journal of Personality and Social Psychology, 72*(5), 980–1001.

Newman, L. S., Duff, K. J., Hedberg, D. A., & Blitstein, J. (1996). Rebound effects in impression formation: Assimilation and contrast effects following thought suppression. *Journal of Experimental Social Psychology, 32,* 460–483.

Newman, R. (2005). APA's resilience initiative. *Professional psychology: Research and practice, 36*(3), 227–229.

Ng, T. W. H., Sorensen, K. L., & Eby, L. T. (2006). Locus of control at work: A meta-analysis. *Journal of Organizational Behavior, 27*(8), 1057–1087.

Ng, W., & Diener, E. (2009). Feeling bad? The "power" of positive thinking may not apply to everyone. *Journal of Research in Personality, 43,* 455–463.

Nichols, T. E., & Poline, J. (2009). Commentary on Vul et al.'s (2009) "Puzzlingly high correlations in fMRI studies of emotion, personality and social cognition." *Perspectives on Psychological Science, 4*(3), 291–293.

Nix, G., Ryan, R. M., Manly, J. B., & Deci, E. L. (1999). Revitalization through self-regulation: The effects of autonomous and controlled motivation on happiness and vitality. *Journal of Experimental Social Psychology, 35,* 266–284.

Nolen-Hoeksema, S., Girgus, J. S., & Seligman, M. E. P. (1986). Learned helplessness in children: A longitudinal study of depression, achievement, and explanatory style. *Journal of Personality and Social Psychology, 51*(2), 435–442.

Nolen-Hoeksema, S., & Hilt, L. M. (2009). Gender differences in depression. In I. H. Gotlib & C. L. Hammen (Eds.), *Handbook of depression* (2nd ed., pp. 386–404). New York: Guilford Press.

Nord, W. R., Connelly, F., & Daignault, G. (1974). Locus of control and aptitude test scores as predictors of academic achievement. *Journal of Educational Psychology, 66*(6), 956–961.

Norem, J. N. (2003). Pessimism: Accentuating the positive possibilities. In E. E. C. Chang & L. L. J. Sanna (Eds.), *Virtue, vice, and personality: The complexity of behavior* (pp. 91–104). Washington, DC: American Psychological Association.

Norman, P., Bennett, P., Smith, C., & Murphy, S. (1997). Health locus of control and leisure-time exercise. *Personality and Individual Differences, 23*(5), 769–774.

Norman, W. T. (1963). Toward an adequate taxonomy of personality attributes: Replicated factor structure in peer nomination personality ratings. *Journal of Abnormal and Social Psychology, 66,* 574–583.

Nosek, B. A., Greenwald, A. G., & Banaji, M. R. (2005). Understanding and using the implicit association test: 2. Method variables and construct validity. *Personality and Social Psychology Bulletin, 31*(2), 166–180.

NPR. (2004). *Google entices job-searchers with math puzzle.* Retrieved May 27, 2010, from http://www.npr.org/templates/story/story.php?storyId=3916173.

Nunnally, J. C., & Bernstein, I. H. (1994). *Psychometric theory* (3rd ed.). New York: McGraw-Hill.

Nurius, P. S., Casey, E., Lindhorst, T. P., & Macy, R. J. (2006). Identity health, stress, and support: Profiles of transition to motherhood among high risk adolescent girls. In C. Dunkel & J. Kerpelman (Eds.), *Possible selves: Theory, research and application* (pp. 97–121). New York: Nova Science Publishers.

Oda, M. (1983). Predicting sales performance of car salesmen by personality traits. *Japanese Journal of Psychology, 54*(2), 73–80.

Oliver, M. B., & Hyde, J. S. (1993). Gender differences in sexuality: A meta-anlaysis. *Psychological Bulletin, 114,* 29–51.

Omura, K., Constable, R. T., & Canli, T. (2005). Amygdala gray matter concentration is associated with extraversion and neuroticism. *Cognitive Neuroscience and Neuropsychology, 16,* 1905–1908.

Ones, D. S., Dilchert, S., Viswesvaran, C., & Judge, T. A. (2007). In support of personality assessment in organizational settings. *Personnel Psychology, 60,* 995–1027.

Ones, D. S., Viswesvaran, C., & Schmidt, F. L. (1993). Comprehensive meta-analysis of integrity test validity: Findings and implications for personnel selection and theories of job performance. *Journal of Applied Psychology Monograph, 787*(4), 679–703.

Ong, A. D., & Allaire, J. C. (2005). Cardiovascular intraindividual variability in later life: The influence of social connectedness and positive emotions. *Psychology and Aging, 20*(3), 476–485.

Ong, A. D., Bergeman, C. S., Bisconti, T. L., & Wallace, K. A. (2006). Psychological resilience, positive emotions, and successful adaptation to stress in later life. *Journal of Personality and Social Psychology, 91*(4), 730–749.

Ong, A. D., Edwards, L. M., & Bergeman, C. S. (2006). Hope as a source of resilience in later adulthood. *Personality and Individual Differences, 41,* 1263–1273.

OSS Assessment Staff (1948). *Assessment of men: Selection of personnel for the Office of Strategic Service.* New York: Rinehart & Company.

Overmier, J. B., & Seligman, M. E. P. (1967). Effects of inescapable shock upon subsequent escape and avoidance responding. *Journal of Comparative and Physiological Psychology, 63*(1), 28–33.

Oyserman, D. (1993). The lens of personhood: Viewing the self and others in a multicultural society. *Journal of Personality and Social Psychology, 65*(5), 993–1009.

Oyserman, D., Coon, H. M., & Kemmelmeier, M. (2002). Rethinking individualism and collectivism: Evaluation of theoretical assumptions and meta-analyses. *Psychological Bulletin, 128*(1), 3–72.

Oyserman, D., & Lee, S. W. S. (2008). Does culture influence what and how we think? Effects of priming individualism and collectivism. *Psychological Bulletin, 134*(2), 311–342.

Oyserman, D., & Markus, H. R. (1990). Possible selves and delinquency. *Journal of Personality and Social Psychology, 59*(1), 112–125.

Oyserman, D., Terry, K., & Bybee, D. (2002). A possible selves intervention to enhance school involvement. *Journal of Adolescence, 25,* 313–326.

Ozer, D. J. (2007). Evaluating effect size in personality research. In R. W. Robins, R. C. Fraley, & R. F. Krueger (Eds.), *Handbook of research methods in personality psychology* (pp. 495–501). New York: Guilford Press.

Ozer, D. J., & Reise, S. P. (1994). Personality assessment. In L. W. Porter & M. R. Rosenzweig (Eds.), *Annual review of psychology* (Vol. 45, pp. 357–388). Palo Alto, CA: Annual Reviews.

Paradise, A. W., & Kernis, M. H. (2002). Self-esteem and psychological well-being: Implications of fragile self-esteem. *Journal of Social and Clinical Psychology, 21*(4), 345–361.

Pardo, Y., Aguilar, R., Molinuevo, B., & Torrubia, R. (2007). Alcohol use as a behavioural sign of disinhibition: Evidence from J. A. Gray's model of personality. *Addictive Behaviors, 32,* 2398–2403.

Patrick, B. C., Skinner, E. A., & Connell, J. P. (1993). What motivates children's behavior and emotion? Joint effects of perceived control and autonomy in the academic domain. *Journal of Personality and Social Psychology, 65*(4), 781–791.

Patterson, C. J. (1997). Children of lesbian and gay parents. In T. H. Ollendick & R. J. Prinz (Eds.), *Advances in clinical child psychology* (Vol. 19, pp. 235–282). New York: Plenum Press.

Paulhus, D. L. (1991). Measurement and control of response bias. In J. P. Robinson, P. R. Shaver, & L. S. Wrightsman (Eds.), *Measures of personality and social psychological attitudes* (pp 17–59). San Diego, CA: Academic Press.

Paulhus, D. L., & Trapnell, P. D. (2008). Self-presentation of personality: An agency-communion framework. In O. P. John, R. W. Robins, & L. A. Pervin (Eds.), *Handbook of personality: Theory and research* (pp. 492–517). New York: Guilford Press.

Paulhus, D. L., & Vazire, S. (2007). The self-report method. In R. W. Robins, R. C. Fraley, & R. F. Krueger (Eds.), *Handbook of research methods in personality psychology* (pp. 224–258). New York: Guilford Press.

Paunonen, S. V. (2002). *Design and construction of the supernumerary personality inventory* (Research Bulletin 763). London, Ontario: University of Western Ontario.

Paunonen, S. V., & Jackson, D. N. (2000). What is beyond the Big Five? Plenty! *Journal of Personality, 68*(5), 821–835.

Pavlov, I. P. (1928). *Lectures on conditioned reflexes.* London: Martin Lawrence.

Pelham, B. W. (1993). The ideographic nature of human personality: Examples of the idiographic self-concept. *Journal of Personality and Social Psychology, 64*(4), 665–677.

Pelletier, L. G., Fortier, M. S., Vallerand, R. J., Tuson, K. M., Brière, N. M., & Blais, M. R. (1995). Toward a new measure of intrinsic motivation, extrinsic motivation, and amotivation in sports: The sport motivation scale (SMS). *Journal of Sport and Exercise Psychology, 17,* 35–53.

Peltonen, L., & McKusick, V. A. (2001). Genomics and medicine: Dissecting human disease in the post-genomic era. *Science, 291*(5507), 1224–1229.

Peplau, L. A. (2001). Rethinking women's sexual orientation: An interdisciplinary, relationship-focused approach. *Personal Relationships, 8,* 1–19.

Peplau, L. A. (2003). Human sexuality: How do men and women differ? *Current Directions in Psychological Science, 12*(2), 37–40.

Peplau, L. A., & Garnets, L. D. (2000). A new paradigm for understanding women's sexuality and sexual orientation. *Journal of Social Issues, 56*(2), 329–350.

Peplau, L. A., Garnets, L. D., Spalding, L. R., Conley, T. D., & Veniegas, R. C. (1998). A critique of Bem's "exotic becomes erotic" theory of sexual orientation. *Psychological Review, 105*(2), 387–394.

Peplau, L. A., & Huppin, M. (2008). Masculinity, femininity and the development of sexual orientations in women. *Journal of Gay and Lesbian Mental Health, 12*(1/2), 145–165.

Peplau, L. A., Spalding, L. R., Conley, T. D., & Veniegas, R. C. (1999). The development of sexual orientation in women. *Annual Review of Sex Research, 10,* 70–99.

Perry, V. G. (2008). Giving credit where credit is due: The psychology of credit ratings. *The Journal of Behavioral Finance, 9,* 15–21.

Petersen, J. L., & Hyde, J. S. (2010). A meta-analytic review of research on gender differences in sexuality, 1993–2007. *Psychological Bulletin, 136*(1), 21–38.

Peterson, C. (1988). Explanatory style as a risk factor for illness. *Cognitive Therapy and Research, 12,* 117–130.

Peterson, C. (2000). The future of optimism. *American Psychologist, 55*(1), 44–55.

Peterson, C., & Barett, L. C. (1987). Explanatory style and academic performance among university freshmen. *Journal of Personality and Social Psychology, 53*(3), 603–607.

Peterson, C., & Bossio, L. M. (2001). Optimism and physical well-being. In E. C. Chang (Ed.), *Optimism & pessimism: Implications for theory, research, and practice* (pp. 127–145). Washington, DC: American Psychological Association.

Peterson, C., & Chang, E. C. (2003). Optimism and flourishing. In C. L. M. Keyes & J. Haidt (Eds.), *Flourishing: Positive psychology and the life well-lived* (pp. 55–79). Washington, DC: American Psychological Association.

Peterson, C., & De Avila, M. (1995). Optimistic explanatory style and the perception of health problems. *Journal of Clinical Psychology, 51,* 128–132.

Peterson, C., Luborsky, L., & Seligman, M. E. P. (1983). Attributions and depressive mood shifts: A case study using the symptom-context method. *Journal of Abnormal Psychology, 92,* 96–103.

Peterson, C., Maier, S. F., & Seligman, M. E. P. (1993). *Learned helplessness: A theory for the age of personal control.* New York: Oxford University Press.

Peterson, C., & Seligman, M. E. P. (1984). Causal explanations as a risk factor for depression: Theory and evidence. *Psychological Review, 91,* 347–374.

Peterson, C., Seligman, M. E. P., & Vaillant, G. E. (1988). Pessimistic explanatory style is a risk factor for physical illness: A thirty-five year longitudinal study. *Journal of Personality and Social Psychology, 55,* 23–27.

Peterson, C., Semmel, A., von Baeyer, C., Abramson, L. Y., Metalsky, G. I., & Seligman, M. E. P. (1982). The attributional style questionnaire. *Cognitive Therapy and Research, 6*(3), 287–300.

Peterson, C., & Steen, T. A. (2002). Optimistic explanatory style. In C. R. Snyder & S. J. Lopez (Eds.), *Handbook of positive psychology* (pp. 244–256). London: Oxford University Press.

Peterson, C., & Villanova, P. (1988). An expanded attributional style questionnaire. *Journal of Abnormal Psychology, 97*(1), 87–89.

Phares, E. J., & Wilson, K. G. (1972). Responsibility attribution: Role of outcome severity, situational ambiguity, and internal–external control. *Journal of Personality, 40*(3), 392–406.

Pickering, A. D., & Corr, P. J. (2008). J. A. Gray's reinforcement sensitivity theory (RST) of personality. In G. J. Boyle, G. Matthews, & D. H. Saklofske (Eds.), *The SAGE handbook of personality theory and assessment: Vol 1. Personality theories and models* (pp. 238–256). Los Angeles: Sage.

Pickering, A. D., Corr, P. J., Powell, J. H., Kumari, V., Thornton, J. C., & Gray, J. A. (1997). Individual differences in reactions to reinforcing stimuli are neither black nor white: To what extent are they gray? In H. Nyborg (Ed.), *The scientific study of personality: Tribute to Hans J. Eysenck at eighty* (pp. 36–67). London: Elsevier.

Pickering, A. D., & Gray, J. A. (1999). The neuroscience of personality. In L. A. Pervin & O. P. John (Eds.), *Handbook of personality: Theory and research* (pp. 277–299). New York: Guilford Press.

Piedmont, R. L. (1999). Does spirituality represent the sixth factor of personality? Spiritual transcendence and the five-factor model. *Journal of Personality, 67*(6), 985–1013.

Piedmont, R. L., & Leach, M. M. (2002). Cross-cultural generalizability of the spiritual transcendence scale in India. *American Behavioral Scientist, 45*(12), 1888–1901.

Pines, H. A., & Julian, J. W. (1972). Effects of task and social demands on locus of control differences in information processing. *Journal of Personality, 40,* 407–416.

Piotrowski, C., & Armstrong, T. (2006). Current recruitment and selection practices: A national survey of Fortune 1000 firms. *North American Journal of Psychology, 8*(3), 489–496.

Plomin, R., Asbury, K., & Dunn, J. (2001). Why are children in the same family so different? Non-shared environment a decade later. *Canadian Journal of Psychiatry, 46,* 225–233.

Plomin, R., & Caspi, A. (1999). Behavioral genetics and personality. In L. A. Pervin & O. P. John (Eds.), *Handbook of personality: Theory and research* (2nd ed., pp. 251–276). New York: Guilford Press.

Plomin, R., & Daniels, D. (1987). Why are children in the same family so different from one another? *Behavioral and Brain Sciences, 10,* 1–60.

Plomin, R., DeFries, J. C., Craig, I. W., & McGuffin, P. (2003). Behavioral genetics. In R. Plomin, J. C. DeFries, I. W. Craig, & P. McGuffin (Eds.), *Behavioral genetics in the postgenomic era* (pp. 3–15). Washington, DC: American Psychological Association.

Plomin, R., DeFries, J. C., & Loehlin, J. C. (1977). Genotype–environment interaction and correlation in the analysis of human behavior. *Psychological Bulletin, 84*(2), 309–322.

Plomin, R., DeFries, J. C., McClearn, G. E., & McGuffin, P. (2008). *Behavioral genetics.* New York: Worth.

Plomin, R., Happé, F., & Caspi, A. (2002). Personality and cognitive abilities. In P. McGuffin, M. J. Owen, & I. R. Gottesman (Eds.), *Psychiatric genetics and genomics* (pp. 77–112). Oxford, England: Oxford University Press.

Plotnik, J. M., de Waal, F. B. M., & Reiss, D. (2006). Self-recognition in an Asian elephant. *Proceedings of the National Academy of Sciences, 103*(45), 17053–17057.

Pomeroy, W. B. (1972). *Dr. Kinsey and the Institute for Sex Research.* New York: Harper & Row.

Pontius, A. A. (1997). Lack of sex differences among east Ecuadorian school children on geometric figure rotation and face drawings. *Perceptual and Motor Skills, 85,* 72–74.

Pope, H. G., Oliva, P. S., & Hudson, J. I. (1999). Repressed memories: The scientific status. In D. L. Faigman, D. H. Kaye, M. J. Saks, & J. Sanders (Eds.), *Modern scientific evidence: The law and science of expert testimony* (Vol. 1, pp. 115–155). Eagan, MN: West.

Posada, G., Gao, Y., Wu, F., Posada, R., Tascon, M., Schoelmerich, A., et al. (1995). The secure-base phenomenon across cultures: Children's behavior, mothers' preferences, and experts' concepts. *Monographs of the Society for Research in Child Development, 60*(2–3), 27–48.

Prior, H., Schwarz, A., & Güntürkün, O. (2008). Mirror-induced behavior in the magpie (*Pica pica*): Evidence of self-recognition. *PLoS Biology, 6*(8), e202.

Prociuk, T. J., & Breen, L. J. (1974). Locus of control, study habits and attitudes, and college academic performance. *Journal of Psychology: Interdisciplinary and Applied, 88*(1), 91–95.

Proudfoot, J. G., Corr, P. J., Guest, D. E., & Dunn, G. (2009). Cognitive-behavioural training to change attributional style improves employee well-being, job satisfaction, productivity, and turnover. *Personality and Individual Differences, 46,* 147–153.

Pullman, H., Raudsepp, L., & Allik, J. (2006). Stability and change in adolescents' personality: A longitudinal study. *European Journal of Personality, 20,* 447–459.

Pyszczynski, T., Greenberg, J., & Holt, K. (1985). Maintaining consistency between self-serving beliefs and available data: A bias in information processing. *Personality and Social Psychology Bulletin, 11,* 179–190.

Quinn, P. C., & Liben, L. S. (2008). A sex difference in mental rotation in young infants. *Psychological Science, 19*(11), 1067–1070.

Rahim, M. A. (1997). Relationships of stress, locus of control, and social support to psychiatric symptoms and propensity to leave a job: A field study with managers. *Journal of Business and Psychology, 12*(2), 159–174.

Rajecki, D. W., Ickes, W., & Tanford, S. (1981). Locus of control and reactions to strangers. *Personality and Social Psychology Bulletin, 7*(2), 282–289.

Ramanaiah, N. V., & Sharpe, J. P. (1999). Hardiness and major personality factors. *Psychological Reports, 84,* 497–500.

Ramchand, R., Karney, B. R., Osilla, K. C., Burns, R. M., & Caldarone, L. B. (2008). Prevalence of PTSD, depression, and TBI among returning service members. In T. Tanielian & L. H. Jaycox (Eds.), *Invisible wounds of war: Psychological and cognitive injuries, their consequences, and services to assist recovery* (pp. 35–85). Santa Monica, CA: Rand Corporation.

Rawlings, D., & Ciancarelli, V. (1997). Music preferences and the five-factor model of the NEO personality inventory. *Psychology of Music, 25,* 120–132.

Rawlings, D., & Dawe, S. (2008). Psychoticism and impulsivity. In G. J. Boyle, G. Matthews, & D. H. Saklofske (Eds.), *The SAGE handbook of personality theory and assessment: Vol. 1. Personality theories and modules* (pp. 357–378). Los Angeles: Sage.

Reeve, J., & Deci, E. L. (1996). Elements of the competitive situation that affect intrinsic motivation. *Personality and Social Psychology Bulletin, 22*(1), 24–33.

Reeve, J., & Jang, H. (2006). What teachers say and do to support students' autonomy during a learning activity. *Journal of Educational Psychology, 98*(1), 209–218.

Reeves, E. G. (2009). *Can I wear my nose ring to the interview?: A crash course in finding, landing, and keeping your first real job.* New York: Workman.

Regan, P. C., & Berscheid, E. (1995). Gender differences in beliefs about the causes of male and female sexual desire. *Personal Relationships, 2,* 345–358.

Regan, P. C., & Berscheid, E. (1996). Beliefs about the state, goals, and objects of sexual desire. *Journal of Sex and Marital Therapy, 22,* 110–120.

Reilly, P. R. (2006). *The strongest boy in the world.* Cold Spring Harbor, NY: Cold Spring Harbor Laboratory Press.

Reis, H. T., & Patrick, B. P. (1996). Attachment and intimacy: Component processes. In E. T. Higgins & A. W. Kruglanski (Eds.), *Social psychology: Handbook of basic principles* (pp. 523–563). New York: Guilford Press.

Reiss, D., & Marino, L. (2001). Mirror self-recognition in the bottlenose dolphin: A case of cognitive convergence. *Proceedings of the National Academy of Sciences, 98*(10), 5937–5942.

Reitz, H. J., & Jewell, L. N. (1979). Sex, locus of control, and job involvement: A six-country investigation. *Academy of Management Journal, 22*(1), 72–80.

Rentfrow, P. J., & Gosling, S. D. (2003). The do re mi's of everyday life: The structure and personality correlates of music preferences. *Journal of Personality and Social Psychology, 84*(6), 1236–1256.

Rettew, D., & Reivich, K. (1995). Sports and explanatory style. In G. M. Buchanan & M. E. P. Seligman (Eds.), *Explanatory style* (pp. 173–185). Hillsdale, NJ: Erlbaum.

Reuter, M., & Montag, C. (2008). Switching the perspective from neuroscience to personality. *European Journal of Personality, 22,* 405–407.

Revelle, W. (2007). Experimental approaches to the study of personality. In R. W. Robins, R. C. Fraley, & R. F. Krueger (Eds.), *Handbook of research methods in personality psychology* (pp. 37–61). New York: Guilford Press.

Revelle, W., & Wilt, J. (2008). Personality is more than reinforcement sensitivity. *European Journal of Personality, 22,* 407–409.

Reverby, S. M. (2009). *The infamous syphilis study and its legacy*. Chapel Hill: University of North Carolina Press.

Rhodewalt, F., & Zone, J. B. (1989). Appraisal of life change, depression, and illness in hardy and nonhardy women. *Journal of Personality and Social Psychology, 56*(1), 81–88.

Rice, G., Anderson, C., Risch, N., & Ebers, G. (1999). Male homosexuality: Absence of linkage to microsatellite markers at Xq28. *Science, 284*, 665–667.

Riemann, R., Angleitner, A., & Strelau, J. (1997). Genetic and environmental influences on personality: A study of twins reared together using the self- and peer report NEO-FFI scales. *Journal of Personality, 65*, 449–476.

Riketta, M., & Ziegler, R. (2006). Self-ambivalence and self-esteem. *Current Psychology: Developmental, Learning, Personality, Social, 25*(3), 192–211.

Roberts, B. W. (1997). Plaster or plasticity: Are adult work experiences associated with personality change in women? *Journal of Personality, 65*(2), 205–232.

Roberts, B. W. (2010, Winter). Personality, continuity, and change. In C. Berger (Ed.), *Psychology times* (pp. 1, 4–5). Champaign: Psychology Department, University of Illinois at Urbana–Champaign.

Roberts, B. W., & Bogg, T. (2004). A longitudinal study of the relationships between conscientiousness and the social-environmental factors and substance-use behaviors that influence health. *Journal of Personality, 72*(2), 325–353.

Roberts, B. W., Caspi, A., & Moffitt, T. E. (2003). Work experiences and personality development in young adulthood. *Journal of Personality and Social Psychology, 84*(3), 582–593.

Roberts, B. W., & Chapman, C. N. (2000). Change in dispositional well-being and its relation to role quality: A 30-year longitudinal study. *Journal of Research in Personality, 34*, 26–41.

Roberts, B. W., & DelVecchio, W. F. (2000). The rank-order consistency of personality traits from childhood to old age: A quantitative review of longitudinal studies. *Psychological Bulletin, 126*(1), 3–25.

Roberts, B. W., & Helson, R. (1997). Changes in culture, changes in personality: The influence of individualism in a longitudinal study of women. *Journal of Personality and Social Psychology, 72*, 641–651.

Roberts, B. W., Kuncel, N. R., & Viechtbauer, W. (2007). Meta-analysis in personality psychology. In R. W. Robins, R. C. Fraley, & R. F. Krueger (Eds.), *Handbook of research methods in personality psychology* (pp. 652–672). New York: Guilford Press.

Roberts, B. W., & Mroczek, D. (2008). Personality trait change in adulthood. *Current Directions in Psychological Science, 17*(1), 31–35.

Roberts, B. W., Walton, K.E., Bogg, T., & Caspi, A. (2006). De-investment in work and non-normative personality trait change in young adulthood. *European Journal of Personality, 20*, 461–474.

Roberts, B. W., Walton, K. E., & Viechtbauer, W. (2006). Patterns of mean-level change in personality traits across the life course: A meta-analysis of longitudinal studies. *Psychological Bulletin, 132*(1), 1–25.

Roberts, B. W., Wood, D., & Caspi, A. (2008). The development of personality traits in adulthood. In O. P. John, R. W. Robins, & L. A. Pervin (Eds.), *Handbook of personality: Theory and research* (pp. 375–398). New York: Guilford Press.

Robins, C. J., & Hayes, A. M. (1995). The role of causal attributions in the prediction of depression. In G. M. Buchanan & M. E. P. Seligman (Eds.), *Explanatory style* (pp. 71–98). Hillsdale, NJ: Erlbaum.

Robins, R. W., Caspi, A., & Moffitt, T. E. (2002). It's not just who you're with, it's who you are: Personality and relationship experiences across multiple relationships. *Journal of Personality, 70*(6), 925–964.

Robins, R. W., Caspi, A., Moffitt, T. E., & Stouthamer-Loeber, M. (1996). Resilient, overcontrolled, and undercontrolled boys: Three replicable personality types. *Journal of Personality and Social Psychology, 70*(1), 157–171.

Robins, R. W., Fraley, R. C., & Krueger, R. F. (Eds.). (2007). *Handbook of research methods in personality psychology*. New York: Guilford Press.

Robins, R. W., Tracy, J. L., & Sherman, J. W. (2007). What kinds of methods do personality psychologists use? A survey of journal editors and editorial board members. In R. W. Robins, R. C. Fraley, & R. F. Krueger (Eds.), *Handbook of research methods in personality psychology* (pp. 673–678). New York: Guilford Press.

Robinson-Whelen, S., Kim, C., MacCallum, R. C., & Kiecolt-Glaser, J. K. (1997). Distinguishing optimism from pessimism in older adults: Is it more important to be optimistic or not to be pessimistic? *Journal of Personality and Social Psychology, 73*(6), 1345–1353.

Rodin, J., & Langer, E. J. (1977). Long-term effects of a control-relevant intervention with the institutionalized aged. *Journal of Personality and Social Psychology, 35*(12), 897–902.

Roese, N. J., Sanna, L. J., & Galinsky, A. D. (2005). The mechanics of imagination: Automaticity and control in counterfactual thinking. In R. R. Hassin, J. R. Uleman, & J. A. Bargh (Eds.), *The new unconscious* (pp. 138–170). New York: Oxford University Press.

Rofé, Y. (2008). Does repression exist? Memory, pathogenic unconscious and clinical evidence. *Review of General Psychology, 12*(1), 63–85.

Rogers, C. R. (1951). *Client-centered therapy: Its current practice, implications, and theory.* Boston: Houghton Mifflin.

Rogers, C. R. (1968). *On becoming a person: A therapist's view of psychotherapy.* Boston: Houghton Mifflin.

Rorschach, H. (1921). *Psychodiagnostics: A diagnostic test based on perception.* New York: Grune & Stratton.

Rose, R. J., & Dick, D. M. (2004/2005). Gene–environment interplay in adolescent drinking behavior. *Alcohol Research and Health, 28*(4), 222–229.

Rose, R. J., Viken, R. J., Dick, D. M., Bates, J. E., Pulkkinen, L., & Kaprio, J. (2003). It *does* take a village: Nonfamilial environments and children's behavior. *Psychological Science, 14*(3), 271–277.

Rosenberg, M. (1965). *Society and the adolescent self-image.* Princeton, NJ: Princeton University Press.

Rosenberg, S. (1989). A study of personality in literary autobiography: An analysis of Thomas Wolfe's Look Homeward Angel. *Journal of Personality and Social Psychology, 56*(3), 416–430.

Rosenthal, R., & Jacobson, L. (1968). *Pygmalion in the classroom: Teacher expectations and student intellectual development.* New York: Holt, Rinehart and Winston.

Ross, T. P., Calhoun, E., Cox, T., Wenner, C., Kono, W., & Pleasant, M. (2007). The reliability and validity of qualitative scores for the Controlled Oral Word Association Test. *Archives of Clinical Neuropsychology, 22*(4), 475–488.

Rosse, J. G., Stecher, M. D., Miller, J. L., & Levin, R. A. (1998). The impact of response distortion on preemployment personality testing and hiring decisions. *Journal of Applied Psychology, 83,* 634–644.

Rothstein, M. G., & Goffin, R. D. (2006). The use of personality measures in personnel selection: What does current research support? *Human Resource Management Review, 16,* 155–180.

Rotter, J. B. (1966). Generalized expectancies for internal versus external control of reinforcement. *Psychological Monographs: General and Applied, 80*(1), 1–28.

Rotter, J. B. (1975). Some problems and misconceptions related to the construct of internal versus external control of reinforcement. *Journal of Consulting and Clinical Psychology, 43*(1), 56–67.

Rotter, J. B., Chance, J. E., & Phares, E. J. (1972). *Applications of social learning theory of personality.* New York: Holt, Rinehart and Winston.

Rowatt, W. C., Cunningham, M. R., & Druen, P. B. (1998). Deception to get a date. *Personality and Social Psychology Bulletin, 24,* 1228–1242.

Rowe, J. L., Montgomery, G. H., Duberstein, P. R., & Bovbjerg, D. H. (2005). Health locus of control and perceived risk for breast cancer in healthy women. *Behavioral Medicine, 31,* 33–40.

Rowling, J. K. (1999). *Harry Potter and the chamber of secrets.* New York: Scholastic.

Rubenzer, S. J., Faschingbauer, T. R., & Ones, D. S. (2000). Assessing the U.S. presidents using the revised NEO Personality Inventory. *Assessment, 7*(4), 403–420.

Rubinstein, G., & Strul, S. (2007). The five factor model (FFM) among four groups of male and female professionals. *Journal of Research in Personality, 41,* 931–937.

Ruble, D. (1983). The development of social comparison processes and their role in achievement-related self-socialization. In E. T. Higgins, D. Ruble, & W. Hartup (Eds.), *Social cognition and social behavior* (pp. 134–157). New York: Cambridge University Press.

Ruchkin, V., Koposov, R. A., af Klinteberg, B., Oreland, L., & Grigorenko, E. L. (2005). Platelet MAO-B, personality, and psychopathology. *Journal of Abnormal Psychology, 114,* 477–482.

Rudman, L. A., & Glick, P. (1999). Feminized management and backlash toward agentic women: The hidden costs to women of a kinder, gentler image of middle managers. *Journal of Personality and Social Psychology, 77,* 1004–1010.

Rushton, J. P., Bons, T. A., & Hur, Y. (2008). The genetics and evolution of the general factor of personality. *Journal of Research in Personality, 42,* 1173–1185.

Rushton, J. P., & Irwing, P. (2008). A general factor of personality (GFP) from two meta-analyses of the Big Five: Digman (1997) and Mount, Barrick, Scullen, and Rounds (2005). *Personality and Individual Differences, 45,* 679–683.

Rushton, J. P., & Irwing, P. (2009). A general factor of personality in the Comrey Personality Scales, the Minnesota Multiphasic Personality Inventory-2, and the Multicultural Personality Questionnaire. *Personality and Individual Differences, 46,* 437–442.

Rutter, M. (2008). Implications of attachment theory and research for child care policies. In J. Cassidy & P. R. Shaver (Eds.), *Handbook of attachment* (pp. 958–974). New York: Guilford Press.

Ryan, R. M., Chirkov, V. I., Little, T. D., Sheldon, K. M., Timoshina, E., & Deci, E. L. (1999). The American dream in Russia: Extrinsic aspirations and well-being in two cultures. *Personality and Social Psychology Bulletin, 25*(12), 1509–1524.

Ryan, R. M., & Deci, E. L. (2000). Self-determination theory and the facilitation of intrinsic motivation, social development, and well-being. *American Psychologist, 55,* 68–78.

Ryan, R. M., & Deci, E. L. (2008a). Self-determination theory and the role of basic psychological needs in personality and the organization of behavior. In O. P. John, R. W. Robins, & L. A. Pervin (Eds.), *Handbook of personality: Theory and research* (pp. 654–678). New York: Guilford Press.

Ryan, R. M., & Deci, E. L. (2008b). A self-determination theory approach to psychotherapy: The motivational basis for effective change. *Canadian Psychology, 49*(3), 186–193.

Ryan, R. M., Deci, E. L., & Grolnick, W. S. (1995). Autonomy, relatedness, and the self: Their relation to development and psychopathology. In D. Cicchetti & D. J. Cohen (Eds.), *Developmental psychopathology: Theory and methods* (pp. 618–655). New York: Wiley.

Ryan, R. M., Patrick, H., Deci, E. L., & Williams, G. C. (2008). Facilitating health behaviour change and its maintenance: Interventions based on self-determination theory. *The European Health Psychologist, 10,* 2–5.

Sackett, P. R., Burris, L. R., & Callahan, C. (1989). Integrity testing for personnel selection: An update. *Personnel Psychology, 42,* 491–529.

Sackett, P. R., & Wanek, J. E. (1996). New developments in the use of measures of honesty, integrity, conscientiousness, dependability, trustworthiness, and reliability for personnel selection. *Personnel Psychology, 49,* 787–829.

Salovey, P., & Mayer, J. D. (1994). Emotional intelligence. *Imagination, Cognition, and Personality, 9,* 185–211.

Saltzer, E. B. (1982). The Weight Locus of Control (WLOC) scale: A specific measure for obesity research. *Journal of Personality Assessment, 46,* 620–628.

Sampson, S. M. (2006). Slow-frequency rTMS reduces fibromyalgia pain. *Pain Medicine, 7*(2), 115–118.

Santana, M. A. (2005). The girl. In Arts Council of Princeton (Ed.), *Under age* (Vol. 17, pp. 16–17). Princeton, NJ: Arts Council of Princeton.

Satterfield, J. M., Monahan, M., & Seligman, M. E. P. (1997). Law school performance predicted by explanatory style. *Behavioral Sciences & the Law, 15,* 95–105.

Satterfield, J. M., & Seligman, M. E. P. (1994). Military aggression and risk predicted by explanatory style. *Psychological Science, 5,* 77–82.

Saucier, G. (1992). Openness versus intellect: Much ado about nothing? *European Journal of Personality, 6,* 381–386.

Saucier, G. (1997). Effects of variable selection on the factor structure of person descriptors. *Journal of Personality and Social Psychology, 73*(6), 1296–1312.

Saucier, G. (2003). Factor structure of English-language personality type-nouns. *Journal of Personality and Social Psychology, 85*(4), 695–708.

Saucier, G., Georgiades, S., Tsaousis, I., & Goldberg, L. R. (2005). The factor structure of Greek personality adjectives. *Journal of Personality and Social Psychology, 88*(5), 856–875.

Saucier, G., & Goldberg, L. R. (1996). The language of personality: Lexical perspectives on the five-factor model. In J. S. Wiggins (Ed.), *The five-factor model of personality: Theoretical perspectives* (pp. 21–50). New York: Guilford Press.

Saucier, G., & Goldberg, L. R. (1998). What is beyond the Big Five? *Journal of Personality, 66*(4), 495–524.

Saucier, G., & Goldberg, L. R. (2001). Lexical studies of indigenous personality factors: Premises, products, and prospects. *Journal of Personality, 69,* 847–879.

Sauser, W. I. (2007). Employee theft: Who, how, why, and what can be done. *SAM Advanced Management Journal, 72*(3), 13–25.

Savin-Williams, R. C. (1998). "... And then I became gay": Young men's stories. New York: Routledge.
Savin-Williams, R. C. (2006). Who's gay? Does it matter? *Current Directions in Psychological Science, 15*(1), 40–44.
Savin-Williams, R. C. (2007). *The new gay teenager.* Cambridge, MA: Harvard University Press.
Savory, E. (2004). *Indepth: Meditation in depth meditation: The pursuit of happiness.* Retrieved July 17, 2009 from http://www.cbc.ca/news/background/meditation/.
Scarr, S., & McCartney, K. (1983). How people make their own environments: A theory of genotype environment effects. *Child Development, 54,* 424–435.
Schacter, D. L. (1987). Implicit memory: History and current status. *Journal of Experimental Psychology: Learning, Memory and Cognition, 13,* 501–518.
Scheier, M. F., & Carver, C. S. (1985). Optimism, coping and health: Assessment and implications of generalized outcome expectancies. *Health Psychology, 4,* 219–247.
Scheier, M. F., & Carver, C. S. (1987). Dispositional optimism and physical well-being: The influence of generalized outcome expectancies on health. *Journal of Personality, 55,* 169–210.
Scheier, M. F., & Carver, C. S. (1988). A model of behavioral self-regulation: Translating intention into action. In L. Berkowitz (Ed.), *Advances in experimental social psychology* (Vol. 21, pp. 303–346). San Diego, CA: Academic Press.
Scheier, M. F., & Carver, C. S. (1992). Effects of optimism on psychological and physical well-being: Theoretical overview and empirical update. *Cognitive Therapy and Research, 16,* 201–228.
Scheier, M. F., & Carver, C. S. (1993). On the power of positive thinking: The benefits of being optimistic. *Current Directions in Psychological Science, 2*(1), 26–30.
Scheier, M. F., Carver, C. S., & Bridges, M. W. (1994). Distinguishing optimism from neuroticism (and trait anxiety, self-mastery, and self-esteem): A reevaluation of the Life Orientation Test. *Journal of Personality and Social Psychology, 67,* 1063–1078.
Scheier, M. F., Carver, C. S., & Bridges, M. W. (2001). Optimism, pessimism, and psychological well-being. In E. C. Chang (Ed.), *Optimism & pessimism: Implications for theory, research, and practice* (pp. 189–216). Washington, DC: American Psychological Association.
Scheier, M. F., Matthews, K. A., Owens, J. F., Magovern, G. J., Lefebvre, R. C., Abbot, A. R., et al. (1989). Dispositional optimism and recovery from coronary artery bypass surgery: The beneficial effects on physical and psychological well-being. *Journal of Personality and Social Psychology, 57*(6), 1024–1040.
Scheier, M. F., Weintraub, J. K., & Carver, C. S. (1986). Coping with stress divergent strategies of optimists and pessimists. *Journal of Personality and Social Psychology, 51,* 1257–1264.
Schein, E., & Bernstein, P. (2008). *Identical strangers: A memoir of twins separated and reunited.* New York: Random House.
Schlenker, B. R., & Pontari, B. A. (2000). The strategic control of information: Impression management and self-presentation in daily life. In A. Tesser, R. B. Felson, & J. M. Suls (Eds.), *Psychological perspectives on self and identity.* Washington, DC: American Psychological Association.
Schmitt, D. P., & Allik, J. (2005). Simultaneous administration of the Rosenberg self-esteem scale in 53 nations: Exploring the universal and culture-specific features of global self-esteem. *Journal of Personality and Social Psychology, 89*(4), 623–642.
Schmitt, D. P., & Buss, D. M. (2000). Sexual dimensions of person description: Beyond or subsumed by the Big Five? *Journal of Research in Personality, 34,* 141–177.
Schmitt, D. P., Realo, A., Voracek, M., & Allik, J. (2008). Why can't a man be more like a woman? Sex differences in Big Five personality traits across 55 cultures. *Journal of Personality and Social Psychology, 94*(1), 168–182.
Schmitz, N., Neumann, W., & Oppermann, R. (2000). Stress, burnout and locus of control in German nurses. *International Journal of Nursing Studies, 37,* 95–99.
Schroth, M. L. (1991). Dyadic adjustment and sensation seeking compatibility. *Personality and Individual Differences, 12*(5), 467–471.
Schuerger, J. M., Zarrella, K. L., & Hotz, A. S. (1989). Factors that influence the temporal stability of personality by questionnaire. *Journal of Personality and Social Psychology, 56,* 777–783.
Schulman, P. (1995). Explanatory style and achievement in school and work. In G. M. Buchanan & M. E. P. Seligman (Eds.), *Explanatory style* (pp. 159–171). Hillsdale, NJ: Erlbaum.
Schulman, P. (1999). Applying learned optimism to increase sales productivity. *Journal of Personal Selling and Sales Management, 19*(1), 31–37.
Schultz, R., Heckhausen, J., & Locher, J. L. (1991). Adult development, control, and adaptive functioning. *Journal of Social Issues, 47,* 177–196.

Schultz, T. (2006). *File:dti-sagittal-fibers.jpg.* Retrieved July 27, 2009, from http://en.wikipedia.org/wiki/File:DTI-sagittal-fibers.jpg.

Schultz, W. T. (2005). *Handbook of psychobiography.* New York: Oxford University Press.

Schutter, D. J. L. G. (2009). Transcranial magnetic stimulation. In E. Harmon-Jones & J. S. Beer (Eds.), *Methods in social neuroscience* (pp. 233–260). New York: Guilford Press.

Scollon, C. N., & Diener, E. (2006). Love, work, and changes in extraversion and neuroticism over time. *Journal of Personality and Social Psychology, 91*(6), 1152–1165.

Seashore, C. E. (1912). Review of Charles H. Olin's *Phrenology. Journal of Educational Psychology, 3*(4), 227.

Seavey, C. A., Katz, P. A., & Zalk, S. R. (1975). Baby X: The effect of gender labels on adult responses to infants. *Sex Roles, 1*(2), 103–109.

Sedikides, C., & Green, J. D. (2006). The mnemic neglect model: Experimental demonstrations of inhibitory repression in normal adults. *Behavioral and Brain Sciences, 29*(5), 532–533.

Seeman, M. (1963). Alienation and social learning in a reformatory. *American Journal of Sociology, 69,* 270–284.

Seeman, M., & Evans, J. (1962). Alienation and learning in a hospital setting. *American Sociological Review, 27,* 772–782.

Segall, M., & Wynd, C. A. (1990). Health conception, health locus of control, and power as predictors of smoking behavior change. *American Journal of Health Promotion, 4,* 338–344.

Segerstrom, S. C. (2001). Optimism, goal conflict, and stressor-related immune change. *Journal of Behavioral Medicine, 24,* 441–467.

Segerstrom, S. C. (2005). Optimism and immunity: Do positive thoughts always lead to positive effects? *Brain Behavior and Immunity, 19,* 195–200.

Segerstrom, S. C., Taylor, S. E., Kemeny, M. E., & Fahey, J. L. (1998). Optimism is associated with mood, coping, and immune change in response to stress. *Journal of Personality and Social Psychology, 74,* 1646–1655.

Selander, J., Marnetoft, S., Åkerström, B., & Asplund, R. (2005). Locus of control and regional differences in sickness absence in Sweden. *Disability and Rehabilitation: An International, Multidisciplinary Journal, 27*(16), 925–928.

Seligman, M. E. P. (1975). *Helplessness: On depression, development, and death.* San Francisco: Freeman.

Seligman, M. E. P. (1990). *Learned optimism.* New York: Simon & Schuster.

Seligman, M. E. P. (1995). *The optimistic child.* Boston: Houghton Mifflin.

Seligman, M. E. P., Castellon, C., Cacciola, J., Schulman, P., Luborsky, L., Ollove, M., et al. (1988). Explanatory style change during cognitive therapy for unipolar depression. *Journal of Abnormal Psychology, 97,* 13–18.

Seligman, M. E. P., & Maier, S. F. (1967). Failure to escape traumatic shock. *Journal of Experimental Psychology, 74*(1), 1–9.

Seligman, M. E. P., Nolen-Hoeksema, S., Thornton, K. M., & Thornton, N. (1990). Explanatory style as a mechanism of disappointing athletic performance. *Psychological Science, 1,* 143–146.

Seligman, M. E. P., & Schulman, P. (1986). Explanatory style as a predictor of productivity and quitting among life insurance sales agents. *Journal of Personality and Social Psychology, 50,* 832–838.

Seligman, M. E. P., Schulman, P., DeRubeis, R. J., & Hollon, S. D. (1999). The prevention of depression and anxiety. *Prevention & Treatment, 2,* ArtID8.

Seligman, M. E. P., Steen, T. A., Park, N., & Peterson, C. (2005). Positive psychology progress: Empirical validation of interventions. *American Psychologist, 60*(5), 410–421.

Selye, H. (1956). *The stress of life.* New York: McGraw-Hill.

Shaffer, D. R. (2009). *Social and personality development* (6th ed.). Belmont, CA: Wadsworth.

Sharps, M. J., Price, J. L., & Williams, J. K. (1994). Spatial cognition and gender: Instructional and stimulus influences on mental image rotation performance. *Psychology of Women Quarterly, 18,* 413–425.

Sharps, M. J., Welton, A. L., & Price, J. L. (1993). Gender and task in the determination of spatial cognitive performance. *Psychology of Women Quarterly, 17,* 7183.

Shaver, P. R., & Clark, C. L. (1994). The psychodynamics of adult romantic attachment. In J. M. Masling & R. F. Bornstein (Eds.), *Empirical perspectives on object relations theory* (pp. 105–156). Washington, DC: American Psychological Association.

Shaver, P. R., & Mikulincer, M. (2005). Attachment theory and research: Resurrection of the psychodynamic approach to personality. *Journal of Research in Personality, 39,* 22–45.

Shaver, P. R., & Mikulincer, M. (2007). Attachment theory and research. In A. W. Kruglanski & E. T. Higgins (Eds.), *Social psychology: Handbook of basic principles* (pp. 650–677). New York: Guilford Press.

Sheldon, K. M., Elliot, A. J., Kim, Y., & Kasser, T. (2001). What is satisfying about satisfying events? Testing 10 candidate psychological needs. *Journal of Personality and Social Psychology, 80*(2), 325–339.

Sheldon, K. M., Ryan, R. M., Deci, E. L., & Kasser, T. (2004). The independent effects of goal contents and motives on well-being: It's both what you pursue and why you pursue it. *Personality and Social Psychology Bulletin, 30*(4), 475–486.

Sheldon, K. M., Ryan, R. M., Rawsthorne, L., & Ilardi, B. (1997). Trait self and true self: Cross-role variation in the Big Five traits and its relations with authenticity and subjective well-being. *Journal of Personality and Social Psychology, 73,* 1380–1393.

Shelley, M., & Pakenham, K. I. (2004). External health locus of control and general self-efficacy: Moderators of emotional distress among university students. *Australian Journal of Psychology, 56*(3), 191–199.

Shenk, J. W. (2009, June). What makes us happy? *The Atlantic,* 36–53.

Shernoff, D. J., Csikszentmihalyi, M., Schneider, B., & Shernoff, E. S. (2003). Student engagement in high school classrooms from the perspective of flow theory. *School Psychology Quarterly, 18*(2), 158–176.

Shields, S. A. (1995). The role of emotion beliefs and values in gender development. In N. Eisenberg (Ed.), *Review of personality and social psychology* (Vol. 15, pp. 212–232). Thousand Oaks, CA: Sage.

Shiner, R., & Caspi, A. (2003). Personality differences in childhood and adolescence: Measurement, development, and consequences. *Journal of Child Psychology and Psychiatry, 44*(1), 2–32.

Showers, C. J. (1992). Compartmentalization of positive and negative self-knowledge: Keeping bad apples out of the bunch. *Journal of Personality and Social Psychology, 62,* 1036–1049.

Showers, C. J., & Zeigler-Hill, V. (2006). Pathways among self-knowledge and self-esteem: How are self-esteem and self-knowledge linked? Are these links direct or indirect? In M. H. Kernis (Ed.), *Self-esteem issues and answers* (pp. 216–223). New York: Psychology Press.

Showers, C. J., & Zeigler-Hill, V. (2007). Compartmentalization and integration: The evaluative organization of contextualized selves. *Journal of Personality, 75*(6), 1181–1204.

Shrauger, J. S., & Rosenberg, S. E. (1970). Self-esteem and the effects of success and failure feedback on performance. *Journal of Personality, 38,* 404–417.

Shrauger, J. S., & Sorman, P. B. (1977). Self-evaluations, initial success and failure, and improvement as determinants of persistence. *Journal of Consulting and Clinical Psychology, 45,* 784–795.

Sidorowicz, L. S., & Lunney, G. S. (1980). Baby X revisited. *Sex Roles, 6*(1), 67–73.

Siegler, I. C., Costa, P. T., Brummett, B. H., Helms, M. J., Barefoot, J. C., Williams, R. B., et al. (2003). Patterns of change in hostility from college to midlife in the UNC alumni heart study predict high-risk status. *Psychosomatic Medicine, 65,* 738–745.

Silverberg, N. D., Hanks, R. A., Buchanan, L., Fichtenberg, N., & Mills, S. R. (2008). Detecting response bias with performance patterns on an expanded version of the controlled oral word association test. *The Clinical Neuropsychologist, 22*(1), 140–157.

Silvetoinen, K., Sammalisto, S., Perola, M., Boomsma, D. I., Cornes, B. K., Davis, C., et al. (2003). Heritability of adult body height: A comparative study of twin cohorts in eight countries. *Twin Research, 6*(5), 399–408.

Simms, L. J., & Watson, D. (2007). The construct validation approach to personality scale construction. In R. W. Robins, R. C. Fraley, & R. F. Krueger (Eds.), *Handbook of research methods in personality psychology* (pp. 240–258). New York: Guilford Press.

Simonton, D. K. (1986). Presidential personality: Biographical use of the Gough adjective checklist. *Journal of Personality and Social Psychology, 51,* 149–160.

Simonton, D. K. (1999). Significant samples: The psychological study of eminent individuals. *Psychological Methods, 4*(4), 425–451.

Sinha, D. (1993). Indigenization of psychology in India and its relevance. In U. Kim & J. W. Berry (Eds.), *Indigenous psychologies: Research and experience in cultural context* (pp. 30–43). Newbury Park, CA: Sage.

Skinner, E., Furrer, C., Marchand, G., & Kindermann, T. (2008). Engagement and disaffection in the classroom: Part of a larger motivational dynamic? *Journal of Educational Psychology, 100*(4), 765–781.

Smedley, B. D., Myers, H. F., & Harrell, S. P. (1993). Minority-status stresses and the college adjustment of ethnic minority freshmen. *Journal of Higher Education, 64,* 434–452.

Smillie, L. D. (2008). What is reinforcement sensitivity? Neuroscience paradigms for approach-avoidance process theories of personality. *European Journal of Personality, 22,* 359–384.

Smillie, L. D., Pickering, A. D., & Jackson, C. J. (2006). The new reinforcement sensitivity theory: Implications for personality measurement. *Personality and Social Psychology Review, 10*(4), 320–335.

Smith, C. P. (2000). Content analysis and narrative analysis. In H. T. Reis & C. M. Judd (Eds.), *Handbook of research methods in social and personality psychology* (pp. 313–335). New York: Cambridge University Press.

Smith, E. R. (2000). Research design. In H. T. Reis & C. M. Judd (Eds.), *Handbook of research methods in social and personality psychology* (pp. 17–39). Cambridge, England: Cambridge University Press.

Smith, G. (2005). *The genomics age.* New York: American Management Association.

Smith, S. R., & Archer, R. P. (2008). Introducing personality assessment. In R. P. Archer & S. R. Smith (Eds.), *Introducing personality assessment* (pp. 1–36). New York: Taylor and Francis.

Smith, T. W. (2006a). *American sexual behavior: Trends, socio-demographic differences, and risk behavior.* Chicago: National Opinion Research Center, University of Chicago.

Smith, T. W. (2006b). Personality as risk and resilience in physical health. *Current Directions in Psychological Science, 15*(5), 227–231.

Smither, J. W., Reilly, R. R., Millsap, R. E., Perlman, K., & Stoffey, R. W. (1993). Applicant reactions to selection procedures. *Personnel psychology, 46,* 49–76.

Smits, D. J. M., & Boeck, P. D. (2006). From BIS/BAS to the Big Five. *European Journal of Personality, 20,* 255–270.

Snyder, C. R. (2002). Hope theory: Rainbows in the mind. *Psychological Inquiry, 13,* 249–275.

Snyder, C. R., Shenkel, R. J., & Lowery, C. R. (1977). Acceptance of personality interpretations: The "Barnum Effect" and beyond. *Journal of Consulting and Clinical Psychology, 45*(1), 104–114.

Snyder, C. R., Sympson, S. C., Ybasco, F. C., & Borders, T. F. (1996). Development and validation of the state hope scale. *Journal of Personality and Social Psychology, 70*(2), 321–335.

Snyder, M. (1974). Self-monitoring of expressive behavior. *Journal of Personality and Social Psychology, 30,* 526–537.

Snyder, M. (1979). Self-monitoring processes. *Advances in experimental social psychology, 12,* 85–128.

Snyder, M. (1987). *Public appearances/private realities.* New York: W. H. Freeman.

Snyder, M., & DeBono, K. G. (1985). Appeals to image and claim about quality: Understanding the psychology of advertising. *Journal of Personality and Social Psychology, 49,* 586–597.

Snyder, M., & Gangestad, S. W. (1986). On the nature of self-monitoring: Matters of assessment, matters of validity. *Journal of Personality and Social Psychology, 51*(1), 125–139.

Snyder, M., Gangestad, S. W., & Simpson, J. A. (1983). Choosing friends as activity partners: The role of self-monitoring. *Journal of Personality and Social Psychology, 45*(5), 1061–1072.

Society for Industrial and Organizational Psychology. (2010). *How many U.S. companies use employment tests?* Retrieved May 27, 2010, from http://www.siop.org/workplace/employment%20testing/usingoftests.aspx.

Soldz, S., & Vaillant, G. E. (1999). The Big Five personality traits and the life course: A 45-year longitudinal study. *Journal of Research in Personality, 33,* 208–232.

Sosis, R. H., Strickland, B. R., & Haley, W. E. (1980). Perceived locus of control and beliefs about astrology. *The Journal of Social Psychology, 110,* 65–71.

Spangler, G., & Grossmann, K. E. (1993). Biobehavioral organization of securely and insecurely attached infants. *Child Development, 64,* 1439–1450.

Spanier, G. B. (1976). Measuring dyadic adjustment: New scales for assessing the quality of marriage and similar dyads. *Journal of Marriage and the Family, 38,* 15–28.

Spector, P. E. (1982). Behavior in organizations as a function of employee's locus of control. *Psychological Bulletin, 9*(13), 482–497.

Spector, P. E. (1988). Development of the Work Locus of Control Scale. *Journal of Occupational Psychology, 61*(4), 335–340.

Spence, J. T. (1991). Do the BSRI and the PAQ measure the same or different concepts? *Psychology of Women Quarterly, 15,* 141–165.

Spence, J. T. (1993). Gender-related traits and gender idiology: Evidence for a multifactorial theory. *Journal of Personality and Social Psychology, 64*(4), 624–635.

Spence, J. T., Helmreich, R., & Stapp, J. (1974). The personal attributes questionnaire: A measure of sex role stereotypes and masculinity–femininity. *Journal Supplement Abstract Service Catalog of Selected Documents in Psychology, 4,* 43–44 (Ms. 617).

Spence, J. T., Helmreich, R., & Stapp, J. (1975). Ratings of self and peers on sex-role attributes and their relation to self-esteem and conceptions of masculinity and femininity. *Journal of Personality and Social Psychology, 32*(1), 29–39.

Spence, J. T., & Helmreich, R. L. (1978). *Masculinity and femininity: Their psychological dimensions, correlates and antecedents.* Austin: University of Texas Press.

Spence, J. T., & Helmreich, R. L. (1979). On assessing "Androgyny." *Sex Roles, 5*(6), 721–738.

Spence, J. T., & Sawin, L. L. (1985). Images of masculinity and femininity: A reconceptualization. In V. O'Leary, R. Unger, & B. Wallston (Eds.), *Sex, gender, and social psychology* (pp. 35–66). Hillsdale, NJ: Erlbaum.

Spencer, S. J., Steele, C. M., & Quinn, D. M. (1999). Stereotype threat and women's math performance. *Journal of Experimental Social Psychology, 35,* 4–28.

Sprecher, S., Sullivan, Q., & Hatfield, E. (1994). Mate selection preferences: Gender differences examined in a national sample. *Journal of Personality and Social Psychology, 66,* 1074–1080.

Srivastava, S., John, O. P., Gosling, S. D., & Potter, J. (2003). Development of personality in early and middle adulthood: Set like plaster or persistent change? *Journal of Personality and Social Psychology, 84*(5), 1041–1053.

Stacy, A. W., Leigh, B. C., & Weingardt, K. (1997). An individual-difference perspective applied to word association. *Personality and Social Psychology Bulletin, 23*(3), 229–237.

Stanton, A. L., & Snider, P. R. (1993). Coping with a breast cancer diagnosis: A prospective study. *Health Psychology, 12,* 16–23.

Steed, L., & Symes, M. (2009). The role of perceived wealth competence, wealth values, and internal wealth locus of control in predicting wealth creation behavior. *Journal of Applied Social Psychology, 39*(10), 2525–2540.

Steele, C. M., & Aronson, J. (1995). Stereotype threat and the intellectual test performance of African Americans. *Journal of Personality and Social Psychology, 69*(5), 797–811.

Steele, C. M., Spencer, S. J., & Aronson, J. (2002). Contending with group image: The psychology of stereotype and social identity threat. In M. P. Zanna (Ed.), *Advances in experimental social psychology* (Vol. 34, pp. 379–440). San Diego, CA: Academic Press.

Stelmack, R. M., & Rammsayer, T. H. (2008). Psychophysiological and biochemical correlates of personality. In G. J. Boyle, G. Matthews, & D. H. Saklofske (Eds.), *The SAGE handbook of personality theory and assessment: Vol. 1. Personality theories and models* (pp. 33–55). Los Angeles: Sage.

Sternberg, R. J. (1993). What is the relation of gender to biology and environment: An evolutionary model of how what you answer depends on just what you ask. In A. E. Beall & R. J. Sternberg (Eds.), *The psychology of gender* (pp. 1–6). New York: Guilford Press.

Sternberg, R. J., Conway, B. E., Ketron, J. L., & Bernstein, M. (1981). People's conceptions of intelligence. *Journal of Personality and Social Psychology, 41*(1), 37–55.

Steunenberg, B., Twisk, J. W., Beekman, A. T., Deeg, D. J., & Kerkhof, A. J. (2005). Stability and change in neuroticism in aging. *Journal of Gerontology: Psychological Sciences, 60,* 27–33.

Stinson, D. A., Wood, J. V., & Doxey, J. R. (2008). In search of clarity: Self-esteem and domains of confidence and confusion. *Personality and Social Psychology Bulletin, 34*(11), 1541–1555.

Stipek, D., Gralinski, H., & Kopp, C. (1990). Self-concept development in the toddler years. *Developmental Psychology, 26,* 972–977.

Stone, D., Deci, E. L., & Ryan, R. M. (2009). Beyond talk: Creating autonomous motivation through self-determination theory. *Journal of General Management, 34,* 75–91.

Stone, J., Aronson, E., Crain, L. A., Winslow, M. P., & Fried, C. B. (1994). Inducing hypocrisy as a means of encouraging young adults to use condoms. *Personality and Social Psychology Bulletin, 20*(1), 116–128.

Story, A. L. (2004). Self-esteem and self-certainty: A mediational analysis. *European Journal of Personality, 18,* 115–125.

Strelau, J. (1998). *Temperament: A psychological perspective.* New York: Plenum Press.

Strickland, B. R. (1965). The prediction of social action from a dimension of internal–external control. *The Journal of Social Psychology, 66*(2), 353–358.

Strickland, B. R. (1973). Delay of gratification and internal locus of control in children. *Journal of Consulting and Clinical Psychology, 40*(2), 338.

Stürmer, T., Hasselbach, P., & Amelang, M. (2006). Personality, lifestyle, and risk of cardiovascular disease and cancer: Follow-up of population based cohort. *British Medical Journal, 332*(7554), 1359.

Suls, J., & Fletcher, B. (1985). The relative efficacy of avoidant and nonavoidant coping strategies: A meta-analysis. *Health Psychology, 4,* 249–288.

Swaab, D. F. (2005). The role of the hypothalamus and endocrine system in sexuality. In J. S. Hyde (Ed.), *Biological substrates of human sexuality* (pp. 21–74). Washington, DC: American Psychological Association.

Swaab, D. F., & Hofman, M. A. (1990). An enlarged suprachiasmatic nucleus in homosexual men. *Brain Research, 537,* 141–148.

Swann, W. B., Chang-Schneider, C., & McClarty, K. L. (2007). Do people's self-views matter? Self-concept and self-esteem in everyday life. *American Psychologist, 62*(2), 84–94.

Swann, W. B., Pelham, B. W., & Krull, D. S. (1989). Agreeable fancy or disagreeable truth?: Reconciling self-enhancement and self-verification. *Journal of Personality and Social Psychology, 57,* 782–791.

Swanson, D. P., Cunningham, M., Youngblood, II, J., & Spencer, M. B. (2009). Racial identity development during childhood. In H. A. Neville, B. M. Tynes, & S. O. Utsey (Eds.), *Handbook of African American psychology* (pp. 269–281). Thousand Oaks, CA: Sage.

Swartz, S. J. (2008). Self and identity in early adolescence: Some reflections and an introduction to the special issue. *The Journal of Early Adolescence, 28*(1), 5–15.

Swede, S. W., & Tetlock, P. E. (1986). Henry Kissinger's implicit theory of personality: A quantitative case study. *Journal of Personality, 54,* 617–646.

Sweeney, P. D., Anderson, K., & Bailey, S. (1986). Attributional style in depression: A meta-analytic review. *Journal of Personality and Social Psychology, 50,* 974–991.

Tafoya, T. (1997). Native gay and lesbian issues: The two-spirited. In B. Greene (Ed.), *Ethnic and cultural diversity among lesbians and gay men* (p. 109). Thousand Oaks, CA: Sage.

Tangney, J. P., Baumeister, R. F., & Boone, A. L. (2004). High self-control predicts good adjustment, less pathology, better grades, and interpersonal success. *Journal of Personality, 72*(2), 271–324.

Taylor, S. E., & Brown, J. (1988). Illusion and well-being: A social psychological perspective on mental health. *Psychological Bulletin, 103,* 193–210.

Taylor, S. E., Kemeny, M. E., Reed, G. M., Bower, J. E., & Gruenewald, T. L. (2000). Psychological resources, positive illusions, and health. *American Psychologist, 55*(1), 99–109.

Taylor, S. E., Klein, L. C., Lewis, B. P., Gruenewald, T. L., Gurung, R. A. R., & Updegraff, J. A. (2000). Biobehavioral responses to stress in females: Tend-and-befriend, not fight-or-flight. *Psychological Review, 107,* 411–429.

Terman, L. M. (1926). *Mental and physical traits of a thousand gifted children: Vol. 1. Genetic studies of genius.* Palo Alto, CA: Stanford University Press.

Tett, R. P., Anderson, M. G., Ho, C., Yang, T. S., Huang, L., & Hanvongse, A. (2006). Seven nested questions about faking on personality tests. In R. L. Griffith & M. H. Peterson (Eds.), *A closer examination of applicant faking behavior* (pp. 43–84). Scottsdale, AZ: Information Age.

Thayer, C. R. (1973). The relationship between clinical judgements of missionary fitness and subsequent ratings of actual field adjustment. *Review of Religious Research, 14*(2), 112–116.

Thomas, J. R., & French, K. E. (1985). Gender differences across age in motor performance: A meta-analysis. *Psychological Bulletin, 98,* 260–282.

Thomas, M. D., Henley, T. B., & Snell, C. M. (2006). The draw a scientist test: A different population and a somewhat different story. *College Student Journal, 40*(1), 140–148.

Thorn, B. E., & Lokken, K. L. (2006). Biological influences. In F. Andrasik (Ed.), *Comprehensive handbook of personality and psychopathology: Vol. 2. Adult psychopathology* (pp. 85–98). Hoboken, NJ: Wiley.

Tice, D. M. (1991). Esteem protection or enhancement? Self-handicapping motives and attributions differ by trait self-esteem. *Journal of Personality and Social Psychology, 60,* 711–725.

Tice, D. M. (1993). The social motives of people with low self-esteem. In R. F. Baumeister (Ed.), *Self-esteem: The puzzle of low self-regard* (pp. 37–53). New York: Plenum Press.

Tice, D. M. (1995). When modesty prevails: Differential favorability of self-presentation to friends and strangers. *Journal of Personality and Social Psychology, 69*(6), 1120–1138.

Tice, D. M., & Baumeister, R. F. (1997). Longitudinal study of procrastinaion, performance, stress and health: The costs and benefits of dawdling. *Psychological Science, 8*(6), 454–458.

Tiggemann, M., Winefield, A. H., Winefield, H. R., & Goldney, R. D. (1991). The prediction of psychological distress from attributional style: A test of the hopelessness model of depression. *Australian Journal of Psychology, 43,* 125–127.

Toma, C. L., Hancock, J. T., & Eillison, N. B. (2008). Separating fact from fiction: An examination of deceptive self-presentation in online dating profiles. *Personality and Social Psychology Bulletin, 34*(8), 1023–1036.

Tomarken, A. J., Davidson, R. J., Wheeler, R. E., & Doss, R. C. (1992). Individual differences in anterior brain asymmetry and fundamental dimensions of emotion. *Journal of Personality and Social Psychology, 62*(4), 676–687.

Torrubia, R., Ávila, C., Moltó, J., & Caseras, X. (2001). The sensitivity to punishment and sensitivity to reward questionnaire (SPSRQ) as a measure of Gray's anxiety and impulsivity dimensions. *Personality and Individual Differences, 29,* 837–862.

Torrubia, R., Ávila, C., Moltó, J., & Grande, I. (1995). Testing for stress and happiness: The role of the behavioral inhibition system. In C. D. Spielberger, I. G. Sarason, J. Brebner, E. Greenglass, P. Langani, & A. M. O'Roark (Eds.), *Stress and emotion: Anxiety, anger, and curiosity* (Vol. 15, pp. 189–211). Washington, DC: Taylor and Francis.

Trafimow, D., Triandis, H. C., & Goto, S. G. (1991). Some tests of the distinction between the private self and the collective self. *Journal of Personality and Social Psychology, 60*(5), 649–655.

Triandis, H. C. (1990). Cross-cultural studies of individualism and collectivism. In J. J. Berman (Ed.), *Nebraska symposium on motivation 1989* (Vol. 49, pp. 41–133). Lincoln: University of Nebraska Press.

Triandis, H. C., Marin, G., Lisansky, J., & Betancourt, H. (1984). Símpatica as a cultural script of Hispanics. *Journal of Personality and Social Psychology, 47,* 1363–1375.

Trochim, W. M. K. (2006). *Research methods knowledge base* (3rd ed.). Cincinnati, OH: Atomic Dog.

Tugade, M. M., & Fredrickson, B. L. (2004). Resilient individuals use positive emotions to bounce back from negative emotional experiences. *Journal of Personality and Social Psychology, 86*(2), 320–333.

Tugade, M. M., & Fredrickson, B. L. (2007). Regulation of positive emotions: Emotion regulation strategies that promote resilience. *Journal of Happiness Studies, 8,* 311–333.

Tugade, M. M., Fredrickson, B. L., & Barrett, L. F. (2004). Psychological resilience and positive emotional granularity: Examining the benefits of positive emotions on coping and health. *Journal of Personality, 72*(6), 1161–1190.

Turkheimer, E. (2000). Three laws of behavior genetics and what they mean. *Current Directions in Psychological Science, 9,* 160–164.

Turkheimer, E. (2004). Spinach and ice cream: Why social science is so different. In L. F. DiLalla (Ed.), *Behavioral genetics principles: Perspectives in development, personality, and psychopathology* (pp. 161–189). Washington, DC: American Psychological Association.

Turkheimer, E., & Waldron, M. (2000). Nonshared environment: A theoretical, methodological, and quantitative review. *Psychological Bulletin, 126*(1), 78–108.

Turnley, W. H., & Bolino, M. C. (2001). Achieving desired images while avoiding undesired images: Exploring the role of self-monitoring in impression management. *Journal of Applied Psychology, 86*(2), 351–360.

Twenge, J. M. (1997). Changes in masculine and feminine traits over time: A meta-analysis. *Sex Roles, 36,* 305–325.

Twenge, J. M. (1999). Mapping gender: The multifactorial approach and the organization of gender-related attributes. *Psychology of Women Quarterly, 23,* 85–502.

Twenge, J. M., Zhang, L., & Im, C. (2004). It's beyond my control: A cross-temporal meta-analysis of increasing externality in locus of control, 1960–2002. *Personality and Social Psychology Review, 8*(3), 308–319.

Tyssen, R., Dolatowski, F. C., Røvik, J. O., Thorkildsen, R. F., Ekeberg, O., & Hem, E. (2007). Personality traits and types predict medical school stress: A six-year longitudinal and nationwide study. *Medical Education, 41,* 781–787.

U. S. Department of Labor Employment and Training Administration. (2006). *Testing and assessment: A guide to good practices for work force investment professionals.* Washington, DC: U. S. Department of Labor.

Uleman, J. S. (2005). Introduction: Becoming aware of the new unconscious. In R. R. Hassin, J. R. Uleman, & J. A. Bargh (Eds.), *The new unconscious* (pp. 3–15). New York: Oxford University Press.

Unemori, P., Omoregie, H., & Markus, H. R. (2004). Self-portraits: Possible selves in European-American, Chilean, Japanese and Japanese-American cultural contexts. *Self and Identity, 3,* 321–338.

Unger, R. K. (1979). Toward a redefinition of sex and gender. *American Psychologist, 34*(11), 1085–1094.

Urlings-Strop, L. C., Stijnen, T., Themmen, A. P. N., & Splinter, T. A. W. (2009). Selection of medical students: A controlled experiment. *Medical Education, 43,* 175–183.

Uttal, W. (2001). *The new phrenology: The limits of localizing cognitive processes in the brain.* Cambridge, MA: MIT Press/Bradford Books.

Uziel, L. (2010). Rethinking social desirability scales: From impression management to interpersonally oriented self-control. *Perspectives on Psychological Science, 5*(3), 243–262.

Vaidya, J. G., Gray, E. K., Haig, J., & Watson, D. (2002). On the temporal stability of personality: Evidence for differential stability and the role of life experiences. *Journal of Personality and Social Psychology, 83*(6), 1469–1484.

Vaillant, G. E. (1977). *Adaptation to life.* Boston: Little, Brown.

Vaillant, G. E. (1995a). *Natural history of alcoholism revisited.* Cambridge, MA: Harvard University Press.

Vaillant, G. E. (1995b). *The wisdom of the ego.* Cambridge, MA: Harvard University Press.

Vaillant, G. E. (1998). Where do we go from here? *Journal of Personality [Special Issue], 66,* 1147–1157.

Vaillant, G. E. (2002a). *Aging well.* Boston: Little, Brown.

Vaillant, G. E. (2002b). The study of adult development. In E. Phelps, F. F. Furstenberg, & A. Colby (Eds.), *American longitudinal studies of the twentieth century* (pp. 116–132). New York: Russell Sage Foundation.

Vaillant, G. E., & Vaillant, C. O. (1990). Determinants and consequences of creativity in a cohort of gifted women. *Psychology of Women Quarterly, 14,* 607–616.

Valentine, J. C., DuBois, D. L., & Cooper, H. (2004). The relation between self-beliefs and academic achievement: A meta-analytic review. *Educational Psychologist, 39*(2), 111–133.

Vallerand, R. J., & Bissonnette, R. (1992). Intrinsic, extrinsic, and amotivational styles as predictors of behavior: A prospective study. *Journal of Personality, 60,* 599–620.

Van Aken, M. A. G., Denissen, J. J. A., Branje, S. J. T., Dubas, J. S., & Goossens, L. (2006). Midlife concerns and short-term personality change in middle adulthood. *European Journal of Personality, 20,* 497–513.

van der Linden, D., te Nijenhuis, J., & Bakker, A. B. (2010). The general factor of personality: A meta-analysis of Big Five intercorrelations and a criterion-related validity study. *Journal of Research in Personality, 44,* 315–327.

Vandello, J. A., & Cohen, D. (1999). Patterns of individualism and collectivism across the United States. *Journal of Personality and Social Psychology, 77*(2), 279–292.

Vansteenkiste, M., Simons, J., Soenens, B., & Lens, W. (2004). How to become a persevering exerciser? Providing a clear, future intrinsic goal in an autonomy-supportive way. *Journal of Sport & Exercise Psychology, 26,* 232–249.

Vasey, P. L., & VanderLaan, D. P. (2010). An adaptive cognitive dissociation between willingness to help kin and nonkin in Samoan Fa'afafine. *Psychological Science, 21*(2), 292–297.

Vazire, S., & Gosling, S. D. (2004). E-perceptions: Personality impressions based on personal websites. *Journal of Personality and Social Psychology, 87*(1), 123–132.

Venkatapathy, R. (1984). Locus of control among entrepreneurs: A review. *Psychological Studies, 29*(1), 97–100.

Venter, J. C., Adams, M. D., Myers, E. W., Li, P. W., Mural, R. J., Sutton, G. G., et al. (2001). The sequence of the human genome. *Science, 291,* 1304–1351.

Vincent, N., Sande, G., Read, C., & Giannuzzi, T. (2004). Sleep locus of control: Report on a new scale. *Behavioral Sleep Medicine, 2*(2), 79–93.

Vogel, D. A., Lake, M. A., Evans, S., & Karraker, K. H. (1991). Children's and adults' sex-stereotyped perceptions of infants. *Sex Roles, 24*(9/10), 605–616.

Von Ah, D., Kang, D. H., & Carpenter, J. S. (2007). Stress, optimism, and social support: Impact on immune responses in breast cancer. *Research in Nursing & Health, 30*, 72–83.

Vox, M. (2004). *Mysterious billboard may be Google recruitment ad.* Retrieved May 27, 2010, from http://www.marketingvox.com/mysterious_billboard_may_be_google_recruitment_ad-016350/.

Voyer, D., Voyer, S., & Bryden, M. P. (1995). Magnitude of sex differences in spatial abilities: A meta-analysis and consideration of critical variables. *Psychological Bulletin, 117*, 250–270.

Vul, E., Harris, C., Winkielman, P., & Pashler, H. (2009a). Puzzlingly high correlations in fMRI studies of emotion, personality, and social cognition. *Perspectives on Psychological Science, 4*(3), 271–290.

Vul, E., Harris, C., Winkielman, P., & Pashler, H. (2009b). Reply to comments on "Puzzlingly high correlations in fMRI studies of emotion, personality, and social cognition." *Perspectives on Psychological Science, 4*(3), 319–324.

Wade, C. (2006). Some cautions about jumping on the brain-scan bandwagon. *APS Observer, 19*(9), 24.

Wade, E., George, W. M., & Atkinson, M. (2009). A randomized controlled trial of brief interventions for body dissatisfaction. *Journal of Consulting and Clinical Psychology, 77*(5), 845–854.

Wallston, K. A. (2001). Conceptualization and operationalization of perceived control. In A. Baum, T. A. Revenson, & J. E. Singer (Eds.), *Handbook of health psychology* (pp. 49–58). Mahwah, NJ: Erlbaum.

Wallston, K. A., Wallston, B. S., & DeVellis, R. (1978). Development of the Multidimensional Health Locus of Control (MHLC) scales. *Health Education Monographs, 62*(2), 160–170.

Walsh, V., & Cowey, A. (2000). Transcranial magnetic stimulation and cognitive neuroscience. *Nature Reviews, 1*(1), 73–79.

Walton, G. M., & Spencer, S. J. (2009). Latent ability: Grades and test scores systematically underestimate the intellectual ability of negatively stereotyped students. *Psychological Science, 20*(9), 1132–1139.

Wanek, J. E. (1999). Integrity and honesty testing: What do we know? How do we use it? *International Review of Selection and Assessment, 1*, 183–195.

Waugh, C. E., Fredrickson, B. L., & Taylor, S. F. (2008). Adapting to life's slings and arrows: Individual differences in resilience when recovering from an anticipated threat. *Journal of Research in Personality, 42*, 1031–1046.

Webb, E. J., Campbell, D. T., Schwartz, R. D., Sechrest, L., & Grove, J. B. (1981). *Nonreactive measures in the social sciences.* Boston: Houghton Mifflin.

Webster, R. (1995). *Why Freud was wrong: Sin, science, and psychoanalysis.* New York: Basic Books.

Wegner, D. M. (1989). *White bears and other unwanted thoughts.* New York: Vintage.

Wegner, D. M. (1994). Ironic processes of mental control. *Psychological Review, 101*, 34–52.

Wegner, D. M., & Erber, R. (1992). The hyperaccessibility of suppressed thoughts. *Journal of Personality and Social Psychology, 63*, 903–912.

Wegner, D. M., Schneider, D. J., Carter, S. R., & White, T. L. (1987). Paradoxical effects of thought suppression. *Journal of Personality and Social Psychology, 53*, 5–13.

Wegner, D. M., Wenzlaff, R. M., & Kozak, M. (2004). Dream rebound: The return of suppressed thoughts in dreams. *Psychological Science, 15*(4), 232–236.

Weinberg, M. S., Williams, C. J., & Pryor, D. W. (1994). *Dual attraction: Understanding bisexuality.* New York: Oxford University Press.

Weinberger, J., & Westen, D. (2001). Science and psychodynamics: From arguments about Freud to data. *Psychological Inquiry, 12*(3), 129–166.

Weinstein, N. D. (1980). Unrealistic optimism about future life events. *Journal of Personality and Social Psychology, 39*, 806–820.

Weisz, J. R., Eastman, K. L., & McCarty, C. A. (1996). Primary and secondary control in East Asia: Comments on Oerter et al. *Culture and Psychology, 2*, 63–76.

Weisz, J. R., Rothbaum, F. M., & Blackburn, T. C. (1984). Standing out and standing in: The psychology of control in America and Japan. *American Psychologist, 39*, 955–969.

Westen, D. (1998a). The scientific legacy of Sigmund Freud: Toward a psychodynamically informed psychological science. *Psychological Bulletin, 124*(3), 333–371.

Westen, D. (1998b). Unconscious thought, feeling, and motivation: The end of a century-long debate. In R. F. Bornstein & J. M. Masling (Eds.), *Empirical perspectives on the psychoanalytic unconscious* (pp. 1–43). Washington, DC: American Psychological Association.

Westen, D. (2000). Psychoanalysis: Theories. In A. E. Kazdin (Ed.), *Encyclopedia of psychology* (Vol. 6, pp. 344–349). Washington, DC: American Psychological Association.

Westen, D., Gabbard, G. O., & Ortigo, K. M. (2008). Psychoanalytic approaches to personality. In O. P. John, R. W. Robins, & L. A. Pervin (Eds.), *Handbook of personality: Theory and research* (pp. 61–113). New York: Guilford Press.

Wester, S. R., Vogel, D. L., Pressly, P. K., & Heesacker, M. (2002). Sex differences in emotion: A critical review of the literature and implications for counseling psychology. *The Counseling Psychologist, 30*(4), 630–652.

Whitam, F. L., & Mathy, R. M. (1991). Childhood cross-gender behavior of homosexual females in Brazil, Peru, the Philippines, and the United States. *Archives of Sexual Behavior, 20*(2), 151–170.

Whittle, S., Allen, N. B., Lubman, D. I., & Yücel, M. (2006). The neurobiological basis of temperament: Towards a better understanding of psychopathology. *Neuroscience and Biobehavioral Reviews, 30*, 511–525.

Whittle, S., Yücel, M., Fornito, A., Barrett, A., Wood, S. J., Lubman, D. I., et al. (2008). Neuroanatomical correlates of temperament in early adolescents. *The Journal of the American Academy of Child and Adolescent Psychiatry, 47*(6), 682–693.

Widiger, T. A., & Smith, G. T. (1999). Personality and psychopathology. In L. A. Pervin & O. P. John (Eds.), *Handbook of personality: Theory and research.* New York: Guilford Press.

Wiggins, J. S. (1968). Personality structure. *Annual Review of Psychology, 19*, 293–350.

Wiggins, J. S. (1973). *Personality and prediction: Principles of personality assessment.* Reading, MA: Addison-Wesley.

Wiggins, J. S. (2003). *Paradigms of personality assessment.* New York: Guilford Press.

Williams, G. C., Grow, V. M., Freedman, Z. R., Ryan, R. M., & Deci, E. L. (1996). Motivational predictors of weight loss and weight-loss maintenance. *Journal of Personality and Social Psychology, 70*, 115–126.

Williams, G. C., McGregor, H. A., Sharp, D., Levesque, C., Kouides, R. W., Ryan, R. M., et al. (2006). Testing a self-determination theory intervention for motivating tobacco cessation: Supporting autonomy and competence in a clinical trial. *Health Psychology, 25*(1), 91–101.

Williams, G. C., Patrick, H., Niemiec, C. P., Williams, L. K., Devine, G., Lafata, J. E., et al. (2009). Reducing the health risks of diabetes: How self-determination theory may help improve medication adherence and quality of life. *Diabetes Educator, 35*, 484–492.

Williams, J. E., & Best, D. L. (1990). *Measuring sex stereotypes: A multination study.* Newbury Park, CA: Sage.

Wills, G. I. (1984). A personality study of musicians working in the popular field. *Personality and Individual Differences, 5*(3), 359–360.

Wilson, E. O. (1978). *Human nature.* Cambridge, MA: Harvard University Press.

Wilson, P. M., Mack, D. E., & Grattan, K. P. (2008). Understanding motivation for exercise: A self-determination theory perspective. *Canadian Psychology, 49*(3), 250–256.

Winter, D. G. (1997). Allport's life and Allport's psychology. *Journal of Personality, 65*(3), 723–731.

Winter, D. G. (2005). Things I've learned about personality from studying political leaders at a distance. *Journal of Personality, 73*(3), 557–584.

Winter, D. G., & Carlson, L. A. (1988). Using motive scores in the psychobiographical study of an individual: The case of Richard Nixon. *Journal of Personality, 56*, 75–103.

Wise, D., & Rosqvist, J. (2006). Explanatory style and well-being. In J. C. Thomas & D. L. Segal (Eds.), *Comprehensive handbook of personality and psychopathology: Vol. 1. Personality and everyday functioning* (pp. 285–305). Hoboken, NJ: Wiley.

Witkin, H. A., Moore, C. A., Goodenough, D. R., & Cox, P. W. (1977). Field-dependent and field-independent cognitive styles and their educational implications. *Review of Educational Research, 47*(1), 1–64.

Woike, B. A. (2007). Content coding of open-ended responses. In R. W. Robins, R. C. Fraley, & R. F. Krueger (Eds.), *Handbook of research methods in personality psychology* (pp. 292–307). New York: Guilford Press.

Wolitzky, D. L. (2006). Psychodynamic theories. In J. C. Thomas & D. L. Segal (Eds.), *Comprehensive handbook of personality and psychopathology: Vol. 1. Personality and everyday functioning* (pp. 65–95). Hoboken, NJ: Wiley.

Wood, W., & Eagly, A. H. (2002). A cross-cultural analysis of the behavior of women and men: Implications for the origins of sex differences. *Psychological Bulletin, 128*(5), 609–727.

Wood, W., & Eagly, A. H. (2009). Gender identity. In M. R. Leary & R. H. Hoyle (Eds.), *Handbook of individual differences in social behavior* (pp. 109–125). New York: Guilford Press.

Wood, W., & Eagly, A. H. (2010). Gender. In S. T. Fiske, D. T. Gilbert, & G. Lindzey (Eds.), *The handbook of social psychology* (5th ed., Vol. 1, pp. 629–667). New York: Wiley.

Wright, C. I., Williams, D., Feczko, E., Barrett, L. F., Dickerson, B. C., Schwartz, C. E., et al. (2006). Neuroanatomical correlates of extraversion and neuroticism. *Cerebral Cortex, 16*(12), 1809–1819.

Wright, R. (2001). Self-certainty and self-esteem. In T. J. Owens, S. Stryker, & N. Goodman (Eds.), *Extending self-esteem theory and research: Sociological and psychological currents* (pp. 101–134). Cambridge, MA: Cambridge University Press.

Wrightsman, L. S. (1991). Interpersonal trust and attitudes towards human nature. In J. P. Robinson, P. R. Shaver, & L. S. Wrightsman (Eds.), *Measures of personality and social psychological attitudes* (pp. 373–412). San Diego, CA: Academic Press.

Wundt, W. (1894). Old and new phrenology. In J. E. Creighton & E. B. Titchner (Eds.), *Lectures on human and animal psychology* (trans. from German, 2nd ed., pp. 437–454). New York: Swan Sonnenschein & Co.

Xenikou, A. (2005). The interactive effect of positive and negative occupational attributional styles on job motivation. *European Journal of Work and Organizational Psychology, 14*(1), 43–48.

Yarkoni, T. (2009). Big correlations in little studies: Inflated fMRI correlations reflect low statistical power—commentary on Vul et al. (2009). *Perspectives on Psychological Science, 4*(3), 294–298.

Yarkoni, T. (2010). Personality in 100,000 words: A large-scale analysis of personality and word use among bloggers. *Journal of Research in Personality, 44*(3), 363–373.

Yavari, C. (2002). *Self-conceptions from childhood to adolescence: A brief experiment.* Retrieved August 24, 2009, from http://www.psychology.sbc.edu/yavari.htm.

Ye, M., She, Y., & Wu, R. (2007). The relationship between graduated students' subjective well-being and locus of control. *Chinese Journal of Clinical Psychology, 15*(1), 63–65.

Yee, D., & Eccles, J. S. (1988). Parent perceptions and attributions for children's math achievement. *Sex Roles, 19,* 317–333.

Yoder, J. D., & Kahn, A. S. (2003). Making gender comparisons more meaningful: A call for more attention to social context. *Psychology of Women Quarterly, 27,* 281–290.

Young, T. J., & French, L. A. (1996). Judged political extroversion-introversion and perceived competence of U.S. presidents. *Perceptual and Motor Skills, 83*(2), 578.

Yu, D. L., & Seligman, M. E. P. (2002). Preventing depressive symptoms in Chinese children. *Prevention & Treatment, 5,* ArtID9.

Zautra, A. J., Affleck, G. G., Tennen, H., Reich, J. W., & Davis, M. C. (2005). Dynamic approaches to emotions and stress in everyday life: Bolger and Zuckerman reloaded with positive as well as negative affects. *Journal of Personality, 73*(6), 1–28.

Zautra, A. J., Smith, B., Affleck, G. G., & Tennen, H. (2001). Examinations of chronic pain and affect relationships: Applications of a dynamic model of affect. *Journal of Consulting and Clinical Psychology, 69*(5), 786–795.

Zeidner, M. (1993). Coping with disaster: The case of Israeli adolescents under threat of missile attack. *Journal of Youth and Adolescents, 22*(1), 89–108.

Zeigler-Hill, V., & Showers, C. J. (2007). Self-structure and self-esteem stability: The hidden vulnerability of compartmentalization. *Personality and Social Psychology Bulletin, 33*(2), 143–159.

Zhang, J., & Bond, M. H. (1998). Personality and filial piety among college students in two Chinese societies. *Journal of Cross-Cultural Psychology, 29*(3), 402–417.

Zimbardo, P. G. (1969). The human choice: Individualism, reason and order versus deindividuation, impulse and chaos. In W. J. Arnold & D. Levine (Eds.), *Nebraska symposium on motivation* (Vol. 17, pp. 237–307). Lincoln: University of Nebraska Press.

Zinbarg, R. E., & Mohlman, J. (1998). Individual differences in the acquisition of affectively valenced associations. *Journal of Personality and Social Psychology, 74*(4), 1024–1040.

Zucker, K. J. (1990). Gender identity disorders in children: Clinical descriptions and natural history. In R. Blanchard & B. W. Steiner (Eds.), *Clinical management of gender identity disorders in children and adults* (pp. 1–23). Washington, DC: American Psychiatric Press.

Zuckerman, M. (1969). Theoretical formulations. In J. P. Zubek (Ed.), *Sensory deprivation: Fifteen years of research* (pp. 407–432). New York: Appleton-Century-Crofts.

Zuckerman, M. (1971). Dimensions of sensation seeking. *Journal of Consulting and Clinical Psychology, 36*(1), 45–52.

Zuckerman, M. (1979). *Sensation seeking: Beyond the optimal level of arousal.* Hillsdale, NJ: Erlbaum.

Zuckerman, M. (1984). Sensation seeking: A comparative approach to a human trait. *Behavioral and Brain Sciences, 7,* 413–434.

Zuckerman, M. (1993a). A comparison of three structural models for personality: The big three, the Big Five, and the alternative five. *Journal of Personality and Social Psychology, 65,* 757–768.

Zuckerman, M. (1993b). P-impulsive sensation seeking and its behavioural, psychophysiological and biochemical correlates. *Neuropsychobiology, 28*(1–2), 30–36.

Zuckerman, M. (1994). *Behavioral expressions and biosocial bases of sensation seeking.* New York: Cambridge University Press.

Zuckerman, M. (1995). Good and bad humors: Biochemical bases of personality and its disorders. *Psychological Science, 6*(6), 325–332.

Zuckerman, M. (2002). Zuckerman-Kuhlman Personality Questionnaire (ZKPQ): An alternative five-factorial model. In B. DeRaad & M. Peraigini (Eds.), *Big Five assessment* (pp. 377–396). Seattle, WA: Hogrefe & Huber.

Zuckerman, M. (2005). *Psychobiology of personality.* New York: Cambridge University Press.

Zuckerman, M. (2006). Biosocial bases of sensation seeking. In T. Canli (Ed.), *Biology of personality and individual differences* (pp. 37–59). New York: Guilford Press.

Zuckerman, M. (2007). *Sensation seeking and risky behavior.* Washington, DC: American Psychological Association.

Zuckerman, M. (2008). Personality and sensation seeking. In G. J. Boyle, G. Matthews, & D. H. Saklofske (Eds.), *The SAGE handbook of personality theory and assessment: Vol. 1. Personality theories and models* (pp. 379–398). Los Angeles: Sage.

Zuckerman, M., & Kuhlman, D. M. (2000). Personality and risk-taking: Common biosocial factors. *Journal of Personality, 68*(6), 999–1029.

Zuckerman, M., & Neeb, M. (1980). Demographic influences in sensation seeking and expressions of sensation seeking in religion, smoking, and driving habits. *Personality and Individual Differences, 1*(3), 197–206.

Zuckerman, M., Persky, H., Link, K. E., & Basu, G. K. (1968). Experimental and subject factors determining responses to sensory deprivation, social isolation, and confinement. *Journal of Abnormal and Social Psychology, 73*(3), 183–194.

Zuckerman, M., Simons, R. F., & Como, P. G. (1988). Sensation seeking and stimulus intensity as modulators of cortical, cardiovascular, and electrodermal response: A cross-modality study. *Personality and Individual Differences, 9,* 361–372.

Zullow, H. M. (1995). Pessimistic rumination in American politics and society. In G. M. Buchanan & M. E. P. Seligman (Eds.), *Explanatory style* (pp. 21–48). Hillsdale, NJ: Erlbaum.

Zullow, H. M., Oettingen, G., Peterson, C., & Seligman, M. E. P. (1988). Pessimistic explanatory style in the historical record. *American Psychologist, 43*(9), 673–682.

Zullow, H. M., & Seligman, M. E. P. (1990). Pessimistic rumination predicts defeat of presidential candidates, 1900 to 1984. *Psychological Inquiry, 1*(1), 52–61.

Zurbriggen, E. L., & Sherman, A. M. (2007). Reconsidering "sex" and "gender": Two steps forward, one step back. *Feminism & Psychology, 17*(4), 475–480.

Zurcher, L. A. (1977). *The mutable self: A self-concept for social change.* Beverly Hills, CA: Sage.

Zweigenhaft, R. L. (2008). A do re mi encore: A closer look at personality correlates of music preference. *Journal of Individual Differences, 29*(1), 45–5.

照片版权目录

Chapter 1
Page 1: © Dsabo/Dreamstime.com; **page 3 (left & right):** Neil Farkas; **page 5:** © memo/Fotolia; **page 11:** © Edbockstock/Dreamstime.com; **page 13:** © Bruce Gilbert/MCT/Newscom; **page 14:** National Archives, Southeast Region (#824600).

Chapter 2
Page 21: © Marekuliasz/Dreamstime.com; **page 22:** © James Woodson/Thinkstock; **page 25:** © Imagerymajestic/Dreamstime.com; **page 26:** © Scott Leman/Shutterstock.com; **page 29:** © Comstock/Thinkstock; **page 37:** © Lilya/Shutterstock; **page 38:** © vgstudio/Shutterstock.

Chapter 3
Page 47: © Warren Goldswain/Shutterstock; **page 48:** © Adamgregor/Dreamstime.com; **page 54:** © Jjspring/Dreamstime.com; **page 56:** Photo by Office of Strategic Services (OSS); **page 62:** Lisa Schaffer; **page 64:** © holbox/Shutterstock; **page 65 (left):** Donald Miserandino; **page 65 (right):** Dominick Miserandino; **page 66 (top):** Donald Miserandino; **page 66 (bottom):** Dimitrios Miserandino; **page 67:** © Landysh/Dreamstime.com; **page 74:** © Visions of America LLC/Alamy.

Chapter 4
Page 77: © Jofelle P. Tesorio/picture alliance/ANN/Newscom; **page 79:** Library of Congress Prints and Photographs Division, Washington, D.C. (LC-USZC4-921); **page 82 (left):** © Pixland/Thinkstock; **page 82 (right):** © Thor Jorgen Udvang/Fotolia; **page 84:** © Philip Date/Fotolia; **page 90 (top):** © Absolut_photos/Dreamstime.com; **page 90 (bottom):** Library of Congress Prints and Photographs Division, Washington, D.C. (LC-USF34-055829-D); **page 91:** Marianne Miserandino; **page 94:** © Digital Vision/Photodisc/Thinkstock; **page 96 (top & bottom):** Screenshot courtesy of MarketingVox.com; **page 98:** © Andres Rodriguez/Fotolia; **page 101:** © Tyler Olsen/Shutterstock.

Chapter 5
Page 105: © Handyart/Dreamstime.com; **page 107 (top):** © JPagetRFphotos/Shutterstock; **page 107 (bottom):** Joshua Plotnik, Frans de Waal, and Diana Reiss. Self-recognition in an Asian elephant. *PNAS November 7, 2006 vol. 103 no. 45 17053-17057*; **page 108:** © Joe Raedle/Newsmakers/Getty Images; **page 110:** © Maszas/Dreamstime.com; **page 112:** © Prod. Numérik/Fotolia; **page 119:** © Creatas/Thinkstock; **page 120:** © Tommaso79/Dreamstime.com; **page 122:** Library of Congress Prints and Photographs Division, Washington, D.C. (LC-USZ62-94644); **page 125:** © Michael Blann/Thinkstock; **page 127:** © Bradcalkins/Dreamstime.com; **page 131:** © Monkey Business Images/Dreamstime.com; **page 135:** Kramer, N. C., & Winter, S. (2008). Impression management 2.0: The relationship of self-esteem, extraversion, self-efficacy, and self-presentation within social networking sites. Journal of Media Psychology, Vol 20(3), 2008, p. 109, figure 1. Used by permission © 2008 Hogrefe & Huber Publishers. www.hogrefe.com.

Chapter 6
Page 139: © Inganielsen/Dreamstime.com; **page 142:** © Sandra Gligorijevic/Fotolia; **page 144:** © Bradcalkins/Dreamstime.com; **page 146:** © Andi Berger/Shutterstock; **page 147 (top):** © Kenneth Sponsler/Shutterstock; **page 147 (bottom):** © Courtyardpix/Dreamstime.com; **page 149:** © Thomas Wanstall/The Image Works; **page 159:** © Sean Nel/Shutterstock; **page 162:** © Monkey Business Images/Shutterstock; **page 163:** © AF Archive/Alamy.

Chapter 7

Page 167: © DocCheck Medical Services GmbH/Alamy; **page 168:** © marcstock/Shutterstock; **page 170:** © Simon Fraser/Newcastle General Hospital/Photo Researchers, Inc.; **page 171:** © Monkey Business Images/Dreamstime.com; **page 172 (top):** © AJPhoto/Photo Researchers, Inc.; **page 172 (bottom):** © CARY WOLINSKY/National Geographic Image Collection; **page 177:** © AISPIX/Shutterstock; **page 179 (left):** © Rushour/Dreamstime.com; **page 179 (right):** © Robert Kneschke/Shutterstock; **page 182:** © laurent hamels/Fotolia; **page 185:** © Andrew Brown/Fotolia; **page 186:** © Forgiss/Dreamstime.com; **page 189 (top):** © World History Archive/Alamy; **page 189 (bottom):** © TOM BARRICK, CHRIS CLARK, SGHMS/Photo Researchers, Inc.; **page 191:** © Mind2concept/Dreamstime.com; **page 194:** © Boudikka/Shutterstock; **page 195 (top):** © Jeff Miller/University of Wisconsin-Madison; **page 198:** © Vitalii Nesterchuk/Shutterstock.

Chapter 8

Page 203: © akg-images/Newscom; **page 205:** © World History Archive/Alamy; **page 207:** © SuperStock/SuperStock; **page 210:** © CORBIS; **page 214:** © k09/ZUMA Press/Newscom; **page 215 (left):** Jupiter Images/© Getty Images/Thinkstock; **page 215 (right):** © Robepco/Fotolia; **page 216:** © Aflo Foto Agency/Alamy; **page 218:** © Aguaviva/Fotolia; **page 219:** © Zhiltsov Alexandr/Shutterstock; **page 224:** © Digitalpress/Dreamstime.com; **page 227:** © The Granger Collection, NYC; **page 228:** © Bettmann/CORBIS; **page 231:** © Jaspe/Dreamstime.com; **page 232:** © niv koren/Fotolia; **page 235:** © microimages/Fotolia; **page 236:** © Otnaydur/Dreamstime.com.

Chapter 9

Page 241: © charles taylor/Shutterstock; **page 242:** © FotoliaXIV/Fotolia; **page 244:** © PhotostoGO; **page 246:** © Beckyabell/Dreamstime.com; **page 247:** © Alena Ozerova/Fotolia; **page 249:** © Marcito/Fotolia; **page 250:** © Deanm1974/Dreamstime.com; **page 253:** © Monkey Business/Fotolia; **page 255:** © Checco/Dreamstime.com; **page 259:** © Shutterstock; **page 263:** © Deklofenak/Dreamstime.com; **page 264:** ©Photographerlondon/Dreamstime.com; **page 267:** © Savoi67/Dreamstime.com.

Chapter 10

Page 271: © Derek Gordon/Shutterstock; **page 272:** © Lisa F. Young/Fotolia; **page 277:** © Polina Nefidova/Fotolia; **page 278:** © winni/Fotolia; **page 279 (left):** © H. ARMSTRONG ROBERTS/CLASSICSTOCK/Everett Collection; **page 279 (right):** © Andres Rodriquez/Fotolia; **page 280:** © Aleksan/Dreamstime.com; **page 282:** © Chad McDermott/Fotolia; **page 283:** © Goodshoot/Thinkstock; **page 285:** © Jupiterimages/Thinkstock; **page 287:** Photo by Clyde Wills, Metropolis Planet (Illinois) Editor Emeritus; **page 289:** © moodboard/Fotolia; **page 292:** © Jack Hollingsworth/Thinkstock; **page 295:** © Paylessimages/Fotolia; **page 297:** © Nyul/Fotolia; **page 299:** © Lana Langlois/Shutterstock; **page 304:** © Nikitta/Dreamstime.com.

Chapter 11

Page 311: © Danita Delimont/Alamy; **page 313:** © Wavebreakmediamicro/Dreamstime.com; **page 314:** © Vishakha27/Dreamstime.com; **page 325:** © Lovrencg/Fotolia; **page 326:** © BananaStock/Thinkstock; **page 329:** © AP Photo/Sergei Karpukhin; **page 332:** © Image Source/Alamy; **page 335:** © Melissa Schalke/Fotolia; **page 338:** © joshhhab/Shutterstock; **page 343:** © Bruce2/Dreamstime.com.

Chapter 12

Page 349: © Xinhua/Jiang Xintong/Newscom; **page 353:** © Purmar/Dreamstime.com; **page 355:** © Karimala/Dreamstime.com; **page 359:** © pshek/Fotolia; **page 362:** © Monkey Business Images/Dreamstime.com; **page 363:** © Tiburon Studios/iStockphoto; **page 367:** © Galina Barskaya/Fotolia; **page 369 (left):** © vgstudio/Fotolia; **page 369 (right):** ©MAXFX/Fotolia; **page 370 (left):** © Yuri Arcurs/Fotolia; **page 370 (right):** © .shock/Dreamstime.com.

Chapter 13

Page 373: © Joel Calheiros/Shutterstock; **page 375:** © Rich Beauchesne photo 2010; **page 376:** © Aurora Photos/Alamy; **page 378:** © Handout/MCT/Newscom; **page 381:** © Endostock/Dreamstime.com; **page 390:** © AP Photo/Ronald Zak.

图书在版编目(CIP)数据

人格心理学/(美)米瑟兰迪诺著；黄子岚，何昊译.—上海：上海社会科学院出版社，2014
书名原文：Personality psychology: foundations and findings
ISBN 978-7-5520-0739-8

Ⅰ.①人… Ⅱ.①米…②黄…③何… Ⅲ.①人格心理学-教材 Ⅳ.①B848

中国版本图书馆 CIP 数据核字(2014)第 278150 号
上海市版权局著作权合同登记号：图字 09-2012-421 号

Authorized translation from the English language edition, entitled Personality Psychology: Foundations and Findings, 1E, 978-0-205-73887-8 by Marianne Miserandino, published by Pearson Education, Inc, Copyright © 2012.

All rights reserved. No part of this book may be reproduced or transmitted in any form or by any means, electronic or mechanical, including photocopying, recording or by any information storage retrieval system, without permission from Pearson Education, Inc.

CHINESE SIMPLIFIED language edition published by Pearson Education Asia Ltd., and Shanghai Academy of Social Science Press Copyright © 2015.

本书封面贴有 Pearson Education(培生教育出版集团)激光防伪标签。无标签者不得销售。

人格心理学

著　　者：(美)玛丽安·米瑟兰迪诺
译　　者：黄子岚　何昊
责任编辑：杜颖颖
特约编辑：陆　峥
封面设计：黄婧昉
出版发行：上海社会科学院出版社
　　　　　上海淮海中路 622 弄 7 号　电话 63875741　邮编 200020
　　　　　http://www.sassp.org.cn　E-mail: sassp@sass.org.cn
照　　排：南京理工出版信息技术有限公司
印　　刷：上海巅辉印刷厂
开　　本：787×1092 毫米　1/16 开
印　　张：35.25
字　　数：780 千字
版　　次：2015 年 8 月第 1 版　2018 年 3 月第 2 次印刷

ISBN 978-7-5520-0739-8/B·105　　　　　　定价：98.00 元

版权所有　翻印必究